Schubert

Aufbereitung metallischer Sekundärrohstoffe

Im vorliegenden Buch werden ausgehend vom Metallkreislauf die entstehenden Schrotte nach ihren Anfallarten klassifiziert, ihre physikalische Beschaffenheit und Zusammensetzung beschrieben sowie die Anforderungen der metallurgischen Industrie an die Schrotte eingehend erläutert.

Diesen Ausführungen schließt sich eine Darstellung der Aufbereitungsprozesse und -verfahren für die metallischen Sekundärrohstoffe an. Ausführlich wird abschließend der Zerkleinerungsprozeß sowohl hinsichtlich der Grundlagen der Metallzerkleinerung als auch der maschinentechnischen Ausrüstungen für die Schrottzerkleinerung behandelt.

Mit 187 Bildern und
76 Tabellen

Aufbereitung metallischer Sekundärrohstoffe

Aufkommen
Charakterisierung
Zerkleinerung

Von Doz. Dr. sc. techn. Gert Schubert

VEB Deutscher Verlag für Grundstoffindustrie, Leipzig
Distributed by Springer-Verlag Wien—New York

1. Auflage

VLN: 152-915/53/84

Gesamtherstellung: VEB Druckerei „Thomas Müntzer", 5820 Bad Langensalza
Lektor: Dipl.-Geol. *Michael Fuchs*
Gestaltung: *Renate Schiwek*
Redaktionsschluß: 15. September 1983
Softcover reprint of the hardcover 1st edition 1983

ISBN-13: 978-3-7091-9513-0 e-ISBN-13: 978-3-7091-9512-3
DOI: 10.1007/978-3-7091-9512-3

Vorwort

In allen Beschlüssen und Direktiven der neueren Zeit, die die volkswirtschaftliche Entwicklung in unserem Land betreffen, ist die verstärkte Nutzung der Sekundärrohstoffe und deren optimale Rückführung in die Stoffkreisläufe als Aufgabe ersten Rangs hervorgehoben worden. In diesem Zusammenhang kommt den metallischen Sekundärrohstoffen (Schrotten) eine besondere Bedeutung zu, weil sie die wichtigste eigene Rohstoffquelle für Metalle in der DDR darstellen. Auch international hat sich auf diesem Gebiet in den letzten Jahren eine stürmische Entwicklung vollzogen.

Die Anfänge der Aktivitäten unseres Wissenschaftsbereichs an der Bergakademie Freiberg zur Aufbereitung metallischer und metallhaltiger Sekundärrohstoffe reichen bis in die Mitte der 60er Jahre zurück. Von Anfang an war der Autor dieses Buchs in diese Arbeiten einbezogen, und er hat sie später voll eigenverantwortlich wahrgenommen. Dadurch konnte er nicht nur durch zahlreiche eigene Beiträge zur Herausbildung dieser technischen Disziplin und zur Einführung von Aufbereitungsverfahren in die Praxis beitragen, sondern sich auch sehr umfangreiche Kenntnisse über den internationalen Stand und die Entwicklungstrends aneignen. Letzteres wurde auch durch seine vielseitige Mitwirkung in den Gremien des Rats für Gegenseitige Wirtschaftshilfe gefördert.

Im Jahr 1967 wurde in der DDR die damalige VVB Metallaufbereitung gebildet, aus der dann der heutige VEB Kombinat Metallaufbereitung hervorgegangen ist und mit dem wir von Anfang an außerordentlich gute Kontakte entwickelt haben.

Seit Anfang der 70er Jahre berücksichtigen wir die Erfordernisse der Aufbereitung metallischer Sekundärrohstoffe durch wahlobligatorische Lehrveranstaltungen für jene Studenten, die ihre Tätigkeit im VEB Kombinat Metallaufbereitung aufnehmen werden. Dazu gehören vor allem eine Vorlesung „Aufbereitung metallischer Sekundärrohstoffe“ sowie entsprechende Seminare, die sämtlich vom Autor wahrgenommen werden.

Auf diesen Voraussetzungen reifte vor einigen Jahren der Plan, in einem zweibändigen Werk die Aufbereitung metallischer Sekundärrohstoffe zusammenfassend darzustellen. Der erste Band wird hiermit der Öffentlichkeit übergeben.

Schon bei unseren ersten Arbeiten zur Aufbereitung der metallischen Sekundärrohstoffe haben wir die wichtige Erfahrung gewonnen, daß auch bei ihnen am Anfang aller Überlegungen und Untersuchungen zur Aufbereitung ausreichende Kenntnisse über diese „rezenten Lagerstättenbildungen“ und die stoffliche sowie physikalische Charakterisierung dieser Rohstoffe stehen müssen. Dem wird im vorliegenden Buch durch entsprechende Hauptabschnitte zu „Metallkreislauf und Schrottaufkommen“ und „Charakterisierung der Stahl-, Gußeisen- und NE-Metallschrotte hinsichtlich physikalischer Beschaffenheit und Zusammensetzung" entsprochen. Ein weiterer Hauptabschnitt ist den Erfordernissen der metallurgischen Weiterverarbeitung und den sich daraus an die Schrottqualität ableitenden Erfordernissen gewidmet. Daran schließt sich ein Überblick über Prozesse und Verfahren zur Schrottaufbereitung an.

Dem Zerkleinern ist verständlicherweise der umfangreichste Platz eingeräumt worden, weil damit die erforderlichen physikalischen Eigenschaften der Absatzprodukte (Stückgrößenverteilung, Schüttdichte u. a.) oder bei nachgeschalteten Anreicherprozessen die notwendigen Aufschlußverhältnisse zu gewährleisten sind. Dabei sind sowohl die Grundlagen als auch die Ausrüstungen umfassend berücksichtigt.

Dem Autor ist für seine mühevolle Arbeit und das meiner Meinung nach gelungene Werk zu danken. Alle diejenigen, die sich mit der Aufbereitung, aber auch Erfassung und Weiterverarbeitung von Schrott befassen, werden in ihm viel Nützliches und für die eigene Arbeit Verwertbares finden. Zahlreiche informative bildliche Darstellungen und Tabellen bereichern die textliche Fassung in angemessener Weise.

Bei der Erarbeitung des Manuskripts gaben viele Fachkollegen wertvolle Unterstützung. Dafür sei ihnen herzlich gedankt, besonders Herrn Dipl.-Ing. ök. G. Hurop für die Durchsicht des gesamten Manuskripts. Dank gebührt aber auch dem Verlag, der dieses Vorhaben von Anfang an mit großem Interesse gefördert hat.

Freiberg

Prof. Dr. sc. techn. H. Schubert
Leiter des WB Mechanische Verfahrenstechnik und Aufbereitungstechnik an der Bergakademie Freiberg

Inhaltsverzeichnis

1 Abfälle, metallische Sekundärrohstoffe und ihre Bedeutung

Bei jedem Produktions- und Konsumtionsprozeß entstehen *Abfälle*. Es sind dies

- Teile von Arbeitsgegenständen, die im Produktionsprozeß nicht in das Produkt eingegangen sind, sowie
- Arbeits- und Konsumtionsmittel, die im Prozeß der produktiven und unproduktiven Konsumtion ihren Gebrauchswert ganz oder teilweise verloren haben.

In der Praxis hat sich für Abfälle auch die Bezeichnung *Abprodukte* eingebürgert. Diese Begriffsbildung ist jedoch abzulehnen, da die bei der Erzeugung von Produkten entstehenden Abfälle keinen Produktcharakter besitzen sondern als Nebenwirkung der Produktion anfallen [1].

Alle diese Abfälle besitzen aber noch einen potentiellen, in ihren Stoffeigenschaften verborgenen Gebrauchswert. Es muß deshalb Ziel der Volkswirtschaft sein, die Abfälle durch geeignete organisatorische und technische Maßnahmen wieder in den Stoffkreislauf zurückzuführen (Recycling). Mit ihrer Nutzung bzw. ihrer möglichen Verwertung werden die Abfälle oder einzelne ihrer Inhaltsstoffe wieder zu einem Rohstoff — dem *Sekundärrohstoff*.

Zu den volkswirtschaftlich bedeutendsten Sekundärrohstoffen gehören die *metallischen und metallhaltigen Sekundärrohstoffe*. Sie umfassen alle bei der Herstellung, Be- und Verarbeitung der Metalle entstehenden metallischen und metallhaltigen Abfälle sowie die aus der Nutzung ausscheidenden metallischen und metallhaltigen Erzeugnisse und metallhaltigen Rückstände, die dem Metallkreislauf erneut zugeführt werden können. Häufig werden jedoch die Abfälle, die bei der Metallerzeugung in der 1. und 2. Verarbeitungsstufe der Metallurgie und in den Gießereien entstehen und unmittelbar wieder eingesetzt werden, nicht den Sekundärrohstoffen zugeordnet. Dieses Prinzip findet in der DDR beispielsweise bei den Abfällen der NE-Metallurgie Anwendung, während die Abfälle der Schwarzmetallurgie den metallischen und metallhaltigen Sekundärrohstoffen zugerechnet werden.

Für die Klassifizierung der metallischen und metallhaltigen Sekundärrohstoffe bietet sich die im Bild 1 angegebene Gliederung an. Den wesentlichsten Bestandteil der metallischen und metallhaltigen Sekundärrohstoffe bilden die *Schrotte*. Sie umfassen den weitgehend in Form von Metallen vorliegenden Teil der metallischen und metallhaltigen Sekundärrohstoffe. Die metallhaltigen Sekundärrohstoffe unterteilt man zweckmäßigerweise noch danach, ob deren Metallinhalt in metallischer bzw. nichtmetallischer Form vorliegt. Zwischen beiden Gruppen der metallhaltigen Sekundärrohstoffe gibt es jedoch vielfältige Übergänge. Eine eindeutige Abgrenzung ist aber auch nicht immer zwischen dem Schrott und den

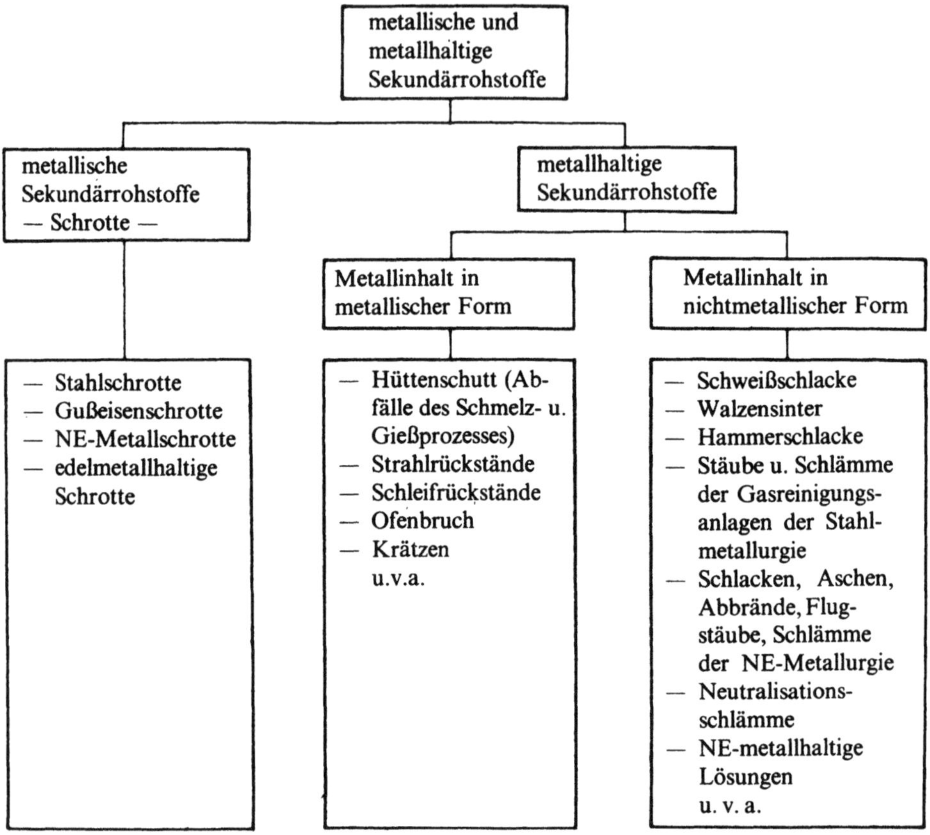

Bild 1. Gliederung der metallischen und metallhaltigen Sekundärrohstoffe

metallhaltigen Sekundärrohstoffen, deren Metallinhalt in metallischer Form vorliegt, möglich (z. B. bei Schleifrückständen).

Die *Nutzung der metallischen und metallhaltigen Sekundärrohstoffe* in der Volkswirtschaft ist an einige Voraussetzungen gebunden. Ihr Aufkommen muß ausreichend groß und für ihre Erfassung, Aufbereitung und Verwertung müssen entsprechende ökonomisch-organisatorische und wissenschaftlich-technische Möglichkeiten vorhanden sein. Die Intensität, mit der ein Einsatz der metallischen und metallhaltigen Sekundärrohstoffe angestrebt wird, hängt von vielen Einflußfaktoren ab. Als entscheidende *Einflußfaktoren* gelten die jeweiligen Bedingungen für die Bereitstellung der primären Rohstoffe, die sich langfristig verschlechtern (begrenztes Aufkommen bei gleichzeitig wachsendem Rohstoffbedarf, ansteigende Kosten für die geologische Erkundung und Erschließung der Lagerstätten, höhere Transportkosten, steigende Aufwendungen für den Umweltschutz, steigende Rohstoffpreise), und die materialökonomischen Vorteile bei der Nutzung der Sekundärrohstoffe. Besonders stimulierend für den steigenden Einsatz der metallischen und metallhaltigen Sekundärrohstoffe in der Metallurgie dürften sich die *materialökonomischen Vorteile* auswirken, die sich gegenüber dem Einsatz von Primärrohstoffen ergeben.

So werden durch den Einsatz der Sekundärrohstoffe

— langfristig der Rohstoffbedarf anteilig gedeckt
— der Gesamtaufwand für die Herstellung der Erzeugnisse durch Einsparung einer oder mehrerer Produktionsstufen verringert
— importierte Rohstoffe substituiert
— der spezifische Energieverbrauch für die Herstellung der Erzeugnisse gesenkt
— durch das Schließen der Metallkreisläufe die Umweltbelastung eingeschränkt.

Als besonders günstig hat sich von den metallischen und metallhaltigen Sekundärrohstoffen der Einsatz der metallischen Sekundärrohstoffe (Schrotte) erwiesen.

Die in ihnen enthaltenen Metalle besitzen eine Konzentration, die häufig ein Vielfaches der entsprechenden primären Rohstoffe beträgt. Außerdem enthalten die Metalle und Legierungen der Schrotte nur einen sehr geringen Anteil an nichtmetallischen und metallischen Verunreinigungen. Deshalb kann die Verarbeitung der Schrotte meist auf einem technologisch bedeutend kürzeren, energiesparenden und damit kostengünstigeren Weg als die Metallproduktion aus Primärrohstoffen erfolgen. Das äußert sich u. a. darin, daß die spezifischen Selbstkosten und die spezifischen Investitionskosten für die Erzeugung von NE-Metallen aus Schrotten um das Mehrfache unter denen liegen, die sich auf der Grundlage von Primärrohstoffen ergeben [2]. Auch der *spezifische Energieaufwand* ist für die Herstellung von Erzeugnissen aus reinen Schrotten deutlich niedriger als bei Verwendung von Primärrohstoffen [3] bis [8]. Das ist auf den in den Schrotten gespeicherten Energieinhalt zurückzuführen. Mit steigendem Schrottanteil bei der Stahlerzeugung sinkt deshalb auch der spezifische Energieverbrauch (Bild 2). Bemerkenswerte Energieeinsparungen ergeben sich ebenfalls bei der Verarbeitung von Aluminiumschrotten (Bild 3a). Demgegenüber sind die Energieeinsparungen bei der Verarbeitung von Kupferschrotten deutlich geringer, da diese häufig verunreinigt sind und dadurch nur auf einem relativ niedrigen Energieniveau wieder eingesetzt werden können (Bild 3b).

Den sich beim Einsatz von Schrotten ergebenden Vorteilen stehen jedoch auch einige *Nachteile* gegenüber. So sind die Anfallorte der Schrotte sehr zahlreich und

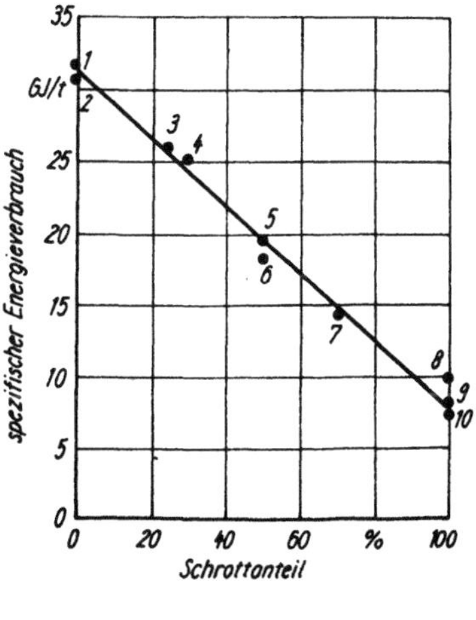

Bild 2. Spezifischer Energieverbrauch für die Stahlherstellung nach unterschiedlichen Verfahren [3]
(*1*) Hochofen/LD-Konverter (Erzkühlung);
(*2*) Elektroofen/100% Eisenschwamm; (*3*) Hochofen/LD-Konverter (Erz-Schrott-Kühlung); (*4*) Hochofen/LD-Konverter (Schrottkühlung); (*5*) Elektroofen/50% Eisenschwamm; (*6*), (*7*) Hochofen/Siemens-Martin-Ofen mit Sauerstoff; (*8*) Heißwindkupolofen/LD-Konverter (Schrottkühlung);
(*9*) Elektroofen/100% Schrott; (*10*) Siemens-Martin-Ofen mit Sauerstoff

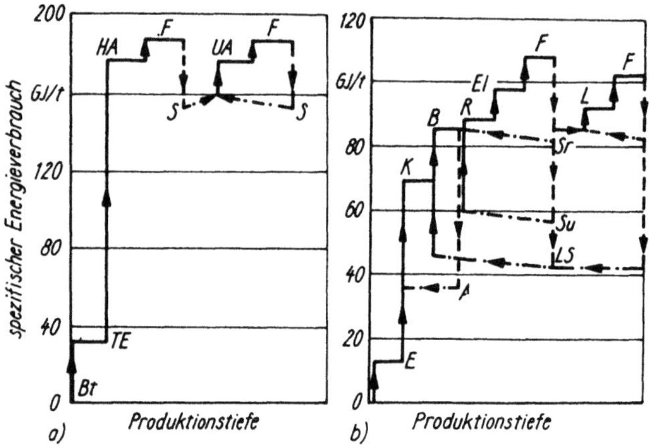

Bild 3. Spezifischer Energieverbrauch und Energieniveau der einzelnen Produktionsstufen für Aluminium (a) und Kupfer (b) [4]
Bt Bauxit; *TE* Tonerde; *HA* Hüttenaluminium; *F* Fertigprodukt; *S* Schrott; *UA* Umschmelzaluminium
E Erz; *A* Asche, Schlacke; *K* Konzentrat; *B* Blisterkupfer; *R* Raffinadekupfer; *El* Elektrolytkupfer; *Sr* reiner Schrott; *Su* verunreinigter Schrott; *LS* Kupferlegierungsschrott; *L* Kupferlegierung

weit verstreut. In der DDR gibt es etwa 40000 Schrottanfallstellen. Das erfordert einen hohen Erfassungs-, Lagerungs- und Transportaufwand. Des weiteren zeigt sich die Tendenz eines verstärkten Einsatzes von Werkstoffkombinationen sowie einer Miniaturisierung eines Teils der Erzeugnisse. Das führt zu Verbindungsverhältnissen der Metallkomponenten, die gegenüber den Verwachsungsverhältnissen der Erzminerale wesentlich schlechter sein können.

Die insgesamt jedoch deutlich überwiegenden Vorteile äußern sich in dem beachtlich hohen Anteil der aus Schrott erzeugten Metallmenge in den Industrieländern. Eine Nutzung der Schrotte ist aber im Anfallzustand meist nicht möglich. Die physikalische Beschaffenheit und Zusammensetzung der Schrotte entsprechen meist nicht den Anforderungen der verarbeitenden Industrie. Die Schrotte müssen deshalb im allgemeinen einer Aufbereitung unterzogen werden.

Unter der *Schrottaufbereitung* soll die erste Verarbeitungsstufe der Schrotte mit dem Ziel verstanden werden, metallurgisch absetzbare Produkte zu erzeugen. Für die Lösung dieser Aufgabe bedient man sich verschiedener Prozesse und Verfahren der Aufbereitungstechnik. Dabei ist es häufig möglich, Erfahrungen aus der Aufbereitung mineralischer Rohstoffe zu nutzen. Zwischen der Aufbereitung mineralischer Rohstoffe und der Schrottaufbereitung bestehen deshalb vielfältige, z. T. sehr enge Beziehungen.

2 Metallkreislauf und Schrottaufkommen

2.1. Metallkreislauf

Die Herstellung von metallischen und metallhaltigen Erzeugnissen auf der Grundlage primärer Rohstoffe erfordert eine Produktionskette, beginnend von der geologischen Erkundung über die bergmännische Gewinnung, die Aufbereitung, die Metallerzeugung bis zur Herstellung der entsprechenden Endprodukte. Der damit verbundene Metallfluß ist durch folgende Merkmale gekennzeichnet [9]:

- Der verwertbare Metallinhalt verringert sich in den einzelnen Produktionsstufen erheblich. Die Masse des Endprodukts beträgt nur ein Teil des bergmännisch gewonnenen Metallinhalts;
- in allen Verfahrensstufen sind unterschiedlich große Metallverluste unvermeidlich;
- die Endprodukte können nach ihrer produktiven bzw. unproduktiven Konsumtion selbst wieder zum Ausgangsstoff für die Metallherstellung werden. Damit entstehen Metallkreisläufe.

Einen *Metallkreislauf* zeigt schematisch Bild 4. Er gliedert sich in mehrere Phasen [10], [11]. In der ersten Phase werden die primären Rohstoffe (Erze) bergmännisch gewonnen, gefördert und aufbereitet. Die erzeugten Konzentrate werden in der zweiten Phase verhüttet. Die dabei entstehenden Metalle werden Bestandteil des *Metallfonds* der Volkswirtschaft, der sich im Produktionsprozeß befindet und bis zur Fertigstellung der Erzeugnisse vielfältige Prozesse durchläuft. Die beim Vergießen des Rohmetalls zu Blöcken entstehenden Schrotte (Gießknochen, Überlaufeisen, Eisensauen u. a.) sowie die Schlacken, Aschen und anderen Rückstände des Verhüttungsprozesses mit ausreichendem Metallinhalt werden unmittelbar wieder in den Prozeß der Metallerzeugung zurückgeführt.

Die in der 2. Phase erzeugten Metalle und Legierungen werden nachfolgend z. B. zu Walzerzeugnissen (Bänder, Bleche, Draht) oder Gußerzeugnissen weiterverarbeitet. Der dabei entstehende Schrott kann wegen seiner einheitlichen Zusammensetzung meist unmittelbar wieder eingesetzt werden. Die in dieser dritten Phase erzeugten Produkte werden in der vierten und fünften Phase zu Bauelementen und Baugruppen bzw. Maschinen, Apparaten, Baukonstruktionen, Gebrauchsgegenständen u. a. verarbeitet. Die in der metallverarbeitenden Industrie und im Bauwesen anfallenden Schrotte gehen, wenn sie eine ausreichende Qualität besitzen, in die dritte Phase oder bei Vorliegen einer uneinheitlichen Zusammensetzung in die zweite Phase zurück.

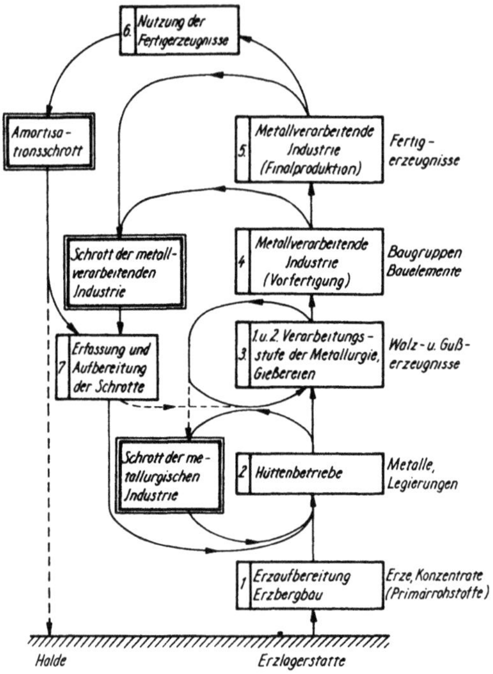

Bild 4. Metallkreislauf, schematisch

Die sechste Phase umfaßt die Nutzung der Maschinen, Apparate, Gebrauchsgegenstände sowie der Gebäude und Anlagen in der produktiven bzw. unproduktiven Konsumtion. Der Metallinhalt der Erzeugnisse wird nunmehr Bestandteil des sich in der Nutzung befindenden Teils des Metallfonds der Volkswirtschaft.

Nach entsprechender Nutzungsdauer der Erzeugnisse tritt ihr physischer und/oder moralischer Verschleiß ein. Da die aus der Nutzung ausscheidenden Erzeugnisse wegen ihres Metallinhalts jedoch noch einen Gebrauchswert besitzen, werden diese erfaßt, gelagert und für den Wiedereinsatz in der Metallurgie vorbereitet (7. Phase). Nur ein Teil der aus der Nutzung ausscheidenden Erzeugnisse verläßt zeitweilig oder auch endgültig den Bestand des Metallfonds, da gegenwärtig entsprechende Verfahren zur Rückgewinnung des Metallinhalts aus den Erzeugnissen fehlen bzw. eine Erfassung und Aufbereitung ökonomisch nicht gerechtfertigt erscheinen. Im Rahmen des Metallkreislaufs ist damit gesichert, daß der gesamte Metallinhalt, abgesehen von den Metallverlusten und dem nicht rückgewinnbaren Metallinhalt, einen Kreislauf vollführt und damit wieder genutzt werden kann.

Während des Kreislaufs der Metalle entstehen in den einzelnen Phasen unterschiedliche *Arten von Schrotten.* Diese lassen sich zu folgenden Gruppen zusammenfassen:

a) *Schrotte der metallurgischen Industrie*, die bei der Metallerzeugung, in der 1. und 2. Verarbeitungsstufe der Metallurgie sowie in den Gießereien entstehen (Neuschrotte der metallurgischen Industrie)
b) *Schrotte der metallverarbeitenden Industrie* und des Bauwesens (Neuschrotte der metallverarbeitenden Industrie)
c) *Amortisationsschrotte* (Altschrotte).

Der häufig angewendete Begriff des *Eigenanfalls* (Eigenentfalls) der Stahl- und Walzwerke sowie Gießereien umfaßt neben den Neuschrotten der Metallurgie noch die Schrotte der dem metallurgischen Betrieb zugeordneten metallverarbeitenden Betriebe sowie den eigenen Amortisationsschrott.

Neben den Schrotten entstehen während des Metallkreislaufs metallhaltige Sekundärrohstoffe, wie Schlacken, Krätzen, Aschen, Schlämme, und z. T. beachtlich hohe Metallverluste. Sind die sich bildenden Schrotte, metallhaltigen Sekundärrohstoffe und Metallverluste in ihrem Umfang bekannt, so ist es auf der Grundlage der in den Metallkreislauf eingehenden Metallinhalte möglich, Aussagen über die Bildung und Größe des Metallfonds in der Volkswirtschaft und den rückgewinnbaren Anteil an Schrott zu treffen. Eingehende Kenntnisse über den Kreislauf der Metalle in der Volkswirtschaft sind damit eine wesentliche Voraussetzung für die Ermittlung des Schrottaufkommens.

Eine sehr detaillierte Untersuchung des *Eisenkreislaufs* (Bild 5) wurde von Zusman [13] für die UdSSR durchgeführt. Bezogen auf 1 t Eisen im Ausgangsrohstoff der metallurgischen Prozesse (unter Berücksichtigung der entsprechenden Verhältnisse zwischen Eisenerz, Schrott und den anderen eingesetzten Rohstoffen), ermittelte man alle entstehenden Schrotte (einschließlich der metallhaltigen Sekundärrohstoffe) und Metallverluste, die während des Metallkreislaufs entstehen. So bildeten sich im Jahr 1975 bei der Roheisen-, Stahl-, Stahlguß- und Gußeisenproduktion sowie in den Walzwerken 221 kg Schrott/t Eisen (Tabelle 1; Bild 6). Die Metallverluste in Höhe von 57 kg/t Eisen werden auf die unvollkommene Erfassung der Gichtstäube, Sinter- und Schweißschlacken, die Abbrandverluste, die Eiseninhalte der Schlacken, die Verluste beim Putzen der Gußerzeugnisse u. a. zurückgeführt. In der metallverarbeitenden Industrie sowie im Bauwesen fielen Schrotte in Höhe von 162 kg/t Walz- und Gußerzeugnisse bzw. 117 kg/t Eisen an. Die während der Be- und Verarbeitungsprozesse der Walz- und Gußerzeugnisse entstandenen Metallverluste von 26 kg/t Walz- und Gußerzeugnisse sind insbesondere auf die unvollständige Erfassung der Schrotte und des bei der Wärmebehandlung entstehenden Zunders sowie auf die Oxydation der Späne und dünnwandigen Blechabfälle bei der Lagerung, der Beizbehandlung der Metalle u. a. zurückzuführen. Bis zur Fertigstellung der Erzeugnisse entstanden damit aus 1 t Eisen im Ausgangsrohstoff der metallurgischen Prozesse 338 kg Schrott und 76 kg Metallverluste. In den Bereich der produktiven und unproduktiven Konsumtion gingen 586 kg/t Eisen über.

Durch Korrosion und Verschleiß (Abrasion) der gefertigten Erzeugnisse gehen jährlich jeweils $\approx 0{,}5\,\%$ des Metallinhalts der Erzeugnisse verloren. Bei einer mittleren Nutzungsdauer der schnell verschleißenden Teile von 3 bis 4 Jahren und einer mittleren Nutzungsdauer der Fertigerzeugnisse von 13 bis 14 Jahren entstehen damit Metallverluste von 8,5 % des Eiseninhalts.

Der nach der Nutzung der Erzeugnisse verbliebene Eiseninhalt von 536 kg/t Eisen kann jedoch nicht vollständig als Schrott zurückgewonnen werden. Zusman geht davon aus, daß 16 bis 21 % in einer solchen Form vorliegen (Stahl im Beton, Metallkonstruktionen in untertägigen Bergbaubetrieben, metallhaltige Gebrauchsgegenstände im abgelagerten Müll u. v. a.), die eine Wiedergewinnung ausschließt. Des weiteren wird eingeschätzt, daß beim Transport und der Aufbereitung der erfaßten Schrotte Verluste von $\approx 2\,\%$ auftreten. Damit ergeben sich aus 1 t Eisen

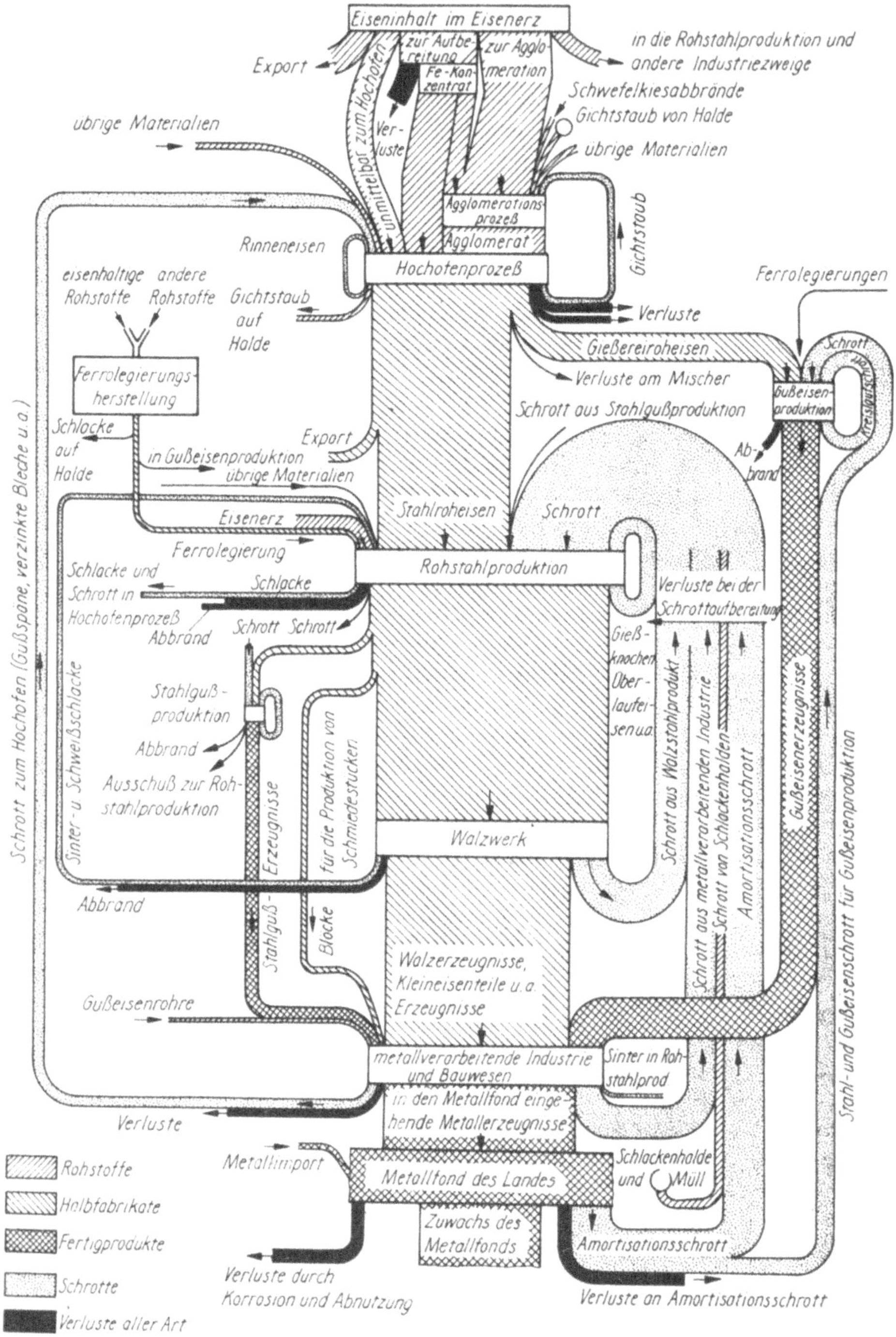

Bild 5. Metallkreislauf für Stahl und Gußeisen (gegenüber [12] etwas verändert)

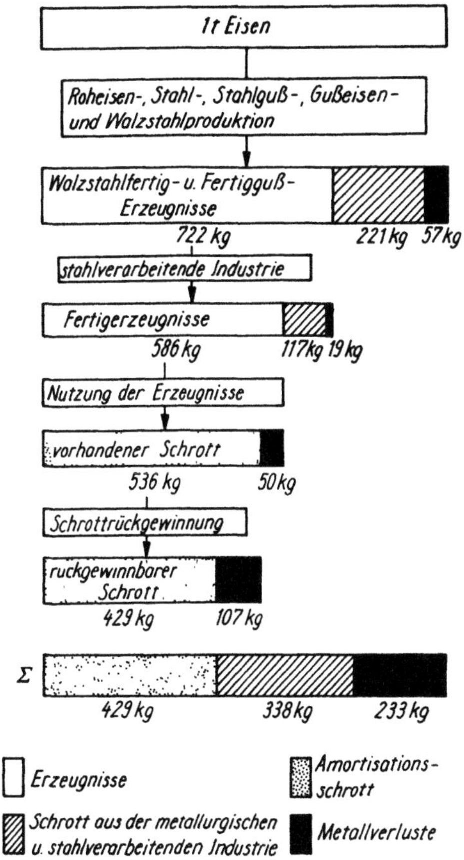

Bild 6. Eisenbilanz von der Roheisenerzeugung bis zur Schrottrückgewinnung für die UdSSR bezogen auf 1 t Eisen im Ausgangsrohstoff der metallurgischen Prozesse (nach Angaben der Tabelle 1)

im Ausgangsrohstoff der metallurgischen Prozesse nur 429 kg rückgewinnbarer Amortisationsschrott. Berücksichtigt man jedoch einen mehrfachen Umlauf der Schrotte aus der Roheisen-, Stahl-, Stahlguß-, Gußeisen- und Walzstahlproduktion sowie aus der metallverarbeitenden Industrie, so erhöht sich die rückgewinnbare Schrottmenge auf 656 kg/t Eisen (Tabelle 1). Die im Metallkreislauf entstehenden Eisenverluste betragen dann entsprechend 344 kg/t Eisen.

Zu grundsätzlich ähnlichen Ergebnissen dürfte man auch in der DDR gelangen. Allerdings ist ein etwas höherer spezifischer Schrottanfall in der metallverarbeitenden Industrie zu erwarten. Einige Angaben zum Metallkreislauf der Schnellarbeitsstähle in der DDR sind in den Arbeiten von Vocke [14] und Oppermann [15] zu finden.

Die bisher in den kapitalistischen Industrieländern durchgeführten Untersuchungen zum Metallkreislauf des Stahls und Gußeisens lieferten im allgemeinen nur Werte, die eine überschlägliche Rechnung ermöglichen [13], [16] bis [18]. Nach Schauwinhold [18] fallen in der BRD $\approx 30\%$ der Rohstahlerzeugung als Schrotte der metallurgischen und metallverarbeitenden Industrie an. Etwa 48% der Rohstahlerzeugung können nach entsprechender Nutzungsdauer der Erzeugnisse wieder gewonnen werden, und $\approx 22\%$ gehen unwiederbringlich verloren.

Tabelle 1. Schrottanfall und Metallverluste von der Roheisenerzeugung bis zur Schrottrückgewinnung [13]

a) ohne Berücksichtigung eines wiederholten Einsatzes der anfallenden Schrotte

	Produktion				Konsumtion	Rückgewinnung	Produktion, Konsumtion, Rückgewinnung insg.
	Hochofen, Stahl- u. Walzwerke, Gießereien [kg/t Fe][1])	metallverarbeitende Industrie [kg/t Fe][1])	metallverarbeitende Industrie [kg/t Walz- u. Gußerzeugnisse]	Herstellung der Fertigerzeugnisse, insg. [kg/t Fe][1])	Nutzung der Fertigerzeugnisse [kg/t Fe-Inhalt im Fertigerzeugnis]	rückgewinnbarer Schrott [kg/t verbliebener Fe-Inhalt der Fertigerzeugnisse]	[kg/t Fe][1])
nutzbares Metall	722	586	812	586	915	800	429
Schrott	221	117	162	338	—	—	338
Metallverlust	57	19	26	76	85	200	233
Summe	1000	722	1000	1000	1000	1000	1000

b) unter Berücksichtigung eines wiederholten Einsatzes der anfallenden Schrotte

nutzbares Metall	927	898	970	898	915	800	656
Metallverlust	73	29	30	102	85	200	344
Summe	1000	927	1000	1000	1000	1000	1000

[1]) kg/t Eisen im Ausgangsrohstoff der metallurgischen Prozesse

Die vielfältigen Verfahrensschritte zur Herstellung, Be- und Verarbeitung der *NE-Metalle* sowie ihre meist sehr differenzierte Verbrauchsstruktur führen im allgemeinen auch zu sehr umfangreichen, schwer überschaubaren Metallkreisläufen. Ihre detaillierte Untersuchung erscheint aber sehr wesentlich, da damit die im Metallkreislauf entstehenden Verluste aufgeklärt und ggf. neue Schrottaufkommensquellen gefunden werden können. Einen stark vereinfachten *Aluminium-Kreislauf* für die DDR zeigt Bild 7. Dabei wird deutlich, daß nur ≈20% des für die Volkswirtschaft notwendigen Aluminiums aus Schrott gewonnen werden kann (ohne Berücksichtigung der Schrotte aus den Hütten- und Halbzeugwerken). Der Beitrag des Amortisationsschrotts beträgt nur 10% des Aluminiumverbrauchs.

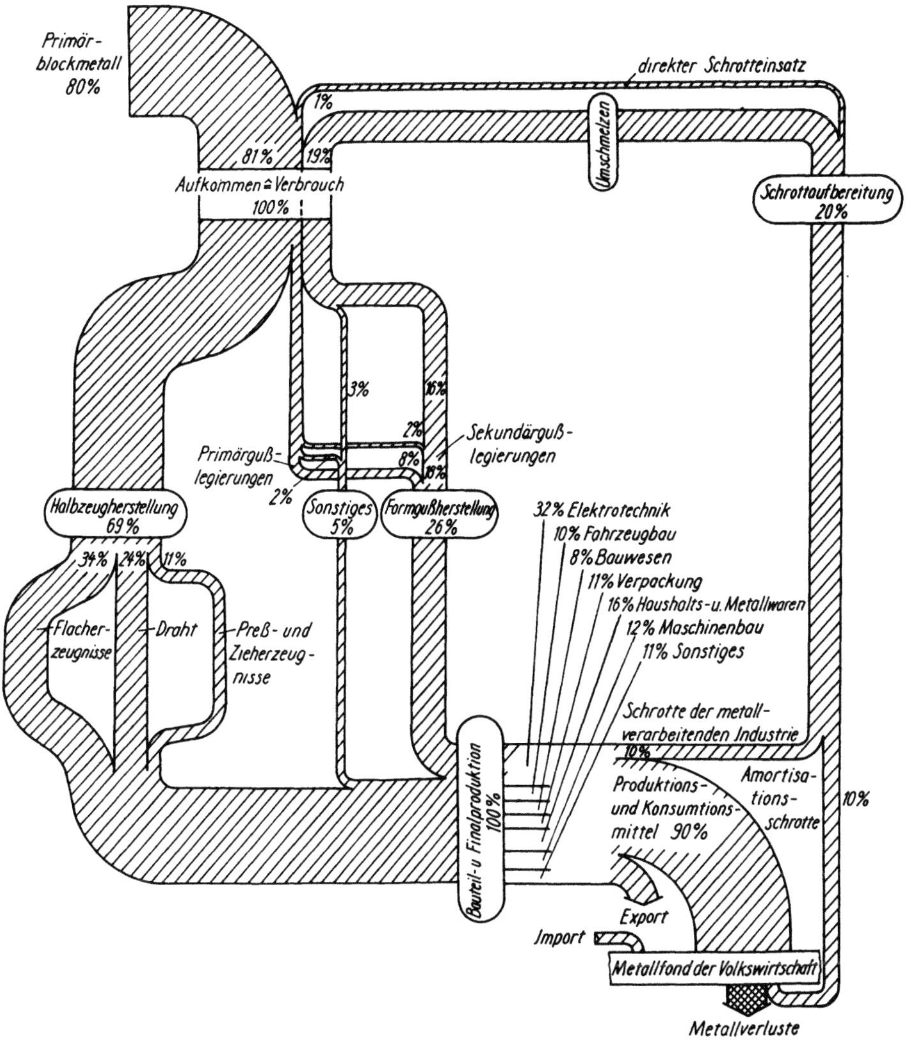

Bild 7. Aluminiumkreislauf in der DDR im Jahre 1980, vereinfacht (Aluminium-Gesamtverbrauch gleich 100% gesetzt) [19]

Über die während des Aluminiumkreislaufs auftretenden Verluste gibt es sehr unterschiedliche Angaben [19] bis [22]. Als Verlustquellen gelten besonders der Aluminiumeinsatz für Reduktionsaluminium, Pulver und Pasten, die Korrosionsverluste sowie die Verluste durch Verpackungsmaterialien (Folien, Konservendosen u. a.), Haushaltsgegenstände, kleine Maschinenbauteile u. a., die in den Müll gelangen. Außerdem dürfte ein beachtlicher Aluminiuminhalt in anderen Schrotten (z. B. in Stahlschrotten) enthalten sein und damit verlorengehen.

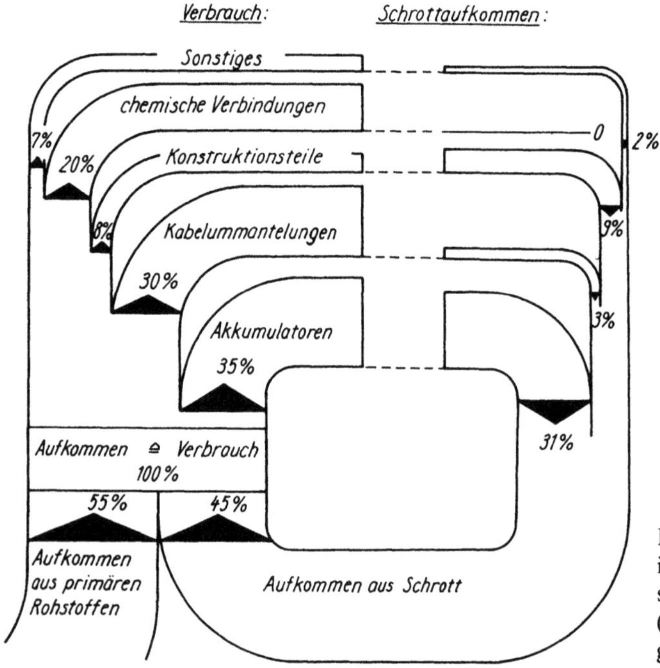

Bild 8. Bleikreislauf in der DDR im Jahre 1975, stark vereinfacht (Blei-Gesamtverbrauch gleich 100% gesetzt) [23]

Für eine Untersuchung des Metallkreislaufs getrennt nach den einzelnen Einsatzgebieten eignet sich vor allem *Blei*, da dessen Einsatz sich auf wenige große Einsatzgebiete beschränkt (Bild 8). Dabei wird deutlich, daß der Bleiinhalt der Akkumulatoren weitestgehend wieder zurückgeführt wird und der der chemischen Verbindungen vollständig verlorengeht [23] bis [26]. Untersuchungen zum Kreislauf des Kupfers führten Gretsch [4] und Bever [26] durch.

2.2. Schrottaufkommen

Im Rahmen der Rohstoffbereitstellung der Industrieländer besitzen die Schrotte und metallhaltigen Sekundärrohstoffe eine große Bedeutung. Das trifft besonders für Länder zu, die, wie die DDR, nur wenige für den Abbau geeignete Erzlagerstätten besitzen (Tabelle 2). Es ist deshalb notwendig, die in der metallurgischen und metallverarbeitenden Industrie entstehenden Schrotte und metallhaltigen Sekundärrohstoffe sowie die Amortisationsschrotte vollständig zu erfassen.

Tabelle 2. Rohstoffaufkommen der DDR (in %) [27]

	Inlandaufkommen		Importe (Erze, Schrotte, Metalle, Halbzeuge u. a.)
	Erze	Schrotte u. metallhaltige Sek.-rohstoffe	
Rohstahl	—	66	34
Kupfer	15	37	48
Blei	—	46	54
Zink	—	20	80
Aluminium	—	19	81

Bei einer Wertung der drei Schrottarten hinsichtlich ihrer Bedeutung für die Rohstoffwirtschaft muß künftig jedoch differenzierter vorgegangen werden [28]. Bisher wird im allgemeinen nur die Summe der jährlich anfallenden Schrotte gebildet und auf den Metallverbrauch der metallurgischen oder metallverarbeitenden Industrie bzw. auf die Metallproduktion bezogen. Die so gewonnenen Zahlenwerte erlauben jedoch keine Aussagen zur tatsächlichen, infolge des Schrotteinsatzes erreichten Primärmetalleinsparung. Diese können nur auf der Grundlage des Aufkommens an Amortisationsschrott getroffen werden. Bild 9 zeigt, daß eine Verringerung des Amortisationsschrottaufkommens nur durch einen zusätzlichen Einsatz von Primärrohstoffen kompensiert werden kann. Demgegenüber führt eine Verringerung des Anfalls an Schrotten der metallurgischen und metallverarbeitenden Industrie (bei konstantem Metallverbrauch für die Finalerzeugnisse) zu keiner Änderung der übrigen Bilanzgrößen. Das heißt allerdings nicht, daß nicht auch die Schrotte der metallurgischen und metallverarbeitenden Industrie weitestgehend verlustlos zurückgeführt werden müssen, denn dabei entstehende Verluste können ebenfalls nur durch Primärrohstoffe ersetzt werden. Aber das darf nicht dazu führen, daß diese Schrotte als Beitrag zur Rohstoffsicherung gewertet werden.

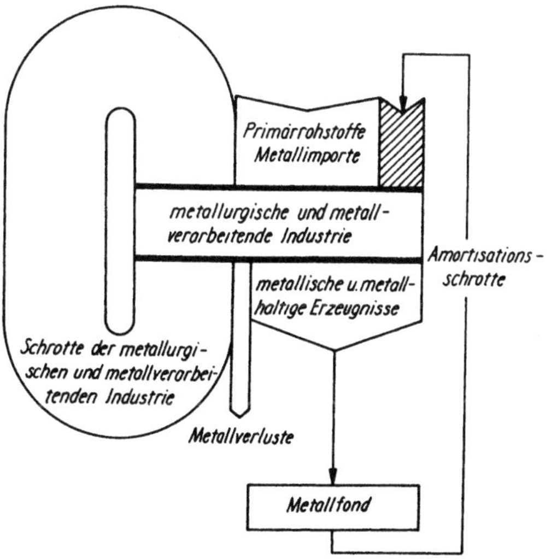

Bild 9. Metallkreislauf, stark vereinfacht (Die Breite der Balken entspricht etwa den Verhältnissen bei Stahl in der DDR)

Die kurz-, mittel- und langfristige Rohstoffplanung der Volkswirtschaft, die Entwicklung und der Bau von Schrottaufbereitungs- und -verarbeitungsanlagen u. a. erfordern eingehende Kenntnisse über das zu erwartende qualitative und quantitative Schrottaufkommen. Der gegenwärtige Kenntnisstand kann diesbezüglich noch nicht befriedigen, da gegenüber den primären Rohstoffen diesem Sachverhalt bisher nicht die notwendige Aufmerksamkeit geschenkt wurde. Allerdings erfordert eine Vorausberechnung des Schrottaufkommens die Bearbeitung sehr vielfältiger Aufgaben, die nur schrittweise bewältigt werden können. Dabei ist es notwendig, das Schrottaufkommen getrennt für die Neuschrotte der metallurgischen Industrie, die der metallverarbeitenden Industrie sowie für die Amortisationsschrotte zu ermitteln. Das *gesamte Schrottaufkommen* $S_{Ges.}$ ergibt sich dann aus:

$$S_{Ges.} = S_M + S_V + S_A \tag{1}$$

S_M Neuschrotte der metallurgischen Industrie
S_V Neuschrotte der metallverarbeitenden Industrie
S_A Amortisationsschrotte

Auf der Grundlage des gegenwärtig vorhandenen Datenmaterials ist es im allgemeinen möglich, das Neuschrottaufkommen der metallurgischen und metallverarbeitenden Industrie zu ermitteln. Für detaillierte und langfristige Angaben sind jedoch noch umfangreiche Untersuchungen erforderlich. Die bisher entwickelten Methoden für die Bestimmung des Amortisationsschrottaufkommens erlauben vorläufig aber nur überschlägliche Betrachtungen. Genauere Angaben erfordern einen hohen Aufwand für die Bereitstellung des notwendigen Datenmaterials. Die bisher häufig für die Vorausberechnung des Schrottaufkommens angewendeten Trendextrapolationen sind vor allem für mittel- und langfristige Zeiträume ungeeignet. Auf die einzelnen Möglichkeiten der Aufkommensermittlung soll nachfolgend eingegangen werden.

2.2.1. Neuschrotte der metallurgischen Industrie

Die Neuschrotte der metallurgischen Industrie entstehen in den Hütten- und Stahlwerken, den Gießereien sowie in den Walzwerken, Preß- und Schmiedeabtei-

Tabelle 3. Gliederung des Stahlschrottaufkommens (in %) nach Aufkommensquellen für verschiedene Länder

Aufkommensquellen	DDR (1979)	UdSSR[1]) (1978) [29]	BRD (1975) [30], [39]
Schrott der metallurgischen Industrie	41	46	47
Schrott der metallverarbeitenden Industrie	28	20	22
Amortisationsschrott	31	34[2])	31

[1]) einschl. der Gußeisenschrotte
[2]) einschl. 2,4% aus der Aufbereitung von Schlacken

lungen. Ihr Anteil am gesamten Stahlschrottaufkommen beträgt in den Industriestaaten mit größerer Stahlproduktion 45 bis 50% mit abnehmender Tendenz (Tabelle 3). In der NE-Metallurgie werden diese Schrotte im Rahmen des Schrottaufkommens nicht ausgewiesen.

Das Neuschrottaufkommen der metallurgischen Industrie ist von der Produktionsmenge an Metallen und Legierungen, vom Import an Blöcken und Halbzeugen, von der Produktionsstruktur der metallurgischen Erzeugnisse, vom spezifischen Schrottanfall bei der Herstellung der Erzeugnisse u. a. Faktoren abhängig. Ausgehend von den herzustellenden Erzeugnissen bzw. Erzeugnisgruppen wird das *Neuschrottaufkommen der Metallurgie* S_M im Jahr t wie folgt ermittelt:

$$S_M(t) = \sum_{EG=1}^{n} a_{EG}(t)\, M_{EG}(t) \qquad (2)$$

EG Erzeugnis bzw. Erzeugnisgruppe
$a_{EG}(t)$ spezifischer Schrottanfall in der Metallurgie bei der Herstellung des Erzeugnisses bzw. der Erzeugnisgruppe im Jahr t
$M_{EG}(t)$ Metallverbrauch an Vormaterial für die Herstellung des Erzeugnisses bzw. der Erzeugnisgruppe im Jahr t

Der spezifische Schrottanfall a_{EG} für ein Erzeugnis bzw. eine Erzeugnisgruppe ergibt sich aus:

$$a_{EG} = \frac{M_{EG} - M_{F(EG)}}{M_{EG}} (1 - f_{v(EG)}) \qquad (3)$$

$M_{F(EG)}$ Metallinhalt des fertigen Erzeugnisses bzw. der Erzeugnisgruppe
$f_{v(EG)}$ Verlustfaktor, der die unwiederbringlichen Metallverluste bei der Herstellung des Erzeugnisses bzw. der Erzeugnisgruppe und bei der Erfassung des entstandenen Neuschrotts berücksichtigt

$$f_{v(EG)} = \frac{U_{EG}}{M_{EG} - M_{F(EG)}} \qquad (4)$$

U_{EG} unwiederbringliche Metallverluste

bzw. aus:

$$a_{EG} = \frac{S_{EG}}{M_{EG}} \qquad (5)$$

S_{EG} Schrottanfall bei der Herstellung des Erzeugnisses bzw. der Erzeugnisgruppe

Es ist in der Metallurgie jedoch auch üblich, den spezifischen Schrottanfall bezogen auf das Fertigprodukt anzugeben (z. B. kg Schrott/t Walzstahlproduktion).

Die *Ermittlung des Schrottaufkommens* erfordert eingehende Kenntnisse über den Schrottanfall in den einzelnen metallurgischen Verfahrensstufen, getrennt für die verschiedenen metallurgischen Erzeugnisse. Das bei der Herstellung der Erzeugnishauptgruppen der Schwarzmetallurgie entstehende anteilige und spezifische Schrottaufkommen zeigt Tabelle 4 Innerhalb der einzelnen Erzeugnisgruppen bestehen dabei im spezifischen Schrottanfall noch deutliche Unterschiede. Diese sind z. B.

Tabelle 4. Stahl- und Gußeisenschrottaufkommen in der metallurgischen Industrie der UdSSR [31]

Produktion	Schrottaufkommen	
	Anteil [%]	spez. Schrottanfall [kg/t Erzeugnis]
Roheisen	1	4
Rohstahl	12	33
Stahlgußerzeugnisse	7	518
Gußeisenerzeugnisse	14	320
Walzerzeugnisse	61	212
Stahlrohre	3	83
Kleineisenteile	1	58
übrige schwarzmetallurgische Erzeugnisse	1	39

bei der Herstellung der Walzerzeugnisse auf unterschiedliche Walzwerksausrüstungen, nicht vergleichbares Vormaterial, ein unterschiedliches Sortiment an Fertigerzeugnissen u. a. zurückzuführen. Umfangreiche Angaben zum Schrottaufkommen bei der Herstellung der verschiedenen schwarzmetallurgischen Erzeugnisse finden sich besonders in der sowjetischen Fachliteratur [32] bis [35]. Entsprechende Werte bei der Herstellung von NE-Metallerzeugnissen (Walz- und Gußerzeugnisse, Kabel) sind in den Arbeiten von Avraškov [36] und Jakovleva [37] enthalten.

Unter Berücksichtigung der Erzeugnisstruktur der Metallurgie, des Metallverbrauchs für die verschiedenen Erzeugnisse und Erzeugnisgruppen sowie des spezifischen Schrottanfalls für ihre Herstellung ist es möglich, den *mittleren spezifischen Schrottanfall der metallurgischen Industrie* zu ermitteln. In der Stahlmetallurgie wird der mittlere spezifische Stahlschrottanfall im allgemeinen auf 1 t Rohstahl bezogen angegeben. Das *Stahlschrottaufkommen der gesamten metallurgischen Industrie* $S_{M(Stahl)}$ im Jahr t ergibt sich dann aus:

$$S_{M(Stahl)}(t) = a_{Stahl}(t)\; M_{Stahl}(t) \tag{6}$$

$a_{Stahl}(t)$ mittlerer spezifischer Stahlschrottanfall der Metallurgie im Jahr t
$M_{Stahl}(t)$ Rohstahlerzeugung im Jahr t

Für die führenden Industrieländer liegt der mittlere spezifische Stahlschrottanfall der Metallurgie zwischen 190 und 230 kg/t Rohstahl (s. a. Bild 6) [16], [38], [39]. Bei einem hohen Stranggußanteil an der Rohstahlerzeugung verringert sich der mittlere spezifische Stahlschrottanfall bis auf 170 kg/t Rohstahl [30].

Die künftige Entwicklung des Schrottaufkommens bei der Herstellung schwarzmetallurgischer Erzeugnisse wird von zwei gegenläufigen Tendenzen geprägt. Zu einer Verminderung des Schrottaufkommens führen insbesondere die verstärkte Anwendung des Stranggußverfahrens, der erhöhte Anteil von Halbfabrikaten bei der Produktion von Blechen und Rohren, der Einsatz längerer Brammen und Knüppel sowie die Anwendung von Prozeßrechnern für die Prozeßüberwachung des

Schneidens der Halbzeuge auf bestimmte Abmessungen. In gleicher Weise wirken Verbesserungen in der Wägetechnik, der Analytik und der Verfahrensautomatisierung. Demgegenüber führen die zunehmenden Anteile an Flachprodukten, Rohren, kaltgewalzten und gezogenen Produkten sowie von Qualitätsstählen zu einer Vergrößerung des Schrottaufkommens. Insgesamt wird eingeschätzt, daß es langfristig zu einem weiteren Absinken des Schrottaufkommens bei der Herstellung schwarzmetallurgischer Erzeugnisse kommen wird.

2.2.2. Neuschrotte der metallverarbeitenden Industrie

Die Schrotte der metallverarbeitenden Industrie (einschließlich des Bauwesens) entstehen bei der Verarbeitung von Walzmaterial, Halbzeugen und Gußerzeugnissen. Ihr Anteil am gesamten Schrottaufkommen beträgt bei Stahl international meist ≈20%, in der DDR ≈28% (Tabelle 3). Er liegt damit unter dem des Amortisationsschrotts. Demgegenüber ist international bei den NE-Metallen der Anteil des Verarbeitungsschrotts höher als der des Amortisationsschrotts (außer bei Blei) [2], [22], [36].

Das Schrottaufkommen in der metallverarbeitenden Industrie wird entscheidend von der Produktionsstruktur der Industriezweige, der Verbrauchsstruktur der eingesetzten metallurgischen Erzeugnisse und den angewendeten Verarbeitungstechnologien bestimmt. Ausgehend von den herzustellenden Erzeugnissen bzw. Erzeugnisgruppen ergibt sich das *Neuschrottaufkommen der metallverarbeitenden Industrie* S_V im Jahr t aus:

$$S_V(t) = \sum_{EG=1}^{n} b_{EG}(t)\, M_{EG}(t) \tag{7}$$

$b_{EG}(t)$ spezifischer Schrottanfall in der metallverarbeitenden Industrie bei der Herstellung des Erzeugnisses bzw. der Erzeugnisgruppe im Jahr t

Die entsprechenden Werte für den spezifischen Schrottanfall und die Verlustfaktoren können mit den Gln. (3) bis (5) berechnet werden. Für einige Industriebereiche der DDR ist der spezifische Schrottanfall in Tabelle 5 angegeben. Weitere,

Tabelle 5. Spezifischer Stahlschrottanfall in ausgewählten Industriebereichen der metallverarbeitenden Industrie in der DDR [34]

Industriebereich	spezifischer Schrottanfall [kg/t Walzstahl]
Stahlbau	85
Schiffbau	90
Landmaschinenbau	210
Automobilbau	270
Elektrotechnik	290
Verarbeitungsmaschinenbau	350

z. T. sehr eingehende Untersuchungen über den spezifischen Schrottanfall in der metallverarbeitenden Industrie finden sich für Stahl und Gußeisen in [13], [32], [40] bis [42] und für die NE-Metalle in [36], [37].

Auf der Grundlage der Verbrauchsstruktur der Metalle, des Metallverbrauchs für die verschiedenen Erzeugnisse und Erzeugnisgruppen sowie des spezifischen Schrottanfalls für ihre Herstellung ist es möglich, für die einzelnen Metalle den mittleren spezifischen Schrottanfall der metallverarbeitenden Industrie zu bestimmen. In Verbindung mit dem Metallverbrauch für die Herstellung der Fertigerzeugnisse, häufig auch als sichtbarer Metallverbrauch bezeichnet, ergibt sich dann das *Neuschrottaufkommen der gesamten metallverarbeitenden Industrie* $S_V(t)$ aus:

$$S_v(t) = b(t)\, M_{mvJ}(t) \tag{8}$$

$b(t)$ mittlerer spezifischer Schrottanfall der metallverarbeitenden Industrie im Jahr t

$M_{mvJ}(t)$ Metallverbrauch an Vormaterial für die Herstellung der Fertigerzeugnisse in der metallverarbeitenden Industrie im Jahr t

Der mittlere spezifische Stahlschrottanfall beträgt in den führenden Industrieländern ≈ 150 bis 160 kg/t (s. Tabelle 1) [18], [39] und in der DDR ≈ 180 kg/t Walz- und Gußerzeugnisse. Demgegenüber liegt der mittlere spezifische Schrottanfall bei Aluminium nur bei ≈ 100 kg/t Aluminiumverbrauch [21].

Die weitere Entwicklung des Schrottaufkommens in der metallverarbeitenden Industrie wird ähnlich wie in der metallurgischen Industrie von zwei gegenläufigen Tendenzen beeinflußt. Der weiter zunehmende Verbrauch an Formprofilen und gebogenen Profilen, die Einengung des Toleranzbereiches bei gewalzten Profilen, die Umstellung von spanabhebender Formgebung auf spanlose Kaltmassivumformung u. a. führen zu einer Verringerung des spezifischen Schrottanfalls. Demgegenüber ist zu erwarten, daß durch die zunehmende Herstellung komplizierterer Erzeugnisse ein höherer spezifischer Schrottanfall entsteht. Insgesamt geht man davon aus, daß sich der spezifische Schrottanfall in der metallverarbeitenden Industrie leicht verringern wird.

2.2.3. Amortisationsschrotte

Durch den bei der Nutzung entstehenden physischen Verschleiß und den aus der technischen Weiterentwicklung erwachsenden moralischen Verschleiß werden alle Maschinen, Anlagen und Gebrauchsgegenstände nach einer gewissen Nutzungsdauer unbrauchbar. Da jedoch die Metallinhalte der hergestellten Produkte bis auf die Verluste durch Korrosion und Verschleiß nicht verlorengehen, bilden die aus der Nutzungssphäre ausscheidenden metallischen und metallhaltigen Erzeugnisse als *Amortisationsschrott* einen für die Volkswirtschaft wesentlichen Sekundärrohstoff. Er entsteht durch

- die *Aussonderung* physisch und/oder moralisch verschlissener Grundmittel, schnellverschleißender Ausrüstungen (Kokillen, Gespannplatten, Gußformen) und geringwertiger Ausrüstungen (Haushaltsgegenstände u. v. a.)
- den Austausch physisch verschlissener Bauteile und Baugruppen im Rahmen von *Generalreparaturen* und *laufenden Reparaturen.*

Tabelle 6. Aufkommensquellen des Amortisationsschrotts (in %) in der UdSSR

Aufkommens-quellen	Stahl und Gußeisen		NE-Metalle [37]			
	1974 [43]	1978 [29]	Kupfer u. Cu-Leg.	Aluminium u. Al-Leg.	Blei	Zink
Aussonderung von						
— Grundmitteln	29	30	17	9	19	12
— schnellverschleißenden Ausrüstungen	15	}	—	—	—	—
— geringwertigen Ausrüstungen (einschl. Haushaltsgegenstände)	9	23	29	11	19	8
Generalreparaturen und laufende Reparaturen	47	47	54	80	62	80

Sowjetische Untersuchungen [29], [37], [43] führten zur Erkenntnis, daß nur ein relativ geringer Anteil des Amortisationsschrottaufkommens im Rahmen von Aussonderungen der Grundmittel entsteht (Tabelle 6). Diese Aussage dürfte grundsätzlich auch für die DDR gelten. Der größte Anteil des Amortisationsschrotts bildet sich im Rahmen von Rekonstruktions- und Reparaturarbeiten. Bei den Gußeisenschrotten sind allerdings noch die relativ schnell verschleißenden Ausrüstungen (Kokillen, Gespannplatten, Gußformen) eine bedeutende Aufkommensquelle. Eine zunehmende Bedeutung hat der sich aus geringwertigen Ausrüstungen (Haushaltsgegenstände u. v. a.) zusammensetzende *Sammelschrott* erlangt. Sein Anteil am Schrottaufkommen in der DDR steigt in der Reihenfolge der Metalle Stahl, Gußeisen, Kupfer, Aluminium, Blei und Zink an.

Gegenüber den Schrotten, die bei der Metallerzeugung und -verarbeitung entstehen, ist bei den Amortisationsschrotten zu beachten, daß sie schwieriger zu erfassen sind. Das liegt darin begründet, daß

- die Zahl der Anfallstellen wesentlich größer ist
- ihre territoriale Verteilung sich über das gesamte Land erstreckt
- die Anfallmenge je Anfallstelle und Zeiteinheit meist geringer und der Anfallrhythmus, bezogen auf einzelne Struktur- und territoriale Einheiten, sehr ungleichmäßig ist
- für die Schrottbergung aus Produktionsanlagen z. T. ein erheblicher Demontageaufwand erforderlich ist.

Auch darf der mögliche Beitrag der Amortisationsschrotte für die Rohstoffsicherung der Volkswirtschaft nicht überschätzt werden. Bestimmend für das Aufkommen an Amortisationsschrott ist der Metallverbrauch für die Finalerzeugnisse in früheren Jahren. Ist dieser über einen längeren Zeitraum deutlich gestiegen, so kann der Amortisationsschrott nur einen relativ geringen Beitrag für die Sicherung des Rohstoffbedarfs der Volkswirtschaft leisten (Bild 10), denn in Perioden mit steigendem Metallverbrauch sinkt der Anteil des Amortisationsschrotts relativ zum gesamten Rohstoffverbrauch. Bezieht man das Aufkommen an Amortisationsschrott jedoch auf das gesamte Schrottaufkommen der Volkswirtschaft, so findet man eine anteilige Zunahme des Amortisationsschrotts sowohl bei Stahl und Gußeisen als auch bei den NE-Metallen. Der Anteil des Amortisationsschrotts liegt bei Stahl derzeitig bei $\approx 30\%$ des gesamten Schrottaufkommens (Tabelle 3).

Das *Aufkommen des Amortisationsschrotts* wird von folgenden wesentlichen Einflußfaktoren bestimmt:

- Größe des Metallfonds, der in den zurückliegenden Jahren durch entsprechende Metallinvestitionen gebildet wurde
- Nutzungsdauer der Metallerzeugnisse, die die Aussonderungs- und Reparaturquote bestimmt
- vom Verhältnis der effektiv wiedergewonnenen zur theoretisch wiedergewinnbaren Metallmenge.

Die *Berechnung des Amortisationsschrottaufkommens* kann dabei für eine einzelne wirtschaftliche Einheit (Betrieb, Kombinat) oder für die gesamte Volkswirtschaft erfolgen.

Man kann zunächst davon ausgehen, daß zwischen dem Aufkommen an Amortisationsschrott S_A im Jahr t und der *Größe des Metallfonds* nachfolgender Zusammenhang besteht:

$$S_A(t) = k_1 M_{\mathrm{Fond}}(t - 1) \qquad (9)$$

k_1 Rückgewinnungskoeffizient
$M_{\mathrm{Fond}}(t - 1)$ Metallfond der wirtschaftlichen Einheit bzw. der gesamten Volkswirtschaft im Vorjahr

Die diskontinuierliche Vergrößerung des Metallfonds in den kleineren wirtschaftlichen Einheiten schließt für diese Bereiche die Anwendung der Gl. (9) zur Aufkommensberechnung weitestgehend aus. Demgegenüber sind auf der Grundlage

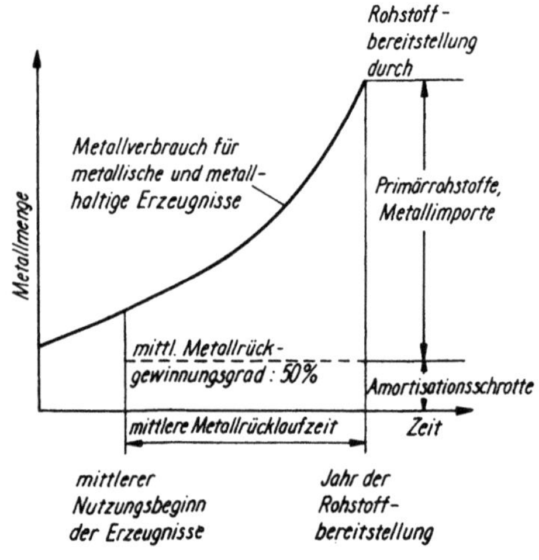

Bild 10. Beitrag der Amortisationsschrotte für die Rohstoffsicherung der Volkswirtschaft

des nationalen Metallfonds brauchbare Werte für die Ableitung von Tendenzen zu erwarten. Allerdings liegen bisher nur für wenige Länder detaillierte Angaben zum Metallfond der Schwarz- und Buntmetalle vor [13], [29], [40], [44], [45]. Dabei ist noch zu beachten, daß bei der Berechnung des Metallfonds die Importe und Exporte der metallischen und metallhaltigen Erzeugnisse sowie die bei der Nutzung entstehenden Metallverluste (Korrosion, Verschleiß, nicht rückgewinnbare Anteile) häufig nicht oder nur unvollständig berücksichtigt wurden. Für die Stahlschrotte ergeben sich *Rückgewinnungskoeffizienten* zwischen 0,013 und 0,031 [40], [45]. Niedrige Rückgewinnungskoeffizienten bedeuten, daß ein hoher Anteil des Amortisationsschrotts in der Wirtschaft nicht genutzt wird.

Die Berechnung des Metallfonds in den Betrieben und Kombinaten ist derzeitig praktisch nicht möglich. Es fehlen meist die entsprechenden Angaben des Maschinen- und Anlagenherstellers, aus denen der Metallinhalt in den Grundmitteln ermittelt werden kann. Umfangreiche Untersuchungen [29] galten deshalb dem Ziel, zwischen dem Metallinhalt und dem Bruttowert der Grundmittel entsprechende Korrelationen zu finden. Dann könnte das Aufkommen des Amortisationsschrotts $S_{\mathrm{A(GM)}}$ im Jahr t bei bekannten *auszusondernden Grundmitteln* nach folgender Beziehung ermittelt werden:

$$S_{\mathrm{A(GM)}}(t) = k_2\, GM_{\mathrm{Fond}}(t) \qquad (10)$$

k_2 Koeffizient in t Metall/Mill. M Grundmittel
$GM_{\mathrm{Fond}}(t)$ auszusondernde Grundmittel in Mill. M im Jahr t

Eine Aufkommensberechnung auf dieser Grundlage erfordert jedoch für die Betriebe und Kombinate eine konsequente Einhaltung der Aussonderungspläne und umfangreiche Arbeiten zur Ermittlung der entsprechenden Koeffizienten k_2 für die einzelnen Erzeugnisgruppen. Die bisher vorliegenden Untersuchungen zeigen deutlich, daß die k_2-Werte der Erzeugnisgruppen in weiten Grenzen schwanken. Nach einer ähnlichen Methode ist es grundsätzlich auch denkbar, das Aufkommen der bei Generalreparaturen und laufenden Reparaturen anfallenden Schrotte (Reparaturschrotte) zu ermitteln.

Auf der Grundlage des gegenwärtig vorhandenen Metallfonds und Grundmittelbestands ist es nur möglich, Tendenzen der Entwicklung des Schrottaufkommens abzuleiten bzw. für die unmittelbare Aufkommensplanung begrenzte Aussagen zu gewinnen. Eine detaillierte Berechnung des Amortisationsschrottaufkommens, auch für vorausschauende Zeiträume, erfordert sowohl eingehende Kenntnisse über Umfang und Struktur der Metallinvestitionen in früheren Jahren als auch über die Nutzungsdauer der metallischen und metallhaltigen Erzeugnisse und Erzeugnisgruppen und den effektiv wiedergewinnbaren Metallanteil. Die Berechnung des Aufkommens muß dabei auf Betriebs-, Kombinats- und Volkswirtschaftsebene möglich sein. Allerdings bereitet sie bisher, unabhängig von der Ebene der Berechnung, große, z. T. noch nicht lösbare Schwierigkeiten.

Über die *Struktur der Metallinvestitionen* in früheren Jahren liegen im allgemeinen nur sehr unvollständige Angaben vor. Ihre genaue Kenntnis ist aber eine wesentliche Voraussetzung für die Ermittlung des Amortisationsschrottaufkommens. Das Ergebnis sehr umfangreicher Untersuchungen zur Struktur des Stahl- und Gußeisenfonds der UdSSR, der sich durch die langjährigen Metallinvestitionen gebildet hat, zeigt Tabelle 7. Nähere Angaben zur früheren und derzeitigen Verbrauchsstruktur der NE-Metalle, meist jedoch nur nach großen Einsatzgebieten gegliedert, finden sich in [46] bis [48]. Aus diesen Untersuchungen wird deutlich, daß ein beachtlicher Anteil der NE-Metalle für metallische Überzüge (Zn, Sn), chemische Verbindungen (Pb, Zn) sowie für Industrie- und Konsumgüter mit feinverteiltem NE-Metallinhalt verwendet wird. Der in diesen Bereichen eingesetzte Metallinhalt ist jedoch nicht bzw. nur begrenzt rückgewinnbar.

Die derzeitigen Einsatzgebiete der NE-Metalle haben sich aufgrund ihrer vielfältig vorteilhaften Eigenschaften im Verlauf von vielen Jahrzehnten herausgebildet und gefestigt. Aus technischen und ökonomischen Gründen entsteht jedoch zunehmend eine starke Konkurrenz durch andere Werkstoffe, wie die nachfolgenden Beispiele zeigen:

- bei Kabeln: Substitution des Kupfers als Leiterwerkstoff bei Starkstromkabeln durch Aluminium sowie des Bleis als Mantelmaterial durch Aluminium und vor allem Kunststoff
- bei technischen Bauelementen und Apparaten: s. Bild 11
- bei Fahrzeugen: zunehmender Aluminiumanteil der Straßenfahrzeuge (insbesondere im Motorbereich)

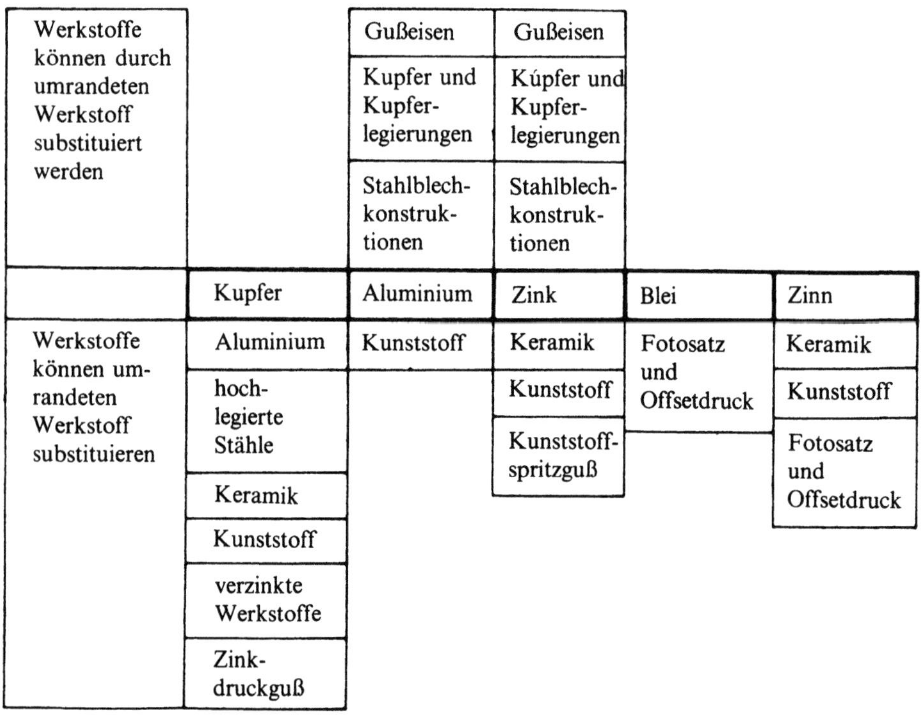

Bild 11. Substitutionsbeziehungen zwischen NE-Metallen und anderen Werkstoffen im Anwendungsbereich „Technische Bauelemente und Apparate" (Maschinen- und Apparatebau, spezielle Blech- und Metallwaren, elektrotechnische Erzeugnisse ohne Leiterwerkstoffe, Foto, Optik und Feinmechanik) [48]

Tabelle 7. Struktur des Stahl- und Gußeisenfonds der UdSSR (im Jahr 1972) [45]

	Metallfond, gesamt		Verteilung des Metallfonds auf					
			Gebäude, Einrichtungen, Fernmeldeanlagen	Kraftmaschinen u. -anlagen	Arbeitsmaschinen u. -anlagen	Steuer- u. Regeleinrichtungen, Laboranlagen	Transportmittel	Inventar, Kleingeräte, Werkzeuge
	[Mill. t]	[%]	[%]	[%]	[%]	[%]	[%]	[%]
Industrie	327,0	46,6	50,4	9,2	35,0	0,5	3,6	1,3
Bauwesen	32,7	4,7	12,5	5,5	61,2	0,9	16,2	3,7
Transport	151,2	21,6	37,0	1,5	4,3	0,5	56,1	0,6
Post- u. Fernmeldewesen	3,5	0,5	31,4	11,4	37,2	2,9	11,4	5,7
Landwirtschaft	58,3	8,3	27,6	18,2	35,5	2,0	10,6	6,1
Handel u. Versorgung	21,4	3,1	52,8	1,5	21,0	7,5	14,0	3,2
Σ produzierende Grundfonds	594,1	84,8	42,5	7,7	28,1	0,9	18,9	1,9
Wohnungsbau	67,1	9,6	97,8	—	1,3	—	—	0,9
Kommunale Wirtschaft u. Dienstleistungsbetriebe	19,5	2,8	71,2	5,1	10,2	1,0	6,0	6,5
Gesundheitswesen	8,5	1,2	88,3	—	—	1,2	3,5	7,0
Kultur- u. Bildungseinrichtungen	11,0	1,6	71,8	—	22,8	0,9	—	4,5
Σ nichtproduzierende Grundfonds	106,1	15,2	89,4	0,9	5,1	0,4	1,3	2,9
Σ Grundfonds, gesamt	700,2	100,0	49,5	6,6	24,6	0,8	16,5	2,0

— bei Verpackungen: Substitution des Weißblechs durch Aluminium, Stahlband (aluminiumbedampft, verchromt, lackiert), Plaste, Glas u. a.

Neue Einsatzgebiete der NE-Metallwerkstoffe, die für die DDR größere Bedeutung erlangen könnten, sind derzeitig nicht abzusehen.

Eine schwierige Aufgabe ist ebenfalls die Bestimmung der *mittleren Nutzungsdauer* für die einzelnen Erzeugnisse und Erzeugnisgruppen sowie für die Gesamtheit der Erzeugnisse eines Metalls in der Volkswirtschaft. Jedes metallische und metallhaltige Erzeugnis hat eine eigene Nutzungsdauer, die meist von der normativen Nutzungsdauer abweicht. So können gleichartige Erzeugnisse kurz nach ihrer Herstellung verschrottet oder aber auch sehr lange genutzt werden. Die Nutzungsdauer eines Erzeugnisses läßt sich damit durch eine Verteilungsfunktion beschreiben [17], [50], aus der die mittlere Nutzungsdauer für die gleichartigen Erzeugnisse ermittelt werden kann. Für die Berechnung des Aufkommens an Amortisationsschrott ist es gegenwärtig aber notwendig, die Erzeugnisse zu Erzeugnisgruppen bzw. alle Erzeugnisse eines Industriebereichs zusammenzufassen. Dabei ergeben sich für die Nutzungsdauer ebenfalls wieder Verteilungsfunktionen, aus denen die mittlere Nutzungsdauer für die Erzeugnisgruppe bzw. die Erzeugnisse eines Industriebereiches berechnet werden kann. Diese Methode ist aber sehr aufwendig und dürfte deshalb bisher nur sehr begrenzt angewendet worden sein. Im allgemeinen beruhen die Angaben zur mittleren Nutzungsdauer der Metallerzeugnisse auf Untersuchungen nur weniger Erzeugnisse. Die dabei gewonnenen Ergebnisse wurden dann aufgrund der vorliegenden Erfahrungen und verschiedener Annahmen verallgemeinert.

Tabelle 8. Mittlere Stahlrücklaufzeit und mittlerer Stahlrückgewinnungsgrad für die wesentlichsten Stahlerzeugnisgruppen [18]

Nr.	Erzeugnisgruppe	mittlere Stahl-rücklaufzeit [a]	mittlerer Stahl-rückgewinnungsgrad [%]
1	Blechpackungen	3	10
2	Kraftfahrzeugbau	12	90
3	Gußeisen- und Stahlwaren (klein)	16	60
4	Kohlenbergbau	16	60
5	sonstiger Bergbau	16	95
6	verschiedene Stahlerzeugnisse	18	40
7	Maschinenbau	20	92
8	Behälterbau	20	85
9	elektrische Ausrüstungen und Maschinen	21	85
10	Stahlmöbel	22	60
11	Schiffbau	26	80
12	Hüttenwerke	30	97
13	Schienenbahnen	30	85
14	Lokomotiv- und Waggonbau	32	95
15	Stahlbau	32	82
16	Baugewerbe	50 ... 100	40

Die Nutzungsdauer der Erzeugnisse berücksichtigt nur diejenige Zeit, in der die Erzeugnisse unmittelbar genutzt werden. Wird die Zeit für die Erfassung, Lagerung und Aufbereitung der aus der Nutzung ausscheidenden Erzeugnisse der Nutzungsdauer zugerechnet, so ergibt sich die *Metallrücklaufzeit*. Umfangreiche Angaben zur mittleren Nutzungsdauer bzw. mittleren Metallrücklaufzeit der metallischen und metallhaltigen Erzeugnisse und Erzeugnisgruppen finden sich für Stahl und Gußeisen in [12], [13], [16] bis [18], [31], [39], [45], [50], für Aluminium in [7], [19], [52] bis [54], für Kupfer in [7], [49], [52] und für Blei in [25], [51]. Stellvertretend seien für die wesentlichsten Stahlerzeugnisgruppen die mittleren Stahlrücklaufzeiten in Tabelle 8 angegeben. Der in einem bestimmten Jahr entstehende Amortisationsschrott wird damit aus Erzeugnissen und Erzeugnisgruppen gebildet, die in sehr unterschiedlich früheren Zeiten hergestellt wurden (Bild 12).

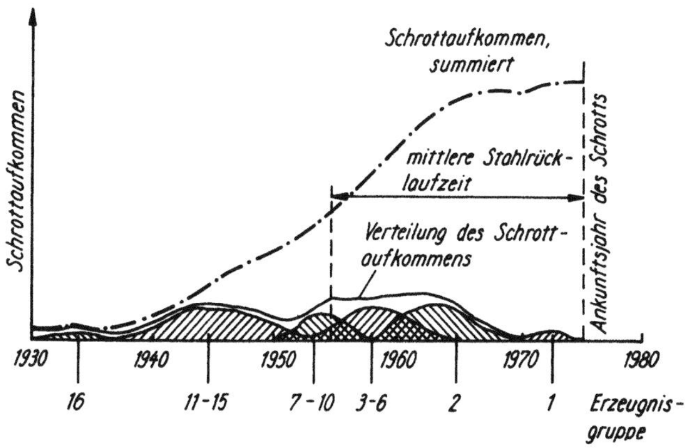

Bild 12. Entstehung des Amortisationsschrottaufkommens aus Stahlerzeugnisgruppen, schematisch [18] (Die Numerierung entspricht derjenigen in Tabelle 8)

Der in den Erzeugnissen enthaltene Metallinhalt ist nach der Nutzung der metallischen und metallhaltigen Erzeugnisse nur z. T. rückgewinnbar. Ein beachtlicher Teil des Metallinhalts geht durch Korrosion und Verschleiß (Abrasion) verloren. Die Rückgewinnung des verbleibenden Metallinhalts der Erzeugnisse wird durch den Entwicklungsstand der Aufbereitungs- und Verarbeitungsprozesse, die entstehenden Kosten bei der Erfassung, Aufbereitung und Verarbeitung sowie vom organisatorischen Niveau der Erfassung bestimmt. Der Grad der Rückgewinnung des Metallinhalts der Erzeugnisse und Erzeugnisgruppen wird deshalb sehr unterschiedlich sein. Für seine Kennzeichnung wurde der *mittlere Metallrückgewinnungsgrad* eingeführt. Durch ein abgestimmtes System von organisatorischen, ökonomischen und technischen Maßnahmen ist es möglich, den Metallrückgewinnungsgrad kontinuierlich und dauerhaft zu erhöhen (z. B. durch staatliche Festlegung der Erfassungspflicht für Amortisationsschrotte, Entwicklung einer entsprechenden Erfassungsorganisation, materielle Stimulierung für die Rückführung der Schrotte, Aufklärung der Bevölkerung). Für die wesentlichsten Stahl- und Aluminium-Erzeugnisgruppen sind die mittleren Metallrückgewinnungsgrade in den Tabellen 8 und 9 angegeben. Weitere Hinweise zum Metallrückgewinnungsgrad finden sich in den Arbeiten von Anderson [51], Reichert [52] und Schneider [53].

Bei Kenntnis der Metallinvestitionen in früheren Jahren für die einzelnen Erzeugnisgruppen bzw. für die Erzeugnisse eines Industriebereiches (unter Berücksichti-

Tabelle 9. Abschätzung des gegenwärtigen Amortisationsschrottaufkommens für Aluminium in der DDR (Bezugsjahr 1978) [19]

Erzeugnisgruppe (Industriebereich)	mittlere Aluminium-rücklauf-zeit j_{EG} [a]	Metallinhalt der vor j_{EG} Jahren hergestellten Erzeugnisgruppe[1]) $M_{EG}(t-j_{EG})$ [kt]	derzeitiger mittlerer Aluminium-rückgewinnungsgrad $c_{EG}(t)$ [%]	erfaßter Aluminium-Amortisations-schrott [kt]	nicht zurückgeführte Aluminium-inhalte [kt]
Elektrotechnik	45	1 (1933)	90	1	—
Fahrzeugbau und Verkehrswesen	15	16 (1963)	35	5	11
Bauwesen	50	0 (1928)	80	—	—
Verpackung	2	24 (1976)	5	1	23
Maschinenbau	15	23 (1963)	40	9	14
Haushalt- und Metallwaren	10	15 (1968)	40	6	9
Pulver, Pasten	1	11 (1977)	0	—	11
Sonstiges		9		1	8
Aluminium, ges.		99	25	23	76

[1]) wegen fehlenden Datenmaterials wurde der Aluminiumverbrauch für die Erzeugnisgruppe im Jahr des Nutzungsbeginns verwendet

gung der Importe und Exporte), der mittleren Nutzungsdauern bzw. Metallrücklaufzeiten und der mittleren Metallrückgewinnungsgrade ist es möglich, das Aufkommen an Amortisationsschrott S_A im Jahr t zu berechnen:

$$S_A(t) = \sum_{EG=1}^{n} c_{EG}(t)\, M_{EG}(t - j_{EG}) \qquad (11)$$

$c_{EG}(t)$ mittlerer Metallrückgewinnungsgrad für die Erzeugnisgruppe im Jahr t
$M_{EG}(t - j_{EG})$ Metallinhalt der vor j_{EG} Jahren hergestellten Erzeugnisgruppe
j_{EG} mittlere Metallrücklaufzeit der Erzeugnisgruppe

Auf der Grundlage der Gl. (11) wurde von GRAF u. MÄNNEL [19] eine Analyse des gegenwärtigen Amortisationsschrottaufkommens für Aluminium in der DDR durchgeführt. Den Aluminiumverbrauch gliederte man dafür in acht Einsatzgebiete (Tabelle 9). Es bereitete aber erhebliche Schwierigkeiten, die einzelnen Größen für die Rechnung zu finden bzw. verläßlich abzuschätzen. Danach würden in der DDR gegenwärtig nur $\approx 25\%$ des Aluminiuminhalts der aus der Nutzungssphäre ausscheidenden Erzeugnisse als Amortisationsschrott in den Aluminiumkreislauf zurückkehren. Zu ähnlichen Ergebnissen gelangten auch andere Untersuchungen [7], [52], [53].

Das Aufkommen an Amortisationsschrott kann auch auf der Grundlage einer mittleren Metallrücklaufzeit und einem mittleren Metallrückgewinnungsgrad, die sich auf die Gesamtheit der Erzeugnisse des entsprechenden Metalls beziehen, berechnet werden (s. Bild 10). Dann ergibt sich das Amortisationsschrottaufkommen im Jahr t aus:

$$S_A(t) = c(t)\, M(t - j) \qquad (12)$$

$c(t)$ mittlerer Metallrückgewinnungsgrad für die Gesamtheit der Erzeugnisse im Jahr t
$M(t - j)$ Metallinhalt der vor j Jahren hergestellten Gesamtheit der Erzeugnisse
j mittlere Metallrücklaufzeit für die Gesamtheit der Erzeugnisse

Man muß jedoch einschätzen, daß gegenwärtig das für die Anwendung der Gl. (12) notwendige Datenmaterial nur für überschlägliche Rechnungen ausreicht. Besondere Aufmerksamkeit galt bisher vor allem der *Bestimmung der mittleren Metallrücklaufzeit* bzw. der *mittleren Nutzungsdauer*. Für Stahl- und Gußeisenerzeugnisse wurde eine mittlere Rücklaufzeit von 13 bis 20 Jahren [17], [18], [45], [50] und für die Aluminium- und Kupfererzeugnisse eine von 20 bis 25 [21], [28] bzw. 20 Jahren [28] gefunden. Allgemein wird eingeschätzt, daß die mittlere Metallrücklaufzeit sich infolge der verstärkten Produktion kurzlebigerer Erzeugnisse sowie des schnelleren moralischen Verschleißes der Erzeugnisse durch die wissenschaftlich-technische Entwicklung verringert. Diesem Trend wirken jedoch die vielen Maßnahmen zur Verbesserung der Gebrauchseigenschaften der Erzeugnisse entgegen.

Über den Rückgewinnungsgrad der verschiedenen Metalle liegen bisher nur wenige verwertbare Angaben vor. Man versuchte deshalb, mögliche Trendentwicklungen im Stahlschrottaufkommen unter Variation des Rückgewinnungsgrades abzuleiten [55], [56]. Einige Anhaltswerte für den Rückgewinnungsgrad finden sich für Stahl in [18], Aluminium in [19] bis [21], [28] und Kupfer in [28].

Für weiter vorausschauende Zeiträume wird die Berechnung des Amortisationsschrottaufkommens noch durch die nicht bekannte Entwicklung des Metallverbrauchs erschwert. Die bisher vorliegenden Modellansätze [4], [7], [20] bis [22], [52] berücksichtigen deshalb meist mehrere Möglichkeiten der Verbrauchsentwicklung (z. B. einen konstanten, linear oder exponentiell ansteigenden Metallverbrauch). Außerdem gehen sie vereinfachend davon aus, daß sich die Verbrauchsstruktur der Metalle sowie die mittlere Metallrücklaufzeit und der mittlere Metallrückgewinnungsgrad zeitlich nicht ändern. Es ist deshalb verständlich, daß mit den Modellansätzen nur mögliche Trendentwicklungen abgeleitet werden können.

3 Charakterisierung der Stahl-, Gußeisen- und NE-Metallschrotte hinsichtlich physikalischer Beschaffenheit und Zusammensetzung

Die anfallenden Stahl-, Gußeisen- und NE-Metallschrotte besitzen eine sehr unterschiedliche physikalische Beschaffenheit und Zusammensetzung. Die metallurgische Industrie benötigt jedoch weitestgehend einheitliche Einsatzstoffe, die außerdem frei von schädigenden Verunreinigungen sind. Diese Forderung der metallurgischen Industrie ist im allgemeinen nur durch eine Aufbereitung der Schrotte zu erreichen. Für die Auswahl geeigneter Aufbereitungsprozesse und -verfahren sowie für die Einschätzung der durch die Aufbereitung der Schrotte erreichten Ergebnisse ist es notwendig, die Schrotte in ihrem Anfallzustand, z. T. im Verlauf ihrer Aufbereitung und nach erfolgter Aufbereitung zu kennzeichnen. Bisher hat sich jedoch eine Charakterisierung der Schrotte hinsichtlich ihrer physikalischen Beschaffenheit und stofflichen bzw. chemischen Zusammensetzung nur sehr begrenzt eingeführt. Eine weitere Entwicklung der Aufbereitungstechnik für metallische Sekundärrohstoffe erfordert aber wesentliche Fortschritte auf dem Gebiet der Kennzeichnung der Schrotte, z. B. hinsichtlich Stückgröße, Stückform, Wandstärke und ihrer Aufschluß- und Verbindungsverhältnisse. In diesem Zusammenhang ist es auch notwendig, wissenschaftliche Grundlagen und praktische Lösungen für die Probenahme von Schrotten zu schaffen.

3.1. Möglichkeiten der Charakterisierung der Schrotte

3.1.1. Stückgröße

Die Charakterisierung der Schrotte nach der Stückgröße beschränkte sich bisher meist nur auf die Bestimmung der oberen (maximalen) Stückgröße der Schrottstückkollektive. Denn seitens der Metallurgie wird im allgemeinen nur eine Begrenzung der oberen Stückgröße der Schrotte in Abhängigkeit vom Fassungsvermögen der Schmelzaggregate und ihren Beschickungseinrichtungen gefordert. Für die Auswahl, Gestaltung und Optimierung einer Reihe von Aufbereitungsprozessen und -verfahren ist es darüber hinausgehend aber notwendig, Kenntnisse über die Stückgrößenverteilungen der Schrottstückkollektive zu besitzen. Das trifft ebenfalls für eine eingehendere Einschätzung der Qualität der aufbereiteten Schrotte zu, da die für den metallurgischen Einsatz wesentlichen Kenngrößen des Schrotts — Schüttdichte und spezifische Oberfläche — entscheidend von dessen Stückgrößenverteilung beeinflußt werden.

Die Definition des Begriffs *Stückgröße*[1]) bzw. *Korngröße* bereitet beachtliche Schwierigkeiten. Für den praktisch bedeutungslosen Fall der Kugel ist der Durchmesser ein eindeutiger Größenkennwert. Auch einige weitere regelmäßige Körperformen lassen sich durch den Formtyp und eine oder mehrere Hauptabmessungen eindeutig kennzeichnen (z. B. Würfel, Quader, Zylinder). Mit abnehmender Körpersymmetrie nehmen jedoch die Schwierigkeiten hinsichtlich der Festlegung der charakteristischen Hauptabmessung immer mehr zu. Man muß sich deshalb mit Stückgrößendefinitionen behelfen, die auf der Grundlage der jeweiligen Stückgrößenanalysenmethode abgeleitet werden. Diese sollen deshalb als *abgeleitete Stückdurchmesser* bezeichnet werden [57].

Die außerordentlich große Vielgestaltigkeit der Schrottstücke und der gegenüber den mineralischen Rohstoffen wesentlich größere Anteil an extremen Stückformen (gerade und gebogene Einzeldrähte, Drahtknäuel, dünne und gebogene Bleche u. v. a.) bereiten bei der Auswahl einer geeigneten Stückgrößenanalysenmethode große Schwierigkeiten. Das gilt besonders für aus Knetlegierungen bestehende Schrotte (z. B. Walzerzeugnisse aus Stahl und NE-Metallen) und einige Nichtmetallbestandteile des Schrotts, z. B. Gummi, Textilien. Demgegenüber bestehen zwischen den Gußlegierungen von Stahl, Gußeisen und NE-Metallen und den mineralischen Rohstoffen deutliche Parallelen. Diese Schrotte zeichnen sich durch eine mehr oder weniger kompakte Ausbildung aus. Im Unterschied zu den mineralischen Rohstoffen haben diese Schrottstücke im Anfallzustand jedoch meist Hohlräume.

Eine besonders für großstückige Schrotte geeignete Methode zur Kennzeichnung der Stückgröße besteht darin, daß man sich das Schrottstück von einem rechtwinkligen Parallelepiped (Parallelflächner) mit dem kleinstmöglichen Volumen eingehüllt vorstellt. Führt man nun folgende Bezeichnungen ein: a lange, b mittlere, c kurze Hauptabmessung des einhüllenden Parallelepipeds, so kann neben der alleinigen Verwendung der gewonnenen Hauptabmessungen a, b und c auch der *mittlere Stückdurchmesser* nach folgenden Beziehungen berechnet werden:

$$d = b, \quad d = \frac{a + b + c}{3}, \quad d = \frac{a + c}{2}$$

Diese Methode zur Kennzeichnung der Stückgröße ist allerdings mit einem sehr großen Aufwand verbunden.

Die Kennzeichnung der Stückgröße ist aber nicht nur auf der Grundlage charakteristischer Längen möglich. Man kann praktisch jede von der Größe der Einzelstücke abhängige physikalische Eigenschaft verwenden, falls diese meßbar ist. Als meßbare Eigenschaften der Schrottstücke sind neben ihren Abmessungen vor allem in Betracht zu ziehen [57]:

— die Kantenlängen quadratischer Öffnungen, durch die die Schrottstücke gerade noch hindurchfallen können;

[1]) Die z. T. sehr großen Abmessungen der Schrottstücke und ihre durch die Fertigung bedingte Form lassen es zweckmäßig erscheinen, zur Kennzeichnung der Abmessungen der Schrottstücke den Begriff Stückgröße zu verwenden. Für die feineren Klassen ist jedoch auch der Begriff Korngröße anwendbar.

— die Oberfläche oder die Projektionsfläche der Schrottstücke;
— das Volumen oder die Masse der Schrottstücke;
— die Sinkgeschwindigkeit der Schrottstücke in einem Fluid unter der Wirkung eines Kraftfelds.

Mit Hilfe dieser physikalischen Eigenschaften werden *abgeleitete Stückdurchmesser* definiert.

Da praktisch fast ausschließlich unregelmäßig gestaltete Schrottstücke vorliegen, steht man bei der Umrechnung der Meßwerte (z. B. Volumen, Oberfläche, Sinkgeschwindigkeit) in abgeleitete Stückdurchmesser vor dem Problem, auf welche Stückform der abgeleitete Durchmesser bezogen werden soll. Man löst dieses Problem in der Regel dadurch, daß eine Kugelgestalt zugrunde gelegt wird. Die Stückdurchmesser bezeichnet man dann als *äquivalente Stückdurchmesser*. Die wichtigsten äquivalenten Stückdurchmesser sind die Durchmesser der Kugeln, die die gleiche Oberfläche A, die gleiche Projektionsfläche A', das gleiche Volumen V oder die gleiche stationäre Sinkgeschwindigkeit v_m wie das entsprechende unregelmäßig geformte Schrottstück besitzen. Diese ergeben sich:

a) über die Oberfläche A bzw. die Projektionsfläche A'

$$d_A = \sqrt{\frac{A}{\pi}} \quad \text{bzw.} \quad d_{A'} = \sqrt{\frac{4A'}{\pi}} \qquad (13)$$

b) über das Volumen

$$d_V = \sqrt[3]{\frac{6V}{\pi}} \qquad (14)$$

c) über die stationäre Sinkgeschwindigkeit v_m in einem Fluid unter der Wirkung eines Kraftfeldes

$$d_F = \frac{3c_w \varrho v_m^2}{4b(\gamma - \varrho)} \qquad (15)$$

γ; ϱ	Dichte des Schrottstücks bzw. des Fluids
b	Beschleunigung
$c_w = f(Re)$	Widerstandsbeiwert

Bei der *Kennzeichnung der Stückgrößenzusammensetzung der Schrottstückkollektive* steht man vorwiegend vor der Aufgabe, Aussagen über die Verteilung der Stückgrößen im Kollektiv zu treffen. Das heißt, es ist zu ermitteln, welcher Mengenanteil kleiner oder größer als eine bestimmte Bezugsstückgröße ist oder auch welche Mengenanteile auf vorgegebene Stückgrößenklassen entfallen. Derartige Informationen gewinnt man mit Hilfe der *Stückgrößenanalyse*.

Die verschiedenen Analysenmethoden zur Ermittlung von Stückgrößenverteilungen unterscheiden sich vor allem in der Art und Weise der Meßwertgewinnung. Am verbreitetsten sind Methoden, bei denen die Meßwertgewinnung an Masseanteilen des Schrottstückkollektivs erfolgt. Dabei erhält man *Masseverteilungen*. Es ist aber auch möglich, die Meßwerte an jedem einzelnen Schrottstück zu registrieren. Daraus ergeben sich *Anzahlverteilungen*. Die Kennzeichnung der jeweils benutzten Mengenart erfolgt im allgemeinen mittels eines Index r, wobei $r = 0$

die Anzahl, $r = 1$ die Länge, $r = 2$ die Fläche und $r = 3$ das Volumen bzw. die Masse als Mengenart charakterisiert [58].

Für die Bestimmung der Stückgrößenverteilung von Schrottstückkollektiven eignet sich mit einigen Einschränkungen die *Siebmethode.* Ihre Anwendung setzt aber voraus, daß der Drahtanteil im zu untersuchenden Schrott sehr gering und der größte Anteil <125 mm ist. Werden diese Bedingungen erfüllt, so kann das Schrottstückkollektiv mit Hilfe von Prüfsiebblechen oder -geweben in Stückgrößenklassen zerlegt werden. Die auf die einzelnen Stückgrößenklassen entfallenden Teilmassen werden durch Auswiegen bestimmt. Die entsprechenden Geräte und Methoden für die Siebanalyse sind in allen Industrieländern genormt. Befinden sich in dem zu untersuchenden Schrottstückkollektiv noch größere Anteile von Schrottstücken mit Abmessungen >125 mm bzw. besteht es fast ausschließlich aus Schrottstücken solcher Abmessungen, so müssen von diesen Schrottstücken nacheinander die Hauptabmessungen ermittelt werden. Soll die Auswertung in der Mengenart Masse erfolgen, so sind von diesen Schrottstücken noch zusätzlich die Stückmassen zu bestimmen. Die nach dieser Methode untersuchten Schrottstücke sind dann in entsprechend gebildete *Stückgrößenklassen* (z. B. auf der Grundlage der größten oder mittleren Hauptabmessung) einzuordnen. Ist jedoch in dem zu untersuchenden Schrott ein hoher Feingutanteil enthalten, so können zu dessen näherer Kennzeichnung auch eine Reihe von Methoden zur Anwendung kommen, die sich für die Korngrößenanalyse mineralischer Rohstoffe eingeführt haben [57], [59], [60].

Die Ergebnisse einer Stückgrößenanalyse stellt man zunächst in einer *Stückgrößenverteilungstafel* dar. In Tabelle 10 ist ein Beispiel für die Mengenarten

Tabelle 10. Stückgrößenverteilungstafel für den Stahlanteil des mit einer Guillotineschere geschnittenen Stahlschrotts (Schrottart: Mischschrott; Scherentyp: Henschel SV 700-D; Messerbreite: 1050 mm; Vorschub: 400 bzw. 480 mm)

Stückgrößenklasse $a_{i-1} \dots a_i$ [cm]	Anzahlanteil n_i	p_i [%]	Verteilungssumme $F_0(a)$ [%]	Masseanteil m_i [kg]	p_i [%]	Verteilungssumme $F_3(a)$ [%]
−10	879	27,7	27,7	59,1	1,1	1,1
10 ... 20	787	24,8	52,5	262,0	4,8	5,9
20 ... 30	417	13,1	65,6	489,5	9,0	14,9
30 ... 40	295	9,3	74,9	518,4	9,5	24,4
40 ... 50	307	9,7	84,6	906,9	16,7	41,1
50 ... 60	184	5,8	90,4	642,5	11,8	52,9
60 ... 70	138	4,3	94,7	672,9	12,4	65,3
70 ... 80	67	2,1	96,8	481,4	8,8	74,1
80 ... 90	59	1,9	98,7	557,5	10,2	84,3
90 ... 100	18	0,6	99,3	445,3	8,2	92,5
100 ... 120	20	0,6	99,9	359,1	6,6	99,1
+120	3	0,1	100,0	48,8	0,9	100,0
Summe	3174	100,0	–	5443,4	100,0	–

Anzahl und Masse angegeben. Als charakteristische Länge des Schrottstücks wurde die längste Hauptabmessung a gewählt. Die kleinste und größte Stückgrößenklasse gibt man in der Verteilungstafel gewöhnlich ohne untere bzw. obere Begrenzung an (z. B. „-10 cm" und „$+120$ cm"), da diese im allgemeinen nicht genau bekannt sind.

Die graphische Darstellung der Stückgrößenverteilung kann als Stückgrößenverteilungsfunktion und Stückgrößenverteilungsdichte erfolgen. Um die *Stückgrößenverteilungsfunktion* $F_r(d)$ zu gewinnen, sind die Mengenanteile zu bestimmen, deren Stücke kleiner als vorgegebene Stückgrößen $d_1, d_2, \ldots, d_n$ sind. Die sich dabei ergebenden Werte trägt man in einem Diagramm über der Stückgröße auf. Im Bild 13a sind für die längste Hauptabmessung der Schrottstücke die zu Tabelle 10 gehörenden Stückgrößenverteilungsfunktionen $F_0(a)$ und $F_3(a)$ in einem Koordinatensystem mit linearer Teilung beider Koordinaten graphisch dargestellt. In einigen Fällen kann es auch zweckmäßig sein, $F_r(d)$ als Funktion von $\log d$ aufzutragen. Für die Erfassung ggf. analytisch darstellbarer Stückgrößenverteilungsfunktionen bieten sich noch weitere Möglichkeiten der Darstellung. So zeigt Bild 14 die in Tabelle 10 angegebenen Stückgrößenverteilungen in einem voll-logarithmischen Netz, einem Rosin-Rammler-Sperling-Bennet-Netz und einem logarithmischen Wahrscheinlichkeitsnetz. Offensichtlich handelt es sich bei den Stückgrößenverteilungen meist um logarithmische Normalverteilungen mit oberer Grenze (dreiparametrige Normalverteilungen). Da sich jedoch zu jeder beliebigen logarithmischen Normalverteilung eine um $<4\%$ abweichende RRSB-Verteilung finden läßt [57], wird verständlich, daß auch die Exponentialfunktion nach Rosin, Rammler, Sperling und Bennet die experimentell ermittelten Werte recht gut erfaßt. Bezüglich näherer Einzelheiten über analytisch darstellbare Stückgrößenbzw. Korngrößenverteilungsfunktionen wird auf die Spezialliteratur verwiesen [57], [58], [61].

Die *Stückgrößenverteilungsdichte* $f_r(d)$ ergibt sich aus

$$f_r(d) = \frac{dF_r(d)}{d(d)}, \tag{16}$$

d. h., man kann sie durch Differentiation der Stückgrößenverteilungsfunktion gewinnen. Will man die Stückgrößenverteilungsdichte $f_r(d)$ unmittelbar aus den Mengenanteilen der Stückgrößenklassen bestimmen, so bildet man von Gl. (16) den Differenzenquotienten und setzt für entsprechend aufeinanderfolgende Klassengrenzen d_{i-1} und d_i ein.

$$f_r(d_{i-1} \ldots d_i) = \frac{F_r(d_i) - F_r(d_{i-1})}{d_i - d_{i-1}} \tag{17}$$

Damit ist aber die unmittelbare Zuordnung von f_r zu einer bestimmten Stückgröße d innerhalb der Stückgrößenklasse $d_{i-1} \ldots d_i$ nicht mehr gegeben. Man erhält deshalb bei der graphischen Darstellung nur ein Säulendiagramm (Histogramm), wie es für die in Tabelle 10 angegebenen Werte Bild 13b zeigt. Der Übergang zum Differentialquotienten gemäß Gl. (16) und damit zur stetigen Kurve für $f_r(d)$ kann durch Flächenausgleich erfolgen.

Für einige Anwendungsfälle besteht das Interesse, Stückgrößenverteilungen durch Kennwerte zu beschreiben. Dafür eignet sich die *mittlere Stückgröße* $d_{m,r}$, die sich aus folgender Beziehung ergibt:

$$d_{m,r} = \sum_{i=1}^{n} d_{im} p_i \tag{18}$$

$d_{im} = \frac{d_{i-1} + d_i}{2}$ mittlere Stückgröße der i-ten Stückgrößenklasse

p_i Anteil der i-ten Klasse

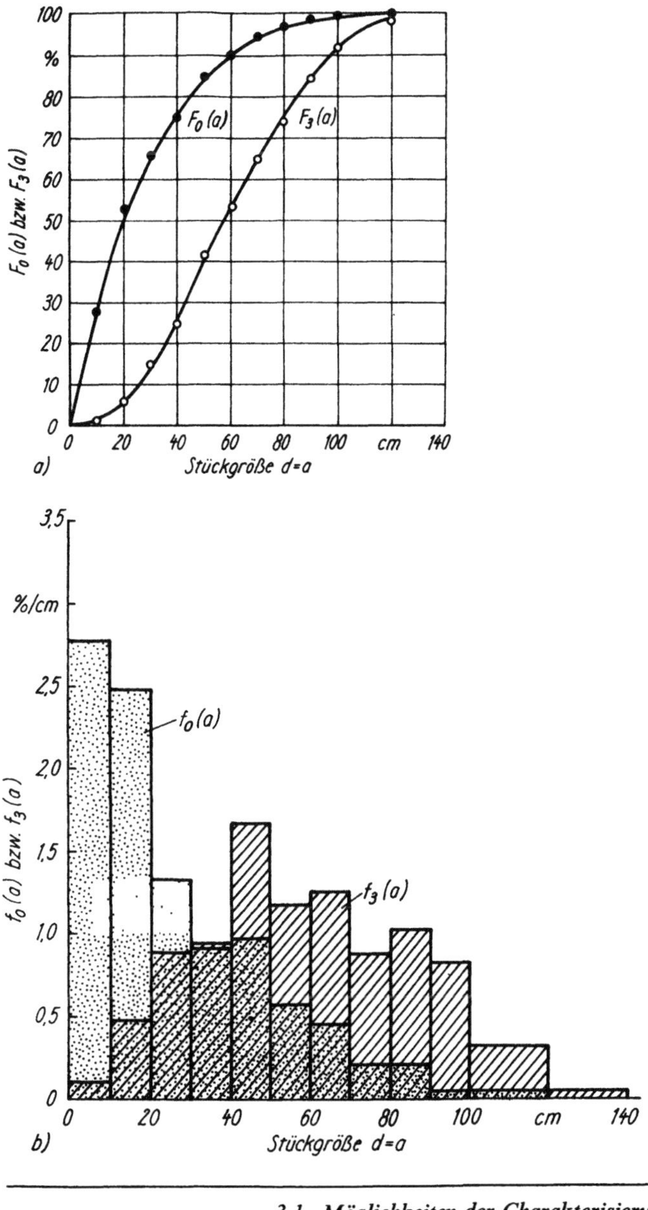

Bild 13. Stückgrößenverteilungsfunktion (a) und Stückgrößenverteilungsdichte (b) in den Mengenarten Anzahl und Masse für das in Tabelle 10 dargestellte Beispiel

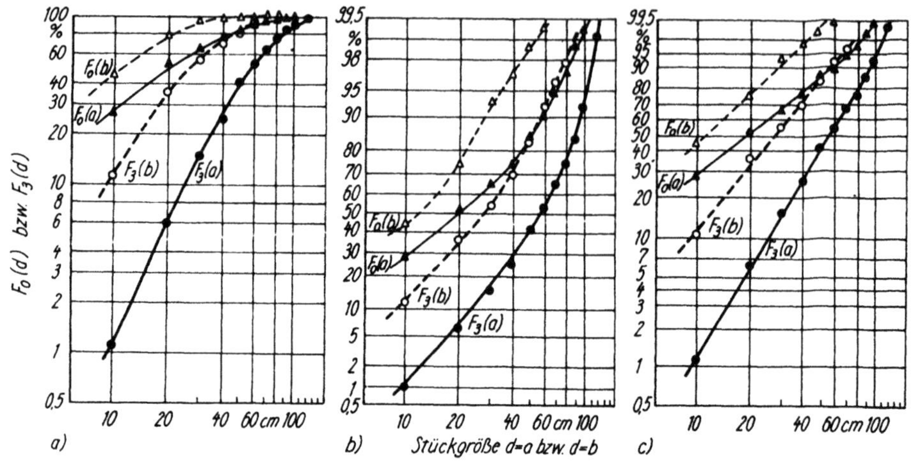

Bild 14. Vergleich der Stückgrößenverteilungsfunktionen in den Mengenarten Anzahl und Masse im voll-logarithmischen Netz (a), im logarithmischen Wahrscheinlichkeitsnetz (b) und im ROSIN-RAMMLER-SPERLING-BENNET-Netz (c)

Des weiteren ist noch die Anwendung der häufigsten Stückgröße d_h, der Halbwertsstückgröße d_{50} sowie der 95-%-Stückgröße d_{95} denkbar, die sich alle aus der Stückgrößenverteilungsdichte bzw. der Stückgrößenverteilungsfunktion ermitteln lassen.

3.1.2. Stückmasse

Die Bestimmung der Stückmasse des Schrotts beschränkt sich, falls überhaupt notwendig, auf die der oberen (maximalen) Stückmasse. Diese kann deshalb interessant sein, da zu große Stückmassen der Schrotte unvertretbar große Schmelzzeiten in den entsprechenden Schmelzaggregaten verursachen. Davon ausgehend wurde z. B. bei den Gußeisenschrotten die obere Stückmasse in den Standards begrenzt. Für die anderen Schrotte liegen nur Richtwerte für die obere Stückmasse vor.

Die Bestimmung der Masse der Schrottstücke ist nur durch Auswiegen der einzelnen Stücke möglich. Für die Auswertung der Ergebnisse empfiehlt sich die Anwendung von Verteilungsfunktionen und -dichten. Gewisse Beziehungen sind zwischen der Stückmasse der Schrottstücke und deren Abmessungen zu erwarten. Bild 15 zeigt die Abhängigkeit des die Schrottstücke umschreibenden Volumens von der Masse der Gußeisenstücke.

3.1.3. Wandstärke

Die Wandstärke (Materialdicke) der aufzubereitenden Schrotte ist ein wesentlicher, den Schrott charakterisierender Kennwert. Er beeinflußt entscheidend die Auswahl der Zerkleinerungsaggregate und Paketierpressen. Auftretende Schäden bei diesen

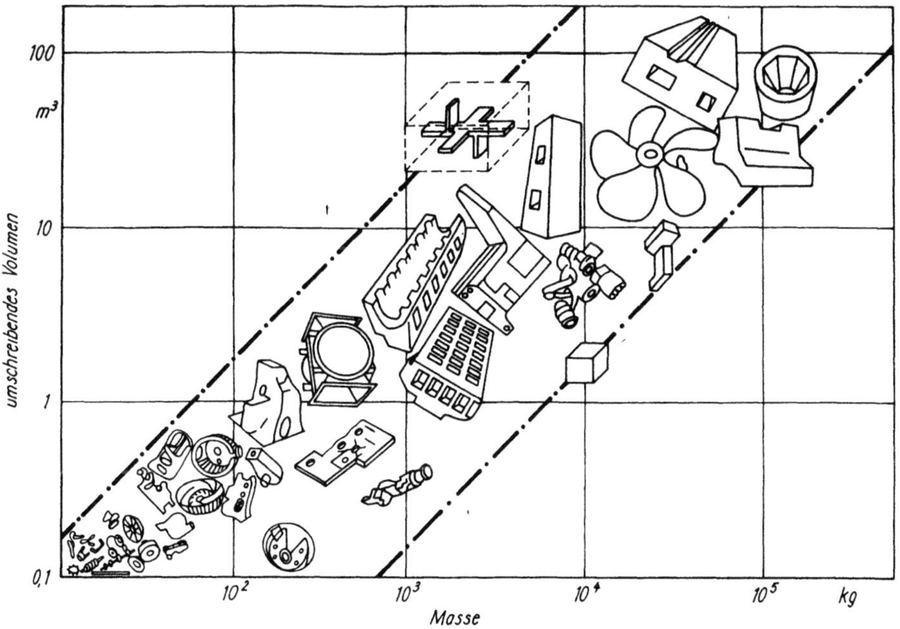

Bild 15. Beziehung zwischen der Masse der Gußeisenstücke und dem umschreibenden Volumen [62]

Maschinen sind häufig auf die nicht ausreichende Beachtung der Wandstärke des Vormaterials zurückzuführen. Des weiteren werden die für den metallurgischen Einsatz wesentlichen Kennziffern — Schüttdichte und spezifische Oberfläche — deutlich von der Wandstärke des Schrotts beeinflußt.

Die Bestimmung der Wandstärke ist mit einem hohen Aufwand verbunden. Von jedem Schrottstück muß die Wandstärke direkt gemessen werden. Besitzt das Schrottstück verschiedene Wandstärken, so ist eine mittlere Wandstärke für das betreffende Schrottstück zu bilden. Da in einem Schrottstückkollektiv die Schrottstücke im allgemeinen unterschiedliche mittlere Wandstärken besitzen, empfiehlt es sich, die Auswertung der Ergebnisse in Form von Wandstärkeverteilungsfunktionen und Wandstärkeverteilungsdichten durchzuführen. Entsprechende Ergebnisse für in einem Shredder zerkleinerte Stahlleichtschrotte sowie in Guillotinescheren geschnittene Mischschrotte zeigt Bild 16.

Eine Abhängigkeit der Wandstärke von den Hauptabmessungen der Schrottstücke ist bei den aus Gußwerkstoffen bestehenden Schrotten zu erwarten. Bei der Herstellung der Gußerzeugnisse wird die Mindestgußwandstärke auf der Grundlage der größten Hauptabmessung, der Grundfläche des Erzeugnisses oder durch empirische Beziehungen, die alle drei Hauptabmessungen erfassen, berechnet. Daneben beeinflussen noch die Art des Gußwerkstoffs sowie das Fertigungsverfahren die Mindestwandstärke des Gußstücks. Nach Wittekopf [63] genügt es aber, die Mindestwandstärke in Abhängigkeit von der größten Hauptabmessung zu bestimmen. Die entsprechenden Beziehungen für die wichtigsten Gußwerkstoffe zeigt Bild 17. Für Gußeisenschrotte konnten die gefundenen Abhängigkeiten in ihrer grundsätzlichen Tendenz bestätigt werden [65].

3.1.4. Stückform

Die Stückform der Schrottstücke beeinflußt ganz entscheidend das Ergebnis einer Reihe von Aufbereitungsprozessen. So bestimmt die Stückform wesentlich das Trennergebnis der Sieb- und Stromklassierung sowie der Sortierprozesse. Des weiteren bestehen deutliche Abhängigkeiten zwischen der Stückform der Schrottstücke und der erreichbaren Schüttdichte.

Die Bestimmung der Form der Schrottstücke bereitet große Schwierigkeiten. Bisher wird deshalb die Stückform lediglich verbal als kubisch, plattig, stangenförmig usw. eingeschätzt. Eine gewisse Quantifizierung dieser Aussagen ist evtl.

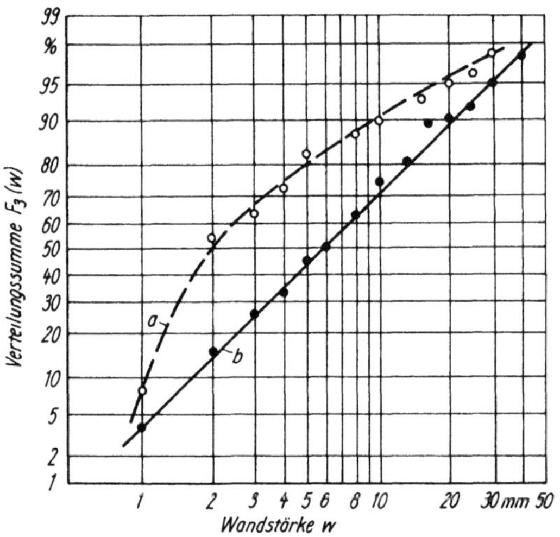

Bild 16. Wandstärkeverteilungsfunktionen des Stahls im Stahlschrott
a) aufbereiteter Stahlleichtschrott (magnetisches Produkt) einer Shredderanlage
Schrottart: Mischschrott; Hammerbrecher: Bauart Becker; Rostöffnung: (21 × 18) cm
b) mit einer Guillotineschere geschnittener Stahlschrott
Schrottart: Mischschrott; Scherenbauart: Henschel SV 700-D; Messerbreite: 1050 mm; Vorschub: 400 bzw. 480 mm

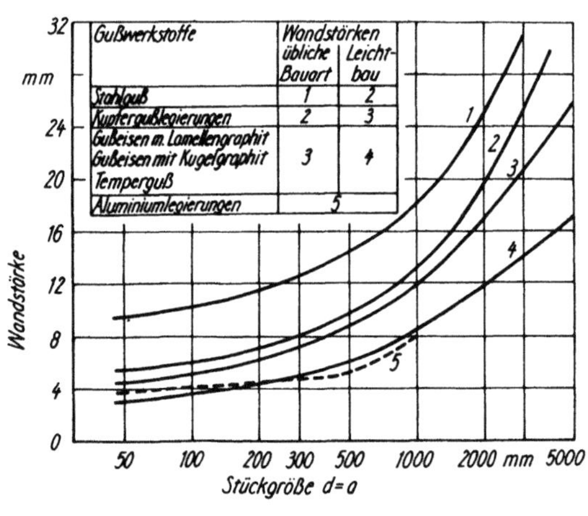

Bild 17. Abhängigkeit der Mindestwandstärke der Gußerzeugnisse von der größten Hauptabmessung [64]

auf der Grundlage des bereits erläuterten, die Schrottstücke einhüllenden Parallelepipeds und der Wandstärke möglich. Davon ausgehend könnte man die Abmessungsverhältnisse $a:b:c$, $a:c$, $b:c$ oder andere bilden und mit deren Hilfe die oben genannten verbalen Bezeichnungen definieren. Des weiteren bietet sich der von WADELL [66] für mineralische Rohstoffe eingeführte *Kornform- bzw. Sphärizitätsfaktor* ψ_A für die Charakterisierung der Stückform an. Dieser ergibt sich aus dem Verhältnis der Oberfläche A_k einer gegenüber dem Schrottstück volumengleichen Kugel und der tatsächlichen Schrottstückoberfläche A:

$$\psi_A = \frac{A_k}{A} \tag{19}$$

Für ausgewählte Körperformen sind in Tabelle 11 Werte des Formfaktors ψ_A angegeben. Über weitere Möglichkeiten der Kornformbeschreibung berichten zusammenfassend RUMPF u. Mitarb. [67]. In neuerer Zeit werden zunehmend FOURIER-Reihen für die Beschreibung der Kornform verwendet. Erfahrungen über ihre Eignung für die Charakterisierung der sehr vielfältig gestalteten, häufig extreme Formen besitzenden Schrottstücke liegen derzeitig jedoch noch nicht vor. Die bisherigen Untersuchungen beschränken sich auf erste Versuche, die verschiedensten Schrottstückformen zu systematisieren [68], [69].

3.1.5. Spezifische Oberfläche

Die spezifische Oberfläche eines Schrottstückkollektivs, d. h. die Oberfläche der Schrottstücke je Masse- oder Volumeneinheit, ist eine wesentliche Kenngröße für die Qualität des Schrotts. Sie bestimmt entscheidend die notwendige Zeit für das Einschmelzen der Schrottstücke. Des weiteren nehmen mit Erhöhung der spezifischen Oberfläche die Verzunderungs-, Verrostungs-, Farb- und Verschmutzungs-

Tabelle 11. Berechnete Stückform- bzw. Sphärizitätsfaktoren ψ_A

Stückform	äquivalenter Kugeldurchmesser d_v	Formfaktor ψ_A
Kugel	1	1
Parallelepiped		
$a \times a \times 100a$	$5{,}759a$	0,259
$a \times a \times 10a$	$2{,}673a$	0,534
$a \times a \times a$ (Würfel)	$1{,}241a$	0,806
$a \times a \times 0{,}1a$	$0{,}576a$	0,435
$a \times a \times 0{,}01a$	$0{,}267a$	0,110
Zylinder		
$h = 100d$	$5{,}313d$	0,281
$h = 10d$	$2{,}466d$	0,579
$h = d$	$1{,}145d$	0,875
$h = 0{,}1d$	$0{,}531d$	0,470
$h = 0{,}01d$	$0{,}247d$	0,120

anteile zu. Das führt bei der Metallerzeugung zu einer Verringerung des Metallausbringens. Außerdem beeinflußt die spezifische Oberfläche die Schüttdichte des Schrotts.

Die Bestimmung der spezifischen Oberfläche des Schrotts ist wegen seiner Vielgestaltigkeit sehr schwierig. Eine Berechnung auf der Grundlage der Stückgrößenanalyse erscheint nur dann sinnvoll, wenn die Formen der Stücke etwa denen der körnigen Stoffe entsprechen. Das trifft vor allem für die zerkleinerten Gußeisenschrotte zu. Bei einer genügend großen Zahl von Stückgrößenklassen ergibt sich dann die *spezifische Oberfläche A* aus:

$$A = f \sum_{i=1}^{n} \frac{p_i}{d_{im}} \qquad (20)$$

p_i Anteil der i-ten Klasse

$d_{im} = \frac{d_{i-1} + d_i}{2}$ mittlere Stückgröße der i-ten Stückgrößenklasse

f Formfaktor

Für den Faktor f gilt:

a) bei Berechnung der volumenbezogenen Oberfläche A_v

$$f_v = \frac{6}{\psi_A} \qquad (21\,a)$$

ψ_A Stückform- bzw. Sphärizitätsfaktor (s. Gl. (19))

b) bei Berechnung der massebezogenen Oberfläche A_M

$$f_M = \frac{6}{\psi_A \cdot \gamma} \qquad (21\,b)$$

γ Metalldichte

Für Vergleiche setzt man meist $\psi_A = 1$.

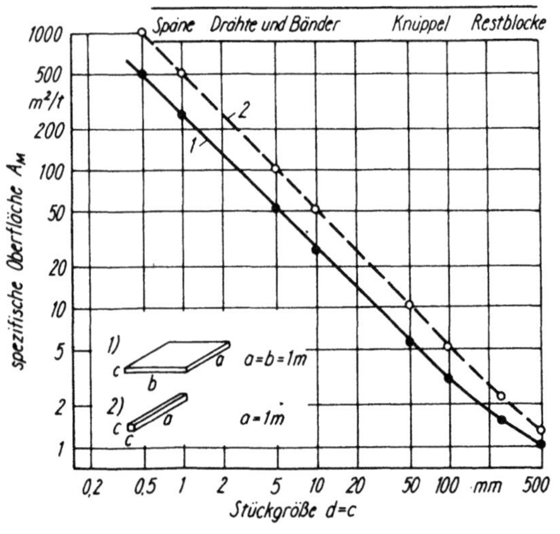

Bild 18. Spezifische Oberfläche für ausgewählte Stückformen aus Stahl in Abhängigkeit von der kleinsten Hauptabmessung

Aus Gl. (20) wird deutlich, daß für die spezifische Oberfläche eines Schrottstückkollektivs besonders die jeweils feinsten Stückgrößenklassen maßgebend sind. Deshalb ist bei der Berechnung der spezifischen Oberfläche sowohl der unteren Stückgröße als auch der Klasseneinteilung nach der feineren Seite hin besondere Beachtung zu schenken.

Für die meisten Schrotte im Anfallzustand und nach ihrer Zerkleinerung eignet sich die Gl. (20) zur Bestimmung der spezifischen Oberfläche nicht. Um jedoch für diese Schrotte die spezifische Oberfläche überschläglich angeben zu können, wurde für ausgewählte Stückformen die spezifische Oberfläche in Abhängigkeit von der kleinsten Hauptabmessung *c* berechnet (Bild 18). Dabei wird deutlich, daß die Wandstärke bzw. die Materialdicke der Schrottstücke die spezifische Oberfläche entscheidend bestimmen.

3.1.6. Schüttdichte

Die Schüttdichte des Schrotts γ', die sich aus

$$\gamma' = \frac{m_{Sch}}{V_{Sch}} \tag{22}$$

m_{Sch} Masse der Schrottschüttung
V_{Sch} Volumen der Schrottschüttung

ergibt, ist sowohl für die anfallenden als auch für die aufbereiteten Schrotte von großem Interesse. So wird die Chargiergeschwindigkeit und damit die Schmelzleistung der SM-Öfen entscheidend von der Schüttdichte des Schrotts bestimmt. Auch für die Ermittlung der zur Lagerung des Schrotts notwendigen Fläche, zur Bestimmung des erforderlichen Transportvolumens und für vieles andere werden Schüttdichtewerte benötigt.

Die Ermittlung der Schüttdichte kann mit Eisenbahnwaggons, Paletten oder anderen Behältnissen erfolgen. Dabei ist jedoch zu beachten, daß die Behältnisse nicht zu klein gewählt werden dürfen, um den Wandeinfluß weitestgehend auszuschalten. In den Stahlwerken wird die Bestimmung der Schüttdichte im allgemeinen mit den Mulden und Körben durchgeführt, die zur Beschickung der Stahlschmelzaggregate dienen. Ein Einfluß der Größe und Form der Chargiermulden auf die Schüttdichte konnte im Rahmen von Modelluntersuchungen und durch umfangreiche praktische Untersuchungen über einen breiten Größenbereich der Mulden nicht gefunden werden [68]. Entsprechende Untersuchungen mit kleinen Paketen bestätigten diese Feststellung [70]. Die mit größeren Paketen in den Chargiermulden erreichbaren Schüttdichten werden jedoch wesentlich von deren Abmessungen bestimmt.

Die Auswertung der ermittelten Schüttdichtewerte sollte zweckmäßigerweise, vorausgesetzt, die Untersuchungen werden mit der gleichen Schrottart mehrmals durchgeführt, in Form von Verteilungsfunktionen und -dichten erfolgen. Eine entsprechende Auswertung für Walzwerksumlaufschrott, Konstruktionsschrott und Shredderschrott zeigt Bild 19.

Die *Größe der Schüttdichte* wird von vielen Faktoren beeinflußt, z. B. von der Stückgröße, der Stückform und der Wandstärke der Schrottstücke. Durch syste-

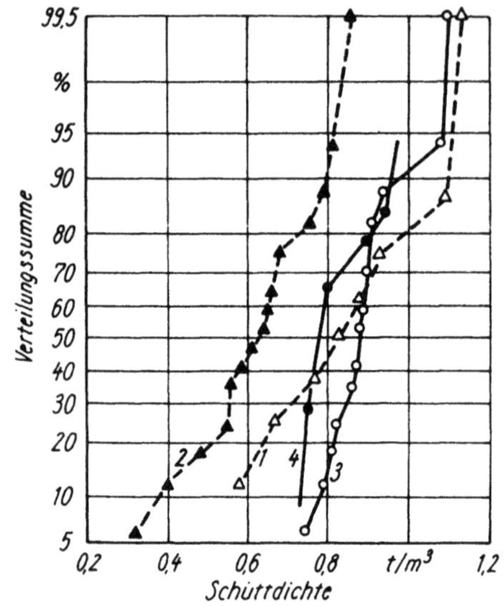

Bild 19. Schüttdichteverteilungsfunktionen verschiedener Schrottarten
(*1*) Walzwerksumlaufschrott: ohne Blechschrott [71];
(*2*) Konstruktionsschrott: Dicke ab 8 mm, glatt und gerade in maximalen Abmessungen von (60 × 50) cm [71];
(*3*) Shredderschrott: Schrottart, Hammerbrecherbauart und Rostöffnung nicht bekannt [71];
(*4*) Shredderschrott: aus PKW-Schrott (gepreßt); Hammerbrecher: Bauart Becker; Rostöffnung: (21 × 18) cm

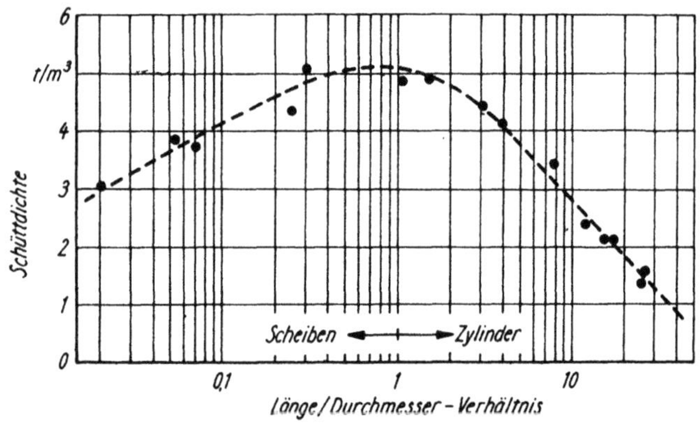

Bild 20. Einfluß des Länge/Durchmesser-Verhältnisses der Stücke auf die Schüttdichte [69]

matische Untersuchungen fand Diamond [69] mittels Modellprobekörpern (Zylinder, Scheiben, unregelmäßig geformte Probekörper) folgende Abhängigkeiten zwischen den geometrischen Abmessungen der Stücke und der Schüttdichte:

- Die Schüttdichte wird entscheidend vom Länge/Durchmesser-Verhältnis der Stücke beeinflußt (Bild 20). Dieses Ergebnis stimmt mit der allgemein bekannten Feststellung überein, daß große Bleche und längere Stangen und Profile die Schüttdichte des Schrotts wesentlich verringern. Günstige Schüttdichten ergeben sich bei einem Länge/Durchmesser-Verhältnis ≈ 1, das z. B. bei Paketen und Briketts besteht.
- Eine Mischung von scheiben- und zylinderförmigen Stahlteilen ähnlicher Volumina ergibt eine Schüttdichte, die nahe bei derjenigen liegt, die mit der Komponente erreicht wird, die die niedrigere Schüttdichte liefert.
- Die Schüttdichte der aus Zylindern und Scheiben zusammengesetzten Stahlteile ist immer kleiner als diejenige, die sich jeweils mit den einzelnen Zylindern und Scheiben ergibt.

— Der Einfluß einer Verbiegung der Zylinder auf die Schüttdichte ist unbedeutend. Demgegenüber wirkt sich eine Wölbung der Scheiben deutlich verringernd auf die Schüttdichte aus.

Detaillierte Untersuchungen von Hocke u. Twaites [68] mit Mischungen verschiedener Modellschrottstücke im Maßstab 1:20 sowie umfangreiche praktische Untersuchungen anderer Autoren [72] bis [74] bestätigen den großen Einfluß der geometrischen Abmessungen der Schrottstücke auf die Schüttdichte. Entsprechende Messungen mit im Shredder zerkleinerten Stahlleichtschrotten sowie mittels Guillotinescheren geschnittenen Mischschrotten konnten diese Feststellung ebenfalls bestätigen (Bild 21). Dabei ist jedoch zu beachten, daß die kleineren Stücke gegenüber den größeren häufig eine größere Wandstärke besitzen und damit die o.g. allgemeine Tendenz verstärken.

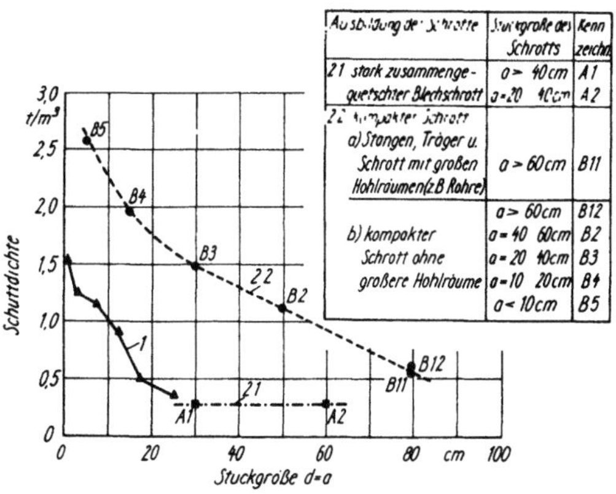

Bild 21. Einfluß der Schrottart und der Stückgröße auf die Schüttdichte des Stahlschrotts

1) aufbereiteter Stahlleichtschrott (magnetisches Produkt) einer Shredderanlage
Schrottart: Mischschrott; Hammerbrecher: Bauart Becker; Rostöffnung: (21 × 18) cm

(*2.1.*), (*2.2.*) mit einer Guillotineschere geschnittener Stahlschrott
Schrottart: Mischschrott; Scherenbauart: Henschel SV 700-D; Messerbreite: 1050 mm; Vorschub: 400 bzw. 480 mm

3.1.7. Aufschluß- und Verbindungsverhältnisse

Die Auswahl geeigneter Anreicherprozesse und ihre Optimierung erfordern eingehende Kenntnisse über die Aufschluß- und Verbindungsverhältnisse[1]) der zu gewinnenden Metalle. Die Sortierprozesse (Dichtesortierung, Magnetscheidung, Elektrosortierung) können nur dann befriedigende Ergebnisse liefern, wenn die Metalle in ausreichendem Umfang aus ihren Verbindungen freigelegt sind, d. h. weitestgehend aufgeschlossen vorliegen. Demgegenüber ist bei Anwendung eines Löseprozesses lediglich ein solcher Aufschluß erforderlich, daß die zu gewinnenden Metalle den Lösungen zugänglich sind. Die unterschiedlichen Anforderungen an den Aufschluß sind im Bild 22 schematisch dargestellt.

Die anfallenden Schrotte besitzen häufig nicht die für die Anwendung von Anreicherprozessen notwendigen Aufschlußverhältnisse. Es ist deshalb notwendig, die Schrotte zunächst einer ein- oder mehrstufigen Zerkleinerung zu unterziehen.

[1]) Im Unterschied zu den mineralischen Rohstoffen sollte man bei den Schrotten statt von *Verwachsungsverhältnissen* besser von *Verbindungsverhältnissen* sprechen, da es sich hier um bewußt hergestellte Verbindungen verschiedener Metalle und Nichtmetalle handelt.

Bei der Festlegung des Umfangs der Zerkleinerung sind besonders die Verbindungsverhältnisse der interessierenden Metalle und die aufbereitungstechnische Zielstellung, aber auch die Anwendungsgrenzen der Anreicherprozesse (häufig können nur relativ enge Stückgrößenbereiche verarbeitet werden) und die ökonomischen Aufwendungen für die Zerkleinerung zu berücksichtigen. Sollen hochwertige Konzentrate mit mechanischen Sortierprozessen erzeugt werden, so wird man ein befriedigendes Metallausbringen nur dann erreichen, wenn die zu gewinnenden Metalle weitgehend aufgeschlossen vorliegen. Steht jedoch nur das Erreichen eines Metall-Vorkonzentrats mit möglichst hohem Metallausbringen im Vordergrund, dann genügt häufig schon ein geringerer Aufschluß der anzureichernden Metalle.

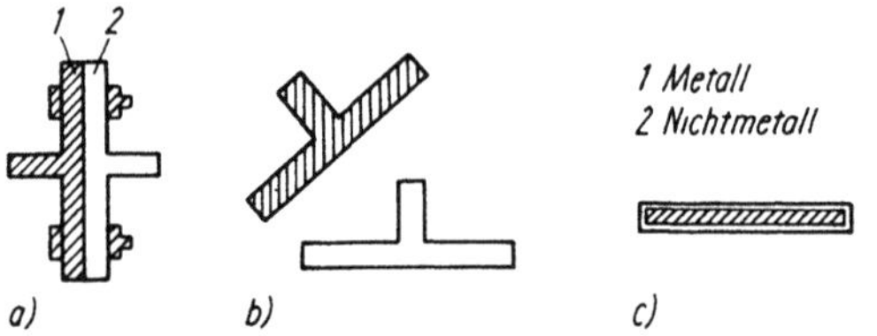

Bild 22. Aufschluß- und Verbindungsverhältnisse der Schrotte, schematisch
a) ungenügender Aufschluß für Sortierprozesse, ausreichender Aufschluß für den Löse- bzw. Abbrennprozeß;
b) vollständiger Aufschluß;
c) eingehüllte Wertkomponente, nicht ausbringbar mittels Löseprozeß, jedoch ggf. ausbringbar mit Sortierprozessen (z. B. Dichtesortierung, Magnetscheidung, nicht aber durch Elektrosortierung) und mittels Abbrennprozeß (bei brennbaren Nichtmetallen)

Ein weitestgehend vollständiger Aufschluß wird durch die Zerkleinerung besonders dann erreicht, wenn die durch die Beanspruchung entstehenden Brüche vorzugsweise längs der Verbindungsgrenzen Metall—Metall bzw. Metall—Nichtmetall entstehen. Dieser Vorgang wird vor allem durch die konstruktive Gestaltung des Erzeugnisses, die Art und Gestaltung der Verbindungen (Steck-, Schraub-, Schweiß- oder Lötverbindungen, Beschichtungen u. a.) und die Art der Beanspruchung während des Zerkleinerungsprozesses beeinflußt. Als besonders günstig hat sich erwiesen, wenn der Zerkleinerungsvorgang durch eine Kombination von Zug-, Biege-, Scher- und Torsionsbeanspruchungen realisiert werden kann. Diese komplexe Beanspruchung der Schrottstücke tritt in solchen Zerkleinerungsmaschinen auf, in denen ein schnellaufender Rotor die Zerkleinerung übernimmt (Hammer- und Prallbrecher).

Bei einem hohen Drahtanteil im zerkleinerten Schrott kann es aber nach dem Zerkleinerungsprozeß wieder zu sekundären, formschlüssigen Verbindungen (Verhakungen) kommen. Diese können den Trennerfolg nachgeschalteter Klassier- und Sortierprozesse entscheidend verschlechtern. Es ist deshalb darauf zu achten, daß das zerkleinerte Gut den nachgeordneten Klassier- bzw. Sortierprozessen unmittelbar zugeführt und nicht erst zwischengelagert wird.

Für die Kennzeichnung der Aufschluß- und Verbindungsverhältnisse der Schrotte eignet sich vor allem der Aufschluß- bzw. Verbindungsgrad. Der *Aufschlußgrad* gibt jenen Masseanteil einer Metallkomponente an, der in einem Schrottstückkollektiv frei aufgeschlossen und damit nicht mit anderen Metallen oder Nichtmetallen verbunden vorliegt. Dementsprechend versteht man unter dem *Verbindungsgrad* jenen Masseanteil einer Metallkomponente, der an Verbindungen gebunden ist. Seine Ermittlung kann bei fast allen Schrottarten nur von Hand erfolgen. Dazu wird das Schrottstückkollektiv (Aufgabegut, Konzentrat, Stückgrößenklasse) zunächst wie folgt unterteilt:

- in Schrottstücke, die vollständig aus dem Metall bestehen, von dem der Aufschlußgrad bestimmt werden soll;
- in Schrottstücke, in denen das interessierende Metall als Verbindung mit anderen Metallen bzw. Nichtmetallen vorliegt;
- in Schrottstücke, die das entsprechende Metall nicht enthalten.

Der Aufschlußgrad A für das interessierende Metall ergibt sich aus dem Verhältnis der Masse des frei aufgeschlossen vorliegenden Metalls zur Gesamtmasse des entsprechenden Metalls in der untersuchten Probe:

$$A = \frac{m_{\text{frei}}}{m_{\text{ges.}}} \tag{23 a}$$

m_{frei} vollständig aufgeschlossen vorliegende Metallmasse
$m_{\text{ges.}}$ Gesamtmasse des entsprechenden Metalls in der Probe

Die Masse des vollständig aufgeschlossen vorliegenden Metalls kann man unmittelbar bestimmen, indem die Schrottstücke der ersten Schrottgruppe insgesamt ausgewogen werden. Demgegenüber ist die Ermittlung der Gesamtmasse des in einer Probe enthaltenen Metalls im allgemeinen sehr aufwendig, da eine chemische Analyse der Probe meist nicht möglich ist (die Probenmasse muß oft sehr groß sein; ein Element entfällt häufig auf mehrere Metallwerkstoffe). Man ist deshalb in den meisten Fällen gezwungen, von jedem einzelnen Schrottstück, in dem das interessierende Metall als Verbindung vorliegt, den Metallinhalt zu bestimmen. Dafür müssen die Schrottstücke zerlegt werden. Ist eine Zerlegung der Schrottstücke aber nicht bzw. nur außerordentlich schwierig möglich (z. B. bei Elektronikbauelementen), so muß der entsprechende Metallgehalt der Verbindungen geschätzt werden. Dafür ist es zweckmäßig, zunächst Klassen mit unterschiedlichem Metallgehalt zu bilden. Folgende Klasseneinteilung hat sich bewährt: <10, 10 ... 30, 30 ... 50, 50 ... 70, 70 ... 90 und >90%. Unter Verwendung des mittleren Metallgehalts der Klasse, in die jedes Schrottstück eingeordnet wurde, und der Masse der einzelnen Schrottstücke ist es dann möglich, den Metallinhalt aller in der zweiten Schrottgruppe enthaltenen Schrottstücke zu bestimmen. Der Aufschlußgrad A ergibt sich dann aus:

$$A = \frac{m_{\text{frei}}}{m_{\text{frei}} + m_{\text{Verb}}} \tag{23 b}$$

m_{Verb} in Verbindungen vorliegende Metallmasse

Entsprechende Untersuchungen mit einem unmagnetischen Produkt, das bei der Aufbereitung des Stahlleichtschrotts in einer Shredderanlage angefallen ist, zeigt Bild 23. Dabei wird die allgemeine Tendenz deutlich, daß sich mit Verringerung der Stückgröße der Aufschlußgrad verbessert.

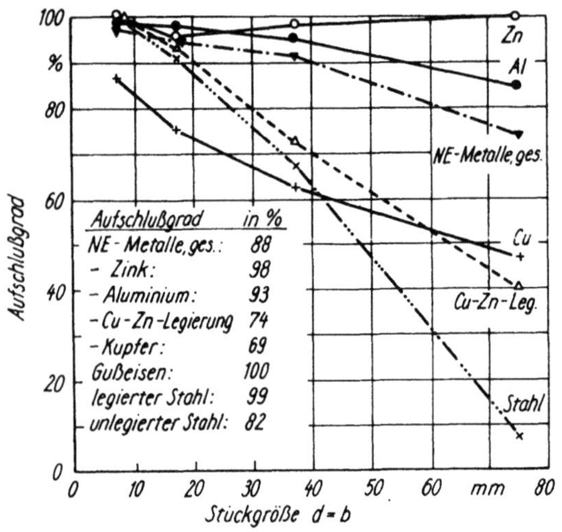

Bild 23. Aufschlußverhältnisse der im unmagnetischen Produkt einer Stahlschrott-Shredderanlage enthaltenen Metalle in Abhängigkeit von der Stückgröße (Schrottart: Mischschrott; Hammerbrecher: Bauart Becker; Rostöffnung: (21 × 18) cm)

Benötigt man eingehende Angaben über die Verbindungsverhältnisse der Metalle, so sind die Schrottstücke der zweiten Schrottgruppe in binäre, ternäre, quaternäre usw. Verbindungen (aus 2, 3, 4 oder mehr Komponenten bestehende Verbindungen) zu trennen oder nach anderen Gesichtspunkten zu ordnen. Dies erfolgte z. B. für den in Guillotinescheren geschnittenen Stahlschrott, um Aussagen über die zu erwartenden Trennergebnisse bei Anwendung verschiedener Sortierprozesse zu erhalten (Bild 24).

Neben der beschriebenen, sehr arbeitsaufwendigen Methode zur Bestimmung der Aufschluß- und Verbindungsverhältnisse ist es auch möglich, mittels *Dichtetrennungen* entsprechende Aussagen zu gewinnen. Diese Methode ist aber nur begrenzt anwendbar, da die dafür erforderlichen Schwerflüssigkeiten mit vertretbarem ökonomischem Aufwand nur bis zu einer Dichte von $\approx 2{,}9$ g/cm^3 beschaffbar sind. Damit eignet sich diese Methode nur für die Untersuchung von Leichtmetallschrotten (Magnesium, Aluminium) und Schrotten mit hohem Plastanteil (Kabel, kupferbeschichtete Platten u. ä.), die allerdings kleinstückig sein müssen. Nähere Angaben über die anzuwendenden Schwerflüssigkeiten, die Durchführung der Dichtetrennung sowie ihre Auswertung finden sich in [57]. Für einige spezielle, ausreichend zerkleinerte Schrotte ist es in absehbarer Zeit auch möglich, daß die magnetohydrostatische Sortierung für die Untersuchung der Aufschluß- und Verbindungsverhältnisse Anwendung findet.

3.1.8. Stoffliche und chemische Zusammensetzung

Die aus dem Schrottstückkollektiv gezogenen repräsentativen Proben können hinsichtlich ihrer stofflichen und/oder chemischen Zusammensetzung untersucht werden. Die *stoffliche Zusammensetzung* des Schrotts benötigt man insbesondere im Rahmen der Verfahrensentwicklung, Prozeßauswahl und -optimierung, da hierfür Aussagen über die den Schrott bildenden Metalle, Metallegierungen und Nichtmetalle erforderlich sind. Die Bestimmung der stofflichen Zusammensetzung kann zumeist nur von Hand durchgeführt werden. Keine größeren Probleme ergeben sich bei aufgeschlossen vorliegenden, relativ großstückigen Schrotten. Demgegenüber ist bei Schrotten, deren Bestandteile z. T. sehr eng miteinander verbunden sind (z. B. kleine Bauteile, Schrotte mit Beschichtungen oder Lötstellen), und bei kleinstückigen Schrotten die Ermittlung der stofflichen Zusammensetzung nur begrenzt oder überhaupt nicht möglich. Für einige spezielle Schrotte (z. B. zerkleinerte Kabelschrotte) bietet sich die Möglichkeit, die stoffliche Zusammensetzung mit Schwerflüssigkeiten zu bestimmen. Die Ermittlung des Wasser- bzw. Schneegehalts im Schrott kann mittels Neutronenstrahlen durchgeführt werden [75].

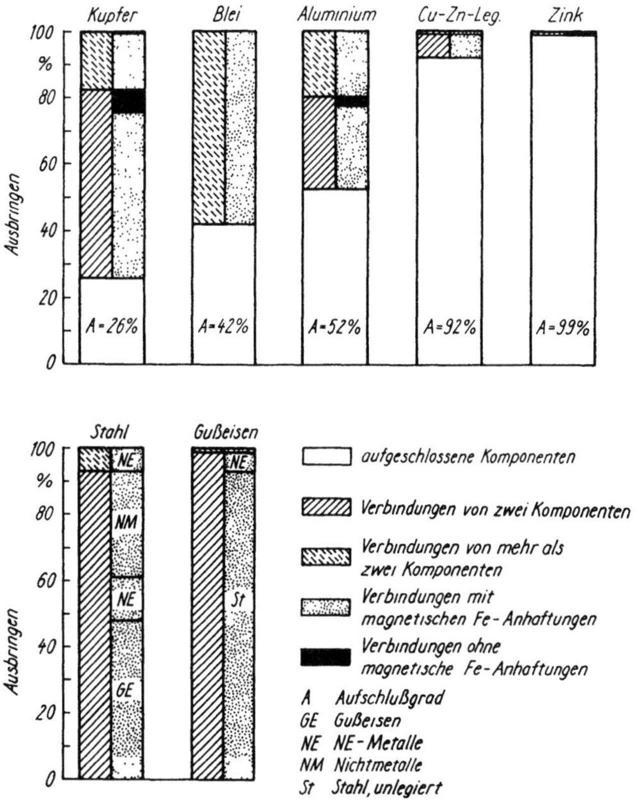

Bild 24. Aufschluß- und Verbindungsverhältnisse der NE-Metalle und Verbindungsverhältnisse des Stahls und Gußeisens im mit einer Guillotineschere geschnittenen Stahlschrott (Schrottart: Mischschrott; Scherenbauart: Henschel SV 700-D; Messerbreite: 1050 mm; Vorschub: 400 bzw. 480 mm)

Die *chemische Zusammensetzung* der Schrotte dient insbesondere zur Charakterisierung der Schrottqualität. Ihre Bestimmung ist teilweise ein langwieriger, arbeitsintensiver Prozeß (vor allem bei komplex zusammengesetzten Schrotten), der dem zu untersuchenden Schrott angepaßt werden muß. Die ermittelten Gehalte ermöglichen in vielen Fällen aber keine stoffliche Zuordnung. So kann z. B. der Kupferinhalt des Schrotts in Form des metallischen Kupfers, in Kupferlegierungen, kupferhaltigen Legierungen und auch im Stahl gelöst vorliegen. Für die komplex zusammengesetzten und kleinstückigen Schrotte gibt es jedoch praktisch keine andere Möglichkeit, die Zusammensetzung zu bestimmen.

Der Anteil der Verunreinigungen im Schrott kann auch auf der Grundlage des während des Schmelzprozesses entstehenden Abbrands ermittelt werden. Der *Abbrand* A_B stellt die Gesamtheit aller beim Schmelzprozeß auftretenden Verluste dar und ergibt sich aus:

$$A_B = \frac{m_E - m_{fl.}}{m_E} \tag{24}$$

m_E Masse des metallischen Einsatzes, einschließlich der in ihm enthaltenen Verunreinigungen
$m_{fl.}$ Masse des flüssigen Metalls

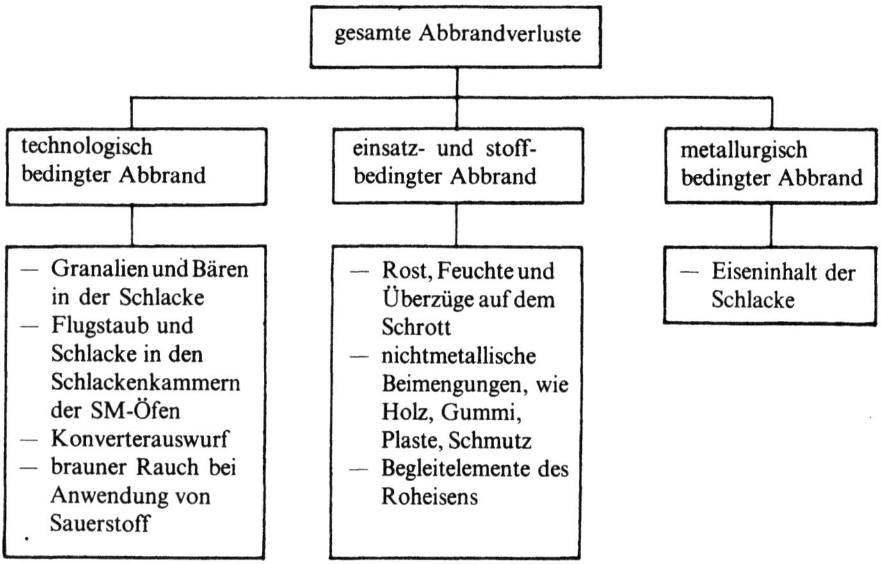

Bild 25. Gliederung der im Stahlerzeugungsprozeß auftretenden Abbrandverluste [76]

In der Eisenmetallurgie hat sich eine Gliederung des Abbrands in den technologisch bedingten, stoffbedingten und metallurgisch bedingten Abbrand eingeführt (Bild 25). Der stoffbedingte Abbrand ist dabei die Kenngröße, die die Qualität des Schrotts charakterisiert.

Um Unfälle zu vermeiden und die Betriebssicherheit von der Erfassung bis zum metallurgischen Einsatz des Schrotts zu gewährleisten, ist zu sichern, daß im Schrott keine *sprengstoffbehafteten Schrotteile* enthalten sind und alle *explosionsfähigen Schrotteile* erkannt werden. Als explosionsfähige Schrotteile gelten insbesondere geschlossene Hohlkörper, wie Behälter für verflüssigte und verdichtete Gase, Autostoßdämpfer, Behälter für brennbare Flüssigkeiten u. v. a., sowie jene Hohlkörper, deren ursprünglicher Verwendungszweck bzw. Inhalt nicht mehr genau feststellbar ist. Diese Schrotteile sind zunächst aus dem Schrott auszusondern und nachfolgend mit ausreichenden Öffnungen zu versehen.

3.2. Charakterisierung der Schrotte

Bei der Erzeugung, Be- und Verarbeitung der Metalle sowie nach entsprechender Nutzung der Metall- und metallhaltigen Erzeugnisse entstehen Schrotte unterschiedlichster Ausbildung. Ihre *Gliederung* ist nach folgenden Gesichtspunkten möglich:

1. nach dem *Ort des Anfalls* der Schrotte im Metallkreislauf der Volkswirtschaft in
   - Neuschrotte der metallurgischen Industrie
   - Neuschrotte der metallverarbeitenden Industrie
   - Amortisationsschrotte;
2. unter *aufbereitungstechnischen* Gesichtspunkten
   a) nach der erforderlichen Aufbereitung in
   - Schrotte, die in ihrem Anfallzustand eingesetzt werden können
   - Schrotte, die vor ihrem Einsatz erst einer Aufbereitung unterzogen werden müssen;

   b) nach der Ausbildung (Homogenität) der Schrotte in
   - sortenreine[1]) und saubere Schrotte
   - Schrotte, deren abzutrennende Metalle und/oder Legierungen aufgeschlossen vorliegen;
   - Schrotte, deren abzutrennende Metalle und/oder Legierungen mit anderen Komponenten verbunden sind;

   c) nach der stofflichen oder chemischen Zusammensetzung der Schrotte;

   d) nach der physikalischen Beschaffenheit der Schrotte entsprechend
   - der Stückgröße, -masse und -form
   - der Wandstärke
   - den Hohlraumvolumenanteilen (besonders bei Gußeisenschrotten)
   - den Aufschluß- und Verbindungsverhältnissen;
3. nach dem *metallurgischen Einsatz* der Schrotte.

Die Gliederung der Schrotte in den Standards der Industrieländer erfolgt unter aufbereitungstechnischen Gesichtspunkten und nach ihrem möglichen metallurgischen Einsatz. Durch die Entwicklung neuer Prozesse und Verfahren für die Aufbereitung der Schrotte macht sich künftig eine noch stärkere Differenzierung der anfallenden Schrotte (insbesondere der Amortisationsschrotte) unter aufbereitungstechnischen Aspekten erforderlich.

3.2.1. Arten und Ausbildung der anfallenden Stahlschrotte

Die mengenmäßig bedeutendsten metallischen Werkstoffe sind die Eisenwerkstoffe. Man unterscheidet zwei Gruppen von Eisenwerkstoffen, die Gruppe der Stähle und die der Eisen-Gußwerkstoffe. Die weitere Gliederung der Stähle erfolgt auf der Grundlage ihres Einsatzgebietes (Bild 26).

Die anfallenden Stahlschrotte werden zunächst in unlegierte und legierte Schrotte

[1]) Unter sortenreinen Schrotten (*Schrottsorten*) sollen Schrotte verstanden werden, die in ihrer stofflichen Zusammensetzung einheitlich sind.

unterschieden. Nach dem Standard der DDR [77] handelt es sich um *unlegierten Stahlschrott*, wenn die Gehalte der Begleitelemente (in %) folgende Werte nicht überschreiten:

Mn	Cr	Co	Ni	V	W	Cu	Mo
2,0	1,0	0,50	0,50	0,50	0,50	0,30	0,20

Um Produktionsabfälle mit definierten niedrigen bzw. erhöhten Phosphor-, Schwefel- und Siliziumgehalten gesondert vom übrigen unlegierten Stahlschrott erfassen und gezielt verarbeiten zu können, bildete man noch spezielle Schrottsorten.

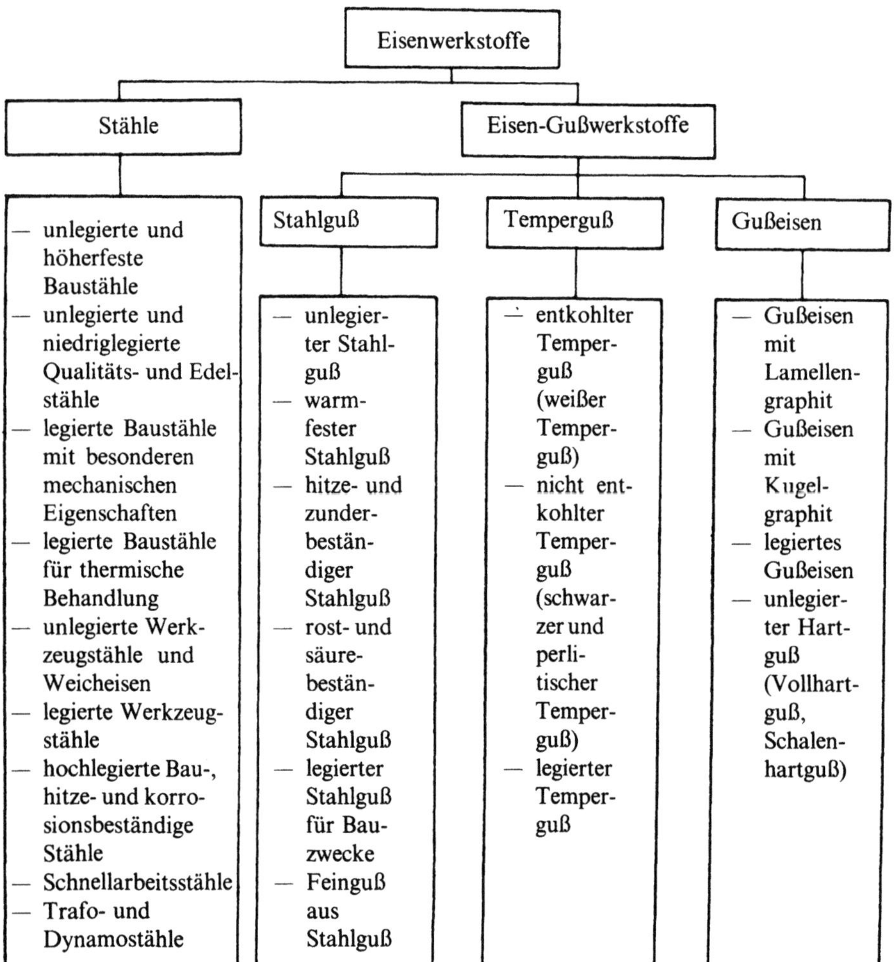

Bild 26. Gliederung der Eisenwerkstoffe

Die weitere Gliederung der unlegierten Stahlschrotte berücksichtigt die notwendige Aufbereitung vieler Stahlschrotte. Als Kenngrößen für ihre Unterteilung dienen die maximalen Abmessungen und die Wandstärke der Schrottstücke sowie die Anteile an Verunreinigungen (Anhaftungen, lose Beimengungen, mit Stahl verbundene metallische und/oder nichtmetallische Komponenten).

Für die *legierten Stahlschrotte* bildete man in der DDR 36 Schrottsorten. Ihre Gliederung erfolgte nach den Hauptlegierungselementen und ihren Gehalten. Diese Einteilung ist jedoch praktisch nur für den Schrott aus der stahlverarbeitenden Industrie anwendbar. Mit der Absicht, den legierten Amortisationsschrott besser als bisher zu erfassen, wurde eine zusätzliche Nomenklatur erarbeitet [78]. Durch die Bildung von 12 Vorsortiergruppen ist es nunmehr möglich, mit einfachen Methoden eine metallurgisch sinnvolle Gliederung (Vorsortierung) der legierten Amortisationsschrotte durchzuführen.

Der bei der Metallerzeugung, in der 1. und 2. Verarbeitungsstufe der Metallurgie und in den Gießereien entstehende *Neuschrott der metallurgischen Industrie* ist ein qualitativ hochwertiger Schrott. Die kompakte Ausbildung der meisten Schrotte führt zu relativ hohen Schüttdichten (Tabelle 12). Des weiteren ist er weitestgehend frei von äußeren Verunreinigungen. Dadurch ergeben sich geringe Abbrandverluste. Diese nehmen allerdings mit größer werdender spezifischer Oberfläche des Ein-

Tabelle 12. Schüttdichte der Stahlschrotte aus der metallurgischen Industrie [32], [70]

Schrottarten	Schüttdichte [t/m³]	
	Schwankungsbereich	Mittelwert
1. gegliedert nach dem Anfallort:		
— Schrott des Hochofenbetriebs	2,0 ... 3,0	2,5
— Schrott aus der Stahlproduktion	2,0 ... 4,0	3,0
— Schrott von Stranggußanlagen	3,0 ... 3,5	3,2
— Schrott von Block- und Brammenstraßen	2,5 ... 3,5	3,0
— Schrott von Halbzeugstraßen	2,5 ... 3,0	2,7
— Schrott von Grobstahlstraßen	1,8 ... 3,0	2,4
— Schrott von Formstahlstraßen	1,6 ... 2,5	2,0
— Saum- und Schopfschrott von Grobblechstraßen	1,5 ... 2,8	2,1
— Saum- und Schopfschrott von Warmbreitbandstraßen	1,2 ... 2,0	1,6
— Saum- und Schopfschrott von Kaltbandstraßen	0,5 ... 1,4	0,9
— Saumschrott von Rohrschweißanlagen	1,2 ... 1,6	1,4
— Rohrschrott	0,1 ... 0,35	0,2
— Weißblechschrott	0,2 ... 0,35	0,3
2. gegliedert nach der Materialdicke:		
— Blockschrott, Restblöcke, Knüppelschrott	2,0 ... 3,2	—
— schwerer Schrott (Materialdicke >30 mm)	1,8 ... 2,2	—
— mittelschwerer Schrott (Materialdicke 10 ... 30 mm)	0,8 ... 1,2	—
— leichter Schrott (Materialdicke 5 ... 10 mm)	0,6 ... 1,0	—

Tabelle 13. Stoffbedingter Abbrand verschiedener Schrottarten [76], [80] bis [82]

Schrottart	stoffbedingter Abbrand [%]	
	Durchschnitts-wert	Schwankungs-bereich
Schrotte der metallurgischen Industrie		
— Blockschrott, Restblöcke, Knüppelschrott	0,9	—
— Walzwerkschrott, ges.	3,5	—
— Draht- u. Feinblechschrott	5,4	—
Schrotte der metallverarbeitenden Industrie u. Amortisationsschrotte		
Stahlschrott		
— Wandstärke >8 mm; Stückgröße 30 ... 50 cm	6,4	5,2 ... 8,7
— Wandstärke >8 mm; Stückgröße 50 ... 100 cm	8,2	4,7 ... 10,0
— Wandstärke >5 mm; Stückgröße max. (150 × 50 × 50) cm	12,6	9,8 ... 14,5
Pakete		
— aus neuen, sauberen Blechschrotten	8,2	6,1 ... 9,6
— aus alten Blechschrotten	14,6	11,2 ... 18,7
— aus alten, stark verunreinigten Blechschrotten	25	—
Späne	11,4	9,0 ... 13,2[1])

[1]) in [82] werden Werte bis zu 21 % angegeben.

satzmaterials zu (Tabelle 13). Bei gleichem Verschmutzungsgrad des Schrotts steigen damit in der Reihenfolge Restblöcke, Vorbrammen, Knüppel, Blech und Draht die Abbrandverluste an. Die durch Beschichtungen in den Schrott gelangenden Verunreinigungen ergeben sich aus den Tabellen 14 und 15.

Der *Neuschrott der stahlverarbeitenden Industrie* fällt als stückiger, meist blechartiger Schrott sowie in Form von Spänen an. Den *stückigen Stahlschrott* bilden Blechabfälle, Stangenenden, Profilabfälle, Ausschußteile u. a. Seine Ausbildung wird entscheidend von der Produktionsstruktur des jeweiligen Industriebereiches beeinflußt. Die sehr unterschiedlichen geometrischen Abmessungen und Formen der Schrottstücke führen zwangsläufig auch zu voneinander abweichenden Schüttdichten. Der Anteil an äußeren Verunreinigungen im stückigen Stahlschrott ist im allgemeinen gering. Dadurch ergeben sich relativ niedrige Abbrandverluste (Tabelle 13).

Die sich abzeichnenden Tendenzen in der Verbrauchsstruktur des Stahls lassen erwarten, daß der Anteil an dünnwandigen Schrotten und sein Verunreinigungsgrad zunehmen werden. Es ist deshalb zu sichern, daß z. B. die mit Zink und Kunststoffen beschichteten Stahlschrotte und die Schrotte der korrosionsträgen Stähle (wegen ihres höheren Kupferinhalts) gesondert erfaßt und gelagert werden. Durch den zunehmenden Einsatz beruhigter und niedriglegierter Baustähle wird ein Ansteigen des mittleren Silizium- und Mangangehalts im unlegierten Stahlschrott aber nicht zu verhindern sein [34]. Wesentliche Veränderungen im Verhältnis zwischen unlegiertem und legiertem Schrott sind jedoch nicht zu erwarten.

Tabelle 14. Beschichtung der Werkstoffe mit Metallen [83], [84] u. a.

Beschichtungs-prinzip	Grund-werkstoff	Auflagewerkstoff		
		Art	häufiger Schicht-dickenbereich [µm]	Menge [g/m² Oberfläche]
Galvanisieren (Elektrolytisches Abscheiden)	Stahl	Zinn	0,4 ... 1,5	6 ... 22¹)
	Gußeisen	Zink	2,5 ... 7,5	35 ... 110¹)
	Schwermetalle	Nickel	10 ... 40²)	90 ... 360
	Aluminium (nur bedingt)	Chrom	0,2 ... 0,5 bei Glanzverchromung	1,5 ... 3,5
	Plaste, Glas, Porzellan u. a.		1 ... 500 bei Hartverchromung	7 ... 3450
		Kupfer, Kadmium, Gold, Silber u. a.		
Schmelztauchen (Feuermetallisieren)	Stahl	Zink		
		— kontinuierlich (Band, Draht)	9 ... 40	130 ... 560
		— diskontinuierl. (Stückgut)	20 ... 300	300 ... 4500
		Aluminium	10 ... 50	30 ... 135
		Zinn	1,6 ... 2,7	24 ... 40¹)
		Blei, Gold u. a.		
Aufdampfen im Vakuum	Stahl	Aluminium	1 ... 5	5 ... 30¹)
		Kadmium, Titan u. a.		
Spritzen (Schmelzsprühen)	Stahl	Zink	bis 1000	bis 7200
		Aluminium, rostfreier Stahl u. a.		
Abscheiden und Eindiffundieren	Stahl	Aluminium	100 ... 500	270 ... 1350
		Zink, Chrom u. a.		
Walzplattieren	Stahl	rostfreier Stahl Messing, Nickel u. a.	—	—

¹) beidseitig
²) ggf. zusätzliche Zwischenschichten

Die in der metallverarbeitenden Industrie anfallenden unlegierten und legierten *Stahlspäne* unterscheiden sich wesentlich in ihrer physikalischen Beschaffenheit (Spangröße, Spanform, Schüttdichte). Betrachtet man den Zerspanungsvorgang vor der Werkzeugschneide, so ergeben sich drei grundsätzliche Spanarten: der sehr kleinstückige Reiß- oder Bruchspan, der Scherspan und der Fließspan. Ersterer

Tabelle 15. Beschichtung der Werkstoffe mit anorganisch-nichtmetallischen und organischen Stoffen [83], [85] u. a.

Art der Beschichtung	Grundwerkstoff	verwendetes Beschichtungsmaterial	
		Art	häufiger Schichtdickenbereich [µm]
Beschichten mit anorganisch-nichtmetallischen Stoffen — Emaillieren	Stahl Gußeisen Aluminium	Email (silikatische, vorzugsweise glasig erstarrte Schmelze)	200 ... 1000
Beschichten mit organischen Stoffen			
— Farb- und Lackanstriche	Stahl u. a.	Suspension unlöslicher Pigmentteilchen (Bleimennige, Zinkweiß u. a.) in organischen Bindemitteln (trocknende Öle, Alkydharz, Chlorkautschuk, Epoxidharz, Polyurethan u. a.)	100 ... 300
— Kunststoffbeschichtungen	Stahl, Aluminium, Kupfer u. a.	Kunststoffe auf der Basis von PVC, PE, Acryl-, Vinyl-, Alkyd-, Polyester-, Epoxid- u. silikonmodifizierten Kunstharzen, Polyurethan u. a.	20 ... 400
	Bandstahl[1]) (z. T. verzinkt)	PVC-Plastisol	150 ... 250
		PVC-Organosol	50
		PVC-Folie	200
— Fette, Öle und Wachse		natürliche u. synthetische Fette, Öle, Wachse und deren Ester	bis 10

[1]) EKOTAL-Bleche u. Bänder des Bandstahlkombinats Eisenhüttenstadt (DDR)

entsteht insbesondere bei spröden Werkstoffen (z. B. bei Gußeisen, Cu-Sn-Gußlegierungen, bleihaltigen Cu-Zn-Legierungen), letzterer vor allem bei Stahl. In Abhängigkeit von den angewendeten Spanungsbedingungen tritt vor allem der Fließspan in charakteristischen Spanformen auf, die in Spanformklassen zusammengefaßt werden (Bild 27). Auf die sich ausbildenden Spanformen haben vor allem die Geometrie des Schneidkeils, der Werkstoff, die Spanungsgrößen und die Schnittgeschwindigkeit einen Einfluß. Deshalb sind die Stückgrößenverteilungsfunktionen der Stahlspäne sehr unterschiedlich. Einige Beispiele bei Anwendung verschiedener Werkzeugmaschinen zeigt Bild 28c.

Für den metallurgischen Einsatz werden die anfallenden Stahlspäne entsprechend ihrer Länge in die Klassen <150 mm, <500 mm und in wollige Späne eingeteilt [77]. Die Stahlspäneklasse <150 mm besteht dabei im wesentlichen aus Schrauben- und Spiralbruchspänen sowie Spiral- und Spanbruchstücken. Demgegenüber bilden

Spanformklassen	Ausbildung	Schuttdichte bei Stahl in t/m³
Bandspan		≤ 0,09
Wirrspan		≤ 0,09
Schraubenspan	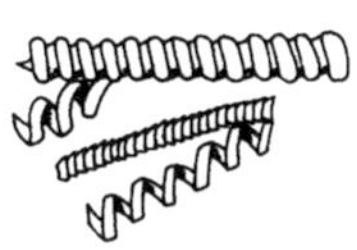	≤ 0,15
Schraubenbruchspan		≤ 0,32
Spiralbruchspan		≤ 0,95
Spiralspanstück	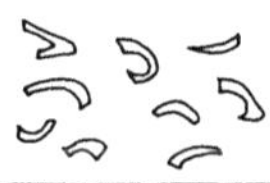	≤ 0,95
Spanbruchstück		≤ 2,5

Bild 27. Spanformklassen [87]

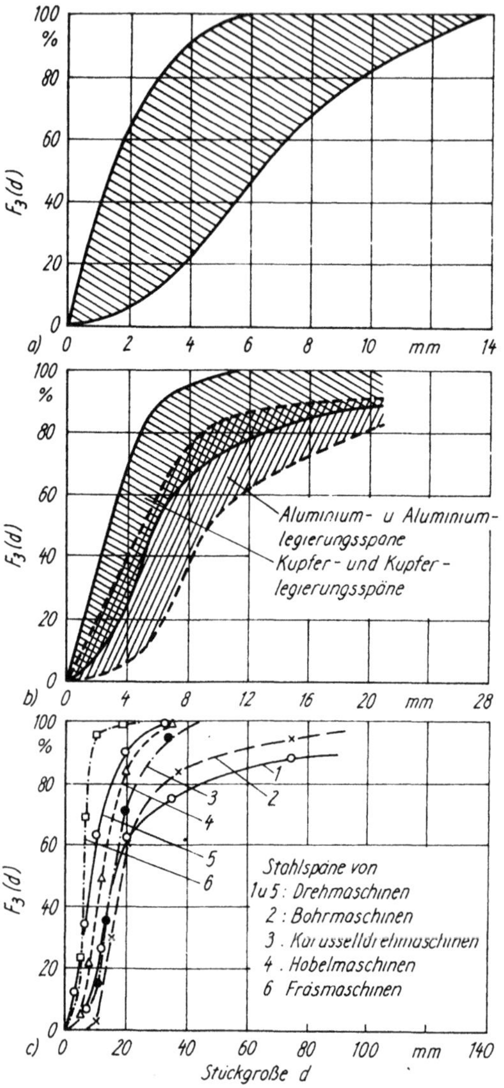

Bild 28. Stückgrößenverteilungsfunktionen der Stahl-, Gußeisen- und NE-Metallspäne
a) Gußeisenspäne;
b) NE-Metallspäne [88] bis [90];
c) Stahlspäne [88]

Band-, Wirr- und Schraubenspäne die Späneklasse <500 mm und die der wolligen Späne. Es ist verständlich, daß die unterschiedlichen Spanlängen und -formen zu deutlich voneinander abweichenden Schüttdichten führen (Bild 27, Tabelle 16).

Als Verunreinigungen enthalten die Stahlspäne meist Kühl- und Schmierflüssigkeiten, daneben jedoch auch noch größere Metallstücke, NE-Metallspäne und nichtmetallische Beimengungen. *Kühl- und Schmiermittel* werden vorwiegend beim Spanen mit Werkzeug- und Schnellarbeitsstahlwerkzeugen eingesetzt. Außerdem finden sie beim Spanen mit geometrisch unbestimmter Schneide (Schleifen, Läppen) Anwendung. Folgende Kühl- und Schmierflüssigkeiten werden verwendet:

— Wasser mit geeigneten Netz- und Passivierungsmitteln (Soda, Pottasche)

Tabelle 16. Schüttdichte der Stahl-, Gußeisen- und NE-Metallspäne (zusammengestellt nach [32], [91] bis [94] u. a.)

Ausbildung der Späne	Schüttdichte [t/m³]					
	Stahl		Gußeisen		Kupfer, Kupfer-legierungen	Aluminium, Aluminium-legierungen
	Schwankungsbereich	Mittelwert	Schwankungsbereich	Mittelwert		
lange u. wollige Späne	0,15 ... 0,6	0,3[1])	—	—	0,15 ... 0,5	0,07 ... 0,2
kurze u. gebrochene Späne	0,8 ... 1,0	1,0	1,0 ... 2,0	1,7	0,8 ... 1,5	0,2 ... 0,4
sehr kurze, zerbröckelte Späne (Spanlänge etwa < 20 mm)	bis 2,5	—	bis 3,5	—	bis 3,0	bis 0,9

[1]) vermischte Stahlspäne: 0,6 t/m³

— Mineralölemulsionen: Mischung aus Mineralöl und Wasser unter Verwendung eines Emulgators (Mischungsverhältnis Wasser:Öl = 10:1 bis 50:1). Die Emulsionen enthalten z. T. noch aktivierende Zusätze (Schwefel-, Phosphor- und Chlorverbindungen).
— Schneidöle: Als Schneidöle werden fette Öle (tierische oder pflanzliche Öle, wie Tran- oder Rüböl) und mineralische Öle (Fraktionen mit geringer Viskosität) verwendet. Ihre Eigenschaften verbessert man ebenfalls durch Zusätze.

Die Auswahl der geeigneten Kühl- und Schmierflüssigkeit erfolgt in Abhängigkeit vom Prozeß der spanenden Formgebung, den Schnittbedingungen, dem Schneidwerkzeug und dem zu schneidenden Werkstoff. Hartmetall- und Schneidkeramikwerkzeuge benötigen keine Kühl- und Schmierflüssigkeiten [87]. In der metallverarbeitenden Industrie fallen damit sowohl trockene als auch nasse (emulsionshaltige) bzw. ölhaltige Stahlspäne an.

Die mögliche Abtrennung der in den Stahlspänen enthaltenen Kühl- und Schmierflüssigkeiten wird entscheidend von deren Viskosität bestimmt. Da die Viskositäten der Mineralölemulsionen nur wenig über der Viskosität des Wassers liegen, wird bereits durch Abtropfen der Späne eine für den metallurgischen Einsatz ausreichende Abtrennung der Mineralölemulsion erreicht [117]. Für die mit Schneidölen behafteten Stahlspäne ist demgegenüber der Einsatz von Zentrifugen erforderlich, da die Viskositäten der Schneidöle deutlich über denen der Mineralölemulsionen liegen.

Die Menge des an den Stahlspänen haftenden Schneidöls ist von der spezifischen Oberfläche und der Form der Späne, der Schneidölqualität (Viskosität, Benetzungsverhalten zum jeweiligen Werkstoff) und von der Werkstoffart abhängig. Untersuchungen ergaben [95], daß z. B. an Spänen mit Spanquerschnitten von (0,4 × 0,8) mm bis zu 75% mehr Öl haftet als an Spanquerschnitten von (0,4 × 1,7) mm. Des

Tabelle 17. Oxydation verschiedener Stahlleichtschrotte und Stahlspäne [99]

Schrottart	mittlere Dichte [g/cm³]	Gehalt [%]			
		reines Eisen	Rost oder Zunder¹)	oxydiertes Eisen	Eisen gesamt
Stahlleichtschrott:					
— einzelnes, verrostetes Schrottstück (Blechstärke: 2,5 mm)	7,17	91,3	8,7	4,6	95,9
— einzelnes, sehr stark verrostetes Schrottstück (blechartig)	4,11	17,2	82,8	43,3	60,5
— verrosteter Stahlleichtschrott (Gesamtmasse: 24,2 kg)	6,8	85,8	14,2	7,4	93,2
— Teilstück eines Schrottpakets der Paketierpresse PG-1500 (Blechstärke: 8 bis 10 mm, Gesamtmasse: 89 kg)	7,14	91,0	9,0	4,7	95,7
Stahlspäne:					
— Späne mit einem dünnen Rostbelag	7,45	95,0	5,0	2,6	97,6
— verrostete Späne	6,52	81,4	18,6	9,7	91,1
— oxydierte, feinkörnige, verbrannte Späne	6,97	75,2	24,8	18,0	93,2

¹) Für die Berechnung wurde angenommen, daß der Rost bzw. der Zunder in der Form $Fe_2O_3 \cdot 3\,H_2O$ mit 52,5% Fe vorliegt

weiteren zeigte sich, daß der anhaftende Ölanteil bei Einsatz eines Schneidöls mit einer Viskosität von $3 \cdot 10^{-5}$ m²/s (bei 50 °C) um ≈60% höher liegt als bei Verwendung eines Schneidöls mit einer Viskosität von 10^{-5} m²/s (bei 50 °C). Nach verschiedenen Angaben [95] bis [97] beträgt der Schneidölgehalt der Späne 8 bis 30 Masse-%, bei einigen Spänearten sogar bis zu 50%. Durch den Einsatz von Zentrifugen läßt sich der Schneidölgehalt der Späne auf 1 bis 3 Masse-% verringern [98]. Der Restölgehalt der Stahlspäne ist dabei von der Zentrifugierzeit und der Viskosität des Schneidöls abhängig.

Bei einer Lagerung der in der metallverarbeitenden Industrie anfallenden Schrotte beginnt ihre oberflächliche Oxydation (Korrosion). Die mittlere Korrosionsgeschwindigkeit des Stahls beträgt unter den Bedingungen mittlerer und großer Industriestädte 30 bis 150 μm/a [86], [100]. Der sich bildende Anteil an Korrosionsprodukten (vorwiegend oxidische und hydroxidische Eisenverbindungen; Rost) ist vor allem von der spezifischen Oberfläche des Schrotts abhängig, so daß sich für Späne besonders hohe Werte ergeben. Des weiteren wird der Anteil der Korrosionsprodukte durch die Packungsdichte der Späne bei ihrer Lagerung und das Vorhandensein eines oberflächlichen Ölfilms beeinflußt [101]. Untersuchungen an stark verrosteten Spänen ergaben, daß der metallische Eisenanteil dieser Späne nur noch 75 bis 80% und der gesamte Eisengehalt 91 bis 93% beträgt (Tabelle 17). Von ZUSMAN [45] werden für verschiedene Arten von Stahlspänen folgende Eisengehalte angegeben:

— saubere, nicht oxydierte Stahlspäne	98 ... 99%
— oxydierte Stahlspäne (für SM-Ofen)	91%
— sehr stark oxydierte Stahlspäne (für Hochofen)	72%

Eine deutliche Verringerung des Anteils an Korrosionsprodukten kann durch Lagerung der Stahlspäne in geschlossenen Räumen bzw. Behältern erreicht werden (bis zu 80% [101]). Fast völlig verhindert man die Oxydation, wenn die Späne in abgedichteten, mit Stickstoff gespülten Behältern oder mit Kohlenstoff überdeckt gelagert werden.

Die vielen Stahlsorten und die unterschiedlichsten Einsatzgebiete des Stahls, die sich bereits aus der Verbrauchsstruktur der Walzerzeugnisse nach Lieferformen ableiten (Tabelle 18), führen zu *Amortisationsschrotten* mit sehr unterschiedlicher physikalischer Beschaffenheit und stofflicher bzw. chemischer Zusammensetzung. Unter aufbereitungs- und verarbeitungstechnischen Gesichtspunkten empfiehlt es sich, die Amortisationsschrotte zunächst in legierte und unlegierte Stahlschrotte zu gliedern. Für die *legierten Stahlschrotte* wurden 12 Vorsortiergruppen gebildet, die es ermöglichen, mit einfachen Methoden eine metallurgisch sinnvolle Einteilung (Vorsortierung) dieser Schrotte durchzuführen [14], [78].

Die *unlegierten Stahlschrotte* werden im allgemeinen in sortenreine und saubere sowie durch Beimengungen und/oder Anhaftungen verunreinigte Schrotte gegliedert. Erstere entstehen bei der Verschrottung von Maschinen- und Anlagenteilen, Stahlkonstruktionen, Tagebauausrüstungen, Schiffen u. a. Sind diese Schrotte im Anfallzustand bereits ausreichend kleinstückig, so können diese unmittelbar in der metallurgischen Industrie eingesetzt werden. Häufig besitzen diese Schrotte im Anfallzustand jedoch sehr große Abmessungen, so daß sie ein- oder mehrstufig zerkleinert werden müssen.

Die verunreinigten unlegierten Stahlschrotte lassen sich unter aufbereitungstechnischen Gesichtspunkten in vier Gruppen einordnen:

- sehr sperrige Schrotte (Traktoren, Lastkraftwagen, Schienenfahrzeuge u. a.)
- in Guillotinescheren, ggf. nach entsprechender Vorverdichtung schneidbare Schrotte (Land- und Baumaschinen, Behälter, Stahlbaukonstruktionen u. a.)
- Stahlleichtschrotte (Autokarosserien, Haushaltsgegenstände u. a.)
- mit Zink, Zinn oder anderen Metallen bzw. Legierungen sowie mit Kunststoff beschichtete Stahlschrotte.

Die Abmessungen der Schrottstücke reichen von wenige Zentimeter großen Bauteilen bis zu Anlagenteilen mit einer Länge von weit über 10 Meter. In Abhängigkeit von der Stückgröße, aber auch von der Wandstärke und der Form der Schrottstücke werden sich deshalb sehr unterschiedliche Schüttdichten für diese Schrotte ergeben (Tabelle 19).

Tabelle 18. Anteil der Stahlgruppen am Gesamtwalzstahlverbrauch der DDR, untergliedert nach Lieferformen [102]

Stahlgruppe	Verbrauchsstruktur nach Lieferformen [%]						
	Stabstahl[3])	Profilstahl[4])	Grobblech	Feinblech[5])	Rohre[6])	sonstiges[7])	ges.
allgemeine Baustähle[1])	9,7	11,7	17,4	8,2	7,9	5,0	59,9
höherfeste Baustähle	0,3	0,6	4,6	0,3	0,2	—	6,0
Baustähle für thermische Behandlung u. mit besonderen mechanischen Eigenschaften[2])	3,6	—	2,6	1,2	0,8	1,0	9,2
weiche, unlegierte Stähle für Bleche	—	—	—	8,1	—	—	8,1
unlegierte Drahtstähle	2,5	—	—	—	—	—	2,5
Automatenstähle	0,9	—	—	—	—	—	0,9
Kaltstauchstähle	1,3	—	—	—	—	—	1,3
korrosionsbeständige Stähle	0,1	—	0,2	0,2	0,1	—	0,6
Werkzeugstähle	0,4	—	—	0,1	—	—	0,5
elektrotechnische Stähle	—	—	—	1,8	—	—	1,8
Betonstähle	9,2	—	—	—	—	—	9,2
Stahl, gesamt	28,0	12,3	24,8	19,9	9,0	6,0	100,0

[1]) einschl. der unlegierten normalfesten Rohrstähle und der Stähle für Schienen und Zubehör
[2]) beinhaltet die Einsatz- und Vergütungsstähle, Nitrier- u. Inchromierstähle, verschleißfeste Stähle, legierte Federstähle und Wälzlagerstähle
[3]) einschl. Walzdraht, Blankstahl und gezogenen Draht
[4]) beinhaltet die warmgewalzten u. kalt geformten Profile
[5]) beinhaltet die kaltgewalzten Bleche u. Bänder, die warmgewalzten Bleche sowie die oberflächenveredelten Bleche und Bänder
[6]) beinhaltet die nahtlosen und längsgeschweißten Rohre bis zu einem Außendurchmesser von 189 mm
[7]) beinhaltet die Schienen und Zubehörteile sowie Ringe und Radscheiben

Tabelle 19. Schüttdichte der Stahlschrotte in Abhängigkeit von Stückgröße, Wandstärke und Stückform [72]

Stückgröße der Schrottstücke [m]	Wandstärke [mm]	Schrottarten	Schüttdichte [t/m³]
0,3 × 0,3 × 0,3	> 10	Bleche, Unterlegplatten, Schwellennägel, Schienenschrauben, Laschen	4,0 ... 4,5
	> 5	klein geschnittene Bleche, Walzprofile, Rohre	0,8 ... 0,9
	> 3	klein geschnittene Bleche, Walzprofile, Rohre, Fahrradrahmen	0,5 ... 0,6
0,5 × 0,5	> 8	klein geschnittene Bleche, Walzprofile	1,3 ... 1,5
0,5 ... 1,0 × 0,5	> 8	Konstruktionsbleche, glatt	2,5
		Bleche, Konstruktionselemente aus Walzprofilen mit Verstrebung	0,8
		Bleche, Konstruktionselemente aus Walzprofilen ohne Verstrebung	1,6
1,5 × 0,5 × 0,5		Stahlprofile ohne Verstrebungen, Trägerkonstruktionen aus Walzprofilen	1,8
	> 8	Waggonkonstruktionsteile aus Walzprofilen, Bleche ohne Verstrebungen	1,2
		Baukonstruktionen mit Verstrebungen, Trägerkonstruktionen aus Walzprofilen	1,0
		PKW-Autoteile: Autoachsen, Bremstrommeln, Lenkgestänge	0,9
		LKW-Autoteile: LKW-Bodenkonstruktionen, Führerhaus	0,7
	> 5	Waggonteile in Blechform ohne Verstrebungen	0,7
		Landwirtschaftsgeräte, Walzprofile, Bleche, Räder	0,45
		Waggonteile in Blechform mit Verstrebungen	0,3
		Schiffsbleche	0,3

Tabelle 20. Stoffliche bzw. chemische Zusammensetzung (in %) der verunreinigten unlegierten

Komponenten	sehr sperrige Schrotte		in Guillotinescheren geschnittene Schrotte (unsortiert)
	Eisenbahn-waggons	Lokomotiven	
	[103], [104]	[103], [104]	[105]
Stahl	85,4[3])	88,1[3])	79,1
Gußeisen	—	5,0	15,4
NE-Metalle, ges.	0,33	2,9	0,75
— Aluminium	—	—	0,29
— Blei	—	—	0,07
— Kupfer	—	—	0,13
— Cu-Zn-Legierung	—	—	0,16
— Nickel	—	—	—
— Chrom	—	—	—
— Zink	—	—	0,10
— Zinn	—	—	—
Nichtmetalle, ges.	14,3	4,0	1,67
— Gummi	—	—	0,24
— Plaste	—	—	0,83
— Textilien	—	—	0,14
— Porzellan	—	—	0,02
— Steine	—	—	0,29
— Holz	14,3	—	0,15
Schmutz	—	—	3,0

[1]) ohne vorherige Demontage einzelner Bauteile; der den Shredderanlagen angelieferte Schrott enthält nur noch 2 bis 3 % NE-Metalle

Als Beimengungen und/oder Anhaftungen können in den Stahlschrotten auftreten:

- Gußeisen
- legierter Stahl
- NE-Metalle und NE-Metall-Legierungen, insbesondere Kupfer und Kupferlegierungen, Aluminium und Aluminiumlegierungen sowie Blei, Zink u. a.
- nichtmetallische Bestandteile, wie Holz, Gummi, Plaste, Emaille, Rost, Bitumen, Schlacke, Zement, Kesselstein, Erde, Öle u. a.

Die NE-Metalle und ihre Legierungen sind im Stahlschrott an Gleitlager der Maschinen und Motoren (Cu, Sn, Pb), elektrische Ausrüstungsteile (Cu, Al), Batterien (Pb, Ni), Motorteile (Al, Cu, Mn) und viele andere Bauelemente gebunden. Die stoffliche bzw. chemische Zusammensetzung ausgewählter Stahlschrotte zeigt Tabelle 20.

Stahlschrotte

Automobilschrotte			Konservendosenschrott, verzinnt, mit Stahldeckel	Müllschrott, magnetisches Produkt²)
USA¹)	BRD¹)	einschl. Mischschrott (Pakete Nr. 2/USA)²)		
[104], [106] bis [108]	[109], [113]	[110], [111]	[79], [112]	[79], [112], [114]
70,8 ... 72,2	≈60	73,6 ... 98,4	95,8	≈90
13,0 ... 14,3	≈15		—	
4,1 ... 4,5	5,0 ... 6,8	—	2,38	—
0,9 ... 1,5	2,2 ... 3,0	—	—	<0,5 ... 2
0,6 ... 0,9	1,2 ... 1,4	—	1,9	0,08 ... 0,2
0,9	0,6 ... 1,4	0 ... 1,36	—	0,25 ... 0,6
—	—	—	—	—
—	—	0,02 ... 0,31	—	<0,10
—	—	0,02 ... 0,20	—	0,01
0,8 ... 1,9	0,2 ... 1,3	—	—	<0,2
—	0,1	0 ... 0,25	0,48	0,14 ... 0,4
10,5 ... 10,7	18 ... 25	—	1,8	—
3,2 ... 4,1	—	—	—	—
—	—	—	—	—
—	—	—	—	—
—	—	—	—	—
—	—	—	—	—
—	—	—	—	—
—	—	—	—	—

²) einschl. der im Stahl gelösten Metalle

³) Einzelteile, wie Räder, Achsen, Puffer u. a., werden wieder verwendet

Angaben über den an Korrosionsprodukte gebundenen Eiseninhalt der Schrotte finden sich in Tabelle 17.

3.2.2. Arten und Ausbildung der anfallenden Gußeisenschrotte

Die intensive Entwicklung der Schmelz-, Form- und Gießprozesse führte in den vergangenen Jahrzehnten zu einer breiten Palette von Eisengußwerkstoffen (Bild 26). In der Reihenfolge ihres mengenmäßigen Anteils sind es Gußeisen mit Lamellengraphit sowie mit deutlichem Abstand Gußeisen mit Kugelgraphit, Stahlguß, Temperguß und Hartguß. In der DDR ist gegenwärtig der Anteil des Stahlgusses jedoch noch deutlich höher als der des Gußeisens mit Kugelgraphit.

Die anfallenden Gußeisenschrotte werden entsprechend ihrer chemischen Zusammensetzung zunächst in *unlegierte* und *legierte Gußeisenschrotte* unterschieden. Nach dem Standard der DDR [115] gelten diejenigen Gußeisenschrotte als unlegiert, in denen die Begleitelemente folgende Gehalte (in %) nicht überschreiten:

C	Si	Mn	P	Cu	Cr	Ni	S
4,5	3,5	1,5	1,0	0,3	0,3	0,3	0,16

Die weitere Gliederung der unlegierten Gußeisenschrotte erfolgt auf der Grundlage der physikalischen Beschaffenheit (Stückgröße, Wandstärke) und der Zerkleinerungseigenschaften der Schrotte sowie bei den Gußeisenspänen nach ihrem oxydierten Anteil. Für die legierten Gußeisenschrotte bildete man 12 Schrottsorten.

Die bei der Herstellung der Formgußstücke in den Gießereien entstehenden Schrotte (Einlauftrichter, Speiser, Resteisen u. a.) sowie der Ausschuß der Gießereien bzw. derjenige, der bei der Bearbeitung der Gußstücke erkannt wird, verbleiben im Gießereibetrieb und werden unmittelbar wieder eingesetzt (Bild 29). Diese Schrotte werden deshalb als *Kreislaufschrotte* (Kreislaufmaterial) bezeichnet. Ihr Anteil am metallischen Einsatz ist abhängig von der Masse der zu gießenden Stücke (Bild 30), ihrer Gestalt, dem Eisengußwerkstoff, der Art der Form- und Gießtechnik u. a. Er beträgt bei der Herstellung von Gußstücken aus Gußeisen mit Lamellengraphit 5 bis 40 % und bei Stahl- und Temperguß 35 bis 65 %, bezogen auf den metallischen Einsatz.

Der in der metallverarbeitenden Industrie anfallende Gußeisenschrott besteht fast ausschließlich aus *Gußeisenspänen*. Gegenüber den Stahlspänen sind diese wesentlich kleinstückiger (Bild 28a). Daraus ergeben sich für die Gußeisenspäne Schüttdichten bis zu 3,5 t/m^3, meist jedoch zwischen 1 und 2 t/m^3 (Tabelle 16). Als Verunreinigungen enthalten die Gußeisenspäne Kühl- und Schmierflüssigkeiten (s. 3.2.1.), daneben auch noch größere Metallstücke, NE-Metallspäne und nichtmetallische Beimengungen.

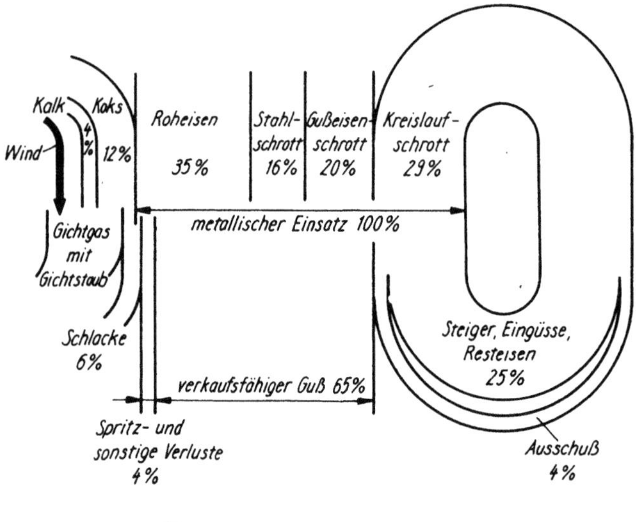

Bild 29. Materialfluß in einer Gießerei für Gußeisen mit Lamellengraphit (Kupolofen, Sandformguß — vereinfacht)

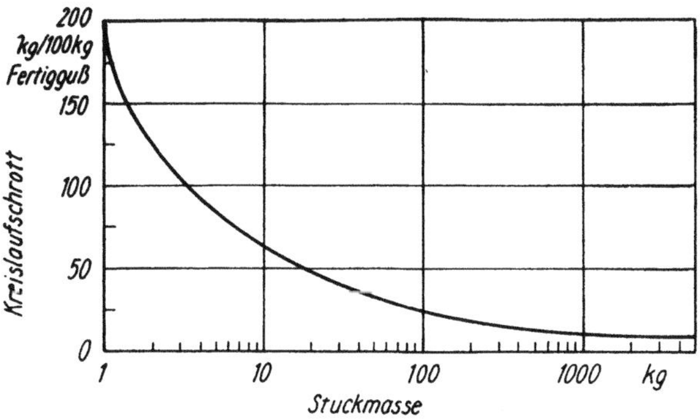

Bild 30. Anfall an Kreislaufschrott in Abhängigkeit von der Stückmasse der fertigen Gußstücke (Eisengußwerkstoff: Gußeisen mit Lamellengraphit) [116]

Die aus Gußeisen bestehenden *Amortisationsschrotte* lassen sich in zwei Schrottgruppen unterteilen:

— in metallurgische Verschleißmaterialien, wie Kokillen, Gespann- und Bodenplatten, Hauben, Gießtrichter, die für die Herstellung von Kokillenguß nicht mehr einsetzbar sind
— in moralisch und/oder physisch verschlissene Formgußstücke, die häufig Bestandteil komplex zusammengesetzter Erzeugnisse sind.

Den größten Anteil der metallurgischen Verschleißmaterialien bilden die *Stahlwerkskokillen.* Ihre gebräuchlichsten Formen ergeben sich aus Bild 31. Im Längsschnitt sind die Stahlwerkskokillen stets konisch ausgebildet (1 bis 6% Konizität).

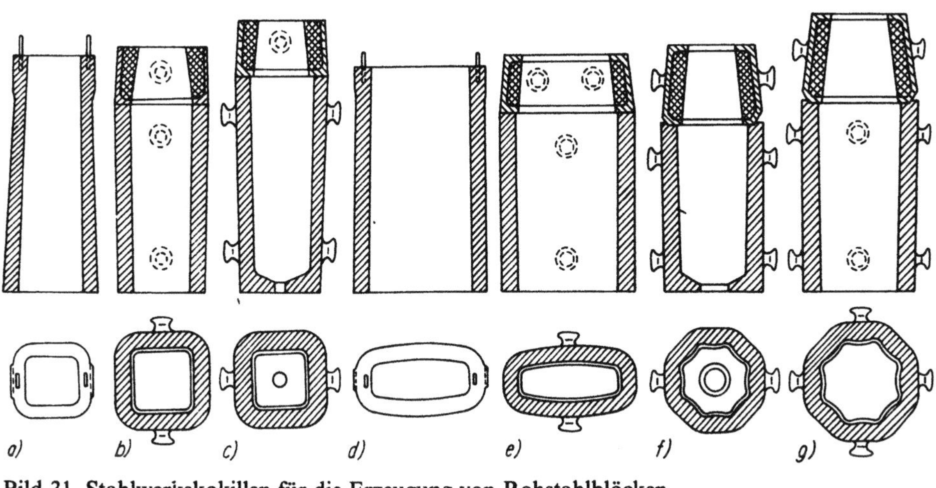

Bild 31. Stahlwerkskokillen für die Erzeugung von Rohstahlblöcken
a) Normalkokille (Form N);
b) Haubenkokille (H);
c) Hauben-Sack-Kokille (HS);
d) Brammen-Kokille (B);
e) Brammenkokille mit Haube (BH);
f) Schmiedekokille in Polygonform mit Haube (S, mit Boden);
g) Schmiedekokille in Polygonform mit Haube (S, ohne Boden)

Die umgekehrt konischen Kokillen tragen während des Gießprozesses meist eine Haube mit wärmedämmender Auskleidung.

Die Stückmasse der in der DDR standardisierten Stahlwerkskokillen beträgt 0,4 bis 50 t. Den größten Masseanteil bilden jedoch Kokillen mit einer Stückmasse von 4 bis 9 t. Die Wandstärke der Kokillen ist abhängig von der Kokillengröße und liegt zwischen 60 und 400 mm. Im allgemeinen sind die in der DDR eingesetzten Kokillen jedoch nicht dicker als 180 mm. Als Kokillenwerkstoff verwendet man meist Gußeisen mit Lamellengraphit, in neuerer Zeit verstärkt auch Gußeisen mit Kugelgraphit. Die chemische Zusammensetzung der Stahlwerkskokillen ergibt sich aus nachfolgender Übersicht:

– GGL-Stahlwerkskokillen $\geqq 3{,}4\,\%$ C; $\leqq 0{,}25\,\%$ P; $< 0{,}10\,\%$ S
– GGG-Stahlwerkskokillen $\geqq 3{,}6\,\%$ C; $\leqq 0{,}20\,\%$ P; $< 0{,}02\,\%$ S; $> 0{,}04\,\%$ Mg

Die Haltbarkeit der Stahlwerkskokillen wird entscheidend von der Art des Kokillenwerkstoffs, der Standzeit der Blöcke in der Kokille, der Art der Abkühlung (Luft, Wasserberieselung, Wasserabschreckung), der Kokillenkonstruktion, dem Sortiment an Stahlmarken u. v. a. beeinflußt. Es werden Abgußzahlen zwischen 30 und 180 sowie ein spezifischer Kokillenverbrauch von 6 bis 25 kg/t Blockstahl angegeben [118] bis [123]. Als Ausfallursachen für die Stahlwerkskokillen gelten Brandrisse, Längs- und Querrisse, Auswaschungen, mechanische Zerstörungen, angeschweißte Blöcke und Ansätze von Stahl und Gießpulver. Mehr als 50% aller Ausfälle entstehen durch sich bildende Brandrisse [118], [119]. Diese treten auf der Kokilleninnenseite auf und bilden ein Netz von Riefen, die das Abtrennen des Blocks von der Kokille (Strippen) behindern oder eine schadhafte Blockhaut bewirken. Etwa 20 bis 30% der Ausfälle werden durch sich bildende Längsrisse hervorgerufen, die durch die Beanspruchung infolge der ungleichmäßigen Temperaturverteilung im Kokillenquerschnitt entstehen.

Eine wesentliche Verbesserung der Haltbarkeit der Stahlwerkskokillen wird durch den Einsatz von Gußeisen mit Kugelgraphit erreicht [124], [125]. Die Brandrisse auf der Kokilleninnenseite treten erst zu einem späteren Zeitpunkt auf, da die Oxydation und die Randentkohlung im Gußeisen mit Kugelgraphit wesentlich langsamer voranschreitet. Längs- und Querrisse werden bei diesen Kokillen infolge der höheren Plastizität des Werkstoffs nur sehr selten beobachtet. Die Anwendung des Gußeisens mit Kugelgraphit für Kokillen beschränkt sich bisher jedoch meist nur auf kleinere Stahlwerkskokillen.

Neben den Stahlwerkskokillen fallen als Schrott auch Kokillen an, die der Herstellung von Formgußstücken aus Eisen- und NE-Metallwerkstoffen dienten [126]. Das entstehende Schrottaufkommen ist im Vergleich zu dem der Stahlwerkskokillen jedoch wesentlich geringer.

Die Stahlwerkskokillen werden zum Vergießen des flüssigen Stahls auf *Bodenplatten* (fallender Guß) oder *Gespannplatten* (steigender Guß) gestellt, die aus Gußeisen mit Lamellengraphit bestehen. Die Gespannplatten enthalten in ihrer Oberfläche Kanäle, die mit feuerfestem Material ausgelegt sind (Bild 32). Die Größe der Gespannplatten wird so gewählt, daß gleichzeitig mehrere Kokillen (2 bis 16 Stück) nach dem Prinzip der verbundenen Gefäße mittels Gießtrichter gefüllt werden können. Die Masse der Gespannplatten kann von wenigen bis > 30 t betragen, ihre Dicke ist meist 200 bis 300 mm. Der Masseanteil der verschlissenen, als Gußeisenschrott anfallenden Gespann- und Bodenplatten ist gegenüber dem der Kokillen deutlich geringer.

Die nach ihrer Nutzung infolge physischen und/oder moralischen Verschleißes anfallenden *Formgußstücke* liegen entweder allein oder im Verbund mit Stahl, in geringem Umfang auch mit NE-Metallen und Nichtmetallen vor. Ein beachtlicher Anteil der Formgußstücke dürfte in komplex zusammengesetzten Erzeugnissen eingebunden sein. Nach sowjetischen Untersuchungen [127], [128], deren Ergebnisse auch für die DDR gültig sein dürften, beträgt der Masseanteil an Gußrohteilen der Maschinenbauproduktion 30 bis 90%. Eingehende Rohstoffuntersuchungen der in Guillotinescheren geschnittenen Stahlschrotte bestätigten den hohen Anteil von Formgußerzeugnissen im Stahlschrott (Tabelle 20).

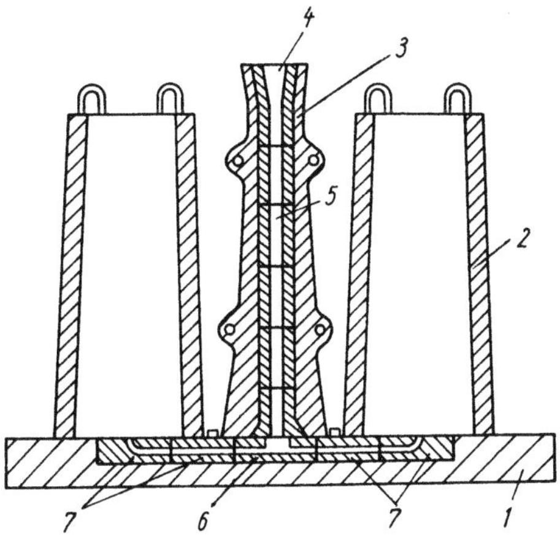

Bild 32. Aufbau eines Kokillengespanns
1) Gespannplatte;
2) Kokille;
3) Gießtrichter;
4) Trichter;
5) Trichterrohr;
6) Mittelstein;
7) Kanalstein

Die Gestalt der Formgußstücke ist sehr unterschiedlich. So werden in den Gießereien der DDR ≈1 Mill. verschieden gestaltete Formgußerzeugnisse gefertigt [62]. Die Hauptabmessungen, Stückmassen und Wandstärken der Gußerzeugnisse ergeben sich aus Tabelle 21. Auf die Abhängigkeit zwischen der Stückmasse der Formgußstücke und ihrem umschreibenden Volumen wurde bereits in 3.1.2. hingewiesen (s. Bild 15).

Die Gliederung der aus Formgußstücken bestehenden Gußeisenschrotte erfolgt zweckmäßigerweise nach ihrem Zerkleinerungsverhalten. Folgende Einteilung hat sich eingeführt:

- Gußeisenschrott mit Wandstärken überwiegend >10 mm: vollständige oder Teile von Werkzeugmaschinen und sonstigen Maschinen, Waggonachsbuchsen u. a. (Maschinengußschrott)
- Gußeisenschrott mit Wandstärken überwiegend zwischen 5 und 10 mm: Bau- und Kanalisationsrohre, Belagplatten, Bremsklötze, unverbrannte Feuerungsteile, wie Roste, Gliederkessel, Radiatoren (Handelsgußschrott)
- Gußeisenschrott mit Wandstärken überwiegend <5 mm: dünnwandige Rohre, dünnwandige, unverbrannte Ofenteile (Ofen- und Topfgußschrott)
- Hartgußschrott: Hartgußwalzen und -räder, Hartgußverkleidungen, Platten, Kalander u. a.

Tabelle 21. Hauptabmessungen, Masse und Wandstärke der in der DDR hergestellten Formgußerzeugnisse [63, ergänzt]

	Hauptabmessungen [mm]						Stückmasse [kg]		Wandstärke [mm]	
	min.			max.						
	a	*b*	*c*	*a*	*b*	*c*	min.	max.	min.	max.
Gußeisen mit Lamellengraphit	<20	<20	<20	>7500	>2300	>2300	<0,015	100000	3	600
Gußeisen mit Kugelgraphit	110	70	40	3000	2300	1800	2,5	10000[1])	5	200
Temperguß	6	6	6	580	290	110	0,002	60	2	60
Stahlguß	40	20	6	>3000	>2300	>1800	0,001	300000	4	1000
Aluminium-Gußlegierungen	6	6	6	1800	1200	900	0,0005	600	1	25
Magnesium-Gußlegierungen	< 6	< 6	< 6	900	900	750	0,0004	90	3,5	100
Kupfer-Gußlegierungen	< 6	< 6	< 6	3000	2300	1800	0,002	20000	2	200
Feinzink-Gußlegierungen	< 6	< 6	< 6	290	160	70	0,001	135	0,6	15

[1]) 95% etwa <250 kg (außer Kokillen)

Eine detaillierte Untersuchung der Gußeisenschrotte hinsichtlich der Stückgröße, der Wandstärke und des zerkleinerungstechnisch wirksamen Hohlraumvolumenanteils zeigt Bild 33. Die Ergebnisse lassen erkennen, daß die Hohlraumverteilung in den Schrottstücken weitestgehend unabhängig von der Stückgröße der Schrottstücke ist (Bild 33b). Deutliche Beziehungen ergeben sich jedoch zwischen der größten Hauptabmessung der Schrottstücke und deren mittleren Wandstärke (Bild 33c). Das entspricht dem im Bild 17 gezeigten Sachverhalt. Die Untersuchung des Hohlraumvolumens der Schrottstücke zeigt, daß ≈70% der Schrottstücke einen Hohlraumvolumenanteil von >50% besitzen (Bild 33f). Dieses Ergebnis ist besonders unter zerkleinerungstechnischen Gesichtspunkten bedeutungsvoll. Einige Angaben zur Schüttdichte der Gußeisenschrotte finden sich in Tabelle 22.

Die chemische Zusammensetzung der Gußeisenschrotte ist nicht einheitlich. Auch bei gleichen Eisengußwerkstoffen treten beachtliche Unterschiede auf (Tabelle 23). So nehmen mit Verringerung der Wandstärke bei den Gußstücken aus Gußeisen mit Lamellengraphit die Silizium- und Phosphorgehalte deutlich zu. Der Mangangehalt zeigt eine gegenläufige Tendenz. Der Gehalt an Schwefel liegt bei 0,1%. Sind die Gußstücke jedoch dem Feuer ausgesetzt gewesen (z. B. Roststäbe, Glühtöpfe, Feuertüren), so enthalten diese Schrotte neben größeren Mengen an Eisenoxiden bis zu 14% Schwefel [130]. Umfangreiche Zusammenstellungen über die chemische Zusammensetzung der Erzeugnisse aus Eisengußwerkstoffen geben Donike [131] und Schmidt [132].

3.2.3. Arten und Ausbildung der anfallenden NE-Metallschrotte

Die Eisenwerkstoffe können trotz der vielen Möglichkeiten der Veränderung ihrer Eigenschaften die äußerst vielseitigen Anforderungen der Technik allein nicht befriedigen. Um die technischen Forderungen, z. B. nach guter elektrischer und

Tabelle 22. Schüttdichte der Gußeisenschrotte [32], [129]

Schrottart	Schüttdichte [t/m³]	
	Schwankungsbereich	Mittelwert
unaufbereitete Gußeisenschrotte:		
— Kokillen	3,0 ... 3,5	3,2
— schwerer Maschinengußschrott	2,0 ... 3,0	2,5
— leichter Maschinengußschrott	—	0,9
— Gußeisenschrott bestehend aus sanitären Einrichtungen und Heizungsanlagen	0,3 ... 0,9	0,6
aufbereitete Gußeisenschrotte:		
— Gußeisenschrott für Kupolöfen	1,8 ... 2,8	2,3
— Briketts aus Gußeisenspänen	2,5 ... 3,0	2,7
Roheisenmasseln:		
— Länge: 40 ... 50 cm	—	2,7
— Länge: 70 ... 80 cm	—	2,0

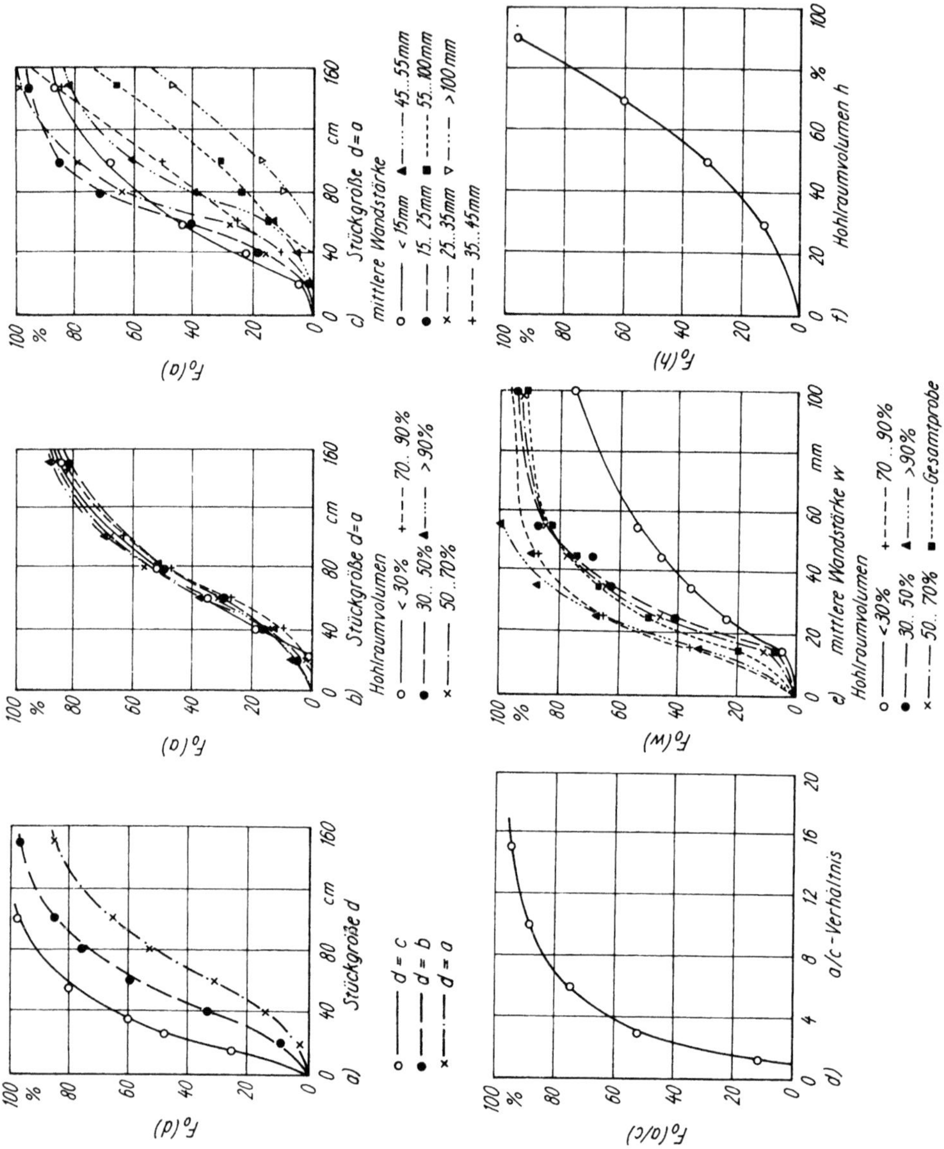

Bild 33. Charakterisierung der physikalischen Beschaffenheit der Gußeisenschrotte durch Anzahlverteilungen [65]

a) Stückgrößenverteilung der größten, mittleren und kleinsten Abmessung der Schrottstücke;
b) Stückgrößenverteilung verschiedener Hohlraumvolumenklassen;
c) Stückgrößenverteilung verschiedener Wandstärkeklassen;
d) *a*/*c*-Verhältnis
e) Wandstärke;
f) Hohlraumvolumen

Tabelle 23. Chemische Zusammensetzung der unlegierten Eisengußwerkstoffe

Eisengußwerkstoffe	Gehalte [%]					
	Kohlenstoff	Silizium	Mangan	Phosphor	Schwefel	Magnesium
Gußeisen mit Lamellengraphit	3,0 ... 3,7	1,5 ... 2,5	0,3 ... 0,8	0,1 ... 1,0	≦0,15	
Gußeisen mit Kugelgraphit						
— perlitisch	3,0 ... 3,9	1,7 ... 2,8	0,25 ... 0,5	≦0,1	≦0,01	0,04 ... 0,06
— ferritisch	3,0 ... 3,9	1,7 ... 2,5	≦0,2	≦0,05	≦0,01	0,04 ... 0,06
Temperguß						
— entkohlt	3,0 ... 3,4	0,4 ... 0,8	0,2 ... 0,4	≦0,1	0,1 ... 0,2	
— nicht entkohlt	2,3 ... 2,8	1,0 ... 1,5	0,2 ... 0,6	≦0,1	≦0,15	
Hartguß	2,8 ... 3,4	0,5 ... 1,2	0,4 ... 1,2	0,3 ... 0,5	0,05 ... 0,12	
Stahlguß	0,15 ... 0,6	0,2 ... 0,5	0,4 ... 0,8	≦0,05	≦0,06	

thermischer Leitfähigkeit, nach hoher Korrosionsbeständigkeit, niedriger bzw. hoher Metalldichte und guten Gleiteigenschaften, erfüllen zu können, bedarf es des Einsatzes der Nichteisenmetalle. Eine Gliederung der wesentlichsten NE-Metalle nach verschiedenen Einteilungsprinzipien zeigt Tabelle 24.

Der Einsatz der Nichteisenmetalle erfolgt vor allem in metallischer Form als Metalle oder Legierungen. Letztere werden entsprechend ihrer Verarbeitung in Knet- und Gußlegierungen unterschieden. Eine Übersicht über die in der DDR derzeitig hergestellten Legierungsarten sowie die in den Legierungen enthaltenen Legierungselemente zeigt Tabelle 25.

Bei der Erzeugung, Be- und Verarbeitung der NE-Metalle und deren Legierungen sowie nach entsprechender Nutzung der NE-Metall- und NE-metallhaltigen Erzeugnisse entstehen in ihrer Zusammensetzung und physikalischen Beschaffenheit sehr unterschiedliche Schrotte. Die Grundlage für die *Gliederung der NE-Metallschrotte* bildet das Basismetall (Aluminium, Kupfer, Blei usw.). Die sich damit ergebenden NE-Metallschrotte eines Basismetalls unterteilt man weiter in die entsprechenden Metall- und Legierungsschrotte. Ihre noch notwendige Differenzierung erfolgt nach dem Gehalt des Basismetalls, den Gehalten der Legierungselemente und der Ausbildung der Schrotte (stückige Schrotte, Späne, Folien). Des weiteren dienen die Art und die Anteile der metallischen und nichtmetallischen Verunreinigungen sowie bei einigen Schrotten auch die physikalische Beschaffenheit (Stückgröße, Stückmasse, Wandstärke) zur weiteren Unterteilung der NE-Metallschrotte.

Die *in* den *NE-Metallhütten, Halbzeugwerken und Gießereien entstehenden Schrotte* werden unmittelbar wieder bei der Metallgewinnung, Halbzeugfertigung bzw. Formgußherstellung eingesetzt. Man bezeichnet sie deshalb als Kreislaufschrotte (Kreislaufmaterialien). In den Halbzeugwerken bestehen diese aus Stangenenden,

Tabelle 24. Gliederung der wichtigsten Nichteisenmetalle

	niedrigschmelzende Metalle $F_p < 700$ °C	mittelschmelzende Metalle $F_p = 700$ bis 1500 °C	hochschmelzende Metalle $F_p = 1500$ bis 2000 °C	höchstschmelzende Metalle $F_p > 2000$ °C
Leichtmetalle ($\gamma < 4{,}5$ g/cm^3)	Magnesium Aluminium	Beryllium	Titan	
Schwermetalle ($\gamma > 4{,}5$ g/cm^3)	**Buntmetalle**			
	Quecksilber Zinn Wismut Kadmium	Kupfer Mangan Nickel Kobalt	Chrom Vanadium	Molybdän Wolfram
		Edelmetalle		
	Blei Zink Antimon	Silber Gold	Palladium Platin Rhodium	Iridium Osmium

Tabelle 25. NE-Metall-Legierungen (nach den Standards der DDR)

Grundmetall	Legierungsart	Legierungselemente	
		Hauptlegierungselemente	zusätzliche Legierungselemente
Kupfer	*Kupfer-Knetlegierungen*		
	Cu-Zn-Knetlegierung (Messing, Tombak)	Zn	z. T. Pb
	Cu-Zn-Mehrstoffknetlegierung (Sondermessing)	Zn	meist Al u. Mn, z. T. Pb, Ni, Fe, Si, As, P
	Cu-Sn-Knetlegierung (Zinnbronze)	Sn	z. T. Zn, Pb, P
	Cu-Ni-Knetlegierung	Ni	meist Mn, z. T. Fe
	Cu-Al-Knetlegierung (Aluminiumbronze)	Al	z. T. Fe, Mn
	Cu-Ni-Zn-Knetlegierung (Neusilber)	Ni, Zn	z. T. Pb
	Kupfer-Gußlegierungen		
	Cu-Zn-Gußlegierung (Gußmessing)	Zn	Pb
	Cu-Zn-Mehrstoffgußlegierung (Gußsondermessing)	Zn	Al, z. T. Mn, Fe
	Cu-Sn-Gußlegierung (Gußzinnbronze)	Sn	
	Cu-Sn-Mehrstoffgußlegierung (Gußmehrstoffzinnbronze, Rotguß)	Zn, Sn	z. T. Pb
	Cu-Pb-Gußlegierung (Gußbleibronze)	Pb	
	Cu-Pb-Mehrstoffgußlegierung (Gußmehrstoffbleibronze, Pb-Sn-Bronze)	Pb, Sn	
	Cu-Al-Mehrstoffgußlegierung (Gußmehrstoffaluminiumbronze)	Al	Fe, Mn, z. T. Ni
	Cu-Mn-Mehrstoffgußlegierung (Gußmehrstoffmanganbronze)	Mn, Zn	Al, Fe, z. T. Ni
	Cu-Si-Mehrstoffgußlegierung (Gußmehrstoffsiliziumbronze)	Si, Zn	
Aluminium	*Aluminium-Knetlegierungen*		
	Al-Mg-Knetlegierung	Mg	z. T. Mn
	Al-Mg-Si-Knetlegierung	Mg, Si	z. T. Mn
	Al-Cu-Mg-Knetlegierung	Cu, Mg	Mn, z. T. Si
	Al-Zn-Mg-Cu-Knetlegierung	Zn, Mg, Cu	Mn
	Aluminium-Gußlegierungen		
	Al-Mg-Gußlegierung	Mg	Si, Mn
	Al-Si-Gußlegierung	Si	

Tabelle 25 (Fortsetzung)

Grundmetall	Legierungsart	Legierungselemente	
		Hauptlegierungselemente	zusätzliche Legierungselemente
	Al-Si-Mg-Gußlegierung	Si, Mg	Mn
	Al-Si-Cu-Gußlegierung	Si, Cu	Mn, Mg
	Aluminium-Kolbenlegierungen		
	Al-Si-Cu-Ni-Legierung	Si, Cu, Ni	Mg, Mn, z. T. Cr
Blei	Pb-Sb-Legierungen (Hartblei)	Sb	
	Pb-Sb-Sn-Legierungen (Schriftmetalle)	Sb, Sn	
	Pb-Druckguß-Legierungen	Sn, Sb	Cu
	Lagermetalle (Weißmetalle)		
	a) auf Bleibasis	Sn, Cu, Sb	z. T. Cd, As, Ni
Zinn	b) auf Zinnbasis	Sb	meist Cu, Pb, z. T. Cd, As, Ni
Zink	Feinzink-Gußlegierungen	Al	meist Cu, Mg
Magnesium	Magnesium-Guß- u. Knetlegierungen	Al	Zn, Mn
Nickel	Legierungen mit meist >60 bis 70% Ni und wechselnden Anteilen an Cr, Mo, Fe, Cu, Mn, Si, Mg, Ti, Al, W u. a.		

Profilabfällen, Blechabfällen, Ausschußteilen u. a. Die Bildung der Kreislaufschrotte in einem Aluminiumhalbzeugwerk zeigt Bild 34. Die dargestellten Mengenverhältnisse von Stufenproduktion zu Schrott entsprechen den tatsächlichen Verhältnissen der einzelnen Halbzeugsortimente. Damit werden nur ≈65% des Einsatzmaterials der Gießerei als Halbzeug ausgebracht. Die bei der Herstellung der Formgußstücke entstehenden Kreislaufschrotte bestehen aus Bestandteilen des Gieß- und Speisesystems (Eingußtrichter, Speiser u. a.) sowie aus Ausschußteilen.

In der *metallverarbeitenden Industrie* entstehen stückige, meist blechartige, z. T. drahtartige NE-Metallschrotte und NE-Metallspäne. Erstere fallen beim Zuschneiden der Bleche, Bänder, Profile, Rohre u. a. an. Sie enthalten auch Drahtabfälle und Ausschußteile unterschiedlichsten Bearbeitungszustandes. In Abhängigkeit von den geometrischen Abmessungen und den Formen der Schrottstücke sowie der Dichte der NE-Metalle ergeben sich für diese Schrotte sehr unterschiedliche Schüttdichten (Tabelle 26). Hinsichtlich ihrer stofflichen Zusammensetzung haben diese Schrotte bei sortengerechter Erfassung und ordnungsgemäßer Lagerung im allgemeinen eine solche Qualität, daß sie mit geringem Aufwand wieder zu hochwertigen NE-Metallen bzw. -Legierungen verarbeitet werden können. In gewissem Umfang entstehen in der metallverarbeitenden Industrie aber auch

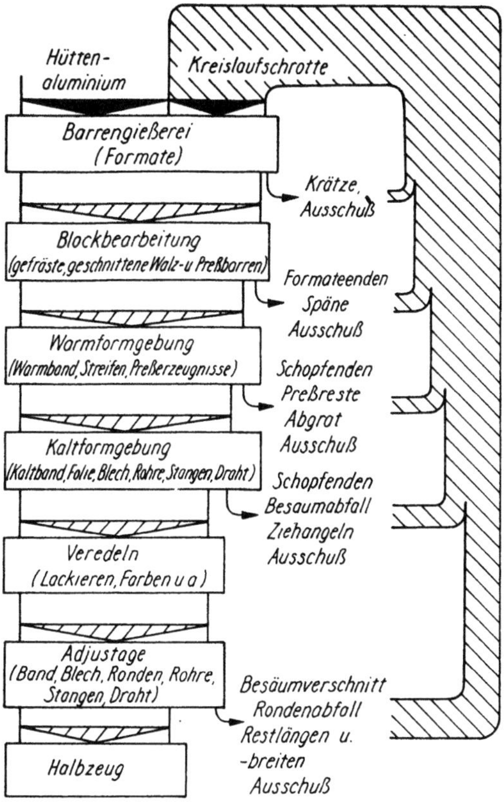

Bild 34. Bildung der Kreislaufschrotte in einem Aluminiumhalbzeugwerk [133]

NE-Metallschrotte, die metallische oder nichtmetallische Anhaftungen besitzen (Kabel- und Drahtschrotte, Aluminiumfolienschrotte, Weißblechschrotte u. a.) sowie NE-metallhaltige Erzeugnisse, die wegen Abweichungen gegenüber den Standards nicht einsetzbar sind. Diese NE-Metallschrotte entsprechen in ihrer physikalischen Beschaffenheit und stofflichen bzw. chemischen Zusammensetzung den Amortisationsschrotten.

Die *Späne* der NE-Metalle und -Legierungen unterscheiden sich hinsichtlich Spangröße und -form z. T. deutlich voneinander. Die Stückgrößenzusammensetzung einiger NE-Metallspäne zeigt Bild 28b. Die in Abhängigkeit von der Werkstoffart vorhandenen Unterschiede in der Stückgrößenzusammensetzung können in einigen Fällen für die Trennung eines Spänegemischs in verschiedene Legierungsgruppen genutzt werden [134]. Des weiteren ist es möglich, die Spangröße und -form, die Ausbildung der Spanoberfläche und den Brüchigkeitsgrad des Spans als Trennmerkmal für die Handsortierung stückiger NE-Metallschrotte nach entsprechender Bohrprobe zu nutzen [135], [136]. Besonders augenscheinlich sind dabei die Unterschiede zwischen den bleifreien und bleihaltigen Kupfer-Zink-Legierungen. Während die Späne der bleihaltigen Kupfer-Zink-Legierungen (Bleigehalt: 1 bis 3 %) kurz und brüchig sind, entstehen bei der spanabhebenden Bearbeitung bleifreier Kupfer-Zink-Legierungen lange und elastische Späne. Die von

Tabelle 26. Schüttdichte stückiger NE-Metallschrotte (nach verschiedenen Literaturangaben)

Schrottart	Schüttdichte [t/m³]
Kupfer- und Kupferlegierungsschrotte	
— Kupferschrotte	0,7 ... 1,5
— Kupferlegierungsschrotte	
a) kompakt ausgebildete Schrotte	1,5 ... 2,5
b) blech-, band- und drahtartig ausgebildete Schrotte	0,25 ... 0,7
— Kabelschrotte	
a) mit Bleimantel	≈0,7
b) ohne Bleimantel	≈0,3
— Schrotte der Elektrotechnik und Elektronik	≈0,5
— Gaszählerschrotte	≈0,4
— Kühlerschrotte	≈0,4
— Kupfer- und messingplattierte Stahlblechschrotte	≈0,3
Aluminium- und Aluminiumlegierungsschrotte	
— Aluminium-, Aluminiumguß- und Aluminiumknetlegierungsschrotte	0,25 ... 0,4
— Aluminiumkolbenschrotte	≈0,5
— Aluminiumfolienschrotte (papierfrei)	≈0,2
— Aluminiumdosenschrotte (unzerkleinert)	≈0,04
Zink- und Zinklegierungsschrotte	
— Zinkblechschrotte	≈2,3
— Zinklegierungsschrotte	≈1,7
— Hartzink	≈2,5
Blei- und Bleilegierungsschrotte	
— Weichbleischrotte	2,5 ... 2,8
— Akkumulatorenblei	≈2,5
Nickel- und Nickellegierungsschrotte	0,7 ... 1,2
Zinnlegierungsschrotte (Lagerweißmetall, Schriftmetall)	2,2 ... 3,0
Weißblechschrotte (unzerkleinert)	≈0,1

der Größe und Form der Späne sowie der Dichte des Spanmaterials abhängige Schüttdichte ist für einige NE-Metalle in Tabelle 16 angegeben.

Als Verunreinigungen enthalten die NE-Metallspäne Kühl- und Schmierflüssigkeiten (s. 3.2.1.), daneben auch noch größere Metallstücke, Stahl- und Gußeisenspäne sowie nichtmetallische Beimengungen. Der Eiseninhalt der Späne beträgt meist 1 bis 5%, kann jedoch Werte bis 18% erreichen [90]. Bemerkenswert ist, daß sich der Eiseninhalt bevorzugt in den feinen Klassen anreichert.

Bei der Lagerung der NE-Metallschrotte im Freien erfolgt gegenüber den Stahlschrotten eine deutlich geringere Oxydation der Schrotte (Tabelle 27). Von Oeteren [86] und Ritter [100] wird angegeben, daß die Korrosionsgeschwindigkeit der verschiedenen NE-Metalle und -Legierungen in einer durch die Industrie geprägten Atmosphäre im allgemeinen <5 µm/a beträgt. Untersuchungen mit Spänen ergaben jedoch, daß diese bei einer Lagerung im Freien trotzdem beacht-

Tabelle 27. Korrosionsgeschwindigkeit verschiedener Metalle [137]

Werkstoffe	Korrosionsgeschwindigkeit [μm/a] bei verschiedenen Atmosphärentypen			
	Landluft	Stadtluft	Industrieluft	Meeresluft
Stahl, unlegiert	6 ... 60	30 ... 70	30 ... 160	20 ... 170
Kupfer	<0,5	1 ... 2	1 ... 5	1 ... 2
Kupfer-Zink-Legierung	—	1 ... 2	3 ... 8	—
Aluminium und Aluminiumlegierungen	<0,1	0,1 ... 1	1 ... 1,5	≈0,5
Nickel	<0,2	3 ... 4	<6	<0,2
Zink	0,2 ... 5	1 ... 7	3 ... 15	0,5 ... 7
Kadmium	0,5 ... 6	2 ... 8	10 ... 19	0,5 ... 6
Zinn	<0,4	1 ... 2	1 ... 2	2 ... 4
Blei	<0,3	≈0,5	0,5 ... 2	0,5 ... 1

liche Mengen an Korrosionsprodukten auf ihrer Oberfläche besitzen. Das ist auf die bei der spangebenden Formgebung entstehende neue, unbehandelte Oberfläche und ihre große spezifische Oberfläche zurückzuführen. Nach THEWS [138] nimmt die Korrosionsgefährdung in folgender Reihenfolge ab: Aluminium- und Aluminiumlegierungsschrotte, Zinklegierungsschrotte, Weißmetallschrotte, Kupfer-Zink- und Kupfer-Zinn-Legierungsschrotte. Metallurgische Untersuchungen ergaben, daß bei einer Lagerung der Aluminiumspäne von 1 bzw. 3 Monaten im Freien Metallverluste von 5 bzw. 25% entstehen. Erfolgt die Lagerung in abgeschlossenen trockenen Räumen, so sind diese um das 2,5- bis 3fache geringer [2]. Bezüglich weiterer Angaben über die durch die Lagerung der Schrotte entstehenden Metallverluste wird auf die Literatur verwiesen [53], [136], [139].

Die Verbrauchsstruktur der NE-Metalle und -Legierungen führt zwangsläufig zu *Amortisationsschrotten* mit einem hohen Anteil solcher Schrotte, in denen das entsprechende NE-Metall bzw. die NE-Metall-Legierung mit metallischen und/oder nichtmetallischen Komponenten verbunden ist. Als begleitende Komponenten treten weitere NE-Metalle und -Legierungen, Stahl, Gußeisen und ein oder mehrere Nichtmetalle auf. Nachfolgend sollen jeweils ausgehend von der Verbrauchsstruktur der NE-Metalle die entstehenden NE-Metallschrotte näher charakterisiert werden. Die Vielfalt der NE-Metalle enthaltenden Amortisationsschrotte läßt sich wie folgt gliedern:

3.2.3.1. Kupfer- und Kupferlegierungsschrotte

Die Art und Ausbildung der *Kupferschrotte* wird entscheidend durch die hohe Drahtproduktion bestimmt. Diese benötigt derzeitig in der DDR etwa die Hälfte des gesamten Kupferbedarfs (einschl. des Kupfers in den Kupferlegierungen) bzw. 75% des Kupferhalbzeugbedarfs (Tabelle 28). Von der Drahtproduktion entfallen etwa zwei Drittel auf blanke Drähte und ein Drittel auf Lack- und Wickeldrähte, die für Wicklungen in elektrischen Maschinen (Motoren, Generatoren, Transfor-

Tabelle 28. Anteile der Halbzeugsortimente und Gußerzeugnisse aus Kupfer, Aluminium und deren Legierungen am Verbrauch [48], [140]

Erzeugnis	Anteil der Sortimente am Verbrauch [%]				
	DDR²)	BRD²)	Frankreich¹)	Großbrit.¹)	USA¹)
1. Kupfer u. Kupferlegierungen					
Kupferhalbzeug	58	67	66	60	61
— Drähte	45	54	52	39	44
— Rohre	4	6	9	11	11
— Bleche u. Bänder	5	4	3	8	4
— Stangen u. Profile	4	3	2	2	2
Kupferlegierungshalbzeug	30	25	29	31	29
— Stangen u. Profile	15	14	18	18	14
— Bleche u. Bänder	11	7	8	10	13
— Rohre	4	4	1	2	2
— Drähte	—	—	2	1	—
Formguß aus Kupferlegierungen	12	8	5	9	10
2. Aluminium u. Aluminiumlegierungen					
Aluminium u. Aluminiumlegierungshalbzeug	72	75	65	78	85
— Drähte u. Seile	22	7	14	6	8
— Stangen u. Profile	11	21		25	19
— Bleche u. Bänder	35	43	45	36	48
— Preß- u. Schmiedeteile	—	1		1	1
— Rohre	—	3		3	2
— Folien	4	—	6	7	7
Formguß aus Aluminiumlegierungen	28	25	35	22	15

¹) einschl. des Exports an Halbzeugen und Gußerzeugnissen
²) Inlandverbrauch

matoren) eingesetzt werden (Tabelle 29). Die Kupfer enthaltenden Amortisationsschrotte bestehen damit überwiegend aus Kabel- und Leitungsschrotten, elektrischen Maschinen und den komplex zusammengesetzten NE- und z. T. auch edelmetallhaltigen Schrotten der Elektrotechnik und Elektronik.

Die *Kupferlegierungsschrotte* werden demgegenüber aus moralisch und/oder physisch verschlissenen Bauteilen, Armaturen, Maschinen und Anlagen gebildet, wobei deren Kupferinhalt überwiegend in Form von Blechen, Bändern, Stangen und Profilen vorliegt. Denn etwa drei Viertel der in der DDR verbrauchten Kupferlegierungen sind Legierungshalbzeuge, von denen die Cu-Zn-Legierungen mit ≈90% dominieren. Nur etwa ein Viertel der Kupferlegierungen wird für Formgußerzeugnisse eingesetzt (Tabelle 28). Als Werkstoffe für die Formgußerzeugnisse dienen eine größere Zahl von Gußlegierungen (Tabelle 25). Eine breite Anwendung haben besonders die Cu-Zn-, Cu-Sn- sowie die Cu-Sn- und Cu-Al-Mehrstoff-Gußlegierungen gefunden.

Ein gewisser Anteil der als Amortisationsschrott anfallenden Kupfer- und Kupferlegierungsschrotte ist weitestgehend frei von metallischen und nichtmetallischen Verunreinigungen. Diese Schrotte sind kompakt, blech- und drahtartig ausgebildet und liegen als Sammel- und Stromschienen, in Form von sauberen Kupferblechen, -rohren und -drähten sowie als Kleingas- und Wasserarmaturen, Lampen, Beschläge und Ornamente aus Cu-Zn-Legierungen und Lagerschalen aus Cu-Sn-Mehrstoff-Legierungen vor. Die metallische und/oder nichtmetallische Komponenten enthaltenden Kupfer- und Kupferlegierungsschrotte lassen sich aus aufbereitungstechnischer Sicht wie folgt gliedern:

a) Kupferkabel- und Kupferleitungsschrotte

Für die Produktion der Kupferkabel und -leitungen werden in der DDR etwa ein Drittel des gesamten Kupferbedarfs benötigt (Tabelle 29). Die bei der Herstellung der Kabel und Leitungen und die nach ihrem physischen und/oder moralischen

Tabelle 29. Verbrauchsstruktur der mengenmäßig bedeutendsten NE-Metalle in der DDR [23]

Werkstoff	Einsatzgebiet	verbrauchter Masseanteil [%]
Kupfer	Kabel und Leitungen	33
	Wicklungen	15
	Bauteile elektrischer Anlagen	15
	Armaturen	6
	Wärmeübertrager	5
	Gleitlager	5
Aluminium	Kabel und Leitungen	25
	Bauteile elektrischer Anlagen	8
	Bauwesen (Umhüllungen)	6
	Verpackung	8
	Maschinenelemente	25
	Konsumgüter	10
Blei	Akkumulatoren	35
	Kabelummantelung	30
	Gleitlager	5
	Auskleidungen, Rohrleitungen	8

Verschleiß anfallenden Kupferkabel- und -leitungsschrotte (Neuschrotte, Amortisationsschrotte) lassen sich nach ihrem ursprünglich vorgesehenen bzw. erfolgten Einsatz in

- Starkstromleitungen
- Starkstromkabel (Plast-, Masse- und Ölkabel, Steuerkabel, Schiffskabel)
- Fernmelde- und Hochfrequenzkabel und -leitungen

einteilen. Der Aufbau der Leitungen und Kabel ist dabei außerordentlich vielgestaltig. So gibt es z. B. in der BRD 1000 verschiedene Kabel und Leitungen [48]. Längerfristig ist eine weitere Substitution der Kupferleiter durch Aluminium/Kupfer-Verbunddraht bzw. Aluminiumdraht sowie des Bleimantels durch Aluminium bzw. Plaste zu erwarten [141], [142]. Der Al/Cu-Verbunddraht besitzt 15 Vol.-% bzw. 35 Masse-% Kupfer [19].

Aus aufbereitungstechnischer Sicht sind die Kupferkabel- und -leitungsschrotte nach

- der Art des Mantels (Blei, Aluminium, Plaste) und der Bewehrung (Stahl, Aluminium, Hart-PVC)
- den äußeren Abmessungen der Kabel und Leitungen
- dem Leiterquerschnitt
- der Art der Anlieferung (Wirrkabel mit oder ohne Kabelmuffen, Verteilerkästen, Kabelschellen u. a., sortenreine Kabel, auf Rollen unterschiedlicher Abmessungen aufgerollte Kabel)

zu gliedern. Des weiteren sind die Art der Isolation der Kupferleitungen (Lack, Papier, Glasseide, Gummi, Plaste, Asbest u. a.) sowie ein evtl. vorhandener metallischer Überzug (verzinnte Drähte) zu berücksichtigen. Die stoffliche Zusammensetzung der Kupferkabel- und -leitungsschrotte unterliegt sehr großen Schwankungen [143], [144].

b) Kompakte Kupferschrotte mit Kupferwicklungen und hohem Stahlanteil

Die Herstellung der rotierenden elektrischen Maschinen (Motoren, Generatoren, Umformer) und ruhenden elektrischen Maschinen (Transformatoren) erfordert in der DDR ≈15% des gesamten Kupferbedarfs (Tabelle 29) bzw. ein Drittel des Drahtbedarfs. Der Kupferdraht wird dabei überwiegend als Kupferlackdraht eingesetzt. Eine Substitution der Kupferwicklungen in rotierenden elektrischen Maschinen durch Einsatz von Aluminium oder Aluminiumlegierungen ist in größerem Umfang aus derzeitiger Sicht nicht zu erwarten.

Die nach ihrem moralischen und/oder physischen Verschleiß als Amortisationsschrott anfallenden, Kupferwicklungen enthaltenden elektrischen Maschinen sind unter aufbereitungstechnischen Gesichtspunkten vor allem nach der Stückgröße bzw. Stückmasse zu gliedern, denn diese bestimmen die anzuwendenden Aufbereitungsprozesse. Des weiteren sind eingehende Kenntnisse über die konstruktive Gestaltung des magnetischen Kreises der elektrischen Maschinen (Gestaltung des Eisenkerns, Wicklungsart u. a.), die Gehäuseausbildung bei den rotierenden elektrischen Maschinen und die Art der Kühlung bei den Transformatoren (Trocken- oder Öltransformatoren) erforderlich. Angaben über die stoffliche

Zusammensetzung der aus elektrischen Maschinen bestehenden Schrotte finden sich nur wenig [144], [145].

c) Komplex zusammengesetzte NE- und z. T. auch edelmetallhaltige Schrotte der Elektrotechnik und Elektronik

Für die Herstellung von elektrischen und elektronischen Bauelementen, Baugruppen, Geräten, Anlagenteilen und Anlagen der Elektrotechnik und Elektronik werden in der DDR ≈15% des Kupferbedarfs besonders in Form von Kupferhalbzeug (Stangen, Profile, Bleche, Bänder), Kupferlack- und Wickeldraht sowie Kupfer-Zink-Legierungshalbzeug eingesetzt (Tabelle 29). Die nach ihrem physischen und/oder moralischen Verschleiß als Amortisationsschrott anfallenden Erzeugnisse sind hinsichtlich der Stückgröße, der Zusammensetzung und der Verbindungsverhältnisse der Metalle untereinander und mit Nichtmetallen außerordentlich vielgestaltig. Die Verbindungsverhältnisse können dabei aus zerkleinerungstechnischer Sicht z. T. sehr kompliziert sein. Unter aufbereitungstechnischen Gesichtspunkten lassen sich diese Schrotte wie folgt gliedern:

— großstückige Schrotte der Elektrotechnik und Elektronik
  - Schaltschränke, Einrichtungen des Post- und Fernmeldewesens, Anlagen und Anlagenteile der elektronischen Datenverarbeitung, elektrische und elektronische Anlagen der Militärtechnik
  - Schaltkästen, elektrische und elektronische Meßgeräte, Geräte der Heimelektronik (Fernsehgeräte, Radiogeräte u. a.), Elektrozähler
  - Kabelendverschlüsse, Verbindungs- und Abzweigmuffen

— kleinstückige Schrotte der Elektrotechnik und Elektronik
  - Bauelemente, Baugruppen und Geräte mit Schaltfunktion (Schalter, Schütze, Taster, Relais)
  - mit Kupfer kaschierte Schichtpreßstoffe (Dicke der Kupferschicht: meist 35 µm), Leiterplatten, mit Bauelementen bestückte Leiterplatten, Steckverbinder.

Diese Schrottarten enthalten in stark wechselnden Anteilen Stahl, Gußeisen, NE-Metalle (insbesondere Aluminium, Kupfer und Cu-Zn-Legierungen), Edelmetalle (insbesondere Silber) und Nichtmetalle (Gummi, Plaste, Glas, Keramik). Die stoffliche Zusammensetzung einiger ausgewählter Schrottarten bzw. Erzeugnisse zeigen die Tabellen 30 und 31.

d) Komplex zusammengesetzte Kupfer- und Kupferlegierungsschrotte des Maschinen- und Anlagenbaus

Der für Konstruktionselemente und Industriearmaturen des Maschinen- und Anlagenbaus (Gleitlagerteile, Pumpenteile, Normteile, verzahnte Teile sowie Ventile, Schieber) erforderliche Kupferbedarf beträgt in der DDR ≈15%. Der überwiegende Anteil wird dabei als Cu-Zn-Legierung eingesetzt.

Die nach ihrem moralischen und/oder physischen Verschleiß als Amortisationsschrott anfallenden Erzeugnisse sind hinsichtlich Stückgröße und -form außerordentlich vielgestaltig, kompakt bis blechartig und häufig mit Hohlräumen ver-

Tabelle 30. Stoffliche bzw. chemische Zusammensetzung ausgewählter Kupfer- und Kupfer-

Schrottart	Gehalte [%]				
	Stahl, unlegiert	Stahl, legiert	Gußeisen	Kupfer, metall.	Cu-Zn-Legierung
großstückige Schrotte der Elektrotechnik u. Elektronik	45 ... 55	<2	<2	7 ... 10	4 ... 8
elektronische Geräte u. Anlagen [146]	26,2	n.b.	n.b.	n.b.	n.b.
Elektronikschrott der Flugzeuge B47 [146]	22,7	n.b.	n.b.	n.b.	n.b.
Fahrzeugkühler	22,9	—	—	n.b.	n.b.
Stahlgaszähler mit Buntmetallanteil	73,6	—	—	—	10,8
Aluminiumgaszähler ohne Buntmetallanteil	29,9	—	—	—	0,6

[1]) der Blei- und Zinngehalt der Gaszähler ergibt sich aus 6,2% Pb-Sn-Lot (mit ≈35% Sn) und 4,6% Weißmetall (50% Sn, 32% Pb, 12% Sb, 6% Cu)

sehen. Der Anteil des Kupfers und der Kupferlegierungen in den einzelnen Schrottstücken kann große, aber auch sehr geringe Werte erreichen. Damit besteht zu den mit Kupfer und Kupferlegierungen verunreinigten Stahlschrotten ein fließender Übergang.

e) Kupfer- und Kupferlegierungsschrotte mit einem höheren Anteil an Blei-Zinn-Lot

Diese Schrottgruppe bilden insbesondere Luft-Wasser-Kühler und Heizungsteile der Fahrzeuge sowie Gaszähler. Die im Amortisationsschrott anfallenden *Fahrzeugkühler* bestehen meist aus Kupfer-Zink-Legierungen, untergeordnet aus Kupfer. Ihre durchschnittliche Zusammensetzung ist in Tabelle 30 angegeben. Es ist jedoch zu beachten, daß sich durch die Einführung geschlossener Kühlsysteme und die Ofenlötung (statt der Tauchlötung) der spezifische Cu-Zn-Legierungs- und Lotverbrauch für die Kühler verringert. Sollte sich außerdem der Aluminiumkühler bewähren, ist längerfristig eine weitgehende Ablösung des aus Cu-Zn-Legierung, Stahl und Pb-Sn-Lot gefertigten Fahrzeugkühlers zu erwarten.

Die im Amortisationsschrott anfallenden *Gaszähler* lassen sich nach ihrer stofflichen Zusammensetzung in

- Stahlgaszähler mit Anteil an Kupferlegierungen, die insbesondere vor 1945 gefertigt wurden
- Aluminiumgaszähler ohne Buntmetallanteil

gliedern. In der DDR werden derzeitig nur noch große Industriegaszähler mit nennenswerten Zinnmengen hergestellt. Die Zusammensetzung der beiden Gaszählerarten zeigt Tabelle 30. Der Zinninhalt der Stahlgaszähler verteilt sich dabei auf Pb-Sn-Lot (mit ≈35% Sn) und Weißmetall (50% Sn, 12% Sb, 6% Cu, 32% Pb).

Kupfer, ges.	Zink, ges.	Aluminium	Blei	Zinn	Nichtmetalle	Silber	Gold	Palladium
n. b.	n. b.	10 ... 25	n. b.	n. b.	10 ... 15	0,03...0,08	<0,002	<0,002
18,6	n. b.	34,4	n. b.	n. b.	n. b.	0,180	0,022	0,003
14,1	n. b.	42,7	n. b.	n. b.	n. b.	0,182	0,002	0,003
39,8	16,6	—	10,3	3,7	6,7	—	—	—
n. b.	n. b.	1,5	5,5[1])	4,5[1])	3,2	—	—	—
n. b.	n. b.	55,7	0,1	—	13,7	—	—	—

3.2.3.2. Aluminium- und Aluminiumlegierungsschrotte

Die Art und Ausbildung der Aluminium- und Aluminiumlegierungsschrotte wird wesentlich durch den hohen Aluminiumverbrauch von 45 bis 65% für Bänder, Bleche, Stangen und Profile bestimmt (Tabelle 28). Für Formgußerzeugnisse werden 15 bis 30% des Aluminiumverbrauchs eingesetzt. Im Amortisationsschrott ist der Anteil der Aluminiumgußerzeugnisse jedoch höher, da ihre mittlere Nutzungsdauer deutlich geringer ist als diejenige, die sich für die Erzeugnisse aus Aluminium und Aluminiumknetlegierungen ergibt [36].

Die Entwicklung der Aufbereitungstechnik in der DDR hat zu einer wesentlichen Vereinfachung der Gliederung der aus Aluminium und Aluminiumlegierungen bestehenden Amortisationsschrotte geführt. Denn bis auf die Kabel-, Seil-, Kolbenlegierungs- und Folienschrotte sowie die sehr kompakten Schrotte können alle übrigen Schrotte gemeinsam aufbereitet werden. Folgende Gliederung bietet sich aus aufbereitungstechnischer Sicht für die Aluminium- und Aluminiumlegierungsschrotte an:

a) Aluminiumseil- und Aluminiumkabelschrotte

Der als Leiterwerkstoff eingesetzte Aluminiumanteil von ≈25% (Tabelle 29) wird fast ausschließlich für Freileitungsseile und Starkstromkabel verwendet. Der Aluminiumverbrauch für Starkstromleitungen, Fernmelde- und Hochfrequenzkabel sowie -leitungen ist sehr gering.

Die Aluminiumseilschrotte werden aus reinen Aluminiumseilen und solchen gebildet, die aus einem Verbund von Aluminium- und verzinkten Stahldrähten bestehen. Für die Gliederung der Aluminiumkabelschrotte eignet sich das für die Kupferkabelschrotte angewandte Einteilungsprinzip.

Tabelle 31. Zusammensetzung ausgewählter edelmetallhaltiger Erzeugnisse der Elektrotechnik und Elektronik, edelmetallhaltiger Schrotte und edelmetallhaltiger Sekundärrohstoffe

	Gehalte [%]						Lit.
	Silber	Gold	Palladium	Kupfer	Zinn	sonst. Bestandteile	
Finalerzeugnisse:							
— EDVA R300	0,007	0,007	0,012	n.b.	n.b.	n.b.	[147]
Baugruppen und Bauelemente:							
— Schaltelemente	0,2 ... 4	0,01 ... 0,1	0,005 ... 0,05	33	4 ... 5	Plaste: >50	[258]
• Luftschütze und Leistungsschalter	0,36	—	—	n.b.	n.b.	n.b.	[147]
• Relais	0,2	0,002	0,002	n.b.	n.b.	n.b.	[147]
• Programmschalter für Waschmaschinen	0,25	—	—	n.b.	n.b.	n.b.	[147]
— Hochstrom- und Hochspannungssicherungen	0,3	—	—	n.b.	n.b.	n.b.	[147]
— Leiterplatten							[258]
• unbestückt	—	0,005 ... 0,02	0,001 ... 0,015	3 ... 8	1 ... 3	Plaste: >90	
• bestückt	0,03 ... 0,08	0,01 ... 0,25	0,005 ... 0,02	7 ... 15	3 ... 8	Plaste: >50 Aluminium: 10	
— Steckverbinder	1 ... 2,5	0,02 ... 0,35	0,5 ... 1,2	50 ... 60	2 ... 4	Plaste: >10	[258]
— Transistorglasdurchführung	0,2 ... 0,3	1 ... 2	—	—	—	Fe-Ni-Legierung	[258]
— Aluminium-Reflektoren	—	0,01 ... 0,02	—	—	—	Aluminium: 100	[258]
Abfälle:							
— Plast-Stanzgitterabfälle	0,02 ... 0,2	—	—	—	—	Plaste: >99	[258]
— Plattierschrotte	1 ... 15	—	0,5 ... 1	60 ... 80	6 ... 8	Zink	
— Galvanikausschuß	0,5 ... 5	0,2 ... 1	0,1 ... 1	60 ... 80	4 ... 6	Zink, Eisen, Nickel	
edelmetallhaltige Sekundärrohstoffe:							
— Spiegelglasbruch	0,005 ... 0,02	—	—	—	0,05	Glas: 98; Lack: 1	[258]
— Thermoglasbruch	0,04 ... 0,06	—	—	—	—	Glas: 98; Eisen: 1	
— Goldporzellanbruch	—	0,005 ... 0,012	—	—	—	Porzellan: 100	
— Fotopapierasche	1,9 ... 3	—	—	—	—	$BaSO_4$: 80	
— Palladium-Katalysatoren	—	—	0,02 ... 1,2	—	—	Al_2O_3; SiO_2; CaO	

b) Aluminium- und Aluminiumlegierungsschrotte relativ geringer Wandstärke, die durch Zerkleinerung für nachfolgende Sortierprozesse ausreichend aufgeschlossen werden können

Die dieser Schrottgruppe zuzuordnenden Aluminium- und Aluminiumlegierungsschrotte sind sehr vielgestaltig. Sie ergeben sich vor allem aus moralisch und/oder physisch verschlissenen Erzeugnissen

— des Maschinen-, Anlagen- und Apparatebaus (Maschinenelemente, Gehäuse, Verkleidungen, Wärmeübertrager, Tankbehälter u. a.)
— des Bereichs Haushalt- und Metallwaren (Haushaltgegenstände, Campingmöbel und -ausrüstungen, Lampen, Schilder, Maschendraht u. a.)
— der Kraftfahrzeugtechnik (Motorblöcke, Getriebegehäuse, Zierleisten u. a. in Abhängigkeit von der Art des Fahrzeugs)
— des Verpackungswesens (Fässer, Melkkannen, Transportkannen, Dosen, Aerosoldosen, Gläserverschlüsse u. a.).

Die in dem Schrott enthaltenen metallischen und nichtmetallischen Verunreinigungen sind diesem teils lose beigemischt, überwiegend jedoch durch Nieten, Schrauben, Schweiß- und Lötverbindungen mit dem Aluminium bzw. den Aluminiumlegierungen verbunden (Anhaftungen). Der Anteil der Verunreinigungen schwankt bei Stahl und Gußeisen zwischen Null und $\approx 25\%$ ($>90\%$ sind Anhaftungen) sowie bei den nichtmetallischen Verunreinigungen zwischen Null und $\approx 15\%$ [148]. Im Mittel ergaben sich über einen längeren Zeitraum Werte von 8 bzw. 5,5%. Es deutet sich an, daß die Aluminium-Nichtmetall-Verbindungen zunehmen.

c) Kompakte und/oder großstückige Aluminium- und Aluminiumlegierungsschrotte mit z. T. hohem Stahl- und Gußeisenanteil

Die Abgrenzung dieser Schrottgruppe gegenüber der vorhergehenden ist fließend und wird entscheidend von der zur Verfügung stehenden Zerkleinerungseinrichtung bestimmt. Diese Schrottgruppe bilden z. B. große Verbrennungsmotoren und Getriebe sowie kompakte Flugzeugschrotte.

d) Kolbenlegierungsschrotte

Auf die Herstellung von Kolbenlegierungen entfallen in der DDR $<10\%$ der Formgußproduktion. Wegen ihres hohen Siliziumgehalts (meist 12 bis 20%) und ihren Anteilen an Cu, Ni, Mg, Mn und Ti werden die Kolbenlegierungsschrotte, vor allem die Kolben, getrennt erfaßt und verarbeitet. Häufig sind die Kolben jedoch noch mit Pleuel, Kolbenbolzen und -ringen aus Stahl versehen.

e) Folienschrotte

Für die Herstellung der Aluminiumfolien werden in den entwickelten Industrieländern 4 bis 7% des Aluminiumverbrauchs eingesetzt (Tabelle 28). An Folienschrotten fallen bisher allerdings nur Abfälle der folienverarbeitenden Industrie an, die rein, lackiert, gefärbt, bedruckt sowie kaschiert sein können. Die Dicke der

Aluminiumfolien beträgt in Abhängigkeit vom Einsatzgebiet 5 bis 100 μm. Die kaschierten Aluminiumfolien bestehen vorwiegend aus der Werkstoffkombination Aluminiumfolie—Papier, zunehmend werden jedoch auch Plastfolien (z. B. Polyäthylen) verwendet.

Die Charakterisierung der meist auch hohe Aluminiumgehalte aufweisenden Schrotte der Elektrotechnik und Elektronik und der NE-metallhaltigen Produkte der Stahlleichtschrott- und Hausmüllaufbereitung erfolgt im Rahmen der Kupfer- und Kupferlegierungsschrotte bzw. in einer selbständigen Schrottgruppe.

3.2.3.3. Blei- und Bleilegierungsschrotte

Die Verbrauchsstruktur des Bleis (Tabellen 29 und 32) führt dazu, daß sich der Bleiinhalt im Amortisationsschrott auf nur wenige Schrottarten konzentriert. In der Reihenfolge ihres anteiligen Aufkommens entstehen:

- Bleiakkumulatorenschrotte
- aus Konstruktionsteilen bestehende, meist an Verunreinigungen weitestgehend freie Blei- und Bleilegierungsschrotte (Bleirohre, -bleche, Formgußteile, wie Auswuchtmassen, Pumpenteile, Gleitlager, Lettern sowie verbleite Behältnisse)
- Kupfer- und Aluminiumkabelschrotte mit Bleiummantelung.

Unter aufbereitungstechnischen Gesichtspunkten besitzen die Akkumulatoren- und Kabelschrotte besonderes Interesse.

a) Bleiakkumulatorenschrotte

Für die Herstellung der Bleiakkumulatoren (Starterbatterien, Traktions- und ortsfeste Batterien) werden in der DDR ≈35% des Bleibedarfs benötigt (Tabelle 29). Auf die Starterbatterien für Personen- und Nutzkraftfahrzeuge sowie Zweiradfahrzeuge entfallen davon ≈75%, in der BRD 80 bis 85% [151], [155]. Intensive Bemühungen gelten der Verminderung der durchschnittlichen Bleimasse je Starterbatterie und der Erhöhung der Nutzungsdauer.

Die nach ihrer Nutzung als Amortisationsschrott anfallenden Bleiakkumulatoren bestehen aus metallischen Bestandteilen (Blei, Blei-Antimon-Legierung, Stahl), anorganischen Bleiverbindungen (Bleioxide, Bleisulfat), organischen Bestandteilen (Hartgummi, Polypropylen, PVC u. a.) und Schwefelsäure. Die Zusammensetzung der Bleiakkumulatorenschrotte sowie diejenige einzelner bei der Aufbereitung entstehender Produkte zeigt Tabelle 33.

Die Abmessungen und die Masse der Bleiakkumulatoren werden entscheidend vom Einsatzgebiet bestimmt. Die Bleiakkumulatoren der Personen- und Nutzkraftfahrzeuge besitzen Abmessungen von maximal (600 × 300 × 300) mm, und ihre Masse beträgt 10 bis 80 kg. Die Akkumulatoren mit sehr großer Amperestundenkapazität haben Abmessungen bis zu (1200 × 700 × 400) mm und eine Masse bis zu 700 kg, wobei die Wanddicke der Gehäusekästen 10 bis 12 mm beträgt [152].

b) Kupfer- und Aluminiumkabelschrotte mit Bleiummantelung

Der für die Ummantelung der Starkstrom- und Fernmeldekabel erforderliche Bleibedarf beträgt ≈30% des gesamten Bleiverbrauchs der DDR (Tabelle 29).

Zunehmend ist mit einer weiteren Substitution der Blei-Antimon-Legierung (0,1 bis 0,5% Sb) als Mantelmaterial durch Plastwerkstoffe (PVC, Polyäthylen) und Aluminium zu rechnen. Der Bleigehalt der Starkstrom- und Fernmeldekabelschrotte beträgt ≈15 bis 35%.

Tabelle 32. Spezifischer Verbrauch von Blei, Zink, Zinn und Nickel für die wesentlichsten Einsatzgebiete in den führenden Industrieländern Westeuropas und den USA [140], [149]

NE-Metall/Einsatzgebiet	spez. Verbrauch [kg/Einwohner]	
Blei:		
— Akkumulatoren	1,2 ... 3,3	
— Kabelblei	0,1 ... 0,6	
— Bleihalbzeug	0,4 ... 1,2	
— chemische Verbindungen	0,8 ... 1,8	
Bleiverbrauch, ges.	4 ... 6	
Zink:		
— Verzinkung	1,5 ... 2,5	
— Zinkdruckgußlegierungen	0,7 ... 1,3	
— Kupfer-Zink-Legierungen	0,6 ... 1,9	
— Zinkhalbzeug	0,1 ... 1,8	
— chemische Verbindungen	0,6 ... 1,4	
Zinkverbrauch, ges.	5 ... 8	
Zinn:		
— Weißblech	0,07 ... 0,11	
— Blei-Zinn-Lote	0,05 ... 0,08	
— Blei-Zinn-Lagerwerkstoffe	0,01 ... 0,02	
— Kupfer-Zinn-Legierungen	0,01 ... 0,03	
— Verzinnung	0,01 ... 0,02	
— chemische Verbindungen	0,01 ... 0,03	
Zinnverbrauch, ges.	0,2 ... 0,3	
Nickel:		
— Eisenwerkstoffe	0,5	
— korrosionsbeständige Stähle		0,3
— legierte Baustähle		0,1
— Stahlguß		0,1
— Nickel u. nickelhaltige NE-Metall-Legierungen	0,1	
— Anoden und Salze (Galvanotechnik)	0,1	
Nickelverbrauch, ges.	0,8	

Tabelle 33. Zusammensetzung der Bleiakkumulatorenschrotte

Bauteile	Bestandteile	Masseanteil [%] geladene Akkumulatoren[4])	verbrauchte Akkumulatoren [150][4])	[151][4])
Verbindungs- und Anschlußelemente (Polbrücken u. a.)	Pb-Sb-Legierung mit 3 bis 5% Sb	10	32 ... 38	37
Aktivmasseträger (Gitterplatten)	Pb-Sb-Legierung mit 2,5 bis 8% Sb	19		
Aktivmasse (Füllmasse)	Weichblei, PbO_2, $PbSO_4$ / Akkumulatoren-schlamm	26	32 ... 36	34
Bleihaltige Bestandteile, ges.		55	64 ... 74	71
Blockkasten und Vergußmasse	Hartgummi, Polypropylen, Bitumen	23	24 ... 28	22
Scheider	PVC, Zellstoff, Glaswatte u. a.			4,5
Griffe, Henkel	Stahl	–	–	2
Elektrolyt	Schwefelsäure	22[1])	–	–
Akkumulatoren-schrotte	mit Säure	–	–	–
	ohne Säure [152]	–	–	–
Akkumulatorenschrotte, ohne Säure und Kästen [24], [150]		–	–	–

[1]) nur ≈50% können durch Abgießen abgetrennt werden (Rest haftet an der Füllmasse, den Scheidern u. a.)

[2]) als Anhaftungen

[3]) nach Abgießen der Schwefelsäure

ohne Säure			chemische Zusammensetzung [152] [%]			Feuchte [%]	organische Bestandteile [%]
[152][4])	[153][4])	[155][5])	Blei	Antimon	Schwefel	[152]	[152]
31 ... 36	36	36	90 ... 92	2 ... 7	—	<2 ... 3	—
27 ... 37	25	44	63 ... 67	0,5 ... 0,9	3,5 ... 7	4 ... 15	—
			63 ... 70	1	—	16 ... 18[3])	1 ... 2
58 ... 73	61	80	—	—	—	—	—
25 ... 40	37	15	10 ... 12[2])	—	—	—	—
		4	3 ... 6[2])	—	—	6 bis 12	—
bis 2	2	1	—	—	—	—	—
—	—	—	—	—	—	—	—
—	—	—	45 ... 50	—	—	—	—
—	—	—	53 ... 58	1,9	—	—	—
—	—	—	70 ... 75 [154] 75 ... 80 [24], [154]	3 ... 4	2,5 ... 3,5	—	9 ... 9,5 [150] 3,5 ... 4,5 [24]

[4]) Bleiakkumulatoren mit Hartgummigehäuse

[5]) 50% Bleiakkumulatoren mit Hartgummigehäuse u. 50% mit Polypropylen- bzw. Polyäthylen-Gehäuse

3.2.3.4. Zink- und Zinklegierungsschrotte

Die Verbrauchsstruktur des Zinks mit ihrem hohen Zinkverbrauch für Verzinkung und chemische Verbindungen (Tabelle 32) führt zu einer sehr starken Verzettelung und Verdünnung des Zinks in der Volkswirtschaft. Damit sind z. B. in der DDR $\approx 70\,\%$ des Zinkverbrauchs vorerst nicht rückgewinnbar (längerfristig ggf. Nutzung des NE-Metallinhalts der Flugstäube der Stahlwerke). Der verbleibende Anteil von 30 % verteilt sich auf Kupfer-Zink-Legierungen, Zinkhalbzeug und Zinkdruckgußlegierungen, wobei in der DDR besonders der Zinkverbrauch für die Zinkdruckgußlegierungen gegenüber den führenden Ländern des nichtsozialistischen Wirtschaftsgebietes deutlich geringer ist. Die sich aus der Verbrauchsstruktur des Zinks ergebenden zinkhaltigen Schrotte lassen sich wie folgt gliedern:

a) Kupfer-Zink-Legierungsschrotte

Die Charakterisierung dieser Schrotte erfolgte im Rahmen der Kupfer- und Kupferlegierungsschrotte.

b) Zinkblechschrotte

Diese Schrotte liegen in mehr oder weniger verschmutztem, geteertem, angestrichenem und korrodiertem Zustand vor und enthalten z. T. Lötstellen. Sie bestehen vor allem aus Dachelementen und Dachrinnen, Badewannen, Gefäßen und Lithographieplatten. Die mechanischen Fremdanhaftungen und sonstigen Verunreinigungen der Zinkblechschrotte betragen meist 5 bis 10 %, z. T. jedoch auch darüber.

c) Zinklegierungsschrotte

Sie bestehen meist aus Teilen geringer Masse und Wandstärke sowie komplizierter Form (mit Bohrungen, Rippen, Schlitzen). Die Aufkommensquellen der Zinklegierungsschrotte ergeben sich aus dem bevorzugten Einsatz der Zinkdruckgußlegierungen im Fahrzeugbau (≈ 80 bis 150 Druckgußteile/Personenkraftwagen in Westeuropa und den USA) sowie in der Haushalt-, Metallwaren- und Möbelindustrie.

3.2.3.5. Zinn- und Zinnlegierungsschrotte sowie zinnhaltige Bleilegierungsschrotte

Aus der Verbrauchsstruktur des Zinns wird deutlich (Tabelle 32), daß ein hoher Zinnanteil für Erzeugnisse eingesetzt wird, aus denen nach ihrer Nutzung der Zinninhalt nicht bzw. nur begrenzt gewonnen werden kann. Das gilt ebenfalls für die DDR, deren Verbrauchsstruktur der der führenden Länder des nichtsozialistischen Wirtschaftsgebiets entspricht (außer Zinnverbrauch für Weißblech). Damit gelangt ein beachtlicher Zinnanteil in den Stahlschrott und in den Müll.

Unter aufbereitungs- und verarbeitungstechnischer Sicht lassen sich die zinnhaltigen Amortisationsschrotte wie folgt gliedern:

a) Kompakte, weitestgehend an Verunreinigungen freie Zinn- und Zinnlegierungsschrotte mit hohem Zinngehalt, wie Geschirrzinn

Die überwiegend aus Kupfer bestehenden zinnhaltigen Legierungsschrotte (Zinnbronze, Mehrstoffzinnbronze (Rotguß)) wurden den Kupferlegierungsschrotten zugeordnet.

b) Zinnhaltige Legierungsschrotte

— Lagermetall (Weißmetall-)-Schrotte auf Blei- oder Zinnbasis, wie z. B. Lager für schwere Ausrüstungen (LgSn 80), Achslager der Schienenfahrzeuge der Deutschen Reichsbahn (LgPbSn 10)
— Weichlot-Schrotte, insbesondere jedoch Krätzen, die bei der Lotverarbeitung anfallen.
  In den Amortisationsschrotten sind größere Lotanteile vor allem in den Erzeugnissen der Elektrotechnik und Elektronik ($\approx 40\%$ des Zinnverbrauchs für Lote; Zinngehalt der Lote: $\approx 60\%$) und denen des allgemeinen Maschinenbaus ($\approx 15\%$ des Zinnverbrauchs für Lote; insbesondere Kühler und Heizungsteile) enthalten. Diese zinnhaltigen Schrotte wurden wegen ihres relativ hohen Kupferinhalts den Kupfer- und Kupferlegierungsschrotten zugeordnet.
— Typographische Legierungsschrotte (Schriftmetallschrotte), wie Schrifttypen, Setzmaschinenzeilen, Stereoplatten, Klischees.

c) Weißblechschrotte

Die Zinnauflage der aus unlegiertem, kohlenstoffarmem Stahl bestehenden Weißblechschrotte (Blechdicke: 0,24 bis 0,28 mm; international bis 0,12 mm) beträgt bei elektrolytischer Verzinnung überwiegend 6 bis 11 g Zinn/m^2 und bei Feuerverzinnung 30 g Zinn/m^2 (beidseitig, s. Tabelle 14). Meist befindet sich über der Zinnschicht noch ein Lacküberzug (Dicke: 3 µm; 5 bis 7 g Trockenmasse/m^2, einseitig). Die als Amortisationsschrott anfallenden Verpackungsmaterialien (Dosen, Gläser- und Flaschenverschlüsse u. a.) enthalten im allgemeinen noch Speisereste und Papieretiketten, die vor einer Entzinnung entfernt werden müssen.

3.2.3.6. Nickel- und Nickellegierungsschrotte

Der Einsatz von $>60\%$ des Nickels für die Herstellung von Chrom-Nickel-Stählen, Ni-legierten Baustählen und Stahlguß (Tabelle 32) führt dazu, daß die größten Aufkommensquellen des Ni-haltigen Amortisationsschrotts die legierten Stahlschrotte bilden. Nur $\approx 15\%$ des Nickelverbrauchs werden für Ni-haltige NE-Werkstoffe (Sonderwerkstoffe für die Elektrotechnik und Elektronik, Neusilber u. a.) verwendet, die in der DDR zu $\approx 75\%$ in der Elektrotechnik und Elektronik und der übrige Anteil vor allem für Konstruktionszwecke in der chemischen und petrolchemischen Industrie eingesetzt werden. Das damit insgesamt geringe Aufkommen an Nickel- und Nickellegierungsschrotten wird unter aufbereitungs- und verarbeitungstechnischen Gesichtspunkten wie folgt gegliedert:

— an Verunreinigungen weitestgehend freie Nickelschrotte
— Ni-Cu-Legierungsschrotte, insbesondere Verarbeitungsschrotte aus der Elektrotechnik und der Röhrenindustrie sowie Schrotte des chemischen Apparatebaus
— Ni-Cu-Fe-Legierungsschrotte sowie Ni-Legierungsschrotte, die Cr, Mo, eventuell auch Mn, W, Al, S und Ti enthalten
— Nickel- und Nickellegierungsschrotte mit Fremdanhaftungen, wie Röhrenschrotte, Ni-Cd- und Ni-Fe-Akkumulatoren.

Die Zusammensetzung ausgewählter Nickel- und Nickellegierungsschrotte zeigt Tabelle 34.

3.2.3.7. Edelmetallhaltige Schrotte

Die Edelmetalle haben besonders in der Filmindustrie (Ag), bei der Herstellung edelmetallhaltiger Katalysatoren (Ag, Pt, Pd) und wegen ihrer hohen Korrosionsbeständigkeit und guten elektrischen Leitfähigkeit in steigendem Maße in der Elektrotechnik und Elektronik (Ag, Au, Pt, Pd) eine breite industrielle Anwendung gefunden. Die bei der Produktion der Erzeugnisse anfallenden edelmetallhaltigen Produkte (Kreislaufmaterial, Neuschrotte) und die nach entsprechender zeitlicher Verzögerung entstehenden Amortisationsschrotte lassen sich entsprechend ihrem Edelmetallgehalt in verschiedene Schrottgruppen gliedern (Tabelle 35). Als Amortisationsschrotte fallen überwiegend edelmetallarme Schrotte (Edelmetallgehalt

Tabelle 34. Chemische Zusammensetzung der Nickel- und Nickellegierungsschrotte

Schrottart	Gehalte [%]								Lit.
	Ni	Cu	Fe	Co	Mo	W	Cd	Nichtmetalle	
Ni-Cu-Legierungsschrotte	40 ... 55	30 ... 50	1 ... 4	<5	n.b.	n.b.	—	n.b.	[154]
Ni-Cu-Fe-Legierungsschrotte	20 ... 70	5 ... 30	15 ... 70	<4	n.b.	n.b.	—	n.b.	[156]
Röhrenschrotte (1)	10 ... 14	4 ... 8	15 ... 17	n.b.	n.b.	n.b.	—	n.b.	[154]
Röhrenschrotte (2)[1])	10 ... 25	0 ... 15	0 ... 7	—	0 ... 35	0 ... 2	0 ... 0,5	40 ... 70	
Ni-Cd-Akkumulatoren									
— in Stahlblechausführung	10[2])	—	58	<0,5	—	—	15[3])	10	
— in Plastausführung	8[2])	—	27	<0,5	—	—	12[3])	46	

[1]) es wurden weiter noch geringe Mengen an Chrom und Zinn festgestellt
[2]) davon 80 bis 90% als Nickelhydroxid vorliegend
[3]) Kadmiumhydroxid und metallisches Kadmium

Tabelle 35. Übersicht über den Einsatz der edelmetallhaltigen Sekundärrohstoffe in die pyrometallurgischen und hydrometallurgischen Prozeßstufen [154][1][2]

Gehalt an Edelmetallen	edelmetallhaltige Sekundärrohstoffe	Einsatz in folgender Prozeßstufe
Edelmetalle, ges.: <5 (15)[3] %	– komplexe Schrotte der Elektrotechnik u. Elektronik (Bauteile u. Geräte mit Schaltfunktionen, wie Schütze, Schalter u. Relais; Steckverbinder; Leiterplatten; Hochstrom- u. Hochspannungs-sicherungen u. a.)[4] – Schrotte aus der Halbleiterfertigung – edelmetallhaltige keramische Abfälle (Porzellangoldbruch, Spiegelglasbruch) – silberarme Filmaschen (Fotopapierasche) – Pd- und Pt-haltige Katalysatorenschrotte – edelmetallarme Plattierschrotte – Flugstäube der Abgasreinigung, Abzüge, Eintränkschlacke, Treibeglätte, Tiegelbruch, Herdbruch	Schachtofenprozeß
Edelmetalle, ges.: 5 (15)[3] ... 50%	– edelmetallreiche Plattierschrotte – edelmetallhaltige Buntmetall-Legierungsabfälle – Filmaschen, Fotoschlämme und Filmrückstände – Zementationsrückstände aus der Edelmetallgalvanik u. der hydrometallurgischen Edelmetallerzeugung, gelaugter u. ungelaugter Anodenschlamm der Bleielektrolyse	Eintränkprozeß
Edelmetalle, ges.: 50 ... 90%	– Produktionsabfälle aus der Edelmetall-Halbzeugfertigung, Halbzeugverschnitte der Schmuckindustrie, Münzabfälle	Treibeprozeß
Edelmetalle, ges.: 90 ... 99%	– Stanzgitter aus der Schaltstückfertigung, Münzabfälle – edelmetallreiche Abfälle aus edelmetallverarbeitenden galvanischen Betrieben	Silberraffination
Edelmetalle, ges.: >99%	– verschrottete Anlagen aus Silber und Gold der chemischen Industrie	Silber- bzw. Goldelektrolyse

[1]) die Tabelle enthält nicht die platinmetallreichen Sekundärrohstoffe
[2]) einschl. Kreislaufmaterial
[3]) in Abhängigkeit von der Art und dem Anteil der Begleit- und Trägermaterialien
[4]) metallurgischer Einsatz ggf. erst nach ihrer Aufbereitung möglich

<5, meist <0,1%) an. Eine ständig zunehmende Bedeutung innerhalb der Amortisationsschrotte erlangen dabei die edelmetallhaltigen Schrotte der Elektrotechnik und Elektronik. Ihre Gliederung erfolgte wegen ihres relativ hohen Kupfergehalts bereits bei den Kupfer- und Kupferlegierungsschrotten. Eine Zuordnung zu den Aluminium- und Aluminiumlegierungsschrotten wäre prinzipiell wegen ihres hohen Aluminiumgehalts, insbesondere durch die aus Aluminium bestehenden Gehäusekästen, auch möglich.

Die Zusammensetzung der edelmetallhaltigen Schrotte ist sehr vielgestaltig und stark wechselnd, so daß sie sich auch nur sehr schwierig bemustern lassen. Neben den Edelmetallen Gold, Silber, Platin, Palladium, Iridium, Rhodium sowie zahlreichen Buntmetallen und ihren Legierungen enthalten diese Schrotte außerdem noch größere Anteile an Stahl, Gußeisen, Aluminium und Nichtmetallen (Keramik, Gummi, Kunststoff, Glas u. a.). Der Edelmetallinhalt dieser Schrotte liegt in Form von Edelmetallplattierungen, -loten und galvanischen Überzügen vor. Das Trägermaterial kann metallisch oder nichtmetallisch sein. Die Zusammensetzung einiger ausgewählter edelmetallhaltiger Schrotte ist in den Tabellen 30 und 31 angegeben. Im Rahmen der weiteren Entwicklung und Miniaturisierung in der Elektro- und Elektronikindustrie sowie der Tendenz zur Edelmetalleinsparung (Aufbringen von Edelmetallschichten nur an den Kontaktstellen und in immer geringerer Dicke) ist bei steigendem Schrottaufkommen mit einer ständigen Veränderung der physikalischen Beschaffenheit und Zusammensetzung dieser Schrotte zu rechnen.

3.2.3.8. NE-metallhaltige Produkte der Stahlleichtschrott- und Hausmüllaufbereitung

Die intensiven Bemühungen zur Nutzung der Stahlleichtschrotte (Personenkraftfahrzeuge, Haushaltsgegenstände u. a.) als vollwertige Stahlschrotte sowie des Hausmülls als allgemeine Rohstoffquelle führten zu NE-metallhaltigen Produkten mit beachtlichem Wertstoffinhalt. Die Zusammensetzung des *unmagnetischen Produkts der Shredderanlagen (Shredderrückstände)* wird dabei entscheidend vom Anteil der PKW-Schrotte am gesamten zu verarbeitenden Schrott, von den zu verschrottenden PKW-Typen und vom Umfang der bereits erfolgten Teildemontage der PKW-Schrotte bestimmt [157]. Unter der Voraussetzung, daß der NE-Metallgehalt im aufzubereitenden Stahlleichtschrott 2 bis 3% beträgt, ergeben sich im Shredderrückstand (einschließlich der Abgänge der Entstaubung) NE-Metallgehalte von 7 bis 10%. Die Anteile der einzelnen NE-Metalle am gesamten NE-Metallinhalt der Shredderrückstände zeigt Tabelle 36. Der Aluminiumanteil wird sich dabei künftig weiter erhöhen [161], [162].

Die Stückgrößenverteilung der in den Shredderrückständen enthaltenen metallischen Komponenten unterscheidet sich z. T. deutlich voneinander [157]. Während Gußeisen, unlegierter Stahl, Zink und Kupfer relativ kleinstückig sind, reichern sich die legierten Stähle und Aluminium in den gröberen Stückgrößenklassen an. Bemerkenswert sind weiterhin die relativ hohen Aufschlußgrade für Gußeisen, Zink und Aluminium, die sich aus Bild 23 ergeben. Demgegenüber wurden für Kupfer und die Cu-Zn-Legierungen relativ ungünstige Aufschlußverhältnisse festgestellt. Bei den beiden letzten Metallen zeigt sich außerdem eine ausgeprägte Stückgrößenabhängigkeit des Aufschlußgrades.

Tabelle 36. Masseanteile der einzelnen NE-Metalle am gesamten NE-Metallinhalt der Shredderrückstände

<table>
<tr><th rowspan="3">NE-Metalle</th><th colspan="6">Masseanteile [%]</th></tr>
<tr><th>Misch-schrott[1])</th><th>Misch-schrott[2])</th><th>PKW-Schrott</th><th colspan="3">PKW-Schrott, USA</th></tr>
<tr><th>DDR</th><th>BRD
[158]</th><th>Großbrit.
[159]</th><th>[160]</th><th>Anfall
1979
[161]</th><th>Anfall
1986/88
[161]</th></tr>
<tr><td>Aluminium</td><td>62</td><td>45</td><td>42</td><td>35</td><td>36</td><td>76</td></tr>
<tr><td>Zink</td><td>11</td><td>40</td><td>51</td><td>49</td><td>56</td><td>19</td></tr>
<tr><td>Cu-Zn-Leg.</td><td>16</td><td rowspan="2">13</td><td rowspan="2">7</td><td rowspan="2">12</td><td rowspan="2">8</td><td rowspan="2">5</td></tr>
<tr><td>Kupfer</td><td>7</td></tr>
<tr><td>Blei</td><td>4</td><td>n.b.</td><td>n.b.</td><td>4</td><td>n.b.</td><td>n.b.</td></tr>
<tr><td>sonstige NE-Metalle</td><td>—</td><td>2</td><td>—</td><td>—</td><td>—</td><td>—</td></tr>
</table>

[1]) überwiegend PKW-Schrott
[2]) 50% PKW-Schrott, 50% sonstiger Blechschrott

Der nichtmetallische Anteil der Shredderrückstände besteht aus Erde, Glas, Holz-, Gummi-, Kunststoffanteilen, Faser-, Filz- und Pappresten, Dichtungsmaterialien und Lackrückständen. Die Schüttdichte der Shredderrückstände beträgt 0,3 bis 0,6 t/m^3 [158].

Die Zusammensetzung des *Hausmülls* ist regional und saisonbedingt sehr unterschiedlich. Der Metallinhalt wird im wesentlichen durch Stahl und Gußeisen sowie Aluminium gebildet. Der Eisengehalt des Hausmülls beträgt international 3,5 bis 9% [163]. In der DDR ergaben umfangreiche Untersuchungen einen Eisengehalt im Hausmüll von ≈4% und im Sperrmüll von 11% [164]. Werden die Stahl- und Gußeisenstücke durch Magnetscheidung abgetrennt, so ergibt sich ein Produkt mit einer Schüttdichte von etwa 0,4 t/m^3 [79]. Der Anteil des Aluminiums im Hausmüll wird entscheidend vom Verbrauch an Aluminiumverpackungsmaterial bestimmt. So beträgt der Aluminiumgehalt im Hausmüll der USA 0,25 bis 1,5% und in Westeuropa 0,1 bis 0,5%, meist jedoch <0,2% [163], [165].

Neben den bisher näher charakterisierten NE-Metallschrotten fallen im Rahmen des Amortisationsschrotts noch eine Vielzahl weiterer NE-Metallschrotte an (Magnesium-, Kadmium-, Wolfram-, Molybdän-, Titan-, Kobalt-, Selen-, Quecksilber- u. a. Schrotte). Ihr Aufkommen ist jedoch gering und häufig großen Schwankungen unterworfen. Eine Charakterisierung der Quecksilberschrotte führte GUDKEVIČ [166] durch.

4 Metallurgische Verarbeitung der Schrotte und die sich daraus ergebenden Forderungen an die Schrottqualität

Eine kosten- und energiegünstige metallurgische Verarbeitung der Schrotte wird erreicht, wenn sie allein durch Umschmelzen und geringe Raffination erfolgen kann. Diese in der Stahl-, Gußeisen- und NE-Metallurgie angestrebte Verfahrensweise erfordert jedoch gute Schrottqualitäten. Um die Anforderungen an die Qualität der Schrotte besser verstehen zu können, sollen den entsprechenden Abschnitten kurze Ausführungen über die metallurgische Verarbeitung der Schrotte und die entsprechenden Einrichtungen vorangestellt werden.

4.1. Stahlerzeugung und die Forderungen an die Stahlschrottqualität

4.1.1. Stahlerzeugung

Stahlschrotte werden vor allem für die Stahlerzeugung eingesetzt (Bild 35). Der größte Anteil des Stahlschrotts gelangt dabei unmittelbar in die Stahlschmelzaggregate. Dem Hochofen führt man nur den stark verunreinigten Stahlschrott zu. Der nicht in der Stahlmetallurgie eingesetzte Stahlschrott wird vorwiegend als Gießereistahlschrott (Kupolofenschrott) für die Gußeisenproduktion und untergeordnet für die Ferrolegierungsproduktion verwendet. Die direkte Wiederverwendung von Schrott (Schienen, Bleche u. a.) ist mengenmäßig unbedeutend.

Die international eingeführten Verfahren zur Stahlproduktion sind im Bild 36 dargestellt. Die bei allen Verfahren ablaufenden Prozesse lassen sich wie folgt gliedern:

- Chargieren des flüssigen oder festen Einsatzes und Aufschmelzen der festen Bestandteile (Schrott, festes Roheisen, Eisenschwamm, Zuschläge, wie gebrannter Kalk und Flußspat, ggf. Legierungsmittel)
- selektive Oxydation des Kohlenstoffs, Siliziums, Phosphors und Mangans der Schmelze durch Zufuhr von Luft, reinem Sauerstoff oder durch Zugabe von Eisenerzen, Walzzunder u. ä. Rohstoffen sowie Abtrennung des Schwefels mittels gebrannten Kalks
- Verringerung des Sauerstoffs und anderer Verunreinigungen in der Schmelze durch Zugabe von Desoxydationsmitteln und Anwendung spezieller metallurgischer Raffinationsprozesse (Vakuumbehandlung, Gasspülung, Behandlung mit besonderen Schlacken)
- Vergießen des flüssigen Stahls zu Blöcken und Strängen.

Der Ablauf der einzelnen Prozesse gestaltet sich für die verschiedenen Stahlerzeugungsverfahren sehr unterschiedlich. Auf wesentliche Unterschiede soll nachfolgend kurz eingegangen werden. Ausführliche Darstellungen über die Stahlerzeugung finden sich in [169] bis [172].

Die größte Verbreitung von den Blasstahlverfahren hat das *Sauerstoffaufblasverfahren* (LD-Verfahren) gefunden. Den Aufbau einer entsprechenden Anlage zeigt Bild 37. Der Konverter besteht aus einem geschweißten Stahlblechgefäß, das

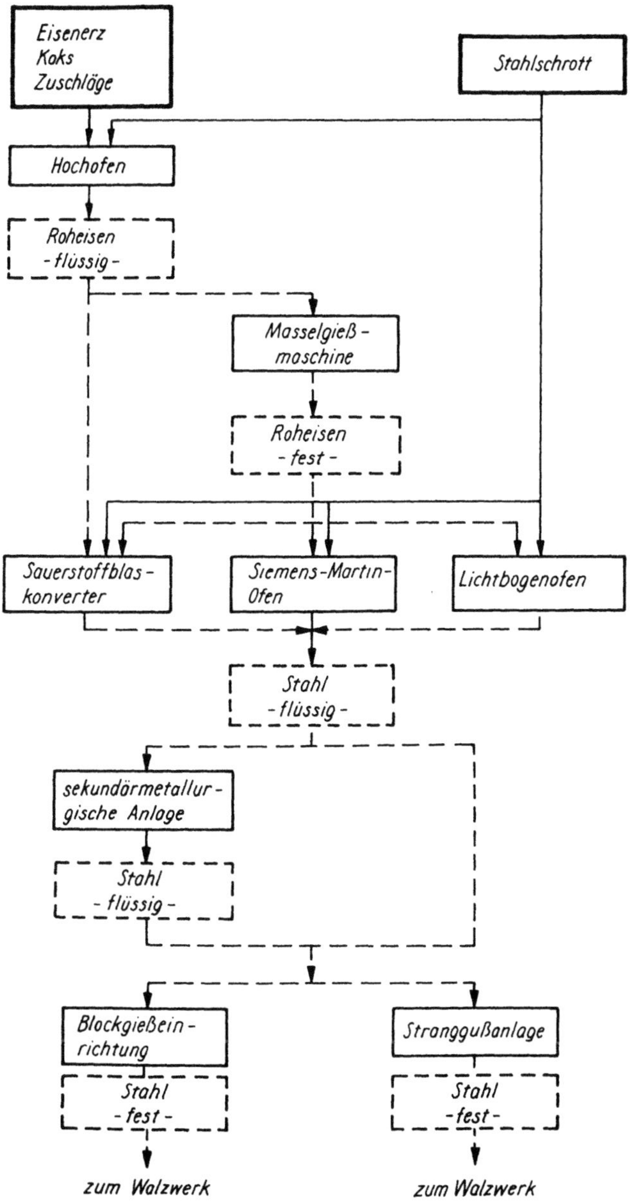

Bild 35. Technologischer Ablauf der Stahlerzeugung in der DDR (vereinfacht) [167]

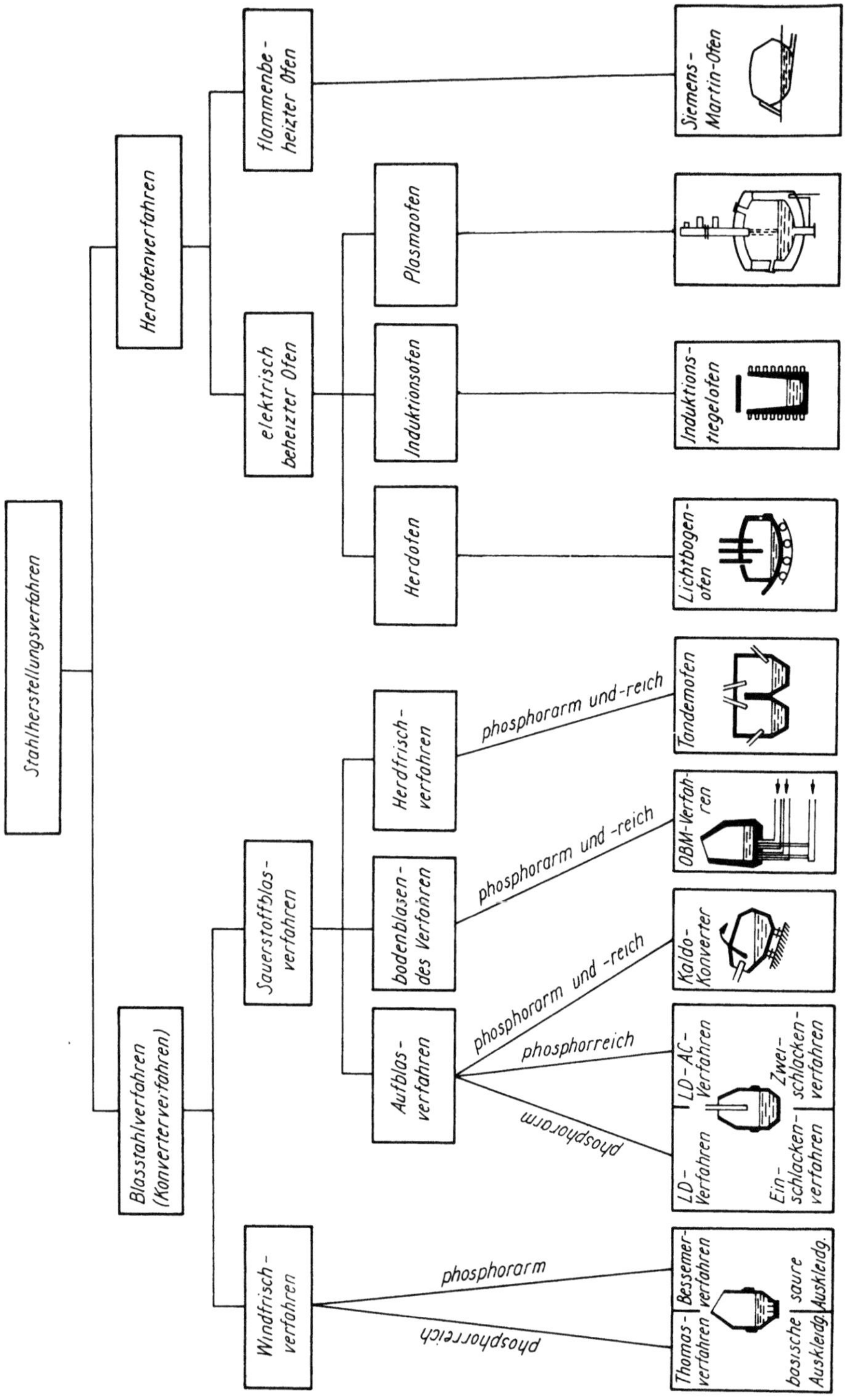

Bild 36. Gliederung der eingeführten Verfahren zur Stahlherstellung [168, verändert]

mit feuerfesten Steinen ausgekleidet ist und gekippt werden kann. Beschickt wird der Konverter zunächst mit Schrott und Kalk. Dann füllt man mittels einer Pfanne flüssiges Stahlroheisen in den waagerecht liegenden Konverter. Ist die Beschickung beendet, so wird er in die senkrechte Stellung gebracht und die in Längsrichtung verschiebbare, wassergekühlte Blaslanze bis dicht über die Schmelze eingefahren. Nachfolgend bläst man ≈20 min Sauerstoff in die Schmelze. Dabei oxydieren und verschlacken die unerwünschten Begleitelemente, und der Kohlenstoff verläßt als CO-Gas den Konverter (Frischprozeß). Die Oxydation liefert genügend Wärme, um den Prozeß ohne zusätzliche Wärmezufuhr von außen durchführen zu können. Die Abstichfolgezeiten betragen ≈30 bis 45 min.

Die Zusammensetzung einer Charge mit hohem Schrottanteil für einen Sauerstoff-Aufblaskonverter ist in Tabelle 37 angegeben. Die frei werdende Wärmemenge bei diesem Verfahren ermöglicht es, bis zu 30% des metallischen Einsatzes als Schrott (Kühlschrott) einzusetzen. Durch Vorwärmung der festen Einsatzstoffe vor bzw. im Konverter sowie durch Zugabe von Wärmeträgern, z. B. Kalziumkarbid, kann man eine weitere Steigerung des Schrottanteils im metallischen Einsatz erreichen. Das Fassungsvermögen der Konverter hat eine Größe von 400 bis 450 t erreicht.

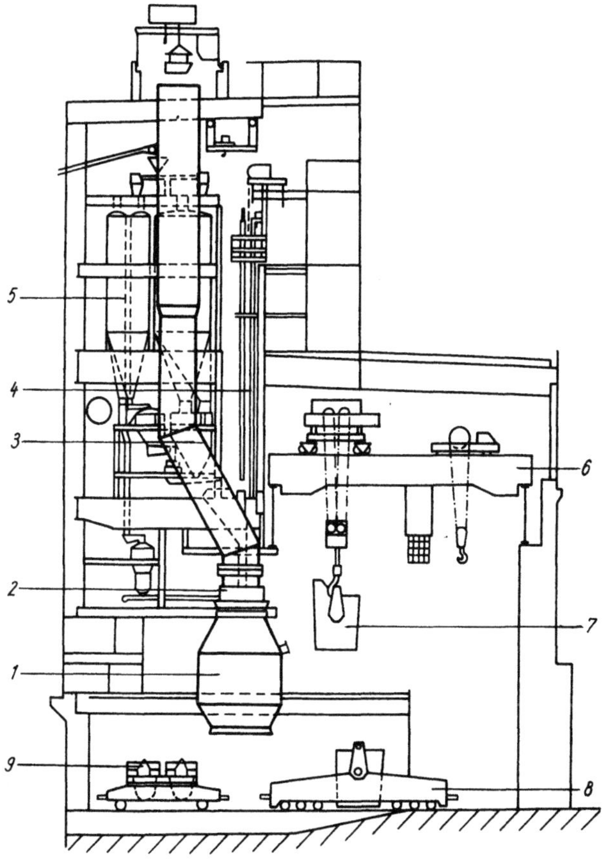

Bild 37. Anlage eines Sauerstoffblaskonverters [173]
1) Konverter;
2) Gasabzugshaube;
3) Abgaskühlung und -reinigung;
4) Blaslanze;
5) Bunker für Zuschlagstoffe;
6) Chargierkran;
7) Roheisenpfanne;
8) Stahlpfannenübergabewagen;
9) Schlackenpfannentransportwagen

Tabelle 37. Zusammensetzung des metallischen Einsatzes bei den verschiedenen Verfahren der Stahlerzeugung [167], [171], [174]

Einsatzstoffe [kg/t Rohstahl]	Verfahren der Stahlerzeugung			
	Sauerstoff-aufblas-verfahren (LD-Verfahren)[1]	bodenblasendes Sauerstoff-verfahren (QEK-Verfahren)	Siemens-Martin-Verfahren[3]	Lichtbogen-ofen-verfahren[3]
metallischer Einsatz, ges.:	1120	1103 ... 1116	1145	1080
— Stahl-roheisen	824	871 ... 912[2]	350	80
— Schrott	296	220 ... 176	760	965
— Erz	—	12 ... 28	35	35
Kalk, Dolomit, Flußspat	70	119 ... 124	50	40

[1]) mit hohem Schrottanteil
[2]) Thomasroheisen
[3]) durchschnittliche Werte in der DDR

Mit dem LD-Verfahren werden bevorzugt niedriggekohlte Stähle hergestellt. Es ist jedoch eine zunehmende Ausweitung des Verfahrens auf die Erzeugung höher gekohlter und niedriglegierter Stähle zu beobachten. Unter besonderen Bedingungen (Vorschmelzen der Legierungszusätze im Lichtbogen- oder Kupolofen) bzw. bei Verblasen entsprechend legierten Roheisens ist auch die Erzeugung hochlegierter Stähle möglich. Allerdings ist das LD-Verfahren an das Vorhandensein ausreichender Mengen flüssigen Stahlroheisens gebunden, d. h., es ist nur in unmittelbarer Einheit mit einem Hochofenwerk zu betreiben.

Die Forderung nach einer höheren Qualität der im Thomaskonverter hergestellten Stähle (insbesondere niedrige Stickstoffgehalte) und der nur geringe mögliche Schrotteinsatz führten zur Entwicklung der *bodenblasenden Sauerstoffkonverter* (Bild 36). Bei diesem Konverter wird technisch reiner Sauerstoff gemeinsam mit einem geeigneten Kühlmittel durch im Konverterboden befindliche doppelwandige Düsen in die flüssige Roheisenschmelze (Thomas-Roheisen, Stahlroheisen) geblasen. Im inneren Rohr strömt der Sauerstoff und im äußeren flüssige oder gasförmige Kohlenwasserstoffe bzw. Heizöl als Kühlmittel. Gegenwärtig gibt es in der Welt mehrere Parallelentwicklungen, wobei die in der DDR entwickelte Variante als QEK-Verfahren bezeichnet wird.

Gegenüber dem klassischen Thomas-Verfahren ergeben sich mit diesem Verfahren deutliche Vorteile hinsichtlich höherer Chargenmassen (bisher bis 200 t), geringerer Abgasmengen, verbesserter Möglichkeiten für eine Entstaubung u. a. Die Stahlqualitäten entsprechen denen der SM- und LD-Stähle. Die Schrottsätze liegen unter vergleichbaren Betriebsverhältnissen in der gleichen Größenordnung wie bei dem LD-Verfahren (Tabelle 37).

Während bei den Blasstahlverfahren das Einsatzverhältnis von Roheisen zu Schrott nur relativ wenig verändert werden kann, ist dies beim *Siemens-Martin-*

Verfahren in weiten Grenzen möglich. Die Anpassungsfähigkeit des SM-Verfahrens an die Einsatzstoffe liegt darin begründet, daß durch die äußere Wärmezufuhr die ablaufenden Prozesse unabhängig von den wärmeverbrauchenden und wärmeerzeugenden metallurgischen Reaktionen ablaufen können. In der DDR werden mit dem SM-Verfahren jedoch ausschließlich hohe Schrottsätze verarbeitet (Schrott-Roheisen-Verfahren). Das Roheisen wird dabei in fester Form (Masseln) eingesetzt. Die durchschnittliche Zusammensetzung einer Charge für einen SM-Ofen zeigt Tabelle 37.

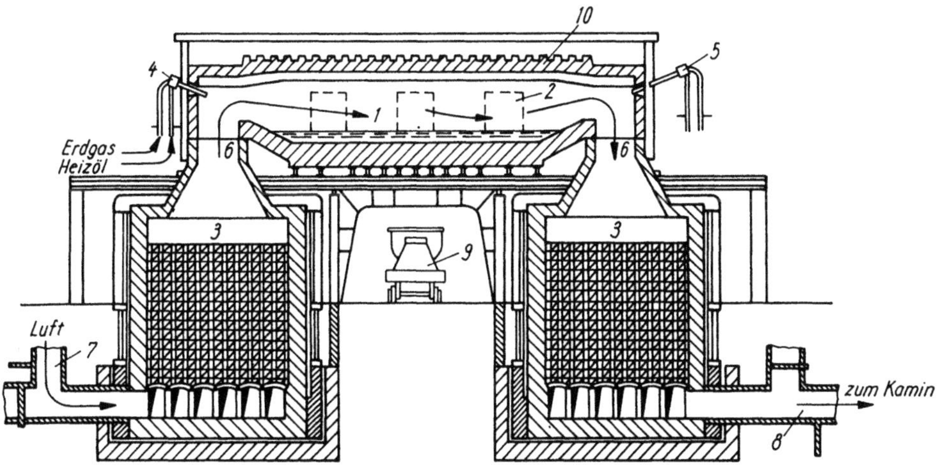

Bild 38. Siemens-Martin-Ofen [169]
1) Herd;
2) Beschickungstür;
3) Luftkammer;
4) Öl-Erdgas-Brenner (eingefahren);
5) Öl-Erdgas-Brenner (ausgefahren);
6) Luft-Gas-Schacht;
7) Luftzuführung (geöffnet);
8) Abgaskanal (geöffnet);
9) Schlackewagen;
10) Gewölbe

Die beim SM-Verfahren angewendeten Öfen sind flache Herdöfen, die mit Öl- bzw. Öl- und Erdgasfeuerung beheizt werden (Bild 38). Die sich ausbildende Flamme entfaltet sich in dem wannenförmigen Ofenraum und überträgt einen Teil ihrer Wärmeenergie an den metallischen Einsatz. Um die erforderlichen hohen Temperaturen im Herdraum zu erreichen, muß die Verbrennungsluft vor Eintritt in den Verbrennungsraum (Herdraum) vorgewärmt werden. Dafür sind im unteren Teil des SM-Ofens zwei Wärmespeicher (Regenerativkammern) in Form von Gitterkammern angeordnet, die im Wechsel von den heißen Abgasen (≈ 1700 °C) und der aufzuwärmenden Verbrennungsluft durchströmt werden. Damit ist es möglich, die Verbrennungsluft auf ≈ 1200 °C vorzuwärmen.

Die Beschickung der SM-Öfen erfolgt mit Muldenchargierkranen oder Muldenchargiermaschinen unterschiedlicher Bauart. Als Lastaufnahmemittel für den Schrott, das feste Roheisen und die Zusatz- und Zuschlagstoffe dienen *Chargiermulden* (Bild 39), mit denen die Stoffe in einzelnen Portionen in den Ofen eingesetzt werden. Die Abmessungen der Mulden richten sich vor allem nach der Größe der Beschickungstüren der SM-Öfen und der Tragfähigkeit der Chargierkrane.

Der zeitliche Ablauf der Stahlerzeugung im SM-Ofen läßt sich entsprechend Bild 40 in verschiedene Abschnitte gliedern. Nach Ausbesserung der schadhaften Stellen des Ofens (Flicken) beginnt das Chargieren. Es hat sich als zweckmäßig erwiesen, auf den Herd zunächst leichten Schrott zu geben. Der schwere Schrott sollte den oberen Teil der Charge bilden, damit er unmittelbar der Flamme ausgesetzt ist. Die notwendige Zeit für das Chargieren (Einsetzzeit) ist möglichst klein zu halten, da sie entscheidend die Einschmelzzeit und damit auch die Schmelzzeit bestimmt. Es ist deshalb in den Chargiermulden eine hohe Schüttdichte des Schrotts anzustreben, die eine Beschickung mit weniger Mulden ermöglicht. Die sich beim SM-Verfahren ergebenden Schmelzzeiten liegen zwischen 4 und 8 h.

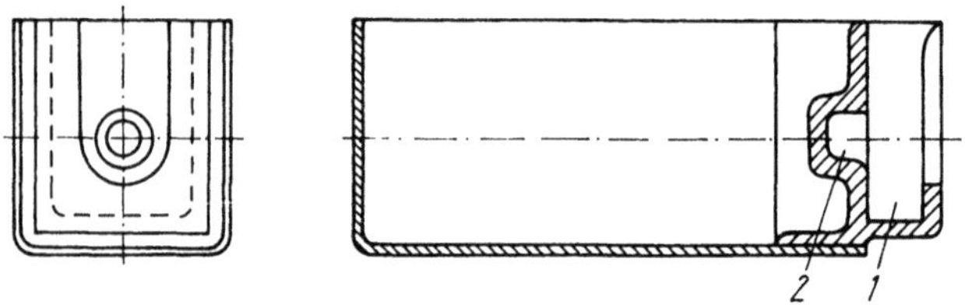

Bild 39. Chargiermulde für die Beschickung der Siemens-Martin-Öfen [169]
1) Muldentasche;
2) Aussparung für den Arretierungsbolzen

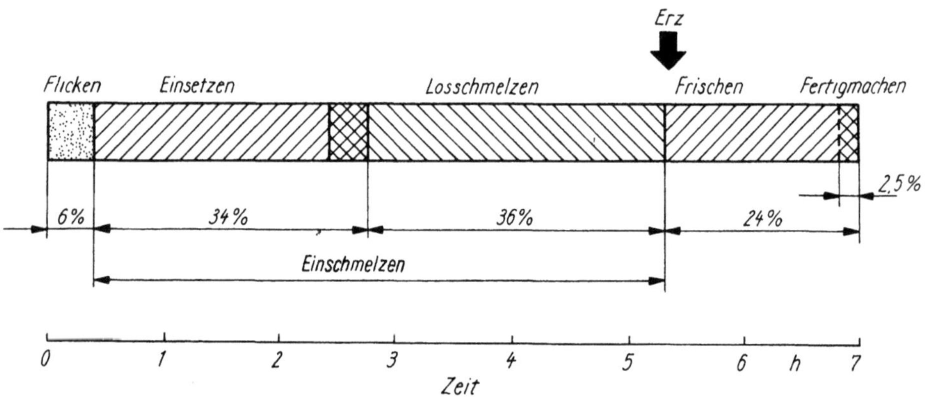

Bild 40. Ablauf der Stahlerzeugung im Siemens-Martin-Ofen nach dem Schrott-Roheisen-Verfahren, schematisch [175]
(160-t-Ofen, Schmelzzeit: 7 h)

Die im Verlauf des metallurgischen Prozesses in die Schmelze gelangenden Verunreinigungen müssen auf die im Stahl geforderten Gehalte verringert werden. Der dafür notwendige Frischprozeß kann jedoch nur dann zufriedenstellend ablaufen, wenn in der Schmelze und der Schlacke genügend Sauerstoff vorhanden ist. Das ist im allgemeinen gesichert, da infolge des Luftüberschusses bei der Verbrennung die Flammen- und Rauchgase oxydierend auf den metallischen Einsatz wirken. Zur Beschleunigung des Frischprozesses können zusätzlich jedoch noch Oxydationsmittel, wie Erz und Walzzunder, zugegeben werden. Häufig wird Sauerstoff direkt in die Schmelze eingeblasen. Die Chargenmassen der SM-Öfen betragen meist 100 bis 400 t.

Das SM-Verfahren eignet sich für die Erzeugung eines breiten Sortiments von unlegierten und niedrig legierten Massen- und Qualitätsstählen. Die möglichen Kohlenstoffgehalte der Stähle reichen von 0,03 bis 1,0%, und es können Phosphor- und Schwefelgehalte von je <0,04% erreicht werden. Es ist mit dem SM-Verfahren jedoch nicht möglich, höherlegierte Stähle zu erzeugen.

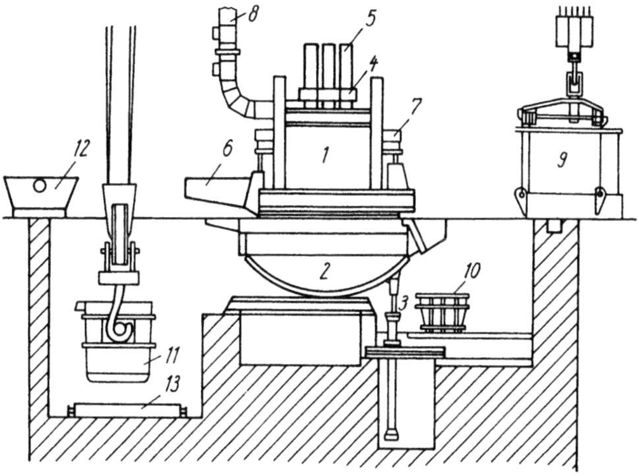

Bild 41. Lichtbogenofen-Anlage [169]
1) Ofengefäß;
2) Ofenwiege;
3) Kippwerk;
4) Elektrodenhalter;
5) Elektroden;
6) Abstichrinne;
7) Deckelring;
8) Abgasleitung;
9) Beschickungskorb;
10) Schlackenkübel für Ofenschlacke;
11) Gießpfanne;
12) Schlackenkübel für Pfannenschlacke;
13) Schuttkübel

Die Stahlerzeugung in elektrisch beheizten Öfen erfolgt fast ausschließlich in *Lichtbogenöfen* (Bild 41). Als Wärmequelle dient der elektrische Lichtbogen, der mit senkrecht im Herdraum angeordneten Graphitelektroden gebildet wird. Die hohe Temperatur des Lichtbogens, das Fehlen einer Flamme und die Möglichkeit, den Ofenraum nach außen abzuschließen, kennzeichnen den Lichtbogenofen als ein sehr variabel einsetzbares metallurgisches Aggregat. Des weiteren besteht die Möglichkeit, sowohl mit einer oxydierenden als auch mit einer reduzierenden Schlacke zu arbeiten. Damit ist der Lichtbogenofen sowohl für die Erzeugung von hochlegierten Stählen als auch für Stähle mit hohen Kohlenstoffgehalten geeignet. In neuerer Zeit werden auch Großraumlichtbogenöfen für die Herstellung unlegierter Massenbaustähle verwendet.

Der metallische Einsatz der Lichtbogenöfen besteht fast ausschließlich aus Schrott (Tabelle 37). Der notwendige Kohlenstoffgehalt der Schmelze wird durch Kohlungsmittel oder durch einen Roheisenzusatz eingestellt. Die Beschickung des Lichtbogenofens erfolgt mittels eines bodenöffnenden Korbs (Bild 41), wobei für eine Charge die Füllung von meist 1 bis 3 Körben benötigt wird. Bei der Beladung des Schrottkorbs ist darauf zu achten, daß als untere Lage leichter Schrott eingebracht wird, um den Herd beim Beschicken nicht zu beschädigen. Die schweren Schrottstücke sollten in der Mitte des Korbs liegen, und der obere Teil ist mit leichtem Schrott oder Spänen zu füllen, um das Zünden der Lichtbögen zu erleichtern. Die Entleerung des Korbs geschieht unmittelbar über dem Lichtbogenofen nach vorherigen kurzem Ausschwenken des Ofendeckels.

Nach der Beschickung des Lichtbogenofens wird zunächst mit mittlerer Spannung angefahren, bis sich die Lichtbögen etwas beruhigt haben und stabil brennen. Danach wird mit der höchsten zur Verfügung stehenden Spannung eingeschmolzen. Die Einschmelzdauer liegt bei den leistungsfähigen Lichtbogenöfen zwischen 1 und 2 h.

Die dem Einschmelzen nachfolgenden Prozesse werden entscheidend von der zu erschmelzenden Stahlsorte sowie von der Art und der Reinheit der eingesetzten Schrotte bestimmt. Bei der Herstellung von Massenbaustählen aus unlegierten Stahlschrotten in Großraumlichtbogenöfen wird dem Einschmelzvorgang nur ein kurzer Frischprozeß nachgeordnet (Bild 42a). Der Verfahrensablauf bei der Verarbeitung legierter Stahlschrotte ist abhängig von der Schrottqualität (einheitliche oder schwankende chemische Zusammensetzung, Gehalt an Verunreinigungen). Grundsätzlich unterscheidet man zwischen *Um- und Aufbauschmelzverfahren.* Saubere legierte und hochlegierte Stahlschrotte mit bekannter chemischer Zu-

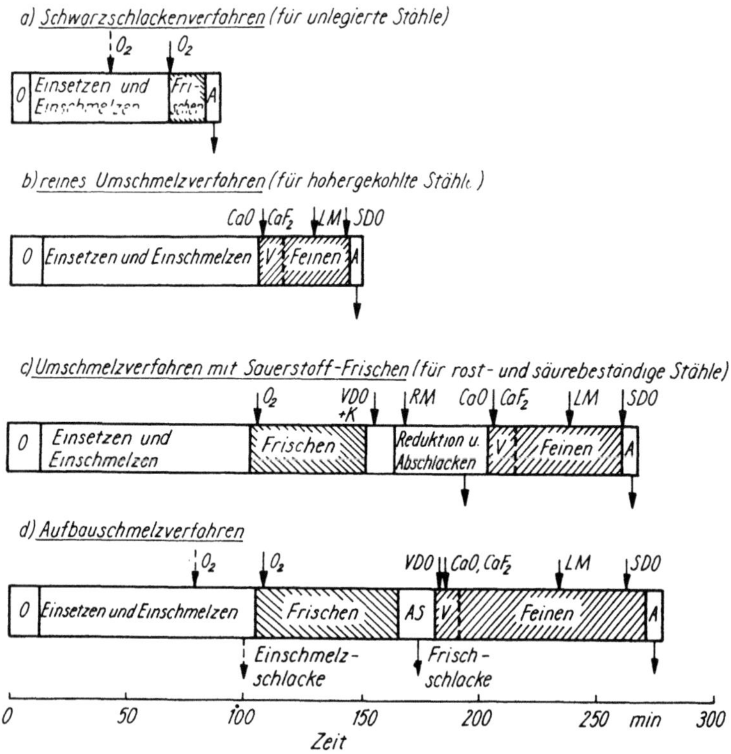

Bild 42. Zeitlicher Ablauf verschiedener Varianten der Stahlerzeugung im Lichtbogenofen, schematisch [175]

(*A*)	Abstich;	(*RM*)	Reduktionsmittel;
(*AS*)	Abschlacken;	(*SDO*)	Schlußdesoxydation;
(*K*)	Kühlschrott;	(*V*)	Verflüssigen;
(*LM*)	Legierungsmittel;	(*VDO*)	Vordesoxydation
(*O*)	Ofenpflege;		

sammensetzung werden für die Herstellung von Stahlmarken mit höheren Kohlenstoffgehalten unter reduzierenden Bedingungen umgeschmolzen (Bild 42b). Ein Frischen der Schmelze erübrigt sich. Dadurch erreicht man eine maximale Legierungsmetallrückgewinnung. Ebenfalls umgeschmolzen werden für die Herstellung der rost- und säurebeständigen Stähle die sauberen hochlegierten Cr-Ni-Stahlschrotte. Um jedoch die bei diesen Stählen notwendigen niedrigen Kohlenstoffgehalte zu erreichen, wird die Schmelze zunächst mit reinem Sauerstoff gefrischt. Die dabei entstehenden hohen Temperaturen (≈ 1850 °C) und die nachfolgende Reduktion der teilweise verschlackten Legierungselemente führen jedoch zu einem relativ geringen Abbrand der Legierungselemente (Bild 42c). Bei verunreinigten und chemisch nicht einheitlich zusammengesetzten legierten Stahlschrotten ist demgegenüber ein Frischprozeß bei voller bzw. beschränkter Oxydation zur Entfernung störender Eisenbegleiter, nichtmetallischer Einschlüsse und in der Stahlschmelze gelöster Gase erforderlich (Bild 42d). Dabei geht ein großer Anteil der Legierungsmetalle verloren, die durch Ferrolegierungen ersetzt werden müssen. Die jeweiligen Verluste der Legierungsmetalle werden vor allem von der Sauerstoffaffinität der Metalle bestimmt. Nach dem Abziehen der sich während des Frischens bildenden Schlacke wird durch das Aufbringen einer neuen, reduzierend wirkenden Schlacke (Feinungsschlacke) der flüssige Stahl desoxydiert und entschwefelt. Das Feinen führt zu einer entscheidenden Verbesserung der Stahlqualität.

Die Haupterzeugnislinie für die Stahlherstellung in der Welt ist derzeitig die Kombination von Hochofen und Sauerstoffblaskonverter. Es wird allgemein eingeschätzt, daß sich die Stahlerzeugung noch weiter zugunsten der Sauerstoffblasverfahren verschieben wird. Der Anteil des im Lichtbogenofen erschmolzenen Stahls wird ebenfalls, jedoch relativ langsam ansteigen. Entsprechend ist mit einem weiteren Absinken des im Siemens-Martin-Ofen erschmolzenen Stahls zu rechnen. Der Einsatz des dadurch frei werdenden Schrotts wird vor allem im Rahmen der Elektrostahlerzeugung und auch in den Sauerstoffblaskonvertern erfolgen.

4.1.2. Forderungen an die Stahlschrottqualität

An die Qualität des Stahlschrotts werden seitens der Stahlwerke und Gießereien hohe Anforderungen gestellt. Das betrifft sowohl die physikalische Beschaffenheit als auch die stoffliche bzw. chemische Zusammensetzung der Schrotte. Für die einzelnen Verfahren der Stahl- und Gußeisenerzeugung unterscheiden sich jedoch die Anforderungen an die Stahlschrotte. Beim Siemens-Martin-Verfahren gilt der physikalischen Beschaffenheit des Schrotts besonderes Interesse, da die die Produktivität des Verfahrens bestimmenden Einsetz- und Einschmelzzeiten in engem Zusammenhang mit der Stückgröße, Schüttdichte und spezifischen Oberfläche des Stahlschrotts stehen. Demgegenüber tritt die Bedeutung der physikalischen Beschaffenheit des Schrotts bei den Sauerstoffblaskonvertern und Lichtbogenöfen etwas zurück, da diese z. B. bessere Einsetzmöglichkeiten für den Schrott besitzen. Die Leistungsfähigkeit dieser metallurgischen Einrichtungen wird vor allem durch den Gehalt an nicht entfernbaren metallischen Verunreinigungen im Stahlschrott und die Höhe des stoffbedingten Abbrandes bestimmt. Der für die Gießereien vorgesehene Stahlschrott muß sowohl hohe Anforderungen an die Zusammensetzung als auch an die physikalische Beschaffenheit erfüllen. Entspricht der Stahlschrott in seiner Zusammensetzung nicht den Anforderungen für die Stahl- und Gußeisenerzeugung, so muß er im Hochofen eingesetzt werden.

4.1.2.1. Anforderungen an die physikalische Beschaffenheit

Die Anforderungen an die physikalische Beschaffenheit des Schrotts sind besonders auf die obere Stückgröße, die Schüttdichte, die spezifische Oberfläche und die obere Stückmasse des Schrotts gerichtet. Diese Parameter bestimmen bei einigen Verfahren der Stahlerzeugung entscheidend die für das Einsetzen und Einschmelzen des Schrotts notwendigen Zeiten und damit die Produktivität der Stahlerzeugungsaggregate.

Die *obere Stückgröße* des einzusetzenden Stahlschrotts ist von der Größe der Schmelzaggregate und den Abmessungen der Einsetzvorrichtungen abhängig. Bei den Sauerstoffblaskonvertern hängt sie besonders vom Querschnitt der Konverteröffnung und der Konvertergröße ab. Voluminöse und lange Schrottstücke dürfen aus der Schmelze nicht herausragen, da dadurch die wassergekühlte Lanze beschädigt werden kann. Die maximalen Abmessungen der Schrottstücke in Abhängigkeit von der Konvertergröße zeigt Tabelle 38. Die darin enthaltenen Angaben entsprechen etwa denen anderer Untersuchungen [71], [73], [80]. Hinsichtlich der maximalen Paketabmessung wurde ermittelt, daß diese 1 m nicht überschreiten sollte.

Für die obere Stückgröße des Stahlschrotts bei Einsatz in Lichtbogenöfen ergibt sich ebenfalls eine Abhängigkeit von der Ofengröße (Tabelle 38). Als besonders günstig haben sich Schrottstück- und Paketabmessungen von ≈0,5 m Länge erwiesen [34], [78].

Bei den Siemens-Martin-Öfen wird die obere Stückgröße des Schrotts entscheidend von den Abmessungen der Öfen, der Beschickungstüren und der Chargiermulden beeinflußt. Im allgemeinen soll die Länge der Schrottstücke 1,50 m nicht überschreiten. Auch sollten die Schrottstücke nicht allzu sperrig sein, um Unterbrechungen während des Einsetzens zu vermeiden, da diese häufig erst teilweise geschmolzen sein müssen, bevor weiter chargiert werden kann.

Tabelle 38. Obere Stückgröße des Stahlschrotts für Sauerstoffaufblaskonverter und Lichtbogenöfen [176]

Schmelzaggregat	Chargenmasse [t]	obere Stückgröße der Schrottstücke [m]
Sauerstoff-aufblaskonverter	< 100	1,5 × 0,5 × 0,5
	100 ... 200	2,0 × 0,5 × 0,5
	> 200	2,5 × 0,5 × 0,5
Lichtbogenofen	< 10	0,3 × 0,3 × 0,3
	10 ... 50	1,0 × 0,5 × 0,5
	> 50	Länge bis ≈2 m

Die obere Stückgröße des Gießereistahlschrotts soll im allgemeinen $\leqq 0{,}4$ m betragen. Bei Kupolöfen mit einem Innendurchmesser < 1 m muß häufig eine obere Stückgröße von $\leqq 0{,}3$ m gefordert werden [130]. Durch größere Stücke können im Ofen Brücken entstehen, die zu Betriebsstörungen führen.

Die für das Einsetzen (Chargieren) des Stahlschrotts in die Stahlschmelzaggregate notwendige Zeit wird besonders beim Siemens-Martin-Verfahren durch die *Schüttdichte* des Schrotts beeinflußt. Bei der Stahlerzeugung in SM-Öfen bildet die Einsetzzeit einen wesentlichen Bestandteil der Schmelzzeit (Bild 40). Das ist vor allem darauf zurückzuführen, daß für das Chargieren relativ kleine Mulden (Volumen 1 bis 3 m^3) verwendet werden müssen. Um den Schrott mit möglichst wenig Mulden einsetzen zu können, sollte dieser eine hohe Schüttdichte besitzen.

Die für die Beschickung eines SM-Ofens erforderliche Einsetzzeit kann für verschiedene Ofengrößen aus der mittleren Schüttdichte des Schrotts, der Muldengröße und der Anzahl der stündlich eingesetzten Mulden aus Bild 43 ermittelt werden. Dabei wird deutlich, daß durch eine Erhöhung der Schüttdichte des Schrotts die Einsetzleistung erhöht und damit die Einsetzzeit verkürzt werden kann. Diese Tendenz äußert sich ebenfalls in den Werten der Einsetzzeit in Abhängigkeit von der Schrottart (Tabelle 39). Als Mindestschüttdichte in den Mulden wird allgemein ein Wert von 1 t/m^3 angesehen. Je größer das Wärmeangebot der SM-Öfen ist, desto größer sollte die Schüttdichte des einzusetzenden Schrotts sein.

Die Schüttdichte des Schrotts wird entscheidend von der Stückgröße, Stückform und Wandstärke der Schrottstücke beeinflußt (s. 3.1.6.). Eine Erhöhung der Schüttdichte in den Chargiermulden kann durch folgende Maßnahmen erreicht werden:

- Verringerung der oberen Stückgröße des Schrotts (Bild 44). Eingehende Untersuchungen zu dieser Problematik finden sich in [68], [73];
- Mischen des Stahlschrotts mit kleinstückigem Schrott und Spänen. Mit dieser Verfahrensweise konnte eine Erhöhung der Schüttdichte um 25 bis 75 % erreicht werden [68];
- Packen der Chargiermulden von Hand. Damit wurde die Schüttdichte um 25 bis 60 % erhöht. Die dafür notwendige Zeit vergrößerte sich jedoch um das 1- bis 4fache [68];
- Vibration der Chargiermulde nach Beendigung bzw. während des Füllvorgangs. Die nach dieser Verfahrensweise gefüllten Chargiermulden hatten eine 20 bis 40 % höhere Schüttdichte [68], [178];
- Paketieren des blechartigen Schrotts zu Paketen mit hoher Dichte. Im Interesse einer hohen Muldenfüllmasse ist jedoch zu beachten, daß die Paketabmessungen den Abmessungen der Chargiermulden weitestgehend angepaßt werden.

Gegenüber den Siemens-Martin-Öfen tritt bei den Sauerstoffblaskonvertern und Lichtbogenöfen die Bedeutung der Schüttdichte des Schrotts zurück. Es gelingt im allgemeinen, die Konverter mit einem Muldenspiel zu beschicken. Dafür dienen meist zwei Mulden, deren Größe je nach Konvertergröße und Ausbildung zwischen 16 und 90 m^3 schwankt [179].

Bei den Lichtbogenöfen braucht sich ein Nachchargieren bis zu 3 Körben ebenfalls nicht nachteilig auf die Schmelzleistung auszuwirken. Durch den Schrott werden die Wände so stark abgeschirmt, daß kurzzeitig nach dem jeweiligen Nachchargieren mit höherer Energiezufuhr gefahren werden kann. Bei den neueren Öfen

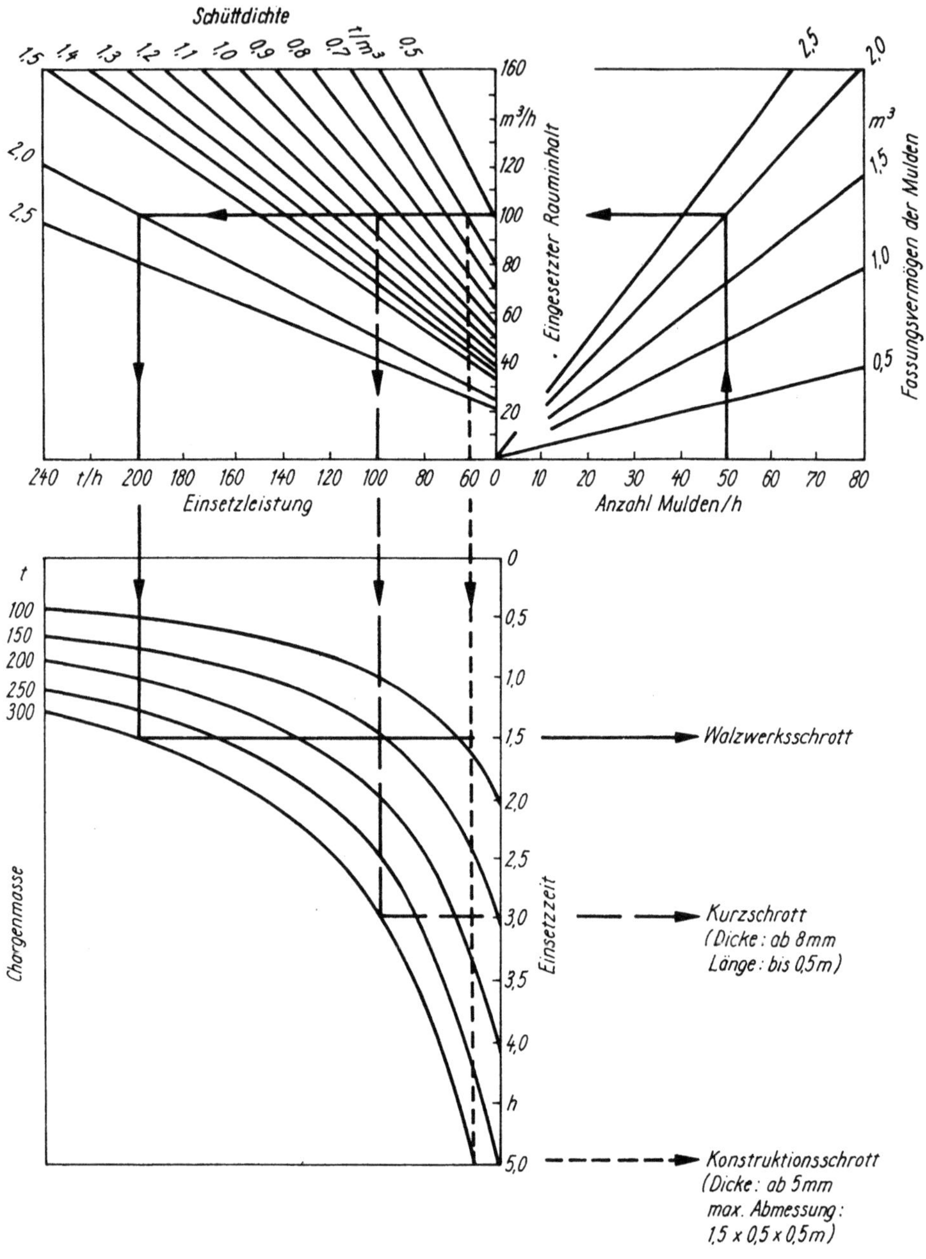

Bild 43. Ermittlung der Einsetzzeit für einen Siemens-Martin-Ofen in Abhängigkeit von der Anzahl der stündlich eingesetzten Mulden, der Muldengröße, der Schüttdichte des Schrotts und der Ofengröße [81]

Tabelle 39. Einfluß der Schrottart auf Einsetzzeit, Schmelzzeit, Abbrand und Wärmeverbrauch im Siemens-Martin-Ofen nach dem Schrott-Roheisen-Verfahren [177, ergänzt]

Schrottart	Einsetzzeit	Schmelzzeit	Abbrand	Wärmeverbrauch
	in % bezogen auf den stückigen Schrott <(300 × 200 × 150) mm			
stückiger Schrott: Stückgröße <(300 × 200 × 150) mm (Kupolofenschrott)	100	100	0	100
stückiger Schrott: Stückgröße <(600 × 350 × 250) mm (Elektroofenschrott)	155	107	2 ... 2,5	104,9
stückiger Schrott: Stückgröße <(800 × 500 × 500) mm (SM-Ofenschrott)	238	118	3,5 ... 4,0	112,3
Stahlleichtschrotte	303	126	4,0	118,2
Feinblechschrotte	825	192	5,0	165,0
Pakete; Abmessung: (0,28 × 0,3 × 0,5) m (Paketierpresse: PG 100)	266	121	3,5 ... 4	114,7
Pakete; Abmessung: (0,4 × 0,5 × 0,5 ... 0,8) m Paketmasse: 0,3 ... 0,5 t (Paketierpresse: PG 400)	164	108	2,3 ... 2,6	105,1
kleine, dichte Pakete	100	100	1,5	100
Stahlspäne, zerkleinert	216	115	5,0	110,5
Stahlspäne, paketiert	139	105	2,0	103,5
Stahlspäne, brikettiert in Brikettierpressen	104	101	0,8	100,7
Stahlspäne, bei hoher Temperatur im Gesenk brikettiert	104	100,3	0,5	100,2

beträgt die Abschaltdauer während des Nachsetzens durch die schnellen Deckelhub- und -schwenkbewegungen nur noch 2 bis 4 min [179].

Die Plasmaöfen erfordern Schrott mit einer Schüttdichte von ≈2 t/m³ [169]. Diese hohe Schüttdichte ist nur mit dickwandigen Schrotten der metallurgischen Industrie zu erreichen (Tabelle 12).

Die für das Einschmelzen des Stahlschrotts notwendige Zeit wird entscheidend von der Wärmeleitfähigkeit der Schrottschüttung und der spezifischen Oberfläche des Schrotts bestimmt. Zwischen der Wärmeleitfähigkeit der Schrottschüttung und der Schüttdichte des Schrotts besteht dabei ein direkter Zusammenhang.

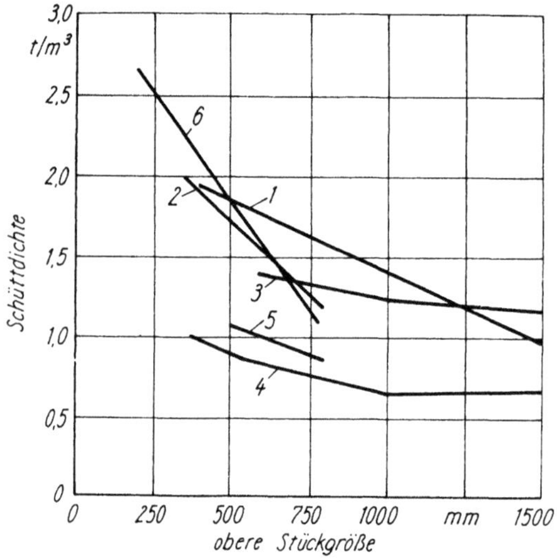

Bild 44. Einfluß der oberen Stückgröße des Stahlschrotts auf die Schüttdichte [73]
1), *3*), *4*) nach Untersuchungen in Großbritannien;
2), *5*) nach sowjetischen Untersuchungen;
6) nach sowjetischen Laboruntersuchungen

Bei Erwärmung des Schrotts im Siemens-Martin- und im Lichtbogenofen erfolgt der Wärmeübergang zunächst auf eine lockere, wechselnde Hohlräume enthaltende Schüttschicht. Bestimmend für eine schnelle Erwärmung des gesamten Schrotts ist die Wärmeleitung innerhalb der Schrottschüttung. Sie wird entscheidend beeinflußt von der Anzahl der Luftübergänge zwischen den einzelnen Schrottstücken. So ergeben kompakte Stahlschrotte (Restblöcke) eine hohe und Stahlspäne wegen der isolierenden Wirkung der zwischen den einzelnen Spanteilchen befindlichen Luft eine geringe *Wärmeleitfähigkeit* (Tabelle 40). Untersuchungen über die Wärmeleitfähigkeit von Paketen, die aus parallel angeordneten, ebenen kaltgewalzten Blechen bestehen, ergaben, daß die Wärmeleitfähigkeit senkrecht zur Blechebene bis zu einer Paketdichte von ≈80% der theoretisch möglichen Dichte nur geringfügig auf ≈1,2 W/m K ansteigt [184]. Oberhalb dieser Paketdichte nimmt sie jedoch infolge der sich ausbildenden Kontakte zwischen den Blechen deutlich zu.

Grundsätzlich ähnliche Ergebnisse lieferten Untersuchungen mit Stahlspänebriketts [185]. In Abhängigkeit von der Brikettdichte ergeben sich Verhältnisse der Wärmeleitfähigkeit des massiven Stahls gegenüber der von Stahlspänebriketts von 15:1 bis 10:1. Ersteres Verhältnis gilt für eine Brikettdichte von ≈4,5 t/m³ und letzteres für eine Brikettdichte von ≈6,5 t/m³. Die Untersuchungen zeigten weiter, daß die bei hohen Temperaturen (>950 °C) hergestellten Briketts eine

Tabelle 40. Wärmeleitfähigkeit von Stahl, Gußeisen, verschiedenen Stahlschrotten und Luft

		Wärmeleitfähigkeit [W/m K]	Literatur
Stahl	(0,2 ... 0,4% C)	46 ... 52	[180]
Stahl	(0,3% C, 0,7% Cr, 3,5% Ni)	40	[180]
Stahl	(0,1% C, 19% Cr, 8% Ni)	15	[180]
Gußeisen	(3% C)	58	[181]
Roheisenmasseln		35	[182]
Block- u. Brammenreste		40	[72], [182]
Draht		2,5	[183]
Stahlspäne:	Schüttdichte 3 t/m^3	1,5	[183]
	2 t/m^3	0,8	[183]
Pakete aus parallel angeordneten ebenen Blechen aus kaltgewalztem Stahl		0,6 ... 1,2[1])	[184]
Stahlspänebriketts aus C45 und 100Cr6		3,5 ... 4,5[2])	[185]
Luft (25 °C)		0,02	[181]

[1]) die Messung erfolgte jeweils an einzelnen Paketen senkrecht zur Blechebene. Bei sehr hoher Verdichtung ergeben sich Werte von 6 W/m K

[2]) die Messung erfolgte jeweils an einzelnen Briketts

deutlich höhere Wärmeleitfähigkeit besitzen als diejenigen, die im kalten Zustand bzw. bei 600 °C hergestellt werden.

Mit Beginn des Schmelzprozesses verändern sich die Bedingungen für die Wärmeleitung innerhalb des metallischen Einsatzes. Die Fläche des Einsatzguts, die die Wärme unmittelbar aufnehmen kann, verringert sich. Gleichzeitig nimmt auch der Hohlraumvolumenanteil des eingesetzten Schrotts ab. Es ist deshalb sehr schwierig, den Schmelzverlauf in Abhängigkeit von der Zeit mathematisch zu erfassen.

Die Schmelzgeschwindigkeit des Schrotts wird von sehr vielen Einflußgrößen beeinflußt, so z. B. von der Temperatur der Schmelze, dem Kohlenstoffgehalt des Roheisens und des Schrotts, der mittleren Temperatur und der Form der Schrottoberfläche sowie der Intensität der Badbewegung in der Nähe des schmelzenden Schrottstücks [182]. Für ihre Bestimmung gibt es eine Reihe von Vorschlägen, die den komplizierten Sachverhalt jedoch nur näherungsweise erfassen können [73], [182], [186], [187]. Einige experimentelle Ergebnisse von Schmelzversuchen mit einzelnen Schrottstücken sind in Tabelle 41 zusammengestellt. Aus den Werten wird deutlich, daß besonders bei den Sauerstoffblasverfahren wegen der nur kurzen Blaszeiten eine obere Begrenzung der Stückgröße bzw. -masse erforderlich ist. Nach Amelung [179] sollte deshalb bei diesem Verfahren die Stückmasse der Schrottstücke 1 t nicht überschreiten. Für den Schrott, den man im SM-Ofen einsetzt, wird als obere Begrenzung eine Dicke der Schrottstücke von 0,8 bis 1 m angegeben [73].

Für die Einschmelzzeit der Charge ist neben der Wärmeleitfähigkeit vor allem die *spezifische Oberfläche* des Schrotts entscheidend. Dabei ist zu beachten, daß sich hohe spezifische Oberflächen der Schrotte und gute Wärmeleitfähigkeiten

Tabelle 41. Lineare Schmelzgeschwindigkeit und Einschmelzzeit ausgewählter Schrottstücke im Sauerstoffaufblaskonverter und Siemens-Martin-Ofen [73]

Schrottart	lineare Schmelzgeschwindigkeit [mm/min]		Einschmelzzeit [min]	
	Sauerstoffaufblaskonverter	SM-Ofen	Sauerstoffaufblaskonverter	SM-Ofen
Brammenreststücke (Dicke: 200 mm)	8,4	2,1	14	95 ... 112
Pakete (Paketdichte: 2 t/m^3; Dicke: 700 mm)	50	—	7 ... 8	42

gegenseitig ausschließen. Das beste Einschmelzverhalten zeigen deshalb solche Schrotte, die zwischen diesen Grenzwerten liegen, d. h. kompakt sind und trotzdem eine relativ große spezifische Oberfläche besitzen.

Der im Sauerstoffblaskonverter einzusetzende Schrott sollte ebenfalls eine nicht zu große spezifische Oberfläche besitzen, da sich bei einer sehr großen spezifischen Oberfläche des Schrotts die Schmelze zu stark abkühlt. Das wiederum verzögert die Schlackenbildung und führt zu einer ungleichmäßigen Kohlenstoffentfernung, wodurch sich die Zeit für das Erreichen des gewünschten Kohlenstoffgehalts und der Abstichtemperatur verlängert [188], [189]. Ergebnisse von Untersuchungen über den Einfluß der Schrottart und deren physikalischer Beschaffenheit auf die Kinetik der Oxydationsreaktionen, die Schlackenbildungsprozesse, den Temperaturverlauf der Schmelze, den Sauerstoffnutzungsgrad, die Blasdauer u. a. finden sich in [190] bis [193].

Die physikalische Beschaffenheit der Stahlschrotte wirkt sich auch auf die beim Schmelzen entstehenden *Abbrandverluste* aus. Geringe Abbrandverluste entstehen, wenn die spezifische Oberfläche des Schrotts gering ist (Tabelle 13). Durch Paketieren des Stahlleichtschrotts und Brikettieren der Stahlspäne wird deshalb eine deutliche Verringerung des Abbrands erreicht (Tabelle 39). Besonders geringe Abbrandverluste ergeben sich bei Paketdichten > 3 t/m^3 (Bild 45). Beziehungen zwischen dem Paket- und Späneanteil im Einsatz und den sich einstellenden Abbrandverlusten im Siemens-Martin-Ofen untersuchten Gejneman u. Novickij [82].

4.1.2.2. Anforderungen an die stoffliche und chemische Zusammensetzung

Die Zusammensetzung der den Stahlwerken und Gießereien zu liefernden Stahlschrotte muß einheitlich und weitestgehend frei von metallischen und nichtmetallischen Verunreinigungen sein. Die noch zulässigen Gehalte an Verunreinigungen sind in den Standards der einzelnen Länder festgelegt.

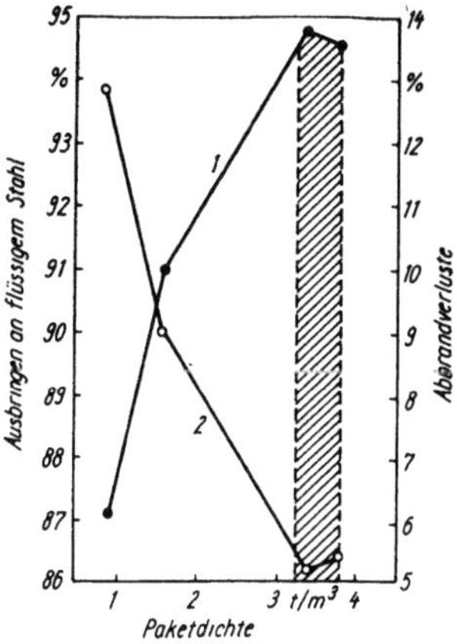

Bild 45. Einfluß der Paketdichte auf das Ausbringen an flüssigem Stahl (*1*) und die Abbrandverluste (*2*) im Lichtbogenofen [80]

Die im Stahlschrott enthaltenen Verunreinigungen wirken sich auf die Prozeßführung der Stahlerzeugung und auf die Gebrauchseigenschaften des erzeugten Stahls unterschiedlich aus. In Abhängigkeit von ihren Auswirkungen und den Möglichkeiten ihrer Beseitigung lassen sich die metallischen und nichtmetallischen Verunreinigungen wie folgt gliedern:

a) Nichtmetallische Verunreinigungen, die beim Einschmelzen des Schrotts sofort in die Schlacke gehen

Zu diesen Verunreinigungen gehören *Sand*, *Schmutz*, *Steine*, *Rost*, *Anstriche*, *Emaille* u. a. Sie erfordern eine Korrektur der Schlackenzusammensetzung, die durch Zugabe bestimmter Schlackenbildner, z. B. Kalk, erreicht wird. Dadurch entstehen erhöhte Kosten für die zuzugebenden Stoffe und für den höheren Brennstoffverbrauch zum Schmelzen der größeren Schlackenmengen sowie den durch die größere Schlackenmenge bedingten schlechteren Wärmeübergang. Auch stellt sich ein größerer Verschleiß der feuerfesten Ausmauerung der Schmelzaggregate infolge der höheren Aggressivität und größeren Menge der Schlacke ein. Des weiteren verringert sich durch die Verunreinigungen das Stahlausbringen, da durch die größeren Schlackenmengen bei konstantem Eisengehalt der Schlacke die Eisenverluste größer werden [194].

Als besonders schädigend erweisen sich von den nichtmetallischen Verunreinigungen die *Plaste*. Bereits beim Chargiervorgang schmelzen diese auf und bilden Halogenwasserstoffe. Diese verursachen besonders in den Abhitzekesseln der Sauerstoffblaskonverter, aber auch in den Lichtbogenöfen und Siemens-Martin-Öfen große Schäden [195]. In diesem Zusammenhang ist besonders der steigenden Produktion plastbeschichteter Bleche und Bänder große Aufmerksamkeit zu schenken.

Bei den Gießereistahlschrotten wirken sich daneben noch höhere Rostanteile des Schrotts ungünstig aus. Mit dem *Rost* wird Sauerstoff in die Schmelze eingebracht, der das Entstehen von Gußfehlern (Blasen, poröse Bereiche) bewirkt. Des weiteren sollten die Stahlschrotte, die in Induktionstiegelöfen eingesetzt werden, Wasser, Holz und Putzlappen nicht enthalten, da diese Verunreinigungen Tiegeleruptionen und Explosionen verursachen können [130].

b) Nichtmetallische Verunreinigungen, die die mechanischen Eigenschaften des Stahls verschlechtern und deshalb im Verlauf des Schmelzprozesses in die Schlacke gebracht werden müssen

Derartige Verunreinigungen sind vor allem Schwefel und Phosphor, die durch im Schrott enthaltenen Gummi sowie durch Öl und Gußeisen in die Schmelze eingebracht werden.

Schwefel ist im flüssigen Stahl fast unbegrenzt löslich. Während der Erstarrung der Schmelze wird er jedoch nahezu vollständig in Form von Eisensulfiden ausgeschieden. Diese haben die unangenehme Eigenschaft, schon bei Temperaturen <1000 °C, d. h. unterhalb der Walztemperaturen von 1100 bis 1200 °C, flüssig zu werden und somit im Stahl Rotbruch zu verursachen. Um diesen zu vermeiden, ist es notwendig, daß alle schwefelhaltigen Stoffe weitestgehend aus dem Schrott entfernt werden. Es gibt eine Reihe von Beispielen, wo Qualitätsschwierigkeiten bei Fertigerzeugnissen auf zu hohe Schwefelgehalte zurückzuführen sind. So werden bei erhöhtem Schwefelgehalt verstärkt Innenfehler bei Grobblechen beobachtet, die zu Rissen führen, und bei Schwefelgehalten >0,045% ist eine sprunghaft ansteigende Rißbildung bei Halbzeugen festzustellen [34]. Für höchste Ansprüche werden heute schon Stähle mit Schwefelgehalten <0,010%, teilweise sogar schon <0,005% gefordert.

Es gibt jedoch Sonderfälle, in denen von der metallverarbeitenden Industrie ein erhöhter Schwefelgehalt gewünscht wird (Automatenstähle: Schwefelgehalt 0,2 bis 0,4%). Durch eine gleichzeitige Erhöhung des Mangangehalts gelingt es, eine weitestgehend problemlose Warmformgebung dieser Stähle zu erreichen. Das beruht darauf, daß die sich bildenden Mangansulfide beim Walzen des Stahls fest bleiben. Bei der späteren spanabhebenden Bearbeitung ergeben sich durch die im Stahlgefüge eingelagerten Sulfide kurzbrüchige Späne.

Die Überführung des Schwefels in die Schlacke erfolgt bei allen Stahlerzeugungsverfahren durch Zugabe von Kalk. Zwischen dem Schwefelgehalt der Stahlschmelze und dem der Schlacke stellt sich dabei ein Gleichgewicht ein. Dieses ist von der Schlackenzusammensetzung und der Temperatur der Schmelze abhängig. Die Verringerung des Schwefelgehalts in der Stahlschmelze ist damit immer mit einer Erhöhung der Schlackenmenge verbunden. Das führt zu höheren Kosten für die Stahlerzeugung infolge des erhöhten Kalkverbrauchs, der zusätzlichen Energie, der notwendigen Verlängerung der Schmelzdauer, der Verringerung des Stahlausbringens u. a. [196]. Die Höhe des im Stahl verbleibenden Schwefelanteils wird von der Schlackenmenge des Verfahrens bestimmt. Diese beträgt beim Sauerstoffblasverfahren ≈120 kg/t, beim Siemens-Martin-Verfahren ≈125 kg/t und beim Elektrostahlverfahren ≈75 kg/t Rohstahl. Nach den vorliegenden Erfahrungen verbleiben ≈50 bis 60% des eingebrachten Schwefels im Stahl [196].

Aus den bisherigen Darlegungen leitet sich die Forderung ab, daß der Schrott weitgehend frei von allen schwefelhaltigen Verunreinigungen sein muß. Im Stahlschrott enthaltener Gußeisenschrott mit meist hohen Schwefelgehalten, wie Roste von Feuerungsanlagen und anderer Brandguß, sowie Autoreifen, Gummi und alle anderen schwefelhaltigen Bestandteile sind aus dem Schrott zu entfernen. Auch sollten die Schrotte möglichst keine Öle und Schmiermittel enthalten. Diese wirken sich zusätzlich noch dadurch störend aus, daß sie eine Verunreinigung der Abluft sowie Beschädigungen der feuerfesten Ausmauerung der Schmelzaggregate bewirken, Explosionen verursachen können und die Gasreinigungsanlage verschmutzen [188]. Die Automatenstähle müssen unbedingt getrennt erfaßt und eingesetzt werden.

Der in der Stahlschmelze neben Schwefel auch unerwünschte *Phosphor* gelangt besonders durch Gußeisenschrotte in die Schmelze. Denn für die Herstellung dünnwandiger Gußstücke wird Gießereiroheisen mit höheren Phosphorgehalten verwendet. Die Entfernung des Phosphors aus der Stahlschmelze erfordert ähnliche Aufwendungen, wie sie bereits für Schwefel beschrieben wurden.

Ausgehend von den unter *a* und *b* genannten Auswirkungen der nichtmetallischen Verunreinigungen wurden in den Standards der einzelnen Länder ihre maximal zulässigen Werte festgelegt. In der DDR beträgt der maximal zulässige Gehalt an nichtmetallischen Verunreinigungen (in Form von Anhaftungen) im Stahlschrott 1 %. Bei einem Einsatz des Schrotts im Plasma- oder Induktionsofen wurde der Anteil an Teer, Öl, Schmiermitteln und Plaste jedoch auf 0,2 % begrenzt. Der für den Hochofen vorgesehene Stahlschrott kann bis zu 5 % nichtmetallische Verunreinigungen enthalten, jedoch höchstens 1 % Öle und Schmiermittel [77].

c) Metallische Verunreinigungen, die beim Einschmelzen des Stahlschrotts zum größten Teil verdampfen

Die im Stahlschrott enthaltenen metallischen Verunreinigungen besitzen ein unterschiedliches Verdampfungsverhalten. In Tabelle 42 sind die Dampfdrücke einiger Elemente und diejenigen, die sich über binären Eisenschmelzen bei Begleitelementkonzentrationen von 0,02; 0,2 und 1 Masse-% und einer Temperatur von 1873 K ergeben, zusammengestellt. Dabei zeigt sich, daß unter Atmosphärendruck lediglich die oberen in Tabelle 42 aufgeführten Elemente merklich verdampfen.

In die Stahlschmelze werden von den leichtflüchtigen metallischen Verunreinigungen durch den Schrott vor allem *Zink* und *Blei* eingebracht. Das Zink wird beim Einschmelzen des Stahlschrotts weitgehend verflüchtigt und je nach Sauerstoffgehalt im Abgas des Schmelzaggregats ganz oder teilweise oxydiert. Der im Schrott enthaltene Bleiinhalt liegt metallisch oder als Bleioxid vor. Das metallische Blei schmilzt in der Anfangsphase des Schmelzprozesses auf und sinkt wegen seiner gegenüber Eisen höheren Dichte und der geringen Löslichkeit im flüssigen Eisen auf den Boden der entstehenden Schmelze. Ein Teil des Bleis wird jedoch gemeinsam mit dem in oxydischer Form vorliegenden Blei verdampfen und nachfolgend im Abgasstrom oxydieren. Der sich bildende Flugstaub enthält z. T. beachtliche Anteile an Zink- und Bleioxiden [198]. Die Auswirkungen der im Stahlschrott enthaltenen metallischen Verunreinigungen Zink und Blei äußern sich in den Schmelzaggregaten selbst oder im Zusammenhang mit den entstehenden Abgasen. Besonders schädlich wirkt sich zinkhaltiger Schrott im Siemens-Martin-Ofen aus. Die im Abgasstrom enthaltenen Zinkverbindungen lagern sich vor allem in den mit feuerfesten Steinen zugestellten Regenerativkammern ab. Durch diese Ablagerungen wird der Wärmeaustausch verringert und der Ofenzug verschlechtert. Darüber hinaus bilden sich mit dem feuerfesten Material Verbindungen, die die Steine zerstören [199].

Für die Verarbeitung verzinkter Stahlabfälle bietet sich z. Z. der Elektroofen

Tabelle 42. Dampfdrücke der wesentlichsten metallischen Verunreinigungen bei 1873 K [197]

Element	Dampfdruck des reinen Elements	Dampfdruck in Pa über binären Eisenschmelzen bei Begleitelementkonzentrationen in Masse-% von		
	[Pa]	0,02	0,2	1
Zink	$6{,}7 \cdot 10^{6}$	$>10^{3}$	$>10^{4}$	$>10^{4}$
Antimon	$6{,}6 \cdot 10^{4}$	>6	>60	>303
Wismut	$6{,}3 \cdot 10^{4}$	>3	>34	>169
Blei	$4{,}5 \cdot 10^{4}$	$3 \cdot 10^{3}$	$4 \cdot 10^{4}$	$2 \cdot 10^{5}$
Mangan	5360	1,4	14	71
Kupfer	105	0,2	1,6	7,6
Zinn	120	$3{,}2 \cdot 10^{-2}$	0,3	1,6
Chrom	23	$5{,}6 \cdot 10^{-3}$	$5{,}5 \cdot 10^{-2}$	0,3
Aluminium	267	$3{,}2 \cdot 10^{-3}$	$3{,}3 \cdot 10^{-2}$	0,2
Eisen	5,2	—	—	—
Kobalt	4,6	$9 \cdot 10^{-4}$	10^{-2}	$5 \cdot 10^{-2}$
Nickel	3,4	$4 \cdot 10^{-4}$	$4 \cdot 10^{-3}$	$2 \cdot 10^{-2}$
Titan	0,2	$2 \cdot 10^{-6}$	$2 \cdot 10^{-5}$	10^{-4}
Vanadium	0,03	$6 \cdot 10^{-7}$	$6 \cdot 10^{-6}$	$6 \cdot 10^{-5}$
Silizium	0,8	$4 \cdot 10^{-7}$	$4 \cdot 10^{-6}$	$3 \cdot 10^{-5}$
Molybdän	$2 \cdot 10^{-6}$	$4 \cdot 10^{-10}$	$4 \cdot 10^{-9}$	$2 \cdot 10^{-8}$
Zirkon	$2 \cdot 10^{-5}$	10^{-10}	10^{-9}	$5 \cdot 10^{-9}$
Wolfram	10^{-11}	$8 \cdot 10^{-16}$	$8 \cdot 10^{-15}$	$4 \cdot 10^{-14}$

mit Abgaserfassung und nachgeschaltetem Trockenentstaubungssystem an. Selbst hier ist jedoch der Einsatz derartiger Schrotte nicht problemlos. So muß gesichert sein, daß das verdampfende Zink durch ein ausreichend hohes Sauerstoffangebot vollständig zu Zinkoxid oxydieren kann [199]. Feinstverteilter Zinkstaub ist wie der Staub vieler Metalle entflammbar und explosionsfähig.

Die sich aus dem Einsatz der zink- und bleihaltigen Stahlschrotte ergebenden Auswirkungen zeigen deutlich, daß die aus Zink, Kupfer-Zink-Legierungen und Blei bestehenden Schrottbestandteile unbedingt aus dem Schrott zu entfernen sind. Der verzinkte Stahlschrott ist getrennt zu erfassen, zu lagern und nur dort einzusetzen, wo eine Verarbeitung relativ problemlos erfolgen kann.

d) Metallische Verunreinigungen, die sich beim Einschmelzen des Stahlschrotts in der Stahlschmelze lösen oder in die Schlacke gelangen

Mit dem Stahlschrott gelangen neben Eisen auch viele andere Metalle, wie Kupfer, Chrom, Nickel, Kobalt, Zinn, Molybdän u. a., in die Stahlschmelze. Diese Metalle können einerseits als *metallische Verunreinigungen* zu einer Verschlechterung der Werkstoffeigenschaften führen und andererseits sind sie als *Legierungselemente* für die Erzeugung spezieller Werkstoffeigenschaften unersetzlich. Daraus leitet sich die Forderung ab, die unlegierten Stahlschrotte von allen störenden Metallen weitestgehend zu befreien und die legierten Stahlschrotte zielgerichtet zu erfassen und möglichst sortenrein einzusetzen.

Die metallischen Verunreinigungen im unlegierten Stahlschrott gelangen durch die im Stahl gelösten Begleitelemente und die nicht ausreichende Abtrennung der legierten Stähle, der NE-Metalle und des Gußeisens aus dem Schrott in die Stahlschmelze. Der Anteil der Verunreinigungen, der mit dem Roheisen und den Ferrolegierungen in die Schmelze gelangt, ist gering. Die höchsten Anteile an metallischen Verunreinigungen führen die Amortisationsschrotte der Schmelze zu (Tabelle 20). Entsprechende Untersuchungen über die metallischen Verunreinigungen im Stahl bei Verwendung von Paketschrott [81], [110], [111], [189], [200], Shredderschrott [71], [105], [157], [201] und Müllschrott [79], [112], [202] bestätigen das eindrucksvoll.

Als besonders schädigend wirken sich im unlegierten Stahl Kupfer, Zinn und Chrom aus. Schon geringe *Kupfergehalte* im Stahl verschlechtern deutlich die Umformeigenschaften. Die Auswirkungen zeigen sich dabei sowohl bei der Kaltumformung, z. B. beim Tiefziehen und Pressen, als auch bei der Warmumformung [203] bis [210]. Auf letztere wirken sich die Kupfergehalte im Stahl besonders aus. Je größer der Umformgrad ist, um so geringere Kupfergehalte reichen aus, den Stahl rissig werden zu lassen. Enthält der Stahl zusätzlich *Zinn*, so kommt es zu einer erheblichen Verstärkung der Rißanfälligkeit [202], [204], [208] bis [212].

Bei der Begrenzung der Kupfer- und Zinngehalte im unlegierten Stahlschrott wird allgemein von folgender empirischer Beziehung ausgegangen: Cu + 8.Sn $\leqq$ 0,4 (in %). Daraus ergibt sich, daß z. B. bei einem Zinngehalt von 0,025% der Kupfergehalt im Stahl 0,2% nicht überschreiten darf, wenn schädliche Einflüsse auf die Werkstoffeigenschaften vermieden werden sollen. Unter Berücksichtigung dieser

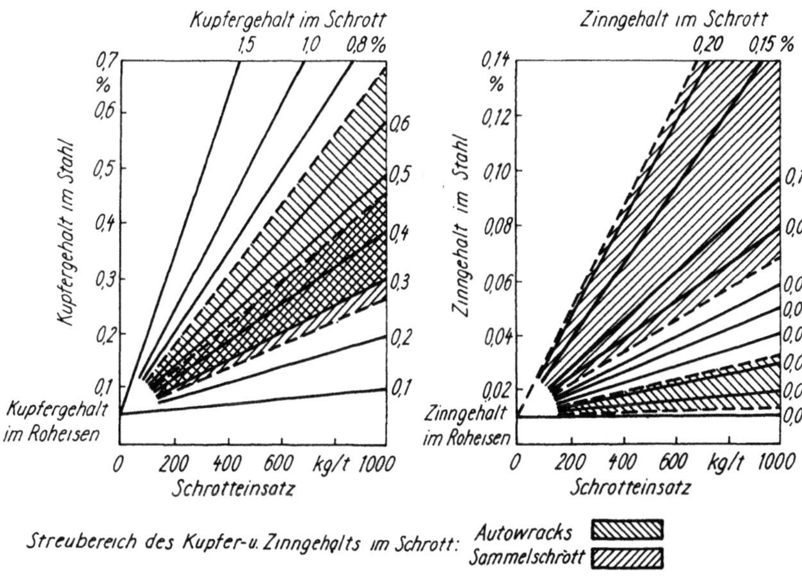

Bild 46. Einfluß des spezifischen Schrotteinsatzes sowie des Kupfer- und Zinngehalts im Schrott auf den Kupfer- und Zinngehalt im Stahl [81]

Forderung kann aus Bild 46 in Abhängigkeit vom Kupfer- und Zinngehalt des Schrotts der maximal mögliche spezifische Schrotteinsatz ermittelt werden. Dabei wird deutlich, daß besonders die Verfahren ohne bzw. mit geringem Roheiseneinsatz hohe Schrottqualitäten erfordern.

Zu einer Verschlechterung der Stahlqualität führen auch Verunreinigungen von *Chrom* im unlegierten Stahlschrott. Betriebsergebnisse ließen erkennen, daß bei der Herstellung von Grobblechen aus unberuhigten und halbberuhigten Stählen durch Innenfehler eine erhebliche Ausbringensverringerung eintritt, wenn die Chromgehalte >0,15% betragen [34]. Daneben wirken sich noch Arsen [204], [208], [209], [211], Antimon [208], [209], [211], Wismut [213], Kobalt [205], [213], Molybdän [213], [214], Blei [213] und andere Metalle auf die Werkstoffeigenschaften des unlegierten Stahls und in vielfältiger Weise auch auf die legierten Stähle aus. Bei einem Einsatz des verunreinigten Stahlschrotts als Gießereistahlschrott können die metallischen Verunreinigungen ebenfalls die Eigenschaften des erzeugten Gußeisens ungünstig beeinflussen (s. 4.2.2.).

Die in der DDR durchgeführten Untersuchungen [34], [215], [216] zeigen, daß sich die mittleren Gehalte der metallischen Verunreinigungen im Stahlschrott in den letzten Jahren nur unwesentlich veränderten. Der Streubereich der Gehalte hat sich jedoch deutlich zu höheren Werten verschoben. Durch die damit teilweise verbundene Überschreitung der Grenzgehalte waren in den letzten Jahren häufiger

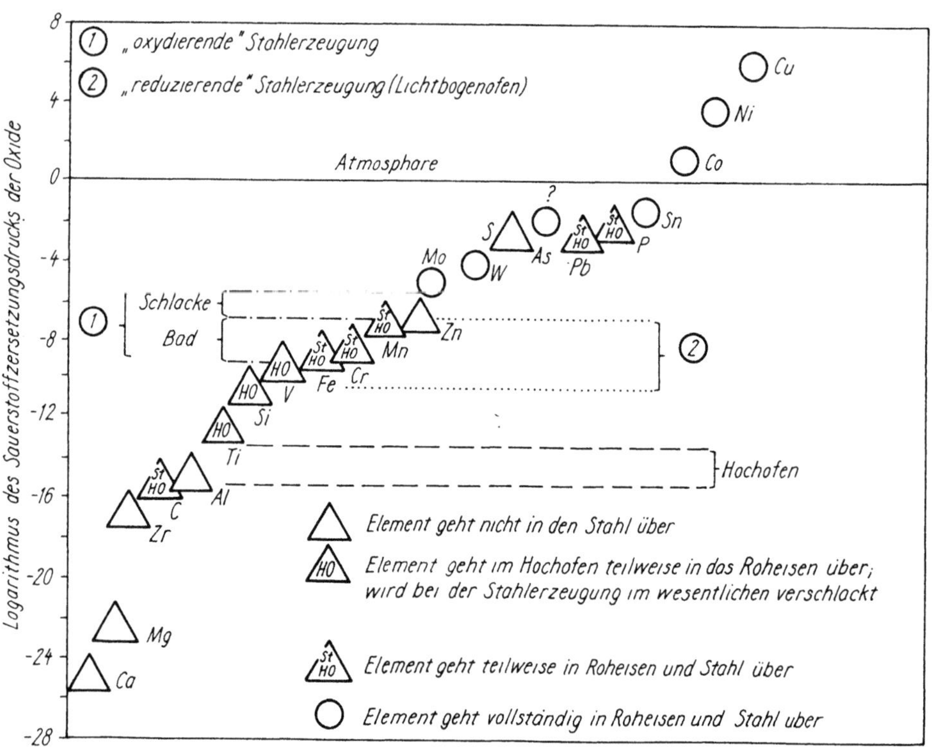

Bild 47. Verhalten der Eisenbegleitelemente im Verfahrensgang der Roheisen- und Stahlerzeugung [217]

Chargenum- und -abwertungen erforderlich. Diese wirken sich im Produktionsablauf äußerst unangenehm aus, denn die um- und abgewerteten Chargen müssen vorerst aus dem Produktionsprozeß ausgegliedert und neu eingestuft werden. Ist die Weiterverarbeitung des gesamten Stahls im warmen Zustand vorgesehen, bedeutet das immer eine Unterbrechung des Produktionsflusses und Aussonderung der Blöcke und Stränge, verbunden mit entsprechenden ökonomischen Auswirkungen. Liegen darüber hinaus in absehbarer Zeit keine Bestellungen für die abgewerteten Stahlqualitäten vor, so kommt es meistens zu Verschrottungen.

Die *Abtrennung der metallischen Verunreinigungen*, soweit sie nicht als Legierungselemente dienen sollen, ist mittels metallurgischer Verfahren für eine Reihe von Elementen nicht bzw. nur sehr schwierig möglich. Zur Beurteilung des Verhaltens der einzelnen metallischen Verunreinigungen in der Stahlschmelze verwendeten Jakobs u. Mitarb. [217] den Sauerstoffzersetzungsdruck der jeweiligen Oxide (Bild 47) und gelangten, bezogen auf das eingezeichnete mittlere Oxydationspotential der wichtigsten Verfahrensstufen der Roheisen- und Stahlerzeugung, zu folgender Einteilung der metallischen Verunreinigungen [197]:

- Elemente, die infolge ihrer großen Sauerstoffaffinität praktisch vollständig verschlackt werden (Kalzium, Magnesium, Zirkon, Aluminium)
- Elemente, die im Hochofen teilweise reduziert werden und in das Roheisen übergehen, beim Frischen aber im wesentlichen oxydiert und damit verschlackt werden (Titan, Silizium, Vanadium)
- Elemente, die im Hochofen teilweise reduziert werden und in das Roheisen übergehen, beim Frischen jedoch teilweise oxydiert und in die Schlacke überführt werden. Durch Reduktion der Schlacke kann eine Rückführung der Elemente in den Stahl erreicht werden (Chrom, Mangan)
- Elemente, die wegen ihrer geringen Sauerstoffaffinität nahezu vollständig mit dem Metall ausgebracht werden (Molybdän, Wolfram, Zinn, Antimon, Nickel, Kobalt, Kupfer).

Die metallischen Verunreinigungen der ersten beiden Gruppen lassen sich somit relativ leicht aus der Stahlschmelze entfernen. Trotzdem ist zu sichern, daß solche Bestandteile des Schrotts, die diese Elemente enthalten, weitestgehend aus dem Schrott abgetrennt werden. Denn auch die Entfernung des durch Gußeisen in die Schmelze gelangenden Siliziums erfordert zusätzliche Kalkmengen und damit höhere Energie- und andere Kosten. Sehr nachteilig wirken sich auch höhere Aluminiumgehalte aus. Durch die Oxydation des Aluminiums wird Sauerstoff der Schmelze entzogen, so daß der Schmelzverlauf erheblich gestört und der Frischprozeß der Schmelze beeinträchtigt wird.

Große Schwierigkeiten bei einer gewünschten Überführung in die Schlackenphase bereiten vor allem die metallischen Verunreinigungen mit gegenüber Eisen annähernd gleicher oder geringerer Sauerstoffaffinität (3. und 4. Gruppe). Denn der auf Reduktions- und Oxydationsvorgängen beruhende übliche Verfahrensgang der Roheisen- und Stahlerzeugung bietet keine Möglichkeiten für eine wirksame Entfernung unerwünschter Elemente mit gegenüber Eisen geringerer Sauerstoffaffinität. Eine Ausnahme bildet dabei nur die Entfernung von Zink und Blei durch Verdampfung bei Atmosphärendruck bzw. Aussaigerung. Die Anwendung von Vakuumschmelz- und -umschmelzverfahren beschränkt sich auf die Herstellung von

Stählen mit besonderen Reinheitsforderungen. Jede darüber hinausgehende selektive Entfernung einzelner oder mehrerer unerwünschter Elemente erfordert die Einschaltung einer zusätzlichen Verfahrensstufe, wobei allerdings keiner der bisherigen Verfahrensvorschläge zu ökonomisch vertretbaren Ergebnissen führte [197]. Damit wird deutlich, daß der Abtrennung der metallischen Verunreinigungen aus dem Schrott durch Anwendung von Aufbereitungsprozessen und -verfahren große Bedeutung zukommt.

Neben der guten Qualität der Stahlerzeugnisse besteht das Ziel, ein hohes *Stahlausbringen* in den Stahlerzeugungsaggregaten zu erreichen. Dieses wird durch die während der Stahlerzeugung entstehenden Verluste bestimmt, die entsprechend der Art ihrer Entstehung als technologische, metallurgische und stoffbedingte *Abbrandverluste* bezeichnet werden (Bild 25). Die technologisch bedingten Abbrandverluste sind nur z. T. beeinflußbar. Sie betragen zwischen 0,4% beim Siemens-Martin-Verfahren und einigen Prozent beim Sauerstoffblasverfahren. Die metallurgisch bedingten Abbrandverluste umfassen vor allem die Verluste an Eisen, die in der Schlacke als Eisenoxid vorliegen. In Abhängigkeit von der Höhe des Eisengehaltes in der Schlacke können sich metallurgisch bedingte Abbrandverluste zwischen 1,5 bis 6% ergeben. Die stoffbedingten Abbrandverluste entstehen durch die metallischen und nichtmetallischen Verunreinigungen im Stahlschrott und die im Roheisen enthaltenen Begleitelemente. Da zwischen den Abbrandverlusten des Roheisens und der meisten Schrottarten deutliche Unterschiede bestehen, besitzen das Schrott-Roheisen-Verhältnis im Einsatz und die verwendeten Schrottarten einen entscheidenden Einfluß auf die Höhe des stoffbedingten Abbrandes der Charge. Für die Schrotte wurden in Abhängigkeit von der jeweiligen Schrottart stoffbedingte Abbrandverluste zwischen 1 und 25% ermittelt (Tabelle 13). Hohe und ungleichmäßige stoffbedingte Abbrandverluste führen dabei zwangsläufig zu entsprechend niedrigen und schwankenden Stahlausbringenswerten. Dadurch kommt es beim Legieren der Schmelze leicht zu Über- und Unterschreitungen der gewünschten Analysentoleranzen und damit zu Fehlschmelzen. Des weiteren kann beim Blockguß durch größere Restmengen an flüssigem Stahl das gute Ausbringen an Blöcken gemindert werden.

Die ungünstigen ökonomischen Auswirkungen durch hohe und ungleichmäßige stoffbedingte Abbrandverluste führten dazu, daß man sich international intensiv mit dem Einfluß der Schrottart auf die Abbrandverluste beschäftigte [72], [76], [80] bis [82], [218] bis [222]. Vergleichende Untersuchungen über die im Siemens-Martin-Ofen entstehenden Abbrandverluste in Abhängigkeit von der Schrottart zeigt Tabelle 39. Der Einfluß des Paketierens der Stahlleichtschrotte und des Brikettierens der Stahlspäne auf die Abbrandverluste wurde bereits in 4.1.2.1. näher erläutert.

4.2. Gußeisenerzeugung und die Forderungen an die Gußeisenschrottqualität

4.2.1. Gußeisenerzeugung

Die Gußeisenschrotte werden vor allem in den Gießereien für die Erzeugung von Gußeisen mit Lamellengraphit eingesetzt. Die Nutzung der stark verunreinigten Gußeisenschrotte (Brandguß, emaillierter Guß, verunreinigte Gußeisenspäne u. a.)

ist allerdings nur im Hochofen möglich. Für die Herstellung von Gußeisen mit Kugelgraphit, Temperguß und Stahlguß werden Gußeisenschrotte im allgemeinen nicht verwendet.

Die Herstellung des Gußeisens mit Lamellengraphit erfolgt gegenwärtig besonders in *Kupolöfen* (Gießereischachtöfen), die mit Kalt- oder Heißwind betrieben werden. Der Kaltwindkupolofen wird bevorzugt für die Herstellung kleinerer Serien von Formgußstücken bei normalen Qualitätsanforderungen eingesetzt. Demgegenüber hat sich bei einem großen Bedarf von Gußeisen, z. B. für die Herstellung von Erzeugnissen in Großserien, der Heißwindkupolofen eingeführt. Die durchschnittliche Gattierung der Kupolöfen zeigt Tabelle 43. Als Gießereistahlschrott eignen sich besonders Trägerabschnitte, Lochputzen, Schienenstücke und ähnlicher kompakter, kleinstückiger Schrott sowie Pakete aus neuen Blechabfällen und Stahlspänebriketts.

Für die Erzeugung des hochfesten und legierten Gußeisens, des Gußeisens mit Kugelgraphit und des Tempergusses eignen sich im allgemeinen Kupolöfen allein nicht. Die Herstellung dieser Eisengußwerkstoffe erfolgt entweder mit einer Kombination von Kupolofen und Induktionstiegelofen (Duplex-Verfahren) oder nur in einem elektrischen Schmelzaggregat (Induktionstiegelofen, Lichtbogenofen). Letztere zeichnen sich besonders dadurch aus, daß mit ihnen eine nahezu unbegrenzte Variation der chemischen Zusammensetzung der Gußeisenwerkstoffe möglich ist. Die durchschnittliche Gattierung für die Herstellung von Gußeisen mit Kugelgraphit und Temperguß zeigt Tabelle 43.

Eine moderne Kupolofenanlage besteht aus Kupolofen, Vorherd, Gebläseeinrichtungen, Windleitungen, Beschickungs- und Gattierungseinrichtungen, verschiedenen Zusatzeinrichtungen (Winderhitzer beim Schmelzen mit Heißwind, Einrichtung zur Wasserkühlung, Naßentstaubungsanlage u. a.) und Gießeinrichtungen. Den Aufbau eines Kaltwind-Kupolofens ohne Vorherd zeigt Bild 48. Die Beschickung des Kupolofens erfolgt satzweise über die Gicht. Die Masse eines Satzes

Tabelle 43. Durchschnittliche Zusammensetzung der Gattierungen für die Herstellung der unlegierten Eisengußwerkstoffe

Eisengußwerkstoffe	Masseanteile [%]				
	Roheisen	Gußeisen-schrott	Gußeisen-späne	Stahl-schrott	Kreislauf-schrott
Gußeisen mit Lamellengraphit					
— Kupolofen	35	20	—	10	35
— Induktions-tiegelofen	10	—	15	45	30
Gußeisen mit Kugelgraphit	60	—	—	—	40
Temperguß	10	—	10	30	50
Stahlguß	10	—	—	40	50
Hartguß	40	—	—	20	40

ist abhängig vom Durchmesser des Kupolofens. Sie beträgt bei einem Kupolofendurchmesser von 500 mm bis zu 180 kg und bei einer lichten Weite des Kupolofens von 1400 mm bis zu 1100 kg [116]. Die Zusammenstellung der einzelnen metallischen und nichtmetallischen Komponenten (Roheisen, Gußeisenschrott, Stahlschrott, Kreislaufschrott, Ferrolegierungen, Koks und Kalk) zu einem Satz (Gattierung) erfolgt unter Berücksichtigung ihrer chemischen Zusammensetzung und ihres Abbrandes beim Schmelzprozeß mit der Zielstellung, die festgelegte Zusammensetzung des entstehenden Gußeisens (Rinneneisens) zu erreichen.

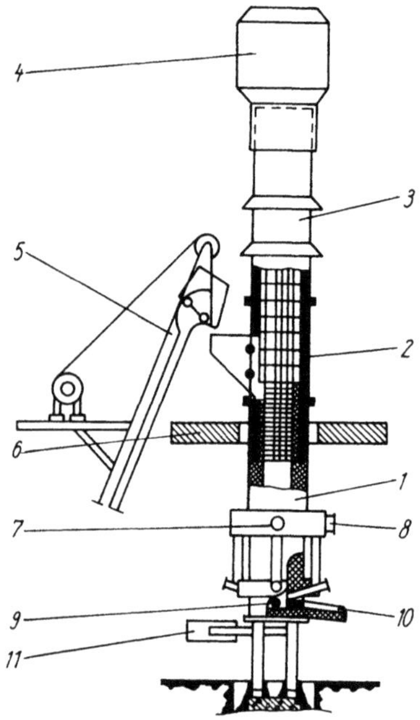

Bild 48. Aufbau eines Kaltwind-Kupolofens ohne Vorherd [223]
1) Unterteil des Kaltwind-Kupolofens;
2) Begichtungsteil mit Beschickungsschurre und Pendelklappenverschluß;
3) Schlotteil;
4) Naßentstaubung;
5) Schrägaufzug;
6) Gichtbühne;
7) Berstöffnung;
8) Windführung;
9) Schlackenabstich bzw. kontinuierlicher Schlackenabfluß;
10) Gußeisenabstich;
11) Reißvorrichtung

Der über die Gicht eingebrachte Einsatz sinkt langsam durch den zylindrischen Ofenschacht. Dabei wird der Einsatz zunächst durch die entgegenströmenden Abgase vorgewärmt. Mit seinem weiteren Absinken gelangt dieser in den Schmelzbereich des Kupolofens. Die für das Schmelzen erforderliche Wärmemenge entsteht bei der Verbrennung des im Einsatz befindlichen Kokses, wobei Luft durch Düsen in den Schacht eingeblasen wird. Die intensive Wärmeentwicklung führt zum Schmelzen der metallischen Komponenten, und aus den nichtmetallischen Bestandteilen des Einsatzes bildet sich eine Schlacke. Bereits oberhalb der Düsenebene ist der Schmelzprozeß beendet. Von dieser Höhe bis zur Herdsohle befindet sich nur noch glühender Koks, durch dessen Zwischenräume die Eisen- und Schlacketropfen hindurchlaufen. Dabei wird das flüssige Eisen überhitzt. Über einen geneigten Herd kann das Gußeisen und die Schlacke in den Vorherd abfließen, bzw. sie werden diskontinuierlich abgestochen.

Die im Kupolofen ablaufenden Vorgänge werden entscheidend von der im Einsatz befindlichen Koksmenge und der zugeführten Windmenge beeinflußt. Jedoch wirken sich auch die Koksqualität, die Temperatur des Winds, die konstruktive Gestaltung des Kupolofens, die Stückgröße und spezifische Oberfläche des metallischen Einsatzes, der Stahlschrottanteil u. v. a. auf den Schmelzprozeß aus [116], [223].

Die chemische Zusammensetzung des entstehenden Gußeisens ist von der des metallischen Einsatzes sowie von den sich ergebenden Abbrand- und Zubrandverhältnissen beim Durchlauf des Einsatzmaterials durch den Ofen abhängig. Der Stahlschrott wird in dem sauer zugestellten Kaltwind-Kupolofen bis auf ≈2,7% und im Heißwind-Kupolofen auf 2,8 bis 3,0% Kohlenstoff aufgekohlt. Die Aufkohlung erfolgt dabei im wesentlichen in den Ofenzonen, in denen das flüssige Eisen mit dem Koks in Berührung kommt. Gleichzeitig vollzieht sich jedoch ein gewisser Abbrand des Siliziums und Mangans, der im Kaltwind-Kupolofen Werte von ≈10 bzw. 15 bis 20% erreicht. Die durch den Einsatz in den Kupolofen eingebrachte Phosphormenge geht vollständig in das Gußeisen über. Der Schwefelgehalt erhöht sich gegenüber dem des metallischen Einsatzes um 50% (Kaltwind-Kupolofen) bzw. 30% (Heißwind-Kupolofen) [223]. Dieser unterschiedliche Ab- und Zubrand ist bei der Ermittlung der Gattierungszusammensetzung zu berücksichtigen.

Die Entwicklung der einzelnen Verfahren zur Gußeisenerzeugung läßt erkennen, daß international die Bedeutung der Kupolöfen langsam zugunsten der elektrischen Schmelzaggregate zurückgeht. Das ist besonders auf das ständig sinkende Angebot und die steigenden Preise für Gießereikoks, die ständig steigenden Qualitätsanforderungen an das Gußeisen sowie die sich weiter erhöhenden Aufwendungen bei Einsatz von Kupolöfen für den Umweltschutz zurückzuführen.

4.2.2. Forderungen an die Gußeisenschrottqualität

An die Qualität der Gußeisenwerkstoffe und Gußstücke werden zunehmend höhere Anforderungen gestellt. Im Mittelpunkt steht dabei die Forderung nach Gleichmäßigkeit der mechanischen und technologischen Eigenschaften der Formgußstücke auch über einen längeren Herstellungszeitraum hinweg. Diese Forderung kann aber nur erfüllt werden, wenn bereits die einzusetzenden Gußeisen- und Stahlschrotte eine weitestgehend konstante Zusammensetzung haben, eine gleichmäßige und nicht zu große Stückgröße aufweisen und in ihrer Zusammensetzung möglichst wenig von der Zusammensetzung des zu erzeugenden Gußeisens abweichen. Im bisher überwiegend eingesetzten Kupolofen ist es nur sehr begrenzt möglich, vom Einsatz ausgehende Streuungen in der Zusammensetzung durch die Ofenführung wirksam zu verringern [224].

Im Rahmen der Anforderungen an die *physikalische Beschaffenheit* der Gußeisenschrotte gilt der Stückgröße und Stückmasse des Schrotts besonderes Interesse. Die *obere Stückgröße* des Gußeisenschrotts sollte ein Drittel des Ofendurchmessers nicht überschreiten. Davon ausgehend werden meist 0,4 m als obere Stückgröße festgelegt. Bei Kupolöfen mit einem Innendurchmesser <1 m wird mitunter auch eine obere Stückgröße von 0,3 m oder weniger gefordert [65], [130]. Entsprechend größere Stückgrößen erhöhen die Gefahr der Brückenbildung im Ofen. Das darüber liegende Einsatzgut kann dann nicht mehr in die Schmelzzone nachrutschen, so daß Betriebsstörungen unvermeidlich sind.

Neben der Forderung nach einer oberen Begrenzung der Stückgröße des Gußeisenschrotts soll dieser insgesamt kleinstückig sein. Ein kleinstückiger Schrott erlaubt eine bessere Mechanisierung und Automatisierung der Dosierung und Beschickung der Kupolöfen, führt zu einer Verringerung des Brennstoffverbrauchs, bewirkt ein schnelleres Aufschmelzen der Schrottstücke sowie eine höhere Überhitzung des Eisens und liefert Gußeisenerzeugnisse mit höherer Qualität [225] bis [228]. Aus dieser Sicht wird von GORSKOV u. Mitarb. [226] vorgeschlagen, die Zerkleinerung der Gußeisenschrotte sogar auf Stückgrößen <0,2 m bzw. Stückmassen <15 bis 25 kg durchzuführen. Allerdings ist zu beachten, daß ein zu kleinstückiger Schrott zu höheren Abbrandverlusten führt.

Die *stoffliche Zusammensetzung* der Gußeisenschrotte soll einheitlich und weitestgehend frei von metallischen und nichtmetallischen Verunreinigungen sein. Denn es ist durch Veränderung der Betriebsweise des Kupolofens nur in sehr geringem Umfang möglich, vom Einsatz ausgehende Streuungen in der stofflichen Zusammensetzung zu vermindern und störende Verunreinigungen zu beseitigen. Auch die Wirksamkeit von Vorherden für diese Aufgabe ist begrenzt. Es wird deshalb die vollständige Abwesenheit von Stahlschrott, Brandguß, emailliertem Gußeisenschrott, NE-Metallen und nichtmetallischen Verunreinigungen im Gußeisenschrott gefordert. In den Standards der Länder sind deshalb entsprechende Festlegungen zur stofflichen Zusammensetzung der Gußeisenschrotte getroffen worden.

An *nichtmetallischen Verunreinigungen* treten in den Gußeisenschrotten Erde, Steine, Holz, Putzlappen, Wasser, Öl, Schmiermittel, Rost, Emaille, Anstriche u. a. auf. Entsprechend [115] darf der Gehalt dieser nichtmetallischen Verunreinigungen im Gußeisenschrott einen Wert von insgesamt 1 % nicht überschreiten. Des weiteren enthalten die Gußeisenschrotte in unterschiedlichen Mengen Schwefel und Phosphor.

Relativ unproblematisch wirken sich die Verunreinigungen in Form von Erde, Sand, Steinen u. ä. aus. Diese führen allerdings zu einer Vergrößerung der Schlackenmenge und damit zu einer Verringerung des Gußeisenausbringens. Für den Schmelzprozeß wesentlich kritischer sind Wasser, Holz, Putzlappen u. ä. im Einsatzmaterial der Induktionsöfen [130]. Während diese im Kupolofen verdampfen bzw. verbrennen und ggf. Umweltbelästigungen hervorrufen, können sie im Induktionstiegelofen Tiegeleruptionen und Explosionen hervorrufen. Ähnliche Wirkungen sind auch durch die an den Schrottstücken anhaftenden Öle und Fette möglich. Unangenehm sind diese auch deshalb, weil sie während des Schmelzprozesses zerfallen. Dadurch kommt es zu einer Sauerstoff-, Wasserstoff- und Stickstoffaufnahme des flüssigen Eisens, durch die Gußfehler entstehen können [130]. Deshalb dürfen entsprechend dem Standard der DDR [115] in dem für den Induktionsofen vorgesehenen Gußeisenschrott nicht mehr als 0,2% Verunreinigungen in Form von Teer, Fett, Öl, Farbe, Plaste u. ä. enthalten sein.

Der an den Schrottstücken anhaftende Zunder bzw. Rost stört vor allem beim Schmelzen im Kaltwind-Kupolofen. Während der Entwässerung, thermischen Dissoziation und partiellen Reduktion der Eisenverbindungen kommt es zur Gasentwicklung in der Schmelze [229]. Erstarrt das Gußeisen vor Beendigung der Reduktionsvorgänge, so können Gasblasen in den Gußstücken und damit Gußfehler auftreten. Zu ähnlichen Erscheinungen kommt es bei Einsatz von Gußeisenspänebriketts, die aus stärker oxydierten Spänen hergestellt werden [230]. Des weiteren führen hohe Rost- bzw. Zunderanteile des Schrotts zu großen Schlackenmengen, relativ hohen Eisengehalten in der Schlacke und einem beträchtlichen Silizium- und Manganabbrand [231].

Schwefel wird beim Schmelzen im Kupolofen besonders durch den Koks in das Gußeisen eingebracht. Jedoch können auch große Schwefelmengen mit dünnwandigem Gußeisenschrott in den Einsatz gelangen, wenn dieser Brandguß (Feuerungsroste, Glühtöpfe, Feuertüren u. a.) enthält. Nach REUTER [130] kann der Schwefelgehalt des Brandgusses bis zu 14% betragen.

Die Schwefelgehalte des herzustellenden Gußeisens mit Lamellengraphit bzw. des Tempergusses sollen möglichst 0,05 bis 0,1% nicht übersteigen. Höhere Gehalte verstärken die Sprödbruchneigung des Gußeisens. Demgegenüber erfordert die Herstellung des Gußeisens mit Kugelgraphit Einsatzstoffe mit Schwefelgehalten $\leqq 0{,}01\%$ (Tabelle 23), oder das flüssige Eisen muß vor der Magnesiumbehandlung zur Kugelgraphitbildung durch eine kostenaufwendige Schmelzbehandlung entschwefelt werden. Schwefelgehalte in der für Gußeisen mit Lamellengraphit zulässigen Größenordnung verhindern die Bildung des Kugelgraphits in der Schmelze. Das ist die Ursache, daß für die Herstellung von Gußeisen mit Kugelgraphit im allgemeinen kein Gußeisenschrott verwendet werden kann [232].

Phosphor wirkt sich besonders dahingehend aus, daß durch ihn alle Eisengußwerkstoffe wesentlich leichter verspröden und eine Verringerung der Festigkeits- und Dauerfestigkeitseigenschaften eintritt. In neuerer Zeit beträgt der Phosphorgehalt im Gußeisen mit Lamellengraphit deshalb häufig $< 0{,}2\%$. Man hat erkannt, daß eine gute Fließfähigkeit des Gußeisens durch entsprechend hohe Gießtemperaturen erreichbar ist, so daß dünnwandige Erzeugnisse (Radiatoren, Sanitärgußerzeugnisse u. a.) auch mit Phosphorgehalten $\leqq 0{,}2\%$ hergestellt werden können. Bisher wurden für die Herstellung derartiger Erzeugnisse Gußeisensorten mit bis zu 1% Phosphor verwendet, da hohe Phosphorgehalte die Fließfähigkeit des Gußeisens wesentlich verbessern. Gleichartige Gußeisenerzeugnisse im Amortisationsschrott können damit sehr unterschiedliche Phosphorgehalte besitzen.

Mit dem Gußeisenschrott gelangen neben Eisen auch andere Metalle, wie Silizium, Mangan, Chrom, Kupfer, Blei, Zinn u. a., in die Schmelze. Diese Metalle können sich als *metallische Verunreinigungen* schädigend auf die Eigenschaften der Gußeisenwerkstoffe auswirken, aber auch als *Legierungselemente* besonders günstige Eigenschaften hervorrufen. Daraus leitet sich die Forderung ab, die unlegierten Gußeisenschrotte weitestgehend von den unlegierten und legierten Stahlschrotten, legierten Gußeisenschrotten und NE-Metallen zu befreien und die legierten Gußeisenschrotte zielgerichtet zu erfassen und möglichst sortenrein einzusetzen. Metallische Verunreinigungen können aber auch durch Roheisen, Stahlschrott, Kreislaufschrott und Ferrolegierungen in die Schmelze gelangen.

Silizium wird vor allem durch Gußeisenschrott und Roheisen in die Schmelze eingebracht. Sein Gehalt beträgt bei Gußeisen mit Lamellengraphit bis zu 2,5%. Für die mechanischen Eigenschaften des Gußeisens ist besonders das Verhältnis der Kohlenstoff- und Siliziumgehalte entscheidend. Relativ geringe Schwankungen können bereits die Entstehung einer anderen, nicht vorgesehenen Werkstoffsorte bewirken. Die Herstellung hochwertiger Eisengußwerkstoffe erfordert deshalb den Einsatz einheitlicher, qualitativ hochwertiger Gußeisenschrotte. Diese Forderung ist praktisch nur mit sehr gutem Maschinengußschrott, nicht mit dünnwandigem Gußeisenschrott (Handelsgußschrott) zu erfüllen [232].

Mangan gelangt mit dem Roheisen, Gußeisenschrott und Stahlschrott in die Schmelze. Es gilt bei der Herstellung von Gußeisen mit Lamellengraphit als relativ problemlos. Sein Gehalt liegt meist zwischen 0,3 und 0,8%. Demgegenüber darf Gußeisen mit Kugelgraphit, von dem eine hohe Zähigkeit gefordert wird, nicht mehr als 0,2% Mangan enthalten.

Die im Fahrzeugbau eingesetzten Gußeisenwerkstoffe werden im allgemeinen mit *Chrom* legiert, da es die Festigkeit, Härte und Verschleißfestigkeit erhöht. Bei der Herstellung dünnwandiger Formgußstücke bereiten aber Chromgehalte >0,6% Schwierigkeiten, da dann der Kohlenstoff als Karbid erstarrt. Die entstehenden Formgußstücke lassen sich schlecht bearbeiten, so daß häufig Ausschuß entsteht.

Das nach Chrom bedeutendste Legierungselement ist *Molybdän*. Es wird vor allem für die Herstellung von Formgußstücken aus Gußeisen mit Lamellen- oder Kugelgraphit verwendet, die im Motorenbau eingesetzt werden. Bei Molybdängehalten von 0,1 bis 0,5% im Gußeisen werden die Warmfestigkeitseigenschaften und die Temperaturwechselbeständigkeit der Gußeisenwerkstoffe deutlich verbessert. Da Molybdän bei den genannten Gehalten keine Nebenwirkungen hervorruft, ist molybdänhaltiger Gußeisenschrott auch zur Herstellung üblicher Eisengußwerkstoffe ohne Schwierigkeiten einsetzbar [232].

Zur Steigerung der Festigkeit des Gußeisens und für eine Perlitstabilisierung werden in den letzten Jahren häufiger dem Gußeisen Kupfer, Zinn und Antimon zugesetzt. Ihre Zugabe erfolgt jedoch ausschließlich in Form hochreiner Metalle (Elektrolytkupfer, reines Zinn bzw. Antimon), da NE-Metall-Legierungen meist viele Elemente enthalten, die sich bereits in sehr geringen Mengen sehr störend auswirken können. Zu diesen schädlichen Elementen gehören Blei, Kadmium, Wismut u. a. [226], [232], [233]. Als besonders schädigend erweist sich Blei, das bereits bei Gehalten von 0,005% die Bildung des Kugelgraphits verhindert und bei Lamellengraphit Entartungserscheinungen verursacht, die die Werkstoffeigenschaften entscheidend verschlechtern. Gestört wird die Kugelgraphitbildung ebenfalls durch Titan, Wismut, Zinn, Arsen und andere Metalle.

Einige metallische Verunreinigungen können sich auch ungünstig auf die Haltbarkeit der feuerfesten Auskleidung der Schmelzaggregate auswirken. So führen bereits geringe Mengen von Zink im Einsatz des Induktionsofens nach sehr kurzer Zeit zur Zerstörung des Tiegels [232]. In den einzusetzenden Schrotten dürfen deshalb Zink, zinkhaltige Legierungen, zinkbeschichtete Stahlbleche und mit starken Farbanstrichen versehene Schrotte nicht enthalten sein.

In den Gießereien besteht das Ziel, neben einer guten Qualität der Formgußerzeugnisse auch ein hohes *Gußeisenausbringen* in den Schmelzaggregaten zu erreichen. Das erfordert weitgehend saubere, von Anhaftungen und Beimengungen befreite Gußeisenschrotte. Einige Angaben über den Einfluß der Schrottart auf die Abbrandverluste finden sich in [129], [234]. Untersuchungen mit unterschiedlichen Anteilen von Gußeisenspäne-Briketts am metallischen Einsatz zeigten, daß bis zu einem Brikettanteil von 15% keine nachweisbare Erhöhung der Abbrandverluste eintritt [230]. Die Dichte der Briketts muß aber mindestens 5,5 g/cm^3 betragen, da bei geringeren Werten sich die Abbrandverluste deutlich erhöhen [235].

4.3. NE-Metallerzeugung und die Forderungen an die NE-Metallschrottqualität

4.3.1. NE-Metallerzeugung aus NE-Metallschrotten

Von den NE-Metallschrotten werden die Kupfer-, Aluminium- und Bleischrotte sowie die entsprechenden Legierungsschrotte fast ausschließlich in der NE-Metallurgie eingesetzt. Aus ihnen stellt man NE-Metalle, Guß- und Knetlegierungen her. Demgegenüber wird ein beachtlicher Anteil der Zinkschrotte (in einigen Ländern bis zu 75% des Zinkinhalts der anfallenden zinkhaltigen Sekundärrohstoffe) in der chemischen Industrie für die Herstellung von Zinkoxid, Lithopone, Zinkchlorid u. a. verwendet.

Für die metallurgische Verarbeitung der NE-Metallschrotte bestehen in Abhängigkeit von der Zusammensetzung der Schrotte zwei grundsätzliche Möglichkeiten:

a) Die weitestgehend sauberen NE-Metallschrotte werden nur umgeschmolzen und nachfolgend mehr oder weniger intensiv raffiniert (Direkteinsatz).

b) Die Schrotte mit einem größeren, häufig wechselnden Anteil an metallischen und nichtmetallischen Anhaftungen und Beimengungen werden in mehreren Verfahrensstufen, meist unter dem Gesichtspunkt der Gewinnung des Hauptmetalls verarbeitet.

Die erste Verfahrensvariante führt gegenüber der zweiten zu geringeren Verarbeitungskosten, höheren Metallausbringenswerten und zu einer komplexen Verwertung aller im Schrott enthaltenen Elemente (bei Legierungen). Deshalb wird angestrebt, einen möglichst großen Anteil der NE-Metallschrotte allein durch Umschmelzen und geringe Raffination zu einem Fertigprodukt zu verarbeiten. Daraus leitet sich die Aufgabe ab, möglichst viele nicht sortengerecht getrennte, verunreinigte und komplex zusammengesetzte NE-Metallschrotte durch entsprechende Prozesse und Verfahren so aufzubereiten, daß nur ein einfacher Umschmelzprozeß für die metallurgische Verarbeitung der metallischen Bestandteile des Schrotts notwendig ist (Bild 49a). Das Umschmelzen der weitestgehend sauberen Schrotte erfolgt dabei vorwiegend in Flammöfen und zunehmend in Elektroöfen, in denen dann auch die Raffination durchgeführt werden kann.

Bei einer unmittelbaren metallurgischen Verarbeitung der nicht sortengerecht getrennten, verunreinigten und komplex zusammengesetzten NE-Metallschrotte sind die apparatetechnischen und ökonomischen Aufwendungen deutlich höher. Grundsätzlich ist eine Verarbeitung dieser Schrotte auf pyro- oder hydrometallurgischem Weg möglich. Bei einer pyrometallurgischen Verarbeitung der Schrotte (Bild 49b) werden diese zunächst reduzierend geschmolzen, wobei der Schmelzprozeß gleichzeitig zur Vergleichmäßigung der eingesetzten Schrotte beiträgt. Die Weiterverarbeitung der Schmelze, die mehrere Metalle aufnimmt, erfolgt entweder im Rahmen eines Verblaseprozesses unter Bildung von Flugstaub und nachfolgenden Raffinationsprozessen oder nur durch Raffinationsprozesse. Die hydrometallurgische Verarbeitung der NE-Metallschrotte (Bild 49c) beschränkt sich bisher auf relativ wenige Anwendungsbeispiele. In den nachfolgenden Ausführungen wird in kurzer Form die metallurgische Verarbeitung der verschiedenen NE-Metall-

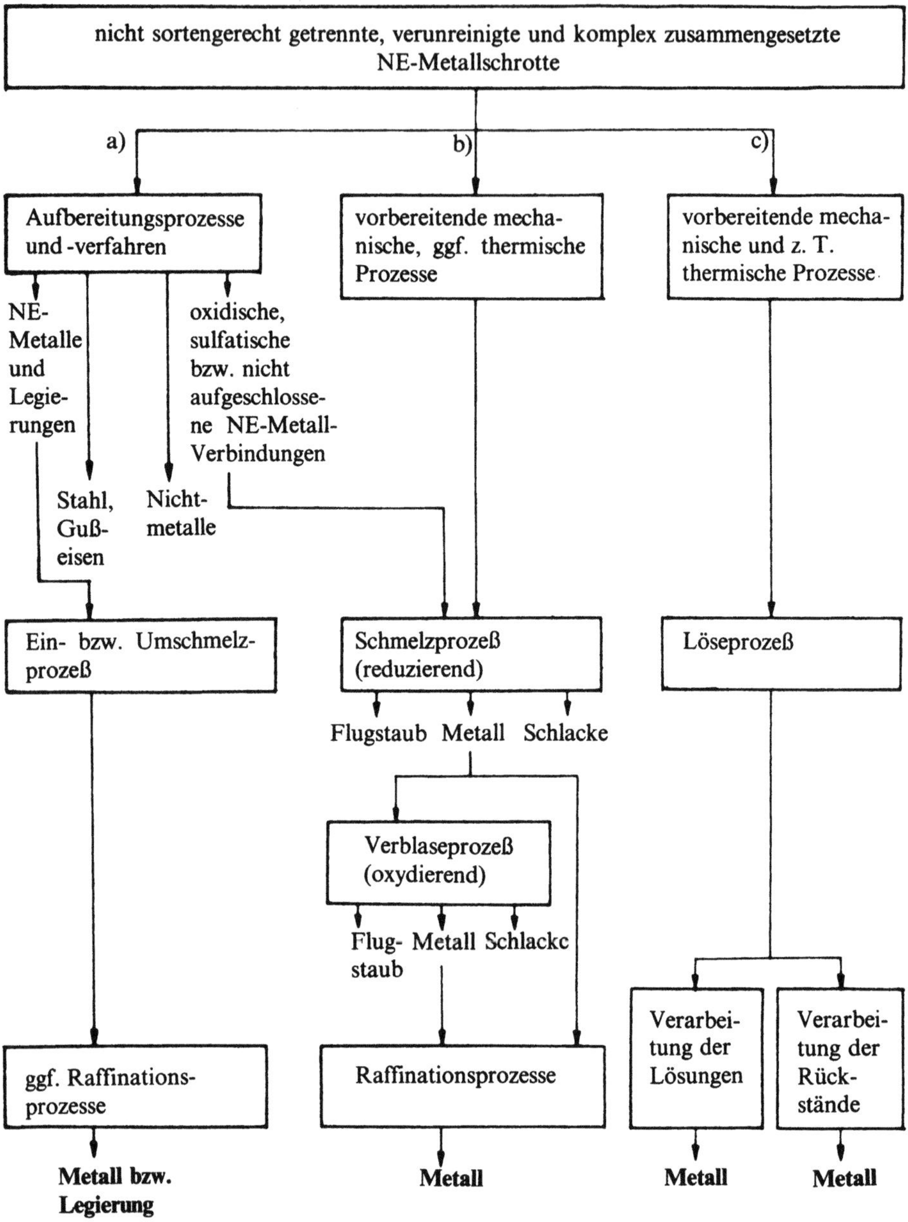

Bild 49. Metallurgische Verarbeitung der nicht sortengerecht getrennten, verunreinigten und komplex zusammengesetzten NE-Metallschrotte (vereinfacht)

schrotte dargelegt. Dabei wird besonders auf die in der DDR eingeführte Verfahrensweise eingegangen.

Für die metallurgische Verarbeitung der *Kupfer- und Kupferlegierungsschrotte* sowie der *kupferhaltigen Rückstände* [136], [154], [236] bis [240] bieten sich zwei grundsätzliche Möglichkeiten:

a) bei sortenreinen und äußerlich nicht oder nur wenig verunreinigten Kupfer- und Kupferlegierungsschrotten:
Herstellung von Elektrolyt- bzw. Raffinadekupfer oder arteigenen Kupferlegierungen durch Umschmelzen der Schrotte und nachfolgende meist geringe Raffination (Direkteinsatz).

b) bei stärker verunreinigten Kupfer- und Kupferlegierungsschrotten sowie kupferhaltigen Rückständen:
Erzeugung von Raffinade- oder Elektrolytkupfer durch mehrere metallurgische Verfahrensstufen, wobei die Gewinnung des Kupfers im Vordergrund steht.

Die Verarbeitung der sortenreinen und weitestgehend sauberen Kupferlegierungen erfolgt in stationären oder drehbaren Flammöfen, Induktions- und Tiegelöfen. Erstere erlauben gegenüber den elektrisch beheizten Öfen den Einsatz auch etwas verunreinigter Schrotte. Die meist notwendige Raffination zur Entfernung der mit dem Schrott in die Schmelze gelangenden Verunreinigungen (Metalloxide durch Oberflächenoxydation, Feuchte, Öle u. a.), die zu Oxiden und gelösten Gasen in der Kupferlegierungsschmelze führen, erfolgt durch Anwendung von Schmelzabdeckmitteln, schlackenbildenden Produkten sowie durch Einleiten von inerten Gasen in die Schmelze.

Für das Umschmelzen der sehr sauberen Elektrolytkupferschrotte und die etwas verunreinigten Kupferschrotte (Kupfereinsatz- und Kupferraffinierschrotte) eignen sich stationäre Flammöfen (Bild 50a, b u. c). In neuerer Zeit werden verstärkt Drehflammöfen eingesetzt. Der bei den etwas verunreinigten Kupferschrotten notwendige Raffinationsprozeß erfolgt zweistufig. Zunächst werden die unedleren metallischen Verunreinigungen durch Einblasen von Luft oxydiert und als Schlacke abgezogen. Die Oxydation der Verunreinigungen läuft dabei über zunächst gebildetes Kupfer(I)-oxid ab, das nachfolgend die unedleren metallischen Verunreinigungen oxydiert. Die dann noch notwendige Abtrennung der im Metallbad gelösten Gase und suspendierten Schlackenteilchen sowie die Reduktion des gelösten Kupfer(I)-oxids erreicht man durch Einblasen von Erdgas, Heizöl o. a. in die Schmelze bzw. durch die sich beim Einbringen geeigneter Holzstämme in der Schmelze bildenden Polgase.

Die Verarbeitung der nicht sortengerecht getrennten und verunreinigten Kupferlegierungsschrotte, der stark verunreinigten Kupferschrotte und der kupferhaltigen Rückstände erfordert mehrere pyrometallurgische Verfahrensstufen (Bild 50d u. e). Die nicht sortengerecht getrennten und verunreinigten Kupferlegierungsschrotte werden im Konverter eingesetzt. Der Konverter wird zunächst mit Hochofenkoks vorgeheizt, und nachfolgend gibt man den Kupferlegierungsschrott auf die glühende Koksschicht. Durch den hohen Dampfdruck der Legierungsbestandteile des Kupfers (s. Tabelle 42) verdampfen diese und bilden einen zinkreichen, häufig auch relativ viel Blei und Zinn enthaltenden Flugstaub. Die noch in der sich bildenden Schmelze enthaltenen Verunreinigungen werden durch Einblasen von Luft überwiegend in die Schlacke überführt, die wegen ihres hohen NE-Metallinhalts zum Schachtofen

Schrottart	Kupfer-einsatzschrott	Elektrolyt-kupferschrott	Kupfer-raffinierschrott (Anodenschrott)	Kupferlegierungs-schrott, nicht sortengerecht getrennt, verunreinigt	Kupfer- und Kupferlegierungsschrott mit Fremdanhaftungen, kupferhaltige Rückstände
Kupferinhalt[1])	29%	6%	33%	19%	13%
physikalische Beschaffenheit	paketierfähig	stückig, meist nicht paketierfähig	klein- bis großstückig, teilweise paketierfähig	klein- bis großstückig, ≈35% paketierfähig	feinkörnig, mit gröberen Beimengungen bis stückig
chemische Zusammensetzung	Cu: 87 ... 95%	Cu: 99 ... 99,5%	Cu: 85 ... 95% Zn: ≈1% Pb: 1,5 ... 2,2% Sn: 0,3 ... 0,5% Sb: 0,3% Fe: 2 ... 3% Cl: 0,4 ... 0,7%	Cu: 55 ... 60% Zn: 8 ... 40% Pb: 0,1 ... 3,6% Sn: 0,1 ... 3,3% Sb: 0,1 ... 0,15%	kupferhaltige Rückstände[2]) / Krätzen[3]) Cu: 15 ... 40% / 25 ... 45% Zn: max. 10% / 45 ... 50% Pb: 1 ... 4% / 1% Sb: 0,1% / — Cl: 4 ... 12% / max. 6%

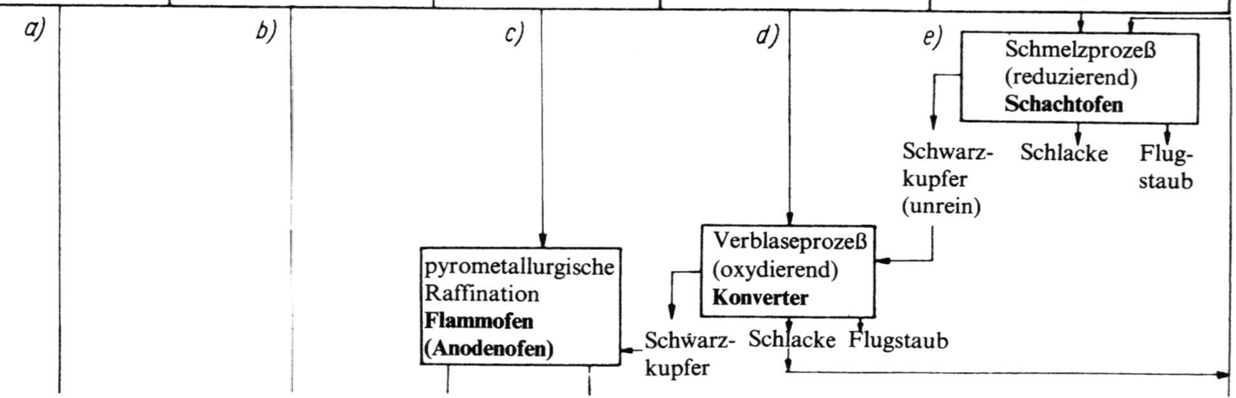

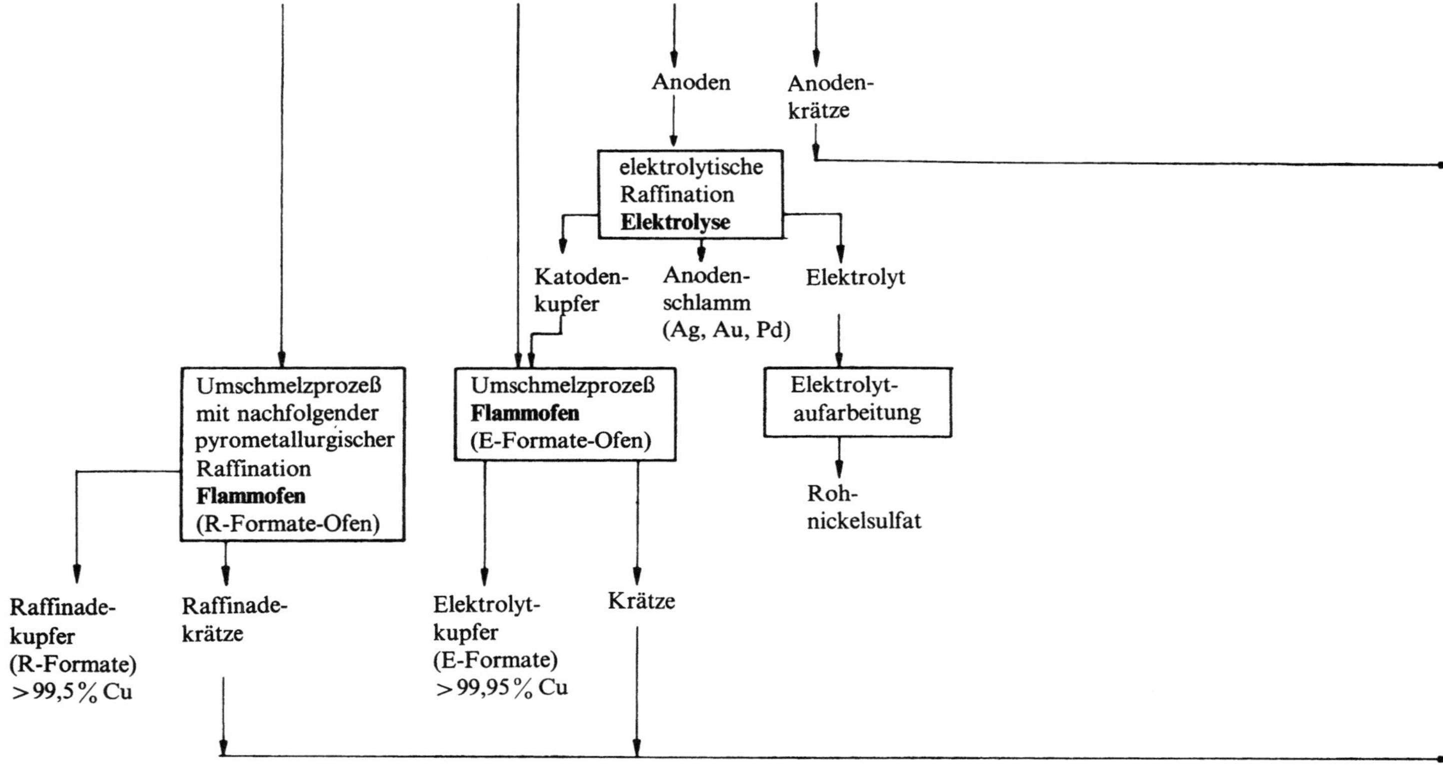

[1]) bezogen auf das gesamte Vorlaufen an kupferhaltigen Sekundärrohstoffen
[2]) z. B. Kabelabbrandaschen
[3]) vorwiegend Messingkrätzsande

Bild 50. Metallurgische Verarbeitung der Kupfer- und Kupferlegierungsschrotte in der DDR (vereinfacht, ohne Umschmelzen sortenreiner Kupferlegierungsschrotte) [239, ergänzt]

zurückgeführt werden muß. Um einen möglichst reinen, gut verkaufsfähigen Zinkstaub zu erhalten, empfiehlt es sich, die zinnarmen und -reichen Kupferlegierungsschrotte getrennt zu verarbeiten.

Die Kupfer- und Kupferlegierungsschrotte mit einem sehr hohen Anteil an Fremdanhaftungen und die kupferhaltigen Rückstände werden im Schachtofen eingesetzt. Dabei wird der metallisch vorliegende Kupferinhalt des Schrotts umgeschmolzen und der in oxidischer Form im Möller enthaltene Kupferinhalt reduziert. Als Endprodukte des Schachtofenprozesses entstehen zinn-, zink- und bleihaltiges Schwarzkupfer (Krätzkupfer), zinkreicher Flugstaub mit meist beachtlichen Gehalten an Zinn, Blei, Kupfer und Chloriden sowie Schlacke. Aus dem stark verunreinigten Schwarzkupfer wird nachfolgend im Konverter durch Einblasen von Luft (Verblaseprozeß) ein großer Anteil seiner Verunreinigungen entfernt.

Mit dem Einsatz der Kupfer- und Kupferlegierungsschrotte im Konverter und besonders im Schachtofen sind beachtliche Nachteile verbunden. Diese bestehen vor allem in der geringen Reinheit des Schwarzkupfers, der Umweltbelastung durch die Abgase sowie in der Verzettelung und im teilweisen Verlust der im Schrott enthaltenen wertvollen Legierungsbestandteile. So ist die Gewinnung des Zinns und Bleis aus dem Flugstaub bei hohen Chlorgehalten praktisch nicht möglich. Bei ausreichend geringen Chlorgehalten erfordert sie die Einführung zusätzlicher Verfahrensstufen. Diese insgesamt unbefriedigenden Ergebnisse sollten immer Anlaß sein, die Aufbereitung der Kupfer- und Kupferlegierungsschrotte weiter zu vervollkommnen, um ihren Einsatz in höheren metallurgischen Verfahrensstufen zu ermöglichen (z. B. im Flammofen statt im Konverter). Die Anwendung hydrometallurgischer Verfahren für die nicht sortengerecht getrennten, verunreinigten und komplex zusammengesetzten Kupfer- und Kupferlegierungsschrotte ist bisher international und auch in der DDR auf nur wenige Fälle beschränkt geblieben.

Die für die metallurgische Verarbeitung der *Aluminium- und Aluminiumlegierungsschrotte* [53], [236], [241] geeigneten Verfahren werden ebenfalls entscheidend von der Zusammensetzung der Schrotte bestimmt. Die sauberen Aluminium- und Aluminiumlegierungsschrotte schmilzt man um und trennt nachfolgend die nichtmetallischen Verunreinigungen durch eine mehr oder weniger aufwendige Raffination ab. In Abhängigkeit von der physikalischen Beschaffenheit der Schrotte werden dafür folgende Ofentypen verwendet:

- für großstückige lose oder paketierte Schrotte
  - Herdöfen (Flammöfen), z. T. mit Beschickungskammer
  - Induktionsöfen
- für kleinstückige Schrotte, Späne und Folienschrotte
  - Trommelöfen (Drehöfen)
  - Herdöfen (Flammöfen) mit Beschickungskammer
  - Induktionsöfen.

Die großstückigen losen oder paketierten Schrotte werden in gas- oder ölbeheizten Herdöfen sowie in Induktionsöfen eingeschmolzen. Um in den Herdöfen ein schnelles Auflösen des Schrotts in der Schmelze und damit geringe Abbrandverluste zu erreichen, wurden verschiedene Sonderbauarten entwickelt (z. B. Herdöfen mit Beschickungskammer). Für das Umschmelzen der Schrotte mit hoher spezifischer Oberfläche (Späne, Folien, Krätzen u. a.) eignen sich besonders

Trommelöfen. Der Schmelzprozeß erfolgt in diesen Öfen unter einer flüssigen Salzschlacke aus NaCl, KCl und ggf. geringen Anteilen an Kryolith. Diese schützt das Metall weitgehend vor Abbrandverlusten, führt zu einer Zerstörung der Oxidschicht und damit zu einer möglichen Vereinigung der z. B. aus Spänen gebildeten Metalltröpfchen.

Die Nachteile der Trommelöfen, die vor allem durch den relativ hohen Salzverbrauch entstehen (Metallverluste im Altsalz, zusätzlicher Energieverbrauch zum Aufschmelzen des Salzes u. a.), führen aber zunehmend zur Anwendung von Induktionsöfen. Mit ihnen erreicht man ein höheres Metallausbringen, eine relativ hohe Energieausnutzung und eine geringe Luftverschmutzung.

Die metallurgische Verarbeitung der vor allem mit Stahl und Gußeisen verunreinigten, häufig großstückigen, kompakten oder aus Seilen bestehenden Aluminium- und Aluminiumlegierungsschrotte erfolgt in Schacht- oder Kammeröfen (Abschmelzöfen). Für die Abtrennung der Stahl- und Gußeisenanhaftungen bedient man sich der unterschiedlichen Schmelzpunkte der den Schrott bildenden Komponenten. Dazu wird dem Schrott auf einer geneigten Herdsohle in kurzer Zeit eine große Wärmemenge zugeführt, die ein schnelles Schmelzen des Aluminiums bewirkt. Durch den sofortigen Abfluß des geschmolzenen Metalls in eine Sammelwanne wird erreicht, daß der Aluminiumabbrand und die Eisenaufnahme des Aluminiums in Grenzen bleiben.

Die durch Um- oder Abschmelzen hergestellten Aluminium- bzw. Aluminiumlegierungsschmelzen enthalten sowohl nichtmetallische Verunreinigungen (Oxid- und Schlacketeilchen, Gase, vor allem Wasserstoff) als auch metallische Verunreinigungen (Fe, Si, Cu, Zn, Mn, Ni u. a.). Für eine Entfernung der nichtmetallischen Verunreinigungen aus der Schmelze bieten sich eine Behandlung mit Salzgemischen, das Durchleiten von Spülgasen (Stickstoff, Chlor) und das Filtern der Schmelze an. Damit findet im Trommelofen durch die technologisch bedingte Salzzugabe gleichzeitig auch eine Reinigung der Schmelze statt. Die in der Schmelze gelösten metallischen Komponenten sind demgegenüber bis auf das Magnesium nur durch komplizierte und aufwendige Prozesse entfernbar. Das Magnesium wird gleichzeitig mit den nichtmetallischen Verunreinigungen bei der Behandlung der Aluminiumschmelze mit Salzschmelzen oder durch Chlorierung abgetrennt. Man beschränkt sich deshalb im allgemeinen darauf, allein die nichtmetallischen Verunreinigungen und das Magnesium aus der Schmelze zu entfernen. Die metallischen Verunreinigungen werden als Legierungskomponenten betrachtet oder durch entsprechendes Gattieren in Grenzen gehalten. Diese Verfahrensweise führte dazu, daß die Aluminium- und Aluminiumlegierungsschrotte vorwiegend zur Herstellung von Aluminiumgußlegierungen und z. T. für Reduktionsaluminium eingesetzt werden.

Die metallurgische Verarbeitung der *Blei- und Bleilegierungsschrotte* [150], [154], [236], [242] wird von der stofflichen Zusammensetzung der Schrotte bestimmt. Die weitestgehend sauberen Bleischrotte werden einem Umschmelzprozeß unterzogen und nachfolgend raffiniert. Für die metallurgische Verarbeitung der Bleiakkumulatorenschrotte haben sich international sehr unterschiedliche Verfahren eingeführt, die entweder

— von unaufbereiteten und/oder zu einem Vorkonzentrat (frei von Kastenbestandteilen und abfließbarer Schwefelsäure) angereicherten Bleiakkumulatorenschrotten oder

— von nichtmetallfreien Konzentraten (metallische und oxydisch-sulfatische Komponenten vermischt oder getrennt vorliegend)

ausgehen. Die Verarbeitung der unaufbereiteten bzw. zu einem Vorkonzentrat angereicherten (teilzerlegten) Bleiakkumulatorenschrotte erfolgt durch reduzierendes Schmelzen mit Koks und Zuschlägen meist im Schachtofen, seltener im Elektroofen und Kurztrommelofen. Bedingt durch die hohen Gichtgasgeschwindigkeiten und die Bildung leicht flüchtiger Verbindungen (bes. Bleichlorid) entsteht dabei ein hoher Flugstaubanfall, der wegen seines großen Chlorgehalts nur schwierig aufgearbeitet werden kann.

Durch die Anwendung mechanischer Sortierprozesse ist es möglich, eine vollständige Abtrennung der nichtmetallischen Bestandteile (Kastenmaterial, Separatoren) aus dem Bleiakkumulatorenschrott und auch eine Trennung der metallischen, antimonhaltigen Komponenten (Gitterplatten, Polbrücken) von der oxidisch-sulfatischen, antimonarmen Komponenten (Füllmasse) zu erreichen. In Abhängigkeit von den gewählten Aufbereitungsprozessen erfolgt dann entweder eine gemeinsame oder getrennte metallurgische Verarbeitung der metallischen und oxidisch-sulfatischen Bestandteile der Akkumulatorenschrotte. Die in der DDR eingeführte Verfahrensvariante zeigt Bild 51. Die von nichtmetallischen Bestandteilen befreiten Bleiakkumulatorenschrotte werden im Flammofen reduzierend geschmolzen. Das dabei entstehende Werkblei wird nachfolgend mittels Luftsauerstoffs und durch Zugabe von Zink weitgehend von metallischen Verunreinigungen befreit und zu Hütten- oder Kabelblei verarbeitet. Die bei der Raffination entstehende Schlacke setzt man gemeinsam mit der antimonreichen Flammofenschlacke im Schachtofen ein. Dabei entsteht ein antimonreiches Werkblei, das mehrstufig durch Zusatz spezifischer Reagenzien (Schwefel, NH_4Cl, KOH u. a.) raffiniert und zu Hartblei verarbeitet wird.

Die metallurgische Verarbeitung der *Zinkschrotte* [139], [243] erfolgt in der DDR ausschließlich durch Umschmelzen in einem Flammofen zu Umschmelzzink U-Zn 96. Dieses wird in der Feuerverzinkung, zur Herstellung von Zinkoxid u. a. eingesetzt. Das sich während der Feuerverzinkung bildende Hartzink ($FeZn_7$) verwendet man für die Herstellung von Zinkoxid (Zinkweiß). Die zinkhaltigen Aschen und Krätzen gehen entweder direkt in die Farbenindustrie zur Herstellung von Pigmenten oder in die pyrometallurgische Rückständeverarbeitung (Einsatz im Wälzofen).

Die verzinkten, z. T. auch mit Kunststoffen beschichteten Stahlschrotte setzt man bisher gemeinsam mit den anderen Stahlschrotten in großen Schmelzaggregaten der Roheisen- und Stahlerzeugung ein. Das führt jedoch zwangsläufig zu technologischen Schwierigkeiten (Ofenansätze, Mauerwerkszerstörung, Korrosion) und Umweltproblemen. Entsprechende Verfahren für eine getrennte Verarbeitung der verzinkten und z. T. mit Kunststoffen beschichteten Stahlschrotte haben sich bisher aber noch nicht eingeführt.

Die metallurgische Verarbeitung der *Zinn- und zinnhaltigen Legierungsschrotte* sowie der *zinnhaltigen Rückstände* [138], [154] ist von der Art und der Zusammensetzung dieser Produkte abhängig. Die in ihrer chemischen Zusammensetzung weitestgehend definierten Zinn- und Blei-Zinn-Legierungsschrotte (Lagerweißmetall-, Schriftmetall-, Geschirrzinn-Schrotte u. a.) sowie die Kupfer-Zinn-Legierungs-

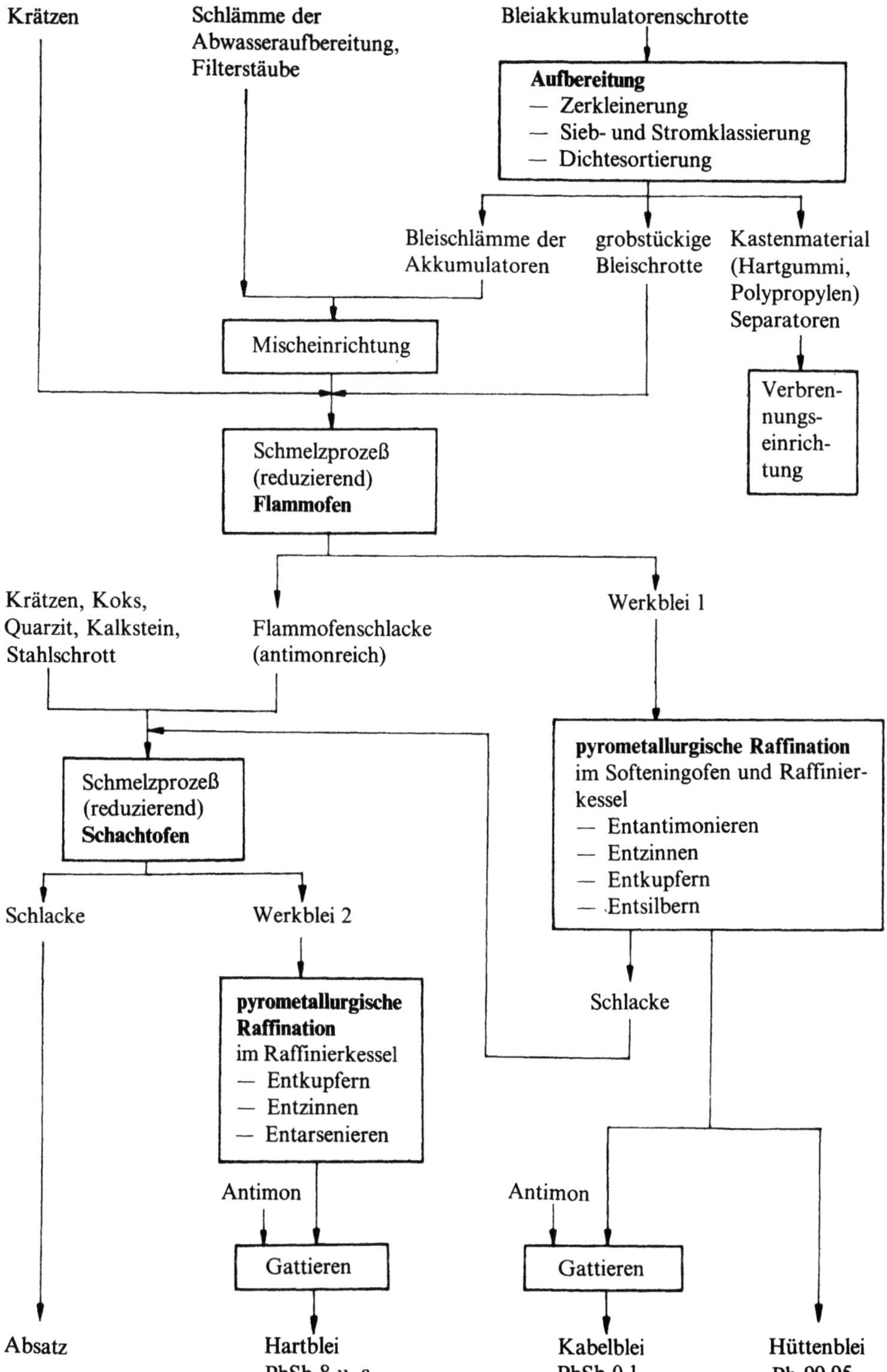

Bild 51. Metallurgische Verarbeitung der Bleiakkumulatorenschrotte in der DDR (vereinfacht)

schrotte (Rotguß-, Zinnbronzeschrotte) werden durch Umschmelzen unter Zusatz von Neumetallen unmittelbar wieder zu entsprechenden Legierungen verarbeitet (Direkteinsatz). Demgegenüber ist ein Ausbringen des Zinninhalts aus den vermischt vorliegenden Kupfer-Zinn- und Blei-Zinn-Legierungsschrotten sowie den zinnhaltigen Kupfer- und Kupferlegierungsschrotten (Zinngehalte meist $<0,5$ bis $1\,\%$, häufig Lotanhaftungen) im Rahmen der Sekundärkupfermetallurgie nur begrenzt möglich. Das gilt z. T. auch für die Verarbeitung der zinnhaltigen Blei- und Bleilegierungsschrotte sowie der entsprechenden Rückstände im Bleischachtofen. Die beim Löten, Verzinnen und beim Vergießen der Lagermetalle (Weißmetalle) entstehenden Verarbeitungsrückstände, die vorwiegend in oxidischer Form als Aschen und Krätzen anfallen, werden im Kurztrommelofen reduzierend geschmolzen. Die dabei sich bildenden Vorlegierungen setzt man in der Legierungsproduktion ein.

Für die Entzinnung der *Weißblechschrotte* haben sich international folgende Verfahren eingeführt:

- Behandlung der Weißblechschrotte mit trockenem Chlor und chemisch-metallurgische Weiterverarbeitung des dabei entstehenden Zinnchlorids (Goldschmidt-Verfahren)
- alkalische Entzinnung der Weißblechschrotte mit nachfolgender elektrolytischer Zinnabscheidung oder chemisch-metallurgischer Zinngewinnung.

Die bei der Herstellung von Verpackungsmaterialien (Dosen, Kronenverschlüsse u. a.) anfallenden Stanz- und Schneidabfälle können direkt bzw. nach vorherigem Paketieren oder Zerkleinern verarbeitet werden. Die als Amortisationsschrott anfallenden Weißblechschrotte enthalten jedoch noch Speisereste, Papieretiketten u. a., die vor einer Entzinnung entfernt werden müssen. In der DDR bestehen z. Z. keine Produktionsanlagen für eine Entzinnung der anfallenden Weißblechschrotte.

Die metallurgische Verarbeitung der *Nickel- und Nickellegierungsschrotte* [154], [244] wird ebenfalls von der Zusammensetzung der Schrotte bestimmt. Die weitestgehend sauberen Nickel- und sortenreinen Nickellegierungsschrotte werden im Induktions- oder Lichtbogenofen umgeschmolzen und nachfolgend ggf. raffiniert. Für die Verarbeitung der verunreinigten und komplex zusammengesetzten Nickel- und Nickellegierungsschrotte sowie der nickelhaltigen Rückstände haben sich international vielfältige Verfahren eingeführt. Das in der DDR angewandte Verfahren ist dadurch charakterisiert, daß der Nickelinhalt der eingesetzten Rohstoffe zunächst in einem Nickelstein bzw. einer Nickelspeise konzentriert wird (Bild 52), die man dann hydrometallurgisch weiterverarbeitet. In diesen Verfahrensablauf werden ebenfalls die Nickel-Kupfer-Legierungsschrotte eingeschleust, indem diese umgeschmolzen, zu Anoden vergossen und in der Entkupferungselektrolyse eingesetzt werden. Allerdings dürfen die Eisengehalte dieser Legierungen nicht $>12\,\%$ betragen, da sonst die Stromausbeute stark abfällt und die nachfolgende Laugenreinigung zu stark belastet wird [156].

Für die hochschmelzenden Nickellegierungsschrotte (mit Cr, W, V, Mo, Co, Ti) gibt es international umfangreiche Bemühungen, hydrometallurgische Verfahren mit einem hohen Ausbringen der Legierungsbestandteile zu entwickeln. In der DDR besteht derzeitig keine geeignete Verarbeitungsmöglichkeit. Die Weiterverarbeitung der in ihre Ni- und Cd-haltigen Bestandteile zerlegten Ni-Cd-Akkumulatoren-

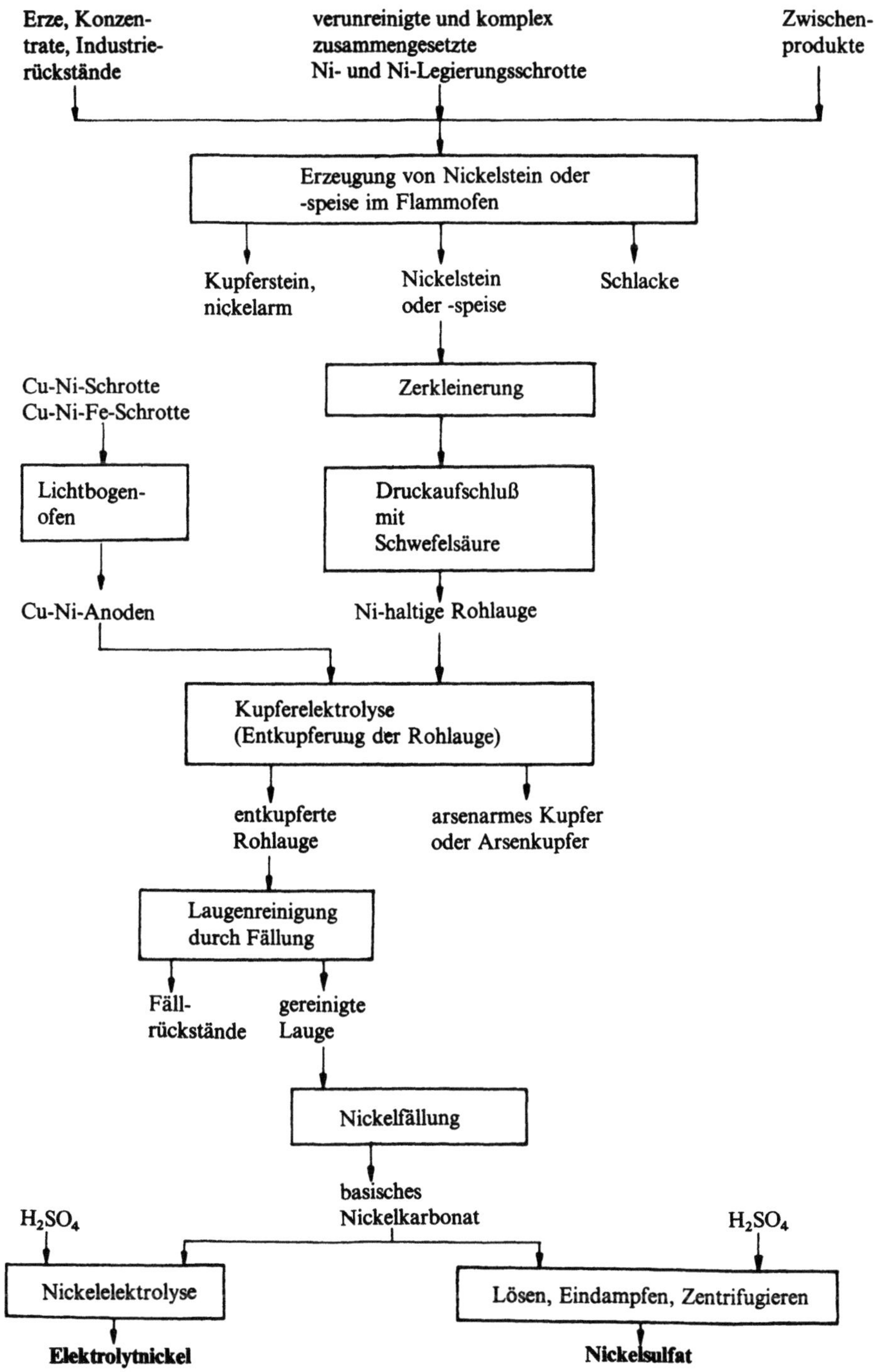

Bild 52. Metallurgische Verarbeitung der verunreinigten und komplex zusammengesetzten Nickel- und Nickellegierungsschrotte in der DDR (vereinfacht) [154], [244]

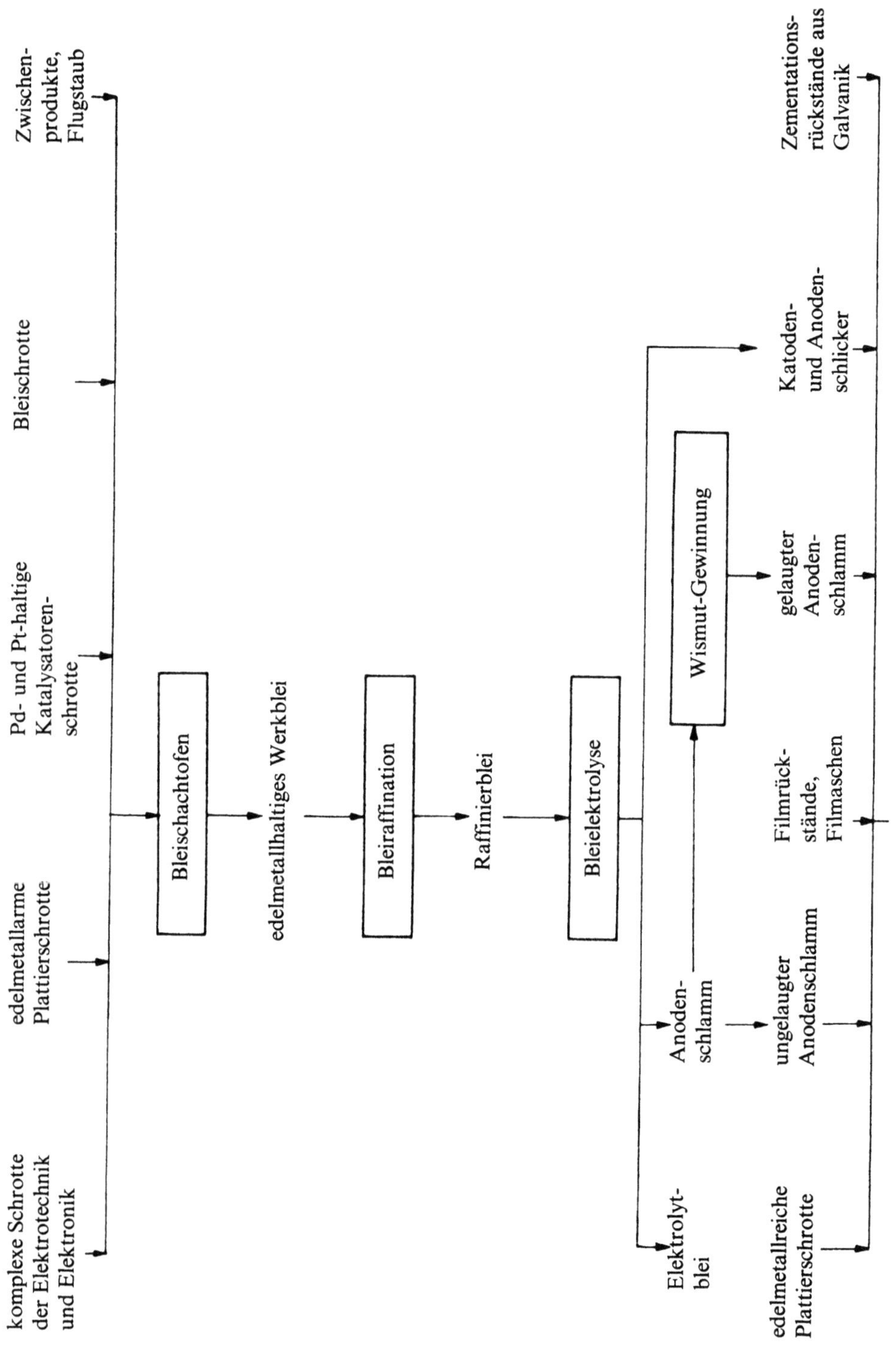
komplexe Schrotte der Elektrotechnik und Elektronik
edelmetallarme Plattierschrotte
Pd- und Pt-haltige Katalysatoren-schrotte
Bleischrotte
Zwischen-produkte, Flugstaub
Bleischachtofen
edelmetallhaltiges Werkblei
Bleiraffination
Raffinierblei
Bleielektrolyse
Wismut-Gewinnung
Elektrolyt-blei
Anoden-schlamm
edelmetallreiche Plattierschrotte
ungelaugter Anodenschlamm
Filmrück-stände, Filmaschen
gelaugter Anoden-schlamm
Katoden- und Anoden-schlicker
Zementations-rückstände aus Galvanik

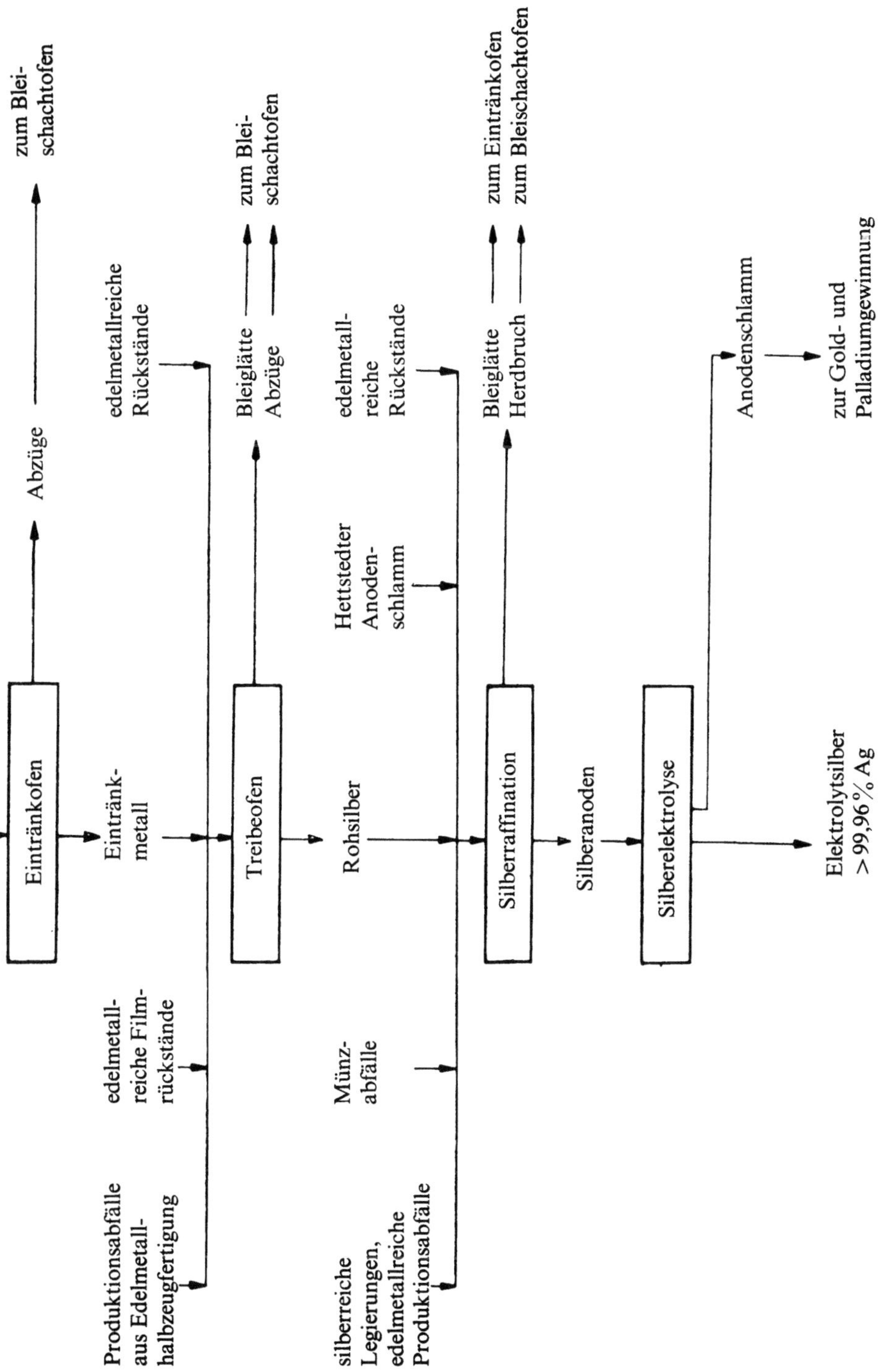

Bild 53. Metallurgische Verarbeitung der edelmetallhaltigen Sekundärrohstoffe bis zur Silbergewinnung in der DDR (vereinfacht) [154]

schrotte erfolgt im Rahmen der Nickelsteinerzeugung sowie in Verbindung mit den bei der Laugung der gerösteten Zinkkonzentrate entstehenden Cd-haltigen Rückständen.

Die metallurgische Verarbeitung der *edelmetallhaltigen Sekundärrohstoffe* [154] wird entscheidend von der Art und dem Anteil der die Edelmetalle begleitenden Metalle und nichtmetallischen Komponenten bestimmt. In der DDR werden allerdings fast alle edelmetallhaltigen Sekundärrohstoffe nur in Verfahrensstufen der Blei- und Silbererzeugung eingesetzt. Bei einem großen Kupfer- und Kupferlegierungsanteil der edelmetallhaltigen Schrotte bzw. Aufbereitungsprodukte wäre es im Interesse eines hohen Kupferausbringens aber vorteilhaft, diese in Verfahrensstufen der Kupfererzeugung einzugliedern, wenn auch ein hohes Edelmetallausbringen erreicht werden kann. Besondere Schwierigkeiten bei der metallurgischen Verarbeitung bereiten die edelmetallhaltigen Amortisationsschrotte mit ihren hohen Aluminium-, Stahl- und Plastanteilen, für die bisher noch keine geeigneten, in der Praxis erprobten Verfahrensvorschläge vorliegen.

Der Einsatz der edelmetallhaltigen Sekundärrohstoffe erfolgt in der DDR entsprechend den Edelmetallgehalten und der Art sowie dem Anteil der Begleit- und Trägermaterialien in verschiedene pyro- und hydrometallurgische Verfahrensstufen der Blei- und Silbererzeugung. Die in Tabelle 35 angegebene Zuordnung des Schrotts allein nach den Edelmetallgehalten ist deshalb nur mit gewissen Einschränkungen anwendbar.

Die edelmetallarmen Sekundärrohstoffe werden im Bleischachtofen eingesetzt (Bild 53). Das Ziel des Schachtofenprozesses besteht darin, die Edelmetalle in einem edelmetallhaltigen Werkblei anzureichern, das nachfolgend raffiniert wird. Der dabei in der Bleielektrolyse anfallende Anodenschlamm wird je nach Wismutgehalt gelaugt oder direkt dem Eintränkprozeß zugeführt. Während des Eintränkprozesses erfolgt die weitere Anreicherung des Edelmetallinhalts der Anodenschlämme sowie anderer edelmetallhaltiger Sekundärrohstoffe, indem auch hier die starke Aufnahmefähigkeit des Bleis für Edelmetalle genutzt wird. Es entsteht ein edelmetallreiches Blei (Eintränkmetall). Durch eine selektive Oxydation des Bleis (Treibeprozeß) und anschließende pyrometallurgische Raffination gelingt es, Raffinatsilber mit $\approx 98\,\%$ Silber zu erzeugen. Die nachfolgende Silberelektrolyse führt zu Elektrolytsilber und Anodenschlamm. Aus diesem wird das Gold elektrolytisch als Feingold abgetrennt. Die dabei im Anodenschlamm und im Elektrolyt der Goldelektrolyse enthaltenen Platinmetalle werden nach umfangreichen hydrometallurgischen Verfahrensstufen aufgearbeitet. Für die Verarbeitung der Platin- und Platinlegierungsschrotte aus der platinverarbeitenden Industrie haben sich ebenfalls hydrometallurgische Verfahren eingeführt.

4.3.2. Forderungen an die NE-Metallschrottqualität

Die Anforderungen an die NE-Metallschrotte leiten sich aus der notwendigen Qualität der herzustellenden NE-Metalle und Legierungen, den vorhandenen metallurgischen Ausrüstungen und ökonomischen Überlegungen ab. Dabei ist jedoch der Entwicklungsstand der Aufbereitungstechnik zu berücksichtigen. Entsprechende Forderungen werden sowohl an die physikalische Beschaffenheit als auch an die

Zusammensetzung der Schrotte gestellt. Erstere ergeben sich aus der Größe der Schmelzaggregate und den Abmessungen der Einsetzvorrichtungen sowie der Zielstellung, möglichst kurze Einsetz- und Schmelzzeiten und geringe Abbrandverluste zu erreichen. Die Anforderungen der NE-Metallurgie an die stoffliche und chemische Zusammensetzung der Schrotte bestehen vor allem darin, möglichst sortenreine und weitgehend an metallischen und nichtmetallischen Verunreinigungen (Beimengungen, Anhaftungen) freie NE-Metallschrotte bereitzustellen. Besonders hohe Anforderungen an die Qualität der Schrotte werden gestellt, wenn durch einen einfachen Umschmelzprozeß mit geringer Raffination reine Metalle und hochwertige Legierungen (Elektrolytkupfer, Kupferlegierungen, Aluminiumknetlegierungen) erzeugt werden sollen. Ist eine solch hohe Schrottqualität mit vertretbarem aufbereitungstechnischem Aufwand nicht zu erreichen (z. B. bei Aluminium-Amortisationsschrotten und Zinkschrotten), so muß auf die Forderung nach Sortenreinheit (Aluminiumschrotte) bzw. hohe Sauberkeit der Schrotte (Zinkschrotte) verzichtet werden. Für die sich dann durch Umschmelzen (Aluminium-Gußlegierungen, Umschmelzzink) ergebenden NE-Metalle und -Legierungen bieten sich noch genügend Anwendungsgebiete. Ist die metallurgische Verarbeitung der NE-Metallschrotte allein auf die Gewinnung des Grundmetalls (Kupfer, Blei) gerichtet, so sind meist größere Schwankungen in der Zusammensetzung der Schrotte zulässig. Bei dieser Verfahrensweise ist es durch Anwendung mehrerer Raffinationsstufen möglich, reine Metalle (Elektrolytkupfer, -blei) zu erzeugen. Dabei entstehen jedoch z. T. hohe Verluste an den Metallen, die das Grundmetall begleiten. Dieser Weg der Schrottverarbeitung sollte deshalb aus volkswirtschaftlicher Sicht möglichst vermieden werden.

4.3.2.1. Anforderungen an die physikalische Beschaffenheit

Die physikalische Beschaffenheit der NE-Metallschrotte (Stückgröße, spezifische Oberfläche, Schüttdichte u. a.) ist außerordentlich vielgestaltig. So reicht z. B. die Stückgröße der NE-Metallschrotte von der ausgebauten Schiffsschraube bis zur Spangröße der Schleifspäne. Ein metallurgischer Einsatz der Schrotte erfordert jedoch eine physikalische Beschaffenheit, die einen problemlosen Einsatz in die Schmelzaggregate gestattet (obere Stückgröße) und mit der günstige metallurgische Ergebnisse (Chargierzeit, Schmelzzeit, Abbrandverluste) erzielt werden können.

Die *obere Stückgröße* der zu verarbeitenden NE-Metallschrotte wird durch die Abmessungen der Schmelzaggregate und die der Einsetzvorrichtungen bestimmt. Entsprechend dem gültigen Standard dürfen in der DDR [245] die Schrottstücke im allgemeinen die Abmessungen von $(1000 \times 600 \times 300)$ mm nicht überschreiten. Als obere Paketabmessungen werden $(600 \times 400 \times 400)$ mm angegeben. Demgegenüber setzt man in der UdSSR Pakete mit Abmessungen bis zu $(800 \times 500 \times 500)$ mm und Schrottstücke bis zu einer Masse von 250 kg (Kupfer und Kupferlegierungen) bzw. 150 kg (Aluminium und Aluminiumlegierungen) ein [246].

Die Kupfer- und Kupferlegierungsschrotte in Form von Rohren und Profilen mit einem Durchmesser bis zu 50 mm und Längen >500 mm sind für den direkten metallurgischen Einsatz in der DDR gebündelt zu liefern [245]. Die Höchstmaße der Bündel dürfen einen Durchmesser von 400 mm und eine Länge von 1000 mm

10*

nicht überschreiten. Bei den aus Kupfer bestehenden Blech- und Drahtschrotten wird häufig auch die untere Blechdicke bzw. Drahtstärke begrenzt.

Die NE-Metallschrotte, die im Blei- oder Kupferschachtofen verarbeitet werden, sollen möglichst stückig sein und eine weitgehend einheitliche Stückgröße besitzen. Derartige Schrotte bewirken eine gleichmäßige Durchströmung der Beschickung, die zu günstigen Reaktionsbedingungen und damit höheren Ofenleistungen führt und die Bildung größerer Mengen von Flugstaub verhindert. Der Anteil an feinkörnigem Einsatzmaterial (Kabelabbrandaschen, Messingkrätzsande, Schleifstäube) muß deshalb begrenzt werden bzw. ist vor seinem metallurgischen Einsatz zu agglomerieren.

Die Chargier- und Einschmelzzeit der NE-Metallschrotte wird wesentlich von der physikalischen Beschaffenheit des Schrotts bestimmt. So führt eine hohe *Schüttdichte* des Schrotts (kleinstückiger, kompakter Schrott; Pakete) zu einer geringeren Chargierzeit. Das gilt besonders bei der Verarbeitung des Schrotts im Flammofen, so daß z. B. die blechartigen Kupferschrotte und die von ihrer Isolation weitestgehend befreiten Kupferkabel- und -leitungsschrotte vor ihrem Einsatz möglichst paketiert werden sollten. Bei den anderen Schmelzaggregaten tritt der Einfluß der Chargiergeschwindigkeit auf die Einschmelzzeit deutlich zurück. Es ist jedoch noch zu beachten, daß sich durch den Einsatz von Paketen die Lagerung und der Transport des Schrotts sowie die Art der Beschickung der Schmelzaggregate wesentlich vereinfacht und auch das Volumen der Schmelzaggregate besser ausgenutzt wird.

Der Einfluß der Stückgröße und der spezifischen Oberfläche auf die Wärmeleitfähigkeit der Schrottschüttung und damit auf die Schmelzzeit wurde bereits in Zusammenhang mit dem Stahlschrott in 4.1.2.1. näher erläutert. Danach ist es am günstigsten, wenn der Schrott eine hohe Schüttdichte verbunden mit einer möglichst großen spezifischen Oberfläche besitzt. Untersuchungen mit Aluminiumschrott im Flammofen zeigten, daß durch Paketieren des Schrotts eine 1,5fach höhere Schmelzleistung erreicht werden kann [247]. Das Brikettieren der NE-Metallspäne führt demgegenüber zu einer Verlängerung der Schmelzzeit [248].

Die physikalische Beschaffenheit der NE-Metallschrotte wirkt sich auch auf die beim Schmelzen eintretenden *Abbrandverluste* aus. Geringe Abbrandverluste entstehen, wenn die spezifische Oberfläche der Schrotte klein ist (z. B. bei Preßenden, Stangenabschnitten, Paketen) bzw. die Schrotte mit hoher spezifischer Oberfläche (Späne, Folien) schnell in die Schmelze eingerührt oder in ein geschmolzenes Flußmittel eingetragen werden. Den sich daraus ergebenden günstigen Einfluß erhöhter Anteile paketierten Schrotts auf den Abbrand zeigt am Beispiel der Zinkblechschrotte Bild 54. Durch die Erhöhung der Dichte des Einsatzmaterials wird eine größere Tauchtiefe im Schmelzbad des Flammofens erreicht. Das führt dazu, daß der Anteil des Schrotts, der unmittelbar Kontakt mit der Ofenatmosphäre hat und damit oxydieren kann, entscheidend verringert wird [243]. Ähnlich günstige Ergebnisse wurden bei blechartigen Aluminium- und Kupferschrotten sowie bei Zinn- und Aluminium-Folien gefunden [247], [249]. So sinken nach Avraškov u. Mitarb. [247] die unwiederbringlichen Aluminiumverluste auf die Hälfte im Vergleich zu nichtpaketiertem Aluminiumblechschrott. Bei paketierten Folienabfällen ergeben sich jedoch trotzdem noch hohe Abbrandverluste, so daß die Aluminiumfolien häufig zu Paste und Pulver verarbeitet werden.

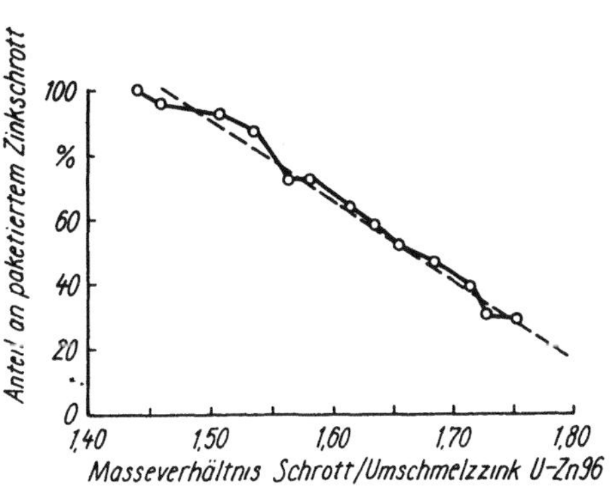

Bild 54. Einfluß des Anteils an paketiertem Zinkblechschrott auf das Masseverhältnis Schrott/Umschmelzzink U-Zn 96 [243]

Das Brikettieren der NE-Metallspäne führt zu einer Verringerung der Abbrandverluste, wenn die Dichte der Briketts 80 bis 90% der Metalldichte übersteigt. Das zeigen Untersuchungen mit Kupferlegierungsspänen im Flammofen [250] und Aluminiumspänen [251]. So gelang es z. B. mit Aluminiumspänebriketts der Dichte 2,2 bis 2,4 t/m^3 (≙80 bis 90% der Aluminiumdichte) im Doppelkammerofen, ein um 4 bis 5% höheres Aluminiumausbringen im Vergleich zu losen Spänen zu erreichen. Geringere Brikettdichten, z. B. von 4 bis 5 t/m^3 bei Kupfer- und Kupferlegierungsspänen (≙45 bis 60% der Kupferdichte), führen demgegenüber zu höheren Abbrandverlusten [248]. Das beruht darauf, daß die relativ leichten Spänebriketts während des Einschmelzens auf der Schmelze schwimmen und damit der Ofenatmosphäre ausgesetzt sind. Die gegenüber losen Spänen verlängerte Schmelzzeit begünstigt noch die Oxydation der NE-Metalle. Deshalb wird meist vorgeschlagen, spezielle Einrichtungen (z. B. Schüttelrinnen) zur Beschickung der losen Späne zu verwenden, mit denen die Aufgabegeschwindigkeit der Einschmelzgeschwindigkeit angepaßt werden kann, und Einrichtungen zur besseren Vermischung der Späne mit der Schmelze vorzusehen. Es soll jedoch nicht unerwähnt bleiben, daß durch das Brikettieren der NE-Metallspäne unmittelbar nach ihrer Entstehung die Oxydation beim Lagern (besonders im Freien) deutlich verringert wird. Daraus können sich auch bei Briketts geringerer Dichte z. T. wesentliche Verbesserungen im Metallausbringen ergeben [138].

4.3.2.2. Anforderungen an die stoffliche und chemische Zusammensetzung

Die in den NE-Metallschrotten enthaltenen Verunreinigungen wirken sich auf die Qualität der zu erzeugenden NE-Metalle und -Legierungen und auf das Metallausbringen in den Schmelzaggregaten aus. Bei vielen NE-Metallen und -Legierungen besteht eine direkte Abhängigkeit zwischen der Menge an schädlichen Verunreinigungen und den physikalischen, mechanischen und technologischen Eigenschaften. Es war deshalb notwendig, die Anforderungen an die stoffliche und chemische Zusammensetzung der NE-Metallschrotte in entsprechenden Standards zu präzisieren.

Die *nichtmetallischen Verunreinigungen* liegen meist als Anhaftungen, z. T. jedoch auch als lose Beimengungen vor. Es sind Kies, Sand, Erde, Schmutz, Anstriche, Emaille, Korrosionsprodukte, Feuchtigkeit, Öle, Fette, Plaste, Elaste u. a. Die aus Sand, Erde, Schmutz u. ä. bestehenden Verunreinigungen gelangen bei niedrigen Temperaturen der Schmelze weitestgehend unverändert in die sich bildende Krätze.

Demgegenüber werden bei hohen Temperaturen der Schmelze diese Verunreinigungen meist in der Schlacke aufgelöst. Damit führen diese Verunreinigungen zu einer erhöhten Krätze- bzw. Schlackenmenge und bewirken zusätzliche Metallausbringensverluste.

Bei einer ungeschützten Lagerung der NE-Metallschrotte mit großer spezifischer Oberfläche bilden sich beachtliche Anteile von Korrosionsprodukten (s. 3.2.3.). Werden derartige korrodierte Schrotte in der NE-Metallurgie eingesetzt, so gelangen größere Mengen an Oxiden in die Schmelze. Gleichfalls ungünstige Auswirkungen können sich durch zink-, blei- und chromhaltige Farbanstriche der NE-Metallschrotte ergeben. Denn diese werden in der Schmelze reduziert und die dann vorliegenden metallischen Verunreinigungen wirken sich nachteilig auf die Eigenschaften der zu erzeugenden Metalle und Legierungen aus. Des weiteren haften an den NE-Metallschrotten häufig Feuchtigkeit, Öle, Fette und Emulsionen. Diese Verunreinigungen bilden während des Schmelzprozesses Wasserdampf und Gase (Schwefeldioxid, Kohlendioxid u. a.). Bei ihrer Berührung mit der Schmelze zersetzen sie sich, lösen sich in der Schmelze und gehen chemische Reaktionen ein (Oxidbildung). Im Ergebnis der ablaufenden Prozesse werden die NE-Metalle und Legierungen vor allem durch Wasserstoff und Metalloxide verunreinigt, deren Anwesenheit ebenfalls die Werkstoffeigenschaften ungünstig beeinflußt. Bereits bei geringen Gasgehalten verschlechtern sich die mechanischen Eigenschaften (Zugfestigkeit, Dehnung, Dichte) deutlich. Häufig wird auch eine Porenbildung der NE-Metalle und -Legierungen beobachtet. Des weiteren ist zu beachten, daß feuchte sowie Schnee- bzw. Eisanhaftungen besitzende Schrotte, die problemlos in Schachtöfen eingesetzt werden können, nicht in Schmelzaggregate mit flüssigem Metallbad aufgegeben werden. Beim Eintauchen derartiger Schrotte in die Schmelze kommt es zu explosionsartigen Auswürfen. Auch wirken sich erhöhte Ölgehalte der NE-Metallschrotte meist sehr belästigend auf das Bedienungspersonal der Schmelzöfen aus.

Sehr unangenehme nichtmetallische Verunreinigungen in Form von Speiseresten, Papieretiketten u. a. enthalten auch die aus Verpackungsbehältnissen bestehenden Schrotte (Weißblechschrotte, Aluminium-Konservenschrotte). Ihre weitestgehende Entfernung vor ihrer Verarbeitung ist vor allem bei den Weißblechschrotten notwendig.

Ein größerer Anteil der NE-Metallschrotte enthält auch verschiedene Plaste und Elaste, z. B. die Bleiakkumulatorenschrotte, die Kupfer- und Aluminiumkabelschrotte sowie die Schrotte der Elektrotechnik und Elektronik. Als besonders störend gelten wegen ihres Chlorgehalts die Polyvinylchloride (PVC), die u. a. die Separatoren der Bleiakkumulatoren (Tabelle 33) und z. T. die Isolation der Kabel bilden.

Bei der metallurgischen Verarbeitung der nicht oder nur teilweise aufbereiteten Bleiakkumulatorenschrotte beginnt bereits in der Vorwärmzone des Schachtofens bei ≈ 200 °C die thermische Zersetzung der Polyvinylchloride. Dabei wird Chlorwasserstoff frei, und es bildet sich leicht flüchtiges Bleichlorid. Bei dessen Kondensation im Abgasstrom kommt es dann zu sehr feinen Stäuben. Ihre Abscheidung bereitet erhebliche Schwierigkeiten. Auch ist die Aufarbeitung der bleichloridhaltigen Flugstäube, die ≈ 10 bis 20% Cl enthalten, infolge des niedrigen Siedepunktes des Bleichlorids sehr schwierig [154].

Neben der thermischen Zersetzung der Polyvinylchloride erfolgt im Schachtofen gleichzeitig eine Zersetzung der übrigen im Bleiakkumulatorenschrott enthaltenen organischen Bestandteile (Hartgummi- und Polypropylenkästen, Teervergußmasse u. a.). Dabei entstehen z. T. starke Geruchsbelästigungen, da mittels Naßgasreinigung nur eine unvollständige Absorption der gasförmigen Bestandteile möglich ist.

Ähnliche Erscheinungen treten auch bei der metallurgischen Verarbeitung der vollständig oder teilweise mit Isolation versehenen Kabelschrotte, der Schrotte der Elektrotechnik und Elektronik, der plastbeschichteten NE-Metallschrotte u. a. NE-metallhaltiger Schrotte auf. Dabei kann es bei der Zersetzung der Plaste neben der Bildung von Chlorwasserstoff auch zur Entstehung von Fluorwasserstoff kommen. Das erfordert nach den geltenden Umweltschutzvorschriften aufwendige Anlagen zur Abgasreinigung. Außerdem führt die Bildung flüchtiger NE-Metallverbindungen zu beachtlichen Metallverlusten, da die Aufarbeitung der entstehenden Flugstäube teilweise nicht möglich bzw. sehr aufwendig und schwierig ist.

Aus den Darlegungen leitet sich die Forderung ab, daß der Schrott möglichst frei von allen nichtmetallischen Verunreinigungen sein sollte. Besondere Aufmerksamkeit ist dabei auf die Abwesenheit der Plaste, Elaste, Öle und Fette im Schrott zu richten. Des weiteren sollten die NE-Metallschrotte mit hoher spezifischer Oberfläche so gelagert werden, daß ihre oberflächliche Oxydation weitestgehend eingeschränkt wird.

Die *metallischen Verunreinigungen* liegen in den NE-Metallschrotten als Anhaftungen und lose Beimengungen anderer Metalle (Stahl, Gußeisen, NE-Metalle) und Legierungen vor. Die in den *Kupfer- und Kupferlegierungsschrotten* noch vertretbaren metallischen Verunreinigungen werden vom vorgesehenen Einsatz der Schrotte bestimmt (Bild 50). Die Herstellung von Elektrolytkupfer aus Kupferschrotten durch einfaches Umschmelzen erfordert die vollständige Abwesenheit metallischer Verunreinigungen im Schrott. Denn bereits geringe Mengen von z. B. Antimon, Arsen, Eisen und Zinn verringern deutlich die elektrische Leitfähigkeit des Kupfers. Auch bei der Herstellung von Kupferlegierungen aus den entsprechenden Kupferlegierungsschrotten werden für den Umschmelzprozeß sortenreine und an Verunreinigungen weitestgehend freie Schrotte gefordert. Denn jede zusätzliche Raffination erhöht die Herstellungskosten und führt zu Metallverlusten durch eintretende Verdampfung (besonders Zink) und vergrößerte Schlackenmengen. Außerdem kann es durch die Anwesenheit bestimmter metallischer Verunreinigungen dazu kommen, daß ein Einsatz der Kupferlegierungsschrotte nur noch im Hinblick auf die Gewinnung des Grundmetalls (Kupfer) möglich ist. Als besonders problematisch wird bei der Verarbeitung der Kupfer-Zinn-Mehrstoffgußlegierungsschrotte (Rotgußschrotte) die Anwesenheit von Kupfer-Aluminium- und Kupfer-Aluminium-Mehrstofflegierungsschrotten angesehen [250], [252] bis [254]. Auch eine Vermischung der Kupfer-Zink-Legierungsspäne mit einem geringen Anteil von Kupfer-Zinn-Mehrstoffgußlegierungsspänen führt dazu, daß die Herstellung einer geeigneten Kupfer-Zink-Knetlegierung nicht mehr möglich ist [252]. Ebenfalls sehr ungünstig wirken sich geringste Silizium-Beimengungen in den bleihaltigen Kupfer-Zink-Legierungen auf die Standzeit der Schneidwerkzeuge aus [255]. Deshalb sind alle silizium- und aluminiumhaltigen Schrotte und Späne sowie die Kupfer-Zink-Legierungsschleifspäne, die oft Silizium und Aluminium enthalten, von den bleihaltigen Kupfer-Zink-Legierungsspänen getrennt zu halten.

Die für die Herstellung von Raffinade- und Anodenkupfer im Flammofen vorgesehenen Kupferschrotte dürfen geringe metallische Verunreinigungen enthalten. Im Rahmen des Raffinationsprozesses gelingt es, die häufigsten Begleitelemente Zink, Zinn, Eisen und Blei fast vollständig zu entfernen. Allerdings führen höhere Anteile dieser metallischen Verunreinigungen zu langen Raffinationszeiten, einem höheren Energieaufwand und großen Schlackenmengen, die wegen ihres sehr hohen Kupfergehalts wieder dem Schachtofen zugeführt werden müssen. Die im Schrott enthaltenen Begleitelemente Arsen, Antimon und Nickel lassen sich jedoch nur unvollständig aus der Schmelze entfernen.

Die Anforderungen an die im Schachtofen und Konverter zu verarbeitenden Kupfer- und Kupferlegierungsschrotte sind gegenüber denen, die im Flammofen eingesetzt werden, deutlich geringer. Es ist aber anzustreben, daß z. B. die im Konverter zu verarbeitenden Schrotte einen möglichst hohen Kupfergehalt und geringe Blei-, Zinn- und Antimongehalte besitzen. Denn es bereitet häufig größere Schwierigkeiten, die Antimon- und Bleigehalte des Schwarzkupfers im Rahmen des Verblaseprozesses auf die geforderten Werte zu verringern [239].

Auch bei den *Aluminium- und Aluminiumlegierungsschrotten* werden die Anforderungen hinsichtlich der in ihnen noch vertretbaren metallischen Verunreinigungen vom vorgesehenen Einsatz der Schrotte bestimmt. Besonders hohe Anforderungen stellt man an die Schrotte, die für die Herstellung von Aluminium-Knetlegierungen eingesetzt werden sollen. Ihre Gebrauchseigenschaften werden entscheidend von der Art und dem Anteil der in ihnen enthaltenen metallischen Verunreinigungen beeinflußt. Es ist deshalb nur möglich, saubere und sortenreine Aluminium- und Aluminiumknetlegierungsschrotte, vor allem der Halbzeugwerke, für ihre Erzeugung einzusetzen. Eine Raffination der Schmelze bei Einsatz etwas verunreinigter Schrotte ist zwar grundsätzlich denkbar, erfordert jedoch einen sehr großen apparativen Aufwand und unvertretbar hohe Kosten.

Für die Herstellung der Aluminiumgußlegierungen werden keine sortenreinen Aluminiumschrotte gefordert. Es ist jedoch notwendig, alle Anhaftungen und Beimengungen (vor allem Stahl und Gußeisen, aber auch Kupfer und Kupferlegierungen, Magnesium u. a.) aus dem Schrott vor seinem metallurgischen Einsatz abzutrennen. Eine z. B. nicht ausreichende Stahl- und Gußeisenabtrennung führt bei einem Einsatz im Trommel- oder Induktionsofen zu einer unvertretbar großen Eisenaufnahme der Aluminiumschmelze. Die mit den Aluminiumlegierungsschrotten in die Schmelze gelangenden Legierungselemente werden demgegenüber als solche genutzt. Orientiert sich nun das Fertigungsprogramm an sekundären Aluminiumgußlegierungen an der durchschnittlichen Zusammensetzung der Schrotte, wie es in der DDR der Fall ist, so ist es durch entsprechendes Gattieren möglich, mit geringem Aufwand die entsprechenden Legierungen herzustellen. Zu beachten sind dabei im wesentlichen nur höhere Magnesiumgehalte in den Gußlegierungen AlSiCu, die zu Schaumbildung und zur Versprödung der Gußstücke führen können [241]. In anderen Ländern kann es sich jedoch als notwendig erweisen, durch Anwendung von Aufbereitungsprozessen die Aluminium- und Aluminiumlegierungsschrotte entsprechend ihrer Hauptlegierungselemente zu zerlegen (z. B. Al—Mg, Al—Si, Al—Cu—Si, Al—Zn) und sie dann getrennt für die Herstellung bestimmter Aluminiumgußlegierungen einzusetzen.

Neben der Herstellung von Aluminiumgußlegierungen können die aufbereiteten

Aluminium-Amortisationsschrotte auch für die Erzeugung von Reduktionsaluminium eingesetzt werden. Die dabei mit dem Schrott in das Reduktionsaluminium gelangenden Begleitelemente, wie Mangan, Silizium und Magnesium, wirken ebenfalls reduzierend. Die Auswirkungen des im Reduktionsaluminium auch enthaltenen Kupfers auf den Kupferinhalt des Stahls sind dabei gering. Werden z. B. 1,5 kg Reduktionsaluminium mit einem Kupfergehalt von ≈ 3 % einer Tonne Stahl zugesetzt, so erhöht sich der Kupfergehalt im Stahl nur um 0,0045 %. Da außerdem nur ein Teil des Aluminiums reduzierend wirksam wird, ist die effektive Kupferaufnahme noch geringer [20].

Die *Blei- und Bleilegierungsschrotte* enthalten Legierungsbestandteile (Antimon, Zinn u. a.) und metallische Anhaftungen (Stahl, Kupfer u. a.). Ihre Rückgewinnung ist nur begrenzt möglich. So können Kupfer und Zinn nur bei geringem Ausbringen in einem Zwischenprodukt angereichert werden. Auch ist zu beachten, daß bei der Verarbeitung von Bleiakkumulatorenschrotten keine edelmetallhaltigen Schrotte und Rückläufe mit in die Schmelze gelangen. Die Edelmetalle würden verlorengehen und andererseits könnten die geforderten Grenzwerte nicht eingehalten werden.

Für die im Bleischachtofen zu verarbeitenden *edelmetallhaltigen Schrotte* gelten hinsichtlich Kupfer, Zinn und Antimon die gleichen Aussagen wie bei den Bleischrotten. Um Störungen im Schachtofen zu vermeiden (z. B. Ansätze), darf der Eiseninhalt der Charge einen gewissen Wert nicht übersteigen. Gleichfalls sind die Zink- und Aluminiumgehalte der Chargen für den Schachtofen begrenzt, da diese metallischen Verunreinigungen verflüchtigt bzw. verschlackt werden müssen und bei größeren Anteilen den Verhüttungsprozeß ungünstig beeinflussen.

Der Einsatz der *Zink- und Zinklegierungsschrotte* für die Herstellung von Zinkhalbzeug und Zinkgußlegierungen ist wegen ihrer metallischen Verunreinigungen nicht möglich. Bereits geringe Gehalte an Zinn, Eisen, Kupfer u. a. wirken sich schädigend auf die Qualität der Zinkhalbzeuge aus. Auch sehr geringe Anteile, oft schon Spuren von Blei, Zinn, Kadmium, Magnesium, Eisen und in Abhängigkeit von der Legierungsart auch Aluminium, führen zu einer entscheidenden Verschlechterung der Eigenschaften der Zinklegierungen [139], [256], [257]. Deshalb eignen sich die Zinkschrotte im wesentlichen nur für die Herstellung von Umschmelzzink, das vor allem in Verzinkereien und für die Erzeugung chemischer Verbindungen eingesetzt wird.

Neben einer guten Qualität der NE-Metallerzeugnisse besteht das Ziel, ein hohes *Metallausbringen* in den Schmelzaggregaten zu erreichen. Dieses wird durch die während der Metall- bzw. Legierungserzeugung entstehenden Verluste bestimmt, die entsprechend der Art ihrer Entstehung in technologische, metallurgische und stoffbedingte *Abbrandverluste* untergliedert werden können (s. 3.1.8.). In der NE-Metallurgie ist es jedoch bisher nicht üblich, die Abbrandverluste entsprechend so zu unterteilen. Damit ist es leider auch nicht möglich, den stoffbedingten Abbrand für die verschiedenen NE-Metallschrotte getrennt auszuweisen. Der Einfluß des Paketierens der blechartigen NE-Metallschrotte und des Brikettierens der NE-Metallspäne auf die NE-Metallverluste wurde bereits in 4.3.2.1. näher untersucht.

5 Prozesse und Verfahren für die Aufbereitung der Schrotte

Die Nutzung der Schrotte ist im Anfallzustand meist nicht möglich. Die physikalische Beschaffenheit und stoffliche bzw. chemische Zusammensetzung der Schrotte entsprechen im allgemeinen nicht den Anforderungen der schrottverbrauchenden Industrie. Die Schrotte sind deshalb meist einer Aufbereitung zu unterziehen. Diese hat dabei unter folgenden Zielstellungen zu erfolgen:

- Erzeugung eines Schrotts mit günstigen physikalischen Eigenschaften, um hohe Chargiergeschwindigkeiten, geringe Schmelzzeiten, geringe Abbrandverluste u. a. in den metallurgischen Prozeßstufen zu erreichen;
- Herstellung eines sortenreinen, an Verunreinigungen weitestgehend freien Schrotts, um in den metallurgischen Prozeßstufen bei einem hohen Metallausbringen qualitätsgerechte Erzeugnisse produzieren zu können.

Um diese Aufgaben zu erfüllen, bedient man sich der Anwendung von *Aufbereitungsprozessen.* Es können mechanische und thermische Prozesse sein. Ihre Verkettung mit dem Ziel der Herstellung eines absetzbaren Produkts bezeichnet man als *Verfahren.*

Für die Gliederung der Aufbereitungsprozesse bietet sich ein Vorschlag von Schubert [57] an, der unter Berücksichtigung des zu verarbeitenden Rohstoffs Schrott etwas modifiziert wurde (Tabelle 44). Diese Gliederung bildet auch hier die Grundlage.

Wenn man unter einem *Prozeß* die Stoffwandlung in einer Grundausrüstung versteht (z. B. in einer Zerkleinerungsmaschine, einer Paketierpresse oder in einem Sortiergerät), so ist es zunächst zweckmäßig, Prozeßhauptgruppen abzugrenzen. Diese unterscheiden sich in ihrem technologischen Ziel (z. B. Zerteilen, Kompaktieren, Anreichern). Die weitere Untergliederung in Prozeßuntergruppen läßt dann zusätzlich die Grundrichtung der technologischen Lösung erkennen. So sind z. B. für das Anreichern der zu gewinnenden Metalle das Sortieren, das thermische Anreichern sowie das Lösen zu unterscheiden. Bei der ersteren Prozeßuntergruppe hat man weiterhin das Dichtesortieren, Magnetscheiden, Elektrosortieren, Klauben u. a. abzugrenzen. Schließlich wären in der rechten Spalte der Tabelle die einzelnen Prozesse selbst aufzuführen. Für ihre Untergliederung ist das jeweilige Wirkprinzip maßgebend (z. B. Art des Kraftfelds und der Strömung, Art der Energieeinleitung in das Schrottstück bzw. Schrottstückkollektiv). Wegen der Vielfalt der notwendigen Untergliederung wurde jedoch darauf verzichtet.

Für die Verfahrensgestaltung besitzen neben den Aufbereitungsprozessen auch das Lagern und Fördern der Schrotte eine große Bedeutung. Des weiteren sind für die Verfahrens- und Prozeßführung ausreichende Kenntnisse über die Probenahme

Tabelle 44. Gliederung der Aufbereitungsprozesse

Prozeßhauptgruppe	Prozeßuntergruppe	Prozeßeinheit
Zerteilen	mechanisches Zerkleinern	
	thermisches Zerkleinern	
	Zerlegen	
Kompaktieren	Paketieren	
	Brikettieren	
Klassieren	Siebklassieren	
Anreichern	Stromklassieren	
	Sortieren	
	Dichtesortieren	
	Magnetscheiden	
	Elektrosortieren	
	Klauben u. a.	
	Thermisches Anreichern	
	Abbrennen	
	selektives Schmelzen[1])	
	Lösen (Laugen)[2])	
Flüssigkeitsabtrennen	mechanisches Flüssigkeitsabtrennen	
	Sedimentieren	
	Filtrieren	
	Trocknen	
Entstauben		

[1]) Das vollständige Aufschmelzen der Schrotte mit dem Ziel, die zu gewinnenden Metalle in der Metallphase, in der Schlacke bzw. im Flugstaub anzureichern, sowie das Umschmelzen der Schrotte unter dem Gesichtspunkt der Herstellung einer einheitlich zusammengesetzten Charge ist nicht Gegenstand der Aufbereitungstechnik.

[2]) Unter dem Lösen (Laugen) soll hier die Kombination von Prozessen zu einer Verfahrensstufe verstanden werden, die hinsichtlich der Anreicherung einem Sortierprozeß technologisch äquivalent ist. Da diese Prozeßkombination jedoch als hydrometallurgisches Verfahren gewertet wird, soll dieses nicht Gegenstand weiterer Ausführungen sein.

unerläßlich. Es erschien deshalb notwendig, auch darüber Ausführungen aufzunehmen.

Die Auswahl der für die Aufbereitung der Schrotte geeigneten Prozesse richtet sich nach der Art und dem Umfang der Verunreinigungen im Schrott, der physikalischen Beschaffenheit des Schrotts und den Forderungen der Metallurgie an den aufbereiteten Schrott. Die sich daraus ergebenden Prozesse und Verfahren sind im Bild 55 dargestellt. In Abhängigkeit von der Ausbildung der Schrotte sind *3 Grundrichtungen der Aufbereitung* zu unterscheiden:

a) *Verbesserung der physikalischen Beschaffenheit* der sortenreinen und sauberen Schrotte durch Zerkleinerung bzw. Paketierung, wenn die Schrotte nicht bereits im Anfallzustand einsetzbar sind oder sich dadurch günstigere metallurgische Ergebnisse einstellen (Variante *1* im Bild 55).

b) *Herstellung eines sortenreinen und sauberen* bzw. an Metallen und Legierungen angereicherten *Schrottprodukts* (Vorkonzentrats) aus nicht sortengerecht getrennten und/oder verunreinigten Schrotten (Varianten *2* bis *4B* im Bild 55).

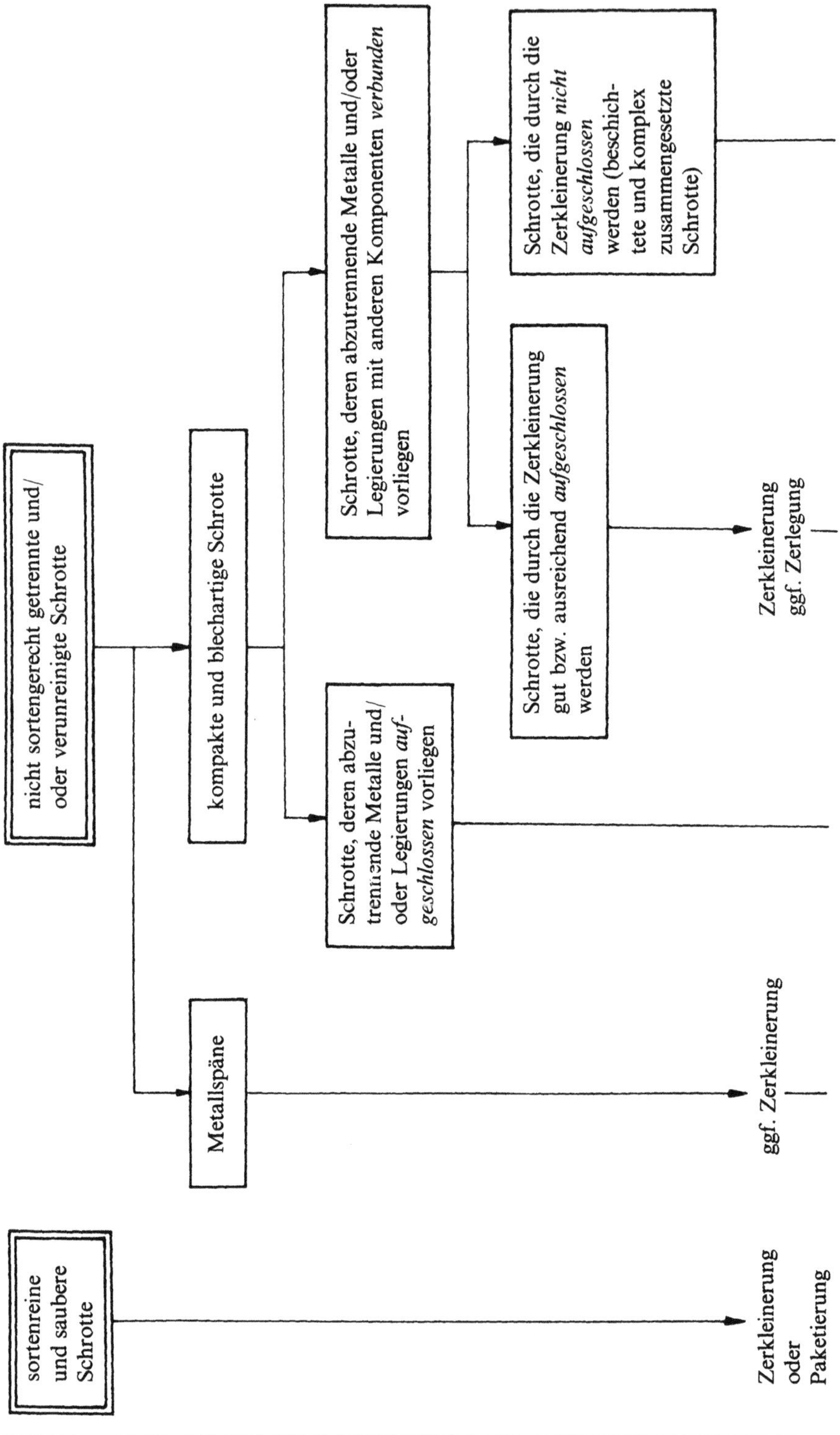
sortenreine und saubere Schrotte
Zerkleinerung oder Paketierung
nicht sortengerecht getrennte und/oder verunreinigte Schrotte
Metallspäne
ggf. Zerkleinerung
kompakte und blechartige Schrotte
Schrotte, deren abzutrennende Metalle und/oder Legierungen *aufgeschlossen* vorliegen
Schrotte, deren abzutrennende Metalle und/oder Legierungen mit anderen Komponenten *verbunden* vorliegen
Schrotte, die durch die Zerkleinerung gut bzw. ausreichend *aufgeschlossen* werden
Zerkleinerung ggf. Zerlegung
Schrotte, die durch die Zerkleinerung *nicht aufgeschlossen* werden (beschichtete und komplex zusammengesetzte Schrotte)

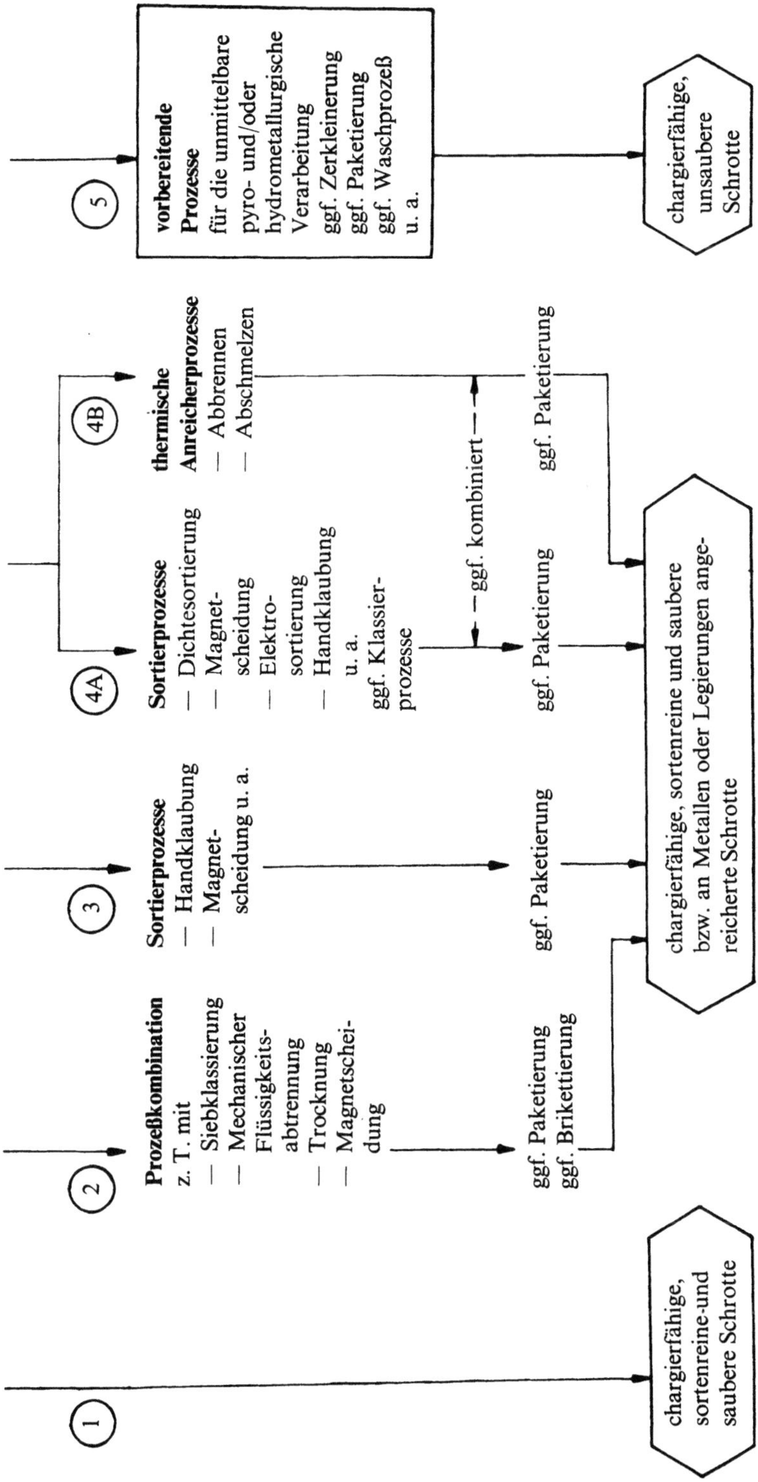

Bild 55. Prozesse und Verfahren für die Aufbereitung der Schrotte

1. Stahl- und Gußeisenspäne

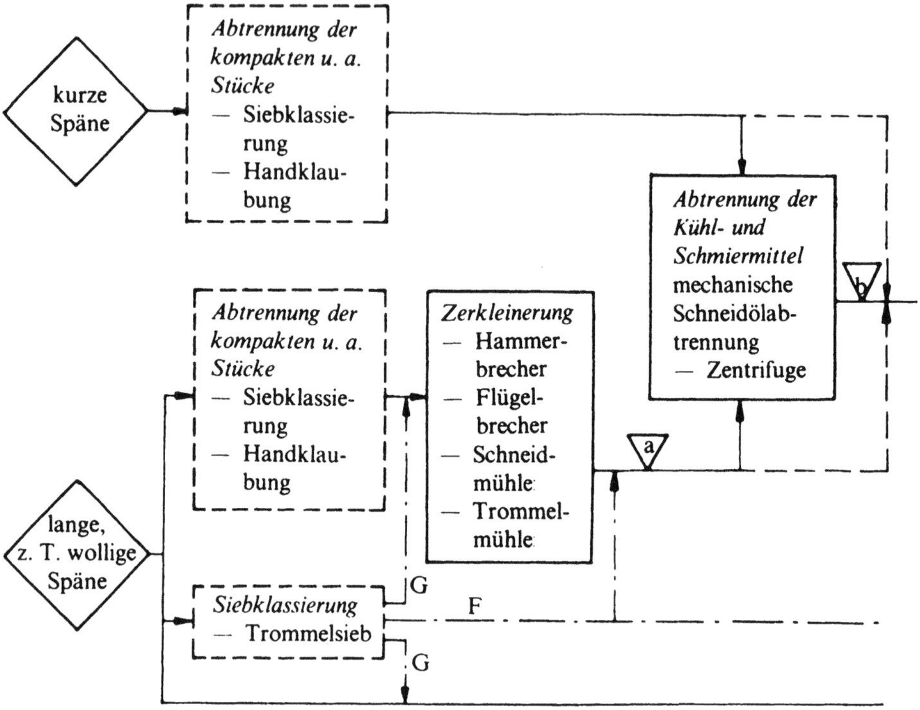

2. NE-Metallspäne

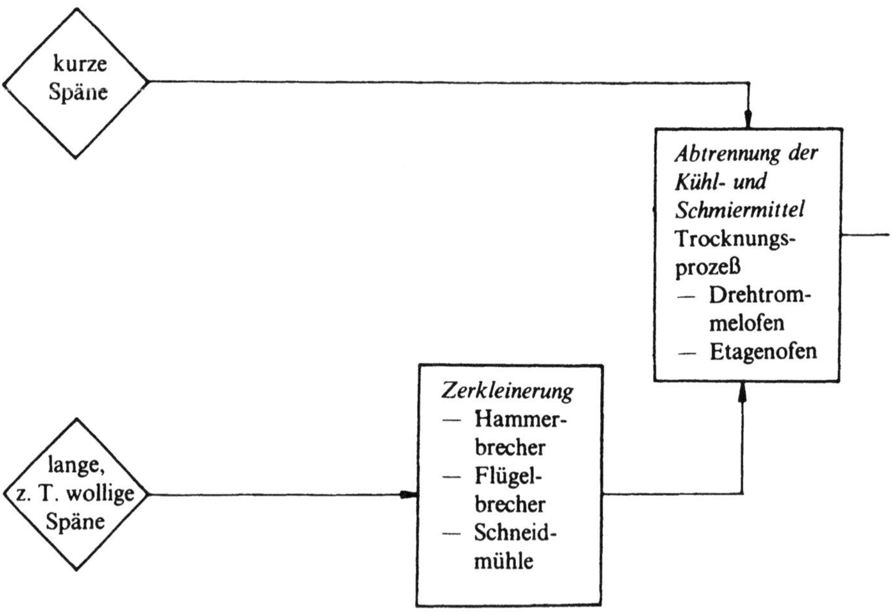

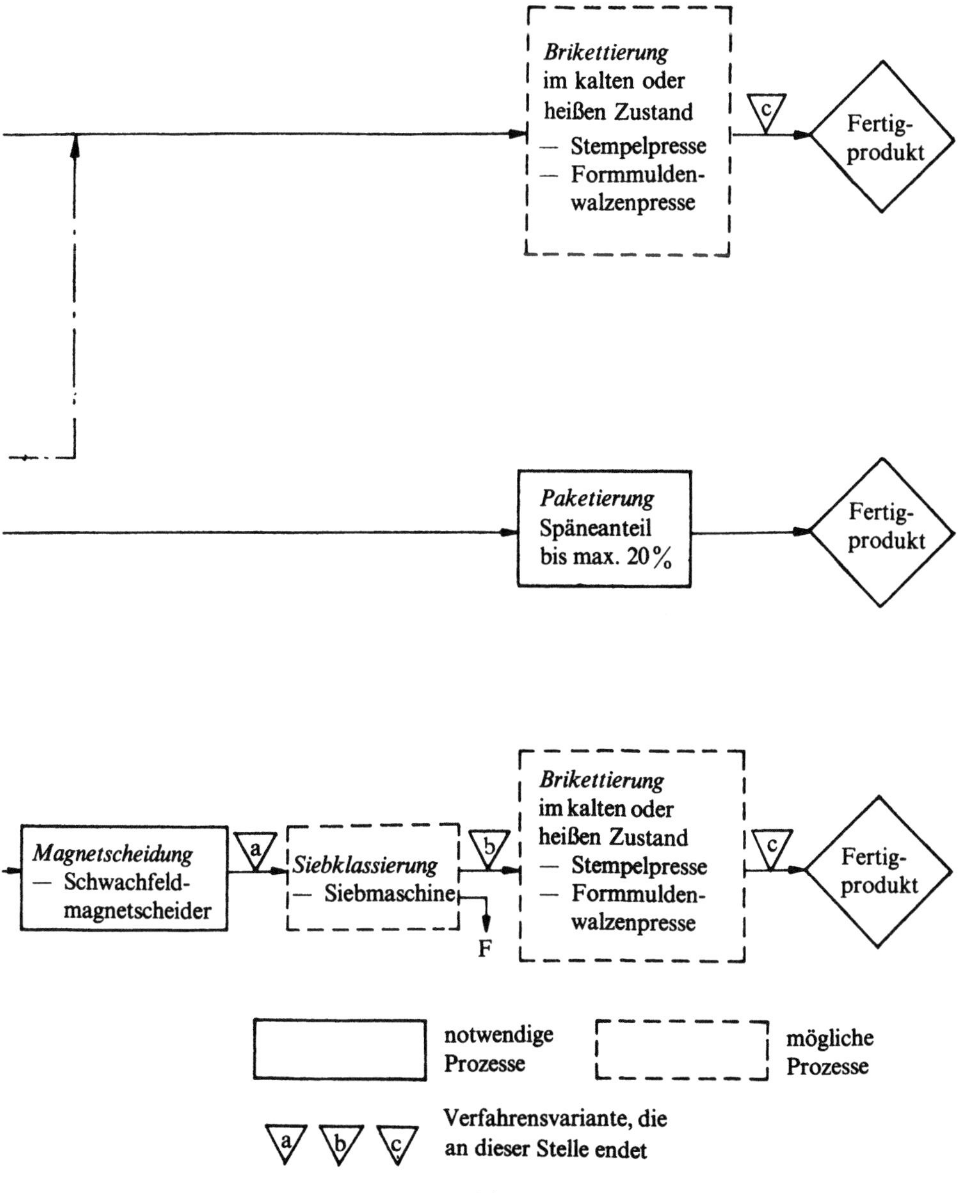

Bild 56. Prozesse und Verfahren für die Aufbereitung der Metallspäne

Die Voraussetzungen dafür sind ein ausreichender Aufschluß und entsprechende Unterschiede in den physikalischen Eigenschaften der zu trennenden Komponenten.

c) *Vorbereitung der verunreinigten und durch Zerkleinerung nicht aufschließbaren Schrotte* für ihre unmittelbare pyro- und/oder hydrometallurgische Verarbeitung (Variante *5* im Bild 55).

Das Ziel der weiteren Entwicklung der Aufbereitungstechnik besteht vor allem darin, mit den Verfahrensvarianten *2* bis *4B* aus den nicht sortengerecht getrennten und/oder verunreinigten Schrotten weitestgehend sortenreine und saubere Schrottprodukte zu erzeugen. In die Untersuchungen sind dabei besonders diejenigen Schrotte einzubeziehen, die bisher nach Variante *5* des Bilds 55 verarbeitet werden.

5.1. Prozesse und Verfahren für die Aufbereitung der Stahlschrotte

Für die weitestgehend *an Verunreinigungen freien Stahlschrotte* (Schrotte aus der Rohstahl- und Walzstahlproduktion, große Anteile der kompakten und blechartigen Schrotte aus der metallverarbeitenden Industrie, geringe Anteile der Amortisationsschrotte, wie Konstruktionsschrott, Schiffsschrott) besteht das Ziel der Aufbereitung darin, die für die metallurgische Verarbeitung günstigste physikalische Beschaffenheit der Schrotte herzustellen. Das kann bei dickwandigen Schrotten durch die Anwendung von Zerkleinerungsprozessen (thermisches Zerkleinern, Zerkleinern mittels Guillotinescheren und Schienenbrechern) und bei dünnwandigen Schrotten durch Paketieren erreicht werden (Variante *1* im Bild 55). Die Aufbereitung der nicht sortengerecht getrennten und/oder verunreinigten Stahlschrotte erfordert einen wesentlich höheren technischen und ökonomischen Aufwand. Für die Aufbereitung der *Stahlspäne* haben sich in Abhängigkeit von der Ausbildung der Späne, ihren Verunreinigungen und der geforderten Spänequalität (nur kleinstückig; weitestgehend frei von Ölen und Emulsionen; Spänebriketts) unterschiedliche Prozesse und -kombinationen eingeführt (Bild 56). Die trockenen, langen und wolligen Späne werden häufig nur zerkleinert (Variante *a*), wobei der Zerkleinerungseinrichtung mitunter zu ihrer Entlastung eine Siebklassierung vorgeschaltet wird. Bei den Spänen, die größere Anteile an Schneidölen enthalten, endet das Aufbereitungsverfahren meist nach deren Abtrennung (Variante *b*). Der Anteil der Späne, der alle im Bild 56 angegebenen Prozesse durchläuft, ist gering (Variante *c*). Neben der gesonderten Aufbereitung der Stahlspäne wird ein beachtlicher Anteil der Späne gemeinsam mit Stahlleichtschrotten paketiert oder unaufbereitet in den Stahlschmelzaggregaten eingesetzt.

Eine zunehmende Bedeutung im Rahmen der Stahlschrottaufbereitung erlangt die Verfahrensvariante *3* im Bild 55. Sie beinhaltet die Abtrennung der *legierten Stahlschrott*bestandteile aus dem überwiegend unlegierten Stahlschrott und die Trennung der legierten Stahlschrotte untereinander in solche Schrottsorten, die eine ökonomisch günstige metallurgische Verarbeitung gestatten. Bisher haben sich für diese Aufgabe nur diskontinuierlich arbeitende Klaubeprozesse eingeführt. Für die Identifizierung der Schrotte eignen sich besonders Spektralgeräte.

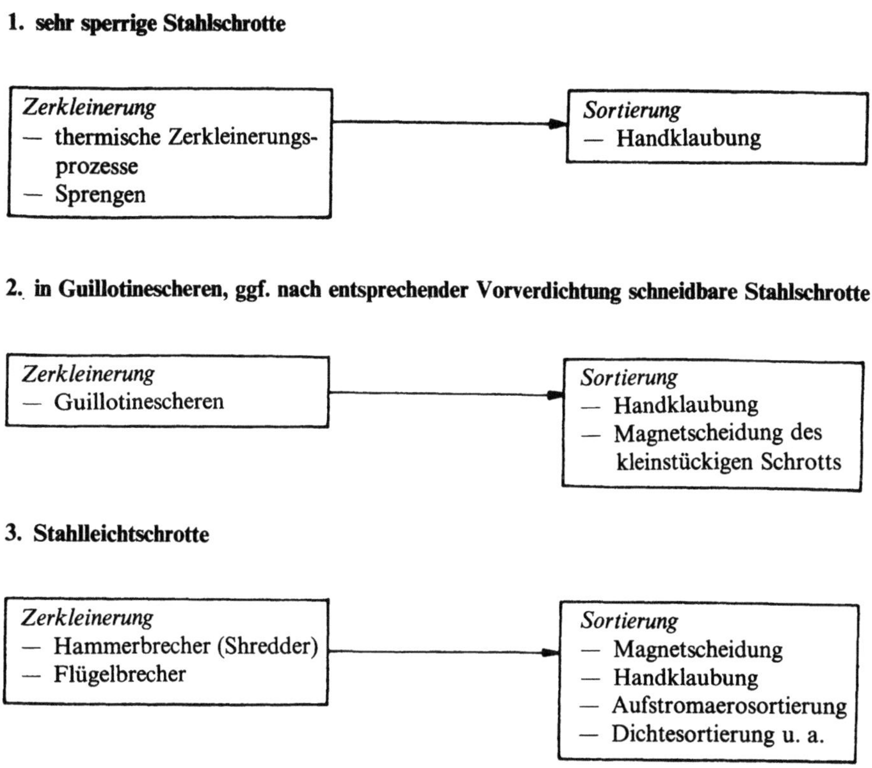

Bild 57. Aufbereitung der verunreinigten Stahlschrotte in Abhängigkeit von der Schrottart

Die Aufbereitung der *verunreinigten Stahlschrotte*, in denen der unlegierte Stahl mit Gußeisen, legierten Stählen, NE-Metallen und Nichtmetallen verbunden vorliegt, erfolgt mit der Zielstellung, neben einer möglichst hohen Schüttdichte auch eine solche Zusammensetzung des Schrotts zu erreichen, daß aus dem Schrott ein qualitätsgerechter Stahl erzeugt werden kann. Letztere Aufgabe erfordert eine Zerkleinerung des Schrotts unter dem Gesichtspunkt eines möglichst hohen Aufschlusses der zu trennenden Komponenten. Sind ausreichende Aufschlußverhältnisse erreicht, so können mit Sortierprozessen die den Stahlschrott verunreinigenden Komponenten abgetrennt werden (Variante *4A* im Bild 55). Leider gelingt es bei den sehr sperrigen Schrotten (Traktoren, Lastkraftwagen, Schienenfahrzeuge) und den in Guillotinescheren schneidbaren Schrotten (Land- und Baumaschinen, Behälter) nur ungenügend, für mechanische Sortierprozesse ausreichende Aufschlußverhältnisse zu erzielen. Deshalb beschränken sich die Möglichkeiten der Abtrennung metallischer und nichtmetallischer Verunreinigungen aus diesen Schrotten bisher nur auf die Handklaubung (Bild 57) und die sich bei der Verladung mittels Magnetplatte ergebende Sortierwirkung. Nur die kleinstückigen Schrotte können nach ihrer vorherigen Abtrennung mittels Siebklassierung durch Magnetscheidung von den unmagnetischen Bestandteilen befreit werden. Demgegenüber ist es bei den Stahlleichtschrotten (Personenkraftfahrzeuge, Haushaltgegenstände) mittels Hammerbrecher (Shredder) möglich, günstige Aufschlußverhältnisse zu erreichen

Tabelle 45. Derzeitige Möglichkeiten zum Erreichen eines weitgehenden Aufschlusses für die aus zwei oder mehreren Komponenten bestehenden Stahl- und NE-Metallschrotte

Schrottart	Aufschluß durch Zerkleinerung	Zerkleinerungsmaschinen	
		für Vorzerkleinerung	für Aufschluß
Stahlleichtschrotte, z. B. Pkw Haushaltsgegenstände	weitestgehend erreichbar (außer Stahl-Cu-Draht-Verbindungen)	selten Guillotinescheren, Flügelbrecher (Vorshredder)	Hammerbrecher (Shredder)
Kabel- und Leitungsschrotte			
— mit Gummi- u. Plastmantel	erreichbar	Guillotinescheren, Rotorscheren, Schneideinrichtungen unterschiedlichster Ausbildung	Schneidmühlen, meist mehrstufig
— mit Bleimantel	nicht erreichbar	—	—
— mit Stahlarmierung	nicht erreichbar	—	—
kompakte Kupferschrotte mit Kupferwicklungen und hohem Stahlanteil			
— klein- bis mittelstückig	erreichbar[1])	—	Hammerbrecher (Shredder)[1])
— mittel- bis großstückig	nicht erreichbar	—	—
komplex zusammengesetzte, z. T. edelmetallhaltige Schrotte der Elektrotechnik und Elektronik	in Abhängigkeit von der Schrottart weitestgehend bis nur z. T. erreichbar		
— kleinstückig		Hammermühlen[3]) ggf. Prallmühlen[3])	Schneidmühlen[4])
— großstückig		Hammerbrecher (Shredder)[3])	Hammermühlen, ggf. Prallmühlen, Schneidmühlen[4])

komplex zusammengesetzte Kupfer- und Kupferlegierungsschrotte des Maschinen- und Anlagenbaus	im allgemeinen nicht erreichbar	—	—
Kupfer- und Kupferlegierungsschrotte mit einem hohen Anteil an Blei-Zinn-Lot	für die Gewinnung eines Vorkonzentrates erreichbar	—	Hammerbrecher (Shredder)
Aluminium- und Aluminiumlegierungsschrotte mit Stahl- und Gußeisenanteilen			
— für den gesamten dünn- bis relativ dickwandigen Schrott	erreichbar[2])	in einigen Fällen Flügelbrecher (Vorshredder)	Hammerbrecher (Shredder)
— Verbrennungsmotorenschrotte, Kolbenlegierungsschrotte	weitestgehend bis nur z. T. erreichbar	—	Prallbrecher
Aluminiumkabelschrotte mit großem Durchmesser	erreichbar[1])	Guillotinescheren, Rotorscheren	Prallbrecher[1])
Aluminiumseilschrotte mit Stahlseele	erreichbar nur bei sehr kurzen Stücken	Guillotinescheren	Hammerbrecher (Shredder)
Bleiakkumulatorenschrotte	erreichbar	a) Einwalzenbrecher b) —	Prallbrecher, Hammerbrecher Rotorschere
verzinkte Stahlschrotte, Weißblechschrotte	nicht erreichbar	—	—

[1]) Zerkleinerung nach kryotechnischer Vorbehandlung des Schrotts
[2]) bis auf sehr große, kompakte Schrotte mit sehr dicken Stahlteilen
[3]) es wird bereits ein beachtlicher Aufschluß erreicht
[4]) nur bei relativ geringer Materialdicke anwendbar

(Tabelle 45). Diese erlauben die Anwendung verschiedener Sortierprozesse, wie z. B. die Magnetscheidung, Aufstromaerosortierung und Dichtesortierung (Bild 57).

Bei besonders engen Verbindungsverhältnissen zwischen dem Stahl und den NE-Metallen und/oder Nichtmetallen (z. B. bei den mit Zink und Plaste beschichteten Stahlblechschrotten) beschränkt sich die Aufbereitung nur auf die Durchführung von Prozessen, die einen Einsatz der Schrotte in der Metallurgie ermöglichen bzw. günstig gestalten sollen. So werden derartige Schrotte häufig vor ihrem Einsatz zerkleinert oder paketiert (Variante *5* im Bild 55).

5.2. Prozesse und Verfahren für die Aufbereitung der Gußeisenschrotte

Für die Aufbereitung der Gußeisenschrotte sind gegenüber den Stahlschrotten wesentlich weniger Prozesse und Prozeßkombinationen erforderlich. Das liegt darin begründet, daß die Gußeisenschrotte überwiegend sortenrein und relativ sauber anfallen. Das Ziel ihrer Aufbereitung besteht deshalb häufig nur in der Herstellung eines kleinstückigen Schrotts mit oberer Begrenzung der Stückgröße und -masse (Variante *1* im Bild 55). Damit besitzen die Zerkleinerungsprozesse für die Aufbereitung der Gußeisenschrotte die entscheidende Bedeutung. In Abhängigkeit von der Art der Gußeisenschrotte werden folgende Zerkleinerungsmaschinen und -einrichtungen angewendet:

— bei sehr dickwandigen Schrotten
  • Niederdruck-Brennschneidgeräte
  • Sprenggruben
— bei Kokillen, Gespannplatten u. ä.
  • Fallwerke
  • Sprenggruben
  • Spalt- und Preßeinrichtungen
— bei dickwandigen Schrotten
  • Fallwerke
— bei überwiegend dünnwandigen, Hohlräume enthaltenden Schrotten
  • Preßeinrichtungen
  • Backenbrecher.

Einige Gußeisenschrotte, vor allem die Maschinengußschrotte, enthalten z. T. beachtliche Anteile an Stahl, NE-Metallen und Nichtmetallen. Da die Gießereien einen an Verunreinigungen weitgehend freien Gußeisenschrott fordern, wird der zerkleinerte Schrott häufig noch durch Handklaubung von diesen Bestandteilen befreit. Eine teilweise Abtrennung der unmagnetischen Bestandteile aus dem Gußeisenschrott erreicht man auch durch Verladung des Schrotts mittels Magnetplatte. Die gezielte Anwendung von Sortierprozessen (Magnetscheidung, Handklaubung) und thermischen Anreicherprozessen ist bisher nur auf solche Gußeisenschrotte beschränkt geblieben, die relativ hohe Anteile an Stahl, NE-Metallen und Nichtmetallen enthalten und in größeren Mengen anfallen (z. B. Verbrennungsmotorenschrotte).

Die Gußeisenspäne werden entweder im Anfallzustand oder nach ihrer Aufbereitung entsprechend der Variante *c* im Bild 56 verwertet. Eine Zerkleinerung der Gußeisenspäne ist wegen ihrer bereits kurzen Spanlängen nicht erforderlich.

5.3. Prozesse und Verfahren für die Aufbereitung der NE-Metallschrotte

Die Aufbereitung der *sortenreinen und an Verunreinigungen weitestgehend freien NE-Metallschrotte* erfolgt unter der Zielstellung, die für ihre metallurgische Verarbeitung günstigste physikalische Beschaffenheit herzustellen. Diese Aufgabe wird bei den sperrigen Schrotten durch Anwendung von Guillotinescheren und Plasmaschneidgeräten und bei den blechartigen NE-Metallschrotten mittels Paketierpressen erreicht (Variante *1* im Bild 55).

Für die Aufbereitung der *NE-Metallspäne* findet allgemein die im Bild 56 angegebene Prozeßkombination bis zum Punkt *a* Anwendung. Die Abtrennung der Kühl- und Schmiermittel erfolgt fast ausschließlich nur noch im Rahmen eines Trocknungsprozesses, dem zur Abtrennung der Stahl- und Gußeisenbestandteile eine Magnetscheidung nachgeschaltet wird. Als besonders günstig hat sich der Intal-Spänetrockner erwiesen, der ohne Umweltbelästigung trockene und gekühlte NE-Metallspäne mit geringster Oxydation liefert. Die Brikettierung der NE-Metallspäne wird international nur in geringem Umfang angewendet.

Ein sehr großer Anteil der kompakt und blechartig ausgebildeten NE-Metallschrotte fällt nicht sortengerecht getrennt und/oder verunreinigt an. Liegen die *NE-Metalle* dabei *aufgeschlossen* vor, so kann bei ausreichender Stückgröße der Schrotte bereits durch ein Sortieren von Hand nach Farbe, Dichte, ehemaligem Verwendungszweck und anderen Merkmalen oder mittels Emissionsspektralanalyse bzw. Röntgenfluoreszenzanalyse ein Fertigprodukt erzeugt werden (Variante *3* im Bild 55). Eine Automatisierung dieser Arbeitsweise ist nur schwierig zu realisieren. Allerdings gelang es, auf dem Gebiet der automatisierten Klaubung mineralischer Rohstoffe wesentliche Fortschritte zu erzielen, die ggf. nach entsprechender Modifizierung auf die Klaubung von NE-Metallschrotten übertragen werden können.

Sind die zu sortierenden NE-Metalle relativ kleinstückig und fallen sie in größeren Mengen an (z. B. das NE-Metallvorkonzentrat der Shredderanlagen bei der Aufbereitung von Stahlleichtschrotten), dann ist auch die Anwendung einiger mechanischer Sortierprozesse zu erwägen (Dichtesortierung einschl. magnetohydrostatischer Sortierung, Magnetscheidung, Wirbelstromscheidung u. a.). Mit diesen Sortierprozessen ist es im allgemeinen aber nicht möglich, vollständig reine NE-Metallprodukte zu gewinnen.

Bei den *NE-Metallschrotten, in denen die NE-Metalle untereinander und/oder mit unlegierten und legierten Stählen, Gußeisenwerkstoffen und Nichtmetallen verbunden vorliegen*, ist vor der Anwendung von Anreicherprozessen zunächst ein entsprechender Aufschluß der NE-Metalle notwendig (Variante *4* im Bild 55). Die Anforderungen an den Aufschluß unterscheiden sich dabei in Abhängigkeit von der Art des vorgesehenen Anreicherprozesses (s. Bild 22). Bei Anwendung mechanischer Sortierprozesse, die zu sortenreinen und sauberen NE-Metall- und/oder Legierungsprodukten führen sollen, ist ein weitestgehend vollständiger Aufschluß der abzutrennenden Komponenten erforderlich. Die derzeitigen Möglichkeiten für das Erreichen eines solchen Aufschlusses in Abhängigkeit von der Schrottart und die dafür geeigneten Zerkleinerungsmaschinen zeigt Tabelle 45.

Die für die *Sortierung* der NE-Metallschrotte bisher eingesetzten Sortierprozesse entsprechen im wesentlichen denen, die auch für die Sortierung mineralischer Rohstoffe angewendet werden. Deshalb sind die vielfältigen Erfahrungen aus der Aufbereitung mineralischer Rohstoffe bei der Aufbereitung der NE-Metallschrotte zu nutzen. Allerdings sind bei der Sortierung der NE-Metallschrotte auch einige spezifische Aspekte zu beachten, die sich vor allem aus der Stückform der Schrotte und dem häufig im Schrott enthaltenen Drahtanteil ergeben.

Von den durchzuführenden Sortieraufgaben gilt im allgemeinen die Nichtmetall-Metall-Trennung als relativ unproblematisch, da dafür viele Sortierprozesse zur Ver-

Tabelle 46. Sortierprozesse für NE-Metallschrotte

Sortierprozesse	geeignete Sortierprozesse für folgende Trennungen		
	Nichtmetall/ Metall	Leichtmetall/ Schwermetall	Schwermetall/ Schwermetall
Dichtesortierung			
— Schwimm-Sink-Sortierung			
• in wäßrigen Schwerstoffsuspensionen	×	×	
• in Aerosuspensionen	(×)	(×)	
— Sortierung durch Setzen			
• in Hydrosetzmaschinen (Naßsetzmaschinen)	×	×	
• in Aerosetzmaschinen (Luftsetzmaschinen)	(×)	(×)	
— Sortierung auf Rinnen und Herden			
• auf Hydrorinnen	(×)		
• auf Aerorinnen, Aeroherden	×		
— Aufstromsortierung			
• Aufstromhydrosortierung	×		
• Aufstromaerosortierung	×		
Sortierung im magnetischen Feld			
— Schwachfeldmagnetscheidung	×	×	×
— Starkfeldmagnetscheidung			(×)[1])
— Wirbelstromscheidung	(×)	(×)	(×)
— Magnetohydrostatische Sortierung	(×)	(×)	(×)
Sortierung im elektrischen Feld	×		
Flotation	(×)		
Klauben	×	×	×
Sortierung nach sonstigen mechanischen Eigenschaften			
— selektives Zerkleinern mit nachfolgender Klassierung	×[2])		
— Sortierung nach elastischem Verhalten (Prallsprungprozeß)	(×)		

[1]) bisher nur bei Spänen angewendet
[2]) häufig nach kryotechnischer Vorbehandlung des Schrotts

fügung stehen (Tabelle 46). Nur bei den Schrotten, die mehrere Nichtmetalle und diese in einem sehr breiten Stückgrößen- und Dichtebereich enthalten, können größere Schwierigkeiten bei ihrer Abtrennung auftreten. Als besonders geeignet haben sich folgende Sortierprozesse erwiesen:

— Aufstromaerosortierung
— Schwimm-Sink-Sortierung
— Sortierung in Aerorinnen
— Elektrosortierung
— Zerkleinerung nach kryotechnischer Vorbehandlung des Schrotts mit nachfolgender Klassierung.

Die in der Tabelle 46 mit einer Klammer versehenen Sortierprozesse blieben bisher auf nur einzelne Anwendungsfälle beschränkt bzw. wurden oder werden z. Z. im kleintechnischen Maßstab erprobt. In neuerer Zeit ist besonders die Wirbelstromscheidung Gegenstand intensiver Untersuchungen und umfangreicher Geräteentwicklungen.

Gegenüber der großen Anzahl von anwendbaren Sortierprozessen für die Nichtmetall-Metall-Trennung sind die Möglichkeiten für die Trennung der Leichtmetalle (Aluminium, Magnesium) von den Schwermetallen und deren Legierungen begrenzt. Neben der Handklaubung sind dafür nur die Schwimm-Sink-Sortierung und unter bestimmten Voraussetzungen der Setzprozeß geeignet. Um die Schwermetalle und deren Legierungen untereinander zu trennen, bleibt bisher nur die Handklaubung dieser Schrotte. Mit der in der Entwicklung befindlichen magnetohydrostatischen Sortierung wird es aus heutiger Sicht nur möglich sein, Schwermetall-Vorkonzentrate und nicht reine Metalle und Legierungen zu gewinnen.

Bei einigen NE-Metallschrotten ist es derzeitig nicht möglich, durch Zerkleinerung einen für mechanische Sortierprozesse ausreichenden Aufschluß zu erzielen (Tabelle 45). Das betrifft vor allem die sehr kompakt ausgebildeten Kupfer- und Aluminiumschrotte, die bleiummantelten Kabelschrotte und die Schrotte mit engen Verbindungsverhältnissen, wie z. B. die Schrotte mit metallischen Beschichtungen, Lötverbindungen und elektronischen Bauelementen. Für die Aufbereitung dieser Schrotte bedient man sich z. T. thermischer Anreicherprozesse (Variante *4B* im Bild 55). Diese erfordern einen meist deutlich geringeren zerkleinerungstechnischen Aufwand, denn der Aufschluß der abzutrennenden Komponenten hat nur soweit zu erfolgen, daß die Oberflächen der abzubrennenden bzw. abzuschmelzenden Bestandteile von außen frei zugänglich sind. Allerdings kann bei den kompakten Schrotten bereits das Erfüllen dieser Forderung zu Schwierigkeiten führen. Ein Zerlegen (Demontieren) derartiger Schrotte von Hand in einzelne Baugruppen ist dann nicht zu umgehen.

Von den *thermischen Anreicherprozessen* haben sich vor allem eingeführt:

— das Abbrennen der organischen Bestandteile der Schrotte, wie Plaste, Gummi u. a. der Kabelschrotte, Papier der papierkaschierten Aluminiumfolien
— das selektive Abschmelzen niedrigschmelzender NE-Metalle, z. B. Zinn aus Autokühlern und Gaszählern, Blei aus bleihaltigen Kabelschrotten
— das selektive Abschmelzen des Aluminiums aus großstückigen, kompakten Aluminium- und Aluminiumlegierungsschrotten mit dicken Stahlteilen und Aluminiumseilschrotten mit Stahldrähten

— das selektive Abschmelzen von NE-Metall-Mischschrotten mit steigender Temperatur.

Für einige NE-Metallschrotte hat sich auch eine Kombination bestehend aus einem thermischen Anreicherprozeß und einem oder mehreren mechanischen Sortierprozessen bewährt. Das vollständige Aufschmelzen der Schrotte mit dem Ziel, die Metalle in der Metallphase, in der Schlacke bzw. im Flugstaub anzureichern, sowie das Umschmelzen der Schrotte unter dem Gesichtspunkt der Herstellung einer einheitlich zusammengesetzten Charge ist nicht Gegenstand der Aufbereitungstechnik.

Fallen gleichartige Schrotte in größeren Mengen an, so können sich ggf. Möglichkeiten für eine teil- oder vollautomatisierte Zerlegung ergeben. Bewährte Beispiele dafür sind die Kabelschlitzmaschinen und die Zerlegung der Bleiakkumulatoren nach ihrer thermischen Vorbehandlung.

Bestehen für die nicht sortengerecht getrennten und/oder verunreinigten NE-Metallschrotte keine Möglichkeiten, die vorgenannten Verfahrensvarianten anzuwenden, bzw. würde ihr Einsatz zu ökonomisch nicht vertretbaren Ergebnissen führen, so bleibt nur ihre direkte pyro- und/oder hydrometallurgische Verarbeitung. Aber auch dann müssen häufig dem entsprechenden metallurgischen Prozeß mechanische Prozeßstufen vorgeschaltet werden (Variante *5* im Bild 55). Längerfristig ist jedoch zu erwarten, daß ein Teil der nach dieser Variante derzeitig verarbeiteten NE-Metallschrotte künftig einer Aufbereitung unter Anwendung von Sortierprozessen unterzogen wird.

6 Zerkleinerung

Das *Zerteilen* der Schrotte erfolgt vorwiegend durch Zerkleinern und untergeordnet durch Zerlegen. Das *Zerkleinern* beruht auf dem Überwinden der Bindungskräfte im Inneren des Werkstoffs. Es kann durch äußere Kräfte und Momente (mechanische Zerkleinerung) oder durch von außen zugeführte thermische Energie (thermische Zerkleinerung) erreicht werden. Dabei tritt eine Zerstörung der das Schrottstück aufbauenden Bauelemente ein. Unter dem *Zerlegen* soll demgegenüber das Zerteilen dieser Schrottstücke ohne bzw. nur mit geringer Zerstörung der einzelnen Bauelemente verstanden werden. Es ist gleichbedeutend mit Demontieren, z. B. Abschrauben, Auspressen. Mitunter werden die zu zerlegenden Schrottstücke vorher noch erwärmt, um den Zerlegeprozeß zu vereinfachen bzw. überhaupt erst zu ermöglichen.

Das *technologische Ziel* der Zerkleinerung ist von der physikalischen Beschaffenheit der Schrotte, ihrer stofflichen bzw. chemischen Zusammensetzung und ihrem vorgesehenen metallurgischen Einsatz abhängig. Grundsätzlich sind zwei Aufgaben der Zerkleinerung zu unterscheiden:

- Herstellung eines kleinstückigen Schrotts (z. T. mit Begrenzung der oberen Stückgröße bzw. -masse)
- Schaffung eines ausreichenden Aufschlusses für die im Schrott enthaltenen Komponenten als Voraussetzung für die Anwendung von Anreicherprozessen.

Bei den sortenreinen und an Verunreinigungen weitestgehend freien Stahl-, Gußeisen- und NE-Metallschrotten gilt es nur, einen kleinstückigen, gut einsetzbaren Schrott herzustellen. Demgegenüber steht bei den Schrotten, deren Komponenten (Stahl, Gußeisen, NE-Metalle, Nichtmetalle) miteinander verbunden vorliegen, das Aufschließen (Freilegen) der im Schrott enthaltenen metallischen Komponenten im Mittelpunkt der Zerkleinerung. Sind ausreichende Aufschlußverhältnisse erreicht, so ist die zuerst genannte Aufgabe — das Herstellen eines kleinstückigen Schrotts — im allgemeinen mit erfüllt.

6.1. Grundlagen der Zerkleinerung

Die wissenschaftliche Durchdringung der Schrottzerkleinerung ist auf vielen Teilgebieten gegenüber der Zerkleinerung mineralischer und anderer Rohstoffe zurückgeblieben. Das gilt auch für die Grundlagen der Zerkleinerungstechnik. Denn die in neuerer Zeit gewonnenen Erkenntnisse der Werkstofftechnik erlauben nur Aussagen über die Bedingungen bei der Rißbildung und Rißausbreitung sowie beim Bruch der Werkstoffe. Über die Bruchwahrscheinlichkeit, den Bruchablauf und die Stückgrößen und -formen der beim Bruch entstehenden Bruchstücke liegen für die bei der Zerkleinerung von Schrotten üblichen Beanspruchungsarten nur wenige Ergebnisse vor. Deshalb muß künftig der Untersuchung der zerkleinerungstechnischen Mikroprozesse unter Beachtung der für die Zerkleinerung von Schrotten spezifischen Beanspruchungsarten stärkere Aufmerksamkeit gewidmet werden.

6.1.1. Rißbildung, Rißausbreitung, Bruch und die sie beeinflussenden Faktoren

Um einen Festkörper mechanisch zerkleinern zu können, sind in ihm Spannungen zu erzeugen, die die atomaren bzw. molekularen Bindungen überwinden. Der Bruch des Festkörpers kann dabei sowohl durch Normalspannungen als auch durch Schubspannungen hervorgerufen werden (Bild 58), wenn diese die Größenordnung der theoretischen Gitterfestigkeit erreichen. Das ist aber nur in Bereichen mit starker Spannungskonzentration möglich, die an der Spitze von Rissen oder rißartigen Werkstoffinhomogenitäten auftreten. Sind entsprechende Risse bzw. Inhomogenitäten im Werkstoff noch nicht vorhanden, so müssen sie zunächst gebildet werden. Diesen Vorgang, die Entstehung eines Risses in einem bis dahin rißfreien Werkstoffbereich, bezeichnet man als *Rißbildung*. Daran schließt sich unter bestimmten Voraussetzungen die *Rißausbreitung* an. Es sind zwei Arten der Rißausbreitung zu unterscheiden, die stabile (langsame) Rißausbreitung und die instabile (schnelle) Rißausbreitung. Die *stabile Rißausbreitung* erfolgt unter ständigem Energieverbrauch und führt in den meisten Fällen zu einem makroskopischen Zähbruch. Die *instabile Rißausbreitung* vollzieht sich unter ständiger Energiefreisetzung. Sie verläuft mit hoher Geschwindigkeit und führt zu einem makroskopischen Sprödbruch. Instabile Rißausbreitung kann sowohl ohne als auch mit vorheriger stabiler Rißausbreitung eintreten.

Die sich in Abhängigkeit von der Art und dem Gefüge des *metallischen Werkstoffs* sowie den äußeren Beanspruchungsbedingungen bildenden Brucharten können nach ihren makroskopischen und mikroskopischen Bruchmerkmalen unterschieden werden [137], [259] bis [263]. Als makroskopisches Merkmal kann ent-

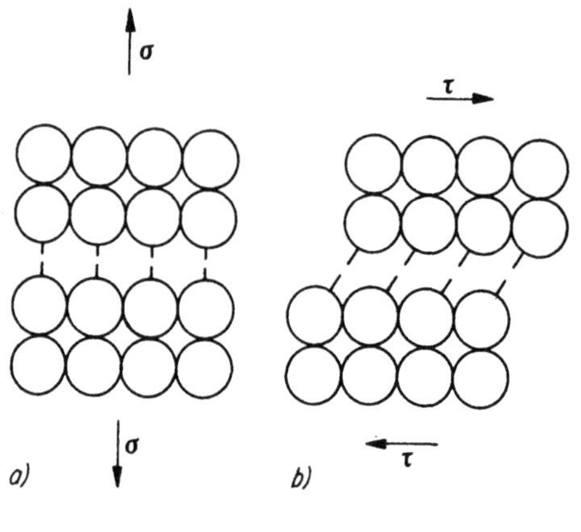

Bild 58. Bruch durch Überwindung der atomaren Bindungskräfte [259]
a) Bruch durch Spaltung (Zugspannungen);
b) Bruch durch Scherung (Schubspannungen)

weder das Ausmaß der dem Bruch vorangegangenen plastischen Verformung (Sprödbruch, Zähbruch) oder die vom Spannungszustand und der Bauteildicke abhängige Bruchform (Trennbruch, Scherbruch) gewählt werden. Die mikroskopischen Bruchmerkmale werden vom Bruchmechanismus, d. h. den Vorgängen bei der Rißausbreitung, bestimmt (Spaltbruch, Scherbruch). Nachfolgend werden kurz die Entstehung sowie die makroskopischen und mikroskopischen Bruchmerkmale des Sprödbruchs und Zähbruchs erläutert.

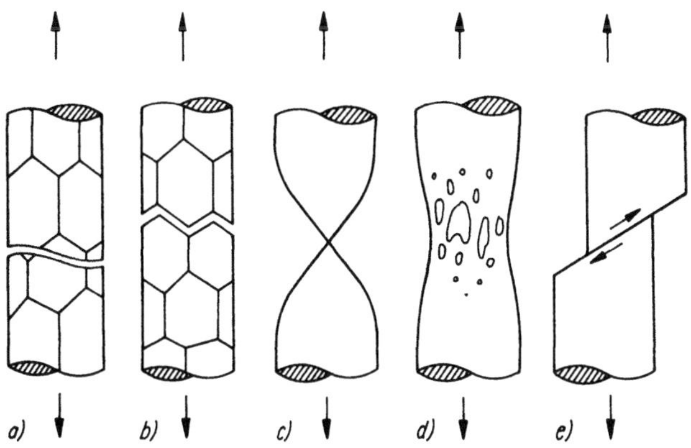

Bild 59. Einteilung der Brüche nach mikroskopischen Merkmalen (für einen einachsig und quasistatisch beanspruchten Zugstab) [263]

a) transkristalliner Spaltbruch (Normalspannungsbruch);
b) interkristalliner Spaltbruch;
c) Einschnürung;
d) duktiler Bruch durch Hohlraumkoaleszenz an Einschlüssen (Grübchenbruch);
e) Scherbruch infolge Gleitbandlokalisierung

Geht der Rißausbreitung keine bzw. nur eine auf den unmittelbaren Bereich der Rißspitze beschränkte irreversible Verformung voraus, so spricht man von einem *Sprödbruch.* Dieser wird auch dadurch charakterisiert, daß er bei Spannungen auftritt, die unterhalb der Fließgrenze des Werkstoffs liegen. Die Entstehung des Sprödbruchs setzt jedoch voraus, daß ausbreitungsfähige Risse vorhanden sind. Diese können bereits während der Fertigung der metallischen Erzeugnisse entstanden sein (Schweißrisse, Schleifrisse, Härterisse, Oberflächenfehler u. a.) oder sich bei deren Nutzung gebildet haben (Rißbildung durch schwingende Beanspruchung oder Korrosion) [137]. Sind im beanspruchten Werkstoffbereich noch keine Risse enthalten, so müssen diese erst durch die Einwirkung äußerer Kräfte gebildet werden. Verschiedene Modellvorstellungen wurden dafür entwickelt, die teilweise bereits experimentell bestätigt werden konnten. In metallischen Werkstoffen mit kristalliner Struktur kann z. B. der Aufstau von Versetzungen an einem Hindernis (Kristallit- oder Phasengrenze, Einschluß) zu einer so hohen Spannungskonzentration führen, daß durch Zerstören der Bindungen ein transkristalliner Spaltriß entsteht (Bild 59a). Bei geringer Korngrenzenfestigkeit ist eine interkristalline Rißbildung durch Aufreißen oder Abgleiten von Korngrenzenabschnitten möglich (Bild 59b). Hat der Riß die für eine instabile Rißausbreitung erforderliche Größe erreicht, breitet sich dieser senkrecht zur größten wirkenden Zugspannung aus. Das erfolgt mit hoher Geschwindigkeit und ohne zusätzliche Energiezuführung und führt schließlich zu einem Spaltbruch. Die Bruchfläche eines Spaltbruchs, der sowohl entlang der Kristallitgrenzen als auch durch die Kristallite verläuft, zeigt Bild 60. In metallischen Werkstoffen mit kubisch-flächenzentrierter Struktur wird kein Spaltbruch beobachtet, da wegen der vielen Gleitsysteme und der starken Neigung zum Quergleiten immer günstige Voraussetzungen für eine Verformung bestehen [263].

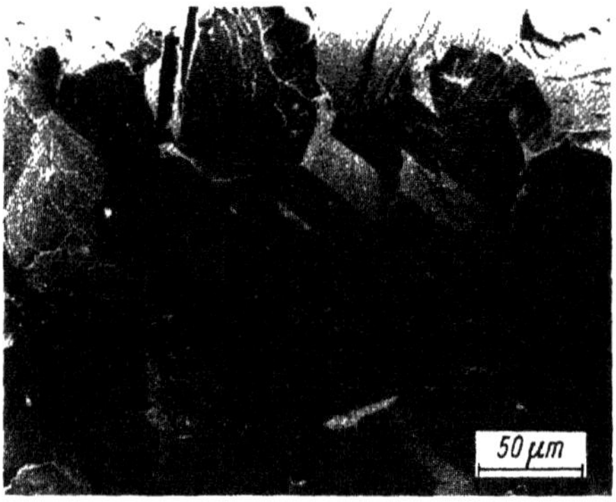

Bild 60. Bruchfläche eines transkristallinen-interkristallinen Spaltbruchs von einem ferritischen Chromstahl (Rasterelektronenmikroskopische Aufnahme)

Im Gegensatz zum Sprödbruch tritt der *Zähbruch* (Verformungsbruch) erst nach einer stärkeren plastischen Verformung des beanspruchten Werkstoffbereichs auf. Diese Verformungen sind auf das Wirken von Schubspannungen in bevorzugten Gleitebenen zurückzuführen. Bei einer Zugbeanspruchung des Werkstoffs führen die Gleitvorgänge zu einer als Einschnürung bezeichneten Querschnittsverminderung, wobei es in hochreinen Einkristallen zum völligen Abscheren des Materials längs der Gleitebenen kommen kann (Bild 59c). In technischen Werkstoffen bilden sich in der Einschnürzone jedoch Poren (Bild 59d). Ihre Entstehung im Inneren oder an den Grenzen der Kristallite geht ebenfalls auf die Bildung von Anrissen durch den Stau von Versetzungen zurück. Mit Erhöhung der Spannung vergrößern sich die Anrisse jedoch nicht, sondern ihre Spitzen werden plastisch verformt. Dadurch stumpfen die Rißspitzen ab, und die Anrisse werden zu Poren umgewandelt [263]. Häufig entstehen Poren auch an Ausscheidungen oder Einschlüssen, wobei im Verlauf der Verformung die Grenzfläche Teilchen—Matrix aufgerissen wird. Die an den gebildeten Poren entstehenden mehrachsigen Spannungszustände führen dann schließlich dazu, daß sich die Hohlräume durch Abscheren der dazwischenliegenden Brücken vereinigen. Es bildet sich ein Riß, der nach seiner Erweiterung zum Bruch des Materials führen kann (Scherbruch). Die Geschwindigkeit der Rißausbreitung ist gering, und es ist eine laufende Energiezuführung bis zum Bruch notwendig. Die sich ergebende Bruchfläche hat ein grübchenförmiges Aussehen (Bild 61).

Unter dem Gesichtspunkt des Zerkleinerns ist Sprödbruch anzustreben. Die geringe plastische Verformung des beanspruchten Werkstoffbereichs führt zu einem relativ kleinen Energieaufwand für die Zerkleinerung. Bei einigen Schrotten ergeben sich durch den Sprödbruch auch bessere Aufschlußverhältnisse. Ob allerdings bei einer Beanspruchung der Schrottstücke Sprödbruch eintritt, wird von den Werkstoffeigenschaften, den Beanspruchungsbedingungen und der konstruktiven Gestaltung der Schrottstücke bestimmt. Man darf deshalb nicht einfach von spröden Werkstoffen, sondern muß von sprödem Werkstoffverhalten sprechen. Die verschiedenen Werkstoffe unterscheiden sich jedoch hinsichtlich ihrer Neigung zur Sprödbruch- bzw. Zähbruchbildung.

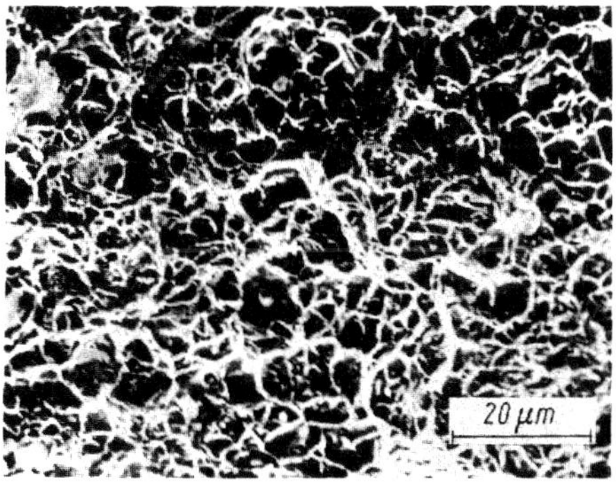

Bild 61. Bruchfläche eines Grübchenbruchs von einem höherfesten bainitischen Baustahl (Rasterelektronenmikroskopische Aufnahme)

Die Rißbildung und -ausbreitung bei den *Gußeisenwerkstoffen* wird entscheidend von der Art und der Ausbildung des enthaltenen Kohlenstoffträgers bestimmt. Besonders begünstigt wird die Bildung von Rissen im Gußeisen mit Lamellengraphit. Bereits bei kleinen Spannungen (< 10 N/mm^2) werden die Graphitlamellen gespalten [264]. Die damit vorliegenden kleinen Risse sind unregelmäßig orientiert. Mit Erhöhung der Spannungen öffnen sich diejenigen Risse, die senkrecht zur Beanspruchungsrichtung liegen. Nach entsprechender Volumenvergrößerung der Lamellen beginnt dann am Lamellenende in der Matrix die Rißbildung. Bei seiner Ausbreitung folgt der Riß bevorzugt den Graphitlamellen [265] bis [267].

Die Rißbildung im Gußeisen mit Kugelgraphit wird ebenfalls mit einer Volumenvergrößerung der Graphitkugeln eingeleitet. Allerdings tritt dies erst bei vergleichsweise höheren Spannungen ein. Die Graphitkugeln gehen dabei in die Form eines Ellipsoids über. Da die Spannungskonzentration in der Nähe des kugelförmigen Graphits jedoch gegenüber der an einer Lamelle deutlich geringer ist, erfolgt eine Rißbildung in der Matrix vergleichsweise zum Gußeisen mit Lamellengraphit erst bei einer wesentlich höheren Spannung. Auch die Rißausbreitung verläuft langsamer, da ein gebildeter Riß den größeren Teil des Weges in der Matrix zurücklegen muß [265] bis [267].

Die unterschiedlichen Strukturen der *hochpolymeren Werkstoffe* (Plaste) führen zu einem voneinander abweichenden Verhalten bei der Rißbildung und -ausbreitung. Bei den teilkristallinen Thermoplasten (Polyäthylen, Polypropylen, Polyamid) und mit Füllstoff versehenen Thermoplasten erfolgt die Mikrorißbildung nach Erreichen eines kritischen Spannungs- und Dehnungszustands an den Grenzflächen der die teilkristallinen Polymere bildenden Partikeln (Sphärolithe) bzw. an den Füllstoffteilchen [268] bis [271]. Demgegenüber geht man bei den ungefüllten amorphen

Thermoplasten (Polyvinylchlorid, Polystyrol, Polycarbonat) davon aus, daß sich durch Überdehnung schwach verbundener Strukturelemente im gesamten Werkstoffvolumen zunächst submikroskopische Risse bilden. Wird nun ein Weiterreißen der submikroskopischen Risse durch Verstreckung benachbarter Partikeln verhindert und öffnen sich gleichzeitig an anderer Stelle neue Partikelgrenzen, so entstehen in diesen Werkstoffen Bereiche aus verstreckten Partikeln und zu Hohlräumen erweiterte Partikelgrenzen. Diese Werkstoffbereiche werden als Fließzonen (Crazes) bezeichnet [272] bis [274]. Die Dicke dieser Fließzonen beträgt 0,1 bis 4 μm. In der Ebene senkrecht zur größten Dehnung können sie eine Fläche von einigen mm^2

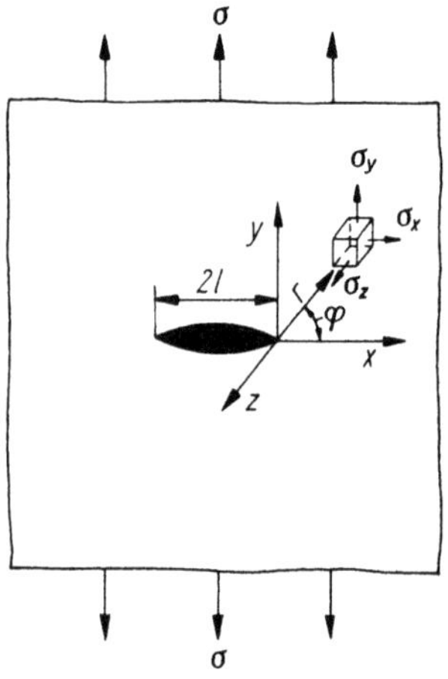

Bild 62. Zugbeanspruchte und unendlich ausgedehnte isotrope Platte endlicher Dicke mit Innenriß (Rißlänge ≪ Plattenbreite)

und mehr erreichen. Bei einer weiteren Dehnung des Werkstoffs bilden sich dann in den einzelnen Fließzonen Risse, wobei die dabei ablaufenden Vorgänge entscheidend von der Temperatur und der Dehnungsgeschwindigkeit bestimmt werden. Mit dem Auftreten erster Risse kommt es zu einer Energiekonzentration an nur wenigen Stellen des Werkstoffs. Sie kann dann zu einer instabilen Rißausbreitung des größten Risses und damit zum Bruch des Werkstoffs führen. Wird die Fließzonenbildung aber z. B. durch Temperaturverringerung oder Steigerung der Beanspruchungsgeschwindigkeit unterdrückt, so können sich auch ausbreitungsfähige Risse allein durch Vergrößerung der submikroskopischen Risse bilden.

Die Ausbreitung der in den Werkstoffen gebildeten bzw. bereits vor der Beanspruchung vorhandenen Risse wird entscheidend von den *Spannungsverhältnissen an der Rißspitze* und der *Energiebilanz bei der Rißausbreitung* bestimmt. Es bestehen deshalb zwei Kriterien für die Rißausbreitung: das Spannungskriterium und das Energiekriterium.

Nach dem *Spannungskriterium* muß die lokale Spannung an der Rißspitze so groß sein, daß die Bindungskräfte zwischen den zwei zu trennenden Atomebenen überschritten werden. Das wird besonders dadurch begünstigt, daß nach den Gesetzen der Elastizitätsmechanik an Rißspitzen Spannungskonzentrationen entstehen. Für einen Innenriß mit einem gegen Null strebenden Krümmungsradius erhält man bei Annahme eines linear-elastischen Zusammenhangs zwischen den Spannungen und

Dehnungen folgende Spannungsfunktionen zur Beschreibung des Spannungsfeldes in unmittelbarer Umgebung der Rißspitze (Bild 62) [259], [275]:

$$\sigma_x = \frac{\sigma(\pi l)^{1/2}}{(2\pi r)^{1/2}} \cdot f_1(\varphi) \tag{25a}$$

$$\sigma_y = \frac{\sigma(\pi l)^{1/2}}{(2\pi r)^{1/2}} \cdot f_2(\varphi) \tag{25b}$$

$$\sigma_z = \nu(\sigma_x + \sigma_y) \tag{25c}$$

$$\tau_{xy} = \frac{\sigma(\pi l)^{1/2}}{(2\pi r)^{1/2}} \cdot f_3(\varphi) \tag{25d}$$

ν Poissonsche Konstante

Aus den Beziehungen ergibt sich, daß die Spannungen mit Verringerung des Abstands zur Rißspitze umgekehrt proportional mit $\sqrt{r}$ zunehmen und außerdem von komplexen Winkelfunktionen $f_i(\varphi)$ abhängen. Diese Gleichungen haben keine Gültigkeit für $r = 0$, da sie dann zu dem physikalisch unsinnigen Ergebnis einer unendlich großen Spannung führen würden.

In Abhängigkeit von der Plattendicke bilden sich im Bereich der Rißspitze unterschiedliche mehrachsige Spannungszustände aus. Große Plattendicken führen zur Entstehung eines überwiegend ebenen Dehnungszustands, d. h., in z-Richtung (Bild 62) treten keine Querdehnungen auf. Demgegenüber bildet sich bei geringen Plattendicken ein ebener Spannungszustand aus, der durch die Bedingung $\sigma_z = 0$ charakterisiert ist.

Der Betrag der Spannungskomponenten in den Gleichungen (25a) bis (25d) wird durch die Größe

$$K = \sigma(\pi \cdot l)^{1/2} \tag{26a}$$

bestimmt. Die von den Polarkoordinaten r und φ unabhängige Größe K ist damit ein Maß für die Spannungskonzentration in der Umgebung der Rißspitze. Sie wird im allgemeinen als *Spannungsintensitätsfaktor* bezeichnet. Um die 3 möglichen Rißöffnungsarten (Bild 63) unterscheiden zu können, führte man die Spannungs-

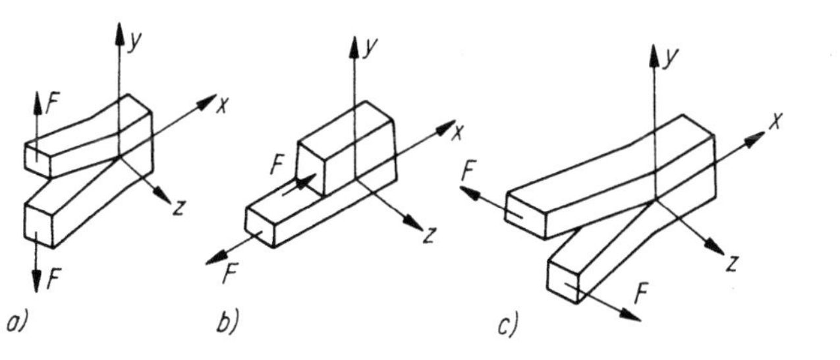

Bild 63. Rißöffnungsarten
a) Rißart *I* (einfache Rißöffnung): Eine Zugspannung wirkt senkrecht zu den Rißflächen;
b) Rißart *II* (Längsscherriß): Eine Schubspannung wirkt senkrecht zur Rißfront;
c) Rißart *III* (Querscherriß): Eine Schubspannung wirkt parallel zur Rißfront

intensitätsfaktoren K_I, K_{II} und K_{III} ein. Werden noch die Bauteilgeometrie und die Rißkonfiguration durch einen Korrekturfaktor f berücksichtigt, so ergibt sich für den bisher angenommenen Fall eines Risses in einer zugbeanspruchten Platte:

$$K_I = \sigma(\pi \cdot l \cdot f)^{1/2} \tag{26b}$$

Die Bedeutung des Spannungsintensitätsfaktors K_I für die quantitative Erfassung der Bruchvorgänge besteht nun darin, daß dieser als Kriterium für die instabile Rißausbreitung verwendet werden kann. Man geht davon aus, daß bei zunehmender Zugbeanspruchung dann eine instabile Rißausbreitung eintritt, wenn ein kritischer Wert K_{Ic} (beim ebenen Dehnungszustand) bzw. K_c (beim ebenen Spannungszustand) erreicht wird. Für diesen kritischen Wert hat sich der Begriff *Bruchzähigkeit* eingeführt. Unter den Bedingungen des ebenen Spannungszustands ist der K_c-Wert jedoch noch von der Probendicke abhängig. Demgegenüber ist der unter den Bedingungen des ebenen Dehnungszustands ermittelte K_{Ic}-Wert ein echter Werkstoffkennwert, der die untere Grenze der Bruchzähigkeit eines Werkstoffs angibt. Damit ist es möglich, die bei gegebener Rißlänge für eine instabile Rißausbreitung erforderliche Spannung oder die für eine gegebene Spannung notwendige Rißlänge zu ermitteln. Den sich aus der linear-elastischen Bruchmechanik ergebenden Zusammenhang zwischen der äußeren Spannung und der kritischen Rißtiefe von Oberflächenrissen zeigt Bild 64.

Eine wesentliche Einschränkung bei der Anwendung der bisher abgeleiteten Beziehungen besteht in der Voraussetzung, daß bis zum Bruch des Werkstoffs ein linear-elastischer Zusammenhang zwischen den Spannungen und Verformungen vorliegen muß (Bild 65a). Diese Bedingung ist jedoch nur bei extrem spröden Stoffen, z. B. bei Glas oder Keramik, erfüllt. Bei den metallischen und hochpolymeren Werkstoffen ist auch bei einem mikroskopisch spröden Bruch (Spaltbruch) die Rißausbreitung immer mit einer plastischen Verformung in unmittelbarer Nähe der Rißspitze verbunden [277]. Beschränkt sich nun die plastische Zone vor der Rißspitze auf nur geringe Abmessungen (Bild 65b), so ist es ebenfalls möglich, die Grundgleichungen der linear-elastischen Bruchmechanik anzuwenden. Für die ent-

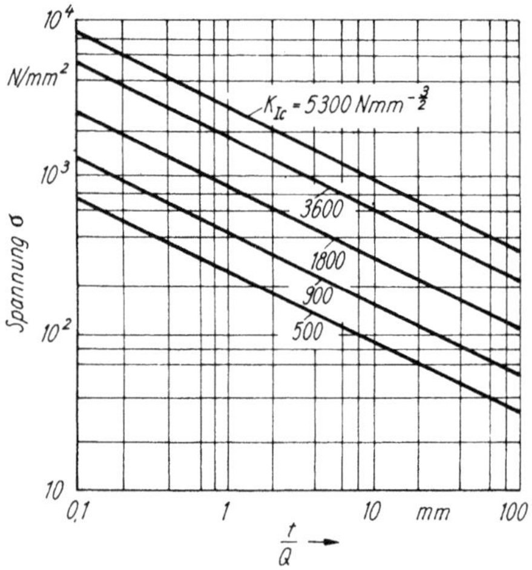

Bild 64. Zusammenhang zwischen der äußeren Spannung und der kritischen Rißtiefe von Oberflächenrissen bei Zugbeanspruchung (Oberflächenriß mit halbelliptischer Rißfläche) [259]
t Rißtiefe;
l Rißlänge;
Q Rißgrößenparameter
($Q = f(t/l, \sigma/\sigma_s)$;
für $\sigma/\sigma_s < 0{,}6$: $Q = 1 \dots 2$)

sprechenden Rechnungen sind dabei die wahre Rißlänge und die Radien der beiden plastischen Zonen zu einer effektiven Rißlänge zusammenzufassen. Dadurch wird es möglich, auf der Grundlage der linear-elastischen Bruchmechanik von folgenden Werkstoffen die interessierenden Kenngrößen zu ermitteln: von hochfesten Konstruktions- und Werkzeugstählen, Gußeisenwerkstoffen, Titanlegierungen, hochfesten Aluminiumlegierungen, Hartmetallen, Gläsern und Keramikwerkstoffen. Einige K_{Ic}-Werte ausgewählter Werkstoffe sind in Tabelle 47 angegeben.

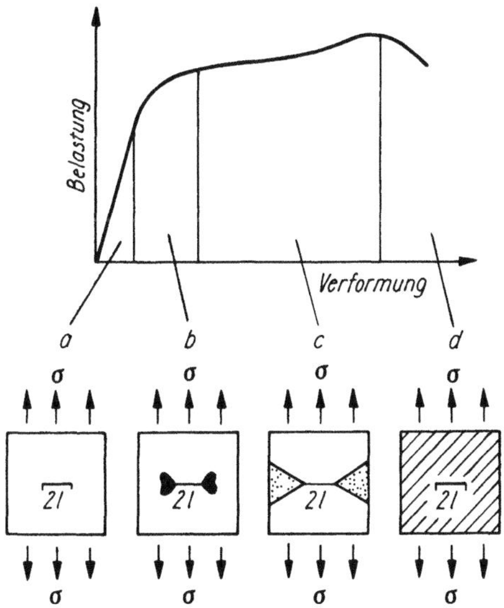

Bild 65. Verformung eines Bauteils mit Riß [137]
a) linear-elastische Verformung;
b) Ausbildung einer begrenzten plastischen Zone (Kleinbereichsfließen);
c) elastisch-plastische Verformung;
d) allgemeines Fließen

Geht dem Bruch aber ein plastisches Fließen in größeren Werkstoffbereichen vor der Rißspitze voraus (Bild 65c), dann können die Beziehungen der linear-elastischen Bruchmechanik nicht mehr angewendet werden. Denn die plastische Zone an der Rißspitze bewirkt zunächst nur ein Auseinanderbewegen der Rißufer beiderseits der Rißspitze, ohne daß eine Rißverlängerung eintritt (Bild 66b). Erst bei weiter steigender Beanspruchung erfolgt eine Rißausbreitung. Als Kriterium der instabilen Rißausbreitung wird bei diesem Werkstoffverhalten analog dem kritischen Spannungsintensitätsfaktor der linear-elastischen Bruchmechanik eine mit δ_c bezeichnete *kritische Rißöffnungsweite* angenommen (Bild 66c) [259], [275]. Diese kritische Rißöffnung δ_c ist eine Zähigkeitskenngröße. Sie charakterisiert den Bruchvorgang bei relativ zähen Werkstoffen, der im allgemeinen in zwei Teilprozessen abläuft [261], [277], [289]. Durch das Spannungsfeld in der Umgebung der Rißspitze werden zunächst Mikrorisse vor dem Hauptriß erzeugt, die vorzugsweise entlang kristallographisch definierter Spaltebenen verlaufen. Diese Mikrorisse sind durch duktile Brücken verbunden, die sich lokal verformen können. Der zweite Teilprozeß besteht nun darin, daß nach größerer plastischer Verformung der Materialzusammenhang durch das Trennen der Brücken verlorengeht. Das führt insgesamt zu einer diskontinuierlichen Rißausbreitung. Mit der kritischen Rißöffnungsweite bietet sich nunmehr die Möglichkeit, auch die Bruchvorgänge bei den höherfesten Baustählen,

Tabelle 47. Bruchzähigkeit K_{Ic} ausgewählter Werkstoffe

Werkstoffe	K_{Ic} [$Nmm^{-3/2}$]	Literatur
Stähle		
— Werkzeugstähle, geschmiedet	300 ... 1300	[278]
— verschleißfeste, niedriglegierte Stähle	300 ... 3500	[278]
— Vergütungsstähle	1000 ... 4000	[259], [279], [280]
— Schnellarbeitsstähle	500 ... 1300	[281]
Gußeisenwerkstoffe		
— Gußeisen mit Lamellengraphit		
a) mit niedriger Festigkeit	150	[278]
b) für Maschinengußteile	500 ... 650	[278]
dav. die Stahlgrundmasse im Gußeisen	2200	[282]
— Gußeisen mit Kugelgraphit, schwarzer und weißer Temperguß	1300 ... 3200	[283]
a) GGG 60	2900	[278]
b) GGG 80	1400	[278]
c) Temperrohguß	600 ... 800	[278]
— Ni-Hard 1	400 ... 600	[278]
Ni-Hard 4	600 ... 1100	[278]
Nichteisenwerkstoffe		
— hochfeste Aluminiumlegierungen	800 ... 1300	[259]
— G-AlSi12 CuNiMg (Kolbenleg.)	450	[283]
— Titanlegierungen	2000 ... 4000	[259]
Keramik, Glas		
— Aluminiumoxidkeramik	30 ... 100	[259], [284]
— Glas (Tafelglas, optisches Glas)	15 ... 30	[285]
hochpolymere Werkstoffe		
— Polystyrol (PS)	30 ... 70	[286]
— Polymethylmethacrylat (PMMA)	30 ... 100	[286]
— Polyamid (PA)	70 ... 140	[286]
— Polyäthylen (PE)	50 ... 210	[275], [286], [287]
— Polyvinylchlorid (PVC), Polyamid (PA)	60 ... 260	[259], [286]
Holz		
— Kiefernholz	7 ... 15	[288]

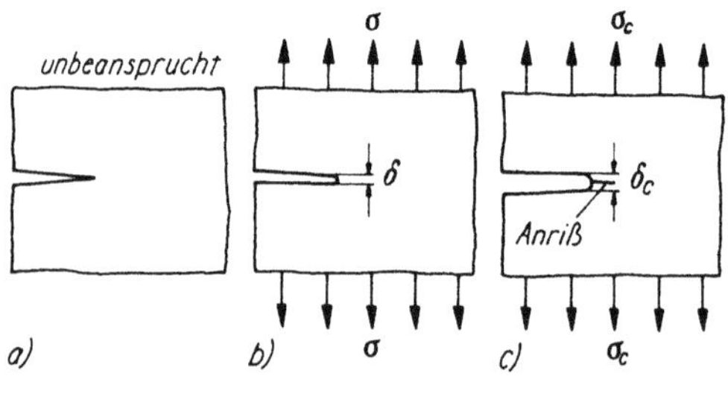

Bild 66. Rißausbreitung bei stärkerer plastischer Verformung im Bereich der Rißspitze [259]

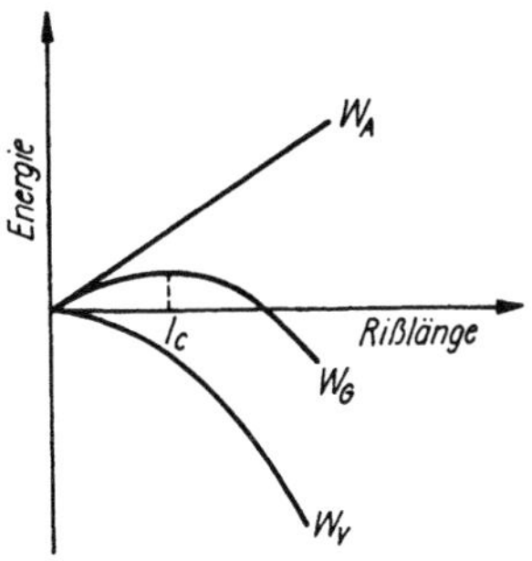

Bild 67. Energiebilanz bei der Rißausbreitung ideal spröder Stoffe
W_A Grenzflächenenergie;
W_V elastische Verformungsenergie;
W_G Gesamtenergie;
l_c kritische Rißlänge

Vergütungsstählen, NE-Metallen, hochpolymeren Werkstoffen, Verbundwerkstoffen u. a. quantitativ zu erfassen. Entsteht ein Zähbruch jedoch erst nach stärkerem makroskopischem Fließen (Einschnürung; Bild 65d), dann sind auch die bisher genannten Bruchkriterien nicht mehr anwendbar. Für diesen Fall gibt es noch kein Bruchkriterium.

Das *Energiekriterium* für die instabile Rißausbildung wurde zuerst von GRIFFITH für elastisch verformte, d. h. ideal spröde Stoffe aufgestellt [290]. Danach ist eine instabile Rißausbildung möglich, wenn die durch eine differentielle Rißerweiterung freiwerdende elastische Verformungsenergie W_V gleich oder größer als die zur Bildung neuer Oberflächen erforderliche Grenzflächenenergie W_A ist. Im Bild 67 sind die beiden Energieanteile W_V und W_A sowie die sich aus der Rißausbreitung ergebende Gesamtenergie W_G in Abhängigkeit von der Rißlänge schematisch dargestellt. Bei sehr kleinen Rißlängen muß für eine Rißverlängerung laufend Energie aufgewendet werden, d. h., der Riß ist stabil. Erst wenn hinreichend große Rißlängen erreicht sind, wird Energie im Überschuß frei, und der Riß breitet sich instabil aus. Bei einer Rißlänge im Bereich des Kurvenmaximums ($dW_G/dl = 0$) ist der Riß labil. Als Kriterium für die instabile Rißausbreitung gilt somit

$$\frac{dW_V}{dl} \geqq \frac{dW_A}{dl} \tag{27}$$

Ist diese Bedingung erfüllt, so breitet sich ein vorhandener Riß ohne äußere Energiezufuhr instabil aus.

In Erweiterung der von GRIFFITH vorgenommenen Aussagen hat sich der Begriff der *Energiefreisetzungsrate G* eingeführt. Sie ist ein Maß für die an der Rißspitze beim differentiellen Rißfortschritt frei werdende Energie. Man bezieht sie auf den Bruchquerschnitt, d. h. auf die halbe Bruchoberfläche. Für den ebenen Spannungszustand ergibt sich die Energiefreisetzungsrate aus folgender Beziehung:

$$G = \frac{\sigma^2 \cdot \pi \cdot l}{E} \tag{28}$$

Die Energiefreisetzungsrate steigt damit proportional mit der Rißlänge an. Aus Gl. (28) wird aber auch deutlich, daß die für die Rißausbreitung verfügbare Energie G nur dann proportional mit der Rißlänge wächst, wenn die Spannung konstant bleibt. Die Rißausbreitung verbraucht jedoch Energie, und da während der schnellen Rißausbreitung wegen der Trägheit des äußeren Belastungssystems keine weitere Energie zugeführt werden kann, wird sich zwangsläufig die Spannung verringern. Bei nicht ausreichendem Energievorrat im zu zerkleinernden Stück wird deshalb die Rißausbreitung zum Stillstand kommen [291].

Der spezifische Energieverbrauch für die Bildung der Bruchoberflächen beschränkt sich bei einem ideal spröden Festkörper nur auf die spezifische freie Grenzflächenenergie ($\approx 10^{-6}$ bis 10^{-4} J/cm^2). Bei den realen Festkörpern, besonders bei den metallischen und hochpolymeren Werkstoffen, erhöht sich jedoch infolge starker plastischer Verformung an der Rißspitze entscheidend der Energiebedarf. Je Einheit neuer Grenzfläche können sich Energiebeträge ergeben, die das 10- bis 10^5fache der spezifischen freien Grenzflächenenergie betragen. Die gesamte an der Rißfront je Einheit Bruchoberfläche in Grenzflächenenergie, plastische Verformung und damit in Wärme und weitere Energieformen umgesetzte Energie wird nach RUMPF [292] *spezifische Bruchflächenenergie* β genannt. Erreicht nun die Energiefreisetzungsrate G mit steigender Rißlänge den kritischen Betrag

$$G_c = 2\beta\,,$$

so tritt instabile Rißausbreitung ein. Der Wert G_{Ic} (bei ebenem Dehnungszustand) bzw. G_c (bei ebenem Spannungszustand) wird als *spezifische Rißausbreitungsenergie* (auch Rißzähigkeit) bezeichnet. Die besondere Bedeutung der spezifischen Rißausbreitungsenergie besteht nun darin, daß sie eine Werkstoffkenngröße darstellt. So werden für Gläser G_c-Werte von 10^{-4} bis 10^{-3} J/cm^2, für hochpolymere Werkstoffe von 10^{-3} bis 10^{-1} J/cm^2 und für Metalle von 10^{-2} bis 10 J/cm^2 gefunden [293]. Ausgehend von Gl. (28) kann man bei Kenntnis der Spannung σ mit diesen Werten die *kritische Rißlänge* l_c bestimmen, von der sich der Riß instabil ausbreitet. Sie ergibt sich aus folgender Beziehung:

$$l_c = \frac{E \cdot G_c}{\pi \cdot \sigma^2} \tag{29}$$

Mit dem Überschreiten der kritischen Rißlänge beginnt sich ein Überschuß an frei werdender Energie zu bilden, der zu einer Beschleunigung der Rißfortpflanzungsgeschwindigkeit bis zu einer Grenzgeschwindigkeit führt. Diese beträgt bei Stahl $\approx$2000 m/s [260]. Die weitere überschüssige Energie wird in kinetische Energie der entlasteten Werkstoffe umgesetzt.

Aus den bisherigen Darlegungen wird deutlich, daß bei der Zerkleinerung der Schrotte möglichst ein Sprödbruch anzustreben ist. Deshalb gilt den Faktoren, die die Sprödbruchbildung fördern, besonderes Interesse (Tabelle 48). Grundsätzlich kann man feststellen, daß meist diejenigen Faktoren, die zu einer Erhöhung der Fließgrenze führen, den Sprödbruch begünstigen. In diese Richtung wirken absinkende Temperaturen, steigende Beanspruchungsgeschwindigkeiten, mehrachsige Spannungszustände, höhere Anteile an Verunreinigungen u. a.

Von den vielen, den Sprödbruch fördernden Faktoren können aber nur wenige gezielt für die Zerkleinerung genutzt werden. Als besonders wirksam haben sich niedrige Werkstofftemperaturen erwiesen. Diese werden durch eine kryotechnische Behandlung des Schrotts vor der Zerkleinerung erreicht. Des weiteren wirken sich auch hohe Beanspruchungsgeschwindigkeiten und komplexe Spannungszustände

Tabelle 48. Sprödbruchfördernde Faktoren bei der Zerkleinerung metallischer Werkstoffe [259]

Einflußfaktoren	sprödbruchfördernd wirken
Werkstoff, Werkstoffstruktur und -gefüge	kubisch-raumzentriertes bzw. hexagonales Kristallgitter; grobkörniges Gefüge; Korngrenzenausscheidungen; Verunreinigungen und nichtmetallische Einschlüsse
konstruktive und fertigungstechnische Gestaltung der zu zerkleinernden Erzeugnisse	Kerben; plötzliche Querschnittsveränderungen; beim Schweißen, Härten und Schleifen gebildete Oberflächenfehler und Risse; komplexe Eigenspannungszustände, die besonders beim Schweißen entstehen können
Umgebungsbedingungen bei der Nutzung der Erzeugnisse	korrosive Medien (Spannungsrißkorrosion, Flüssigmetallversprödung, Wasserstoffversprödung)
Beanspruchungsbedingungen bei der Zerkleinerung	niedrige Temperaturen, schlagartige Belastung, mehrachsige Beanspruchungszustände

fördernd auf die Sprödbruchbildung bei der Zerkleinerung aus. Mehrachsige Spannungszustände können dabei durch das bewußte Anbringen von Kerben an den Schrottstücken erzeugt werden (z. B. beim Schienenbrecher). Daneben besitzen auch solche Einflußfaktoren großes Interesse, wie der Gehalt an Verunreinigungen und die Gefügeausbildung, die zur Klärung des Zerkleinerungsverhaltens der metallischen und nichtmetallischen Werkstoffe beitragen können. Deshalb sollen nachfolgend die wesentlichsten Einflußfaktoren auf das Bruch- und Zerkleinerungsverhalten der metallischen und hochpolymeren Werkstoffe näher charakterisiert werden.

Der Einfluß der *Temperatur* auf die mechanischen Eigenschaften der Werkstoffe wird entscheidend von der Werkstoffart, dem Werkstoffgefüge und der Kristallstruktur der Werkstoffe bestimmt. Das unterschiedliche Verhalten der metallischen Werkstoffe in Abhängigkeit von der Temperatur läßt sich vor allem auf Unterschiede in der Kristallstruktur zurückführen. Diese bewirken bei Verringerung der Temperatur eine unterschiedliche Veränderung der Fließgrenze (Streckgrenze) gegenüber der Bruchspannung. Bei den *Metallen mit kubisch-flächenzentriertem Kristallgitter* (Tabelle 49) bleibt mit sinkender Temperatur die Fließgrenze immer deutlich unter der Bruchspannung (Bild 68a). Das bedeutet, daß diese Metalle auch bei niedrigen Temperaturen erst nach größerer plastischer Verformung brechen (Zähbruch). Die das Verformungsvermögen beschreibenden Kenngrößen, wie Bruchdehnung, Brucheinschnürung und Kerbschlagzähigkeit, verändern sich in Abhängigkeit von der Temperatur nur relativ wenig. Bei den NE-Metallen Aluminium, Kupfer, Nickel und vielen ihrer Legierungen wird mit sinkender Temperatur eine geringe Erhöhung der Kerbschlagzähigkeit festgestellt (Tabelle 50). Demgegenüber ist bei den austenitischen Stählen und einigen Aluminiumknetlegierungen eine gewisse Verringerung der Kerbschlagzähigkeit zu beobachten (Bild 69, Tabelle 50). Von dem grundsätzlichen Verhalten der Metalle mit kubisch-flächenzentriertem Kristallgitter weichen nach BRATON u. KOUTSKY [297] nur zwei Kupferlegierungen mit Antimon- bzw. Mangangehalten ab.

Tabelle 49. Kristallstruktur ausgewählter Metalle (bei 20 °C)

Kristallstruktur		
kubisch-flächenzentriert	kubisch-raumzentriert	hexagonal
γ-Eisen (austenitische Stähle)	α-Eisen (ferritische und ferritisch-perlitische Stähle, Gußeisenwerkstoffe)	Kadmium
		Kobalt
		Magnesium
Aluminium		Titan
Blei		Zink
Gold	Chrom	
Kupfer	Molybdän	
Mangan	Vanadium	
Nickel	Wolfram	
Palladium		
Platin		
Silber		

Zinn: >13,2 °C tetragonal; die Umwandlung in die α-Phase mit Diamantgitter (kubisch) erfolgt praktisch erst bei niedrigerer Temperatur (—50 °C bei reinem Zinn)

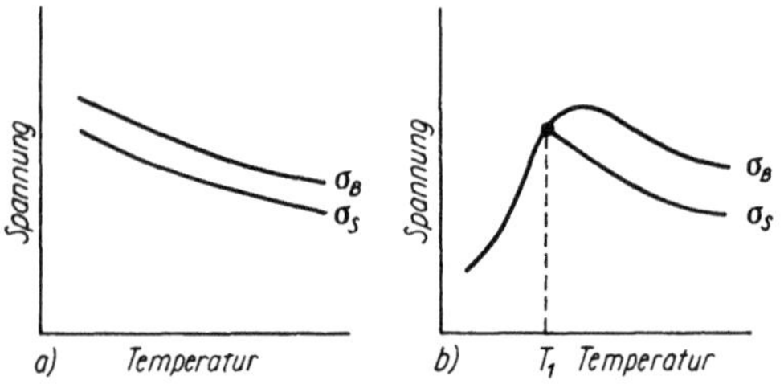

Bild 68. Einfluß der Temperatur auf die Fließgrenze und die Bruchspannung bei Metallen mit kubisch-flächenzentriertem Kristallgitter (a) und kubisch-raumzentriertem Kristallgitter (b) (schematisch)
σ_s Fließgrenze;
σ_B Bruchspannung

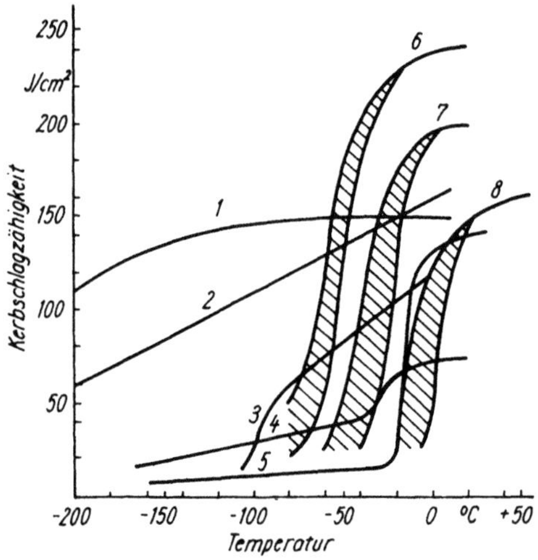

Bild 69. Einfluß der Temperatur auf die Kerbschlagzähigkeit verschiedener Stähle
1) X10CrNiTi18.9 [295];
2) X40MnCr22.4 [295];
3) C15 [294];
4) St52 [294];
5) St37 [294];
6) Al-beruhigter Stahl [296];
7) Siemens-Martin-Stahl [296];
8) Thomas-Stahl [296]

Tabelle 50. Kerbschlagzähigkeit metallischer Werkstoffe in Abhängigkeit von der Temperatur [294]

Werkstoff	Kerbschlagzähigkeit in J/cm² bei der Temperatur in °C				
	20	−80	−120	−196	−253
Eisenwerkstoffe					
Bau- bzw. Einsatzstähle (St38, C10)	100 ... 200	0,3 ... 1,5	0,2 ... 0,5	—	—
hochlegierter austenitischer Stahl (X8CrNiTi18.10)	200 ... 250	—	—	150 ... 200	140 ... 160
Nichteisenmetalle					
Kupfer	140 ... 180	150 ... 200	—	160 ... 205	—
Messing¹) (CuZn37)	125	142	—	155	—
Kupfer-Nickel-Eisen-Legierung (CuNi10Fe)	192	190	—	195	195
Neusilber (CuNi31Zn14)	110	115	—	120²)	—
Aluminium (Al99,5)	40	52	—	60	—
Aluminium-Knetlegierung (AlMg3)	100	110	—	100	—
Zinn	60	3,5	—	—	—
Blei	24	—	—	38²)	45

¹) große Unterschiede zwischen den einzelnen Messingsorten; bei —196 °C minimaler Wert um 30 J/cm²
²) bei —180 °C

Gegenüber den Metallen mit kubisch-flächenzentriertem Kristallgitter ergibt sich mit Verringerung der Temperatur bei den *Metallen mit kubisch-raumzentriertem Kristallgitter* ein anderer Verlauf der Fließgrenze gegenüber der Bruchspannung (Bild 68b). Zunächst steigen jedoch beide mit sinkender Temperatur exponentiell an. In einem bestimmten Temperaturbereich verringert sich aber der Anstieg der Bruchspannung gegenüber der Fließgrenze. Das äußert sich in einer immer geringer werdenden plastischen Verformung vor Eintritt des Bruchs. Bei einer bestimmten Temperatur, der Sprödbruch- bzw. Übergangstemperatur T_1, fällt dann die Bruchspannung so weit ab, daß sie mit der Fließgrenze des Werkstoffs übereinstimmt. Das bedeutet, daß bei dieser Temperatur der Bruch ohne sichtbare plastische Verformung eintritt (Sprödbruch).

In besonderem Maß wird die Entstehung eines Sprödbruchs durch Spannungskonzentrationen an Oberflächen- und Innenrissen begünstigt. Fehlen diese in dem beanspruchten Werkstoffbereich, so fällt die auf den wahren Querschnitt bezogene Bruchspannung erst bei sehr tiefen Temperaturen auf den Wert der Fließgrenze ab. Für Baustahl liegt die Temperatur T_1 zwischen 120 und 70 K [275]. Sind dagegen Risse im beanspruchten Werkstoffbereich vorhanden, so kommt es schon bei wesentlich höheren Temperaturen zu einem starken Abfall der Bruchspannung (Kurven *1* bis *3* im Bild 70). Mit zunehmender Kerb- bzw. Rißgröße verschiebt sich dabei die Bruchspannungs-Temperaturkurve nach rechts, bis ein Grenzwert erreicht wird. Oberhalb der Temperatur T_3 ist bei Spannungen in Höhe der Fließgrenze der Werkstoffe keine Rißausbreitung mehr möglich.

Entsprechende Aussagen zur Rißausbreitung in Abhängigkeit von der Temperatur können auch auf der Grundlage der Bruchzähigkeit der Werkstoffe getroffen werden. Im Bild 71 ist der Einfluß der Temperatur auf die Bruchzähigkeit K_{Ic} des Stahls St52 und des ferritisch-perlitischen Gußeisens mit Kugelgraphit dargestellt. Die deutliche Verringerung der K_{Ic}-Werte mit sinkender Temperatur bedeutet, daß bei tieferen Temperaturen für eine instabile Rißausbreitung bei gegebener Rißlänge eine geringere Spannung bzw. bei gegebener Spannung eine geringere Rißlänge erforderlich ist. Für Gußeisen mit Lamellengraphit und perlitisches Gußeisen mit Kugelgraphit gibt es keine entsprechenden Abhängigkeiten, da diese bereits bei Raumtemperatur spröde brechen [298].

Aus den bisherigen Darlegungen wird deutlich, daß die Verformungsfähigkeit der Metalle mit kubisch-raumzentriertem Kristallgitter in einem relativ engen Temperaturbereich mehr oder weniger sprunghaft abfällt. Das äußert sich u. a. in der Abhängigkeit der Kerbschlagzähigkeit von der Temperatur (Bild 72). Für die sich dabei

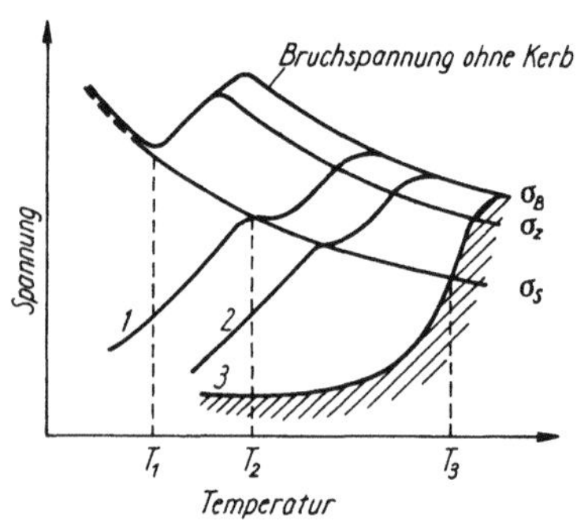

Bild 70. Einfluß von Temperatur und Kerben auf die Bruchspannung des Baustahls (schematisch) [259]
1) Bruchspannung bei kleinem Anriß;
2) Bruchspannung bei größerem Anriß;
3) Grenzkurve für die Rißausbreitung bei einem Anriß sehr großer Länge;
σ_S Fließgrenze;
σ_Z Zugfestigkeit;
σ_B Bruchspannung

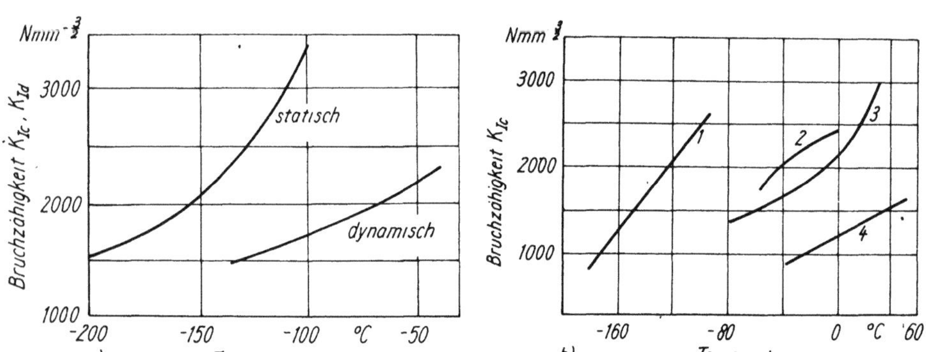

Bild 71. Einfluß der Temperatur auf die Bruchzähigkeit des Stahls St52.3 (a) und des Gußeisens mit Kugelgraphit bei unterschiedlichem Gefüge (b) [260], [298]
Gefügeausbildung: *1*) 92% Ferrit;
2) 75% Ferrit;
3) 30% Ferrit;
4) 85% koag. Perlit, 10% Martensit, 5% Zementit

im Kurvenverlauf ausbildende „Hochlage“ sind Zähbrüche charakteristisch, während in der „Tieflage“ makroskopisch verformungslose Sprödbrüche auftreten. In dem dazwischenliegenden Steilabfall werden Mischbrüche mit unterschiedlichen Zähbruch- und Sprödbruchanteilen festgestellt. Dieses Verhalten ist besonders typisch für ferritische und ferritisch-perlitische Stähle (Bild 69). Aber auch die Gußeisenwerkstoffe zeigen ein ähnliches Verhalten [299]. Denn das Gefüge des unlegierten Gußeisens ist ebenfalls ferritisch, perlitisch oder ferritisch-perlitisch.

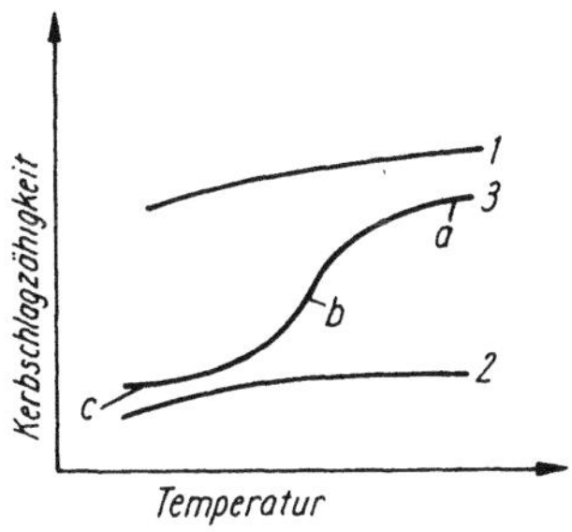

Bild 72. Einfluß der Temperatur auf die Kerbschlagzähigkeit verschiedener Werkstoffe (schematisch)
1) Metall mit kubisch-flächenzentriertem Kristallgitter, schlagzähe hochpolymere Werkstoffe;
2) Glas, keramische Werkstoffe, hochfeste und einsatzgehärtete Stähle;
3) Metalle mit kubisch-raumzentriertem Kristallgitter, einige Metalle mit hexagonalem Kristallgitter, viele hochpolymere Werkstoffe
a) Hochlage (Zähbruch);
b) Steilabfall (Mischbruch);
c) Tieflage (Sprödbruch)

Die Ursachen für das abweichende Formänderungsvermögen der ferritischen und ferritisch-perlitischen Stähle gegenüber den austenitischen Stählen mit sich verringernder Temperatur liegen in ihrer unterschiedlichen Kristallstruktur begründet. Bei ersteren Stählen, die ein kubisch-raumzentriertes Kristallgitter besitzen, erhöht sich mit sinkender Temperatur die kritische Schubspannung, die für die Bewegung der Versetzungen durch das Gitter notwendig ist. Damit steigt mit abnehmender Temperatur die Fließgrenze. In die gleiche Richtung wirken auch die auf Zwischengitterplätzen eingelagerten Fremdatome. Durch die vergleichsweise zur Bruchspannung stark ansteigende Fließgrenze wird es möglich, daß diese die Bruchspannung erreicht und damit Sprödbruch eintreten kann. Dieser Mechanismus kommt bei den austenitischen Stählen mit kubisch-flächenzentriertem Kristallgitter nicht zur Wirkung [260].

Ein von den ferritisch-perlitischen und austenitischen Stählen abweichendes Verhalten zeigen die hochfesten und einsatzgehärteten Stähle. Diese Stähle besitzen sehr niedrige Zähigkeitskennwerte, die auch nur geringfügig von der Temperatur beeinflußt werden (Bild 72). Damit entsprechen sie in ihrem Verhalten den keramischen und mineralischen Rohstoffen sowie dem Glas.

Die *Metalle mit hexagonalem Kristallgitter* (Tabelle 49) besitzen Eigenschaften, die zwischen denen der Metalle mit kubisch-flächenzentriertem und kubisch-raumzentriertem Kristallgitter liegen. Einige der hexagonal kristallisierenden Metalle, z. B. Kadmium, bleiben bei tiefen Temperaturen duktil und andere, z. B. Zink, werden äußerst spröde. Die mechanischen Eigenschaften wiederum anderer Metalle, z. B. Titan, Beryllium, werden in starkem Maß durch Einlagerungsfremdatome, wie Sauerstoff, Wasserstoff, Stickstoff, entscheidend beeinflußt. Mit Vergrößerung des Gehalts an Einlagerungsfremdatomen erhöht sich die Fließgrenze, und damit wird der Sprödbruch gefördert [297].

Einen entscheidenden Einfluß übt die Temperatur auch auf die mechanischen Eigenschaften der *hochpolymeren Werkstoffe* aus. Häufig dient deshalb die Temperaturabhängigkeit, z. B. des Elastizitätsmoduls, zur Klassifizierung der hochpolymeren Werkstoffe (Bild 73). Der Abfall des Elastizitätsmoduls legt dabei die jeweiligen Anwendungsgrenzen fest. Bei den amorphen Thermoplasten (PS, PMMA, PVC, PC) folgt dem zunächst nur geringen Rückgang des Elastizitätsmoduls mit steigender Temperatur im glasartigen Zustand ein steiler Abfall im Bereich der Glastemperatur (Einfriertemperatur, Erweichungstemperatur). Die teilkristallinen Thermoplaste (PE, PP, PA) verhalten sich demgegenüber noch oberhalb der Glastemperatur der amorphen Bereiche weitestgehend zäh und hart. Sie erweichen erst im Bereich der Schmelztemperatur der Kristallite. Die schwach vernetzten Elastomere (Naturkautschuk, reine Butadien-Elastomere, Mischpolymerisate mit Styrol und Akrylnitril) gehen bei der Glastemperatur, die meist < —50 °C liegt, in einen gummielastischen Zustand über. Bei weiterer Temperaturerhöhung wird kein weiteres Absinken des Elastizitätsmoduls mehr beobachtet. Sind die Makromoleküle sehr stark miteinander vernetzt, wie bei den Duromeren (Phenol- bzw. Melamin-Formaldehyd-Harze, ungesättigte Polyesterharze), so geht der Einfluß der Temperatur auf die mechanischen Eigenschaften wesentlich zurück. Sie erweichen erst wenig unterhalb ihrer Zersetzungstemperatur [263], [300], [301].

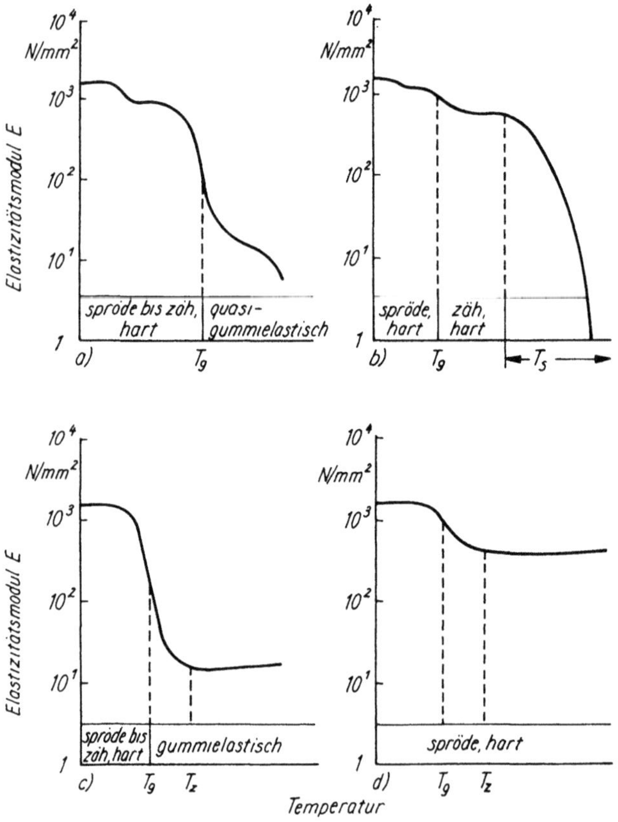

Bild 73. Temperaturabhängigkeit des Elastizitätsmoduls für die verschiedenen hochpolymeren Werkstoffgruppen [300], [301]
a) amorphe Thermoplasten;
b) teilkristalline Thermoplasten;
c) Elastomere;
d) Duromere
T_g Glastemperatur;
T_s Schmelztemperatur der Kristallite;
T_z Zimmertemperatur

Aus den Darlegungen wird deutlich, daß das Bruchverhalten vieler hochpolymerer Werkstoffe entscheidend durch eine Temperaturveränderung beeinflußt werden kann. Nur ein relativ geringer Einfluß der Temperatur ist bei den Duromeren zu erwarten. Dies äußert sich u. a. auch in der nur sehr geringen Abhängigkeit der Schlagzähigkeit und Kerbschlagzähigkeit von der Temperatur (Bild 74). Demgegenüber wird bei den Thermoplasten und Elastomeren durch eine Temperaturerniedrigung bis ausreichend unterhalb der Glastemperatur ein Übergang vom Zähbruch zum Sprödbruch erreicht. Die Unterschiede in den Glastemperaturen (Tabelle 51) zeigen, daß sich die Änderung im Bruchverhalten bei unterschiedlichen Temperaturen vollzieht. Relativ tiefe Temperaturen für eine Versprödung (meist < —40 bis 50 °C) erfordern Polyäthylen, Polyamide, Polyoxymethylen, Acrylnitril-Butadien-Styrol-Polymerisate, Polykarbonat u. a. [297], [305]. Hohe Beanspruchungsgeschwindigkeiten und das Vorhandensein von Kerben verschieben den Übergang vom Zähbruch zum Sprödbruch zu höheren Temperaturen.

Neben der Temperatur werden die mechanischen Eigenschaften der Werkstoffe auch entscheidend von der jeweiligen *Beanspruchungsgeschwindigkeit*, z. B. Dehn-

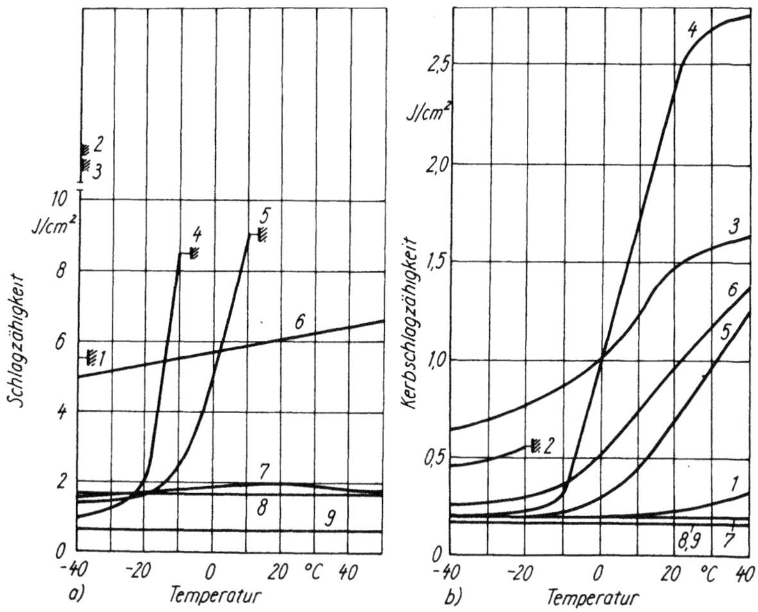

Bild 74. Einfluß der Temperatur auf die Schlagzähigkeit (a) und die Kerbschlagzähigkeit (b) verschiedener hochpolymerer Werkstoffe [301], [302]

1) Polyvinylchlorid;
2) Polyäthylen ($\gamma = 0{,}92$ g/cm^3);
3) Polyäthylen ($\gamma = 0{,}95$ g/cm^3);
4) Acrylnitril-Butadien-Styrol-Polymerisate;
5) Polypropylen;
6) Styrol-Butadien-Polymerisate (schlagzähes Polystyrol SB);
7) Polystyrol;
8) Polymethylmetacrylat;
9) Phenolharz mit Holzmehl

Tabelle 51. Glastemperaturen verschiedener hochpolymerer Werkstoffe [263], [303], [304]

hochpolymerer Werkstoff	Glastemperatur [°C]
Polyäthylen	—100 ... —68
Polyisobutylen	—74 ... —60
Naturkautschuk	—72 ... —50
Polyurethan-Kautschuk	—40 ... 20
Polypropylen	—32
Polyamid 6	40
Polyvinylchlorid	65 ... 75
Polystyrol	90 ... 100
Polymethylmethacrylat	100 ... 105

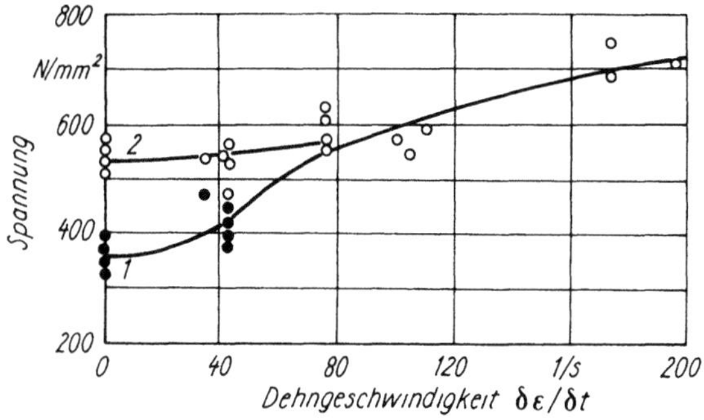

Bild 75. Einfluß der Dehngeschwindigkeit auf die Fließgrenze und die Zugfestigkeit (Werkstoff: Stahl mit 0,12% C und 1,25% Mn) [306]
1) Fließgrenze;
2) Zugfestigkeit

geschwindigkeit, beeinflußt. So führt eine zunehmende Beanspruchungsgeschwindigkeit zu einer geringeren plastischen Verformung des Werkstoffs vor Beginn des Bruchs bzw. sogar zum Sprödbruch. Das ist darauf zurückzuführen, daß die durch die Versetzungsbewegungen hervorgerufene plastische Verformung zeitabhängig ist. Mit zunehmender Beanspruchungsgeschwindigkeit verringert sich die für die Bewegung der Versetzungen zur Verfügung stehende Zeit. Das hat zur Folge, daß die Fließgrenze deutlich und die Zugfestigkeit bzw. Bruchspannung nur relativ wenig ansteigt (Bild 75). Erreicht die Fließgrenze dann bei einer bestimmten Beanspruchungsgeschwindigkeit die Zugfestigkeit bzw. die Bruchspannung, so kommt es ohne vorherige plastische Verformungen zum Sprödbruch. Allerdings ist der Einfluß der Beanspruchungsgeschwindigkeit geringer als der der Temperatur [307].

Da die Fließverzögerung auch von der Temperatur entscheidend bestimmt wird, kann der Einfluß der Beanspruchungsgeschwindigkeit ebenfalls durch eine entsprechende Veränderung der Sprödbruchtemperatur charakterisiert werden [307], [308]. Aus Bild 76 wird deutlich, daß mit steigender Beanspruchungsgeschwindigkeit sich die Übergangstemperaturen[1]) zu höheren Werten verschieben. Diese für die

[1]) Die Übergangstemperaturen sind empirisch festgelegte Grenztemperaturen, die eine Klassifizierung des Sprödbruchverhaltens der Werkstoffe gestatten. Als Kriterium wird z. B. ein bestimmter Zähigkeitswert oder ein festgelegter Anteil der kristallinen Bruchfläche verwendet.

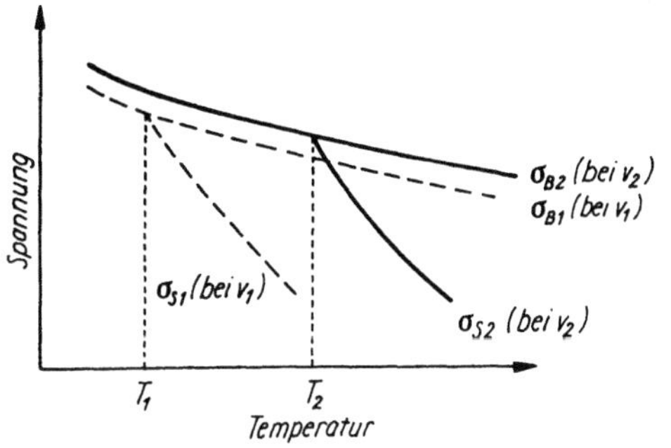

Bild 76. Einfluß der Beanspruchungsgeschwindigkeit auf die Übergangstemperatur (schematisch)

σ_{S1}, σ_{S2} Fließgrenze;
σ_{B1}, σ_{B2} Bruchspannung;
v_1, v_2 Beanspruchungsgeschwindigkeit ($v_2 > v_1$);
T_1, T_2 Übergangstemperatur

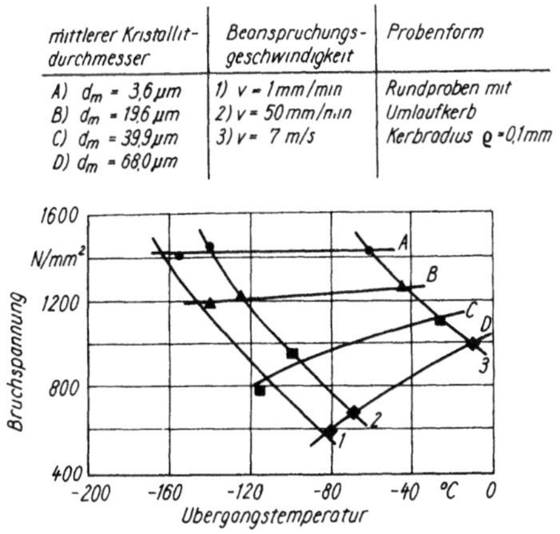

Bild 77. Einfluß der Beanspruchungsgeschwindigkeit und der Kristallitgröße auf die Bruchspannung und die Übergangstemperatur gekerbter Zugproben (Werkstoff: Stahl Ck10) [260]

Tabelle 52. Übergangstemperatur verschiedener Stähle in Abhängigkeit von der Beanspruchungsgeschwindigkeit (Bezugsbasis: 50% kristalline Bruchfläche) [307]

Beanspruchungsgeschwindigkeit	Übergangstemperatur [°C]					
	St38u-2	St42b-2	St52-3, normalisiert	St52-3, gealtert	St60, normalisiert	St60, vergütet
0,6 mm/min	−14	−12				
6 mm/min	− 6	− 7	−78	−54	− 8	−73
60 mm/min	− 4	1				
3,2 m/s		17				
5,5 m/s		19				
6 m/s	7	24	−47	−10	26	−45
15 m/s	14	37	−37	− 5	42	−38
30 m/s	20		−27	0	52	−39
45 m/s	23	49	−17	7	61	−28

Zerkleinerungstechnik wesentliche Feststellung wird im Bild 77 und Tabelle 52 für einige Stähle eindrucksvoll bestätigt. Einen grundsätzlich ähnlichen Einfluß der Beanspruchungsgeschwindigkeit auf das Bruchverhalten stellt man auch bei den hochpolymeren Werkstoffen (Thermoplasten, Elastomeren) fest [272], [287], [297], [309].

Der Einfluß der Beanspruchungsgeschwindigkeit ergibt sich ebenfalls aus den entsprechenden Veränderungen der bruchmechanischen Kennwerte. So verringert sich bei hohen Beanspruchungsgeschwindigkeiten die dynamische Bruchzähigkeit K_{Id} der mittelfesten Stähle auf etwa die Hälfte des statischen K_{Ic}-Werts (Bild 71a). Das bedeutet, daß bei einer hohen Beanspruchungsgeschwindigkeit die für eine instabile Rißausbreitung erforderliche Spannung bei gleicher Rißlänge deutlich geringer als bei einer langsamen Beanspruchung ist. Der Einfluß der Beanspruchungsgeschwindigkeit auf die Bruchzähigkeitskennwerte ist dabei um so stärker, je größer die Temperaturabhängigkeit der K_{Ic}-Werte ist und je mehr die statische Streckgrenze durch eine erhöhte Dehngeschwindigkeit angehoben wird. Daher ist der Einfluß der Beanspruchungsgeschwindigkeit bei Werkstoffen mit niedriger Streckgrenze stark, bei hochfesten Werkstoffen dagegen vernachlässigbar klein [260], [310], [311].

Das Bruchverhalten der Werkstoffe wird auch durch den im Werkstoff vorhandenen *Spannungszustand* bestimmt. Im allgemeinen entsteht durch die äußeren Spannungen und die im Werkstoff vorhandenen Eigenspannungen (z. B. durch das Schweißen) ein mehrachsiger Spannungszustand. In den Gußeisenwerkstoffen bildet sich dieser bedingt durch die im Gefüge vorhandenen Graphiteinlagerungen an ihren Spitzen und Kanten aus. Es ist aber auch möglich, gezielt einen mehrachsigen Spannungszustand zu erreichen, so z. B. durch das bewußte Anbringen von Kerben bei der Zerkleinerung mittels Schienenbrecher.

Der mehrachsige Spannungszustand wirkt sich dahingehend aus, daß sich bei einer Beanspruchung des Werkstoffs die in den Gleitebenen wirkenden Schubspannungen teilweise aufheben. Die für eine plastische Verformung notwendige Schubspannung wird somit erst bei deutlich höheren Normalspannungen erreicht. Das bedeutet, daß mit zunehmender Mehrachsigkeit der Spannungen sich die Fließgrenze vergrößert und damit ein Bruch ohne vorheriges Fließen eintreten kann. Dieser Sachverhalt äußert sich auch im Bild 78, in dem deutlich wird, daß mit zunehmender Schärfe der Kerben sich die Übergangstemperaturen erhöhen.

Das *Gefüge* der metallischen Werkstoffe wirkt sich in vielfältiger Weise auf das Zähigkeits- und Bruchverhalten aus. Wesentliche Einflußfaktoren beim Stahl sind der Kohlenstoffgehalt, die Gehalte an Verunreinigungen (insbesondere Phosphor und Schwefel [313], [314]), die Gehalte an Legierungsbestandteilen, die Kristallitgröße des Gefüges [315] bis [317] und die Behandlung des Stahls (Kaltverformung, Wärmebehandlung). Ergibt sich durch diese Einflußfaktoren eine Erhöhung der Fließgrenze, dann tritt im allgemeinen eine Verschlechterung der Zähigkeit ein. Das heißt, die Übergangstemperaturen verschieben sich nach höheren Werten, und die Zähigkeitswerte, z. B. die der Kerbschlagzähigkeit, verringern sich. Diese Auswirkungen äußern sich z. B. bereits bei relativ geringen Phosphorgehalten im Stahl (Bild 79). Durch einen zunehmenden Phosphorgehalt wird dabei die Hochlage der Kerbschlagzähigkeit abgesenkt und die Übergangstemperatur nach höheren Werten verschoben. Als besonders anfällig gegenüber Sprödbruch gelten deshalb

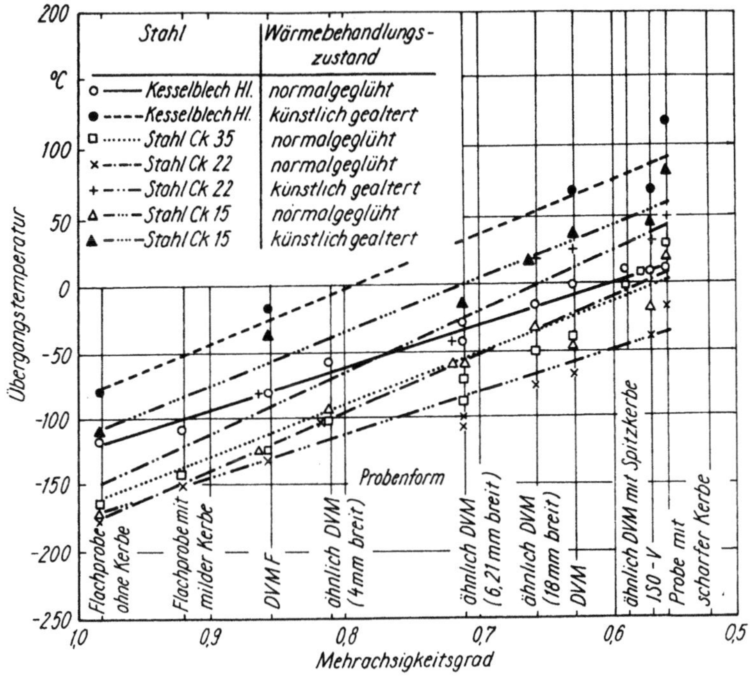

Bild 78. Zusammenhang zwischen der Übergangstemperatur und dem Mehrachsigkeitsgrad des Spannungszustandes bei Anwendung unterschiedlicher Formen von Kerbschlagbiegeproben für verschiedene Stähle [312]

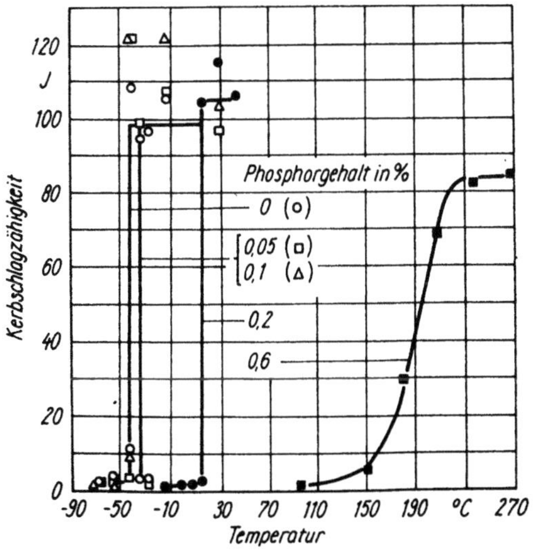

Bild 79. Einfluß des Phosphorgehalts auf die Temperaturabhängigkeit der Kerbschlagzähigkeit von Stahl [318]

Stähle mit einem hohen Gehalt an Verunreinigungen, wie die Stähle der Güteklasse 1. Ein typischer Vertreter für diese Stähle ist der unberuhigt vergossene Thomas-Stahl (Bild 69).

Auf das Zähigkeits- und Bruchverhalten des Stahls wirkt sich auch entscheidend die *Kristallitgröße* des Gefüges aus. Mit Verringerung der Kristallitgröße wird jedoch im Unterschied zu den vorgenannten Einflußgrößen sowohl eine Erhöhung der Streckgrenze als auch der Zähigkeit erreicht. Damit verschieben sich die Kerbschlagzähigkeits-Temperatur-Kurven bzw. die Übergangstemperaturen mit Verfeinerung des Gefüges zu tieferen Temperaturen (Bild 77) und höheren Werten der Kerbschlagzähigkeit. Daraus folgt auch, daß die Schweißverbindungen gegenüber Sprödbruch recht anfällig sind, da sich im Schweißgut (Schweißnaht) und in der wärmebeeinflußten Zone gegenüber dem Grundwerkstoff ein inhomogenes, z. T. grobkörniges Gefüge ausbildet (Bild 80).

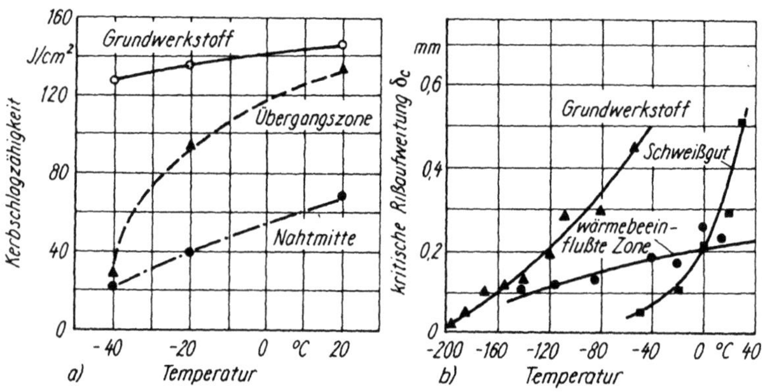

Bild 80. Kerbschlagzähigkeit (a) und kritische Rißaufweitung (b) in Abhängigkeit von der Temperatur für verschiedene Bereiche der Schweißnaht bei Stahl St52-3 beziehungsweise niedriglegiertem Stahl [319], [320]

Das Zähigkeits- und Bruchverhalten des *Gußeisens* wird entscheidend von den Graphiteinlagerungen bestimmt. Diese führen zu einer Verminderung des tragenden Querschnitts (Verengungswirkung) und zur Ausbildung von Spannungsspitzen an ihren Kanten und Spitzen (Kerbwirkung) [129]. Die Kerbwirkung der Graphiteinlagerungen wird dabei entscheidend von ihrer Form beeinflußt. Sie variiert zwischen dünnen Lamellen mit $l/\varrho < 10^4$ und Kugeln mit $l/\varrho \approx 2{,}5$, wobei l die Länge und ϱ der kleinste Radius der Graphitteilchen ist [282]. Erstere Ausbildungsform des Graphits führt zu Gußeisenwerkstoffen mit geringer Zähigkeit, letztere im allgemeinen zu Gußeisenwerkstoffen mit relativ großer Zähigkeit. Jedoch wirkt sich beim Gußeisen mit Kugelgraphit auch die Art der Stahlgrundmasse auf das Zähigkeits- und Bruchverhalten aus. Diejenigen mit ferritischer Grundmasse verhalten sich bei Raumtemperatur duktil, während die mit perlitischer Grundmasse spröde brechen [298]. Deshalb wird nur bei ferritischem und ferritisch-perlitischem Gußeisen mit Kugelgraphit eine deutliche Abhängigkeit der Bruchzähigkeit K_{Ic} von der Temperatur beobachtet.

Die sich in Abhängigkeit von der Graphitausbildung ergebenden Bruchzähigkeitskennwerte K_{Ic} zeigt Tabelle 47. Eine Erhöhung des K_{Ic}-Werts für Gußeisen mit Lamellengraphit wird durch Verringerung der Graphitlamellenlänge und des Graphitvolumens sowie durch steigende Perlitanteile bis zu 80 bis 90% erreicht [282], [321]. Die relative Änderung der Bruchzähigkeit K_{Ic} von der Form der Graphiteinlagerungen ergibt sich aus Bild 81. Berücksichtigt man die meist in technischen Gußeisenwerkstoffen mit Lamellengraphit sich ausbildenden stahlartigen Dendriten, so erhöhen sich die Bruchzähigkeitswerte [282].

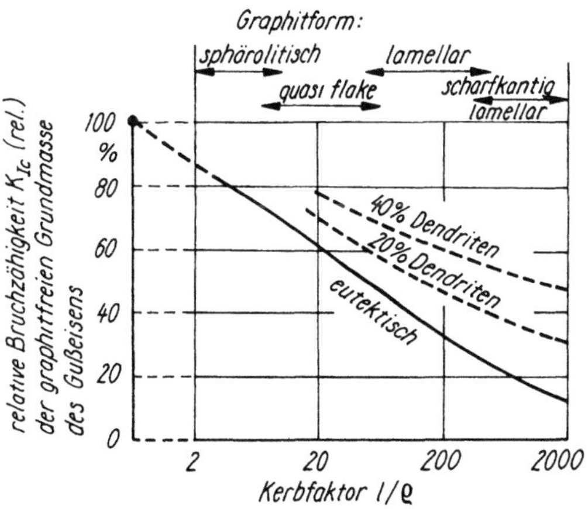

Bild 81. Einfluß der Graphitform auf die relative Bruchzähigkeit von Gußeisen (Volumenanteil des Graphits 12%) [282]

6.1.2. Mikroprozesse¹) der Zerkleinerung

Die Schrotte unterscheiden sich in ihrem Bruchverhalten deutlich von den mineralischen Rohstoffen. Der überwiegende Anteil der Schrottbestandteile ist den Werkstoffen mit zähem Stoffverhalten zuzuordnen und kann deshalb erst nach stärkerer plastischer Verformung zerkleinert werden. Die Schrotte mit sprödem Stoffverhalten haben gegenüber den mineralischen Rohstoffen eine wesentlich höhere Festigkeit. Die Zerkleinerung der Schrotte erfordert deshalb Beanspruchungsarten, die diesen Sachverhalt und die sehr vielgestaltige Ausbildung der Schrotte berücksichtigen.

Die Voraussetzung für die Zerkleinerung ist das Wirken äußerer Kräfte. Bezieht man diese auf eine bestimmte Ebene im Schrottstück, so ergeben sich in Abhängigkeit von der Richtung der äußeren Kräfte und Momente fünf *Grundbeanspruchungsarten*, die Druck-, Zug-, Biege-, Schub- und Torsionsbeanspruchung. Diese Grundbeanspruchungsarten sind am Beispiel eines prismatischen Körpers im Bild 82 dargestellt.

Neben der Art der Beanspruchung wird das Zerkleinerungsergebnis entscheidend auch von der Beanspruchungsintensität (Kraft, Energie) und der Beanspruchungsgeschwindigkeit bestimmt. Ist die Beanspruchungsgeschwindigkeit gering, so liegt eine langsam anwachsende, stoßfreie (statische) Beanspruchung vor. Eine hohe Be-

¹) Unter einem Mikroprozeß versteht man die Vorgänge in einem für den Makroprozeß (z. B. Zerkleinerungsprozeß) charakteristischen kleinsten Volumenelement [57].

Tabelle 53. Grundbeanspruchungsarten bei der Zerkleinerung der Schrotte

Schrottart	Zerkleinerung					
	mit geringer Beanspruchungsgeschwindigkeit					
	Zerkleinerungs-aggregat	Grundbeanspruchungsart				
		Druck	Zug	Biegung	Schub (Scherung und Schneiden)	Torsion
Schrotte mit Sprödbruchverhalten						
a) dickwandige Schrotte	Spalteinrichtungen	×				
	Preßeinrichtungen	(×)		×		
b) dünnwandige Schrotte	Backenbrecher	(×)		×		
	Preßeinrichtungen	(×)		×		
Schrotte mit Gleitbruchverhalten						
a) dickwandige Schrotte	Alligator-, Rotor- und Guillotinescheren			(×)	×	
	Schienenbrecher			×		
b) dünnwandige Schrotte	Flügelbrecher		×	(×)	×	(×)
c) Metallspäne	Flügelbrecher		×	(×)	×	(×)
	Schneidmühlen		×	(×)	×	(×)

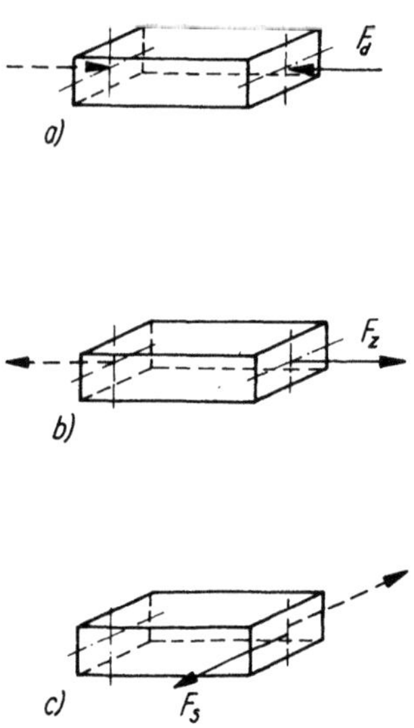

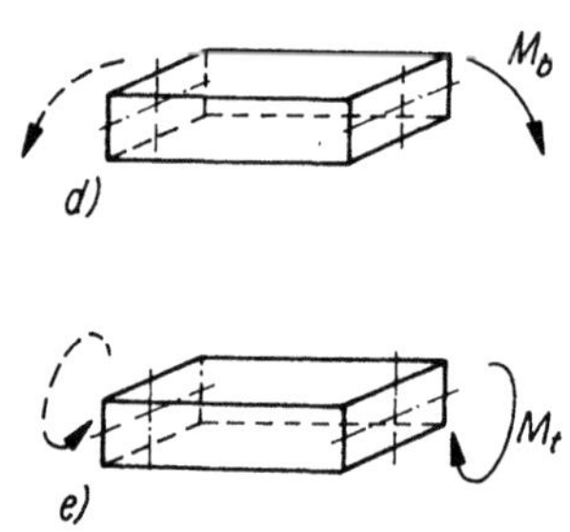

Bild 82. Grundbeanspruchungsarten
a) Druckbeanspruchung;
b) Zugbeanspruchung;
c) Schubbeanspruchung;
d) Biegebeanspruchung;
e) Torsionsbeanspruchung
F_d Druckkraft; F_z Zugkraft; F_s Scher- bzw. Schnittkraft; M_b Biegemoment; M_t Torsionsmoment

Zerkleinerung					
mit hoher Beanspruchungsgeschwindigkeit					
Zerkleinerungs-aggregat	Grundbeanspruchungsart				
	Druck	Zug	Bie-gung	Schub (Scherung und Schneiden)	Torsion
Fallwerke	×		×		
Prallbrecher	×		×		
Hammerbrecher	×		×		
—					
Hammerbrecher (Shredder)		×	(×)	×	(×)
Schneidmühlen				×	
Hammerbrecher		×	(×)	×	(×)
Schneidmühlen		×	(×)	×	(×)
Trommelmühlen		(×)	×		(×)

anspruchungsgeschwindigkeit führt zu einer schlagartigen (dynamischen) Beanspruchung. Beide grundsätzlichen Möglichkeiten können in Verbindung mit allen fünf Grundbeanspruchungsarten auftreten.

Bei der Zerkleinerung der Schrotte wirken die Grundbeanspruchungsarten selten allein. Meist führen zwei oder mehrere Grundbeanspruchungsarten zur Zerkleinerung der Schrotte. Besonders günstige Aufschlußverhältnisse ergeben sich bei komplexen Beanspruchungsverhältnissen, wie sie z. B. im Hammerbrecher (Shredder) bei der Zerkleinerung von Stahlleichtschrotten auftreten. Die in Abhängigkeit von der Art des Schrotts jeweils genutzten Grundbeanspruchungsarten zeigt Tabelle 53. Im einzelnen lassen sich die Grundbeanspruchungsarten wie folgt charakterisieren und weiter differenzieren:

a) Druckbeanspruchung

Die Druckbeanspruchung besitzt für die Zerkleinerung der Schrotte mit sprödem Stoffverhalten eine große Bedeutung (Tabelle 53). In Abhängigkeit von der Beanspruchungsgeschwindigkeit unterscheidet man die statische Druckbeanspruchung

(Druckbeanspruchung im engeren Sinn) und die dynamische Druckbeanspruchung. Letztere kann dabei zwischen zwei Festkörperflächen (Schlag- bzw. Fallkörperbeanspruchung) und an einer Festkörperfläche (Prallbeanspruchung) erfolgen.

Die *Druckbeanspruchung im engeren Sinn* beruht auf der Wirkung von zwei Arbeitsflächen, von denen die eine meist fest und die andere beweglich ausgebildet ist, zwischen denen die Schrottstücke zerdrückt werden. Wesentlich für diese Beanspruchung ist neben dem Formzwang die relativ geringe Beanspruchungsgeschwindigkeit. Die bei mineralischen Rohstoffen häufig angewandte Beanspruchung zwischen zwei ebenen Arbeitsflächen (Bild 83a) findet bei Schrotten praktisch keine Anwendung, da dafür meist sehr große Druckkräfte notwendig wären. Bewährt haben sich für die Zerkleinerung des Schrotts eine linienförmige (Spaltung, Bild 83b) und eine punktförmige Druckbeanspruchung (Bild 83c). Erstere Beanspruchung wird durch das Anordnen von Brechzähnen auf den Brechbacken der Backenbrecher und Preßeinrichtungen sowie durch spezielle Spalteinrichtungen für die Zerkleinerung der Gespannplatten erreicht. Eine punktförmige Beanspruchung hat sich in der UdSSR für die Zerkleinerung von Kokillen bewährt (Anlage URISK).

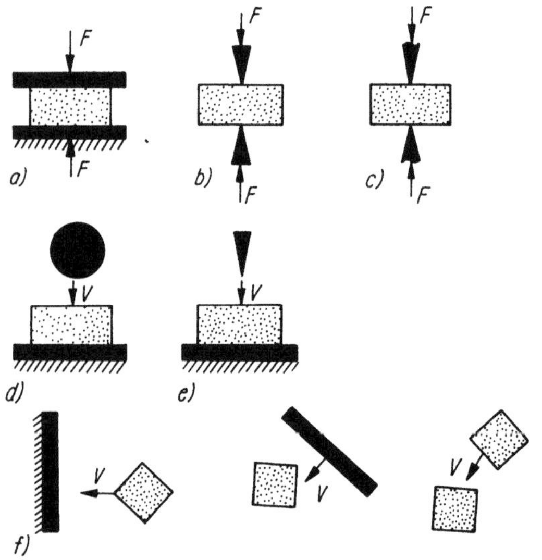

Bild 83. Beanspruchungsarten der Druckbeanspruchung
a), b), c) langsam anwachsende, stoßfreie Druckbeanspruchung;
d), e) Schlagbeanspruchung;
f) Prallbeanspruchung

Die *Schlag- bzw. Fallkörperbeanspruchung* ist dadurch charakterisiert, daß eine zwangsgeführte oder frei bewegliche Arbeitsfläche mit relativ hoher Geschwindigkeit auf das zu zerkleinernde Schrottstück trifft, das mit einer festen Arbeitsfläche in Kontakt ist. Die bewegliche Arbeitsfläche kann dabei so gestaltet sein, daß eine flächen-, linien- oder punktförmige Beanspruchung eintritt. Bei der Fallkörperbeanspruchung erfolgt die Beanspruchung meist auf einer kleinen Fläche (bei kugelförmigem Fallkörper, Bild 83d) oder die Beanspruchung kann als punktförmig betrachtet werden (bei stangenförmigem Fallkörper, Bild 83e). Im Hammerbrecher (Shredder) ist bei der Zerkleinerung von Verbrennungsmotoren- und Aluminiumgußschrotten durch die Schlagelemente eine punkt- bis linienförmige Beanspruchung zu erwarten. Der Unterschied der Schlag- bzw. Fallkörperbeanspruchung gegenüber der Druckbeanspruchung i. e. S. besteht in der größeren Beanspruchungsgeschwindigkeit. Der Übergang zur Druckbeanspruchung i. e. S. ist jedoch fließend, da zwischen niedriger und hoher Beanspruchungsgeschwindigkeit keine eindeutige Abgrenzung möglich ist.

Für die *Prallbeanspruchung* ist kennzeichnend, daß frei bewegliche Schrottstücke mit hoher Geschwindigkeit auf eine Arbeitsfläche (Prallelement) oder aufeinander treffen (Bild 83f). Die dabei für die Zerkleinerung zur Verfügung stehende Energie ist diejenige kinetische Energie, die das Schrottstück relativ zur Arbeitsfläche besitzt. Sie wird entscheidend von der Schrottstückmasse und der Relativgeschwindigkeit zwischen Schrottstück und Arbeitsfläche, jedoch auch von der Stoßgeometrie und der Stoßpartnerschaft bestimmt. Für die Zerkleinerung der Schrotte besitzt die Prallbeanspruchung eine relativ geringe Bedeutung. Sie eignet sich für die Zerkleinerung kryotechnisch vorbehandelter Kabelschrotte u. a. relativ dünnwandiger Schrotte mit Sprödbruchverhalten (z. B. Aluminiumgußschrotte). Die Reinigung der Schrottoberflächen im Hammerbrecher (Shredder) dürfte auch z. T. auf Prallbeanspruchung zurückzuführen sein.

b) Biegebeanspruchung

Die Schrotte mit Sprödbruchverhalten (Gußeisenschrotte bestehend aus Gußeisen mit Lamellengraphit, Aluminiumgußschrotte) besitzen im allgemeinen einen sehr großen Hohlraumvolumenanteil (Bild 33). Durch diese Hohlräume und ggf. durch Übereinanderlagerung mehrerer Schrottstücke entstehen in den Schrottstücken bei Belastung Biegespannungen, die zum Bruch des Schrottstücks führen können. Die Beanspruchung kann dabei langsam ansteigend (statisch), durch Schlag oder Prall erfolgen, wobei eine flächen-, linien- oder punktförmige Belastung möglich ist. Damit läßt sich für die Biegebeanspruchung praktisch die gleiche Gliederung der Beanspruchungsmechanismen wie bei der Druckbeanspruchung verwenden. Auch die Anwendungsgebiete der Biegebeanspruchung für die Zerkleinerung entsprechen im wesentlichen denen der Druckbeanspruchung (Tabelle 53). Nur bei der statischen Biegebeanspruchung bestehen gegenüber der statischen Druckbeanspruchung gewisse Unterschiede. So hat die flächenförmige Beanspruchung im Rahmen der statischen Biegebeanspruchung eine gewisse Verbreitung gefunden, z. B. bei der

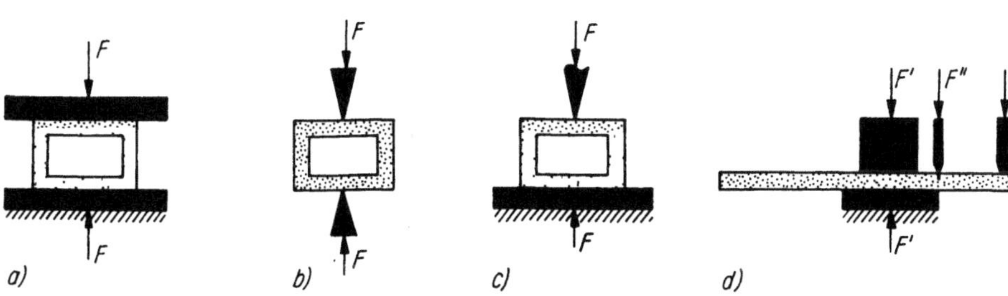

Bild 84. Beanspruchungsarten der Biegebeanspruchung
a), b), c) langsam anwachsende, stoßfreie Biegebeanspruchung bei Vorhandensein eines Hohlraumes in den Schrottstücken;
d) Biegebeanspruchung bei kompakten Schrottstücken

Zerkleinerung von Gußeisenschrotten mittels Niederhalter der Guillotinescheren oder mittels Paketierpressen (Bild 84a). Im allgemeinen wird jedoch bei der Zerkleinerung der Gußeisenschrotte eine linienförmige Beanspruchung realisiert, z. B. in den Backenbrechern und Preßeinrichtungen (Bild 84b). Eine gewisse Bedeutung hat aber auch die einseitige punktförmige Beanspruchung bei der Zerkleinerung von Kokillen erlangt (Bild 84c). Die durch Schlag und Prall entstehenden Beanspruchungsmechanismen der Biegebeanspruchung sowie die jeweiligen Anwendungsgebiete entsprechen denen der Druckbeanspruchung.

Durch Biegebeanspruchung kann man mitunter auch eine Zerkleinerung erreichen, wenn keine Hohlräume in den Schrottstücken vorhanden sind. Ist ein Schrottstück, z. B. eine zu verschrottende Schiene, einseitig fest eingespannt und wird das freie Ende belastet (Bild 84d), so entstehen in dem Schrottstück Biegespannungen. Diese können, insbesondere wenn das Schrottstück vorher an geeigneter Stelle mit einer Kerbe versehen wurde, zum Bruch des Schrottstücks führen (z. B. im Schienenbrecher).

Die Biegebeanspruchung tritt in einigen Zerkleinerungsmaschinen auch neben anderen Grundbeanspruchungsarten auf. So ist z. B. die Biegebeanspruchung meist bei der Zerkleinerung in Guillotinescheren beteiligt. Durch das Anbringen eines Brechbalkens auf der Unterseite des Messerschlittens kann diese noch verstärkt werden. Im Rahmen der komplexen Beanspruchungsverhältnisse im Hammerbrecher (Shredder) trägt die Biegebeanspruchung wesentlich dazu bei, daß durch mehrmaliges Umbiegen der dünnwandigen Stahlleichtschrotte Schrottstücke entstehen, die eine höhere Schüttdichte des Schrotts ergeben.

c) Scher- und Schneidbeanspruchung

Die Zerkleinerung der Schrotte mit zähem Stoffverhalten erfolgt im wesentlichen auf der Grundlage der Scher- und Schneidbeanspruchung (Tabelle 53). Für eine Abgrenzung der beiden Beanspruchungsarten bieten sich die Unterschiede in der Ausbildung der jeweils entstehenden Trennzone an. Bei der Scherbeanspruchung, dem *Scherschneiden* [322] bis [324], erfolgt die Trennung durch Überschreiten des Formänderungsvermögens des Werkstoffs in der Scherfläche (Bild 85a). Die beiden Schneidkanten bewegen sich dabei aneinander vorbei. Dieses Schneidprinzip ist bei der Zerkleinerung der dickwandigen Stahl- und NE-Metallschrotte in

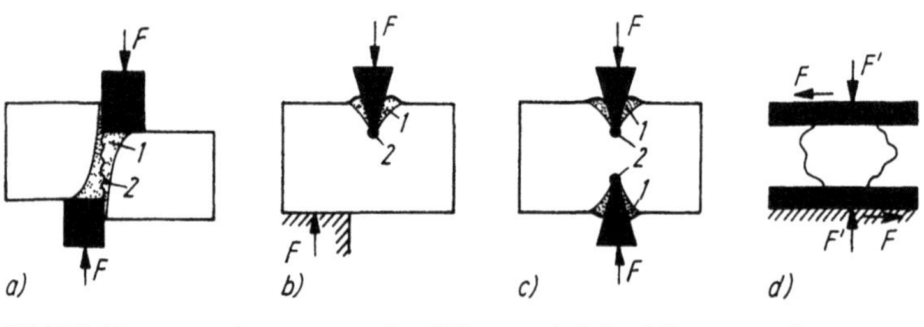

Bild 85. Beanspruchungsarten der Scher- und Schneidbeanspruchung
a) Scherschneiden; c) Beißschneiden; *1*) Verformungszone;
b) Messerschneiden; d) Reibungsbeanspruchung *2*) Trennzone

Alligator- und Guillotinescheren verwirklicht. Die Beanspruchungsgeschwindigkeit ist beim Scherschneiden im allgemeinen gering.

Die Schneidbeanspruchung, das *Keilschneiden*, ist dadurch gekennzeichnet, daß die Trennzone meist in unmittelbarer Nähe der Schneidkante linienförmig durch das Schnittgut fortschreitet (Bild 85b u. c). Dabei wird der Werkstoff von den Keilflanken nach der Seite weggedrängt. Das Keilschneiden mit einer Schneide wird als *Messerschneiden* bezeichnet (Bild 85b). Auf der Grundlage dieses Schneidprinzips beruht die Zerkleinerung in der Messerschneidmühle. Bei ausreichend scharfkantigen Schlagelementen dürfte dieses Schneidprinzip auch zur Zerkleinerung der Stahlleichtschrotte und Metallspäne in den Hammerbrechern beitragen. Die Beanspruchungsgeschwindigkeit beim Messerschneiden ist im allgemeinen hoch, nur bei den Schneidmühlen für die Spänezerkleinerung findet man häufig relativ niedrige Beanspruchungsgeschwindigkeiten.

Erfolgt das Keilschneiden mit zwei Schneiden, die sich aufeinander zu bewegen, so nennt man dies *Beißschneiden* (Bild 85c). In Abhängigkeit von den Eigenschaften des Schnittgutes können die Keilflanken den Trennvorgang dabei fördern oder hemmen. Führt das Wirken der Keilflanken jedoch dazu, daß die Schneide dem entstehenden Spalt nacheilt, so spricht man von einer *Spaltung*. Die Schneidkante ist damit inaktiv, d. h., sie schneidet nicht. Dieses Wirkprinzip wurde der Druckbeanspruchung zugeordnet (Bild 83b).

Ein spezieller Beanspruchungsmechanismus der Scherbeanspruchung ist im Bild 85d dargestellt. Die Schrottstücke sind zwischen zwei Arbeitsflächen, die eine Relativbewegung zueinander ausführen, mehr oder weniger eingespannt. Durch die meist hohe Relativgeschwindigkeit werden die Schrottstücke oberflächlich stark beansprucht und damit weitgehend von oberflächlichen Anhaftungen befreit. Diese Beanspruchungsart („Reibungsbeanspruchung“) trägt damit entscheidend zur Qualitätsverbesserung der aufzubereitenden Schrotte bei.

d) Zugbeanspruchung

Für die Zerkleinerung relativ dünnwandiger Schrotte mit Zähbruchverhalten (Stahlleichtschrotte, Späne) kommt der Zugbeanspruchung eine beachtliche Bedeutung zu (Tabelle 53). Voraussetzung für das Wirken der Zugbeanspruchung ist, daß die Schrottstücke einseitig eingespannt (eingeklemmt) sind. Die Zugbeanspruchung tritt dabei immer in Verbindung mit anderen Beanspruchungsarten, wie der Schneid-, Biege- und Torsionsbeanspruchung, auf. Die Beanspruchungsgeschwindigkeit kann gering sein (z. B. im Flügelbrecher) oder auch große Werte erreichen (z. B. im Hammerbrecher).

e) Torsionsbeanspruchung

In Verbindung mit anderen Beanspruchungsarten tritt in einigen Zerkleinerungsmaschinen (z. B. im Hammerbrecher und Flügelbrecher) auch eine Torsionsbeanspruchung auf (Tabelle 53). Dieser Beanspruchungsmechanismus dürfte jedoch meist nur zu einer Verformung der Schrottstücke, selten zu ihrer Zerkleinerung führen.

Neben der Zerkleinerung durch mechanische Beanspruchungen besitzt die thermische Zerkleinerung für großstückige und sperrige Schrotte eine große Bedeutung.

Dabei ist entscheidend, daß die Wärmezufuhr und -erzeugung örtlich konzentriert erfolgt (Brenn- und Plasmaschneiden).

Über die Zusammenhänge zwischen der Beanspruchung und dem Zerkleinerungsergebnis liegen für die Werkstoffe, die die Schrotte bilden, bisher nur wenige Erkenntnisse vor. Es interessieren dabei besonders der Einfluß von Beanspruchungsart, -intensität und -geschwindigkeit auf die Bruchwahrscheinlichkeit bzw. Festigkeit der Schrottstücke sowie auf die Stückgrößenverteilung der Bruchstücke und deren Oberfläche. Die im Rahmen der Werkstoffprüfung ermittelten Festigkeitswerte eignen sich für zerkleinerungstechnische Aussagen nur in begrenztem Maß. Lediglich die im Scher- und Keildruckversuch in Abhängigkeit von den verschiedenen Einflußfaktoren ermittelten Scher- bzw. Keildruckfestigkeiten lassen wesentliche Aussagen zur Scher- bzw. Schneidzerkleinerung sowie zur Zerkleinerung durch Spaltung zu. Deshalb ist es zum Auffinden der o. g. Zusammenhänge für die Druck- und Biegebeanspruchung notwendig, Zerkleinerungsuntersuchungen unter definierten Beanspruchungsbedingungen durchzuführen. Dabei sollten die Erfahrungen der Einzelkornzerkleinerung mineralischer Rohstoffe genutzt werden.

Die Auswertung der Einzelkornzerkleinerung mineralischer Rohstoffe erfolgt im allgemeinen auf der Grundlage der Bruchwahrscheinlichkeit der Teilchen und der Korngrößenverteilung der entstehenden Bruchstücke [57]. Die *Bruchwahrscheinlichkeit ist* dabei ein Maß für die Teilchenfestigkeit. Bei gegebener Beanspruchungsgeometrie und -partnerschaft, Teilchengröße und Stoffart stellt sie die Wahrscheinlichkeit für den Bruch eines Teilchens als Funktion der Beanspruchungsintensität dar. Bei genügend hoher beanspruchter Teilchenzahl ist die Bruchwahrscheinlichkeit somit durch das Verhältnis der Zahl der zu Bruch gegangenen zur Zahl der beanspruchten Teilchen bestimmt.

Bei der Beanspruchung metallischer Probekörper treten gegenüber der Einzelkornzerkleinerung mineralischer Stoffe gewisse Besonderheiten auf, die eine Modifizierung der allgemein üblichen Auswertung erfordern [325]. Wird z. B. ein zylinderförmiger metallischer Probekörper senkrecht zur Zieh- bzw. Gießrichtung beansprucht, so tritt durch die senkrecht zur Beanspruchungsrichtung wirkende Zugspannung zunächst eine äußerlich sichtbare Rißbildung ein, die häufig nicht unmittelbar zum Bruch des Probekörpers führt. Unter der Rißbildung soll dabei die Entstehung eines Risses auf mindestens einer der Stirnflächen des zylinderförmigen Probekörpers verstanden werden, der ohne Hilfsmittel zu erkennen ist. Erst ein z. T. deutlich höherer zugeführter Energiebetrag bewirkt dann den vollständigen Bruch des Probekörpers. Um diesen Sachverhalt zu berücksichtigen, führte man neben der Bruchwahrscheinlichkeit auch eine *Rißbildungswahrscheinlichkeit* ein. Letztere leitet sich zwanglos aus der o. g. Definition der Bruchwahrscheinlichkeit ab. Aus dem Verlauf der Rißbildungs- und Bruchwahrscheinlichkeiten im logarithmischen Wahrscheinlichkeitsnetz kann geschlossen werden, daß sich für ihre mathematische Beschreibung vor allem mehrparametrige logarithmische Normalverteilungen eignen. Eine Auswertung der Zerkleinerungsversuche hinsichtlich der Stückgrößenverteilung der Bruchstücke, des spezifischen Oberflächenzuwachses und der Energieausnutzung ist nur begrenzt möglich, da sich bei metallischen Werkstoffen je Beanspruchungsereignis nur wenige Bruchstücke bilden.

Bei der *Druckbeanspruchung* entstehen in Abhängigkeit von der Art der Beanspruchung (eine oder zwei Beanspruchungsflächen), der Beanspruchungsgeschwin-

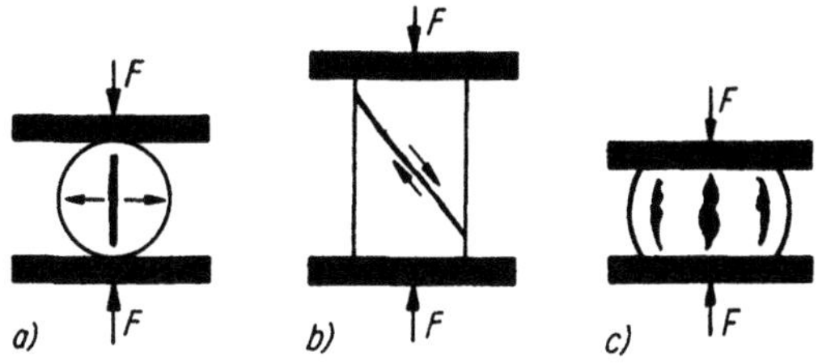

Bild 86. Riß- und Bruchentstehung bei der Druckbeanspruchung (schematisch)
a) Zerkleinerung durch Zugspannungen;
b) Zerkleinerung durch Schubspannungen;
c) Bildung radialer Risse

digkeit und vieler anderer Faktoren sehr unterschiedliche Spannungsfelder in den Probekörpern. Eine langsam ansteigende, stoßfreie Druckbeanspruchung (Druckbeanspruchung im engeren Sinn) führt zu einem statischen Spannungsfeld, dessen Ausbildung jedoch sehr stark von der Stückform der Probekörper bestimmt wird. Ergibt sich durch die Stückform eine zunächst weitestgehend punkt- oder linienförmige Beanspruchung, so werden an den Kontaktstellen kegel- bzw. keilförmige Gebiete in den Probekörper eingedrückt. Dadurch gelangt das umgebende Material senkrecht zur Beanspruchungsrichtung unter Zugspannungen, die dann die Zerkleinerung des Probekörpers herbeiführen (Bild 86a). Ähnliche Spannungsverhältnisse ergeben sich bei Verwendung eines Keils oder Dorns als Beanspruchungswerkzeug bei der Zerkleinerung ebener Probekörper (s. Bild 83b und c). Treten im beanspruchten Volumen jedoch für einen Sprödbruch ausreichende Zugspannungen nicht auf (z. B. meist bei flächenförmiger Beanspruchung), so erfolgt der Bruch des bereits mehr oder weniger stark gestauchten Probekörpers durch Abschieben in den Flächen größter Schubspannungen (Bild 86b). Dies tritt auch dann ein, wenn die Beanspruchung nur auf ein sehr kleines Volumen konzentriert ist und in diesem Anrisse ausreichender Größe nicht vorhanden sind. Das bedeutet, daß es mit Verringerung der Stückgröße auch bei Stoffen mit sprödem Stoffverhalten immer schwieriger wird, eine Zerkleinerung durch Sprödbruch zu erreichen [326], [327].

Den Zusammenhang zwischen Druckkraft und Stauchung bei einer einachsigen Druckbeanspruchung zwischen zwei ebenen Arbeitsflächen zeigt Bild 87. Die Werkstoffe mit sprödem Stoffverhalten (Gußeisen mit Lamellengraphit, Aluminium- und Zinkgußlegierungen) gehen nach relativ geringer Verformung zu Bruch. Demgegenüber führt eine Beanspruchung der Werkstoffe mit zähem Stoffverhalten nur zu einer Verformung. Diese äußert sich in einer tonnenförmigen Ausbildung des Probekör-

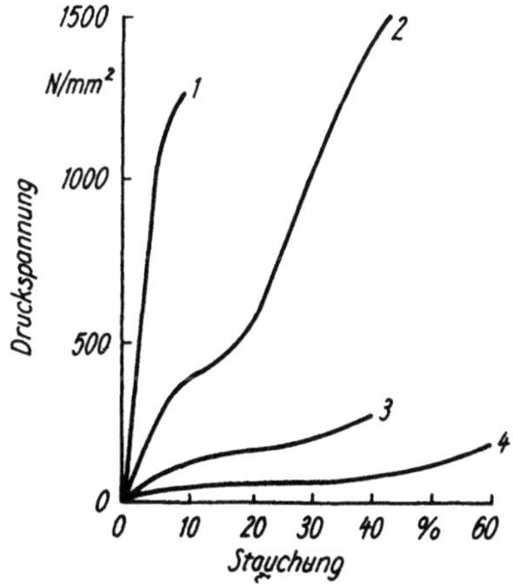

Bild 87. Druckspannungs-Stauchungs-Kurven verschiedener Werkstoffe [275]
1) Gußeisen mit Lamellengraphit;
2) Stahl;
3) Zink;
4) Blei

pers, die auf die Behinderung der Querdehnung infolge des Wirkens von Reibungskräften zwischen Druckstempel und Probekörper zurückzuführen ist. Bei sehr starken Verformungen bilden sich außerdem auf der Mantelfläche des Probekörpers radiale Risse (Bild 86c) [328]. Diese entstehen dadurch, daß bei der plastischen Verformung die Randbereiche des Probekörpers stark auf Zug beansprucht werden und dadurch aufreißen.

Für die Ermittlung der Zusammenhänge zwischen der *Druckbeanspruchung im engeren Sinn* (langsame Druckbeanspruchung) und dem Zerkleinerungsergebnis beansprucht man die jeweiligen Probekörper bis zu einer Last, bei der ein Riß im Probekörper entsteht bzw. ein Bruch eintritt. Als Probekörper werden zweckmäßigerweise zylindrische Probekörper verwendet, die man senkrecht zur Gieß- bzw. Ziehrichtung beansprucht. Die vorliegenden Ergebnisse zeigen [65], [325], daß unter Beachtung annähernd gleicher Ausgangsstückgrößen, aber unterschiedlicher Stückform, die für die Rißbildung bzw. den Bruch von Gußeisen mit Lamellengraphit (GGL 25) erforderlichen massebezogenen Kräfte etwa eine Zehnerpotenz über den Werten für Kalkstein und Zementklinker liegen (Bild 88). Für Glaskugeln ergeben sich ähnliche massebezogene Kräfte. Ein Vergleich von Glas und Gußeisen GGL 25 hinsichtlich der bis zum Bruch bzw. für die Rißbildung aufgenommenen Energie zeigt, daß für Gußeisen ein 2- bis 3fach höherer Energiebetrag erforderlich ist. Die Änderung der Festigkeit gegen Rißbildung in Abhängigkeit von der Stückgröße der Probekörper zeigt für Gußeisen GGL 25 das Bild 89. Es

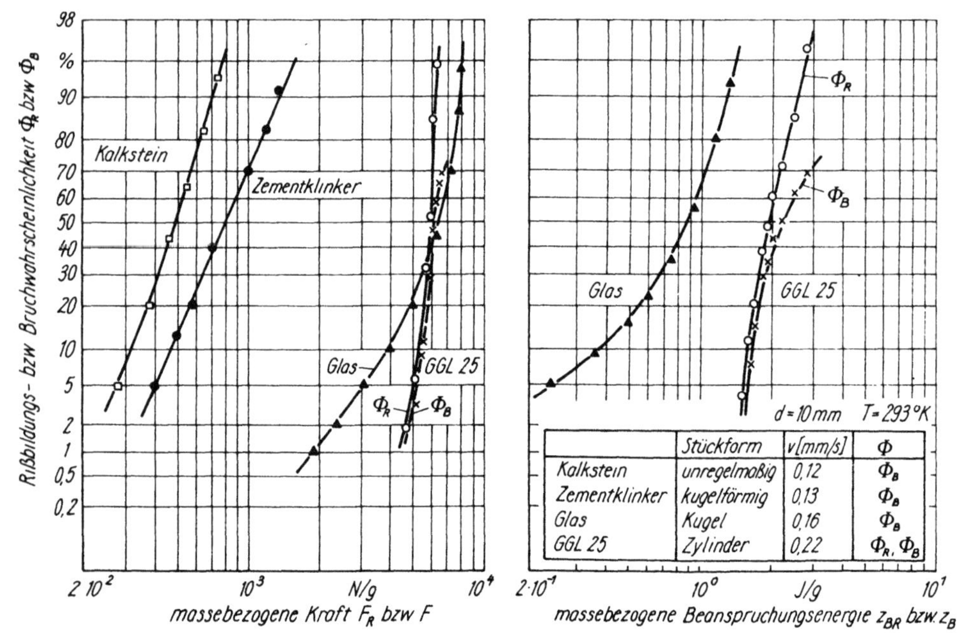

Bild 88. Abhängigkeit der Rißbildungs- und Bruchwahrscheinlichkeit von der massebezogenen Kraft und Beanspruchungsenergie für verschiedene Materialien bei der Druckbeanspruchung (Stück- bzw. Korngröße $d = 10$ mm; Teilchen- bzw. Probekörpertemperatur $T = 293$ K; Beanspruchungsgeschwindigkeit $v = 0{,}12 \dots 0{,}22$ mm/s) [325]

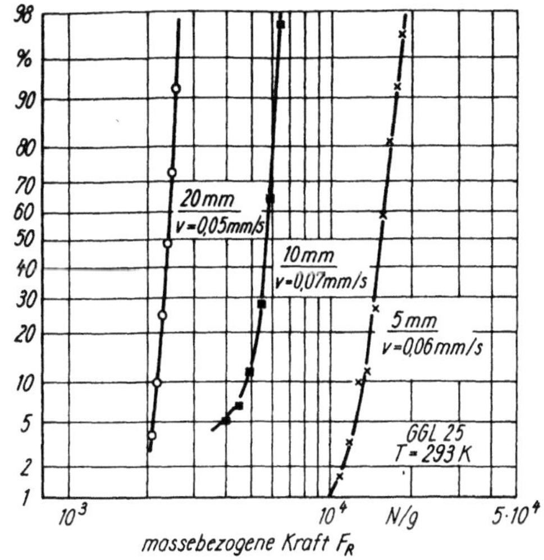

Bild 89. Abhängigkeit der Rißbildungswahrscheinlichkeit von der massebezogenen Kraft für verschiedene Stückgrößen bei der Druckbeanspruchung [325]

werden mit abnehmender Stückgröße steigende Festigkeitswerte beobachtet. Der Einfluß der Beanspruchungsgeschwindigkeit auf die Festigkeit der Probekörper und die massebezogene Beanspruchungsenergie für die Riß- bzw. Bruchbildung ist gering [325].

Die gegenüber der Druckbeanspruchung i. e. S. deutlich höhere Beanspruchungsgeschwindigkeit bei der *Fallkörperbeanspruchung* führt zu einem dynamischen Spannungsfeld in den zu zerkleinernden Probekörpern. Die Bruchereignisse werden dabei durch das Spannungsfeld bestimmt, das sich hinter der Front der vom Stoßzentrum her ausbreitenden Druck- und Schubspannungswellen ausbildet [329]. Das durch die Beanspruchung erreichte Zerkleinerungsergebnis wird im allgemeinen auf die kinetische Energie des Schlagwerkzeugs bezogen, d. h. auf die von außen angebotene, maximal für die Beanspruchung zur Verfügung stehende Energie.

Auf der Grundlage der bisher bereits durchgeführten Untersuchungen [65], [325] ist es auch für die Fallkörperbeanspruchung möglich, das Zerkleinerungsverhalten der metallischen Werkstoffe mit denen der mineralischen Stoffe zu vergleichen. Aus Bild 90 geht hervor, daß letztere eine deutlich geringere Festigkeit besitzen. So liegt unter Beachtung annähernd gleicher Ausgangsstückgrößen, aber unterschiedlicher Stückform, die für die Zerkleinerung von Gußeisen mit Lamellengraphit (GGL 25) notwendige massebezogene Beanspruchungsenergie $\approx$20- bis 40fach höher als für Zementklinker und Kalkstein. Ein Vergleich innerhalb der untersuchten Gußeisensorten zeigt, daß für die Zerkleinerung von Gußeisen mit höheren Zähigkeitswerten auch deutlich höhere Energiebeträge erforderlich sind (Temperguß, Ni-Hard-Guß). Bei Gußeisen mit Kugelgraphitausbildung wird unter den gegebenen Versuchsbedingungen sogar nur eine Rißbildung erreicht.

Den Einfluß der Stückgröße der Probekörper auf das Zerkleinerungsergebnis zeigt Bild 91. Mit abnehmender Stückgröße erhöht sich deutlich die Festigkeit. Unterhalb einer Stückgröße von 1 bis 2 mm bilden sich nur noch Gleitrisse in den Ebenen höchster Schubspannungen.

Werden die zylindrischen Probekörper nicht senkrecht, sondern in Gießrichtung beansprucht, so sind für ihre Zerkleinerung unter der Voraussetzung gleicher

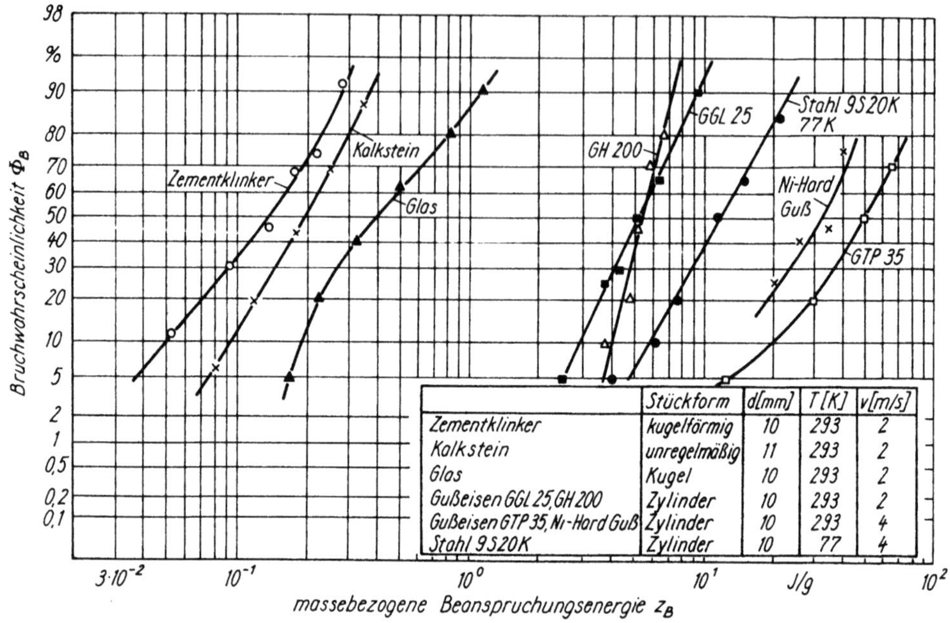

Bild 90. Abhängigkeit der Bruchwahrscheinlichkeit von der massebezogenen Beanspruchungsenergie für verschiedene Materialien bei der Fallkörperbeanspruchung [325]

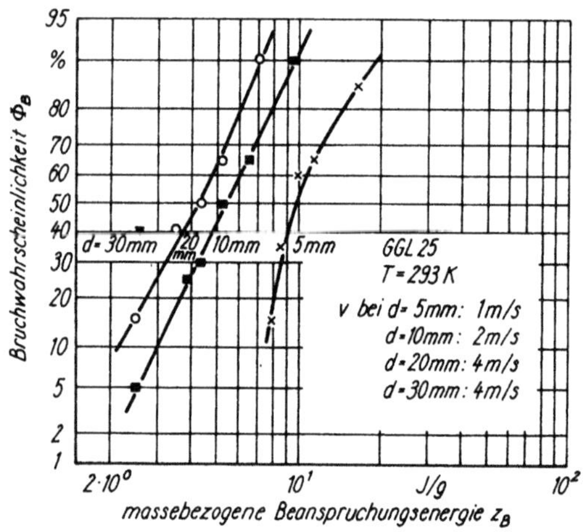

Bild 91. Abhängigkeit der Bruchwahrscheinlichkeit von der massebezogenen Beanspruchungsenergie für verschiedene Stückgrößen bei der Fallkörperbeanspruchung [325]

Bruchwahrscheinlichkeiten ≈8fach höhere Beanspruchungsenergien erforderlich. Das ist auf die Ausbildung eines völlig anderen Spannungsfelds im Probekörper zurückzuführen.

Nach den vorliegenden Erkenntnissen über Rißbildung, -ausbreitung und Bruch der metallischen Werkstoffe ist zu erwarten, daß sich die Probekörpertemperatur und die Beanspruchungsgeschwindigkeit auf das Zerkleinerungsverhalten der Metalle auswirken. Diesbezügliche Untersuchungen zeigten, daß bei der Fallkörperbeanspruchung besonders durch Veränderung der Probekörpertemperatur das Ergebnis der Beanspruchung z. T. entscheidend verändert werden kann. So wird z. B. die Zerkleinerung des relativ spröden Stahls 9S20K bei tiefen Temperaturen überhaupt erst möglich (Bild 90). Bei Gußeisen führen tiefe Probekörpertemperaturen zu einer deutlichen Verringerung der für die Zerkleinerung notwendigen Beanspruchungsenergie (Bild 92). Die größten Veränderungen werden bei den zähen Gußeisensorten festgestellt. Besonders bemerkenswert sind die Ergebnisse des Gußeisens mit Kugelgraphit (GGG 40), wo unter Raumtemperatur nur eine Rißbildung erreicht wird. Eine Fallkörperbeanspruchung des Stahls St38u-2 führt jedoch trotz Unterkühlung auf 77 K nur zu plastischen Verformungen.

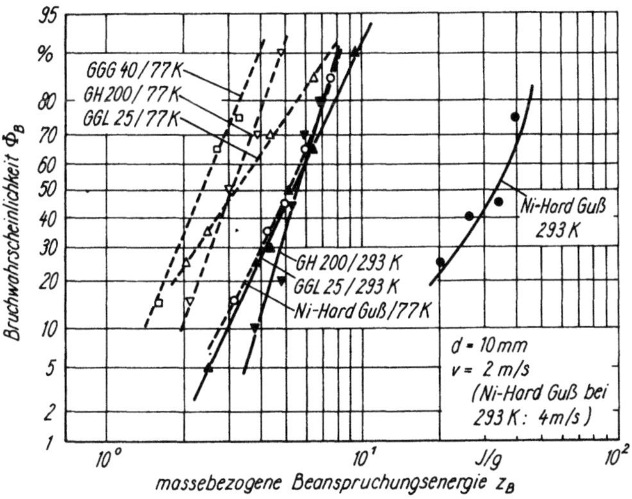

Bild 92. Einfluß der kryotechnischen Vorbehandlung der Probekörper auf die Abhängigkeit der Bruchwahrscheinlichkeit von der massebezogenen Beanspruchungsenergie bei der Fallkörperbeanspruchung [325]

Ein Vergleich zwischen der Fallkörper- und Druckbeanspruchung i. e. S. kann im Bild 93 vorgenommen werden. Dabei ist jedoch zu beachten, daß bei der Druckbeanspruchung i. e. S. immer die tatsächlich vom Probekörper bis zur Riß- bzw. Bruchbildung aufgenommene Energie mittels Kraft-Weg-Diagrammen ermittelt wird. Bei der Fallkörperbeanspruchung muß dagegen die angebotene kinetische Energie des Fallkörpers als Bezugsbasis benutzt werden. Die vom Probekörper für die Riß- oder Bruchbildung tatsächlich in Anspruch genommene Energie kann damit die angebotene Energie nur als oberen Grenzwert erreichen. Im allgemeinen liegt sie darunter [57].

Die Gegenüberstellung der bei Normaltemperatur ermittelten Verteilungsfunktionen zeigt, daß für beide Beanspruchungsarten ähnliche, für die Fallkörperbeanspruchung jedoch etwas höhere Energiebeträge erforderlich sind. Werden auf 77 K abgekühlte Probekörper beansprucht, so ergeben sich deutlich geringere Energiebeträge für die Rißbildung bei der Fallkörperzerkleinerung. Der Vergleich würde noch deutlicher zugunsten der Fallkörperzerkleinerung ausfallen, wenn die tatsächlich den Riß bzw. Bruch auslösende Energie aufgetragen wird.

Die hohe Beanspruchungsgeschwindigkeit bei der *Prallbeanspruchung* führt ebenfalls in den zu zerkleinernden Stücken zu einem dynamischen Spannungsfeld [329].

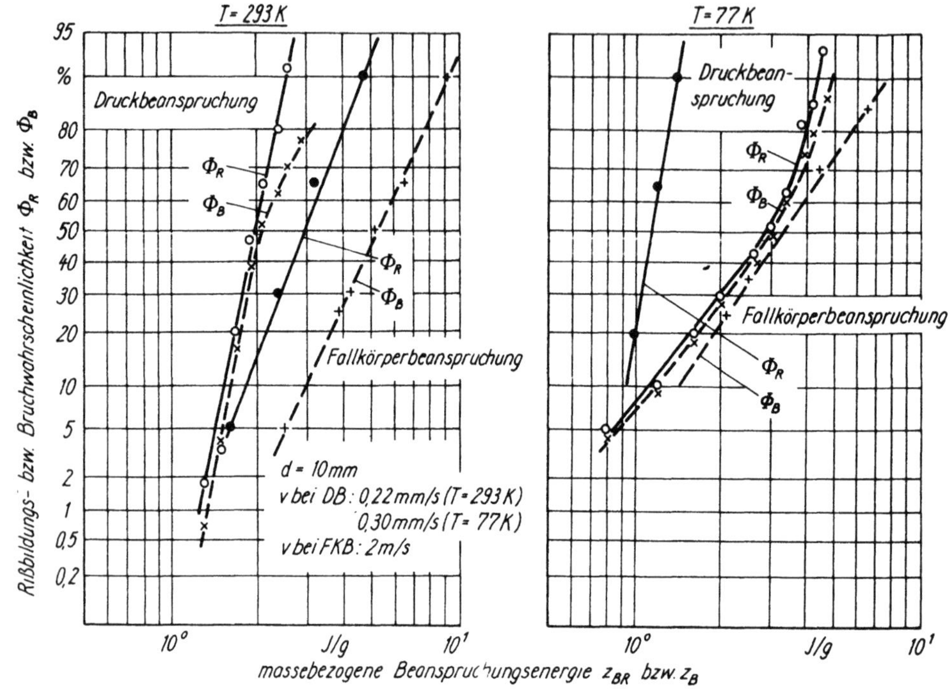

Bild 93. Vergleich der Druck- und Fallkörperbeanspruchung bei Gußeisen mit Lamellengraphit (GGL 25) [325]

Seine Ausbildung ist von der kinetischen Energie der Stoßpartner, der Stückform an der Stoßstelle u. a. Faktoren abhängig. Das durch die Prallbeanspruchung erreichte Zerkleinerungsergebnis wird im allgemeinen auf die kinetische Energie des zu zerkleinernden Probekörpers bzw. Schrottstücks bezogen, d. h. auf die maximal für die Beanspruchung zur Verfügung stehende Energie.

Die hohe Festigkeit und das zähe Stoffverhalten der meisten Werkstoffe, die die Schrotte bilden, schränken die Anwendung der Prallbeanspruchung für die Zerkleinerung der Schrotte entscheidend ein. Deshalb wird nachfolgend nur die Prallbeanspruchung hochpolymerer Werkstoffe, die in den Schrotten z. T. mit den Metallen verbunden vorliegen, etwas näher betrachtet. Die bisher bekannten Untersuchungen zeigen [304], daß das Zerkleinerungsverhalten der Hochpolymeren entscheidend von der jeweiligen Glastemperatur bestimmt wird. Eine Zerkleinerung der hochpolymeren Werkstoffe ist nur dann zu erreichen, wenn die Glastemperatur des entsprechenden Werkstoffs deutlich über der Zerkleinerungstemperatur liegt. Denn es ist zu berücksichtigen, daß bei der Beanspruchung immer gewisse plastische Verformungen auftreten, die im Kontaktbereich zu lokalen Erwärmungen führen und damit plastisches Verhalten fördern. Eine ausreichende Temperaturdifferenz zwischen Zerkleinerungs- und Glastemperatur ist offensichtlich bei 20 °C für Polystyrol vorhanden (Bild 94, vgl. dazu Tabelle 51). Das Polyäthylen läßt sich wegen seiner niedrigen Glastemperatur erst nach entsprechender Unterkühlung durch Prallbeanspruchung zerkleinern. Die für die Zerkleinerung der hochpolymeren

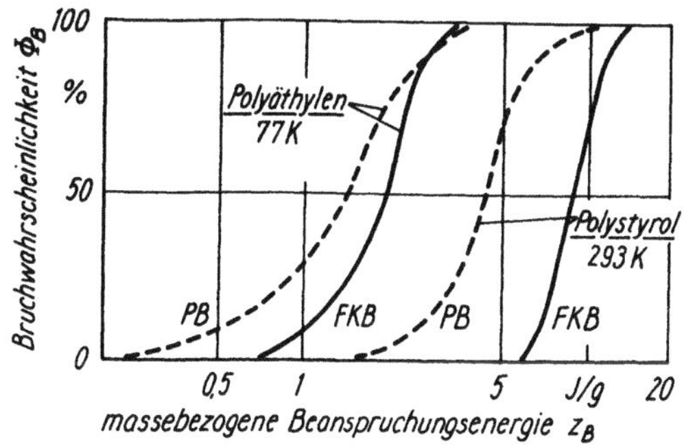

Bild 94. Abhängigkeit der Bruchwahrscheinlichkeit von der massebezogenen Beanspruchungsenergie für Polystyrol und Polyäthylen bei der Prall- und Fallkörperbeanspruchung (Kugeldurchmesser: Polystyrol: 2 mm; Polyäthylen: 3,6 mm) [304]
PB Prallbeanspruchung;
FKB Fallkörperbeanspruchung

Werkstoffe notwendigen massebezogenen Beanspruchungsenergien liegen deutlich über denjenigen, die für mineralische Rohstoffe erforderlich sind. Die entstehenden Bruchstückverteilungen enthalten sehr wenig Feingut.

Eine *Biegebeanspruchung* der Schrottstücke bzw. Probekörper führt in Abhängigkeit von der Art der Beanspruchung, der Beanspruchungsgeschwindigkeit und der Ausbildung der Stücke ebenfalls zu sehr unterschiedlichen Spannungsfeldern. In einem symmetrischen Querschnitt treten bei Biegebeanspruchung (Bild 95) auf der einen Seite Zug- und gegenüberliegend Druckspannungen auf. Die Spannungen nehmen auf beiden Seiten mit dem Abstand von der neutralen Faser zu. Die höchsten Spannungswerte ergeben sich jeweils in den Randfasern. Die Riß- bzw. Bruchbildung beginnt selbstverständlich im Zugspannungsbereich.

Die bei der Biegung des Werkstoffs wirkenden Kräfte zeigt in Abhängigkeit von der jeweiligen Durchbiegung der Werkstoffe schematisch Bild 96. Sehr spröde Werkstoffe (*a*) brechen unmittelbar nach Erreichen der Höchstkraft. Die Anrißbildung und der vollständige Bruch der Probe fallen nahezu zusammen. Demgegenüber wechseln bei dem Werkstoff (*b*) Zäh- und Sprödbrüche miteinander ab, wodurch sich der treppenförmige Kurvenverlauf ergibt. Der Bruch des Werkstoffs (*c*) ist ein reiner Zähbruch. Bei den zähen metallischen Werkstoffen kann man

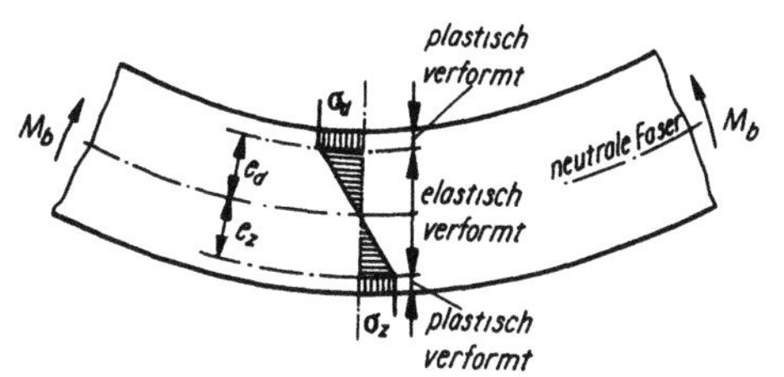

Bild 95. Spannungsverteilung in einem auf Biegung beanspruchten symmetrischen Querschnitt
M_b Biegemoment; σ_z Zugspannung;
σ_d Druckspannung; *e* Abstand

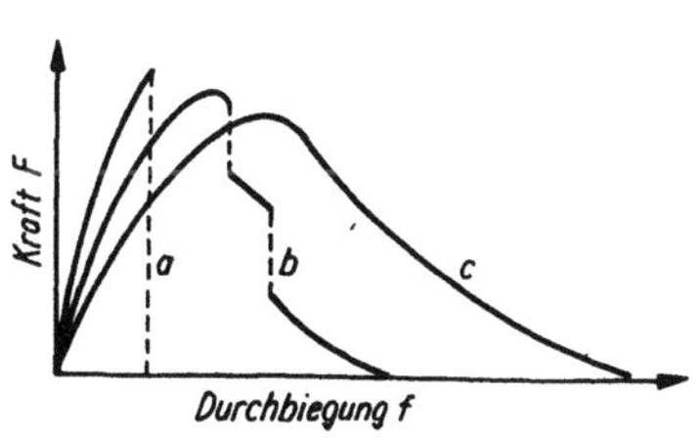

Bild 96. Kraft-Durchbiegungs-Kurven für Werkstoffe mit unterschiedlichem Bruchverhalten, schematisch (statischer Biegeversuch)
a) Sprödbruch;
b) Spröd- und Zähbrüche miteinander abwechselnd;
c) Zähbruch

häufig die Biegebeanspruchung über die Streckgrenze hinaus fortführen, ohne daß der Werkstoff bricht (Faltung). Durch niedrige Temperaturen, hohe Beanspruchungsgeschwindigkeiten und das gezielte Anbringen von Kerben, die zu einem mehrachsigen Spannungszustand führen, wird der für den Bruch notwendige Energieaufwand entscheidend verringert bzw. ein Bruch vieler zäher Werkstoffe ermöglicht.

Unter dem Gesichtspunkt der Zerkleinerung wurde die Biegebeanspruchung bisher wenig untersucht. Die im Rahmen der Werkstoffprüfung, z. B. durch statische Biegeversuche oder Schlag- bzw. Kerbschlagzähigkeitsversuche, gewonnenen Kennwerte eignen sich nur für Aussagen zum Stoffverhalten der Werkstoffe in Abhängigkeit von den Beanspruchungsbedingungen. Um Kenntnisse über die Zusammenhänge zwischen der Biegebeanspruchung und dem Zerkleinerungsergebnis zu gewinnen, sind Zerkleinerungsuntersuchungen unter definierten Bedingungen erforderlich. Als Versuchsmaterial bieten sich zylinderförmige Probekörper an, die durch zentrisches Aufbohren einen Hohlraum erhalten haben [325]. Um eine Biegebeanspruchung im Probekörper zu erreichen, müssen diese dann senkrecht zur Gieß- bzw. Ziehrichtung beansprucht werden.

Die vorliegenden Untersuchungen zeigen, daß der Hohlraumvolumenanteil in den Proben entscheidend die für die Zerkleinerung erforderlichen massebezogenen Kräfte und Energien bestimmt. So sind bei der *langsam anwachsenden, stoßfreien Biegebeanspruchung* für die Zerkleinerung des Gußeisens GGL 25 mit einem Hohlraumvolumen der Probekörper von 50 % nur noch massebezogene Beanspruchungsenergien erforderlich, die deutlich unter denen für Glas liegen (Bild 97; vgl. mit Bild 88). Die Zerkleinerung der hohlraumbehafteten zähen Stähle, z. B. St38u-2, setzt deren Abkühlung auf sehr tiefe Temperaturen voraus. Erfolgt nun die Beanspruchung mit einer relativ hohen, einige mm/s betragenden Geschwindigkeit, dann erreicht man bis zu einem Hohlraumvolumenanteil von 2 % einen vollständigen Bruch der Probekörper. Bei geringeren Beanspruchungsgeschwindigkeiten kommt

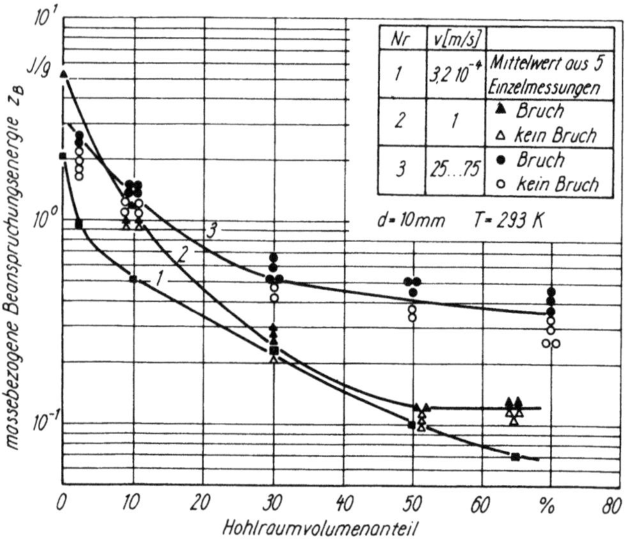

Bild 97. Einfluß des Hohlraumvolumenanteils auf die für den Bruch notwendige massebezogene Beanspruchungsenergie für Gußeisen GGL 25 bei Biegebeanspruchung [325]
1) langsam ansteigende, stoßfreie Biegebeanspruchung;
2) schlagartige, durch Fallkörper hervorgerufene Biegebeanspruchung;
3) durch Prall verursachte Biegebeanspruchung

es nur zu einer Anrißbildung (Bild 98). Für den relativ spröden Stahl 9S20K reichen demgegenüber bereits geringe Beanspruchungsgeschwindigkeiten aus, um einen vollständigen Bruch der mit einem Hohlraum versehenen Probekörper zu erzielen. Bei einem Hohlraumvolumenanteil größer 10% geht dieser Stahl bereits bei Normaltemperatur zu Bruch.

Eine *schlagartige, durch einen Fallkörper hervorgerufene Biegebeanspruchung* liefert vergleichsweise zur statischen Biegebeanspruchung ähnliche Tendenzen. Die für den Bruch von Gußeisen GGL 25 erforderliche Beanspruchungsenergie verringert sich z. B. bei einem Hohlraumvolumenanteil von 50% um etwa anderthalb Zehnerpotenzen (Bild 97). Damit ergibt sich für die Gußeisen-Probekörper eine Festigkeit, die etwa denen der mineralischen Rohstoffe entspricht (vgl. Bild 90). Eine kryotechnische Vorbehandlung der mit einem Hohlraum versehenen Probekörper wirkt sich noch begünstigend aus (9S20K, GGL 25) bzw. macht eine Zerkleinerung des Stahls St38u-2 überhaupt erst möglich (Bild 98). Bemerkenswert ist weiter, daß sich bereits Hohlraumvolumenanteile von 1% in Probekörpern aus Stahl St38u-2 deutlich auswirken.

Die *durch Prall hervorgerufene Biegebeanspruchung* führt vergleichsweise zu den beiden vorgenannten Beanspruchungsmechanismen erst bei z. T. deutlich höheren massebezogenen Beanspruchungsenergien zur Zerkleinerung der Probekörper (Bild 97). Das dürfte in der nicht unter Formzwang erfolgenden Beanspruchung begründet sein.

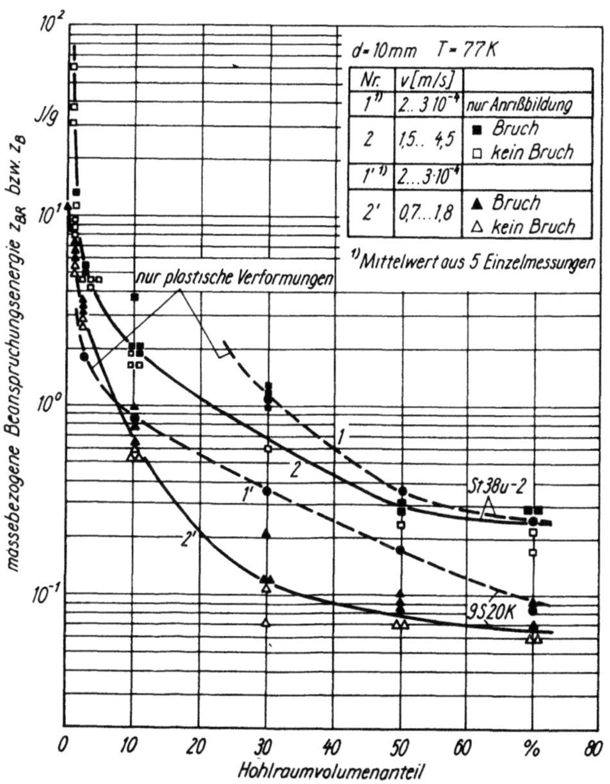

Bild 98. Einfluß des Hohlraumvolumenanteils auf die für den Riß bzw. Bruch notwendige massebezogene Beanspruchungsenergie für die Stähle 9S20K und St38u-2 bei Biegebeanspruchung [325]
1), *1'*) langsam ansteigende, stoßfreie Biegebeanspruchung;
2), *2'*) schlagartige, durch Fallkörper hervorgerufene Biegebeanspruchung

Aus den vorliegenden Untersuchungen wird deutlich, daß das Zerkleinerungsergebnis bei Biegebeanspruchung entscheidend von der Größe, Lage und Form des Hohlraumes bzw. der Hohlräume bestimmt wird. Es ist aber auch zu beachten, daß sich mit fortschreitender Zerkleinerung der Hohlraumvolumenanteil der Schrottstücke verringert. Die Zerkleinerung auf der Grundlage der Biegebeanspruchung hat sich deshalb vor allem für größere Hohlräume enthaltende Schrottstücke eingeführt.

Die bisher untersuchten Druck- und Biegebeanspruchungen führen bei Werkstoffen mit zähem Stoffverhalten meist nur zu elastisch-plastischen Verformungen, ohne daß für einen Bruch ausreichende Spannungen entstehen. Derartige Stoffe lassen sich deshalb nur dadurch zerkleinern, daß mit Hilfe geeigneter Schneiden und damit gezielter Krafteinleitung hohe Spannungen an einer definierten Stelle des Werkstoffs erzeugt werden. Diese führen unter gleichzeitigem Eindringen der Schneiden und starker örtlicher Werkstoffverformung zur Trennung des Werkstoffs. Die Trennfläche ist dabei durch die Bewegungsrichtung des Messers vorgegeben.

In Abhängigkeit von der Ausbildung der Trennzone unterscheidet man zwischen Scherbeanspruchung (Scherschneiden) und Schneidbeanspruchung (Keilschneiden, s. Bild 85). Während beim Scherschneiden die Trennung durch Überschreiten des Formänderungsvermögens in der Scherfläche des Schnittguts erfolgt, schreitet beim Keilschneiden die Trennzone in unmittelbarer Nähe der Schneide linienförmig durch das Schnittgut fort. Der sich beim *Scherschneiden* vollziehende Zerkleinerungsvorgang besteht aus drei Teilvorgängen: der Verformungsphase, der Schneidphase, in der eine Umformung des Schnittgutes in der Schneidzone erfolgt, und der Bruchphase [324], [330] bis [333]. Mit dem Aufsetzen des Obermessers auf das Schnittgut beginnt eine zunächst elastische, auf die Form der Schermesser begrenzte Verformung des Schnittguts. Gleichzeitig wird unter dem Einfluß der wirkenden Kräfte das freie Ende des Schnittguts gebogen. Diese zunächst noch elastische Verformung des Schnittguts geht mit zunehmendem Obermesserweg in eine bleibende Verformung über, die sich auch in der Ausbildung der Schnittfläche äußert (Bild 99). Mit dem weiteren Vordringen des Obermessers in das Schnittgut kommt es aufgrund der wirkenden Spannungen zu einer plastischen Verformung in der Schneidzone. Das Gleiten der Gitterschichten erfolgt dabei längs bevorzugter Gleitebenen, ohne daß der Stoffzusammenhang zerstört wird (Schneidphase). Die sich ausbildende Anschnittzone (Bild 99) erscheint im wesentlichen als eine glänzende, glatte Fläche.

Mit dem Vordringen des Obermessers in das Schnittgut entstehen in den Randzonen des Schnittgutes auch hohe Zugspannungen. Diese führen schließlich zur Bildung von Anrissen, die gegenüber den Schneidkanten ihren Ausgang nehmen und in Richtung der maximalen Schubspannung verlaufen. Die Anrisse bewirken dann die vollständige Trennung des Schnittguts (Bruchphase). Die sich

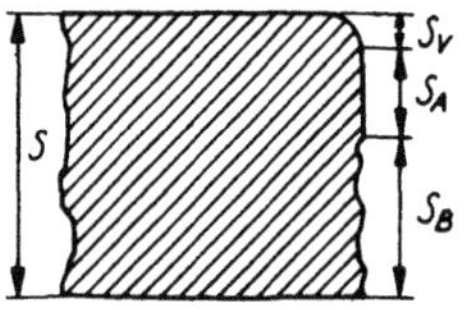

Bild 99. Charakteristische Bereiche einer Schnittfläche
S_V Verformungszone;
S_A Anschnittzone;
S_B Bruchzone;
s Blechdicke

dabei ausbildende Bruchfläche ist rauh und körnig und besitzt ein mattes Aussehen.

Die Eindringtiefe der Schneidkanten bis zur Entstehung des Anrisses wird entscheidend von den Eigenschaften des Schnittgutes, wie Festigkeit, Bruchdehnung, Kaltverfestigung und Formänderungsvermögen, sowie von den Schneidbedingungen, wie Größe des Schneidspaltes, Schärfe der Schneidkanten u. a., bestimmt [331], [332]. So beginnt bei den Werkstoffen mit relativ sprödem Stoffverhalten, z. B. den hochfesten Stählen, die Bruchphase bei einem Anschnitt von $\varepsilon_B = 0{,}15$ bis 0,3, und bei den Massenbaustählen beträgt $\varepsilon_B = 0{,}25$ bis 0,40 [334]. Demgegenüber erfolgt bei Aluminium und Kupfer die Bruchphase erst bei einem Anschnitt von $\varepsilon_B = 0{,}4$ bis 0,6 [335], [336]. Bei Blei und Zinn tritt während des Schneidens keine Rißbildung ein.

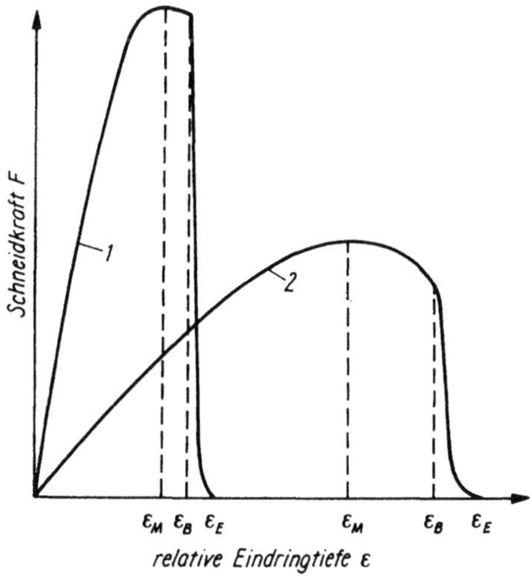

Bild 100. Abhängigkeit der Schneidkraft von der relativen Eindringtiefe des Schermessers (schematisch)
1) Werkstoff mit sprödem Stoffverhalten;
2) Werkstoff mit zähem Stoffverhalten;
ε_M relative Eindringtiefe beim Schneidkraftmaximum;
ε_B relative Eindringtiefe bei Bruch des Werkstoffs;
ε_E relative Eindringtiefe bei Ende des Schervorgangs

Die verschiedenen Vorgänge beim Scherschneiden zeigen sich auch in der Veränderung der Schneidkraft mit dem Scherweg (Bild 100). Der lineare Anstieg am Beginn der Schneidkraft-Weg-Kurve entspricht dem zunächst rein elastischen Eindringen des Obermessers in das Schnittgut. Ist die Fließgrenze des Werkstoffs erreicht, weicht die Kraft-Weg-Kurve von ihrem linearen Anstieg ab. Mit der plastischen Verformung des Schnittguts ist gleichzeitig eine Verfestigung des Werkstoffs verbunden. Diese führt bei weiterem Eindringen des Obermessers in das Schnittgut zu einem weiteren Anstieg der Schneidkraft. Denn der Einfluß des sich verringernden Restquerschnitts auf die Schneidkraft ist anfangs geringer als derjenige, der sich aus der steigenden Kaltverfestigung ergibt. Erst wenn ein weiterer Teil des Schnittguts geschnitten ist, überwiegt der Einfluß des sich verringernden Restquerschnitts. Die maximale Schneidkraft ist erreicht. Es bilden sich an den Stellen der höchsten Werkstoffbeanspruchung Risse. Diese führen dann zu einem plötzlichen Abfall der Scherkraft auf Null bzw. auf den Wert der Reibungskraft zwischen Schnittgut und Schneidwerkzeug [332].

Die für die Zerkleinerung notwendige Schneidkraft wird meist als *bezogene Schneidkraft* k_s angegeben. Sie ergibt sich aus folgender Beziehung:

$$k_{s\,max} = F_{s\,max}/A_s \qquad (30)$$

$F_{s\,max}$ maximale Schneidkraft
A_s Schnittfläche

Die Größe der bezogenen Schneidkraft wird entscheidend von den Werkstoffeigenschaften des Schnittgutes, insbesondere von der Festigkeit und dem Formänderungsvermögen, bestimmt [333], [337]. Aber auch einige Parameter der Schneidwerkzeuge und der Schere beeinflussen die bezogene Schneidkraft. Diese Zusammenhänge zeigt deutlich Bild 101. Einige Werte für die Größe der bezogenen Schneidkraft ausgewählter metallischer und nichtmetallischer Werkstoffe finden sich in Tabelle 54. Im Unterschied zu den Druck- und Biegefestigkeitswerten können diese Werte in der Zerkleinerungstechnik besser genutzt werden. Das liegt darin begründet, daß trotz aller Einschränkungen der in der Werkstoffprüfung eingeführte Scherversuch dem praktischen Zerkleinerungsprozeß beim Scherschneiden im wesentlichen entspricht.

Der sich beim Keilschneiden bzw. Messer- oder Beißschneiden vollziehende Zerkleinerungsvorgang unterscheidet sich grundlegend von dem des Scherschneidens (Bild 85). Das *Keilschneiden* ist dadurch charakterisiert, daß die Trennzone in unmittelbarer Nähe der Schneide linienförmig durch das Schnittgut fortschreitet [341] bis [343]. Die Gegenschneide ist dabei selbst bei scharfer Schneide nicht direkt am Schnitt beteiligt [342]. Sie dient lediglich als Widerlager und beeinflußt den Schneidvorgang nur durch ihren minimalen Abstand zur Messerschneide. Beim Messerschneiden ohne Gegenschneide wird die Schneidkraft durch die Massenträgheitskräfte des Zerkleinerungsgutes abgestützt.

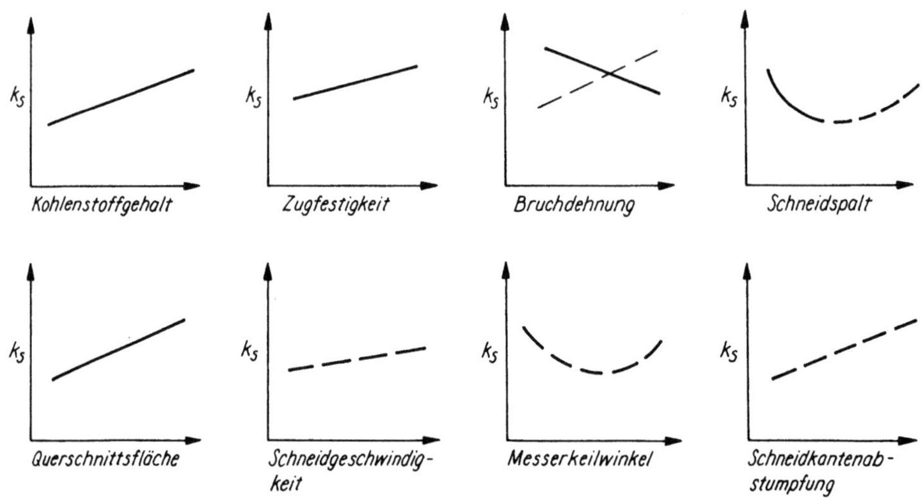

Bild 101. Tendenzielle Abhängigkeiten der bezogenen Schneidkraft k_s von verschiedenen Einflußfaktoren [338]
——— gesicherter Zusammenhang
-------- Tendenz bzw. z. T. widersprüchliche Angaben

Tabelle 54. Bezogene Schneidkräfte k_s ausgewählter metallischer und nichtmetallischer Werkstoffe [336], [339], [340]

Werkstoff	bezogene Schneidkraft k_s [N/mm^2]
PVC, weich	10 ... 15
Polyäthylen, weich	15
Polyäthylen, hart	20
PVC, hart	30 ... 35
Polystyrol, schlagzäh	30 ... 35
Polyamid	30 ... 35
Blei	20 ... 30
Zinn	30 ... 40
Aluminium	70 ... 110
Zink	120 ... 200
Aluminium-Legierungen	100 ... 300
Kupfer	180 ... 300
Kupfer-Zink-Leg. (Ms63, Ms72)	220 ... 400
Nickel	350 ... 470
Stahl mit 0,1 ... 0,2% C	260 ... 400

Besonders eingehend wurden die Vorgänge beim *Messerschneiden* für die hochpolymeren Werkstoffe untersucht [341], [342]. Danach läßt sich der Schneidvorgang, ähnlich wie beim Scherschneiden, in drei Teilvorgänge gliedern: die Eindringphase, die Schneidphase und die Abtrennphase. Mit dem Berühren des Schnittguts durch das Messer erfolgt zunächst eine elastische, nachfolgend eine plastische Verformung des Schnittguts (Eindringphase). Ist durch das eindringende Messer eine kritische Spannung im beanspruchten Werkstoffbereich erreicht, beginnt unter starker örtlicher Werkstoffverformung die Trennung des Materials. Dieser Vorgang kann mit den Trennvorgängen bei der spanabhebenden Bearbeitung der Werkstoffe verglichen werden [341]. Kurz bevor nun das Messer die Gegenschneide erreicht, dreht sich das abzuschneidende Teilchen um die Gegenschneide, und die Abtrennphase beginnt. Aufgrund des Abstandes zwischen feststehendem und beweglichem Messer bildet sich ein Materialzwickel aus, der die beiden zu trennenden Teile untereinander verbindet. Das Messer muß nun diesen Materialzwickel durch Zugkräfte so lange dehnen, bis er zerrissen wird. Über das Zerkleinerungsverhalten von Verbundwerkstoffen, denen die Kabel aus zerkleinerungstechnischer Sicht zuzuordnen wären, liegen keine Aussagen vor.

Die beim Messerschnitt bestehenden Zusammenhänge zwischen der Schneidkraft und den sie beeinflussenden Faktoren wurden bisher ausschließlich mit Strangmaterial untersucht (Bild 102) [341], [342]. Entsprechende Ergebnisse über den Einfluß der geometrischen Abmessungen der sich bei der Zerkleinerung bildenden Teilchen (Späne) auf die Schneidkraft zeigt Bild 103. Dabei wird deutlich, daß eine Proportionalität zwischen der Schneidkraft und der Spanbreite besteht, die es ge-

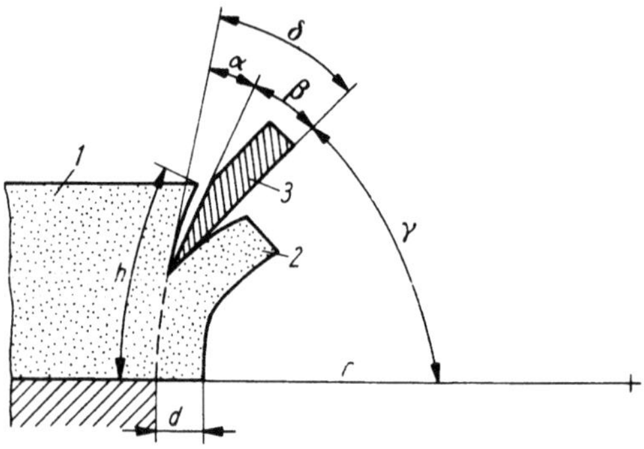

Bild 102. Geometrie des Schneidvorgangs [342]
1) Strangmaterial;
2) Span;
3) Schneidwerkzeug (Messer)
d Spandicke;
h Spanhöhe;
r Radius des Schneidenkreises;
α Freiwinkel des Messers;
β Keilwinkel des Messers;
γ Spanwinkel;
$\delta = \alpha + \beta$ Schnittwinkel

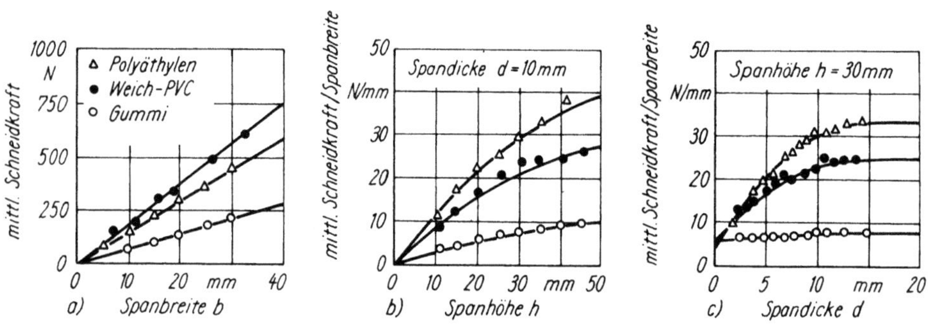

Bild 103. Abhängigkeit der Schneidkraft von der Spanbreite (a), Spanhöhe (b) und Spandicke (c) [341]

stattet, die Schneidkraft bezogen auf die Spanbreite anzugeben. Die in den Bildern 103b u. c dargestellten Abhängigkeiten zeigen, daß das Verhältnis der Spanhöhe *h* zur Spandicke *d* entscheidend die notwendige Schneidkraft bestimmt. Erst bei einem $h:d$-Verhältnis >2 ergeben sich von der Spandicke unabhängige Schneidkraftwerte. Bemerkenswert ist, daß bei gegen Null strebenden Spandicken die Schneidkräfte nicht Null werden. Das ist auf die zwischen der Freifläche der Messerschneide und dem Strangmaterial auftretende Reibungskraft zurückzuführen. Wesentlich wird die Schneidkraft auch von dem Freiwinkel, dem Keilwinkel des Messers, dem Schnittwinkel, dem Schneidenradius und der Schnittgeschwindigkeit bestimmt. Als besonders günstig haben sich ein Freiwinkel von $\alpha \approx 15°$ sowie ein Schnittwinkel von $\delta \approx 30°$ erwiesen [342], der allerdings wegen der notwendigen Dauerstandsfestigkeit nicht realisiert werden kann. Erste Ansätze für die Vorausberechnung des Energiebedarfs beim Messerschneiden liegen vor [339], [341], [342].

6.2. Kennzeichnung des Zerkleinerungserfolgs

Für die Kennzeichnung des Zerkleinerungserfolgs bietet sich die physikalische Beschaffenheit des Schrotts vor und nach seiner Zerkleinerung an (Stückgrößenverteilungsfunktion, Schüttdichte, Aufschlußverhältnisse). Die Ermittlung der notwendigen Kennwerte bereitet jedoch gegenüber der Zerkleinerung mineralischer Rohstoffe wesentlich größere, z. T. nicht lösbare Schwierigkeiten. Das betrifft besonders die Kennwerte, die den zu zerkleinernden Schrott charakterisieren sollen. Denn häufig sind diese Schrotte sehr sperrig ausgebildet, besitzen einen hohen Hohlraumvolumenanteil oder liegen in Form von Blechen, Drähten, Spänen, Kabeln o. ä. vor. Für diese Schrotte lassen sich meist keine aussagefähigen Stückgrößenverteilungsfunktionen und Stückgrößenkennwerte angeben. Der Zerkleinerungserfolg dieser Schrotte kann deshalb nur auf der Grundlage der physikalischen Beschaffenheit der zerkleinerten Schrotte erfolgen. Auf die Ermittlung der Stückgrößenverteilungsfunktion, die bei zerkleinerten Schrotten im allgemeinen möglich ist, der Schüttdichte und der Aufschlußverhältnisse wird ausführlich in 3.1. eingegangen. Die Bildung von Zerkleinerungsverhältnissen bleibt damit bei der Zerkleinerung von Schrotten auf Sonderfälle beschränkt.

Zur Kennzeichnung des Zerkleinerungserfolgs eignet sich auch der für die Zerkleinerung erforderliche Energieaufwand. Er wird bei technischen Zerkleinerungsprozessen meist als *massebezogener Energiebedarf*

$$W_m = \frac{W}{m} \tag{31}$$

W für die Zerkleinerung insgesamt erforderliche Energie
m zerkleinerte Schrottmasse

in kWh/t angegeben. Eine Bezugnahme des Energieaufwands auf den durch die Zerkleinerung erreichten Oberflächenzuwachs dürfte sich kaum einführen, da der Oberflächenzuwachs bei der Zerkleinerung von Schrotten im allgemeinen sehr gering ist und sich sehr schwierig ermitteln läßt.

6.3. Zerkleinerungsausrüstungen

Die vielfältigen Aufgaben der Zerkleinerungstechnik im Rahmen der Schrottaufbereitung haben zur Entwicklung einer größeren Zahl von Zerkleinerungsausrüstungen geführt. Ihr jeweiliger Einsatz ist jedoch abhängig von der Art des Schrotts, der Zielstellung der Zerkleinerung, dem Bruchverhalten der den Schrott bildenden Komponenten und weiteren Faktoren (Tabelle 55). Für die Gliederung der verschiedenen Zerkleinerungsausrüstungen bieten sich vor allem die Art der Kraft- und Energiezuführung in die zu zerkleinernden Schrottstücke und die konstruktiven Merkmale der Zerkleinerungsausrüstungen an. Die Einteilung nach der Art der Kraft- und Energiezuführung wurde bereits in 6.1.2. behandelt. Bei der folgenden Darstellung der Zerkleinerungsausrüstungen werden zweckmäßigerweise jene Maschinen und Einrichtungen gemeinsam behandelt, die wesentliche konstruktive Merkmale oder ähnliche Wirkprinzipien verbinden.

6.3.1. Fallwerke

Die Zerkleinerung der Gußeisenschrotte in Fallwerken wird durch Fallkörper (z. B. Stahlkugeln) erreicht, die aus einer bestimmten Höhe im freien Fall auf das

Tabelle 55. Einsatzgebiete der Zerkleinerungsausrüstungen in Abhängigkeit vom Bruchverhalten der Schrotte

Schrottart	Ziel der Zerkleinerung	Bruchverhalten der Schrotte			
		bei Gleitbruchverhalten		bei Sprödbruchverhalten	
		dickwandiger und kompakter Schrott	dünnwandiger Schrott (einschl. Späne)	dickwandiger und kompakter Schrott	dünnwandiger Schrott
Schrotte der metallurgischen Industrie	kleinstückiger Schrott	Thermisches Zerkleinern Block-Brammenscheren Guillotinescheren	Saumschneider	Fallwerke Spalteinrichtungen Sprenggrube	Preßeinrichtungen Backenbrecher
Schrotte der metallverarbeitenden Industrie	kleinstückiger Schrott Aufschluß[1])	Guillotinescheren	Hammerbrecher (Späneshredder) Schneidmühlen Flügelbrecher Trommelmühlen	Fallwerke	Preßeinrichtungen Backenbrecher
Amortisations-schrotte	kleinstückiger Schrott	Thermisches Zerkleinern Guillotinescheren Alligatorscheren Schienenbrecher Sprengen (Sprenggrube; im Rahmen der Demontage)	Guillotinescheren[2]) Rotorscheren[2]) Flügelbrecher[2]) Modifizierte Walzenbrecher[2])	Fallwerke Sprenggrube	Preßeinrichtungen Backenbrecher
	Aufschluß		Hammerbrecher (Shredder) Rotorscheren Schneidmühlen		Prallbrecher

[1]) entsprechend der Amortisationsschrotte

zu zerkleinernde Schrottstück fallen. In Abhängigkeit von der maximal möglichen kinetischen Energie des Fallkörpers beim Aufprall kann man die Fallwerke wie folgt gliedern:

- Fallwerke mit geringer Schlagenergie (0,5 bis $2 \cdot 10^5$ J) für die Zerkleinerung der leichten, dünnwandigen Gußeisenschrotte
- Fallwerke mit mittlerer Schlagenergie (2 bis $10 \cdot 10^5$ J) für die Zerkleinerung der Maschinengußschrotte, kleinerer Kokillen u. ä.
- Fallwerke mit großer Schlagenergie ($> 10^6$ J) für die Zerkleinerung großer Kokillen, großer Ofensauen mit hohem Stahlanteil u. ä.

Entsprechend der möglichen Veränderung des Schlagpunkts unterscheidet man drei Arten von Fallwerken. Am verbreitetsten sind die *Kranfallwerke*. Ein Kranfallwerk mit zwei Kranbrücken zeigt Bild 104, anders gestaltete Kranfallwerke sind in [31], [70], [344] bis [349] beschrieben. Als Haltevorrichtung für den Fallkörper (*1*) verwendet man einen Lasthebemagneten (*2*). Dieser kann mittels Laufkatze (*3*) und Kranbrücke (*4*) so bewegt werden, daß auf der gesamten zur Verfügung stehenden Fläche geschlagen werden kann. Das Beladen und Beräumen der Schabotte (*6*), die in einem Fundament (*7*) eingefaßt ist, erfolgt mit der zweiten Kranbrücke (*5*). Als Splitterschutz umgibt man die Schlagfläche mit einer Verkleidung (*8*). Bei der Zerkleinerung von Schrotten mit hohem Schlackeanteil (z. B. Ofensauen) sollte die Verkleidung so gestaltet sein, daß nach der Abtrennung der Stahlteile aus dem zerkleinerten Schrott mittels Elektromagneten die verbleibende Schlacke mit einer Planierraupe aus dem Zerkleinerungsraum entfernt werden kann [70].

Eine linienförmige Schlagfläche besitzen die *fahrbaren Turmfallwerke* (Bild 105). Bei einer geringen maximalen Schlagenergie des Fallwerks wird meist ein birnenförmiger Fallkörper verwendet, der mittels Seilkupplung unmittelbar mit der Winde verbunden ist. Demgegenüber werden bei den fahrbaren Turmfallwerken mit

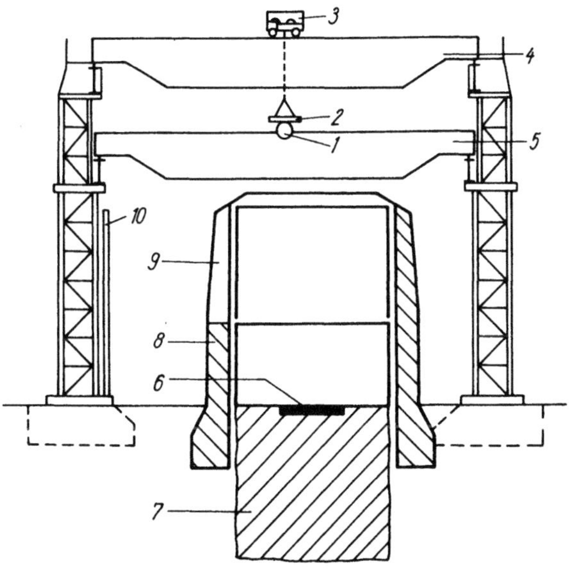

Bild 104. Kranfallwerk, Typ KZ-1 (Polen) [70]
1) Fallkörper;
2) Lasthebemagnet;
3) Laufkatze;
4) Kranbrücke für Schlagarbeit;
5) Kranbrücke für Beladen und Beräumen der Schabotte;
6) Schabotte;
7) Fundament;
8) Splitterschutz aus Stahlbeton und Stahlplatten;
9) Beschickungsöffnung;
10) Abschirmwand

mittlerer Schlagenergie Lasthebemagnete oder zangenähnliche Vorrichtungen als Haltevorrichtungen für den Fallkörper eingesetzt. Das Beladen sowie das Beräumen der Schabotte vom zerkleinerten Schrott kann durch Kranbrücken, fahrbare Drehkräne oder spezielle Kranarmvorrichtungen am Fallwerk [350] erfolgen. Die Möglichkeiten der Gestaltung von fahrbaren Turmfallwerken sind vielfältig [31], [70], [344] bis [352].

Nur noch eine geringe Bedeutung besitzen die *ortsfesten Turmfallwerke* mit weitgehend unveränderlichem Schlagpunkt. Diesem sich entscheidend auf den Durchsatz des Fallwerks auswirkenden Nachteil kann man bei Fallwerken mit großer bis mittlerer Schlagenergie teilweise dadurch begegnen, daß man auf dem Turmfallwerk eine Laufkatze anordnet (Bild 106). Als Haltevorrichtung für den meist birnenförmigen Fallkörper verwendet man zangenähnliche Einrichtungen. Das Beladen und Beräumen der Schabotte erfolgt häufig mit einem speziellen Brückenkran.

Ein ortsfestes Turmfallwerk mit geringer Schlagenergie zeigt Bild 107. Durch die Anwendung eines stangenförmigen Fallkörpers mit deutlich ausgebildeter Spitze erzielt man besonders hohe Energiekonzentrationen, die einen Bruch des

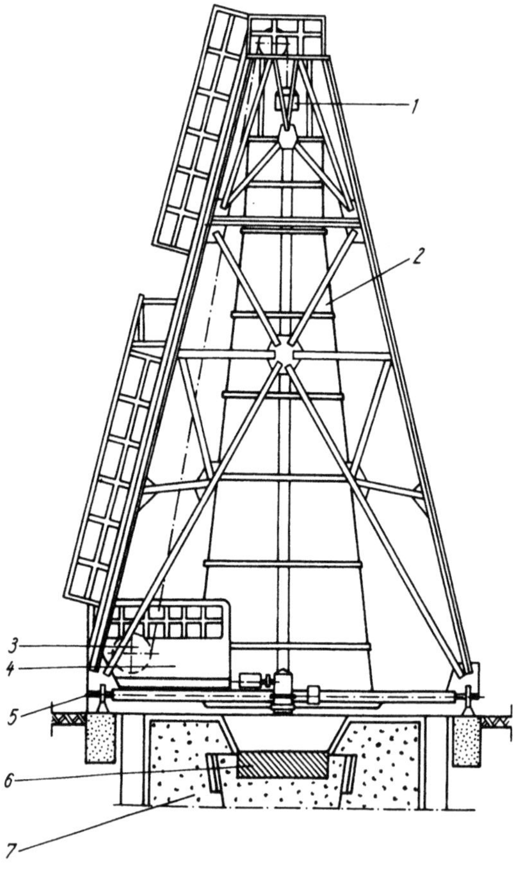

Bild 105. Fahrbares Turmfallwerk mit mittlerer Schlagenergie [348]
1) Fallkörper;
2) Splitterschutz;
3) Winde;
4) Steuerkabine;
5) Fahrgestell;
6) Schabotte;
7) Fundament

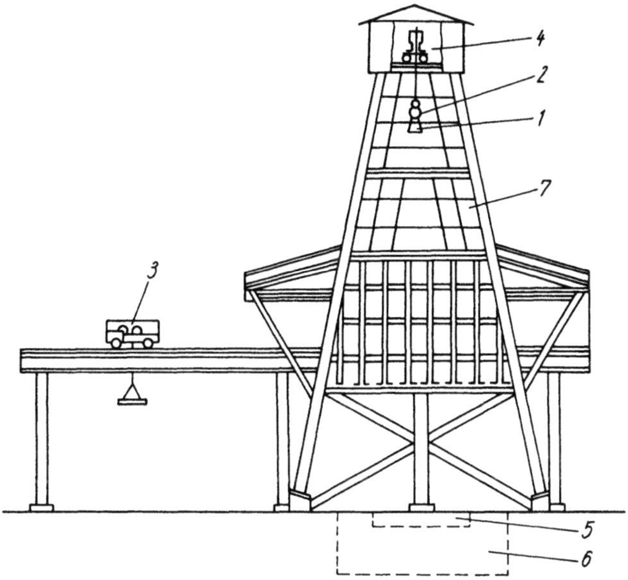

Bild 106. Ortsfestes Turmfallwerk (UdSSR) [344]
1) Fallkörper;
2) Haltevorrichtung für Fallkörper;
3) Brückenkran;
4) Hubmechanismus;
5) Schabotte;
6) Fundament;
7) Splitterschutz

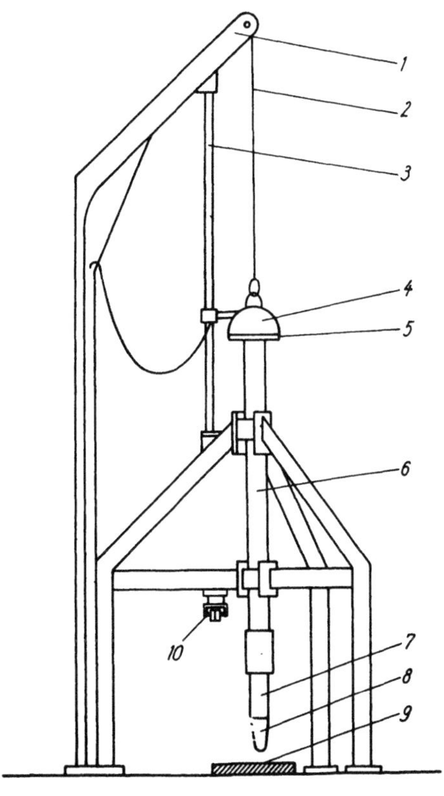

Bild 107. Fallwerk mit stangenförmigem Fallkörper, Bauart Carpenterie Metalliche Lanatesi (Italien) [353]
1) Kranausleger;
2) Stahlseil;
3) Gleitschiene für den Elektromagneten;
4) Elektromagnet;
5) Platte zum Heben des Fallkörpers;
6) Fallkörperführung;
7) Fallkörper;
8) Fallkörperspitze aus legiertem Stahl;
9) Amboß;
10) Winde für die Beschickung der Schabotte

Tabelle 56. Thermische Parameter der Fallwerke (zusammengestellt nach Literaturangaben)

		Fallwerke mit geringer Schlagenergie ($0{,}5$ bis $2 \cdot 10^5$ J)		
		Turmfallwerke		Kranfallwerke
		fahrbar	ortsfest	
Fallkörper				
Fallkörpermasse	in t	0,5 ... 2,5		
max. Fallhöhe	in m	2,5 ... 10		
Hubgeschwindigkeit	in m min^{-1}	20 ... 40		
Schabottenfläche	in m^2	—	5 ... 20	
Fahrgeschwindigkeit des Fallwerkes	in m min^{-1}	8 ... 15	—	—
Graben bzw. Grube				
Länge	in m	16 ... 30	—	0 ... 3
Breite	in m	0,6 ... 2	—	0 ... 3
Tiefe	in m	0,6 ... 1,4	—	0 ... 1,3
Schutzeinrichtung				
Höhe der Verkleidung	in m	3 m bis Fallwerkshöhe		
Dicke der Stahl- unten	in mm	5 ... 15		
blechverkleidung oben	in mm	5 ... 15		
Schutzzonenradius	in m	25 ... 100		
Kranbahn				
Länge	in m	—	—	bis 40
Spannweite	in m	—	—	10 ... 15
Tragkraft				
für Fallkörper	in N	—	—	$3 \cdot 10^4$
für Be- und Entldg.	in N	—	—	$3 \cdot 10^4$
Antriebsnennleistung				
für Hubmechanismus	in kW	5 ... 15		
für Fahrmechanismus	in kW	5	—	—
Dicke des zerkleinerbaren Schrottes	in mm	bis 50 (100)		
Durchsatz	in t/h	1 ... 2,5		

Fallwerke mit mittlerer Schlagenergie (2 bis $10 \cdot 10^5$ J)			Fallwerke mit großer Schlagenergie ($>10^6$ J)		
Turmfallwerke		Kranfall-werke	Turmfallwerke		Kranfall-werke
fahrbar	ortsfest		fahrbar	ortsfest	
2 ... 7 10 ... 18 15 ... 40			5 ... 15 18 ... 35 10 ... 40		
—	10 ... 30		8	5 ... 20	15 ... 50
20	—	—	4 ... 20	—	—
8 3 ... 6 1 ... 5	— — —	0 ... 7 0 ... 7 0 ... 4	8 6 2,5 ... 5	— — —	— — —
7 m bis Fallwerkshöhe 10 ... 100 5 ... 40 50 ... 200			 100 ... 200		
bis 90 20 ... 30 10^5 $10^5 \ldots 5 \cdot 10^5$	— — — —	bis 60 20 ... 30 10^5 $10^5 \ldots 5 \cdot 10^5$	bis 90 25 ... 30 $10^5 \ldots 1{,}5 \cdot 10^5$ $10^5 \ldots 5 \cdot 10^5$	50 ... 75 7	50 ... 90 10 ... 30
10 ... 30 5 ... 10	 —	 —	30 ... 135 15 ... 30	 —	 —
100 ... 200			200 ... 600		
2 ... 6			2 ... 8		

Schrottstücks schon bei einem relativ geringen massebezogenen Energieaufwand bewirken [70], [354].

Bei der Zerkleinerung der Gußeisenschrotte entstehen beachtliche Anteile an Metallbruchstücken und -splittern, die zu einer allgemeinen Gefährdung führen können. Nach STEPNIAK [348] ist besonders in einer Höhe von 0,7 bis 1,5 m über der Schabotte eine sehr starke Splitterintensität zu verzeichnen. Die Bemühungen, die Splittergefahr einzuschränken, führten dazu, daß die Schlagfläche mitunter 0,6 bis 5 m unter das Niveau der Erdoberfläche gelegt wurde. Die Zerkleinerung der dünnwandigen Gußeisenschrotte erfolgt dann in Gräben von 15 bis 30 m Länge, während die kompakteren Schrottstücke in Gruben zerkleinert werden (Grubenfallwerke). Die wesentlichsten technischen Parameter der Fallwerke sind in Tabelle 56 zusammengestellt.

Die bei der Fallkörperzerkleinerung der Gußeisenschrotte auftretenden Beanspruchungsarten Druck und Biegung (s. Tabelle 53) bewirken in den meist Hohlräume enthaltenden Schrottstücken sehr komplexe Spannungsverhältnisse mit unterschiedlichen Anteilen an Zug-, Druck- und Schubspannungen. In Abhängigkeit von der Höhe dieser Spannungen erfolgt entweder nur eine elastische und plastische Verformung der Schrottstücke oder Brüche werden ausgelöst. Das Ergebnis der Beanspruchung wird dabei entscheidend von der kinetischen Energie des Fallkörpers W_{kin} beim Aufprall (Beanspruchungsenergie) bestimmt.

$$W_{kin} = \frac{m_{FK}}{2} v^2 \tag{32}$$

m_{FK} Masse des Fallkörpers
v Aufprallgeschwindigkeit

Für die Beurteilung des Zerkleinerungsergebnisses bezieht man im allgemeinen die Beanspruchungsenergie auf die Masse des zu zerkleinernden Schrottstücks bzw. des Schrottstückkollektivs. Die bisher durchgeführten Zerkleinerungsuntersuchungen mit Probekörpern aus Gußeisen [65], [325] sowie mit Schrottstücken ergaben, daß die für die Zerkleinerung *notwendige massebezogene Beanspruchungsenergie* entscheidend vom Hohlraumvolumenanteil der Schrottstücke, der Anordnung der Hohlräume, der Größe und Form der Schrottstücke, der Festigkeit der Gußeisenwerkstoffe und anderen Faktoren bestimmt wird (s. 6.1.2.). Für den ersten Bruch großer Kokillen und großer, sperriger Schrottstücke (Stückmasse: 5000 bis 15000 kg) sind überschläglich massebezogene Beanspruchungsenergien von $\approx 0{,}05$ bis 0,3 J/g notwendig. Eine weitere Zerkleinerung der entstehenden Bruchstücke erfordert jedoch einen deutlich höheren massebezogenen Energieaufwand. Das beruht auf dem mit fortschreitender Zerkleinerung sich verringernden Hohlraumvolumenanteil der Schrottstücke und dem mit abnehmender Schrottstückgröße steigenden massebezogenen Energieaufwand (s. 6.1.2.). Entsprechende Untersuchungen mit Kokillen und Maschinengußeisenschrotten zeigen, daß eine Zerkleinerung dieser Schrotte auf Stückmassen von überwiegend <40 kg massebezogene Beanspruchungsenergien von 2 bis 6 bzw. 1 bis 2 J/g erfordert (Bild 108). Aus den in [346], [347] angegebenen Zahlenwerten ergeben sich für sehr große Fallwerkseinrichtungen (maximale Schlagenergie: $\approx 2 \cdot 10^6$ J) ähnliche massebezogene Beanspruchungsenergien von 2 bis 2,5 J/g.

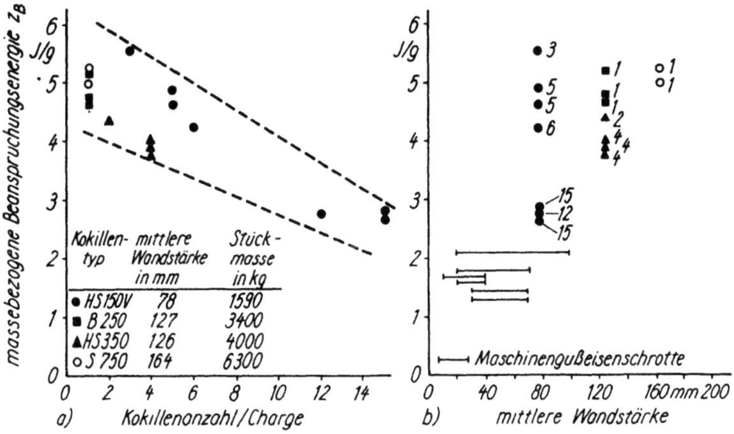

Bild 108. Einfluß der Kokillenanzahl je Charge (a) und der Wandstärke der Gußeisenschrotte (b) auf die für die Zerkleinerung notwendige massebezogene Beanspruchungsenergie (Kranfallwerk; Fallkörpermasse: 5 t; Fallhöhe: 9 bis 10 m; Beanspruchungsenergie: 4,5 bis $5 \cdot 10^5$ J — bei Kokillenzerkleinerung).
Die Zahlenwerte an den Symbolen beziehen sich auf die jeweils zerkleinerte Kokillenzahl je Charge

Einen deutlichen Einfluß auf die für die Zerkleinerung notwendige Beanspruchungsenergie übt auch die *Anordnung der Schrottstücke* auf der Schabotte aus. So kann der im Schrottstück vorhandene Hohlraum zerkleinerungstechnisch wirksam werden oder nur unwesentlich zur Zerkleinerung beitragen. Nach den Erkenntnissen der Zerkleinerung mineralischer Rohstoffe ist es vom Standpunkt der Energieausnutzung außerdem günstig, wenn die Beanspruchung der Körner weitestgehend unabhängig voneinander bis zum Bruch erfolgt. Das trifft für die Zerkleinerung der Gußeisenschrotte aber nur bedingt zu. Durch die unregelmäßigen Formen der Schrottstücke, die bei ihrer Übereinanderlagerung z. T. große Hohlräume bilden, entstehen bei einer Beanspruchung zusätzliche Biegespannungen. Diese verringern den für die Zerkleinerung erforderlichen Energieaufwand. Das kann deutlich aus Bild 108b abgeleitet werden. Man muß jedoch beachten, daß es eine optimale Schichtdicke gibt, die entscheidend von der Art des zu zerkleinernden Schrotts und von der zur Verfügung stehenden Beanspruchungsenergie abhängt. Im allgemeinen muß die Schichtdicke der Gußeisenschrotte bei der Zerkleinerung sehr niedrig gehalten werden. Sehr große Schrottstücke (z. B. große Kokillen) müssen häufig einzeln zerkleinert werden, da sonst die dafür notwendige Beanspruchungsenergie nicht ausreicht. Es kann aber auch bei kompakten kleinen Schrottstücken sinnvoll sein, diese einzeln in kleinen Fallwerken unter örtlich hoher Energiekonzentration zu zerkleinern.

Aus Gl. (32) und der Beziehung für die Aufprallgeschwindigkeit

$$v = \sqrt{2gh} \tag{33}$$

g Erdbeschleunigung
h Fallhöhe

folgt, daß die Beanspruchungsenergie von der *Fallkörpermasse* und der *Fallhöhe* des Fallkörpers bestimmt wird. Aus den im Einsatz befindlichen Fallwerken ergibt sich jedoch, daß in der Praxis eine gewisse Proportionalität zwischen Fallkörpermasse und Fallhöhe besteht (Bild 109). Die Fallkörpermasse beträgt meist < 10 t (sehr selten bis 20 t). Die maximale Fallhöhe liegt bei 33 m [344].

Eine deutliche Beeinflussung des Zerkleinerungsergebnisses kann auch durch eine Veränderung der *Fallkörperform* erreicht werden. Diese bestimmt entscheidend die im Schrottstück entstehende Spannungskonzentration. Man verwendet kugel-, stangen- und verschiedene birnenförmige Fallkörper. Durch die Anwendung eines stangenförmigen Fallkörpers mit deutlich ausgebildeter Spitze (Bild 107) erzielt man eine besonders hohe Energiekonzentration. Diese bewirkt schon bei einem relativ geringen massebezogenen Energieaufwand einen Bruch des Schrottstücks. Der Einsatz solcher Fallkörperformen blieb jedoch bisher auf Fallwerke mit geringer Schlagenergie beschränkt.

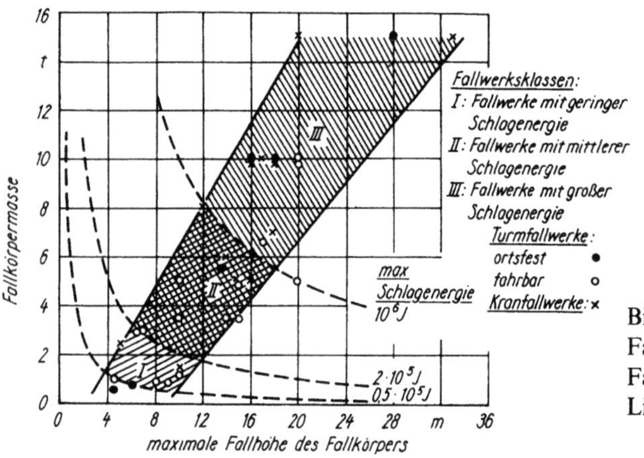

Bild 109. Zusammenhang zwischen der Fallkörpermasse und der maximalen Fallhöhe (zusammengestellt nach Literaturangaben)

Eine weite Verbreitung haben die kugelförmigen Fallkörper gefunden, die besonders in Kranfallwerken mit mittlerer und großer Schlagenergie eingesetzt werden. Als Hubeinrichtungen dienen runde Elektro-Lasthebemagnete, deren Haltefläche meist eben ist. Um eine Bewegung des kugelförmigen Fallkörpers auf der Haltefläche zu verhindern, kann man diese profilieren [70]. Eine 1,5- bis 2fach höhere Tragkraft der eingesetzten Lasthebemagnete erreicht man, wenn die Haltefläche als Kugelkalotte ausgebildet wird [70], [344].

Bei Anwendung der kugelförmigen Fallkörper ergeben sich jedoch gewisse Nachteile [70], [344], [346], [351]. Mit dem kugelförmigen Fallkörper wird nur eine relativ kleine Fläche beansprucht, so daß die Wahrscheinlichkeit des Treffens kleiner und spitz zulaufender Schrottstücke gering ist. Außerdem können die durch die Beanspruchung entstehenden Bruchstücke leichter seitlich wegfliegen. Damit wird die Verkleidung des Zerkleinerungsraums stärker beschädigt, und es ist ein wesentlich höherer Zeitaufwand für das Zusammentragen der noch nicht ausreichend zerkleinerten Schrotte auf die Schabotte notwendig.

Diese Mängel können durch die Verwendung von Fallkörpern mit flachem Boden (Bild 110b und c) behoben werden. Deshalb werden sie in der UdSSR besonders für die Zerkleinerung der Gußeisenschrotte auf Kupolofenabmessungen eingesetzt.

Neuerdings finden sie auch bei der Zerkleinerung sehr großer Stücke (Knäpper) in Hartsteinbrüchen breite Anwendung [355] bis [358]. Nach LEVIN [346] ergibt sich mit diesen Fallkörpern bei der Zerkleinerung der Gußeisenschrotte ein 2- bis 3fach höherer Durchsatz, als er mit kugelförmigen Fallkörpern erreicht werden kann. Allerdings erfordern derartige Fallkörper mit einer Masse >1 bis 2 t zangenähnliche Haltevorrichtungen, die eine vollständige Mechanisierung der Fallwerke verhindern.

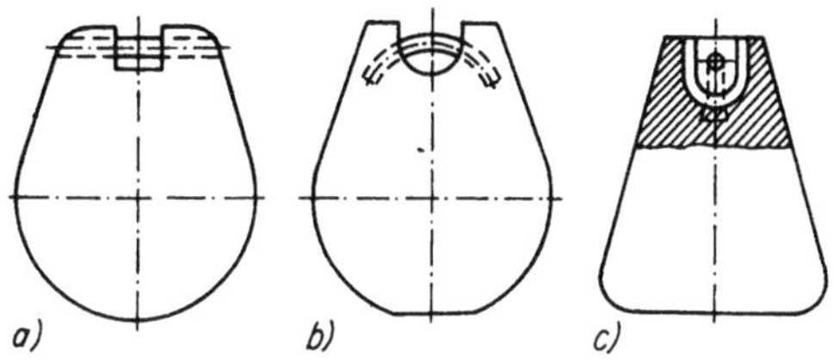

Bild 110. Fallkörper mit birnenförmiger Ausbildung [351]
a) birnenförmiger Fallkörper;
b) birnenförmiger Fallkörper mit abgeflachtem Boden;
c) Fallkörper in Form eines abgeschnittenen Kegels

Umfangreiche Bemühungen galten deshalb der Entwicklung eines Fallkörpers, der mit einem Magneten gehoben werden kann und die Vorteile eines Fallkörpers mit flachem Boden besitzt. Grundsätzlich könnte diese Anforderungen ein würfelförmiger Fallkörper erfüllen. Die mit einem solchen Fallkörper (Kantenlänge 1 m) durchgeführten Untersuchungen zeigten jedoch, daß der Schlag des Fallkörpers häufig mit der Kante und der Ecke erfolgt [344]. Trotzdem wurden gegenüber den kugel- und birnenförmigen Fallkörpern bei der Zerkleinerung der Gußeisenschrotte auf SM-Ofen-Abmessungen höhere Durchsätze erzielt. Das ökonomische Ergebnis konnte insgesamt aber nicht befriedigen.

Eine Möglichkeit zur Verbesserung des Zerkleinerungsergebnisses besteht auch darin, daß man auf die zu zerkleinernden dickwandigen Gußeisenschrotte eine Lage von Wellen, Achsen oder Teilen, die aus Bewehrungen gewonnen wurden, legt. Infolge der dadurch nur örtlich wirkenden hohen Spannungen verringert sich die für die Zerkleinerung erforderliche massebezogene Beanspruchungsenergie, und der Anteil der zu kleinen Schrottstücke nimmt ab [344], [359].

Einen deutlichen Einfluß auf das ökonomische Gesamtergebnis der Zerkleinerung besitzen die *Standzeiten der Fallkörper*. Diese werden entscheidend von der verwendeten Stahlqualität, dem Herstellungsverfahren der Fallkörper und der Art ihrer thermischen Nachbehandlung bestimmt. Im allgemeinen gießt man die Fallkörper aus beruhigtem Stahl mit Gehalten von 0,1 bis 0,2% C [344] bis [347], [351], [360] und führt nachfolgend mehrere thermische Nachbehandlungen durch [70], [344], [346], [351], [360]. Die bisher erreichten Standzeiten der Fallkörper können jedoch im allgemeinen nicht befriedigen. Sowjetische Untersuchungen an 34 Fallwerken zeigten, daß 45% der verwendeten Fallkörper nach einem Durchsatz von <4000 t und 85% nach 6000 t verschlissen waren [359]. Durchschnittliche Standmengen von >7500 t konnten nicht erreicht werden. Die Ursachen für diese unbefriedigenden Ergebnisse sind meist auf Fehler im Gießprozeß und der thermischen Nachbehandlung zurückzuführen [344]. Wesentlich günstigere Verschleißkennwerte erhält man, wenn für die Fallkörper Stahl mit Gehalten von 12 bis 18% Mn verwendet wird. Durch die hohe Zähigkeit und Verschleißfestigkeit dieses

Stahls konnten Standzeiten der Fallkörper von >1 a erreicht werden [31], [359]. Des weiteren ist der natürlichen Alterung der Fallkörper größere Beachtung zu schenken [70], [344].

Die kinetische Energie des Fallkörpers wird bei seinem Aufprall auf das zu zerkleinernde Schrottstück nur z. T. für den eigentlichen Zerkleinerungsvorgang verwendet. Ein beachtlicher Energieanteil wird zerkleinerungstechnisch nicht wirksam. Dieser äußert sich in der Deformation des Fallkörpers und der Schabotte, im Rückprall des Fallkörpers und in den Schwingungen des Fundaments. Letztere entstehen durch den Aufprall des Fallkörpers auf die elastisch gelagerte Schabotte. Diese versetzt nun ihrerseits das gleichfalls elastisch unterstützte Fundament und sogar den Baugrund in Schwingungen, die jedoch nach einigen Perioden abklingen.

Um die Schwingungen, die zu beachtlichen Schäden an den umliegenden Gebäuden und Einrichtungen führen können, einzuschränken und eine möglichst hohe Ausnutzung der kinetischen Energie des Fallkörpers für die Zerkleinerung zu erreichen, ist der *Fundamentgestaltung* besondere Aufmerksamkeit zu widmen. Die grundsätzlichen Richtlinien für die optimale Gestaltung der Fundamente lassen sich aus den Gesetzmäßigkeiten des geraden, zentralen Stoßes ableiten (Bild 111). Überträgt man die allgemeinen Beziehungen über den Stoß zweier unelastischer Körper auf die Bedingungen der Fallkörperzerkleinerung ($v_2 = 0$), so ergibt sich der beim Stoß entstehende Verlust an kinetischer Energie ΔW zu:

$$\Delta W = \frac{1}{2} \frac{m_{FK} \cdot m_F}{m_{FK} + m_F} \cdot v_1^2 (1 - k_s^2) \tag{34}$$

m_{FK} Fallkörpermasse
m_F Fundamentmasse einschließlich der Masse des Schrottstücks und der Schabotte
v_1 Geschwindigkeit des Fallkörpers beim Aufprall
k_s Stoßzahl; für Fallwerksfundamente in Abhängigkeit von ihrer Ausbildung: $k_s = 0{,}1$ bis 0,7 [348]

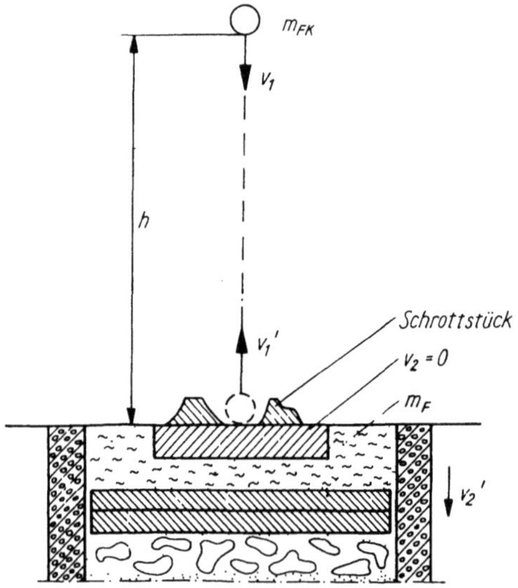

Bild 111. Stoßbedingungen bei der Fallkörperzerkleinerung
m_{FK}, m_F Massen der Stoßpartner (Fallkörper, Fundament)
v_1, v_2 Geschwindigkeiten vor dem Stoß
v_1', v_2' Geschwindigkeiten nach dem Stoß
h Fallhöhe des Fallkörpers

Dieser Verlust an kinetischer Energie ist derjenige Anteil, der für die Zerkleinerung zur Verfügung steht und zu einer Deformation von Fallkörper und Schabotte führt. Kürzt man nun die Gl. (34) mit m_F, so erhält man

$$\Delta W = \frac{1}{2} \frac{m_{FK}}{\left(\frac{m_{FK}}{m_F} + 1\right)} \cdot v_1^2(1 - k_s^2) \tag{35}$$

Daraus folgt, daß mit Erhöhung der Fundamentmasse der für die Zerkleinerung zur Verfügung stehende Energieanteil größer wird. Überschreitet jedoch die Fundamentmasse den 10fachen Wert der Fallkörpermasse, dann ändert sich der für die Zerkleinerung zur Verfügung stehende Energieanteil nur noch unwesentlich.

Mit steigender Fundamentmasse verringern sich aber auch die beim Aufprall des Fallkörpers auf die Schabotte entstehende Anfangsgeschwindigkeit des Fundaments v_2' entsprechend

$$v_2' = v_1(1 + k_s) \frac{m_{FK}}{m_{FK} + m_F} \tag{36}$$

und die Amplitude der freien Schwingung des Fundaments. Damit ist es durch geeignete Wahl der Fundamentmasse möglich, die Amplitudenwerte so zu verringern, daß in einem bestimmten Abstand vom Fallwerk keine Schädigungen an Gebäuden und anderen Einrichtungen auftreten können.

Mit der Schaffung großer Fundamente ergeben sich jedoch beachtlich hohe Investitionskosten. In Abhängigkeit vom zu zerkleinernden Schrott ist deshalb jeweils zu entscheiden, welche Fundamentmasse und welche Ausbildung des Fundaments erforderlich ist. Grundsätzlich lassen sich die Fundamente in 3 Gruppen gliedern, die im Bild 112 gegenübergestellt sind. Die einfache Fundamentausbildung ohne Stahlbetonbegrenzung (Bild 112a) wird heute nur noch bei Kleinfallwerken

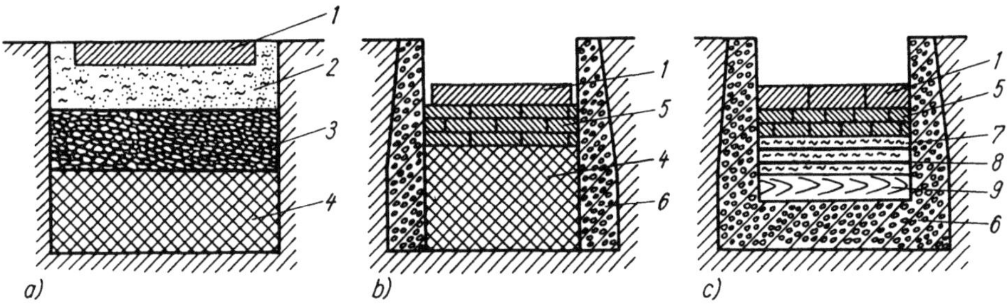

Bild 112. Fundamentbauarten für Fallwerke [344]
a) Fundament ohne Stahlbetonbegrenzung;
b) Fundament mit Stahlbetonring;
c) Fundament mit vollständiger Stahlbetonbegrenzung
1) Schabotte;
2) Sand mit Stahlspänen;
3) Kies-Sand-Gemisch;
4) festgestampfter Boden;
5) Stahlbarren;
6) Stahlbeton;
7) Gußeisenspäne;
8) Stahlplatten;
9) Holzbalken

gewählt. Weit verbreitet ist das mit einem Stahlbetonring umschlossene Fundament (Bild 112b), das besonders für Fallwerke mit mittlerer Schlagenergie verwendet wird. Eine sehr hohe Standfestigkeit des Fundaments erreicht man mit dem in Bild 112c dargestellten Fundamenttyp, der besonders für Fallwerke mit hohen Schlagenergien geeignet ist. Detaillierte Ausführungen von Fundamenten der Typen (*b*) und (*c*) sind im Bild 113 zusammengestellt. Für eine überschlägliche Berechnung der notwendigen Masse der Fundamente m_F werden folgende Beziehungen vorgeschlagen [70], [344], [348]:

$$m_F \geqq 8(1 + k_s)\, m_{FK} \cdot v_1 - m_{Sch} \tag{37}$$

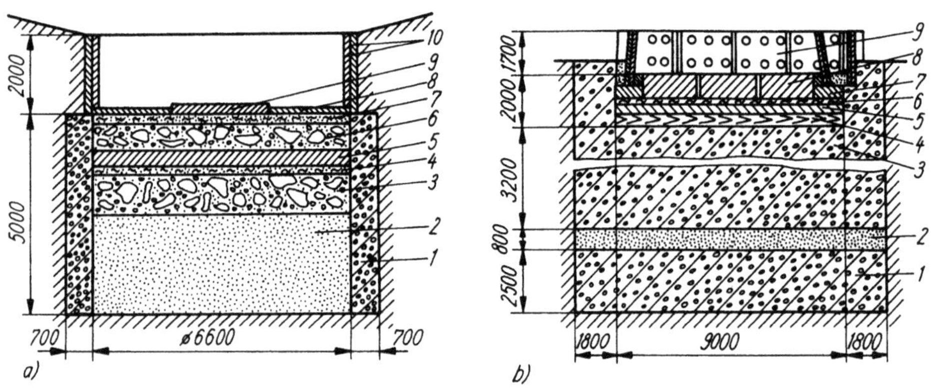

Bild 113. Ausbildungsformen für Fundament und Schabotte
(a) für Fallwerke mit mittlerer Schlagenergie [345], [347]
1) Stahlbetonring;
2) Kies, Schichthöhe $h = 2500$ mm;
3) Metallschrott (Ofensauen), eingebettet in einem Gemisch von Kies und Stahlspänen, $h = 1000$ mm;
4) Sand und Stahlspäne, $h = 200$ mm;
5) Stahlplatten mit einer Dicke > 100 mm, $h = 400$ mm;
6) wie *3*), $h = 700$ mm;
7) wie *4*); $h = 200$ mm;
8) Stahlplatten, $h = 100$ bis 150 mm;
9) Schabotte, Abmessung: (2500 × 2500 × 200) mm;
10) Stahlplatten

(b) für Fallwerke mit mittlerer und großer Schlagenergie [31], [345]
1) Stahlbetonfundament, Grundfläche (12600 × 8600) mm;
2) verdichtete Sandschicht;
3) Stahlbeton, $h = 3200$ mm;
4) zwei Schichten Holzbalken;
5) zwei Schichten gewalzte Stahlblöcke;
6) Stahlspäne;
7) gewalzte Stahlblöcke;
8) dreiteilige Schabotte, Abmessung eines Schabottenteils: (3800 × 2300 × 1000) mm;
9) Rahmen aus Panzerplatten

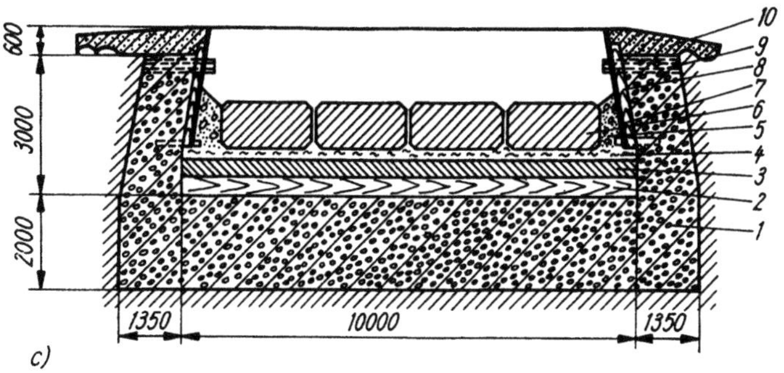

c)

(c) für Fallwerke mit großer Schlagenergie [346]
1) Stahlbetonfundament, Grundfläche: (12700 × 12700) mm;
2) zwei Schichten Holzbalken, $h = 400$ mm;
3) zwei Schichten gewalzte Stahlblöcke, $h = 400$ mm;
4) Gußeisenspäne, $h = 200$ mm;
5) kleinstückiger Schrott;
6) Schabotte, $h = 1000$ mm;
7) Stahlplatten, Dicke = 100 mm;
8) Holzbalken, Abmessung: (200 × 200) mm;
9) Keilbefestigung;
10) verdichteter Schotter

bzw.

$$m_F \geqq \frac{8 m_{FK} \cdot v_1}{a_{zul}} \tag{38}$$

m_{FK} Fallkörpermasse in t
m_F Fundamentmasse in t
m_{Sch} Schabottenmasse in t
v_1 Geschwindigkeit des Fallkörpers beim Aufprall in m/s
k_s Stoßzahl, $k_s = 0{,}1 \ldots 0{,}7$ nach [348]
a_{zul} zulässige Schwingungsweite des Fundaments in Abhängigkeit vom Baugrund
- trockene bindige Böden: $a_{zul} = 2$ bis 2,5 mm
- trockene nichtbindige Böden: $a_{zul} = 1{,}2$ bis 2,0 mm
- wassergesättigte Böden: $a_{zul} = 0{,}8$ bis 1,2 mm

Eine völlig andere Fundamentkonzeption besteht darin, durch Einführen von Salzlösungen bei gleichzeitiger Elektroosmose eine Verfestigung des Bodens unterhalb der Schabotte zu erreichen [70].

Als *Schabotte* werden verschrottete Bauteile (z. B. Schiffsplatten [70]) oder speziell hergestellte Stahlplatten bzw. -blöcke verwendet. Eine besonders hohe Haltbarkeit der Schabotte erhält man, indem eine 3schichtige Armierung aus Rundstäben mit Stahlguß ausgegossen wird [70]. Für die Bestimmung der notwendigen Dicke der Schabotte wurde von Zazimko [344] eine Berechnungsmethode vorgeschlagen. Häufig wird eine Schabottendicke von 0,3 bis 0,5 m gewählt. Die Masse der einzelnen Schabottenteile sollte mindestens das 5fache der des Fallkörpers betragen. Angaben über die Schabottenfläche in Abhängigkeit von der maximalen Schlagenergie der Fallwerke finden sich in Tabelle 56. Ihre Neigung sollte 7° nicht übersteigen. Einzelheiten über die Herstellung und die thermische Nachbehandlung der Schabotten sowie die erforderlichen Eigenschaften des einzusetzenden Materials sind in [70], [344], [346] angegeben. Die Dicke der unter der Schabotte liegenden Späneschicht (meist Gußeisenspäne) darf eine Höhe von 0,2 m nicht unterschreiten. Eine Möglichkeit für ihre genaue Berechnung gibt ZAZIMKO [344] an.

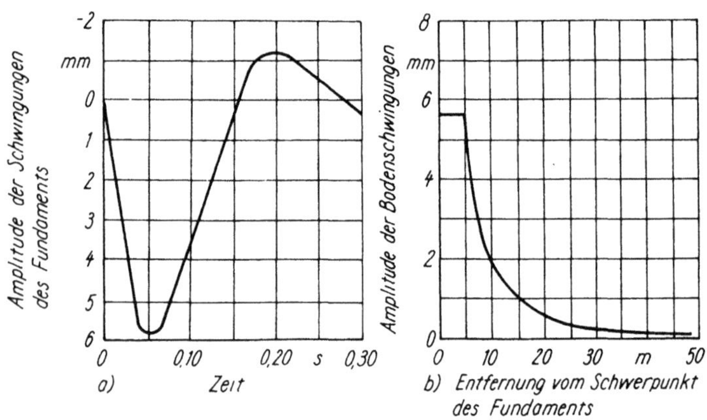

Bild 114. Ausbreitung der beim Aufprall des Fallkörpers auf die Schabotte entstehenden Fundamentschwingungen (a) und Bodenschwingungen (b) [70] (Fallkörpermasse: 10 t, Fallhöhe: 15 m; Fundament: würfelförmig, Kantenlänge 8,2 m; Masse: 1050 t; Bodenart: Schüttdichte 1,9 t/m^3, Elastizitätsmodul $E = 60$ MN/m^2)

Bei der Zerkleinerung in Fallwerken können beachtliche Schäden durch die aus dem Zerkleinerungsraum austretenden Metallbruchstücke und -splitter sowie durch die beim Auftreffen des Fallkörpers auf die Schabotte hervorgerufenen Erschütterungen entstehen. Um die Umgebung des Fallwerkes vor Metallbruchstücken und -splittern zu schützen, wird der Zerkleinerungsraum mit einer entsprechenden Verkleidung aus Stahlbeton, Stahl- und/oder Holzkonstruktionen versehen. Die Verkleidung kann dabei stationär (Kranfallwerke, ortsfeste Turmfallwerke) oder fahrbar sein (fahrbare Turmfallwerke). Eine stationäre Verkleidung des Zerkleinerungsraums ist im Bild 104 dargestellt. Sie besteht aus Stahlbeton, der im unteren Teil mit 100-mm-Stahlblechen und im oberen Teil mit 40-mm-Stahlblechen geschützt ist. Trotz solcher Verkleidungen ist um das Fallwerk eine entsprechende Sicherheitszone einzurichten, deren Größe entscheidend von der maximalen Schlagenergie des Fallwerks abhängt (Tabelle 56). Um die Gefährdung der umliegenden Gebäude und Einrichtungen weiter einzuschränken, ist es noch möglich, an den Kran einen horizontalen Schutzschirm unterzuhängen, der die gesamte obere Öffnung des Zerkleinerungsraumes abdeckt [70], bzw. bei fahrbaren Turmfallwerken den Zerkleinerungsraum vollständig einzuhausen.

Die beim Aufprall des Fallkörpers auf die Schabotte entstehenden Fundament- und Bodenschwingungen zeigt für ein ausgewähltes Fallwerk Bild 114. Die notwendige Entfernung r zu erschütterungsempfindlichen Gebäuden und Einrichtungen ergibt sich aus folgender Beziehung [344]:

$$r = \frac{a_t}{a_{zul,r}} \sqrt{\frac{A_F}{2\pi}} \quad \text{in m} \tag{39}$$

A_F Fundamentfläche in m^2
a_t tatsächliche Schwingungsweite des Fundaments in mm
$a_{zul,r}$ zulässige Schwingungsweite des Bodens im Abstand r von der Schabottenmitte

- für Fallwerkseinrichtungen:
  $a_{zul,r} = 0{,}5$ bis $0{,}8$ mm
- für mehretagige, schwingungsempfindliche Industriegebäude:
  $a_{zul,r} = 0{,}003$ bis $0{,}005$ mm

Die Ergebnisse umfangreicher Beobachtungen an Fallwerkseinrichtungen über die notwendige Entfernung der Gebäude und anderer Einrichtungen von der Schabottenmitte sind in Tabelle 57 zusammengestellt.

Der *Durchsatz* eines Fallwerks wird von der Art und Gestaltung des Fallwerks, von der physikalischen Beschaffenheit des zu zerkleinernden Schrotts, von der geforderten oberen Stückgröße des zerkleinerten Schrotts, von der Organisation des Fallwerkbetriebs u. a. Faktoren beeinflußt. Grundsätzlich ist jedoch zu erwarten, daß mit zunehmender maximaler Schlagenergie des Fallwerks der Durchsatz ansteigt. Diese Tendenz deutet sich aber nur bei solchen Fallwerken an, die dünnwandigen Gußeisenschrott zerkleinern (Bild 115). Für die Fallwerke, die dickwandige Schrotte verarbeiten, läßt sich eine derartige Beziehung nicht ableiten. Das ist darauf zurückzuführen, daß die dickwandigen Schrotte hinsichtlich Stückmasse, Wandstärke und Hohlraumvolumen sehr uneinheitlich und damit

Tabelle 57. Einfluß der Bodenart und der Fallkörpermasse auf die notwendige Entfernung der Gebäude und anderer Einrichtungen von der Schabottenmitte [348]

Bodenart	notwendige Entfernung von der Schabottenmitte [m]		
	Fallkörpermasse <3 t	Fallkörpermasse <5 t	Fallkörpermasse >7 t
Festgestein bis Kies	20	30	50
Kiessand; trockener Sandboden; bindiger Boden in festem oder halbfestem Zustand	30	40	60
nasser, sandiger Boden; bindiger, steifplastischer Boden	30	50	70
nasser Boden in lockerem oder weichplastischem Zustand; Schlammboden	50	80	100

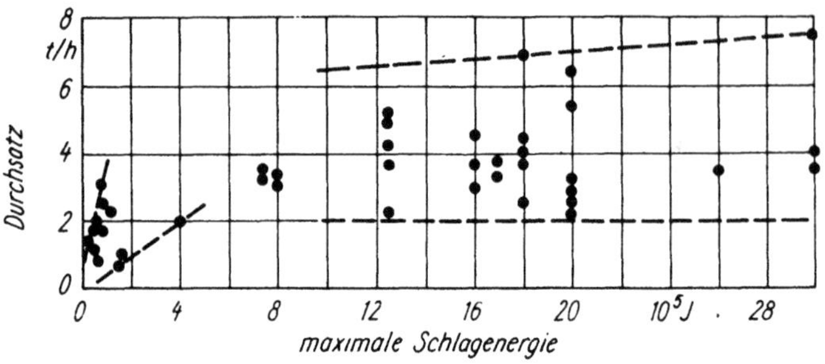

Bild 115. Abhängigkeit des Durchsatzes von der maximalen Schlagenergie des Fallwerks (nach Literaturangaben)

auch ihre Zerkleinerungseigenschaften sehr unterschiedlich sind. Die Zerkleinerung der sehr großen, z. T. kompakten Schrottstücke ist z. B. überhaupt nur unter Anwendung von Fallwerken mit großen Schlagenergien möglich. Da aber für diese Schrotte gegenüber den dünnwandigen Schrotten häufig die gleichen Qualitätsanforderungen an das Fertigprodukt gelten, sind zwangsläufig bei der Zerkleinerung der dickwandigen Gußeisenschrotte relativ niedrige, stark schwankende Durchsätze zu erwarten. Das verdeutlichen die in Tabelle 58 angegebenen Durchsatzkennwerte. Der spezifische Energieverbrauch für die Zerkleinerung auf Kupolofenabmessungen beträgt bei Anwendung von Kranfallwerken 12 bis 15 kWh/t Durchsatz. Die bei der Fallwerkszerkleinerung auftretenden Schrottverluste liegen bei 10 bis 15 kg/t Durchsatz [344].

Über die physikalische Beschaffenheit der zerkleinerten Gußeisenschrotte (Stückmassen- und Stückgrößenverteilung, Schüttdichte u. a.) liegen bisher nur wenige Angaben vor. Es ist aber allgemein bekannt, daß die Forderungen der Abnehmer hinsichtlich oberer Stückgröße und -masse bei einigen Schrottarten nicht bzw. nur sehr schwierig zu erfüllen sind. Eigene und sowjetische Untersuchungen an Kran- und Turmfallwerken [227] zeigen, daß bei der Zerkleinerung von Kokillen ein

Tabelle 58. Abhängigkeit des Durchsatzes von der Art des zu zerkleinernden dickwandigen Gußeisenschrotts und der oberen Stückgröße des zerkleinerten Schrotts (Kranfallwerk: Fallkörpermasse: 10 t, Fallhöhe: 18 m) [347]

Art des zu zerkleinernden Schrotts	obere Stückgröße des zerkleinerten Schrotts	Durchsatz [t/h]
dickwandiger Maschinengußeisenschrott (Maschinengestelle, Schwungräder u. a.)		5,0
Kokillen verschiedener Größen	(250 × 200 × 100) mm (Kupolofen-Abmessungen)	3,7
Kokillenuntersätze und Gespannplatten		2,2
stahlhaltiger Schrott und Ofensauen	(1200 × 500 × 500) mm (SM-Ofen-Abmessungen)	5,2
Gußeisenschrott und Ofensauen	(300 × 300 × 300) mm (Hochofen-Abmessungen)	4,2

beachtlicher Anteil von Stücken entsteht, deren Größe und Masse deutlich über den geforderten Werten liegen. Die Schüttdichte des zerkleinerten Gußeisenschrotts (Stückmasse <50 kg) beträgt ≈ 2 bis 3,5 t/m^3, während für den unzerkleinerten Schrott Schüttdichten von 1 bis 1,5 t/m^3 angegeben werden [361].

6.3.2. Spalt-, Preß- und Biegeeinrichtungen

6.3.2.1. Spalteinrichtungen

Für die Zerkleinerung plattenförmiger Schrottstücke mit sprödem Stoffverhalten (z. B. Gespannplatten und Kokillenwände aus Gußeisen mit Lamellengraphit) hat sich in neuerer Zeit das Prinzip der *Spaltung* eingeführt. Dieses Zerkleinerungsprinzip beruht auf dem Wirken eines Keils, dem eine keilförmige Stütze gegenüber angeordnet ist (Bild 83b). Im Unterschied zum Keilschneiden entsteht die Zerkleinerungswirkung durch die Keilflanken, die in dem Schrottstück die für den Bruch notwendigen Zugspannungen hervorrufen (s. 6.1.2.). Die Schneide des Keils eilt dabei dem entstehenden Spalt nach, d. h., sie schneidet nicht. Dieses Zerkleinerungsprinzip ist grundsätzlich auch durch eine punktförmige Beanspruchung realisierbar (Bild 83c). Dabei entstehen jedoch gegenüber der linienartigen Beanspruchung unregelmäßige Bruchstücke.

Die für die Spaltung notwendige Druckkraft wird entscheidend vom Festigkeitsverhalten des zu spaltenden Werkstoffs bestimmt. Für Werkstoffe mit geringer Dehnung, z. B. Gußeisen mit Lamellengraphit und legiertes Gußeisen, besteht eine lineare Abhängigkeit zwischen der Zugfestigkeit und der durch Spaltung ermittelten *Keildruckfestigkeit*. Letztere ist dabei immer niedriger als die Zugfestigkeit des Werkstoffs [362], [363]. Besitzen die Gußeisenwerkstoffe jedoch Dehnungen $>3\%$ (Gußeisen mit Kugelgraphit), so ergeben sich bei gleicher Zugfestigkeit z. T. deutlich größere Keildruckfestigkeiten [364]. Einen gewissen Einfluß auf die Keildruckfestigkeit besitzt außerdem die Ausbildung der Spalteinrichtung, so insbesondere der Keilwinkel [362] und der Schneidenradius des Keils [364].

Untersuchungen an kompakten, plattenförmigen Gußeisenschrotten (Gespannplatten, Kokillenwände) ergaben, daß sich die für die Spaltung notwendige Druckkraft F_D überschläglich aus folgender Beziehung berechnen läßt [365]:

$$F_D = \frac{A \cdot \sigma_b}{2{,}04 - 0{,}0178 \cdot \alpha} \quad \text{in N} \tag{40}$$

A Spaltfläche des Schrottstücks in mm^2
σ_b Bruchfestigkeit des Plattenmaterials in N/mm^2
α Schneidenwinkel des Keils ($\alpha = 35°$ bis $60°$)

Daraus leitet sich ab, daß mit Verringerung des Keilwinkels die für die Spaltung erforderliche Druckkraft geringer wird. Die Verwendung von Keilen mit einem Keilwinkel $<35°$ ist jedoch nicht sinnvoll, da sich dann ihre Standzeit deutlich verringert [365]. Des weiteren zeigten die Untersuchungen, daß der Querschnitt des Keils über die gesamte Länge konstant bleiben und die Schneidkante einen geradlinigen Verlauf besitzen sollte. Die Eindringtiefe des Keils in das zu spaltende Schrottstück übersteigt im allgemeinen nicht 30 bis 40 mm.

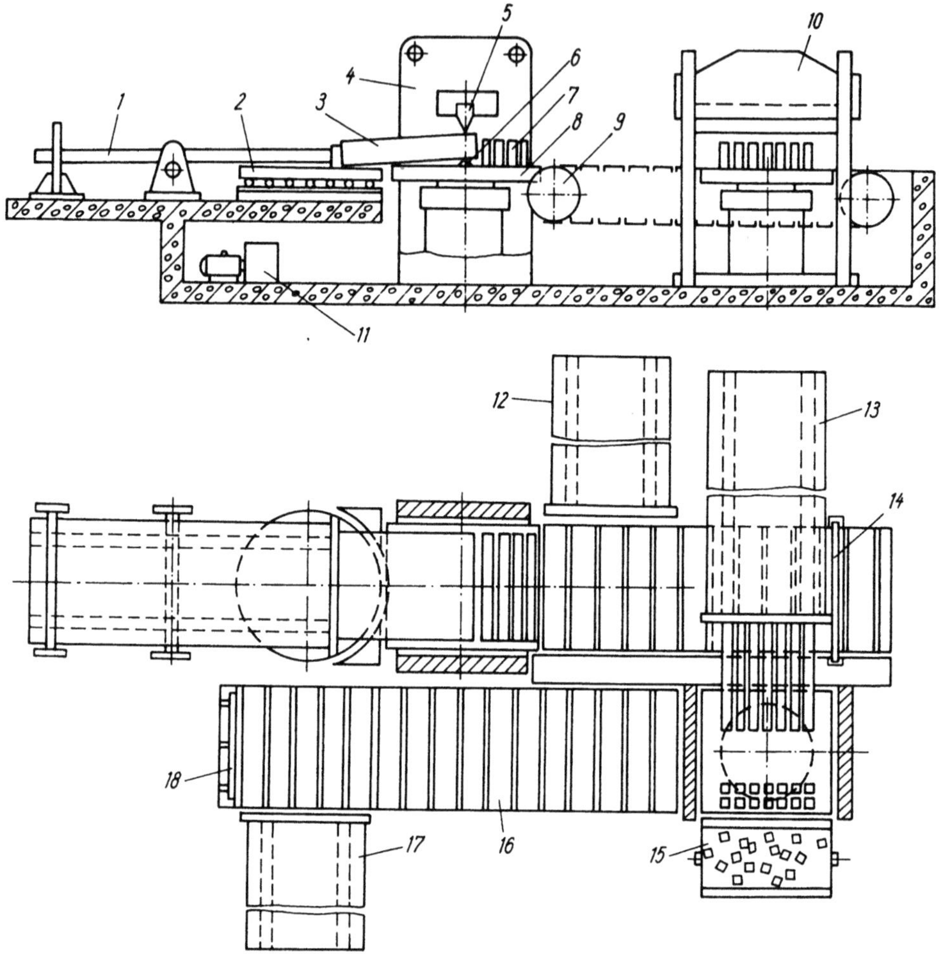

Bild 116. Einrichtung für die Zerkleinerung massiver Gußeisenschrotte, Bauart URC-1 (UdSSR) [344], [365]

1) Längsschieber;
2) Drehtisch;
3) Gespannplatte;
4) Hauptpresse;
5) Keil;
6) prismatische Stütze;
7) abgespaltene Stangen;
8) Hubtisch;
9) Plattenband;
10) Presse;
11) Pumpstation;
12), *13*) Querschieber;
14) Prellbock;
15) Behälter für Fertigprodukt;
16) Plattenband;
17) Querschieber;
18) Prellbock

Eine deutliche Erhöhung der Standzeit des Keils kann erreicht werden, ohne daß sich dabei die für die Spaltung erforderliche Druckkraft merkbar erhöht, wenn der Keil eine Schneidkante von 8 bis 10 mm Breite erhält. Das ist darauf zurückzuführen, daß sich unmittelbar vor der Schneidkante ein Materialkeil aus dem zu spaltenden Werkstoff bildet, der den Keil vor Verschleiß schützt. Als günstigster Werkstoff für den Keil wurde der Stahl 5XB2C gefunden, der annähernd dem Stahl 45WCrV7 entspricht.

Eine nach dem Prinzip der Spaltung arbeitende *Anlage mit linienartiger Beanspruchung der Schrottstücke* ist im Bild 116 dargestellt. Der Zerkleinerungsvorgang auf dieser Anlage gestaltet sich dabei wie folgt [344], [365]: Die Gespannplatte (*3*) mit der Dicke <300 mm wird mittels eines Brückenkrans auf den Drehtisch (*2*) gelegt und nachfolgend durch den Längsschieber (*1*) unter den Keil (*5*) der Hauptpresse (*4*) geschoben. Durch Anheben des Hubtisches (*8*) werden nacheinander stangenförmige Stücke (*7*) mit einer Breite von 150 bis 200 mm von der Gespannplatte abgespalten, die von dem Schieber (*1*) auf das Plattenband (*9*) gefördert werden. Dieses transportiert die Stangen bis zu dem Prellbock (*14*). Die ersten stangenförmigen Schrottstücke werden nun mittels des Querschiebers (*13*) unter den Keil der nachgeschalteten Presse (*10*) gefördert, die die endgültige Zerkleinerung auf die geforderten Abmessungen durchführt.

Für die Zerkleinerung der Gespannplatten mit Dicken >300 mm sind zusätzliche Arbeitsgänge notwendig, da ihre Zerkleinerung nach der oben beschriebenen Arbeitsweise zu große Stückgrößen beziehungsweise -massen ergeben würde. Die zunächst hergestellten stangenförmigen Schrottstücke werden deshalb beim Übergang Hubtisch (*8*) — Plattenband (*9*) um 90° gekippt und mittels Querschieber (*12*), Plattenbands (*16*) und Querschiebers (*17*) wieder auf den Drehtisch (*2*) transportiert. Der weitere Arbeitsgang entspricht dann dem oben beschriebenen. Das entstehende Zerkleinerungsprodukt ist durch weitgehend konstante Massen und Abmessungen der Stücke sowie das Fehlen von Feingut und Verunreinigungen gekennzeichnet.

Die Zerkleinerung der Kokillen auf dieser Anlage wird von ihrer Ausbildung bestimmt. Besitzen sie keinen Boden, so werden die Kokillen (bis zu Abmessungen von (2,4 × 3 × 2,4) m) vertikal auf den Drehtisch (*2*) gestellt und nachfolgend mittels Längsschiebers (*1*) zur Hauptpresse (*4*) geschoben. Der Keil (*5*) der Hauptpresse spaltet dann zwei Seitenwände der Kokille ab. Die dabei entstehenden Platten werden nachfolgend wie Gespannplatten weiterzerkleinert. Demgegenüber muß bei Kokillen mit Boden dieser zunächst abgespalten werden. Dazu wird die Kokille horizontal auf den Drehtisch gelegt und mittels Längsschiebers unter den Keil der Hauptpresse geschoben. Die Variante, die Kokillen mit einer speziellen Preßeinrichtung durch Biegebeanspruchung in Platten zu zerlegen, hat sich anscheinend nicht bewährt [344].

Nach den nun vorliegenden Erfahrungen mit der Anlage URC-1 wird eingeschätzt [359], daß mit dieser Anlage neben Gespannplatten nur Kokillenwände zerkleinert werden sollten. Die Zerkleinerung von Kokillen im Wechsel mit Gespannplatten erfordert sehr zeitaufwendige Umbauarbeiten. Außerdem treten bei der Vorzerkleinerung der Kokillen beachtliche Schwierigkeiten auf, wenn diese Risse besitzen. Es entstehen dann Stücke unregelmäßiger Form, durch die die Nachzerkleinerung erschwert wird.

Eine eingehende Beschreibung der einzelnen Bauteile der Anlage URC-1 sowie der vorher entwickelten großtechnischen Pilotanlage liegt in der Literatur vor [344], [365]. Einige ausgewählte technische Parameter der Pressen der Anlage URC-1 sind in Tabelle 59 zusammengestellt. Die mit dieser Anlage maximal spaltbare Querschnittsfläche beträgt bei Gespannplatten (450 × 2450) mm, die maximale Länge der verarbeitbaren Kokillen liegt bei 3 m. Der Durchsatz der Anlage ist abhängig von der Masse bzw. der Wandstärke der zu spaltenden Platten [365]. Man erreichte in den letzten Jahren zwischen 8 und 14 t/h [31], [359]. Die

Tabelle 59. Technische Parameter der Pressen der Zerkleinerungseinrichtung URC-1 [344], [365]

	Presse *1* (Hauptpresse)	Presse *2* (nachgeschaltete Presse)
Druckkraft in 10^6 N	17/34/50¹)	16
lichte Weite zwischen keilförmiger Stütze und Keil in mm	580 ... 2500²)	420
maximale Hubhöhe des Hubtischs in mm	500	400
Beanspruchungsgeschwindigkeit in mm/s	23,6/11,6/7,8¹)	11,8
Breite des Arbeitstisches in mm	2500	2500
Keillänge in mm	2600	2600
Keilwinkel	40°	40°
zulässige Exzentrizität in mm	350 ... 400	350 ... 400
Masse der Presse in 10^3 kg	520	167

¹) dreistufige Einstellung möglich
²) durch Zwischenlagen stufenweise einstellbar

Antriebsnennleistung der Anlage beträgt 535 kW. Als spezifischer Energieverbrauch und spezifischer Werkzeugverschleiß wurden 7 kWh/t bzw. 0,22 kg/t Durchsatz ermittelt [344]. Umfangreiche Hinweise für durchzuführende technische Veränderungen aufgrund der nun vorliegenden Erfahrungen an der Anlage URC-1 geben mehrere Autoren [359], [366]. Ein Vergleich der technischen und ökonomischen Kennwerte der Anlage mit denen der Zerkleinerung in Fallwerken wurde von ZAZIMKO [344] und SCHUBERT [367] vorgenommen.

Nach dem Prinzip der Spaltung kann auch mittels *punktartiger Beanspruchung* zerkleinert werden. Eine entsprechende Einrichtung für die Zerkleinerung von Kokillen aus Gußeisen mit Lamellengraphit zeigt Bild 117. Sie besteht aus einer horizontal angeordneten Presse und einer komplexen Hubeinrichtung („Manipulator") [31], [344], [368]. Der Zerkleinerungsvorgang gestaltet sich wie folgt: Die Kokille (*9*) wird mittels der Hubeinrichtung auf die Klammer (*10*) der Presse aufgesetzt. Danach führt man den Stempel (*11*) mit seiner dornenförmigen Spitze auf die Kokillenwand. Die maximal erreichbare Druckkraft beträgt $6{,}2 \cdot 10^6$ N. Nach einer Eindringtiefe des Dorns von ≈ 40 mm spaltet sich ein Stück ab. Mittels der universell ausgebildeten Hubeinrichtung wird nun die Kokille horizontal, nach dem Abspalten weiterer Stücke vertikal bewegt und nachfolgend gedreht. Die Zerkleinerung der Kokille kann allerdings nur bis in die Höhe der Haltevorrichtung erfolgen. Es verbleibt damit ein auf dieser Anlage nicht zerkleinerbarer Kokillenrest von $\approx 20\%$ der ursprünglichen Kokillenmasse.

Die mit dieser Zerkleinerungseinrichtung verarbeitbare Kokillengröße ist wie folgt begrenzt [31]: Abmessung: max. $(1900 \times 1900 \times 2600)$ mm; Wandstärke: max. 300 mm; Stückmasse: max. $20 \cdot 10^3$ kg. Der Durchsatz der Anlage beträgt 3 bis 5 t/h. Durch Verwendung ausgewählter legierter Stähle für die am höchsten beanspruchten Teile, durch eine neue Art der Befestigung der Dorne auf ihren Unter-

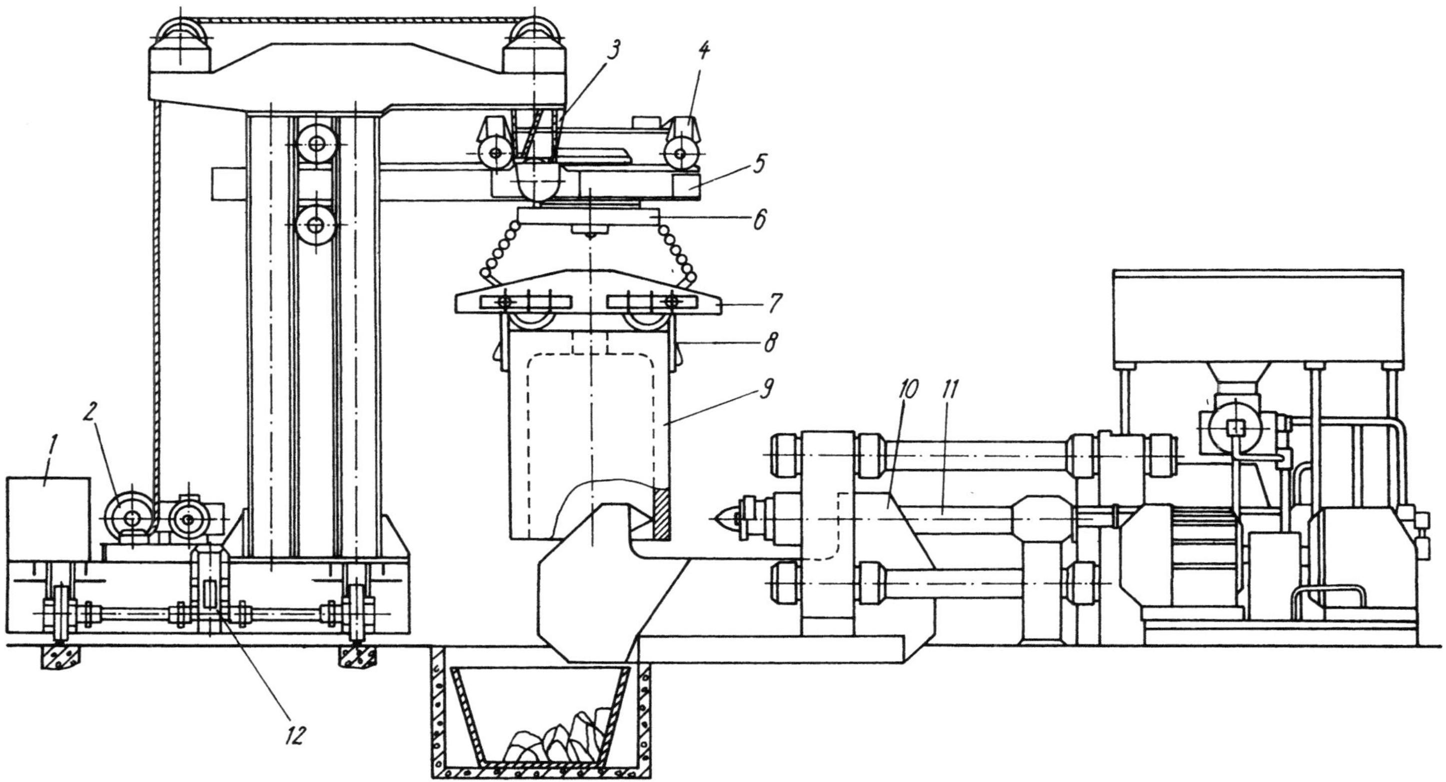

Bild 117. Einrichtung für die Zerkleinerung von Kokillen, Bauart Urisk (UdSSR) [344]
(*1*) Gegenmasse; (*2*) Seilwinde; (*3*) Flaschenzug; (*4*) Laufkatze; (*5*) heb- und senkbare Plattform; (*6*) Drehvorrichtung; (*7*) Traverse; (*8*) Haltevorrichtung; (*9*) Kokille; (*10*) Klammer mit aufgesetztem Dorn; (*11*) Druckstempel mit aufgesetztem Dorn; (*12*) Fahrantrieb für komplexe Hubeinrichtung

lagen sowie durch die Abförderung der abgespaltenen Gußstücke mittels Fördereinrichtungen sind höhere Werte erreichbar [359]. Die Antriebsnennleistung der Anlage liegt bei 150 kW.

6.3.2.2. Preßeinrichtungen

Für die Zerkleinerung der Gußeisenschrotte mit großen Hohlraumvolumenanteilen haben sich in neuerer Zeit Preßeinrichtungen eingeführt. Diese Preßeinrichtungen besitzen unterschiedlich ausgebildete Zerkleinerungselemente, wie Stößel, Keil, Preßflächen mit Brechzähnen u. a., die relativ langsam hydraulisch bewegt werden. In Abhängigkeit von der Anzahl der gleichzeitig beanspruchten Schrottstücke unterscheidet man zweckmäßigerweise die Preßeinrichtungen in jene, die für die Zerkleinerung einzelner Schrottstücke verwendet werden (Einzelstückzerkleinerung), und solche, mit denen Schrottstückkollektive zerkleinert werden können.

Der sich in den Preßeinrichtungen vollziehende Zerkleinerungsvorgang beruht auf dem Wirken der von den Zerkleinerungselementen ausgehenden statischen Biege- und Druckbeanspruchungen (s. Tabelle 53). Diese führen zu sehr komplexen Spannungsverhältnissen in den Schrottstücken. Die bisher durchgeführten Zerkleinerungsuntersuchungen mit Probekörpern aus Gußeisen [65], [325] sowie mit Schrottstücken ergaben, daß die für die Zerkleinerung notwendige massebezogene Kraft entscheidend vom Hohlraumvolumenanteil der Schrottstücke, der Anordnung der Hohlräume, der Größe und Form der Schrottstücke, der Festigkeit der Gußeisenwerkstoffe, der Beanspruchungsgeschwindigkeit und anderen Faktoren bestimmt wird (s. 6.1.2.). Für den ersten Bruch großer Schrottstücke aus Gußeisen mit Lamellengraphit und bei entsprechend großem Hohlraumvolumenanteil ist eine massebezogene Kraft von $\leqq 10$ N/g erforderlich. Das kann aus den im Bild 118 dargestellten Untersuchungen mit Gußeisen- und Stahlprobekörpern, die einen Hohlraum enthielten, Stahlrohrstücken und Statoren aus Elektromotoren abgeleitet werden. Eine weitere Zerkleinerung der entstandenen Bruchstücke erfordert jedoch eine höhere massebezogene Kraft. Das beruht auf dem mit fortschreitender Zerkleinerung sich verringernden Hohlraumvolumenanteil der Schrottstücke und der mit abnehmender Schrottstückgröße steigenden Festigkeit.

Von den verschiedenen Bauarten der Preßeinrichtungen haben sich besonders diejenigen eingeführt, mit denen *Schrottstückkollektive zerkleinert* werden können. Als Zerkleinerungselemente dienen im allgemeinen Preßflächen, die mit Brechzähnen versehen sind. Damit wird eine linienförmige Beanspruchung realisiert (s. Bild 84b). Nur selten werden keilförmige und ebene Preßflächen für die Zerkleinerung dünnwandiger Gußeisenschrotte angewendet. Letztere Beanspruchungsart findet mitunter bei geringem Schrottaufkommen Anwendung, indem die Niederhalter der Guillotinescheren, Paketierpressen oder hydraulische Ständerpressen für die Zerkleinerung genutzt werden.

Die konstruktive Gestaltung der eingeführten Preßeinrichtungen unterscheidet sich z. T. deutlich voneinander. So kann z. B. die Zerkleinerung durch einen Preßschieber, der horizontal oder geneigt angeordnet ist, oder durch einen winkelverstellbaren Preßflügel (Bauart ARNOLD) erfolgen. Erstere Variante besitzt meist einen rechteckigen, selten trapezförmigen Preßraum, der im allgemeinen während

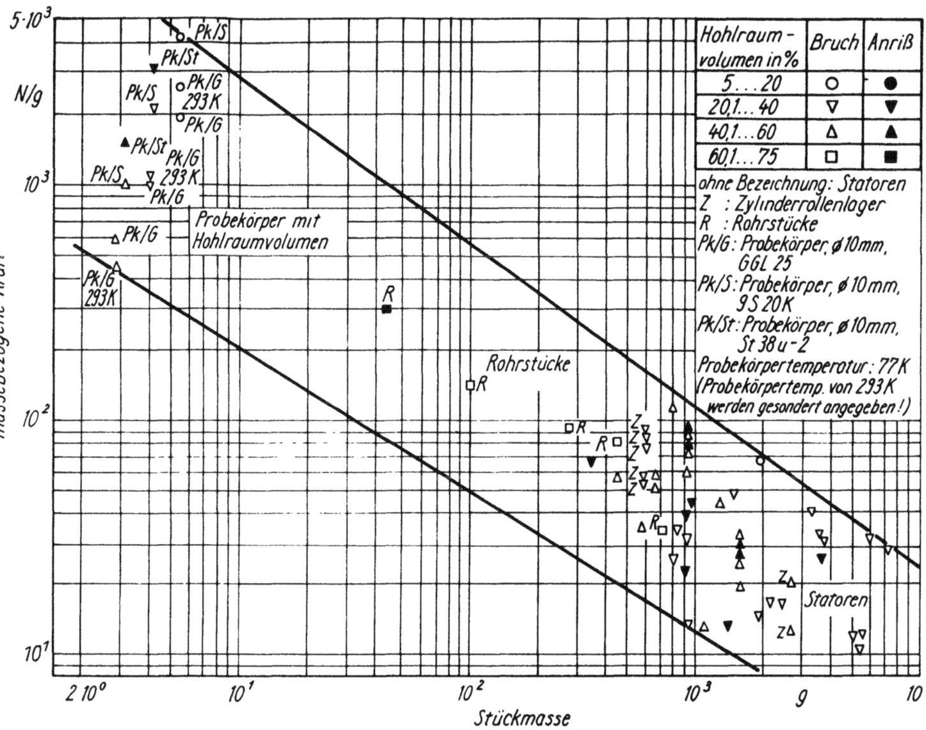

Bild 118. Abhängigkeit der für die Anriß- bzw. Bruchbildung erforderlichen massebezogenen Kraft von der Stückmasse der mit einem Hohlraum versehenen Gußeisen- und Stahlprobekörper, Stahlrohrstücke und Statoren aus Elektromotoren

des Zerkleinerungsvorgangs durch eine Bodenplatte verschlossen ist. Eine Preßeinrichtung mit geneigt angeordnetem Preßschieber für die Zerkleinerung dünnwandiger Gußeisenschrotte mit größeren Hohlraumvolumenanteilen (z. B. Motorblöcke, Getriebegehäuse, Armaturen, Gußeisenrohre) zeigt Bild 119. Der über einen kleinen Schacht (*1*) in den Zerkleinerungsraum aufgegebene Gußeisenschrott wird zwischen einer feststehenden Preßfläche (*2*), auf der vertikal Preßbalken (Schienen) angeordnet sind, und einem hydraulisch bewegbaren Preßschieber (*3*) zerdrückt. Auf der Brechfläche des Preßschiebers befinden sich ebenfalls Brechbalken oder Brechzähne (*4*). Den Boden des Brechraums bildet eine hydraulisch verschiebbare Bodenplatte (*5*), mit der eine Öffnung (Spalt) unterschiedlicher Größe eingestellt werden kann. Die zu wählende Öffnungsweite ist von der Art des zu zerkleinernden Schrotts und den geforderten Abmessungen des zerkleinerten Schrotts abhängig. Der während des Zerkleinerungsvorgangs sich bildende, ausreichend kleinstückige Schrott fällt durch den Spalt und wird mit einer darunter befindlichen Transporteinrichtung (Schieber, Vibrationsförderer) weggefördert. Nach Beendigung des sich meist schrittweise vollziehenden Zerkleinerungsvorgangs führt man den beweglichen Preßschieber zurück und erweitert, falls der Schrott nicht vollständig auf die gewünschte Abmessung zerkleinert werden konnte, die Bodenöffnung. Dadurch können auch die größeren, nicht zerkleinerbaren Schrottstücke (z. B. Kurbelwellen) problemlos ausgetragen werden.

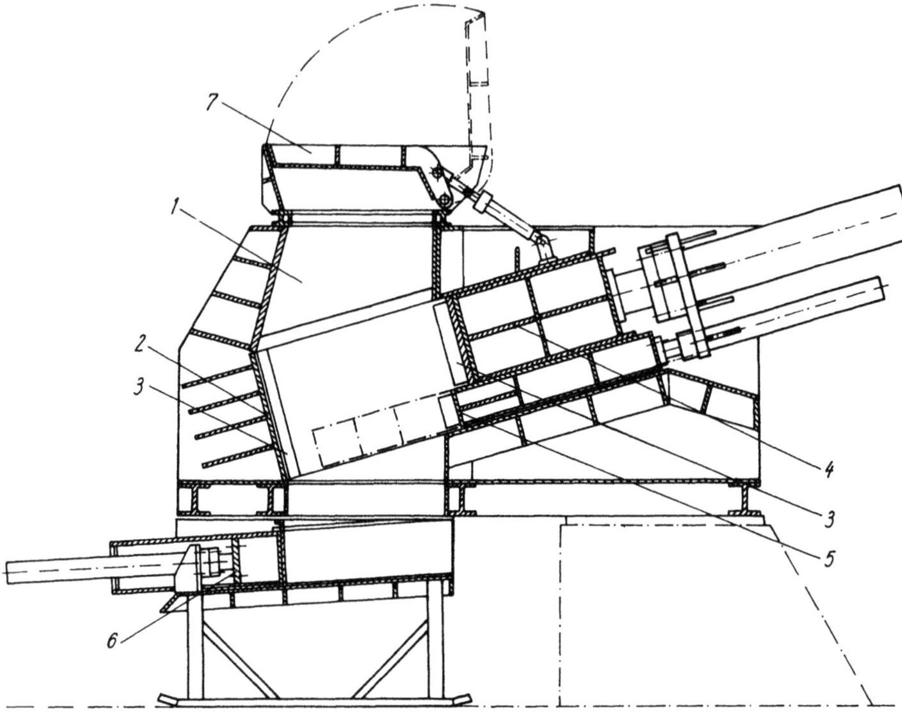

Bild 119. Preßeinrichtung für die Zerkleinerung dünnwandiger Gußeisenschrotte, Bauart BECKER

1) Schacht;
2) feststehende Preßfläche;
3) Preßbalken;
4) hydraulisch beweglicher Preßschieber;
5) hydraulisch verschiebbare Bodenplatte;
6) Transportschieber;
7) aufklappbare Schachtabdeckung

Die maximale Druckkraft der bisher eingesetzten Preßeinrichtungen beträgt ≈ 3 bis 4 MN, die Dauer des Arbeitszyklus liegt zwischen 20 und 80 s. Als Antriebsnennleistungen werden 20 bis >100 kW bei einem Durchsatz von 5 bis 12 t/h angegeben. Die Größe des Zerkleinerungsraums beträgt bei diesen Preßeinrichtungen $\approx 0,5$ bis 1,5 m^3 [70], [349], [354], [369] bis [371].

Für einige spezielle Gußeisenschrotte haben sich Preßeinrichtungen eingeführt, mit denen jeweils *nur immer ein Schrottstück zerkleinert* werden kann. Die Beanspruchung erfolgt dabei punkt- oder linienförmig mittels Stößel oder Keile (s. Bilder 84b und c). Erstere Beanspruchungsart wurde für die Grobzerkleinerung von Kokillen verwendet [367]. Dabei zeigte sich jedoch, daß Stücke entstehen, deren Nachzerkleinerung, z. B. mittels Guillotinescheren, große Probleme bereitet (insbesondere die Ecken der Kokillen). Eine linienförmige Beanspruchung wurde ebenfalls nur vereinzelt für die Zerkleinerung spezieller Gußeisenschrotte [372] bis [374] verwirklicht. Die Produktivität dieser Preßeinrichtungen wird dabei entscheidend durch die Art der Beschickung bestimmt.

6.3.2.3. Biegeeinrichtungen (Schienenbrecher)

Das Verhalten vieler Schienenarten bei Biegebeanspruchung und das beachtliche Aufkommen an Schienenschrotten führten zur Entwicklung von *Schienenbrechern.* Die für die Zerkleinerung entscheidende Biegebeanspruchung wird dadurch erreicht, daß man die zu zerkleinernde Schiene einseitig fest einspannt und das freie Ende belastet (s. Bild 84d). Die dabei im Schrottstück entstehenden Biegespannungen führen, besonders wenn das Schrottstück vorher an einer geeigneten Stelle mit einer Kerbe versehen wurde, zum Bruch des Schrottstücks. Unter gewissen Bedingungen kann jedoch nur ein Umbiegen des Schienenstücks eintreten. Um die damit verbundenen Störungen des Zerkleinerungsprozesses möglichst auszuschalten, werden zunehmend für die Zerkleinerung der Schienenschrotte *Schienenbrechscheren* eingesetzt. Diese ermöglichen es, die Schienen zu brechen und, wenn das nicht möglich ist, zu schneiden.

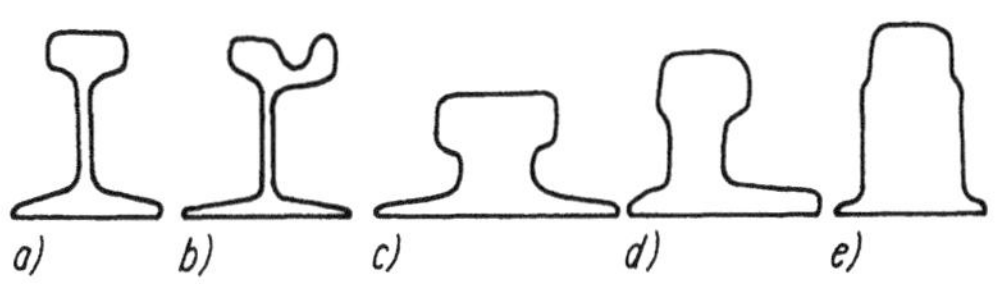

Bild 120. Schienenarten
a) Eisenbahn-, Feldbahn- und Grubenschiene;
b) Rillenschiene;
c) Kranschiene;
d) Zungenschiene;
e) Vollschiene

Von den verschiedenen Schienenarten (Bild 120) werden mit Schienenbrechern fast ausschließlich nur Eisenbahn-, Feldbahn- und Grubenbahnschienen zerkleinert. Die Eisenbahnschienen bestehen überwiegend aus unlegiertem Stahl mit einer Zugfestigkeit von 700 N/mm^2. Ihr Einsatz erfolgt in der DDR fast ausschließlich im walzharten Zustand. Für die Zerkleinerung der Schienen ist von besonderer Bedeutung, daß durch eine Kerbe auf der Oberfläche der Schiene ihr Bruch entscheidend begünstigt wird. Von der Kerbe ausgehend bildet sich bei Belastung ein Riß, der in Abhängigkeit von der wirkenden Spannung bei einer bestimmten Rißtiefe zum Bruch der Schiene führt [375]. Die Bruchfläche ist weitestgehend eben und zeigt die typischen Merkmale eines Sprödbruchs. Niedrige Temperaturen, hohe Beanspruchungsgeschwindigkeit, höhere Phosphor- und Schwefelgehalte, zunehmende Kaltverformung durch das Befahren der Schienen und vieles andere begünstigen die Bruchbildung [376], [377] (s. 6.1.1.).

Den Aufbau eines *Schienenbrechers,* Bauart SCHLÜTER, für die Zerkleinerung brechbarer Schienen zeigt Bild 121. Dieser Schienenbrecher besteht aus zwei Anlagenteilen, der Aufgabevorrichtung und der Brecheinrichtung. Als Aufgabevorrichtung dient ein Rollengang (*1*), auf den die Schienen einzeln gelegt werden. Mit dem Rollengang wird die Schiene (*2*) bis zum verstellbaren Längenanschlag (*3*) gefördert. Stößt die Schiene gegen den Längenanschlag, so wird der Rollengang stillgesetzt. Nachfolgend bewegt sich der Niederhalter (*4*) abwärts und hält die Schiene fest. Während der nun folgenden Abwärtsbewegung des Brechstempels (*5*) schnellt ein Kerbwerkzeug (*6*), das sich genau über der Brechkante befindet, nach unten und verursacht auf der Schiene eine Einkerbung. An dieser Einkerbung wird der Bruch durch den weiter abwärts gehenden Brechstempel eingeleitet. Nach dem Bruch der Schiene

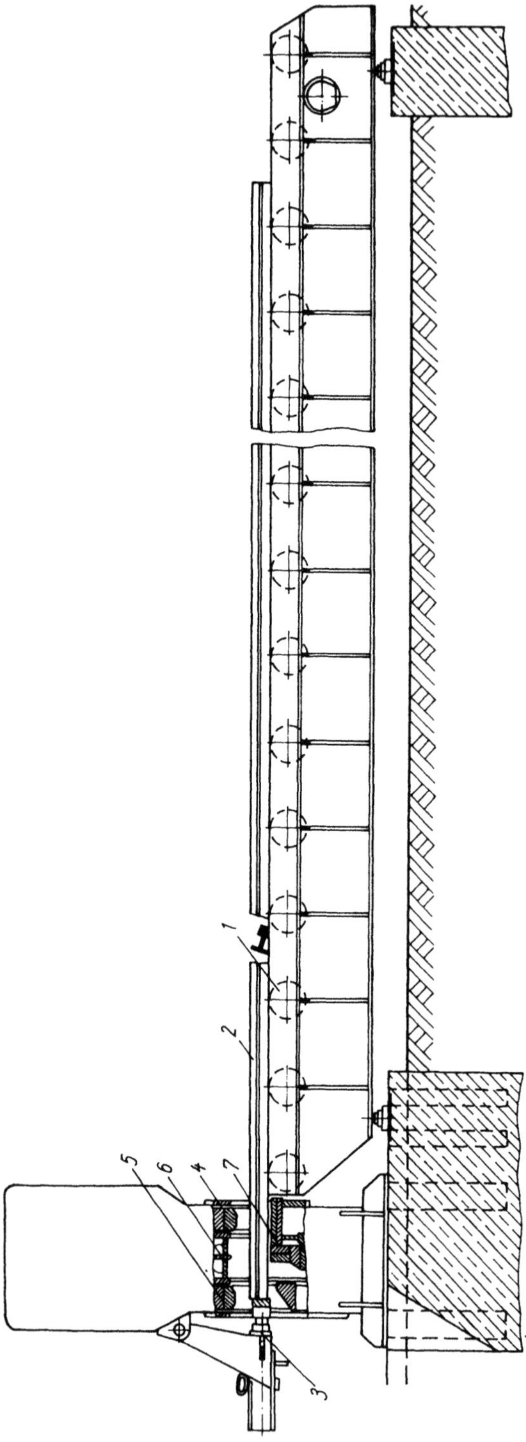

Bild 121. Schienenbrecher, Bauart SCHLÜTER

1) Rollengang; *2)* Schiene; *3)* Längenanschlag; *4)* Niederhalter; *5)* Brechstempel; *6)* Kerbwerkzeug; *7)* Brechertisch

bewegen sich Niederhalter und Brechstempel wieder nach oben, und der Rollengang läuft wieder an.

Für die Bewegung des Niederhalters und Brechstempels werden fast ausschließlich hydraulische Antriebe verwendet. Die mit ihnen maximal erreichbaren Kräfte betragen im allgemeinen 0,5 bis 1 MN. Die Anzahl der Hübe des Brechstempels liegt bei 7 min^{-1}. Als Antriebsnennleistung der Schienenbrecher werden 25 bis 40 kW angegeben [378], [379].

Die für die Zerkleinerung der Schienenschrotte entscheidende Kerbung wird nach unterschiedlichen Methoden durchgeführt. Meist erfolgt diese jedoch durch ein Kerbwerkzeug, das zwischen Niederhalter und Brechstempel angeordnet ist. Dieses Kerbwerkzeug, das in Abhängigkeit von der Bauart des Schienenbrechers pneumatisch, hydraulisch oder elektromechanisch angetrieben wird, trifft meist mit hoher Geschwindigkeit auf die Schienenoberfläche und schlägt eine Kerbe in die Schiene. Die Kerbe sollte dabei immer so angeordnet sein, daß der Bruch gegen das kleinere Widerstandsmoment ausgeführt werden kann. Daneben führt man die Kerbung mitunter auch außerhalb der Brecheinrichtung durch, indem z. B. in den Schienenfuß eine einige Millimeter tiefe Kerbe mittels Trennscheibe geschliffen wird [380].

Als Aufgabevorrichtung für die Schienenbrecher dienen meist Rollengänge, die direkt oder von einem tischartigen Schienenlager beschickt werden. Der im Bild 121 dargestellte Rollengang ist auf Federelementen gelagert und kann so beim Andrücken der Schiene durch den Niederhalter nach unten ausweichen. Die Fördergeschwindigkeit der Rollengänge liegt im allgemeinen zwischen 0,3 und 0,45 m/s. Andere Aufgabevorrichtungen, wie Zuführschieber, Plattenbandförderer und Schwingförderer, werden nur sehr selten eingesetzt.

Der Durchsatz der Schienenbrecher ist besonders von der Schienenart (d. h. vor allem von der Schienenmasse/Meter Schienenlänge), der Länge der gebrochenen Stücke, der Anzahl der Hübe des Brechstempels und der Fördergeschwindigkeit der Aufgabevorrichtung abhängig. Diese verschiedenen Einflußfaktoren und die häufig nicht immer kontinuierliche Beschickung des Schienenbrechers führen zu einer relativ großen Schwankungsbreite des Durchsatzes. Bei der Zerkleinerung auf eine Stücklänge von 400 mm ergeben sich im allgemeinen Durchsätze von 3 bis 7 t/h. Der spezifische Energieverbrauch liegt bei 3 bis 5 kWh/t Durchsatz.

Gegenüber den Schienenbrechern ist es mit den *Schienenbrechscheren* möglich, auch nicht durch Biegung brechende Schienen sowie Rohre und Profile jeder Art zu zerkleinern [381]. In ihrem grundsätzlichen Aufbau entsprechen sie den Guillotinescheren (s. 6.3.3.1.). Der Messerschlitten besitzt jedoch an seiner Unterseite eine Wölbung (Brechbalken). Diese bewirkt, daß die sich spröde verhaltenden Schienenschrotte häufig brechen, bevor die Messer zum Eingriff kommen. Ein gesondertes Kerben der Schienen erfolgt nicht. Das führt allerdings dazu, daß meist unregelmäßige Bruchstücke entstehen. Brechen die Schienen wegen ihres zähen Stoffverhaltens nicht, so werden sie geschnitten.

Die maximalen Brech- bzw. Scherkräfte und die Antriebsnennleistungen der Schienenbrechscheren sind deutlich größer als die der Schienenbrecher. Bisher wurden Schienenbrechscheren mit maximalen Brech- bzw. Schneidkräften von 3,5 und 5 MN hergestellt, die Brechmomente von 700 bzw. 1000 kNm ergeben. Diese ermöglichen es, Schienen der Größe S54 bzw. S64 zu zerkleinern. Die Anzahl der Brechhübe liegt bei 10 min^{-1}, die der Schneidhübe bei 5 min^{-1}. Um Stoßbelastungen auf das Fundament auszuschalten, wird der Ständer der Schienenbrechschere auf Federelementen gelagert. Für die Beschickung der Schienenbrechscheren haben sich hydraulische Zuführschieber und Rollengänge eingeführt. Der Durchsatz der Schienenbrechscheren beträgt ≈ 5 bis 10 t/h.

6.3.3. Scheren

Für die Zerkleinerung der großstückigen, dickwandigen Stahl- und NE-Metallschrotte haben sich in allen Industrieländern Scheren, vor allem Guillotinescheren, eingeführt. Die früher weit verbreiteten Alligatorscheren wurden in den letzten zwei Jahrzehnten entscheidend zurückgedrängt.

Das mit den Scheren angestrebte Ziel der Zerkleinerung besteht in der Herstellung eines kleinstückigen Schrotts, der bei der metallurgischen Verarbeitung zu vielfältigen Vorteilen führt (s. 4.1.2.1. u. 4.3.2.1.). Mit den Scheren ist es aber nicht möglich, einen Aufschluß der im Schrott enthaltenen Komponenten zu erreichen. Deshalb blieb der Einsatz der Scheren meist auf solche Schrotte begrenzt, die nicht bzw. nur wenig durch Metalle und Nichtmetalle verunreinigt sind. In Sonderfällen dienen Scheren auch zum Abtrennen bestimmter Teile von Schrottstücken (z. B. mit hohen NE-Metall- und Edelmetallgehalten), die unmittelbar in der Metallurgie eingesetzt oder günstiger gesondert aufbereitet werden können.

Der Zerkleinerungsvorgang beim Schneiden in Guillotine- und Alligatorscheren erfolgt nach dem Prinzip des Scherschneidens (s. 6.1.2.). Der ablaufende Schneidvorgang läßt sich in drei Schnittphasen gliedern:

- die elastische und plastische Verformung
- der Anschnitt (Gleiten und Anrißbildung)
- der Bruch des Werkstoffs.

Diese Phasen spiegeln sich im Schneidkraft-Weg-Verlauf und in der Ausbildung der Schnittflächen wider. Bei den sehr plastischen Werkstoffen findet die Trennung ausschließlich durch Abgleiten des Werkstoffs (ohne Rißbildung) statt. Als wesentliche Einflußgrößen auf den Schneidvorgang wurden erkannt [338]:

- die Festigkeitseigenschaften, die Geometrie und die Temperatur sowie die Lage des Schnittguts gegenüber den Schneidwerkzeugen
- die Form und Beschaffenheit der Schneidwerkzeuge, die Größe des Schneidspalts und seine Erweiterung beim Schnitt sowie die Schneidgeschwindigkeit
- einige konstruktive Merkmale, wie die Führungsgenauigkeit und Federsteifigkeit der Schere, die Art der Halteeinrichtung
- die Reibung zwischen den Schneidwerkzeugen und dem Schnittgut.

Alle diese Faktoren legen den räumlichen und zeitlichen Spannungsverlauf und somit den Ablauf des Schneidvorgangs fest. Eine exakte analytische Beschreibung des Spannungs- und Formänderungszustands beim Schneiden ist nach dem derzeitigen Erkenntnisstand nicht möglich. Die für die Praxis verwertbaren Aussagen hinsichtlich der für eine Zerkleinerung notwendigen Schneidkräfte und -arbeiten beruhen deshalb auf experimentellen Untersuchungen, die aber unter schertechnisch ähnlichen Bedingungen erfolgen müssen [334].

6.3.3.1. Guillotinescheren

Die Guillotinescheren werden besonders für die Zerkleinerung großstückiger Schrotte mit zähem Stoffverhalten bis zu einer Materialfestigkeit von ≈ 500 N/mm^2 eingesetzt. Die Zerkleinerung erfolgt dabei im wesentlichen einstufig auf Stückgrößen <400 bis 1000 mm, selten zweistufig in Verbindung mit einer zweiten Schere (z. B. bei der Zerkleinerung von Schiffsschrotten) bzw. einem Hammerbrecher (Shredder). Mit den konstruktiv z. T. sehr unterschiedlich gestalteten Guillotinescheren gelingt es weitestgehend, die Anforderungen der Stahlmetallurgie, der Gießereien und der NE-Metallurgie an die physikalische Beschaffenheit des Schrotts zu erfüllen. So können sowohl die relativ kompakt ausgebildeten Stahl- und NE-Metallschrotte (Walzwerksrücklaufschrotte, Bleche, Rohre, Träger und andere) als auch die sehr sperrigen Schrotte (Behälter, Konstruktionsteile, Flugzeugschrotte, Karosserien und anderes) mit Guillotinescheren zerkleinert werden. Letztere Schrotte erfordern jedoch zunächst ihre Vorverdichtung. Auf die in den Walzwerken eingesetzten Scheren, die die beim Schopfen und Besäumen des Walzgutes entstehenden Schrotte zerkleinern (Block-Brammenscheren, stationäre Scheren in Verbindung mit Querteil- und Besäumscheren), soll nachfolgend nicht näher eingegangen werden [334], [382], [383].

Neben der Zerkleinerung der Stahl- und NE-Metallschrotte mit zähem Stoffverhalten werden die Guillotinescheren mitunter auch für die Zerkleinerung von Kokillenwänden und Gußeisenschrotten mit großem Hohlraumvolumenanteil sowie verstärkt für die Zerkleinerung von Schienenschrotten eingesetzt (Schienenbrechscheren). Daneben ist es grundsätzlich auch möglich, mit den Guillotinescheren Stahlleichtschrotte zu paketieren und Karosserien plattzudrücken.

Die für die Zerkleinerung der Stahl- und NE-Metallschrotte bisher eingeführten *Schersysteme* der Guillotinescheren sind schematisch im Bild 122 dargestellt. Sie unterscheiden sich in der Ausbildung des sich im Scherenständer auf- und abwärts bewegenden Messerschlittens (*1*) und in der Länge des feststehenden Tischs (*2*). Bei der überwiegend angewendeten Variante (*a*) ist ein Tisch nur auf derjenigen Seite vorhanden, von der der Schrott zugeführt wird. Der Messerschlitten besitzt nur ein Messer, das beim Schneiden mit dem feststehenden Messer am Tisch zusammenwirkt. Dabei wird der Messerschlitten einseitig beansprucht. An die Führungen des Messerschlittens werden deshalb hohe Anforderungen gestellt. Außerdem versucht das beim Schneiden entstehende Moment $F \cdot s$, den zu schneidenden

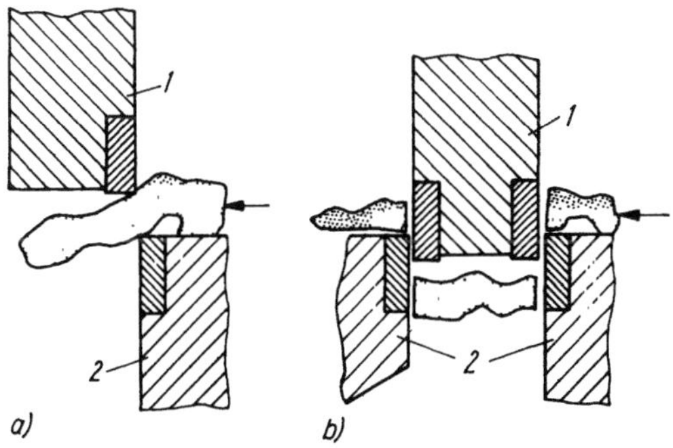

Bild 122. Schersystem der Guillotinescheren
a) allgemein eingeführtes Schersystem;
b) Schersysten, Bauart RICHARDS
1) Messerschlitten;
2) Tisch

Schrott zu drehen (Bild 123a). Nur durch eine zusätzliche Niederhalterkraft F_N kann die auftretende Drehung des Schrotts verhindert bzw. begrenzt werden (Bild 123b). Die Niederhalterkraft wird im allgemeinen durch einen zusätzlich im Scherenständer angeordneten Stempel (Niederhalter, Stampfer) und in seltenen Fällen durch einen stufenförmig ausgebildeten Messerschlitten (bei einer Bauart von HARRIS) erzeugt. Diese Einrichtungen führen gleichzeitig zu einer Verdichtung des zu schneidenden Schrotts.

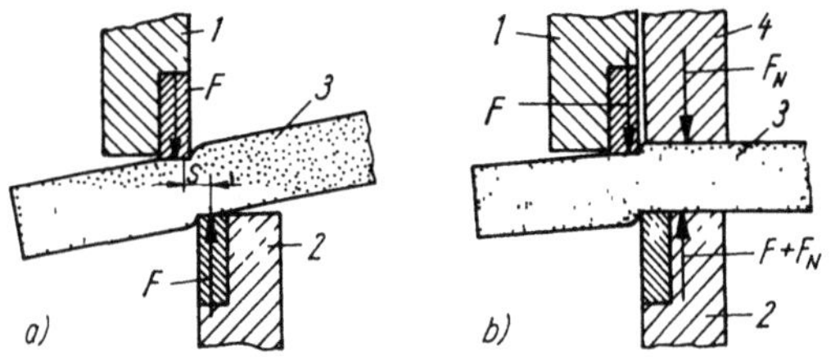

Bild 123. Einfluß des Niederhalters auf die Bewegung des zu schneidenden Schrotts während des Schneidvorgangs
a) Schneiden ohne Niederhalter;
b) Schneiden mit Niederhalter
1) Messerschlitten;
2) Tisch;
3) Schrottstück;
4) Niederhalter

Bei dem in Bild 122b dargestellten Schersystem, Bauart RICHARDS, besitzt der Tisch (*2*) einen Spalt mit der Breite des Messerschlittens (*1*). Eine Abwärtsbewegung des Messerschlittens führt damit gleichzeitig zu zwei Schnitten. Ein Teil der entstehenden Schrottabschnitte ist wegen des gewählten Messerabstandes von 305 mm kleinstückig, die übrigen Schrottstücke in Abhängigkeit vom Schrottvorschub meist deutlich großstückiger. Auf die Anwendung eines Niederhalters kann im allgemeinen bei diesem Schersystem verzichtet werden.

Eine weit verbreitete Guillotineschere mit dem im Bild 122a angegebenen Schersystem ist im Bild 124 dargestellt. Diese Guillotineschere besteht aus folgenden drei wesentlichen Bauteilen: Scherenständer (*1*), Zuführmulde (*2*) und Vorverdichtungseinrichtung (*3*). In der oben offenen Zuführmulde befindet sich ein Zuführschieber (*4*), der, hydraulisch angetrieben, den zu zerkleinernden Schrott schrittweise in den Bereich des Scherenständers schiebt. Den Scherenständer bildet eine geschlossene Rahmenkonstruktion aus verschweißten, starken Stahlblechen. In Führungen am Scherenständer sind der Messerschlitten (*5*), der mit dem Absenktisch (*6*) eine Einheit bildet, und der Niederhalter (*7*) vertikal beweglich angeordnet. Ihre Bewegung erfolgt durch den Scherzylinder (*8*) und den Niederhalterzylinder (*9*), die hydraulisch angetrieben werden. An der Unterseite des Messerschlittens befindet sich das Obermesser (*10*). Das Untermesser (*11*) sitzt in einem Messerhalter, der mit dem Scherentisch (*12*) fest verbunden ist. Die Zerkleinerung erfolgt durch das Zusammenwirken des beweglichen Obermessers mit dem feststehenden Untermesser.

Die Bewegung des *Messerschlittens* der verschiedenen Guillotinescheren wird fast ausschließlich durch einen Scherzylinder hervorgerufen, der unmittelbar mit dem Messerschlitten verbunden ist (s. Bild 124). Zu den wenigen davon abweichenden Sonderbauarten gehört die im Bild 125 dargestellte Guillo-Gator-Schere. Der Messerschlitten dieser Schere wird über einen Hebelarm durch den am Scherenständer angeordneten Scherzylinder bewegt.

Einen wesentlichen Einfluß auf die Zerkleinerungswirkung besitzt die Qualität der Führungen des Messerschlittens. Diese können als Prismen- oder Säulenführung

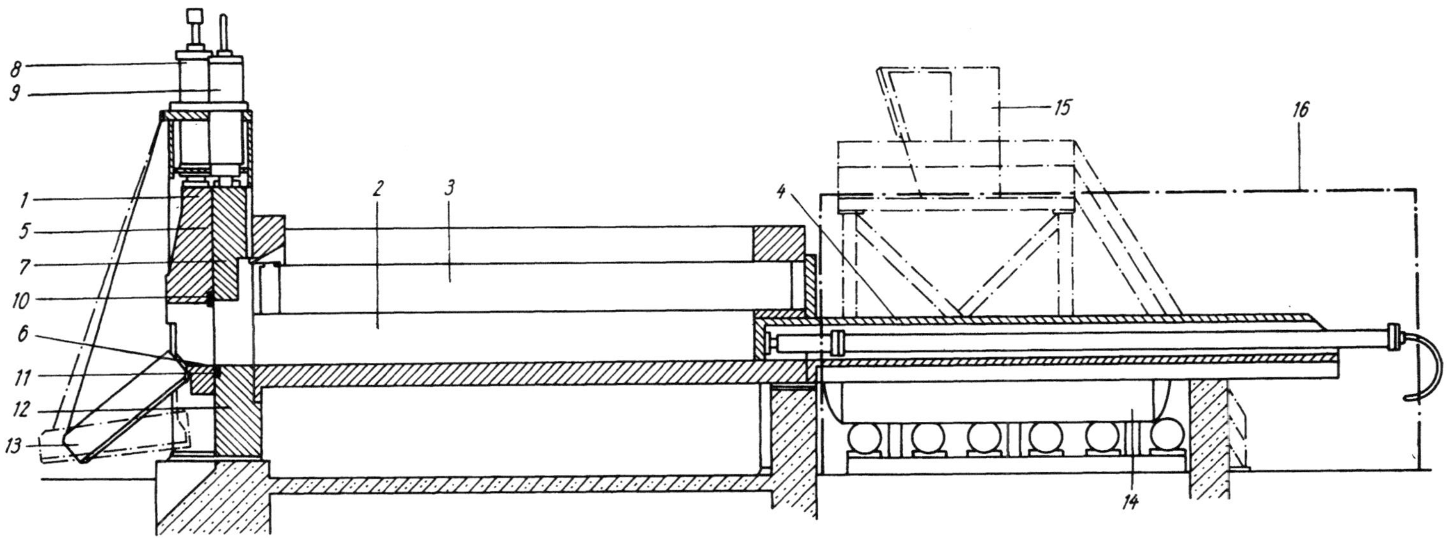

Bild 124. Guillotineschere, Bauart HENSCHEL
(*1*) Scherenständer; (*2*) Zuführmulde; (*3*) Vorverdichtungseinrichtung (Preßbalken); (*4*) Zuführschieber; (*5*) Messerschlitten; (*6*) Absenktisch; (*7*) Niederhalter; (*8*) Scherzylinder; (*9*) Niederhalterzylinder; (*10*) Obermesser; (*11*) Untermesser; (*12*) Scherentisch; (*13*) Schurre; (*14*) Hydraulikanlage; (*15*) Steuerkabine; (*16*) Umhausung der Hydraulikanlage

ausgebildet sein. Bei der weit verbreiteten Prismenführung (Bild 126a) gleitet der mit langen Führungen versehene Messerschlitten zwischen Führungsleisten, die seitlich am Scherenständer befestigt sind. Das möglichst geringe Spiel von wenigen Zehntel Millimetern erfordert in gewissen Zeitabständen ein Nachstellen der Führungsleisten, das von außen erfolgen kann. Exzentrische Belastungen, die beim Schneiden häufig auftreten, wirken sich wegen der langen Führungsflächen nicht nachteilig auf den Schneidvorgang aus. Bewährt hat sich auch die zylindrische Säulenführung (Bild 126b). Die beim Schervorgang auftretenden Belastungen werden von beiden Säulen kraftschlüssig aufgenommen. Die Führungsbuchsen aus Rotguß sind zweiteilig ausgebildet und laufen in einer geschlossenen Ölkammer. Abstreifringe verhindern das Eindringen von Schmutz und Staub.

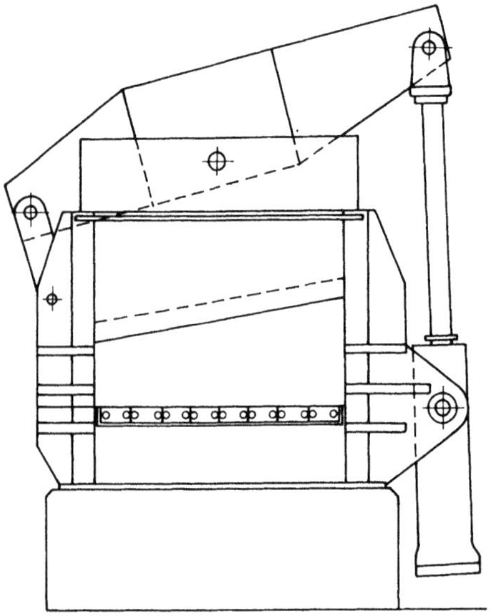

Bild 125. Guillotineschere, Bauart Harris (Guillo-Gator-Schere)

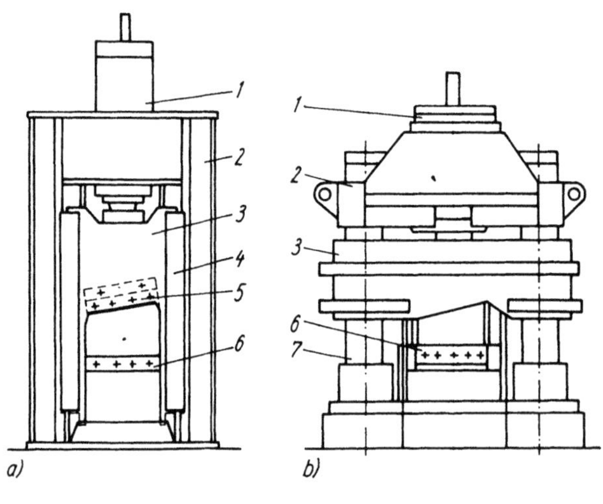

Bild 126. Bauarten der Messerschlittenführung
a) Prismenführung;
b) Säulenführung
1) Scherzylinder;
2) Scherenständer;
3) Messerschlitten;
4) Führungsleisten;
5) Obermesser;
6) Untermesser;
7) zylindrische Säulenführung

Das am Messerschlitten befestigte *Messer* ist bei den meisten Guillotinescheren einseitig zwischen 9° und 12° geneigt. Der im Scherbereich liegende Schrott wird dadurch nicht gleichzeitig, sondern fortlaufend geschnitten. Es erhöht sich damit die maximale Schneidfähigkeit der Guillotineschere. Nur selten werden anders gestaltete Messerformen, z. B. dachförmige Messer, angewendet.

Die am Messerschlitten und im Untermesserhalter befestigten Messer sind einteilig, bei größeren Messerbreiten zwei- oder dreiteilig ausgebildet. In ihrer Ausführung sind Ober- und Untermesser gleich. Sie haben je vier Schneidkanten und können entsprechend oft gedreht werden, bevor sie ausgetauscht werden müssen. Die Befestigungsschrauben der Messer sind gut zugänglich, so daß die Messer relativ schnell ausgewechselt werden können. Der Messerspalt zwischen Ober- und Untermesser sollte nur wenige Zehntel Millimeter betragen. Dann können sowohl dickwandige Schrotte als auch sehr dünnwandige Bleche problemlos geschnitten werden. Die Einstellung des Messerspalts erfolgt in Abhängigkeit von der Art der Guillotineschere durch Verstellen des Untermesserhalters oder der Führungsleisten des Messerschlittens.

Die durchschnittliche Standmenge je Messerschneidkante liegt bei 800 bis 1000 t Schrott. Von AMELUNG [385] wird als mittlere Standmenge eines Messers ein Wert von 7400 t Schrott angegeben. Dabei wurde auch berücksichtigt, daß einige Messer bereits vor der Benutzung aller vier Schneiden zu Bruch gehen. Nähere Angaben über die Herstellung der Messer finden sich in [384]. Ausführlich wird auch über die Reparatur eines Untermesserhalters und anderer Bereiche des Scherenständers berichtet [386].

In neuerer Zeit besitzt der Messerschlitten an seiner Unterseite mitunter noch eine Wölbung (*Brechbalken*). Diese führt dazu, daß vor und während des Schneidvorgangs der abzuschneidende Schrott umgebogen wird. Das wirkt sich besonders günstig bei Schrotten mit relativ sprödem Stoffverhalten aus. So werden die sich relativ spröde verhaltenden Schienenschrotte durch den Brechbalken gebrochen, bevor die Messer zum Eingriff kommen (Schienenbrechscheren, s. 6.3.2.3.). Aber auch bei anderen Schrotten (einschließlich der Schienenschrotte mit zähem Stoffverhalten) ergeben sich Vorteile. Bei ihnen setzt durch den Brechbalken die Bruchphase beim Schneidvorgang deutlich früher ein. Das führt zu einer Erhöhung des Schneidvermögens der Guillotineschere um 15 bis 30 % [387]. Außerdem erhöht sich die Messerstandzeit, da der Schrott mit den Schermessern weniger in Berührung kommt.

Um den Anteil zu großer Schrottstücke im zerkleinerten Schrott entscheidend zu verringern, werden die Guillotinescheren zunehmend mit einem *Absenktisch* ausgerüstet. Dieser wird im allgemeinen entsprechend Bild 124 ausgebildet. Mit dem Absenktisch ergibt sich eine Verlängerung der Auflagefläche des Schrotts über die Schneidkante hinaus. Das wird mitunter auch dadurch gelöst, daß ein am Scherenständer angebrachter L-förmiger Haltetisch von vorn hydraulisch eingeschwenkt wird. Damit gelingt es, zu verhindern, daß die relativ kurzen, jedoch noch nicht ausreichend zerkleinerten Schrottstücke bei ihrem Vorschub in den Scherbereich vom Scherentisch abkippen, bevor sie vom Niederhalter erfaßt und festgehalten werden können.

Zwischen Messerschlitten und Zuführmulde der Guillotineschere befindet sich im Scherenständer der *Niederhalter* (Stampfer). Seine Aufgabe besteht darin, den zu schneidenden Schrott wenn möglich zusammenzudrücken, ihn fest einzuspannen und zu verhindern, daß er während des Schnittes hochschlägt. Der Niederhalter ist im allgemeinen einteilig, selten mehrteilig [388] ausgebildet. Er wird bei seiner Bewegung geführt, so daß auch bei exzentrischen Belastungen keine Schäden auftreten können. Die Guillotinescheren mit oben offener Zuführ- bzw. Vorverdichtungsmulde besitzen häufig einen stufenförmig ausgebildeten Niederhalter (s. Bild 124), um auch besonders hohe Schrottstücke erfassen und verdichten zu können. Bei den Guillotinescheren, die vor allem Schienenschrotte zerkleinern, kann der Niederhalter so gestaltet werden, daß er beim Auftreffen auf das Schienenstück noch eine Kerbe erzeugt. Die Wände und die Unterseite des Niederhalters sowie die Wände des Scherenständers sind im Bereich des Niederhalters mit verschleißfesten Platten belegt.

Für die Herstellung eines kleinstückigen Schrotts befindet sich in einigen Guillotinescheren im Bereich des Niederhalters noch ein horizontal wirkender *Seitendruckstößel*. Dieser kann, z. B. bei der Bauart HENSCHEL, die Durchgangsbreite des Schrotts im Scherenständer auf 50 bis 60% der Messerbreite verringern. Dadurch ergibt sich in Verbindung mit einem relativ kleinen Vorschub des Zuführschiebers ein kleinstückiger Schrott. Da der Seitendruckstößel häufig aber nur zeitlich begrenzt genutzt wird, bildete man den Niederhalter zweiteilig aus.

Der *Transport* des zu zerkleinernden Schrotts in den Bereich des Scherenständers erfolgt fast ausschließlich in einer Zuführmulde. In dieser befindet sich ein hydraulisch angetriebener Schieber, der den Schrott schrittweise unter den Niederhalter und den Messerschlitten schiebt. Eine Einlaufschräge am Scherenständer sorgt dafür, daß auch der sperrigere Schrott leichter unter den Niederhalter gelangt. Für ausgewählte Schrotte werden in geringem Umfang auch Schwingförderer, Plattenbandförderer und Rollengänge als Zuführeinrichtungen eingesetzt. Die meist mit Resonanzantrieben ausgerüsteten Schwingförderer und die Plattenbandförderer eignen sich für den Transport von Profilabfällen, Ausschußteilen, losem Mischschrott u. ä. [389]. Für den Transport von Schienen, Rohren und Profilen haben sich in gewissem Umfang auch Rollengänge eingeführt. Der Vorschub bei den verschiedenen Transporteinrichtungen ist regelbar. In Übereinstimmung mit der Messerschlitten- und Niederhaltersteuerung wird der Schrott jeweils um den eingestellten Vorschub weitergefördert. Im allgemeinen werden kurze Schnittlängen eingestellt, meist wohl ≈ 400 mm, da eindeutig nachgewiesen werden konnte, daß ein kleinstückiger Stahl- und NE-Metallschrott zu vielfältigen metallurgischen Vorteilen führt.

Die einfache *Zuführmulde* mit seitlichen Einfüllschrägen, z. T. kombiniert mit einer Beschickungsmulde, eignet sich nur für kompakte, plattige und wenig sperrige Schrotte. Die Breite der Zuführmulde liegt bei den eingeführten Guillotinescheren zwischen 600 mm (für Schienenschrotte) und 4100 mm (für Schiffsschrotte), jedoch überwiegend im Bereich von 1000 bis 1500 mm. Ihre Länge schwankt zwischen 5 und 11 m. Die Zuführmulde ist vollständig mit auswechselbaren verschleißfesten Stahlblechen ausgekleidet, deren Dicke ≈ 10 bis 20 mm beträgt. Die Beschickung der Zuführmulde kann direkt erfolgen, oder der zu zerkleinernde Schrott wird zunächst auf die Ladeplatte des Zuführschiebers bzw. in eine längs der Zuführmulde angebrachte Beschickungsmulde geladen. Nach Beendigung des Schneidvorgangs fällt dann der Schrott beim Zurückfahren des Zuführschiebers in die Zuführmulde, oder der Schrott wird aus der Beschickungsmulde in die Zuführmulde abgeworfen.

Gegenüber den kompakten Schrotten erfordern die voluminösen, sperrigen Schrotte vor ihrer Zerkleinerung eine *Vorverdichtung*, um unter Niederhalter und Messerschlitten geschoben werden zu können. Im Verlauf der letzten zwei Jahrzehnte haben sich dafür eine Vielzahl von Vorverdichtungseinrichtungen[1]) eingeführt. Sie unterscheiden sich besonders in der

- Anzahl der Vorverdichtungsrichtungen (ein- oder zweidimensionale Vorverdichtung)
- Anordnung des Vorverdichtungsraums (Vorverdichtung im Bereich der Zuführmulde bzw. mit dessen Nutzung oder außerhalb der Zuführmulde).

Nur einen relativ geringen zusätzlichen Aufwand gegenüber der einfachen Zuführmulde erfordert die eindimensionale Vorverdichtung im Bereich der Zuführmulde (Bilder 127a und b). Sie kann jedoch nur für die Zerkleinerung der weniger sperrigen Schrotte angewendet werden. Für die Vorverdichtung sehr voluminöser, sperriger Schrotte, wie Behälter, Förderwagen, Waggonteile, Omnibuskarossen, Schrott aus der Landwirtschaft und vieles andere, ist eine zweidimensionale Vorverdichtung zu wählen. Denn dieser Schrott erfordert eine Vorverdichtungsmulde, die deutlich größer als die Zuführmulde ist (Bilder 127c und d). Werden Vorverdichtungsmulde und Zuführmulde räumlich voneinander getrennt (Bilder 127e bis h), so können Vorverdichtung und Zuführung des Schrotts unter Niederhalter und Messerschlitten gleichzeitig ablaufen. Das führt zu höheren Durchsätzen der Guillotinescheren. Die Vorverdichtung kann dabei mit ein- oder zweidimensional wirkenden Vorverdichtungseinrichtungen durchgeführt werden. Die in den Bildern 127e und f schematisch dargestellten eindimensional wirkenden Vorverdichtungseinrichtungen erfordern eine hohe Einlaufhöhe am Scherenständer und möglichst einen stufenförmigen Niederhalter, um den Schrott problemlos unter Niederhalter und Messerschlitten schieben zu können. Eine zweidimensionale Vorverdichtung kann durch einen zusätzlichen, vertikal wirkenden Preßstempel bzw. eine schwenkbare Kopfplatte unmittelbar vor dem Niederhalter (Bild 127g) oder einen Preßdeckel (Bild 127h) erreicht werden. Letztere Variante hat sich in neuerer Zeit besonders für Guillotinescheren mit großen Schneidkräften eingeführt.

Eine *Vorverdichtungseinrichtung mit eindimensionaler Vorverdichtung im Bereich der Zuführmulde* zeigt Bild 128. Längs der Zuführmulde befindet sich ein Preßdeckel, der den scherennahen Bereich der Zuführmulde oder die gesamte Zuführmulde überdecken kann. Mit dem Preßdeckel wird der herausragende Schrott in die Zuführmulde gedrückt. Dabei entsteht ein Schrottstrang, der z. T. fest an den Seitenwänden der Zuführmulde anliegt. Das führt bei seiner Bewegung unter den Niederhalter und Messerschlitten zu einem beachtlichen Verschleiß.

[1]) Als Vorverdichtung soll nachfolgend diejenige Verdichtung verstanden werden, die gegenüber einer Guillotineschere mit einfacher Zuführmulde durch zusätzliche Einrichtungen (Vorverdichtungseinrichtungen) erreicht wird. Der damit vorverdichtete Schrott wird dann durch den Zuführschieber sowie den Niederhalter und gegebenenfalls den Seitendruckstößel im Scherenständer weiter verdichtet.

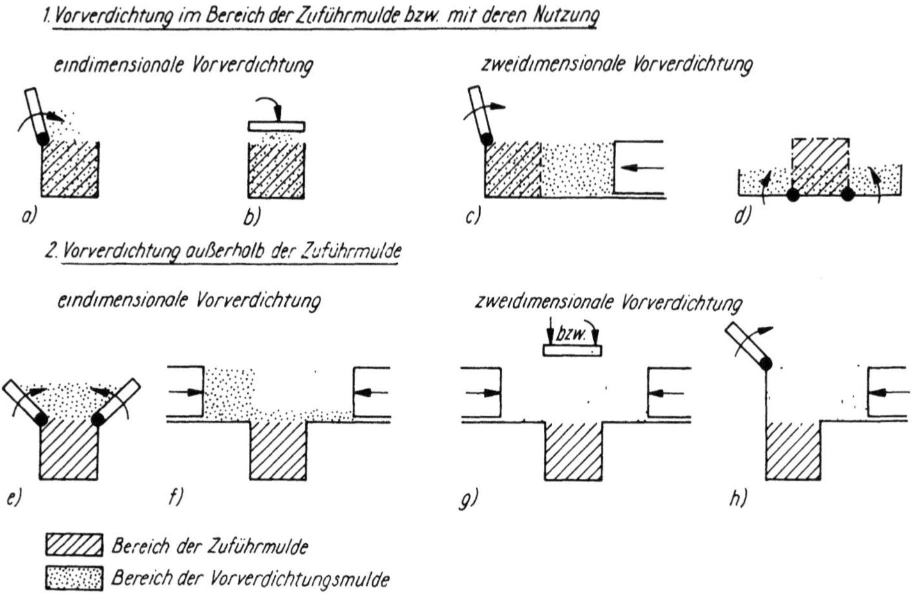

Bild 127. Grundprinzipien der Vorverdichtung (schematisch)
a) mit Preßdeckel;
b) mit Kopfplatte;
c) mit Seitendruckschieber und Preßdeckel;
d) mit schwenkbaren Seitenwänden;
e) mit zwei Preßflügeln;
f) mit zwei Preßbalken;
g) mit zwei Seitendruckschiebern bzw. Preßbalken und einem Preßstempel bzw. einer Kopfplatte;
h) mit Seitendruckschieber bzw. Preßbalken und Preßdeckel

Um einen möglichst hohen Durchsatz der Guillotinescheren zu erreichen, sind diese Vorverdichtungseinrichtungen immer mit einer Beschickungsmulde ausgerüstet. Während die Vorverdichtung und der Schneidvorgang ablaufen, kann gleichzeitig die Beschickungsmulde mit Schrott beladen und somit die Beschickungszeit der Guillotineschere entscheidend verringert werden. Bei entsprechender konstruktiver Gestaltung der Beschickungsmulde kann diese sich auch an der Vorverdichtung beteiligen (Bild 129). Durch die gemeinsame Bewegung von Preßdeckel und Beschickungsmulde gelingt es, auch relativ breite Schrottstücke (z. B. Autokarosserien) auf die Breite der Zuführmulde zu reduzieren.

Die Vorverdichtung in einer einfachen Zuführmulde kann auch durch eine vor dem Niederhalter angeordnete Kopfplatte erreicht werden. Diese Verfahrensweise ist schematisch im Bild 127b dargestellt. In ihrer Ausgangsstellung wirkt die Kopfplatte als verlängerte Einlaufschräge des Scherenständers. Ergeben sich jedoch beim Vorschub des Schrotts unter den Niederhalter Schwierigkeiten, so wird die sich hydraulisch bewegende Kopfplatte wirksam. Diese drückt den sperrigen Schrott vertikal so weit zusammen, daß er nachfolgend leicht mit dem Zuführschieber unter Niederhalter und Messerschlitten geschoben werden kann.

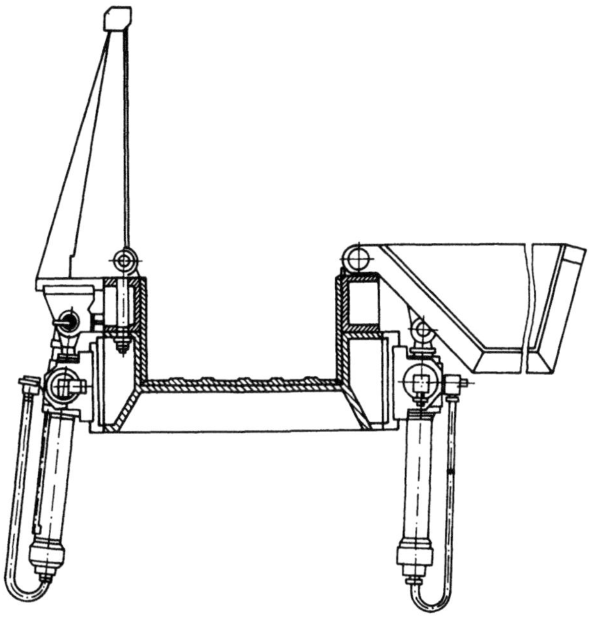

Bild 128. Vorverdichtungseinrichtung der Guillotineschere NO-340 (UdSSR) [390]

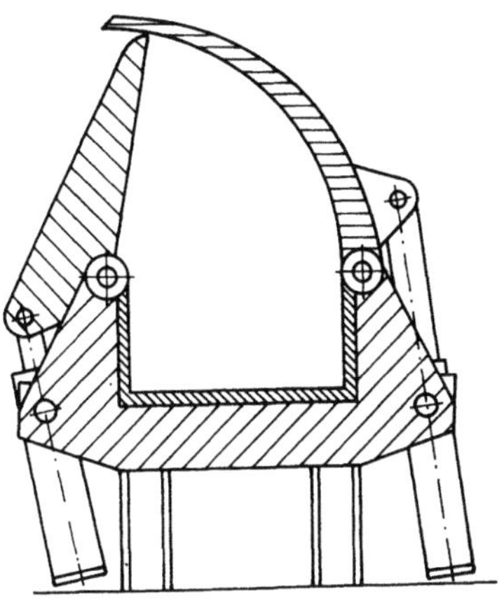

Bild 129. Vorverdichtungseinrichtung, Bauart LEFORT

Die Zerkleinerung der überwiegend sperrigen Schrotte erfordert Vorverdichtungseinrichtungen, die gegenüber der Zuführmulde eine deutlich größere Vorverdichtungsmulde besitzen. Soll der Bereich der Zuführmulde genutzt werden, so bestehen zwei grundsätzliche Möglichkeiten für eine Vorverdichtung. Die erste Möglichkeit besteht darin, die Vorverdichtung entsprechend Bild 127c mit einem Seitendruckschieber und einem Preßdeckel durchzuführen. Bei der zweiten Variante wird die Vorverdichtung durch schwenkbare Seitenwände realisiert (Bild 127d). Beide Varianten führen zu einer *zweidimensionalen Vorverdichtung*.

Eine bewährte Ausführungsform des ersten *Vorverdichtungsprinzips mit Seitendruckschieber und Preßdeckel* zeigt Bild 130. Der in die geöffnete Vorverdichtungsmulde eingefüllte Schrott wird zunächst von dem horizontal wirkenden Seitendruckschieber gegen den halb geöffneten Preßdeckel gedrückt. Danach dringt der schwenkbar angeordnete Preßdeckel, der die Breite der Zuführmulde besitzt, tief in die Vorverdichtungsmulde ein. Anschließend wird er soweit zurückgezogen, daß der Seitendruckschieber unter dem Preßdeckel bis zur Endstellung vorfahren kann. Dabei wird der Schrott zu einem quaderförmigen Schrottstrang mit einer Breite verdichtet, die geringer als die des Zuführschiebers ist. Der Seitendruckschieber entlastet nachfolgend, so daß der Schrottstrang weitestgehend ohne seitliche Reibung dem Niederhalter und Messerschlitten zugeführt werden kann. Bei besonders sperrigem und nur schwierig verdichtbarem Schrott erfolgt die Vorverdichtung im wechselseitigen Spiel zwischen Seitendruckschieber und Preßdeckel. Durch ihre voneinander unabhängige Steuerung lassen sich auch sehr großstückige Schrotte, wie Eisenbahnwaggons und große Kessel, zu einem Schrottstrang verdichten. Die für diese Schrotte bisher angewendeten Vorverdichtungsmulden erreichen im geöffneten Zustand Größen bis zu 35 m^3.

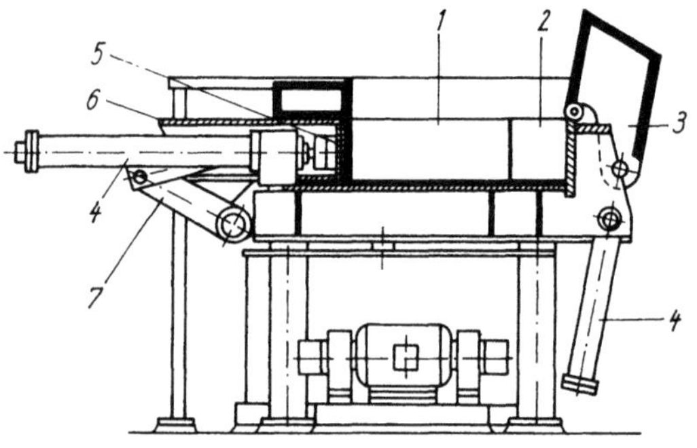

Bild 130. Vorverdichtungseinrichtung mit Seitendruckschieber und Preßdeckel, Bauart LINDEMANN
1) Vorverdichtungsmulde;
2) Zuführmulde;
3) Preßdeckel;
4) Hydraulikzylinder;
5) Seitendruckschieber;
6) Abdeckplatte des Seitendruckschiebers;
7) mechanische Gleichlaufeinrichtung

Die Oberflächen des Seitendruckschiebers und des Zuführschiebers bilden starke Abdeckplatten. Auf diese kann, während der Zuführschieber noch Schrott unter Niederhalter und Messerschlitten drückt, bereits Schrott abgelegt werden. Bei Rücklauf der beiden Schieber fällt dann dieser Schrott in die Vorverdichtungsmulde, so daß kein Zeitverlust durch die Beschickung entsteht.

Die im Bild 130 dargestellte, weit verbreitete Vorverdichtungseinrichtung wurde vielfältig modifiziert. So haben sich Vorverdichtungseinrichtungen eingeführt, bei denen z. B. der Preßdeckel die gesamte Vorverdichtungsmulde überdeckt. Durch die Anwendung eines solchen breiten Preßdeckels soll sich besonders bei sehr sperrigen Schrotten eine geringere Zeit für die Vorverdichtung ergeben. Der Preßdeckel kann dabei längs der Zuführmulde oder gegenüber dem Scherenständer auf der schmalen Seite der Vorverdichtungsmulde schwenkbar angeordnet sein. Nachteilig wirkt sich bei einer solchen Gestaltung der Vorverdichtungseinrichtung aus, daß diese eine zusätzliche Beschickungsmulde erfordert, um einen hohen Durchsatz der Guillotineschere zu sichern.

Der im allgemeinen angewendete Seitendruckschieber verdichtet den Schrott unter einem Winkel von 90° (Bild 131 a). Der dafür notwendige gleichmäßige, parallele Lauf des Seitendruckschiebers wird durch eine mechanische Gleichlaufeinrichtung

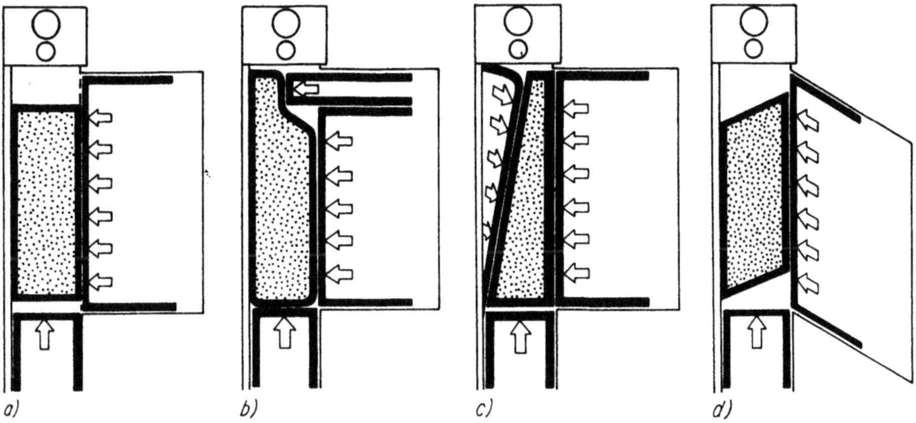

Bild 131. Möglichkeiten der Vorverdichtung mittels Seitendruckschiebers und Zusatzeinrichtungen (schematisch)
a) Seitendruckschieber, normale Ausführung;
b) Seitendruckschieber mit zusätzlichem Seitendruckstößel, Bauart LINDEMANN;
c) Seitendruckschieber mit gegenüber angeordnetem schwenkbarem Preßbalken, Bauart BECKER;
d) Seitendruckschieber unter einem Winkel von 30° wirkend, Bauart LOGEMANN

erreicht, wie sie im Bild 130 dargestellt ist. Durch diese Einrichtung werden auch bei exzentrischer Belastung Störungen durch Verkanten und Verklemmen des Seitendruckschiebers vermieden. Sehr steife Konstruktionsteile, wie Kessel mit starken Verrippungen, Kesselböden und anderes, können allerdings das Vorfahren des Seitendruckschiebers bis in die vordere Endstellung erschweren bzw. verhindern. Um die dadurch auftretenden Schwierigkeiten auszuschließen, wird häufig in die Vorverdichtungsmulde noch eine Zusatzeinrichtung in Form eines Seitendruckstößels (Bild 131 b) oder eines schwenkbaren Preßbalkens (Bild 131 c) eingebaut. Diese verdichten bzw. knicken auch sehr steife Schrottstücke, da auf eine relativ kleine Fläche hohe Preßkräfte konzentriert sind. Der Seitendruckstößel eignet sich jedoch auch für die Erzeugung eines kleinstückigen Schrotts (Kupolofenschrott). Dieser drückt den Schrott seitlich zusammen und hält ihn während der Verdichtung durch den Niederhalter fest, um ein Aufweiten des Schrottstrangs weitestgehend zu verhindern. Eine weitere Möglichkeit, steife Konstruktionsteile zu verdichten, bietet sich mit dem unter einem Winkel von 30° wirkenden Seitendruckschieber (Bild 131 d). Diese Art der Vorverdichtung hat sich jedoch nur begrenzt eingeführt.

Ein völlig anderer Ablauf des Vorverdichtungsvorgangs ergibt sich mit den im Bild 132 dargestellten Vorverdichtungseinrichtungen. Die Vorverdichtung erfolgt durch *schwenkbare Seitenwände nach dem Falt- und Einschlagprinzip*. Die im Bild 132a angegebene Ausführung eignet sich besonders für Guillotinescheren mit geringen Durchsätzen. Die Seitenwände sind voneinander unabhängig beweglich und können während des Verdichtungsprozesses auch nach innen geneigt werden. Durch zusätzliche Preßklappen, entsprechend der Ausführung im Bild 132b, läßt sich die Vorverdichtung noch besser gestalten. Um hohe Durchsätze der Guillotineschere zu er-

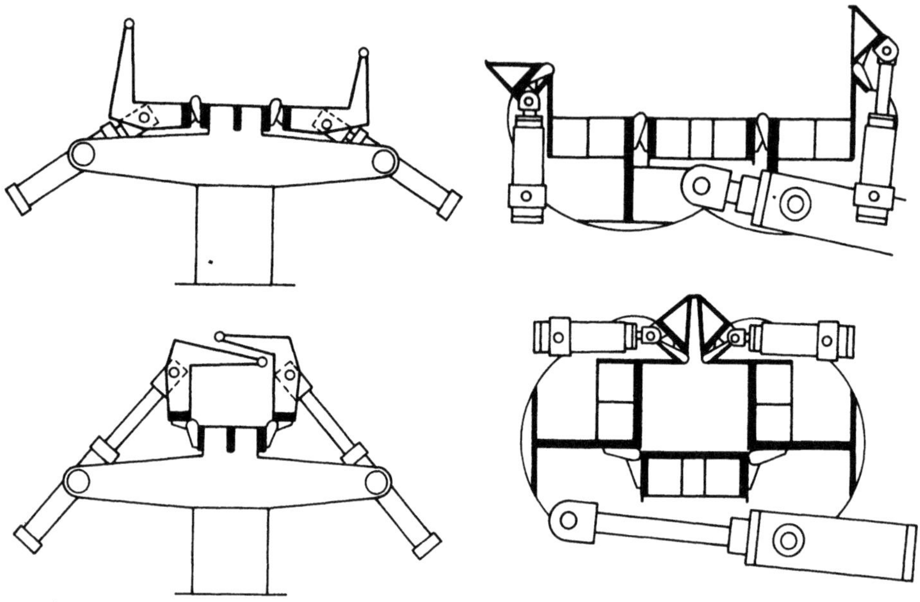

Bild 132. Vorverdichtungseinrichtungen mit schwenkbaren Seitenwänden, Bauart HARRIS

reichen, werden diesen Vorverdichtungseinrichtungen meist eine, manchmal sogar zwei Beschickungsmulden zugeordnet.

Die Nutzung der Zuführmulde sowohl für den Transport des Schrotts unter Niederhalter und Messerschlitten als auch für die Vorverdichtung führt dazu, daß die Prozesse Schneiden und Vorverdichten nur nacheinander ablaufen können. Gelingt es, beide Prozesse weitestgehend gleichzeitig durchzuführen, so ist eine deutliche Durchsatzerhöhung zu erwarten. Das erfordert jedoch eine räumliche Trennung der Zuführmulde von der Vorverdichtungsmulde. Frühere Entwicklungen, die Vorverdichtungsmulde hinter der Zuführmulde anzuordnen oder durch einen horizontalen flachen Schieber voneinander zu trennen, haben sich offensichtlich nicht bewährt. Bei den derzeitig eingeführten Vorverdichtungseinrichtungen wird der Boden der Vorverdichtungsmulde von der Abdeckplatte des Zuführschiebers gebildet. Hat der Zuführschieber etwa die Hälfte der Zuführmulde zurückgelegt, kann in die hintere Hälfte der Vorverdichtungsmulde Schrott aufgegeben und nachfolgend verdichtet werden. Der verdichtete Schrottstrang fällt dann beim Zurückführen des Zuführschiebers in die darunter befindliche Zuführmulde und ist damit für den Schnitt vorbereitet.

Die *Vorverdichtung außerhalb der Zuführmulde* kann ein- oder zweidimensional erfolgen. Eine eindimensionale Vorverdichtung wird mit der im Bild 133a dargestellten Vorverdichtungseinrichtung realisiert, die längs der Zuführmulde zwei Preßflügel besitzt. Auf den Arbeitsflächen der Preßflügel befinden sich häufig Vorsprünge in Form von Leisten u. ä., die die Vorverdichtung des Schrotts in Richtung Zuführmulde unterstützen. Ebenfalls eine eindimensionale Vorverdichtung ergibt

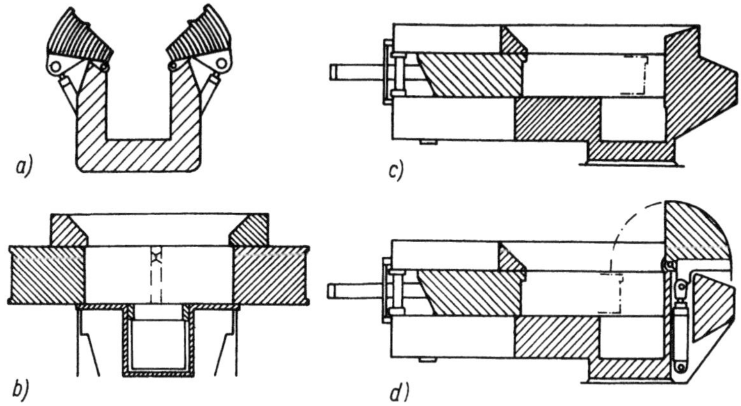

Bild 133. Vorverdichtungseinrichtungen, bei denen die Vorverdichtung außerhalb der Zuführmulde erfolgt
a) Vorverdichtung mit 2 Preßflügeln, Bauart LINDEMANN;
b) Vorverdichtung mit 2 winkelverstellbaren Preßbalken, Bauart HENSCHEL;
c) Vorverdichtung mit einem winkelverstellbaren Preßbalken, Bauart HENSCHEL;
d) Vorverdichtung mit einem winkelverstellbaren Preßbalken und einem Preßdeckel, Bauart HENSCHEL

sich bei der Anwendung von horizontal beweglichen Preßbalken. Die Vorverdichtung kann dabei durch einen Preßbalken, der gegen eine feste Wand verdichtet (Bild 133c), oder durch zwei gegenüberliegende Preßbalken (Bild 133b) erfolgen. Die Preßbalken gleiten auf der oberen Ebene der Zuführmulde und werden in horizontalen Führungen geführt. Für die Bewegung jedes Preßbalkens sorgen zwei Hydraulikzylinder, die sich an den Enden des Preßbalkens befinden. Dadurch werden für die Vorverdichtung des Schrotts günstige Möglichkeiten geschaffen. Die winkelverstellbaren Preßbalken stellen sich automatisch so ein, daß an der Stelle des größten Widerstands gegen eine Verdichtung der größte Hebelarm und damit auch das größte Moment wirkt.

Mit den in den Bildern 133a bis c dargestellten Vorverdichtungseinrichtungen kann sich nach erfolgter Vorverdichtung ein sehr hoher Schrottstrang ergeben, der sich nur schwierig unter Niederhalter und Messerschlitten schieben läßt. Um dies möglichst auszuschließen, versah man häufig den Scherenständer mit einer hohen Einlaufschräge und bildete den Niederhalter stufenförmig aus (s. Bild 124). Des weiteren ordnete man bei einigen Guillotinescheren vor dem Niederhalter einen zusätzlichen Preßstempel (z. B. bei der Bauart ŽĎAS/ČSSR) oder eine schwenkbare Kopfplatte an, die den Schrott nach erfolgter eindimensionaler Vorverdichtung bei Bedarf zusätzlich in vertikaler Richtung verdichten können. Man erreicht damit insgesamt eine zweidimensionale Vorverdichtung. Bei Guillotinescheren mit großen Schneidkräften haben sich in neuerer Zeit Vorverdichtungseinrichtungen eingeführt, die den Schrott bereits in einem Arbeitsgang zweidimensional vorverdichten. Die horizontale Vorverdichtung kann dabei durch einen winkelverstellbaren Preßbalken (Bild 133d) oder einen Seitendruckschieber erfolgen. Für die vertikale Vorverdichtung wird ein Preßdeckel, der häufig geteilt ist, verwendet. Dieser ist meist noch mit einer Nase an der Deckelspitze versehen, um z. B. große und steife Kessel, Rohre und ähnliches wirksamer einknicken zu können.

Die verschiedenen Vorverdichtungseinrichtungen der Guillotinescheren eignen sich unter Mitwirkung des Zuführschiebers grundsätzlich auch für eine dreidimensionale Verdichtung des Schrotts und damit für die Paketierung. Die dabei entstehenden Pakete haben jedoch eine geringe Paketdichte (bei Autokarosserien: 0,6 bis 0,7 t/m^3 [391]) und eine deformierte Gestalt. Um diese Nachteile zu beheben, wurden modifizierte Guillotinescheren bzw. Paketierpressen entwickelt, mit denen wahlweise geschnitten oder paketiert werden kann [391], [392].

Für die Bewegung des Messerschlittens, Niederhalters, Zuführschiebers und der Zylinder für die Vorverdichtungseinrichtung werden *hydraulische Antriebe* verwendet. Die von Drehstrommotoren angetriebenen Axialkolbenpumpen, seltener Flügelzellenpumpen, erzeugen einen Druckölstrom, der durch Verbindungsleitungen über Steuerelemente zu den hin- und hergehenden Arbeitszylindern gelangt und diese antreibt. Als Steuerelemente dienen statt der bisher meist angewendeten Wegeventile zunehmend Logikventile [393]. Diese gestatten die Zusammenfassung aller Steuerelemente zu wenigen Steuerblöcken und ihre Zuordnung zum jeweiligen Anlagenteil. Die Steuerung der Arbeitsabläufe der Guillotinescheren erfolgt im allgemeinen automatisch, nur die Vorverdichtung des Schrotts wird meist manuell gesteuert. Für die Aufstellung des hydraulischen Antriebs und des Öltanks bietet sich der Platz unter oder neben der Guillotineschere an. Ihre Anordnung auf der Guillotineschere hat sich nicht bewährt. Die überschüssige Wärme des hydraulischen Antriebs kann für die Warmwassererzeugung oder für Heizungszwecke genutzt werden [394].

Die *Auswahl und Auslegung der Guillotinescheren* wird von folgenden wesentlichen Gesichtspunkten bestimmt:

- von der Art und Ausbildung der zu zerkleinernden Schrotte,
- vom gewünschten Durchsatz der Guillotineschere,
- von der geforderten Qualität der zerkleinerten Schrotte.

Die Art und Ausbildung der zu zerkleinernden Schrotte beeinflußt dabei entscheidend die notwendigen technischen Parameter der Guillotineschere, besonders die maximale Schneidkraft, die Scherenmesserbreite und die Antriebsnennleistung der Schere. Des weiteren wird die Entscheidung über die Auswahl einer Vorverdichtungseinrichtung und über das zu wählende Vorverdichtungsprinzip von der zu zerkleinernden Schrottart bestimmt. Eine eindeutige Zuordnung der Scherenparameter zu den wesentlichsten Schrottarten ist bisher wegen ihrer Vielgestaltigkeit nur begrenzt möglich. So können derzeitig die von den Guillotinescheren maximal schneidbaren Schrottquerschnitte lediglich auf einzelne, äquivalente Querschnitte bezogen angegeben werden. Dafür haben sich besonders Profile mit Vollquerschnitten, dickwandige Bleche und ausgewählte offene Profile (Träger) eingeführt. Die Berechnung der notwendigen Schneidkräfte bei gleichzeitigem Schneiden mehrerer Profile ist bisher erst für Sonderfälle möglich [334], [395]. Einige experimentell gefundene Werte, die man beim gleichzeitigen Schneiden mehrerer Schrottstücke ermittelte, werden von Zazimko u. Mitarb. [390] angegeben.

Die für das Schneiden einzelner Profile mit Vollquerschnitt notwendige maximale *Schneidkraft* $F_{s,\,max}$ ergibt sich aus:

$$F_{s,\,max} = k_{s,\,max} \cdot A_s \tag{41}$$

k_s maximale bezogene Schneidkraft
A_s maßgebliche Schnittfläche (s. Bilder 134 und 135)

Einige Werte für die bezogene Schneidkraft k_s, häufig auch als Scherfestigkeit τ_s bezeichnet, sind in Tabelle 54 angegeben. Weitere Werte sind in der Literatur zu finden [335], [336], [340]. Dabei ist aber zu beachten, daß die bezogene Schneidkraft z. T. sehr deutlich von vielen, den Schervorgang beeinflussenden Faktoren abhängt (s. Bild 101).

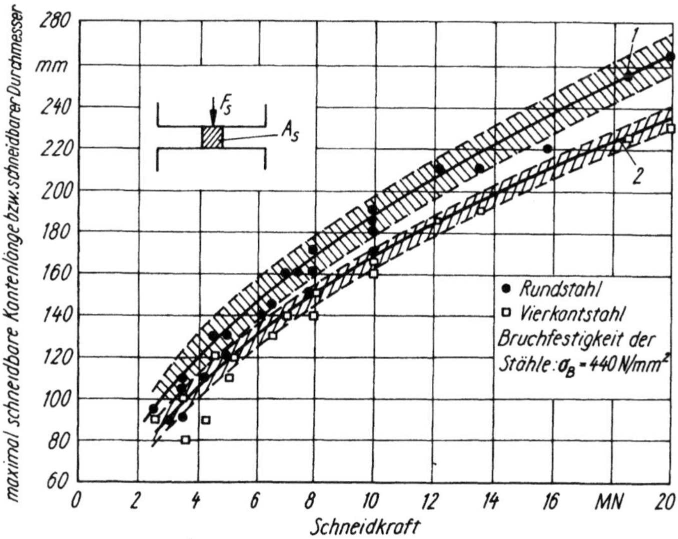

Bild 134. Maximal schneidbare Kantenlänge bzw. schneidbarer Durchmesser für Vierkant- bzw. Rundstahl in Abhängigkeit von der Schneidkraft der Guillotineschere (nach Prospekt- und Literaturangaben)
Kurven (*1*) und (*2*) berechnet nach Gl. (43) mit $f_1 = 0{,}8$, $f_2 = 1$ und $\sigma_B = 440$ N/mm²

Es ist jedoch auch möglich, die bezogene Schneidkraft k_s unter Verwendung der Bruchfestigkeit σ_B des Werkstoffs anzugeben. Das führt zu:

$$k_s = f_1 \cdot \sigma_B \tag{42}$$

f_1 Korrekturfaktor

Berücksichtigt man weiter den Schnittflächeneinfluß durch einen Korrekturfaktor f_2, so ergibt sich die allgemein eingeführte Gleichung zur Berechnung der Schneidkraft:

$$F_{s,\,max} = f_1 \cdot f_2 \cdot \sigma_B \cdot A_s \tag{43}$$

σ_B Bruchfestigkeit
A_s maßgebliche Schnittfläche (s. Bilder 134 u. 135)
f_1 Korrekturfaktor

- *für Stahl:*
  $f_1 = 0{,}6 \dots 0{,}9$ [324]; nach Eickhoff [331] für Überschlagsrechnungen bewährt: $f_1 = 0{,}8$
- *für Kupfer und Kupferlegierungen*
  $f_1 = 0{,}85$ [324]
- *für Aluminium und Aluminiumlegierungen*
  $f_1 = 0{,}6$ [324]

f_2 Korrekturfaktor [324]

- für Parallelschneiden (s. Bild 134): $f_2 = 1$
- für Kreuzendschneiden (s. Bild 135): $f_2 = 0{,}67$

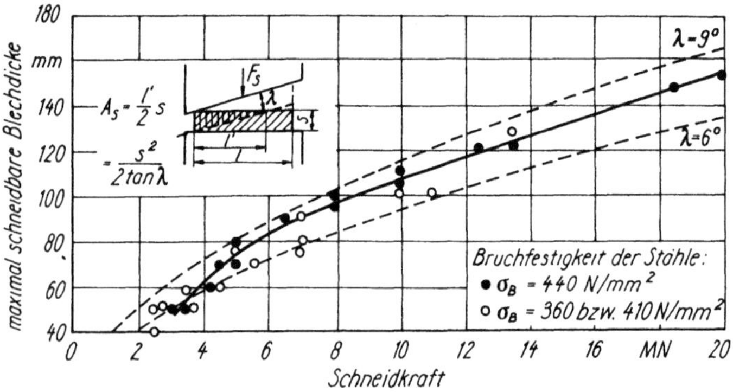

Bild 135. Maximal schneidbare Blechdicke in Abhängigkeit von der Schneidkraft der Guillotineschere (nach Prospekt- und Literaturangaben)
Kurven für $\lambda = 6°$ und $9°$ berechnet nach Gl. (43) mit $f_1 = 0{,}8$, $f_2 = 0{,}67$ und $\sigma_B = 440$ N/mm²

Aus den Bildern 134 u. 135 wird deutlich, daß sich die Gl. (43) für die Bestimmung der notwendigen Schneidkraft zum Schneiden von Profilen mit Vollquerschnitt und dickwandigen Blechen in Guillotinescheren eignet. Für offene Profile ist es aber nicht möglich, die Schneidkraft nach Gl. (43) zu berechnen, da hier vor allem die Festlegung der im Eingriff befindlichen Flächenanteile Schwierigkeiten bereitet.

Experimentelle Untersuchungen mit verschiedenen Schrottchargen, die aus unterschiedlichen Profilen, Trägern, Blechen und Rohren zusammengesetzt waren, ergaben für die bezogene Schneidkraft k_s-Werte zwischen 90 und 170 N/mm² [390]. Diese liegen z. T. deutlich unter den in Tabelle 54 angegebenen und mit kompakten Schrottstücken (Knüppeln) erreichten Werten. Bei der gleichzeitigen Zerkleinerung von 2 bzw. 3 Knüppeln fand man k_s-Werte von 220 bis 400 N/mm² [390].

Die für die Zerkleinerung der Schrotte zur Verfügung stehenden Guillotinescheren haben Schneidkräfte zwischen 2,5 und 20 MN. In Abhängigkeit von der Art und der Ausbildung der zu schneidenden Schrotte ist jeweils festzulegen, welche maximale Schneidkraft die auszuwählende bzw. auszulegende Guillotineschere besitzen soll. Im praktischen Einsatz der Guillotinescheren wird die maximale

Schneidkraft allerdings nur sehr selten benötigt. Untersuchungen mit Stahlschrott an einer sowjetischen Guillotineschere (Typ NO 340, Schneidkraft 10 MN, Vorverdichtungseinrichtung entspr. Bild 128) zeigten [396], daß die notwendigen Schneidkräfte fast ausschließlich im Bereich von 1,8 bis 6,7 MN lagen. Weitere Ergebnisse von Schneidkraftuntersuchungen mit Stahl- und NE-Metallschrotten finden sich in [390], [397], [398]. Außerdem zeigte sich, daß die maximal schneidbare Querschnittsfläche von übereinander liegenden Blechen geringer als die eines vollen Querschnitts ist [399]. Es ist weiterhin zu beachten, daß durch die Vorverdichtung Schrottpakete entstehen können (z. B. bei Rohren), für die die Schneidkraft der zur Verfügung stehenden Guillotineschere nicht mehr ausreichen kann. Schrotte, bestehend aus Metallen mit einer Bruchfestigkeit $>500\ N/mm^2$, sollten auf Guillotinescheren nicht, höchstens mit alten bereits abgestumpften Messern, geschnitten werden. Der für das Schneiden von Stahlschrott erforderliche spezifische Energieverbrauch liegt im allgemeinen zwischen 5 und 10 kWh/t Durchsatz (ohne Berücksichtigung der Beschickungseinrichtung).

Die zu wählende *Messerbreite* der Guillotineschere wird von der Art des zu zerkleinernden Schrotts und von den Anforderungen der schrottverbrauchenden Industrie an die physikalische Beschaffenheit des zerkleinerten Schrotts bestimmt. Die Zielstellung, einen möglichst kleinstückigen Schrott und damit eine hohe Schüttdichte herzustellen (s. 3.1.6.), läßt sich am besten bei der Zerkleinerung von Schienen, Rohren, Profilen und Trägern erreichen. Die Messerbreite der für diese Schrotte speziell eingesetzten Guillotinescheren (Schienenbrechscheren) beträgt meist 600 mm. Eine geringe Messerbreite strebt man auch bei der Zerkleinerung der sehr sperrigen Schrotte an, indem man sie durch Vorverdichtungseinrichtungen zu einem relativ schmalen Schrottstrang verdichtet. Die mit einer Vorverdichtungseinrichtung gekoppelten Guillotinescheren haben im allgemeinen eine Messerbreite von 600 bis 1000 mm. Nur die Guillotinescheren mit Schneidkräften über 10 MN besitzen häufig Messerbreiten bis zu 1500 mm. Durch einen Seitendruckstößel im Scherenständer oder einen Seitendruckschieber im scherennahen Bereich der Vorverdichtungsmulde kann die effektive Messerbreite noch wesentlich verringert werden. Ist jedoch eine Vorverdichtung des Schrotts wegen seiner kompakten Ausbildung nicht möglich, so werden Guillotinescheren mit Messerbreiten von überwiegend 1000 bis 1500 mm (in der Sowjetunion bis 2200 mm) und in Sonderfällen für die Zerkleinerung von Schiffsschrotten bis 4100 mm eingesetzt. Die beim Schneiden der großen Schiffsbleche anfallenden langen, schmalen Streifen müssen jedoch noch mit einer zweiten Schere, die im allgemeinen mechanisch angetrieben wird, nachzerkleinert werden [400]. Eine zweistufige Zerkleinerung kann bei ausgewählten Schrotten, z. B. Autokarosserien, und bei Sperrmüll auch durch ein spezielles Schersystem erreicht werden. Es besteht aus einem unterbrochenen Obermesser und zwei Quermessern. Bei jedem Schnitt entstehen damit drei Schrottstücke, deren Größe von der Breite des Obermessers und dem Schrottvorschub abhängt.

Der *Durchsatz* der Guillotinescheren wird von der Bauart, den technischen Parametern und dem technischen Zustand der Schere, von der Art und der Ausbildung des zu zerkleinernden Schrotts, der Art der Beschickung und des Abtransports des geschnittenen Schrotts sowie von der gesamten Lagerordnung bestimmt. Es ist ein ungestörter, kontinuierlicher Materialfluß anzustreben, der jedoch nur durch ausreichende Lagerkapazitäten für den zu zerkleinernden und zerkleinerten Schrott, ausreichende und weitestgehend störungsfrei arbeitende Transportmittel und eine übersichtliche, klar gegliederte Lagerordnung erreicht werden kann. In diesem Zusammenhang ist ebenfalls die richtige Standortwahl der Guillotineschere auf dem Schrottplatz von großer Bedeutung.

Den Einfluß der maximalen Schneidkraft der Guillotineschere auf den Durchsatz bei der Zerkleinerung von Stahlschrott zeigt Bild 136. Der breite Schwankungsbereich ist auf die vielen oben genannten Faktoren zurückzuführen. Seitens der Guillotineschere wird der Durchsatz vor allem durch die Art der Vorverdichtung, die Größe des Schrottvorschubs, die Schnittfolge, die Hubhöhe des Messerschlittens und den Einsatz eines Seitendruckstößels beeinflußt. Systematische Untersuchungen über den Einfluß dieser Faktoren auf den Durchsatz liegen bisher allerdings noch nicht vor. Man kann jedoch davon ausgehen, daß eine z. T. beachtliche Durchsatzerhöhung erreicht wird, wenn der Rückhub des Messerschlittens nur bis zur Höhe des Schrotts unter dem Niederhalter erfolgt (Relativhubsteuerung). Auch ist zu erwarten, daß eine Anpassung der Schnittfolge an den zu schneidenden Schrott zu einer Durchsatzsteigerung führt. Eine dafür geschaffene sechsstufige Regelung ermöglicht es z. B., die Schnittzahl zwischen 14 min^{-1} bei einer Schneidkraft von 1,4 MN und 2,5 min^{-1} bei der maximalen Schneidkraft von 12,5 MN zu

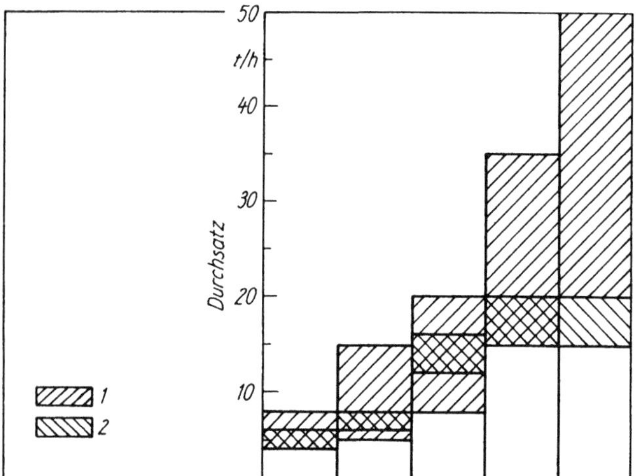

Schneidkraft	in MN	2,5...4	4...6	6...8,5	8,5...12,5	> 12,5
Niederhalterkraft	in MN	0,5...1	0,8 1,5	1,25...2,5	2,5...4	3,5...7,5
erforderliche Motorleistung	in kW	40...150	100...250	200. 500	350...600	600 1000
Länge der Zuführmulde	in m	3,5...6,5	4,5...6,5	5 7	6...9[1)]	6...15
mittlere Masse der Scheren	in t	80	100	190	220	650

[1)] bei sowjetischen Scheren bis 12 m

Bild 136. Durchsatz der Guillotinescheren bei der Zerkleinerung von Stahlschrott in Abhängigkeit von wesentlichen Scherenparametern
1) Schwankungsbereich der erreichbaren Durchsätze (nach Prospektangaben);
2) langfristig erreichbare Durchsätze unter Berücksichtigung von Wartungs- und Reparaturarbeiten [401]

verändern [402]. Die durchschnittliche Schnittzahl der eingeführten Guillotinescheren liegt zwischen 3 und 6 min^{-1}.

Gegenwärtig werden den Guillotinescheren zunehmend, besonders bei der Zerkleinerung der Stahlschrotte, Klassier- und Sortiereinrichtungen nachgeordnet. Ihre Auswahl wird von der Qualität der geschnittenen Stahlschrotte (Stückgröße, Verunreinigungen an NE-Metallen und Nichtmetallen) und den Anforderungen der schrottverbrauchenden Industrie bestimmt. Entspricht die Stückgröße des geschnittenen Stahlschrotts den Forderungen und ist dieser weitgehend frei von Verunreinigungen, so ist es möglich, den geschnittenen Stahlschrott unmittelbar durch Greifer, Lasthebemagnete oder Stetigförderer zu verladen. Ist die kontinuierliche Bereitstellung von Transportraum gesichert, so kann eine Aufstellung der Guillotinescheren über Flur vorteilhaft sein, da dadurch eine Direktverladung möglich wird. In den meisten Fällen ist es aber notwendig, ein Zwischenlager vorzusehen.

Ein sehr großer Anteil des in Guillotinescheren geschnittenen Stahlschrotts ist jedoch stark mit NE-Metallen und Nichtmetallen verunreinigt und besitzt einen hohen Gußeiseninhalt (s. Tabelle 20). Die den Stahlschrott verunreinigenden Bestandteile liegen dabei frei aufgeschlossen oder untereinander, meist jedoch mit Stahl und Gußeisen verbunden vor (s. Bild 24). Für ihre wenigstens teilweise Abtrennung haben sich drei Verfahren eingeführt, die schematisch im Bild 137 dargestellt sind. Am weitesten verbreitet ist derzeitig noch die erste Variante. Der von der Guillotineschere geschnittene Schrott wird mittels Magnetplatte verladen oder auf eine Halde umgesetzt. Diese Verfahrensweise führt dazu, daß neben Schmutz und den NE-Metall-Stahl- bzw. Gußeisenverbindungen ein beachtlicher Anteil des frei aufgeschlossenen NE-Metall- und Nichtmetallinhalts im Stahlschrott verbleiben. Des weiteren besteht keine Möglichkeit, den Gußeisenanteil aus dem Stahlschrott zu entfernen.

Eine wesentlich verbesserte Lösung stellt die zweite Variante dar. Der von der Guillotineschere geschnittene Schrott wird zunächst auf Siebmaschinen mit z. B. in Förderrichtung angeordneten Roststäben klassiert, um den darin enthaltenen Schmutz zu entfernen. Die in die Schmutzfraktion gelangenden kleinen Gußeisen- und Stahlstücke können nachfolgend durch einen Magnetschneider leicht zurückgewonnen werden. Der Klassiererüberlauf wird einem Klaubeprozeß unterzogen, in dem die den Stahlerzeugungsprozeß schädigenden Komponenten aus dem Stahlschrott von Hand ausgelesen werden [402], [403].

Einen deutlich höheren technischen und ökonomischen Aufwand erfordert die dritte Variante. Sie bietet sich deshalb nur dann an, wenn enge Stückgrößenklassen des geschnittenen Stahlschrotts bei ihrem metallurgischen Einsatz ökonomische Vorteile ergeben. Die durch die Klassierung im Trommelsieb eintretende selektive Anreicherung des Gußeisens und einiger NE-Metalle in den kleinen Stückgrößenklassen ist zwar bemerkenswert [105], eine Handklaubung der großstückigen Schrotte ist aber trotzdem nicht zu umgehen. Eingehende Untersuchungen zu dieser Variante sind in [105], [396], [404], [405] beschrieben.

6.3.3.2. Alligatorscheren

Alligatorscheren (Hebelscheren) eignen sich besonders für die Zerkleinerung von Profilen, Rohren, stahlarmierten Kabeln und ähnlich ausgebildeten Stahl- und NE-

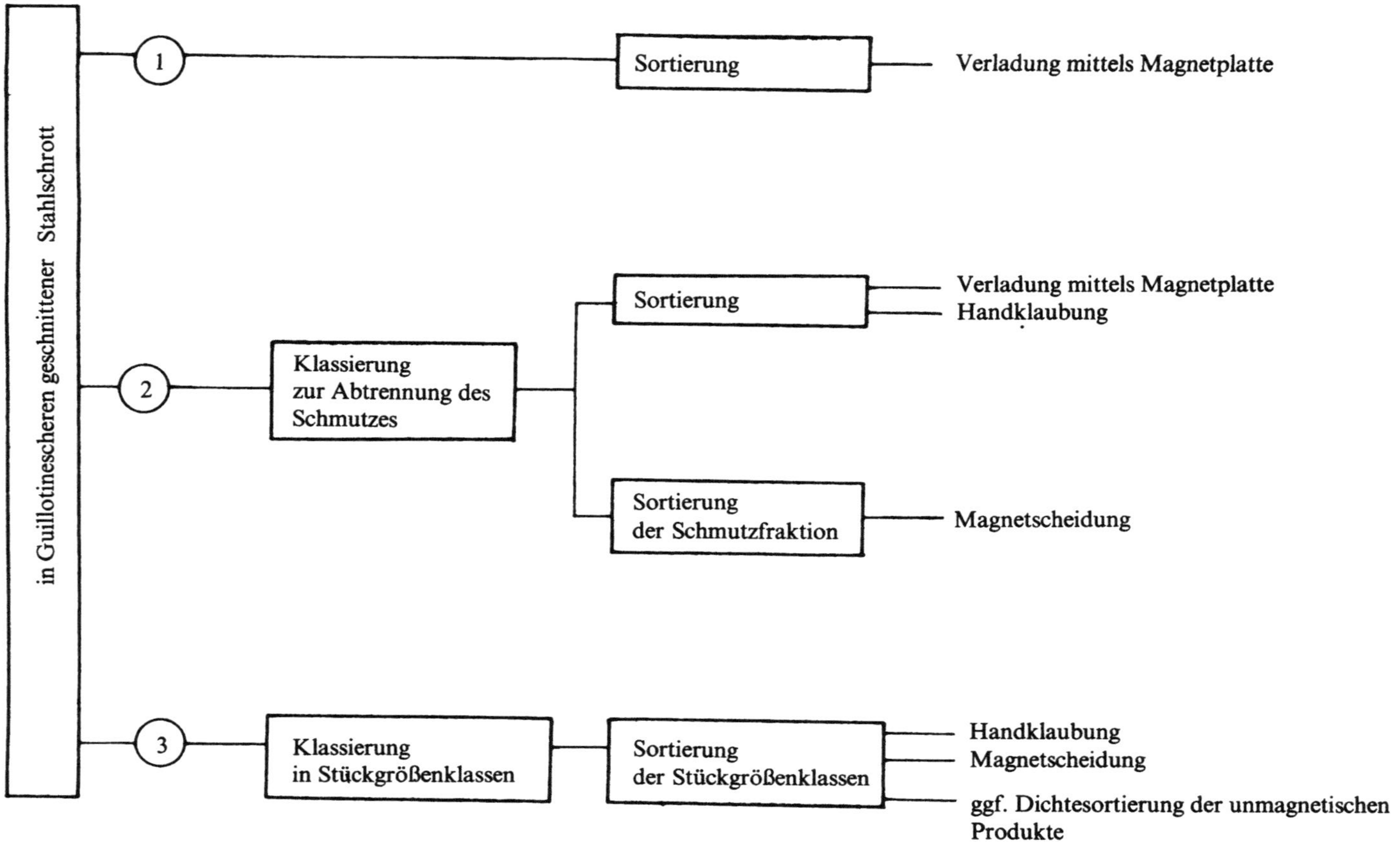

Bild 137. Möglichkeiten für die weitere Aufbereitung der in Guillotinescheren geschnittenen Stahlschrotte

Metallschrotten bis zu einer Materialfestigkeit von 500 N/mm^2. Ihre Anwendung beschränkt sich jedoch überwiegend nur noch auf Anfallstellen mit geringem Schrottaufkommen und spezielle Zerkleinerungsaufgaben. Die relativ geringe Größe und Masse der Alligatorscheren macht es möglich, sie sowohl fahrbar als auch stationär zu gestalten. Die Kraftübertragung auf das Schersystem der Alligatorscheren erfolgt zunehmend hydraulisch, jedoch sind mechanisch angetriebene Alligatorscheren auf den Schrottplätzen noch weit verbreitet.

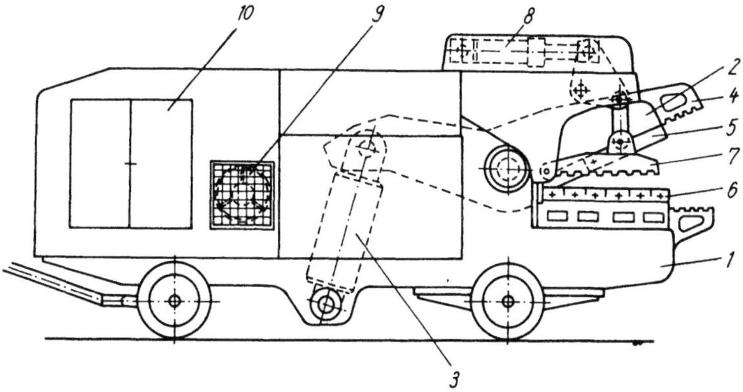

Bild 138. Hydraulisch angetriebene, fahrbare Alligatorschere, Bauart SCHÄFER

1) Scherenständer; *2*) Messerhebel; *3*) Hydraulikzylinder für Messerhebel; *4*) Vorquetscher; *5*) Obermesser; *6*) Untermesser; *7*) Niederhalter; *8*) Hydraulikzylinder für Niederhalter; *9*) Ölkühler; *10*) Schaltschrank

Eine hydraulisch angetriebene, fahrbare Alligatorschere ist im Bild 138 dargestellt. Sie besteht aus dem Scherenständer (*1*) und dem zweiarmigen Messerhebel (*2*), der im Scherenständer schwenkbar gelagert und seitlich geführt ist. Die Bewegung des Messerhebels wird durch einen Hydraulikzylinder (*3*) hervorgerufen, der auch eine Veränderung der Schnittfolge in Abhängigkeit von der Schrottart ermöglicht. Als Überlastungsschutz dient ein Sicherheitsventil. Der vordere Teil des Messerhebels ist als Vorquetscher (*4*) ausgebildet. Diese Vorrichtung kann z. B. große Rohre so zusammendrücken, daß sie nachfolgend in die Scherenöffnung eingeführt werden können. An den Vorquetscher schließt sich das Obermesser (*5*) an. Das Untermesser (*6*) befindet sich in einem verstellbaren Messerhalter, der die Einstellung des Messerspiels ermöglicht. Dieses sollte in Abhängigkeit von der Art des zu schneidenden Schrotts maximal 0,5 bis 1,6 mm betragen [70], [406]. Die Messer sind häufig mehrteilig, mit vier Schneidkanten versehen und können leicht ausgewechselt werden. Um ein Herausrutschen des Schrotts aus der Scherenöffnung zu vermeiden, wird der Schrott während des Schnitts durch einen profiliert ausgebildeten Niederhalter (*7*) festgehalten. Die Bewegung des mit dem Niederhalterzylinder (*8*) angetriebenen Niederhalters wird dabei im allgemeinen mit der des Messerhebels und gegebenenfalls mit der Zuführeinrichtung abgestimmt.

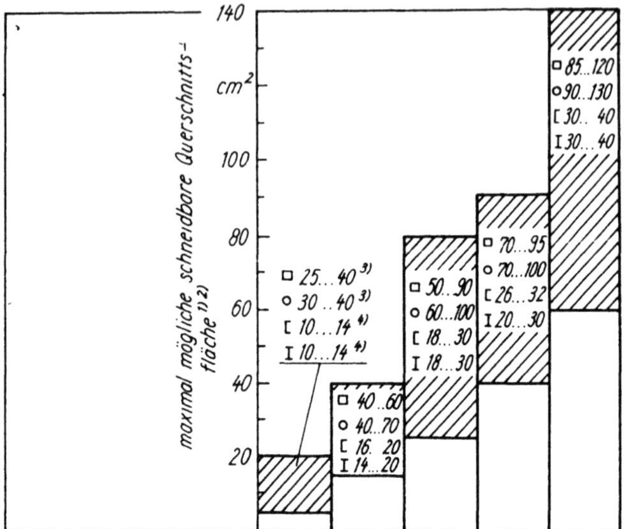

erforderliche Motorleistung in kW	2...5	5...10	10...15	15...25	25...40
Messerlänge in mm	300...750	500...750	500...800	600...900	700...1000
Scherenöffnung an der Messerspitze in mm	100...250	200...300	200...400	300...500	200...350
Anzahl der Schnitte in min^{-1} a) mechanischer Antrieb	30...60	30...45	20...40	≈20	≈15
b) hydraulischer Antrieb	10...60	10...60	20...40	20...40	10...40
angenäherte Masse der Schere in t	0,5...2	2...6	3...10	6...10	10...25

1) bezogen auf eine Bruchfestigkeit der Stähle von $\sigma_B = 440\ N/mm^2$
2) gilt nicht für Blechschrotte
3) Abmessungen in mm
4) Formstahl-Bezeichnung

Bild 139. Maximale Schneidfähigkeit der Alligatorscheren in Abhängigkeit von verschiedenen Scherenparametern (nach Prospekt- und Literaturangaben)

Bei den mechanisch angetriebenen Alligatorscheren erfolgt die Kraftübertragung vom Elektromotor über Keilriemen auf ein Schwungrad und dann über Zahnradvorgelege und Kurbelwelle auf den Messerhebel. Gegen Überbeanspruchung der Schere kann z. B. zwischen Kurbelwelle und Messerhebel eine Sicherheitsdruckstelze angeordnet oder eine kombinierte Zentrifugal- und Reibungskupplung im Schwungrad angewendet werden.

Die maximale Schneidfähigkeit der Alligatorscheren ist in Abhängigkeit von verschiedenen Scherenparametern im Bild 139 zusammengestellt. Angaben zum Durchsatz der Alligatorscheren finden sich in der Literatur relativ selten, da dieser von sehr vielen Faktoren beeinflußt wird. Er wird entscheidend bestimmt von der Art des Schrotts (insbesondere von der Schrottmasse je Meter Schrottstück), von der Messerlänge und von der Art der Schrottzuführung (von Hand oder mittels Zuführeinrichtungen). Nach [406] liegt der Durchsatz der Alligatorscheren im Bereich von 0,5 bis 3 t/h, im Mittel ergaben sich für sowjetische Scheren Durchsätze von 1,0 bis 1,5 t/h [407]. Durch geeignete Zuführeinrichtungen können diese relativ niedrigen Durchsatzwerte erhöht werden [406]. Als Zuführeinrichtungen haben sich Plattenband- und Vibrationsförderer sowie Rollengänge bewährt, die häufig über einen Aufgabetisch beschickt werden.

6.3.4. Brecher und Mühlen

Die zu den Brechern und Mühlen zusammengefaßten Zerkleinerungsmaschinen haben in neuerer Zeit für die Zerkleinerung der relativ dünnwandigen Schrotte und die Herstellung ausreichender Aufschlußverhältnisse eine große Bedeutung erlangt. Das alleinige Ziel, einen kleinstückigen Schrott herzustellen, besteht bei den Metallspänen. Die sehr unterschiedliche physikalische Beschaffenheit der Metallspäne (Stückgrößenverteilung, Schüttdichte, Anteil massiver Schrottstücke, Gehalt an Kühlmitteln), ihre z. T. deutlich voneinander abweichenden Zerkleinerungseigenschaften und die unterschiedlichen Zielstellungen der Zerkleinerung (s. Bild 56) führten dabei zu einer Vielfalt von Zerkleinerungsmaschinen. Folgende Maschinengruppen werden für die Zerkleinerung der Metallspäne verwendet: Hammerbrecher, Flügelbrecher, Schneidmühlen und Trommelmühlen. Diese als Spänebrecher zusammenfaßbaren Zerkleinerungsmaschinen, die alle Vor- und Nachteile besitzen [408], setzt man im allgemeinen im Rahmen einer einstufigen Zerkleinerung ein. In einigen Fällen kombiniert man sie jedoch zu einer zweistufigen Zerkleinerung (z. B. Flügelbrecher — Hammerbrecher).

Die Auswahl geeigneter Brecher und Mühlen für das Herstellen der erforderlichen Aufschlußverhältnisse wird entscheidend von der Stückgröße und Wandstärke der zu zerkleinernden Schrotte sowie vom Stoffverhalten der die Schrotte bildenden Komponenten bestimmt. Bei großstückigen und/oder komplex zusammengesetzten Schrotten ist es mitunter notwendig, diese Schrotte einer ein- oder gegebenenfalls zweistufigen Vorzerkleinerung zu unterziehen. Dafür haben sich in Abhängigkeit von der Schrottart besonders Guillotinescheren, Rotorenscheren, Flügelbrecher und Hammerbrecher eingeführt (Tabelle 45). Günstige Aufschlußverhältnisse werden bei Schrotten, deren Komponenten ein zähes Stoffverhalten besitzen, erreicht, wenn im Zerkleinerungsraum komplexe Beanspruchungsverhältnisse (Zug-, Schneid-, Biege- und Torsionsbeanspruchungen) auftreten. Diese Beanspruchungsverhältnisse ergeben sich vor allem in Hammerbrechern (Shredder). Bei relativ dünnwandigen Schrotten mit zähen Stoffverhalten (z. B. Kabelschrotten) haben sich auch Schneidmühlen für die Herstellung günstiger Aufschlußverhältnisse bewährt. Demgegenüber eignen sich für Schrotte mit überwiegend sprödem Stoffverhalten neben Hammerbrechern auch solche Brecher, in denen die Zerkleinerung auf der Grundlage der Prallbeanspruchung erfolgt (Prallbrecher). Für kryotechnisch vorbehandelte Schrotte werden Hammerbrecher und Prallbrecher eingesetzt. Die derzeitig eingeführten Zerkleinerungsmaschinen für die Herstellung ausreichender Aufschlußverhältnisse ergeben sich für die wesentlichsten Schrottgruppen aus Tabelle 45.

6.3.4.1. Backenbrecher

Die für die Zerkleinerung mineralischer Rohstoffe weit verbreiteten Backenbrecher eignen sich auch für die Zerkleinerung einiger Schrotte. Die Bestandteile dieser

Schrotte müssen jedoch ein sprödes Stoffverhalten besitzen. Außerdem sollten sie relativ dünnwandig und mit einem größeren Hohlraumvolumenanteil versehen sein [65], [325]. Diesen Anforderungen entsprechen die aus Gußeisen mit Lamellengraphit bestehenden Gußeisenschrotte, die u. a. als Ausschuß bei der Herstellung von Motorblöcken anfallen [409]. Enthalten die zu zerkleinernden Gußeisenschrotte jedoch auch dickwandige oder sich zäh verhaltende Bestandteile (z. B. Stahlstücke), ist ein Einsatz der allgemein eingeführten Backenbrecher nicht möglich. Eine betriebssichere Zerkleinerung solcher Schrotte ist nur dann zu erreichen, wenn die Backenbrecher entsprechende Sicherungen gegen Überlastung besitzen, die bei ihrer Auslösung den Zerkleinerungsprozeß aber nur kurzzeitig unterbrechen dürfen.

Der sich im Brechraum des Backenbrechers vollziehende Zerkleinerungsvorgang beruht auf dem Wirken der von den Brechbacken ausgehenden Druck- und Biegebeanspruchungen. Untersuchungen ergaben [373], daß für die Zerkleinerung der geeigneten Gußeisenschrotte in Abhängigkeit von der Wandstärke und dem Hohlraumvolumenanteil des Schrotts sowie seiner Anordnung im Brechraum Zerkleinerungskräfte zwischen 0,2 und 4,5 MN, überwiegend jedoch <1 MN erforderlich sind. Diese für die Zerkleinerung notwendigen Kräfte entsprechen denjenigen, die für die Zerkleinerung mineralischer Rohstoffe notwendig sind [65], [325], [373]. Für das Erreichen guter Aufschlußverhältnisse ist der Backenbrecher aber nicht geeignet. Das bestätigen entsprechende Zerkleinerungsuntersuchungen mit Verbrennungsmotorenschrotten, die aus Aluminiumgußlegierungen bestanden und noch Stahlteile enthielten [410].

Von den verschiedenen Bauarten der Backenbrecher haben sich bisher für die Zerkleinerung der Schrotte nur Pendelschwingenbrecher eingeführt. Einen Pendelschwingenbrecher, Bauart SKET, der ohne spezielle Überlastsicherung zum Austrag massiver Schrottstücke ausgerüstet ist, zeigt Bild 140. Die Zerkleinerung erfolgt zwischen der festen Brechbacke (*1*), die in der Stirnwand des Brechergehäuses (*2*) befestigt ist, und der beweglichen Brechbacke (*3*). Letztere ist auf der um die Achse (*4*) drehbaren Schwinge (*5*) angeordnet. Die Zugstange (*6*) ist auf dem exzentrischen Teil der Antriebswelle (*7*) gelagert und bildet mit den beiden Druckplatten (*8*) ein Kniehebelsystem. Damit dieses immer in kraftschlüssiger Verbindung bleibt, steht es unter der Spannung der Rückholfeder (*12*). Das Kniehebelsystem wird beim Auf- und Abwärtsgang der Zugstange mehr oder weniger gestreckt. Beim Aufwärtsgang erfolgt das Brechen, beim Abwärtsgang das Nachrutschen des Schrotts. Um die Rißbildung zu fördern, sind die Brechbacken gezahnt ausgebildet. Nach mehrmaliger Beanspruchung verläßt der Schrott den Zerkleinerungsraum durch den Austragsspalt. Die Austragsspaltweite ist durch eine Verstellvorrichtung (*11*) veränderbar. Um stoßartige Belastungen während des Vorwärtsgangs der Schwinge ausgleichen zu können, befinden sich beiderseits der Antriebswelle schwere Schwungscheiben (*13*).

Für die Betriebssicherheit der Backenbrecher ist entscheidend, daß sie mit entsprechenden Sicherungen gegen Überlastung ausgerüstet sind. Diese können vor dem Brecherantrieb und innerhalb des Brechers angeordnet sein. Zu den ersten gehören drehmomentbegrenzende Kupplungen und Überstromauslöser, die jedoch wegen der noch wirksamen Schwungmassen des Brechers keinen ausreichenden Schutz bilden. Eine Möglichkeit, die kinetische Energie der Schwungscheiben von den Brechwerkzeugen fernzuhalten, ist durch Reibungskupplungen, Brech- und

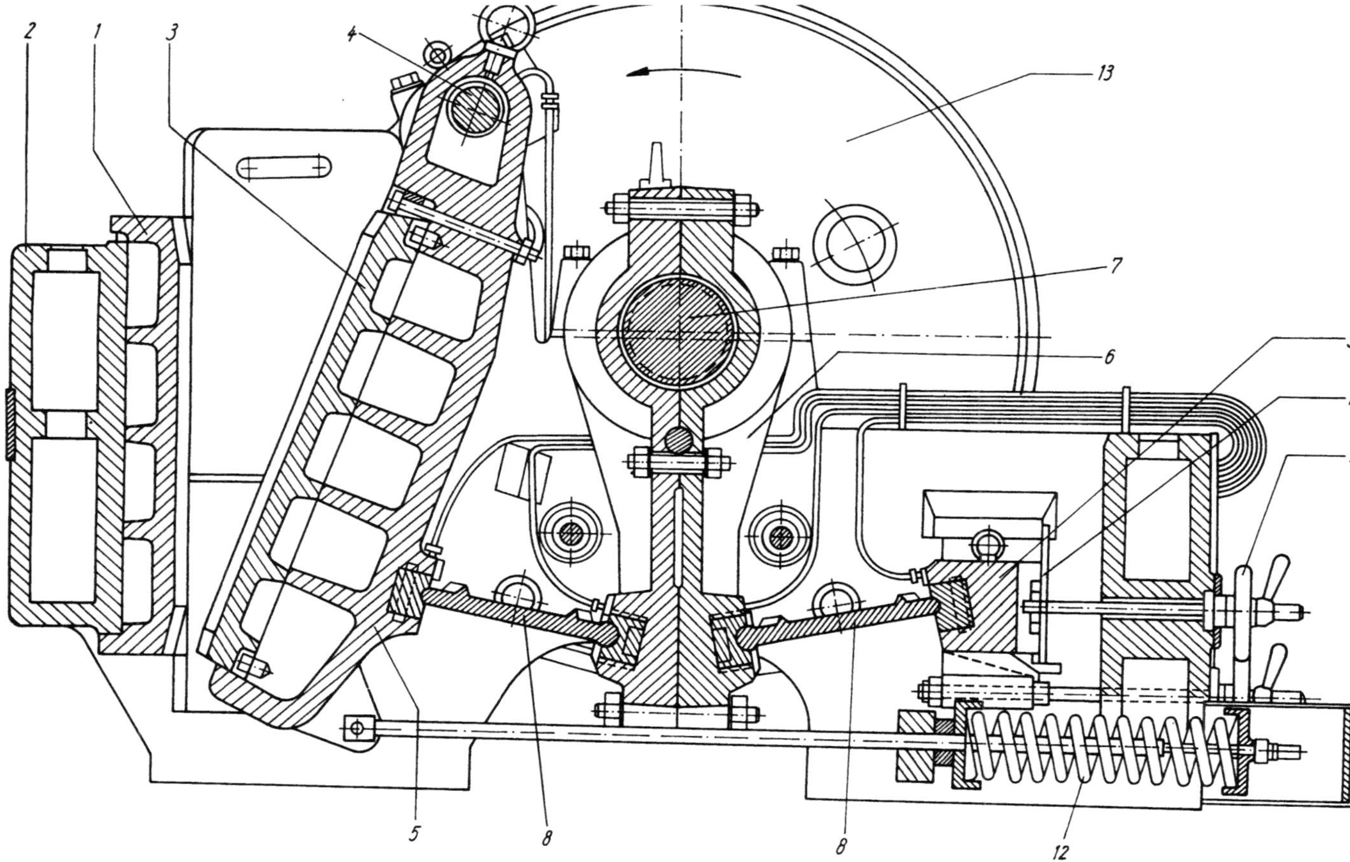

Bild 140. Pendelschwingenbrecher, Bauart SKET
(*1*) Gehäusebrechbacke; (*2*) Brechergehäuse; (*3*) Schwingenbrechbacke; (*4*) Schwingenachse; (*5*) Schwingenkörper; (*6*) Zugstange; (*7*) Antriebswelle; (*8*) **Druckplatten**; (*9*) Gleitklotz; (*10*) Zwischenlegplatten; (*11*) Verstellvorrichtung; (*12*) Rückholfeder; (*13*) Schwungscheiben

Schersicherungen sowie Ausklinkvorrichtungen gegeben, die zwischen den Schwungscheiben und den Brechwerkzeugen angeordnet werden. Beim Ansprechen derartiger Sicherungen ist jedoch gewöhnlich eine Unterbrechung des Zerkleinerungsprozesses nicht zu vermeiden. Der Backenbrecher muß stillgesetzt werden, um das nichtzerkleinerbare Schrottstück aus dem Brechraum entfernen und bei Verwendung von Brech- und Schersicherungen diese auswechseln zu können. Die mit den bisher angegebenen Überlastsicherungen ausgerüsteten Backenbrecher sind damit für die Zerkleinerung von Schrotten nicht geeignet, wenn diese einen gewissen Anteil nichtzerkleinerbare Schrottstücke enthalten. Die Zerkleinerung solcher Schrotte mittels Backenbrecher erfordert spezifische Überlastsicherungen. Es bestehen zwei grundsätzliche Möglichkeiten: ein hydraulischer Antrieb der beweglichen Brechbacke, wie er für mineralische Rohstoffe im GAULDIE-Brecher verwirklicht wurde [411], oder eine hydraulische Abstützung der festen Brechbacke. Bisher hat sich nur die letztere Variante eingeführt [372], [373], [412], [413]. Ein Backenbrecher mit hydraulisch schwenkbarer fester Brechbacke ist im Bild 141 dargestellt. Gelangen in diesen Brecher nicht zerkleinerbare Schrottstücke, so wird der eingestellte Öldruck in den Hydraulikzylindern überschritten, und innerhalb von maximal 3 s schwenkt die sonst feste Brechbacke aus. Das nicht zerkleinerbare Schrottstück fällt mit dem übrigen Schrott durch den erweiterten Austragsspalt. Die Bewegung der beweglichen Brechbacke wird bei diesem Vorgang nicht unterbrochen, die Aufgabevorrichtung jedoch abgeschaltet. Nach ≈ 20 bis 30 s ist die schwenkbare feste Brechbacke automatisch wieder in ihre Ausgangsstellung zurückgekehrt, und die Aufgabe wird wieder eingeschaltet [413]. Eine grundsätzlich ähnliche Überlastsicherung wird in [372], [373], [412] beschrieben. Im Unterschied zum vorgenannten Sicherungssystem wird aber durch Öffnen der Reibungskupplung zusätzlich noch die bewegliche Brechbacke stillgesetzt.

Die von den Pendelschwingenbrechern zerkleinerbare obere Stückgröße wird von der Maulweite und -breite der Brecher bestimmt. Für die Zerkleinerung vermischter Gußeisenschrotte bieten sich Großbackenbrecher kleiner Ausführung an. Demgegenüber erfordern die weitestgehend einheitlichen und kleinstückigeren Verbrennungsmotorenschrotte kleinere Brecher. Die Hubzahl der Schwinge liegt meist zwischen 140 und 250 min^{-1}. Bei der Zerkleinerung vermischter Gußeisenschrotte hat sich eine Hubzahl von $\approx 180\ min^{-1}$ als günstig erwiesen. Höhere Hubzahlen führen zu einem ungenügenden Einziehen der Schrotte in den Brechraum.

Die obere Stückgröße des zerkleinerten Schrotts wird entscheidend von der Austragsspaltweite bestimmt. Darunter ist bei gezahnten Brechbacken der Abstand von der Zahnspitze der einen zum Zahngrund der anderen Brechbacke im geöffneten Zustand zu verstehen. Die Größe der Austragsspaltweite wird entsprechend den Anforderungen der schrottverbrauchenden Industrie an den zerkleinerten Schrott festgelegt. Bei einer Spaltweite von 180 mm ergibt sich mit gemischtem Gußeisenschrott ein Zerkleinerungsprodukt, das nur geringe Masseanteile mit Abmessungen >400 mm besitzt. Der in der UdSSR entwickelte Backenbrecher hat eine Austragsspaltweite, die zwischen 40 und 100 mm veränderbar ist [372], [373]. Befindet sich im Zerkleinerungsprodukt ein zu großer Masseanteil von Schrottstücken, deren Abmessungen nicht standardgerecht sind, so ist dem Backenbrecher eine Klassiereinrichtung nachzuordnen.

Der Durchsatz der Backenbrecher wird von sehr vielen Einflußfaktoren bestimmt,

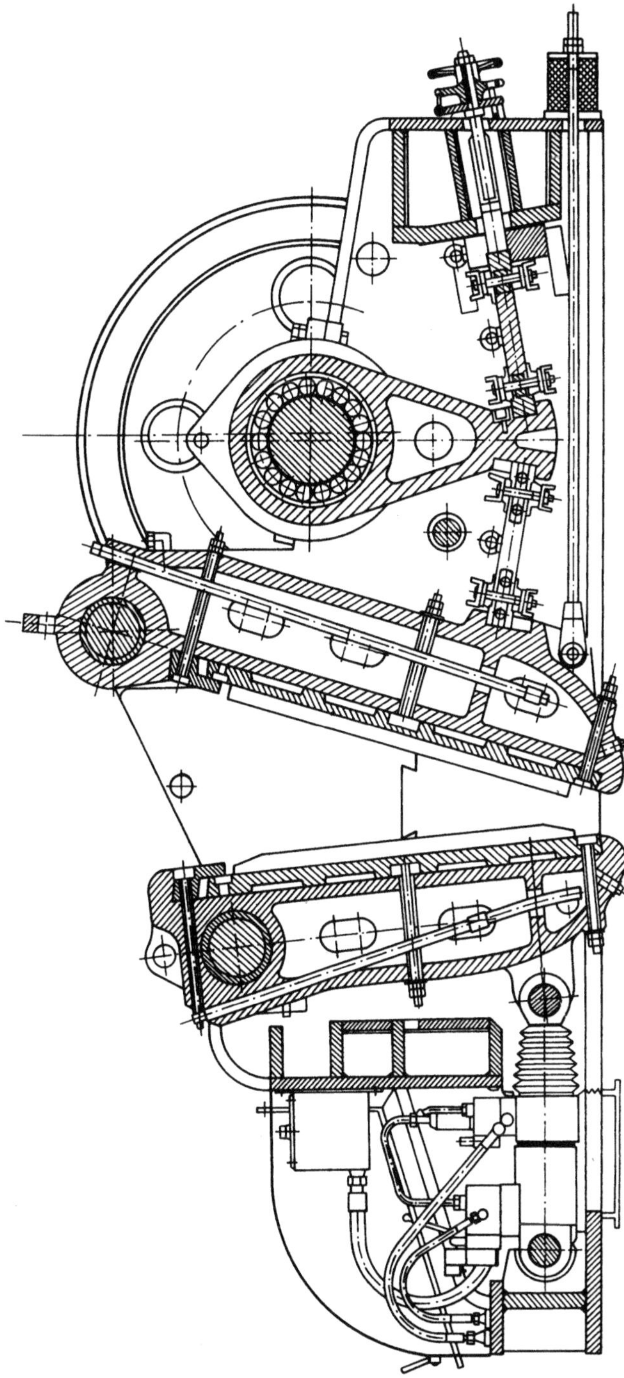

Bild 141. Pendelschwingenbrecher mit hydraulischer Überlastsicherung, Bauart KLÖCKNER-HUMBOLDT-DEUTZ

die unter dem Gesichtspunkt der Schrottzerkleinerung bisher noch nicht näher untersucht wurden. Einen entscheidenden Einfluß auf den Durchsatz besitzen die Art und die Ausbildung der Schrotte. Die bisher erprobten bzw. eingeführten Backenbrecher für die Zerkleinerung der Gußeisenschrotte haben Durchsätze von 5 bis 20 t/h. Als besonders günstig hat sich erwiesen, wenn die Gußeisenschrotte untereinander vermischt dem Backenbrecher aufgegeben werden.

6.3.4.2. Hammerbrecher (Shredder)

Für die Zerkleinerung relativ dünnwandiger Stahl- und NE-Metallschrotte haben sich zunehmend Hammerbrecher[1]) eingeführt. Der Hammerbrecher besteht aus einem Stahlplattengehäuse, in dem sich ein schnell umlaufender Rotor befindet. Auf dem Rotor sind Schlagelemente (Hämmer, Schlagringe) gelenkig befestigt. Diese werden beim Umlauf durch die wirkenden Fliehkräfte radial ausgerichtet. Der dem Zerkleinerungsraum meist dosiert zugeführte Schrott wird von den Schlagelementen erfaßt und zerkleinert. Dabei treten sehr komplexe Beanspruchungsverhältnisse auf, die sich deutlich von denen bei der Zerkleinerung mineralischer Rohstoffe unterscheiden. So erfolgt die Zerkleinerung bei den körnigen Stoffen durch schlagartige Druck- und Prallbeanspruchung, während die Schrotte durch schlagartige Zug-, Schneid-, Biege- und Torsionsbeanspruchung zerkleinert werden. Diese komplexen Beanspruchungsverhältnisse wirken sich besonders günstig auf das Erreichen eines hohen Aufschlusses der im Schrott enthaltenen Komponenten aus (s. 3.1.7.). So gelingt es mit dem Hammerbrecher sowohl für die Stahlleichtschrotte (s. Bild 23) als auch für die Aluminiumschrotte, Weißblechschrotte und Bleiakkumulatorenschrotte gute Aufschlußverhältnisse zu erreichen, die die Voraussetzung für die Anwendung mechanischer Sortierprozesse sind. In Verbindung mit einer kryotechnischen Vorbehandlung der Schrotte kann es auch gelingen, kompakte Schrotte, z. B. kleine bis mittelgroße Elektromotoren, mittels Hammerbrecher ausreichend aufzuschließen. Des weiteren werden Hammerbrecher für die Zerkleinerung von Stahl- und NE-Metallspänen eingesetzt.

Die für die Zerkleinerung mineralischer Rohstoffe entwickelten Hammerbrecher können nur sehr begrenzt für die Zerkleinerung der Schrotte angewendet werden. Ihr Einsatz beschränkt sich auf relativ leicht zerkleinerbare Schrotte (z. B. für bereits vorzerkleinerte Bleiakkumulatorenschrotte [414]). Durch konstruktive Veränderungen der Hammerbrecher ist es jedoch möglich, mit dem Hammerbrecher auch Stahlleichtschrotte (PKW-Schrotte, Haushaltschrotte), NE-Metallschrotte und Metallspäne zu zerkleinern. Die notwendigen Veränderungen der Hammerbrecher sind dabei abhängig von der Art der zu zerkleinernden Schrotte. Die Ausbildung der Stahlleicht- und NE-Metallschrotte sowie das Festigkeitsverhalten und das Verformungsvermögen der die Schrotte bildenden Metalle erfordern Hammerbrecher mit einem weiträumig gestalteten Zerkleinerungsraum. Die Abstände zwischen den

[1]) Der Hammerbrecher wird häufig als Shredder bezeichnet (engl.: *to shred* = zerreißen, zerschnitzeln). Für die gesamte Anlage zur Aufbereitung der Stahlleichtschrotte bzw. Aluminiumschrotte, in der die Zerkleinerung mittels Hammerbrecher erfolgt, hat sich der Begriff Shredderanlage eingeführt.

Schlagelementen einerseits und dem Amboß, dem Rost und der Gehäuseauskleidung andererseits müssen wesentlich größer sein als bei einem Hammerbrecher für mineralische Rohstoffe. Des weiteren ist eine Möglichkeit zum Austrag massiver Schrotteile, die nicht oder nur sehr schwer zerkleinert werden können, vorzusehen. Um hohe Stoßbelastungen des Antriebssystems weitestgehend einzuschränken, hat sich bei diesen Hammerbrechern auch eine dosierte Schrottzuführung durchgesetzt.

Die bisher eingeführten Hammerbrecher für die Zerkleinerung der Stahlleicht- und NE-Metallschrotte lassen sich zweckmäßig nach der Anordnung des Rotors und des Rostes zum Austragen des zerkleinerten Schrotts gliedern. Danach sind folgende Bauarten zu unterscheiden:

- Hammerbrecher mit horizontal angeordnetem Rotor
  - Hammerbrecher mit unten liegendem Austragsrost
  - Hammerbrecher mit oben liegendem Austragsrost
  - Hammerbrecher mit unten und oben liegendem Austragsrost
- Hammerbrecher mit vertikal angeordnetem Rotor.

Die Hammerbrecher mit horizontal angeordnetem Rotor können relativ leicht an den zu zerkleinernden Schrott (Art, Abmessungen) und die geforderten Durchsätze angepaßt werden. Einen *Hammerbrecher mit unten liegendem Austragsrost* zeigt Bild 142. Der konstruktive Aufbau des Hammerbrechers wurde unmittelbar von den bekannten Hammerbrechern für die Zerkleinerung mineralischer Rohstoffe abgeleitet. Der Schrott gelangt über eine Schurre (*1*) in den Bereich des Rotors. Dieser besteht aus der Rotorwelle (*2*) und den Rotorscheiben (*3*), die Träger für die Schlagelemente (*4*) sind. Die Schlagelemente, Hämmer oder Schlagringe, werden durch die wirkenden Fliehkräfte radial ausgerichtet. Im Zusammenwirken mit dem Amboß (*5*) zerkleinern sie den aufgegebenen Schrott. Der Austrag des ausreichend zerkleinerten Schrotts erfolgt durch den Rost (*6*). Die Schrottstücke, die im Zerkleinerungsraum verbleiben, werden gegen die Prallwand (*7*) geschleudert, dabei verformt und teilweise zerkleinert. Um Schäden durch nicht bzw. sehr schwer zerkleinerbare Schrottstücke an den Zerkleinerungsorganen weitestgehend einzuschränken, besitzen die Hammerbrecher meist eine Möglichkeit, derartige Schrottstücke auszutragen. Dafür haben sich vor allem hydraulisch schwenkbare Klappen und spezielle Austragsöffnungen, die in Verbindung mit einem Prallelement wirken, eingeführt.

Der im Bild 142 dargestellte Hammerbrecher wird in neuerer Zeit nur noch für die Zerkleinerung von bereits in Guillotinescheren oder Flügelbrechern (s. 6.3.4.5.) vorzerkleinerter oder relativ kleinstückig anfallender Schrotte eingesetzt (allerdings mit einer Vorrichtung für den Austrag massiver Schrottstücke), da beim schlagartigen Erfassen großer Schrottstücke durch die Schlagelemente sehr hohe Stoßbelastungen für das Antriebssystem entstehen. Für die Zerkleinerung großstückiger Schrotte (z. B. PKW-Schrotte) hat sich deshalb eine dosierte Beschickung des Hammerbrechers mittels Einzugskette (Bild 143) oder Walzen (Bild 144), selten mit Zuführschieber eingeführt. Erstere pressen den aufgegebenen Schrott zusammen und ermöglichen eine kontinuierliche Beschieckung des Hammerbrechers.

Den Aufbau eines *Hammerbrechers mit oben liegendem Austragsrost* zeigt Bild 144. Die im Ergebnis der Wechselwirkungen zwischen dem Amboß (*3*) und den Schlagelementen (*5*) zerkleinerten Schrottstücke werden bei diesem Hammerbrecher tan-

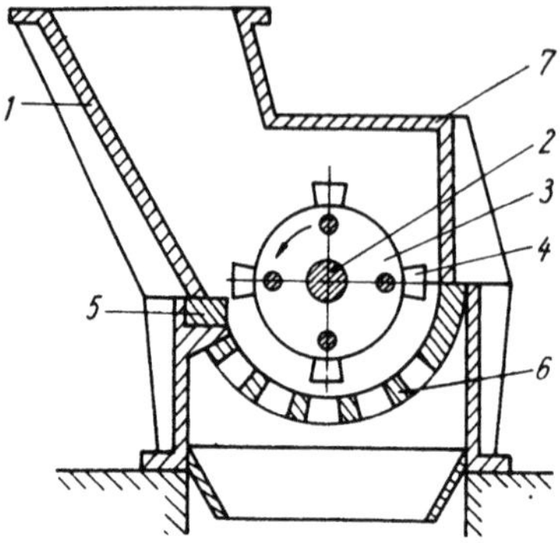

Bild 142. Hammerbrecher mit horizontal angeordnetem Rotor und unterem Austragsrost (schematisch)
1) Aufgabeschurre; *2*) Rotorwelle; *3*) Rotorscheibe; *4*) Schlagelement; *5*) Amboß; *6*) Austragsrost; *7*) Prallwand

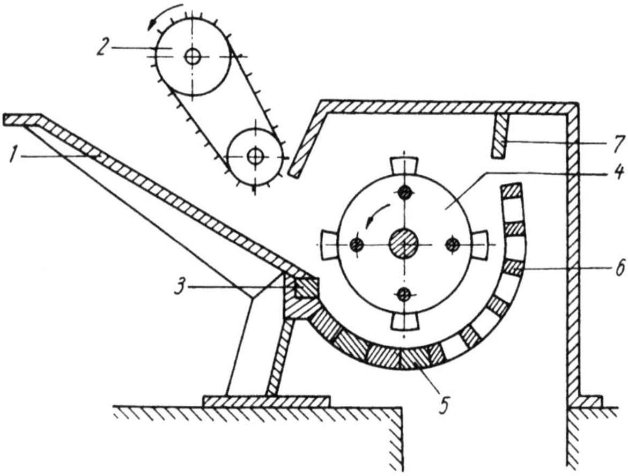

Bild 143. Hammerbrecher mit horizontal angeordnetem Rotor und unterem Austragsrost, Bauart BECKER (schematisch)
1) Aufgabeschurre; *2*) Schrottzuführsystem (Einzugskette); *3*) Amboß; *4*) Rotor mit Schlagelementen; *5*) Mahlbahnelemente; *6*) Austragsrost; *7*) Prallelement für den Austrag massiver Schrottstücke

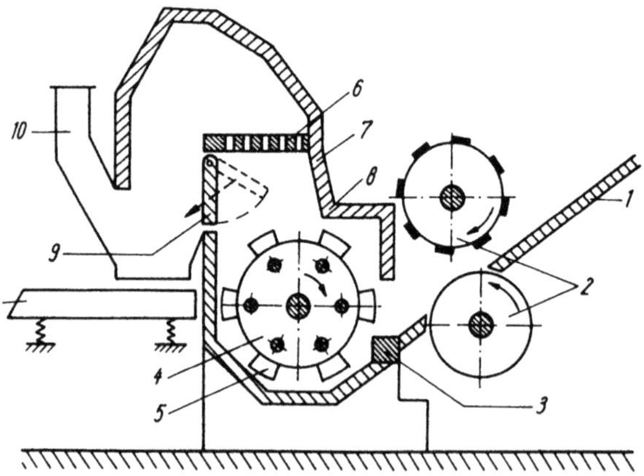

Bild 144. Hammerbrecher mit horizontal angeordnetem Rotor und oberem Austragsrost, Bauart LINDEMANN (schematisch)
1) Aufgabeschurre; *2*) Schrottzuführsystem (Walzen); *3*) Amboß; *4*) Rotor; *5*) Schlagelemente (Hämmer); *6*) Austragsrost; *7*) Prallwand; *8*) als Amboß wirkende Kante; *9*) schwenkbare Klappe; *10*) Absaugung; *11*) Schwingförderer

gential und entgegen der Schwerkraft zum oberhalb des Rotors angeordneten, leicht zugänglichen Austragsrost (*6*) geschleudert. Um ein günstiges Auftreffen der Schrottstücke im Bereich der Austragsöffnung zu ermöglichen, hat man vor dem Rost einen Schacht angeordnet. Dieser leitet die Schrottstücke in die gewünschte Richtung. An der oberhalb des Rotors befindlichen Prallwand (*7*) werden die Schrottstücke bei ihrem Auftreffen verformt und gegebenenfalls zerkleinert. Die ausreichend zerkleinerten Schrottstücke treten durch den Rost, werden umgelenkt und gelangen in einen Fallschacht. Dieser bietet günstige Möglichkeiten für eine Absaugung der leichten, meist nichtmetallischen Bestandteile. Eine als Amboß wirkende Kante (*8*) unterhalb der Prallwand dient der Nachzerkleinerung der nicht durch den Rost ausgetragenen Schrottstücke. Um nicht bzw. sehr schwer zerkleinerbare Schrottstücke aus dem Zerkleinerungsraum abtrennen zu können, befindet sich im Bereich des Schachts eine hydraulisch schwenkbare Klappe (*9*).

Für die Zerkleinerung kryotechnisch vorbehandelter Stahlleichtschrotte ergänzte man den im Bild 144 dargestellten Hammerbrecher durch einen Austragsrost unterhalb des Rotors [158]. Die Rostspaltweite wurde dabei so gewählt, daß der nach der Unterkühlung spröde, in kleine Stücke brechende Stahl vor allem durch den unteren Rost ausgetragen wird. Die bei tiefen Temperaturen sich noch zäh verhaltenden Metalle und Legierungen verließen überwiegend den Zerkleinerungsraum durch den oben liegenden Rost. In neuester Zeit wird ein derartiger Hammerbrecher mit zwei Austragsrosten auch für die Zerkleinerung von Stahlleichtschrotten bei Normaltemperatur eingesetzt (Zerdirator, Bauart LINDEMANN).

Die Hammerbrecher mit horizontal angeordnetem Rotor, die für die Zerkleinerung unvorbereiteter PKW-Schrotte verwendet werden, besitzen eine Rotorbreite von ≈2,5 m und einen Schlagkreisdurchmesser bis zu 2,5 m. Für geschnittene Autokarosserien, Haushaltschrotte, Pakete und Aluminiumschrotte haben sich Hammerbrecher mit geringerer Rotorbreite eingeführt. Die Rotordrehzahl liegt im Bereich von 500 bis 1000 min^{-1}. Die Umfangsgeschwindigkeit der Schlagelemente beträgt überwiegend 55 bis 65 m/s.

Das Antriebssystem des Hammerbrechers besteht im allgemeinen aus Elektromotor, hydrodynamischer Kupplung und einem Übertragungselement (z. B. einer Gelenkwelle). Die bei der Zerkleinerung des Schrotts entstehenden großen Stoßbelastungen und hohen Drehmomentstöße bis zum Mehrfachen des Nennmoments versucht man durch vielfältige Maßnahmen einzuschränken (z. B. getrennte Fundamentierung des Antriebsmotors, kompakte Motorkonstruktion, großes Rotormassenträgheitsmoment) [415] bis [418]. Bei Hammerbrechern mit relativ geringer Antriebsleistung kann die Kraftübertragung mittels Keilriementriebs erfolgen.

Die *Hammerbrecher mit vertikal angeordnetem Rotor* besitzen meist einen, sehr selten zwei Rotore. Sie werden vor allem für die Zerkleinerung bereits vorzerkleinerter Stahlleichtschrotte eingesetzt. Einen derartigen Hammerbrecher, Bauart HENSCHEL, zeigt Bild 145. Der Zerkleinerungsraum wird durch ein vieleckiges, profiliertes Gehäuse (*1*) gebildet, in dem ein zweiseitig gelagerter und meist mit mehreren Motoren (*2*) angetriebener Rotor (*3*) umläuft. Der obere Teil des Rotors trägt prismenförmige Schlagelemente (*4*), die den aufgegebenen Schrott vorzerkleinern. Darunter sind auf der Rotorwelle mehrere Ebenen von Rotorscheiben angeordnet, auf deren Umfang sich paarweise ringförmige Schlagelemente (*5*) befinden. Diese sind mit einem Spiel in senkrechten Bolzen gelagert und frei drehbar. Die

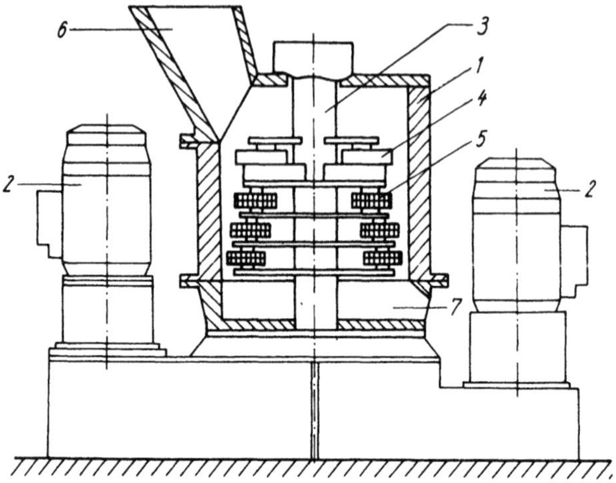

Bild 145. Hammerbrecher mit vertikal angeordnetem Rotor, Bauart HENSCHEL
1) Gehäuse;
2) Antriebsmotor;
3) Rotor;
4) prismenförmiges Schlagelement;
5) ringförmige Schlagelemente;
6) Schrottaufgabe;
7) Austrag des zerkleinerten Schrotts ((*6*) und (*7*) um 90° versetzt dargestellt)

Flugkreise der Schlagelemente bilden mit den Arbeitskanten der Gehäusewand einen sich nach unten verengenden Ringspalt. In seinem oberen Bereich wird der Schrott vor allem auseinandergerissen und damit ein ausreichender Aufschluß der den Schrott bildenden Komponenten erreicht. Auf ihrem spiralförmig nach unten verlaufenden Weg werden die Schrottstücke dann weiter zerkleinert, vor allem aber kompaktiert. In Abhängigkeit von der Ringspaltweite und der Ausbildung der Zerkleinerungselemente bilden sich mehr oder weniger kugel- bis eiförmige Schrottstücke [419]. Am unteren Ende der Rotorwelle befinden sich Flügel, die den Schrott seitlich austragen. Dabei wird gleichzeitig der zerkleinerte Schrott durch einen Luftstrom von den nichtmetallischen Bestandteilen befreit. Für den Austrag der nicht bzw. schwer zerkleinerbaren Schrottstücke aus dem Zerkleinerungsraum befindet sich im oberen Gehäusedeckel eine Austragsöffnung (im Bild 145 nicht dargestellt).

Der Einsatz der Hammerbrecher mit vertikalem Rotor erfordert für die Zerkleinerung nicht vorzerkleinerter Autokarosserien Mahlraumdurchmesser von >3 m. Demgegenüber sind für die Zerkleinerung vorzerkleinerter PKW-Schrotte nur Mahlraumdurchmesser von 1,5 bis 2 m erforderlich. Die Umfangsgeschwindigkeit der Schlagelemente beträgt bei den kleineren Hammerbrechern ≈ 35 m/s.

Die bei der Zerkleinerung in Hammerbrechern mit horizontal angeordnetem Rotor erreichbaren Ergebnisse (Stückgröße, Stückform, Schüttdichte, Aufschlußverhältnisse) werden vor allem von

- der Gestaltung des Ambosses und der Schlagelemente
- den Abständen zwischen dem Amboß und den Schlagelementen sowie zwischen den Schlagelementen und dem Rost bzw. der Auskleidung des Zerkleinerungsraums
- den Abmessungen der Rostöffnungen
- der Umfangsgeschwindigkeit der Schlagelemente (Rotordrehzahl)
- dem Verschleißzustand der am Zerkleinerungsvorgang beteiligten Zerkleinerungswerkzeuge

beeinflußt [420]. Viele dieser Faktoren bestimmen dabei unmittelbar das Zusammenwirken der Schlagelemente mit dem Amboß in der ersten, wohl entscheidenden Phase des Zerkleinerungsvorgangs. Bei den Hammerbrechern mit vertikal angeordnetem Rotor sind statt des Ambosses und der Rostöffnungen die innere Gestaltung des Zerkleinerungsgehäuses und die Größe des Ringspalts für die Zerkleinerung bestimmend. Systematische Untersuchungen über den Einfluß der verschiedenen konstruktiven Parameter auf die Zerkleinerungsergebnisse liegen bisher aber noch nicht vor.

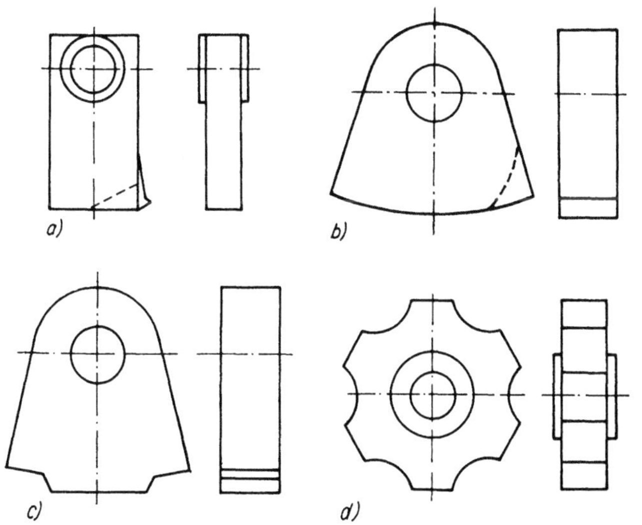

Bild 146. Ausführungsformen von Schlagelementen [420]
a), b), c) hammerförmige Schlagelemente;
d) ringförmiges Schlagelement (Schlagring)

Der in Hammerbrechern mit horizontal angeordnetem Rotor vorhandene *Amboß* bildet das für den Zerkleinerungsvorgang entscheidende Widerlager. Er kann eine gerade oder kammförmig gestaltete Arbeitskante besitzen. Bei einer geraden Kante werden die Schrottstücke lediglich auf Schlagelementbreite intensiv beansprucht, so daß ein relativ großstückiger Schrott entsteht. Bewegen sich demgegenüber die Schlagelemente durch die Lücken des kammförmigen Ambosses, so erfolgt eine wesentlich intensivere Zerkleinerung. Diese dürfte zu einem kleinstückigeren Schrott und zu besseren Aufschlußverhältnissen führen.

Die Gestaltung der *Schlagelemente* wirkt sich ebenfalls in vielfältiger Weise auf die physikalische Beschaffenheit des zerkleinerten Schrotts aus. Die bisher vor allem eingeführten Schlagelemente sind im Bild 146 dargestellt. Für die Zerkleinerung der Stahlleichtschrotte werden in Hammerbrechern mit horizontal angeordnetem Rotor besonders die Ausführungsformen (b) und (c) verwendet. Nach Abnutzung einer Schlagkante können die Schlagelemente gedreht werden. Bei den Ausführungsformen (a) und (b) ist der charakteristische Verschleißverlauf eingezeichnet. Der Verschleiß wirkt sich aber nicht nur in der fehlenden Kantenschärfe der Schlagelemente aus. Durch den Masseverlust der Schlagelemente verändert sich unter der Wirkung der Fliehkraft auch die Stellung der Schlagelemente, die sich in einer Verminderung der Reißwirkung bei der Beanspruchung der Schrottstücke äußert. Des weiteren sollte beachtet werden, daß sich die Schlagelemente um ihre

Achse drehen können, wenn sie auf ein sehr massives Schrottstück treffen. Eine Begrenzung der Ausweichbewegungen der Schlagelemente führt zu einem hohen Verschleiß an den Distanzscheiben und den Schlagelementen.

Die ringförmigen Schlagelemente (Bild 146d), z. T. mit versetzt angeordneten Zähnen [148], haben sich vor allem bei der Zerkleinerung der überwiegend aus Aluminium und Aluminiumlegierungen bestehenden Amortisationsschrotte bewährt. Außerdem besitzen die Hammerbrecher mit vertikal angeordnetem Rotor ringförmige Schlagelemente, die häufig paarweise angeordnet sind (s. Bild 145). Neben der Zerkleinerung kann man mit diesen Schlagelementen bei entsprechender Gestaltung des Zerkleinerungsraumes auch eine hohe Verdichtung der Schrottstücke erreichen. Das ist darauf zurückzuführen, daß sich die Schlagringe, sobald ihnen ein Widerstand entgegen gebracht wird, drehen. Das führt zum Zusammendrücken der voluminösen Schrottstücke. Der notwendige Aufschluß der im Schrott enthaltenen Komponenten muß jedoch vor Beginn der Verdichtungsphase erreicht sein.

Die für die Zerkleinerung zur Verfügung stehende kinetische Energie der Schlagelemente und ihre Trägheit werden von der Rotordrehzahl, dem Abstand der Schlagelemente vom Rotationszentrum und von der Schlagelementmasse bestimmt. Letztere beträgt in Abhängigkeit von der Hammerbrecherbauart und der Art des zu zerkleinernden Schrotts meist 50 bis 125 kg, selten bis 180 kg. Die Anzahl der Schlagelemente auf den Rotoren der bisher eingeführten Hammerbrecher ist sehr unterschiedlich. Bei den Hammerbrechern mit horizontal angeordnetem Rotor werden im allgemeinen 12 bis 32 Schlagelemente verwendet.

Die Gestaltung des *Austragsrosts* (Größe, Form und Anordnung der Rostöffnungen, Ausbildung der Roststege) bestimmt entscheidend den Durchsatz der Hammerbrecher, den spezifischen Energieverbrauch, den Verschleiß und die physikalische Beschaffenheit des zerkleinerten Schrotts. Über die bestehenden Zusammenhänge liegen bisher nur wenige systematische Untersuchungen vor [421]. Bei einem Vergleich der Zerkleinerungsergebnisse verschiedener Hammerbrecher sind außerdem die z. T. deutlich voneinander abweichenden Rostanordnungen (unten oder oben liegender Rost, Rost im Übergangsbereich) zu beachten. Die zu wählende Größe der Rostöffnungen ist abhängig von den Verbindungsverhältnissen der zu zerkleinernden Schrotte und muß experimentell ermittelt werden. Die Form der Rostöffnungen ist meist rechteckig, selten quadratisch. Ihre Anordnung kann hintereinander oder gegeneinander versetzt erfolgen.

Die bei der Zerkleinerung von Stahlleichtschrotten mit einem Hammerbrecher, Bauart Becker (Rostöffnung: (21×18) cm), entstehende Stückgrößenverteilung des aufbereiteten Stahlleichtschrotts zeigt Bild 147. Dabei wird deutlich, daß nur $\approx 10\%$ <100 mm und 50 bis 60% >150 mm vorliegen. Dieser großstückige Schrott führt zwangsläufig zu einer niedrigen mittleren Schüttdichte des Produkts (s. Bild 21). Nach [160], [422] sollte deshalb eine solche Rostöffnung gewählt werden, daß 95% <100 mm vorliegen. Ein derartiger kleinstückiger Schrott läßt sich auch mit einem Hammerbrecher erreichen, dessen Rotor vertikal angeordnet ist. Mit der normalen Mahlraum- und Schlagelementgestaltung ergibt sich bei der Zerkleinerung von Blechschrotten eine Stückgrößenverteilung, bei der ≈ 50 Masse-% <72 mm sind und die größte Stückgröße ≈ 200 mm beträgt [419]. Durch Verringerung des Ringspalts und verschiedene konstruktive Maßnahmen ist es möglich, den Schrott

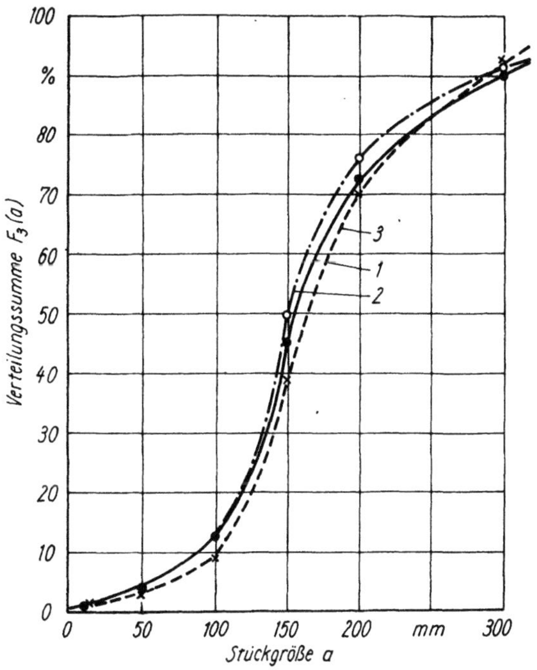

Bild 147. Stückgrößenverteilungsfunktionen des aufbereiteten Stahlleichtschrotts [157] (Hammerbrecher: Bauart Becker; Rostöffnung: (21 × 18) cm; hammerförmige Schlagelemente; Schrottart: Mischschrott)
1), *2*) stark verschlissene Schlagelemente;
3) neue Schlagelemente

so zu zerkleinern, daß bei einer maximalen Stückgröße von 80 mm etwa 50 Masse-% <30 mm vorliegen. Die Zerkleinerung kryotechnisch vorbehandelter Stahlleichtschrotte führt mit einem Hammerbrecher, der einen horizontal angeordneten Rotor und zwei Austragsroste besitzt, zu folgender Stückgrößenverteilung: <15 mm ≈30%; 15 bis 30 mm ≈50%; 30 bis 100 mm ≈20% [423].

Die Schüttdichte des aufbereiteten Stahlleichtschrotts ist von der Art des zu zerkleinernden Schrotts (Wandstärke, Gußeisenanteil u. a.), der Hammerbrecherbauart, den Zerkleinerungsparametern (Rostöffnung, Abstandsverhältnisse u. a.) und vielen anderen Faktoren abhängig. Mit Hammerbrechern, deren Rotoren horizontal angeordnet sind, werden längerfristig im allgemeinen Schüttdichten zwischen 0,7 und 1,1 t/m^3 (s. Bild 19), z. T. jedoch auch höhere Werte erreicht. Demgegenüber gelingt es mit Hammerbrechern, deren Rotor vertikal angeordnet ist, Schüttdichten zwischen 1,2 und 1,8 t/m^3 zu erzielen [424]. Eine noch höhere Schüttdichte von 2,2 t/m^3 besitzt der aufbereitete Stahlleichtschrott, den man nach kryotechnischer Vorbehandlung des Schrotts gewinnt [423]. Über den Einfluß der Stückgröße und der Wandstärke des zerkleinerten Schrotts auf die Schüttdichte berichtet ausführlich Schubert [157]. Die manchmal zu findenden Hinweise [425], [426], daß sich mit zunehmendem Verschleiß der Schlagelemente die Schüttdichte erhöht, konnten für einen Hammerbrecher mit unten liegendem, relativ große Rostöffnungen besitzenden Austragsrost nicht bestätigt werden (Bild 147).

Die mit den Hammerbrechern erreichbaren Aufschlußverhältnisse sind bei der Zerkleinerung von Stahlleichtschrotten trotz relativ großer Rostöffnungen bemerkenswert günstig (s. Bild 23). Noch bessere Ergebnisse konnten mit den aus Aluminium- und Aluminiumlegierungen bestehenden Amortisationsschrotten durch eine Zurückführung der noch nicht ausreichend aufgeschlossenen Schrottstücke (im allgemeinen Al-Fe-Verbindungen) zum Hammerbrecher erzielt werden [148].

Der *Durchsatz* der Hammerbrecher wird vor allem von ihrer Antriebsnennleistung und den Rotorabmessungen bestimmt. Für Hammerbrecher mit horizontal angeordnetem Rotor sind diese Abhängigkeiten im Bild 148 dargestellt. Die große Streubreite der möglichen Durchsätze ist auf den Einfluß weiterer Faktoren zurückzuführen. Als besonders einflußreich gelten die Beschickungsart (möglichst gleichbleibende, kontinuierliche Beschickung), die Ausbildung der Stahlleichtschrotte (voluminöse oder paketierte bzw. vorverdichtete Schrotte; s. Tabelle 60), der Anteil der vor der Zerkleinerung auszulesenden Schrottstücke und konstruktive Parameter des Hammerbrechers (z. B. die Größe der Rostöffnung). Die mit Aluminiumschrotten erreichbaren Durchsätze liegen im unteren Bereich der im Bild 149b dargestellten Abhängigkeit. Die Hammerbrecher mit vertikal angeordnetem Rotor werden vorwiegend für kleine Durchsätze (5 bis 10 t/h) mit relativ niedriger Antriebsnennleistung gebaut.

Die Antriebsnennleistung wirkt sich auch auf die vom Hammerbrecher zerkleinerbaren Schrotte aus. So gelingt es bei einer Antriebsnennleistung von 400 bzw. 750 kW nur, vorzerkleinerte bzw. Autokarosserien ohne Motor und Getriebe zu zerkleinern. In neuerer Zeit haben sich deshalb vor allem Hammerbrecher mit einer Antriebsnennleistung von 1500 bis 2000 kW eingeführt, die nicht sofort ausfallen, wenn nicht bzw. nur sehr schwer zerkleinerbare Schrottstücke in den Zerkleinerungsraum gelangen. Die Wandstärkeverteilung des mit einem Hammerbrecher (Antriebsnennleistung: 1600 kW) zerkleinerten Stahlleichtschrotts zeigt Bild 16.

Der notwendige Leistungsbedarf für die Zerkleinerung der Stahlleichtschrotte mit einem Hammerbrecher (Antriebsnennleistung: 1600 kW) ergibt sich aus Bild 149.

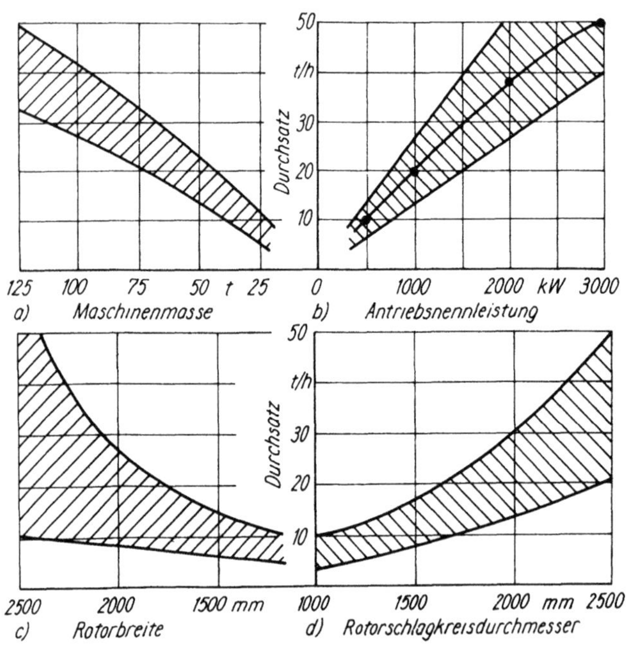

Bild 148. Durchsatz der Hammerbrecher mit horizontal angeordnetem Rotor in Abhängigkeit von der Antriebsnennleistung und konstruktiven Parametern bei der Zerkleinerung der Stahlleichtschrotte [420]

Tabelle 60. Einfluß der Schrottart auf den Durchsatz und den massebezogenen Energiebedarf des Hammerbrechers (Bauart BECKER; Rostöffnung: (21 × 18) cm; Antriebsnennleistung: 1600 kW) [438]

Aufgabegut	Durchsatz gemessen [t/h]	Durchsatz Mittelwert [t/h]	spezifischer Energiebedarf [kWh/t]
PKW-Schrott[1]) vorwiegend komplette Pkw, geringfügig vorgepreßt	39 ... 45	41,5	24,8
paketierter Stahlleichtschrott[1]) Pkw-Schrott, Karosserieteile, sonstiger Blechschrott — stark zusammengepreßt	44 ... 47	46,4	22,1
großstückiger Stahlleichtschrott[2]) Mischschrott, keine Schrottpakete	30 ... 34	31,6	22,4
kleinstückiger Stahlleichtschrott[2]) Stanzabfälle, sonstiger kleinstückiger Stahlleichtschrott	28 ... 30	29,4	19,5

[1]) kontinuierliche Beschickung
[2]) Beschickung mit kurzen Unterbrechungen, da es mit diesen Schrotten nicht gelang, die zum Erreichen hoher Durchsätze erforderliche Schrottmenge aufzugeben

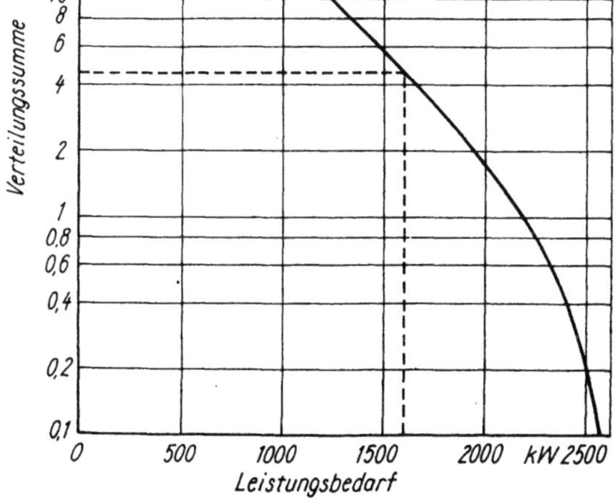

Bild 149. Leistungsbedarf eines Hammerbrechers mit einer Antriebsnennleistung von 1600 kW (Bauart BECKER; Rostöffnung: (21 × 18) cm; Leistungsbedarf bei Leerlauf: 120 kW) [438]

Dabei wird deutlich, daß nur in 4,5% der Betriebszeit der gemessene Leistungsbedarf über der Nennleistung des Antriebsmotors lag. 50% der untersuchten Betriebszeit war der erforderliche Leistungsbedarf <450 kW [438].

Als besonders für die Zerkleinerung ungeeignete Schrotte haben sich Drahtballen und Drahtseile (Unfallgefahr, Gefahr der Blockierung des Hammerbrecheraustrags), lange, streifenförmige Blechabfälle (Gefahr der Überfüllung des Hammerbrechers) sowie Behälter und Gegenstände mit explosiven, feuergefährlichen, giftigen oder ätzenden Stoffen in flüssigem, staub- oder gasförmigem Zustand (Explosionsgefahr, Unfallgefahr) erwiesen [158].

Der *massebezogene Energiebedarf* für die Zerkleinerung der Stahlleichtschrotte in Hammerbrechern mit horizontal angeordnetem Rotor liegt zwischen 20 und 55 kWh/t Durchsatz. Den Einfluß der Schrottart auf den massebezogenen Energiebedarf zeigt Tabelle 60. Der höchste spezifische Energiebedarf ergibt sich bei der Zerkleinerung derjenigen PKW-Schrotte, in denen die Achsen, Motoren und Getriebe noch enthalten sind. Durch eine kryotechnische Vorbehandlung des Schrotts verringert sich der Energiebedarf um 65 bis 80% [427]. Bei der Zerkleinerung der aus Aluminium und Aluminiumlegierungen bestehenden Amortisationsschrotte wurde ein massebezogener Energiebedarf von ≈35 kWh/t Durchsatz ermittelt [148].

Mit der Zerkleinerung der Schrotte ist ein hoher *Verschleiß* aller im Zerkleinerungsraum befindlichen Bauteile des Hammerbrechers verbunden. Umfangreiche Bemühungen galten deshalb

- dem Auffinden geeigneter verschleißfester Werkstoffe [438]
- der günstigsten Durchführung von Auftragsschweißungen [428]
- dem schnellen Auswechseln der Verschleißteile (hydraulisch aufklappbares Hammerbrechergehäuse, hydraulische Schlagelementausbauvorrichtung)
- der besseren konstruktiven Gestaltung verschleißgefährdeter Bauteile (Optimierung der Schlagelementform, Entwicklung auswechselbarer Verschleißkappen über den Rotorscheiben).

Als geeignete Werkstoffe für die Schlagelemente haben sich die zähen Manganhartstähle erwiesen, die unter der Wirkung mechanischer Beanspruchungen noch einer oberflächlichen Kaltverfestigung unterliegen. Einige Erfahrungswerte für den möglichen Durchsatz bis zum Erreichen der Betriebsgrenze ausgewählter Bauteile des Hammerbrechers finden sich in Tabelle 61. Für beidseitig eingesetzte hammer-

Tabelle 61. Erfahrungswerte für den möglichen Durchsatz (in kt) bis zum Erreichen der Betriebsgrenze ausgewählter Bauteile der Hammerbrecher

Bauteile	Durchsatz bis zum Erreichen der Betriebsgrenze
Schlagelement	2,5 ... 5
Amboß	10 ... 15
Rost	10 ... 25

förmige Schlagelemente wurde ein mittlerer Verschleiß von 8,4 g/t aufbereitetem Stahlleichtschrott ermittelt [438].

Bei der Zerkleinerung der Stahlleichtschrotte, vor allem der PKW-Schrotte, entstehen lackhaltige Metallstäube, Kunststoff- und Textilstäube. Außerdem bildet sich aus den in den Fahrzeugen verbliebenen Kraftstoffen und Ölen ein explosibles Gasgemisch. Es ist deshalb notwendig, das im Zerkleinerungsraum entstehende Gas-Staub-Gemisch möglichst schnell abzusaugen. Trotzdem können Explosionen im Hammerbrecher nicht völlig vermieden werden, da mit der Zerkleinerung eine intensive Funkenbildung verbunden ist. Auch ist es möglich, daß glühende Metallteilchen oder brennende Bestandteile mit dem Luftstrom mitgerissen werden und durch sie Explosionen des Gas-Staub-Gemischs in nachgeschalteten Einrichtungen eingeleitet werden.

Um die *Explosionsgefahr* zu verringern bzw. ihre Auswirkungen einzuschränken, haben sich verschiedene Sicherheitsmaßnahmen eingeführt. So wird die Gefahr von Explosionen wesentlich durch Vorzerkleinern und z. T. auch durch Plattdrücken und Paketieren der PKW-Schrotte reduziert, da dadurch die in den Fahrzeugen verbliebenen Kraftstoffe und Öle häufig ablaufen können. Auch verringert sich die Explosionsgefahr durch das Vorhandensein eines weitestgehend inerten Gasgemischs im Zerkleinerungsraum (bei kryotechnischer Vorbehandlung des Schrotts [427]) und durch Einsprühen von Wasser in den Zerkleinerungsraum [427], [429]. Die Wasserzugabe führt zu einer Temperaturerniedrigung im Zerkleinerungsraum, die die Verflüchtigung der brennbaren Flüssigkeiten einschränkt, und es bilden sich größere, nasse Staubflocken. Die Auswirkungen der Explosionen versucht man durch explosionsdruckfeste Bauweise der Anlage, das Anbringen von Druckentlastungsflächen ausreichender Größe in den Absaugleitungen, Zyklonen und Naßentstaubungsanlagen und mit Explosionsunterdrückungsanlagen zu begrenzen. Nach MATZKE [425] sollten für die Druckentlastungsflächen Öffnungen von 0,25 m^2/m^3 zu schützendes Volumen vorgesehen werden. Mit den Explosionsunterdrückungsanlagen erreicht man, daß die Explosionen durch geeignete Detektoren vor dem Erreichen der zerstörenden Druckkraft erkannt und mittels eines unter Druck stehenden Löschmittels so schnell bekämpft werden, daß sie sich nicht voll entfalten können [425], [430], [431].

Die Zerkleinerung des Stahlleichtschrotts in Hammerbrechern ist mit einer starken Geräuschentwicklung verbunden. In unmittelbarer Nähe des Hammerbrechers ergeben sich Schalldruckpegelwerte bis zu 110 dB(A), die mit größer werdender Entfernung vom Hammerbrecher deutlich abnehmen (Bild 150). Der

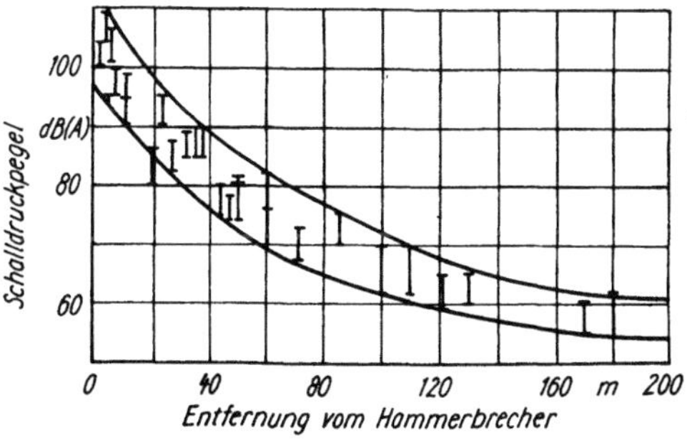

Bild 150. Schalldruckpegel in Abhängigkeit von der Entfernung vom Hammerbrecher, Bauart LINDEMANN [158]
(Die Werte wurden von 6 verschiedenen, frei aufgestellten Hammerbrechern in unterschiedlichen Richtungen zur Anlage gemessen)

beachtliche Schwankungsbereich ist auf voneinander abweichende Witterungsbedingungen (Wind, Lufttemperatur), unterschiedliche Gestaltung des Schrottplatzes und viele andere Einflußfaktoren zurückzuführen. Frequenzanalysen zeigten, daß der Schalldruckpegel vor allem durch niederfrequente Schwingungen bis zu 500 Hz bestimmt wird [425]. Durch das Aufstellen des Hammerbrechers in einer Grube oder mittels Umhausung des Hammerbrechers, die man mit lärmabsorbierenden Materialien auskleiden kann, läßt sich die Lärmausbreitung wesentlich einschränken [432], [433]. Hinweise über das Auftreten von Erschütterungen (Vibrationen) während der Zerkleinerung und Möglichkeiten ihrer Beseitigung finden sich in [158], [425], [434].

Eine breite Anwendung haben die Hammerbrecher auch für die Zerkleinerung der *Metallspäne* gefunden. Bei ihrer Auswahl sind jedoch die durch die Lagerung der Späne häufig entstehenden Spänezusammenballungen, die Festigkeit und das Verformungsvermögen der Metallspäne sowie der Gehalt an massiven Schrottstücken (Schrauben, Muttern, Bolzen u. a.) in den Spänen zu berücksichtigen. Als sehr wesentlich für die Einsatzmöglichkeiten der Hammerbrecher wurde der erste Gesichtspunkt erkannt. Relativ unproblematisch ist daher der Einsatz der Hammerbrecher in der metallverarbeitenden Industrie, da in diesen Betrieben die Metallspäne meist ohne Zwischenlagerung vom Entstehungsort kontinuierlich der Zerkleinerung zugeführt werden. Allgemein bewährt haben sich dabei die Hammerbrecher für die Zerkleinerung der relativ spröden Stahlspäne (Kohlenstoffstähle, niedriglegierte Stähle) und der NE-Metallspäne [53], [134], [435], [436]. Schwierigkeiten bereiten meist zähe Späne, besonders wenn sich die Kanten der Schlagelemente schnell abrunden [437], sowie sehr dünne Späne [70], [437]. Letztere können sich auf dem Rotor aufwickeln und führen dann zu unangenehmen Betriebsstörungen.

Gegenüber den Betrieben der metallverarbeitenden Industrie werden die Metallspäne in den Betrieben der Schrottaufbereitung im allgemeinen zwischengelagert. Dabei bilden sich häufig größere Spänezusammenballungen, die die Dosierung besonders der kleineren Hammerbrecher sehr erschweren. Durch den Einsatz großer Hammerbrecher ist dieses Problem zwar zu lösen, jedoch verbietet das begrenzte Späneaufkommen oft die Anwendung solcher Hammerbrecher.

Für die Zerkleinerung der Metallspäne werden Hammerbrecher unterschiedlicher Bauart eingesetzt. Bild 151 zeigt einen Hammerbrecher, Bauart LINDEMANN. Die Späne gelangen mittels einer Transporteinrichtung in den Aufgabeschacht (*1*), auf dessen Schräge die Späne in den Bereich des Rotors rutschen. Den Rotor bilden die Welle (*2*), die Rotorscheibe (*3*) und die hammerförmigen Schlagelemente (*4*), die auf der Welle (*5*) gelenkig befestigt sind. Ein auswechselbarer Austragsrost (*6*) schließt den Zerkleinerungsraum nach unten ab. Für den Austrag der in den Spänen enthaltenen massiven, nicht zerkleinerbaren Schrottstücke befindet sich im oberen Teil des Brechergehäuses ein Austragsschacht (*7*), der durch eine bewegliche Klappe (*8*) verschlossen ist. Größere Schrottstücke vermögen sie jedoch zu öffnen, so daß sie den Zerkleinerungsraum verlassen können. Weitere Bauarten von Hammerbrechern ergeben sich aus Bild 152.

Die eingeführten Hammerbrecher können entsprechend der Anordnung ihres Aufgabeschachtes in Brecher mit Schulter- und Kopfeinlauf unterschieden werden. Beim Schultereinlauf, der überwiegend anzutreffen ist, erfolgt die Aufgabe in

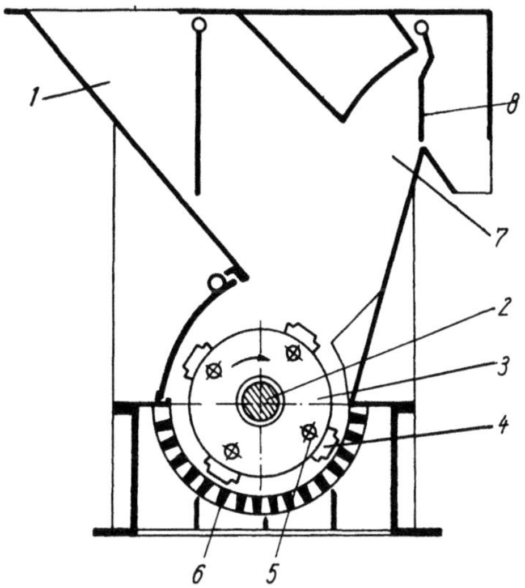

Bild 151. Hammerbrecher für die Spänezerkleinerung, Bauart LINDEMANN (schematisch)
1) Aufgabeschacht;
2) Rotorwelle;
3) Rotorscheiben;
4) hammerförmige Schlagelemente;
5) Welle für die Befestigung der Schlagelemente;
6) Austragsrost;
7) Austragsschacht für massive Schrottstücke;
8) bewegliche Klappe im Austragsschacht

Drehrichtung des Rotors. Dadurch werden die Späne leichter in den Zerkleinerungsraum eingezogen. Die Umfangsgeschwindigkeit der Schlagelemente beträgt ≈35 bis 50 m/s.

Die Zerkleinerungswirkung der Hammerbrecher wird entscheidend von der Gestaltung der Schlagelemente, von den Abstandsverhältnissen zwischen den Schlagelementen und dem Austragsrost bzw. den Mahlbahnelementen sowie von den Abmessungen der Rostöffnungen bestimmt. Als Schlagelemente haben sich diejenigen bewährt, die auch für die Zerkleinerung der Stahlleichtschrotte eingesetzt werden (s. Bild 146). Die ringförmigen Schlagelemente sollten mit versetzt angeordneten Zähnen versehen sein [437]. Die Anzahl der Schlagelemente liegt überwiegend zwischen 10 bis 24, ihre Masse beträgt ≈30 kg. Der Austragsrost kann spaltförmige, rechteckige, quadratische oder runde Öffnungen besitzen. Die jeweilige Öffnungsweite des Austragsrosts ist abhängig von der Zielstellung der Zerkleinerung. Werden für eine nachfolgende Brikettierung Späne mit Abmessungen <50 mm gefordert, so wählt man im allgemeinen Öffnungsweiten von ≈25 mm. Besteht nur das Ziel, ein möglichst geringes Transport- und Lagervolumen sowie günstige Chargierbedingungen zu erreichen, so genügt eine Zerkleinerung bei einer Öffnungsweite von 50 bis 100 mm. Eine Möglichkeit für eine Spaltverstellung zwischen Schlagelement und Mahlbahnelement besitzt der Hammerbrecher Bauart SDA-7 (Bild 152c) [31], [396], der jedoch nur als Nachbrecher im Rahmen einer zweistufigen Zerkleinerung mit einem Flügelbrecher eingesetzt wird (s. 6.3.4.5.).

Für das Erreichen eines kontinuierlichen Zerkleinerungsprozesses und damit eines hohen Durchsatzes ist entscheidend, daß der Hammerbrecher wirksame Einrichtungen für die Abtrennung der in den Spänen auch enthaltenen massiven Schrottstücke besitzt. Die verschiedenen Möglichkeiten ergeben sich aus den Bildern 151 u. 152. Dabei ist zwischen der Anwendung radial angeordneter Klappen, die gegen eine Federkraft schwenkbar sind (Bild 152a), und speziellen Austragskammern bzw. -schächten (Bilder 151 und 152b und c) zu unterscheiden. Um mit den letzteren Einrichtungen nicht gleichzeitig auch einen hohen Späneanteil

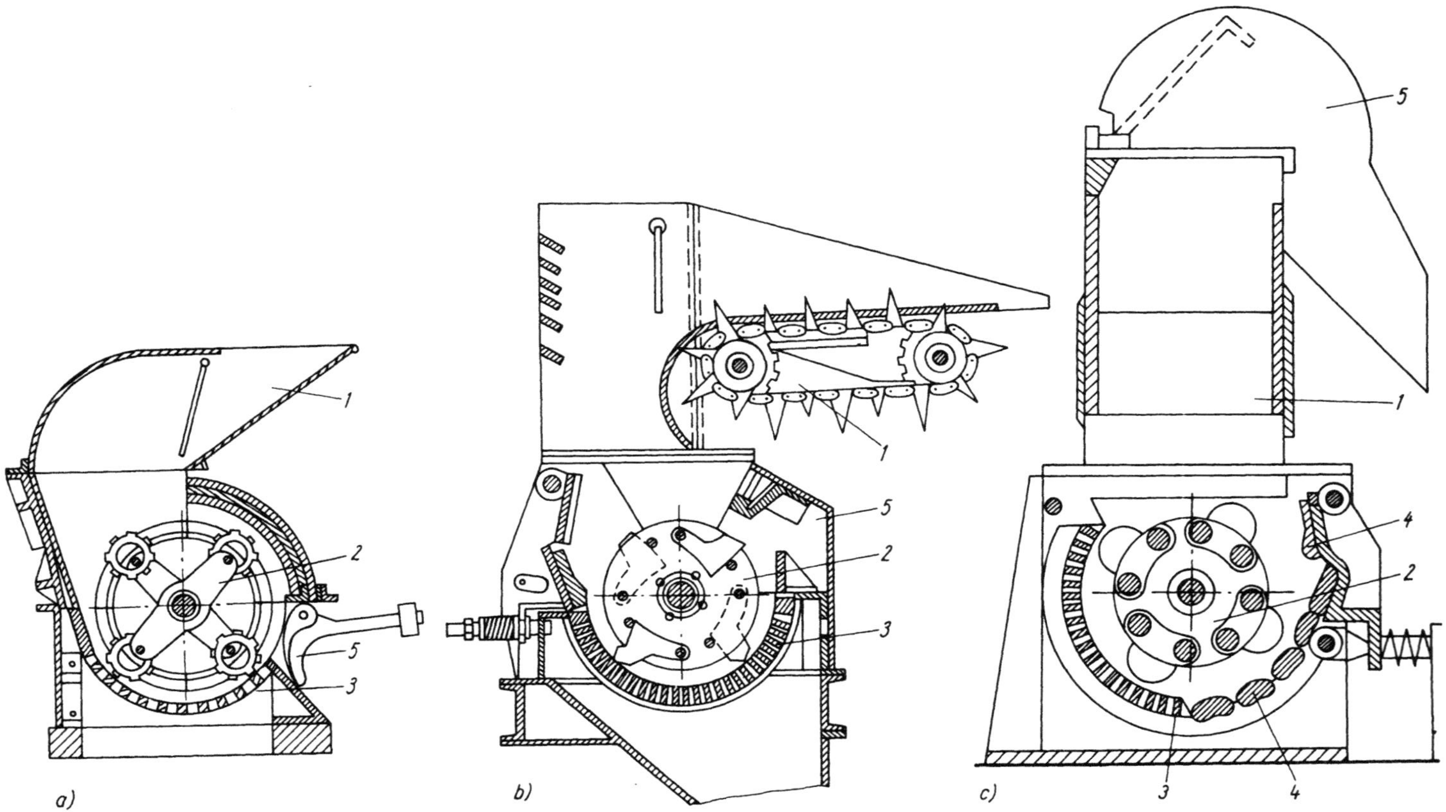

Bild 152. Hammerbrecher für die Spänezerkleinerung (schematisch)
(a) Bauart BECKER; (b) Bauart SM-2 (UdSSR); (c) Bauart SDA-7 (UdSSR)
(*1*) Spänezuführung; (*2*) Rotor mit Schlagelementen; (*3*) Austragsrost; (*4*) Mahlbahnelemente, profiliert; (*5*) Einrichtung zum Austragen massiver Schrottstücke

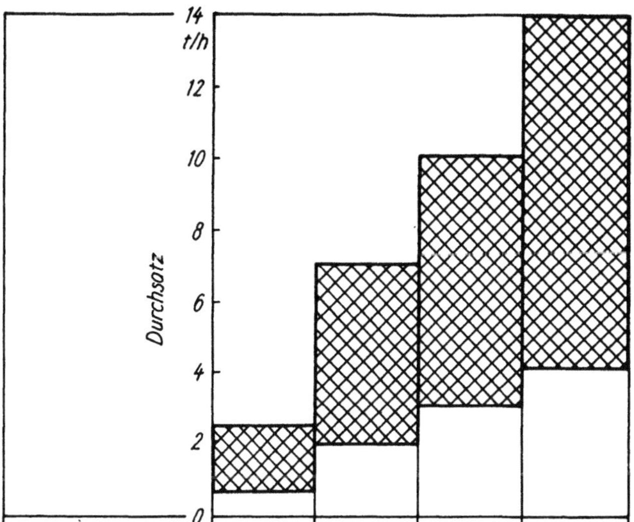

Zerkleinerungsraum				
Durchmesser in mm	600...800	800...1000	800...1000	>1000
Breite in mm	400...600	400...800	600...1000	>1000
erforderliche Motorleistung in kW	20...35	35...60	60...90	90...150
Rotordrehzahl in min⁻¹	1000...1500	800...1000	800...1000	800...1000
mittlere Masse des Hammerbrechers in t	2	6	8	12

Bild 153. Durchsatz der Hammerbrecher für die Spänezerkleinerung in Abhängigkeit von der Antriebsnennleistung und einigen konstruktiven Parametern

auszutragen, werden die Schächte bzw. Kammern meist mit beweglichen Klappen oder Schiebern versehen. Sehr große massive Schrottstücke, wie Wellenabstiche, halbfertige Maschinenteile und ähnliches, sollten allerdings bereits vor Eintritt in den Hammerbrecher abgetrennt werden.

Der *Durchsatz* der Hammerbrecher bei der Zerkleinerung von Stahlspänen ist in Abhängigkeit von den wesentlichsten Parametern der Brecher im Bild 153 dargestellt. Dabei wird deutlich, daß der Durchsatz in sehr weiten Grenzen schwankt. Das ist darauf zurückzuführen, daß der Durchsatz neben den im Bild 153 angegebenen Parametern auch von der physikalischen Beschaffenheit der zu zerkleinernden Späne (Stückgrößenverteilung, Spandicke und -breite sowie Schüttdichte der Späne), der Öffnungsweite des Austragsrosts, der Art der Spänezuführung, der Wirksamkeit der für die Abtrennung der massiven Schrottstücke vorgesehenen Einrichtungen u. a. abhängt. Eine wesentliche Durchsatzerhöhung gegenüber den angegebenen Werten kann im allgemeinen durch eine Vorklassierung der zu zerkleinernden Späne mittels Trommelsiebs erreicht werden.

6.3.4.3. Prallbrecher

Die für die Zerkleinerung mineralischer Rohstoffe eingeführten Prallbrecher eignen sich nur für die Schrotte, die bzw. deren zu zerkleinernde Bestandteile ein sprödes Stoffverhalten besitzen. Dieses kann bereits vorhanden sein (Verbrennungsmotorenschrotte) oder durch kryotechnische Vorbehandlung des Schrotts bewußt erzeugt werden (Kabelschrotte). Außerdem sollten im zu zerkleinernden Schrott möglichst keine größeren massiven Schrottstücke enthalten sein.

Die zur Zerkleinerung führende Beanspruchung entsteht im Prallbrecher beim Auftreffen der Schrottstücke auf die Prallorgane (Rotor, Prallflächen) oder bei ihrem Zusammentreffen im Zerkleinerungsraum. Diese Beanspruchungsart wird als Prallbeanspruchung bezeichnet (s. 6.1.2.). Sie kann sich gegenüber den Beanspruchungsverhältnissen im Hammerbrecher als vorteilhaft beim Erzeugen optimaler Aufschlußverhältnisse der im Schrott enthaltenen Komponenten erweisen.

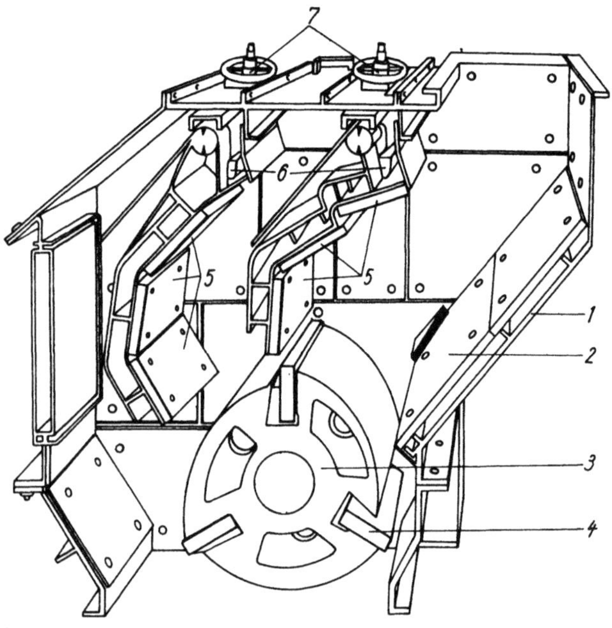

Bild 154. Prallbrecher, Bauart SKET
1) Gehäuse;
2) Verschleißplatten;
3) Prallwalze;
4) Pralleisten;
5) Prallplatten;
6) Widerlager;
7) Verstellspindeln

Durch eine entsprechende Modifizierung der Prallbrecher ist es aber auch möglich, dünnwandige, sich zäh verhaltende Materialien zu zerkleinern. Dabei treten jedoch gegenüber den vorgenannten Prallbrechern völlig unterschiedliche Beanspruchungsverhältnisse auf. Die Zerkleinerung beruht dann im wesentlichen auf dem Wirken von Schneid-, Zug-, Biege- und Torsionsbeanspruchungen. Die modifizierten Prallbrecher haben sich besonders für die Zerkleinerung von Sperrmüll, der auch Kühlschränke, Fahrräder, Fässer und ähnliches enthält, bewährt.

Einen Prallbrecher, Bauart SKET, stellt Bild 154 dar. Er besteht aus einem Gehäuse (*1*), dessen Innenflächen mit Verschleißplatten (*2*) belegt sind. Im Gehäuse befinden sich eine schnell umlaufende Prallwalze (*3*), die mit Pralleisten (*4*) aus verschleißfestem Stahl bestückt ist, und mehrere Prallplatten (*5*). Die Prallplatten sind hängend befestigt und stützen sich gegen Widerlager (*6*) ab. Durch Spindeln (*7*) kann man den Abstand zwischen Prallplatten und Pralleisten und die Neigung der Prallplatten verändern. Bei Eintritt von massiven Schrottstücken in den Zerkleinerungsraum können die Prallplatten nach oben ausweichen.

Die mit dem Prallbrecher erreichbare Zerkleinerung wird von vielen Faktoren beeinflußt. Als wesentliche Einflußfaktoren gelten die Art der zu zerkleinernden Schrotte, die Gestaltung des Zerkleinerungsraums (Zahl und Anordnung der Prallplatten, Gestaltung der Prallwalze, Spaltweite zwischen Prallplatten und Prallleisten u. a.) und die Prallwalzenumfangsgeschwindigkeit im Bereich von 20 bis 60 m/s. Untersuchungen mit Verbrennungsmotorenschrotten (Kolbenschrotten) <400 mm ergaben, daß mit dem Prallbrecher Aufschlußverhältnisse erreicht werden können, die eine weitgehende Abtrennung des Stahls und des Gußeisens aus den Aluminiumschrotten durch Magnetscheidung ermöglichen [246], [410], [439]. Die eingesetzten Prallbrecher werden mit einer Prallwalzenumfangsgeschwindigkeit von ≈ 25 bis 30 m/s und einer Spaltweite zwischen Prallplatten und Prallleisten von 80 bis 120 mm betrieben. Bei <150 mm zerkleinertem Schrott gelingt es, Eisengehalte von 0,11 % im unmagnetischen Aluminiumprodukt zu erreichen [410]. Ebenfalls gute Aufschlußverhältnisse liefert der Prallbrecher bei der Zerkleinerung kryotechnisch vorbehandelter Aluminiumkabelschrotte [440]. Der aus dem Prallbrecher ausgetragene Aluminiumdraht ist praktisch frei von Plasteanhaftungen. Der Plasteanteil der Kabel liegt feinkörnig vor und kann deshalb durch einen Klassierprozeß vom Aluminiumdraht getrennt werden.

Die Prallbrecher, die für die Zerkleinerung von Sperrmüll eingesetzt werden, sind mit Reißzähnen auf dem Rotor und meist auch auf den Prallplatten ausgerüstet. Durch diese Zerkleinerungselemente kommt es zu den gewünschten komplexen Beanspruchungsverhältnissen, die auch zu einer Zerkleinerung der im Sperrmüll enthaltenen Stahlleichtschrotte (Kühlschränke, Fahrräder, Fässer u. a.) führen. Eine schwenkbare Anordnung der Prallplatten sichert weitestgehend den Austrag massiver, nicht zerkleinerbarer Schrottstücke. Umfangreiche Schadensanalysen über die Ausfallursachen der für die Zerkleinerung des Sperrmülls eingesetzten Prallbrecher und Hammerbrecher zeigten jedoch, daß 26 % der Schäden auf das Vorhandensein massiver Schrottstücke im Zerkleinerungsraum zurückzuführen sind [441]. Als häufigste Schadensart traten mit 31 % Explosionen auf, die durch feinste Stäube und Lösungsmittel verursacht wurden. Der spezifische Energieverbrauch für die Zerkleinerung von Sperrmüll liegt bei 6 bis 7 kWh/t Durchsatz [442].

6.3.4.4. Rotorscheren und Schneidmühlen

Die Zerkleinerung in Rotorscheren und Schneidmühlen beruht auf dem Wirken scharf geschliffener Messer. Diese sind entweder auf zwei sich gegenläufig drehenden Rotoren angebracht (Rotorschere, Saumschneider) oder ein mit Messern versehener Rotor zerkleinert das Gut im Zusammenwirken mit feststehenden Messern (Schneidmühle). In Abhängigkeit von der Anordnung der Messer ergeben sich dabei sehr unterschiedliche Beanspruchungsverhältnisse. Eine relativ reine Schneidbeanspruchung tritt ein, wenn das zu zerkleinernde Gut vollständig von durchgehenden Messern erfaßt wird (Messerschnitt, s. 6.1.2.). Wird das Gut jedoch durch unterbrochene oder versetzt angeordnete Messer beansprucht, so treten neben der Schneidbeanspruchung auch Zug-, Biege- und Torsionsbeanspruchungen auf. Im Zerkleinerungsraum bestehen damit sehr komplexe Beanspruchungsverhältnisse, die sich aber günstig auf das Zerkleinerungsergebnis auswirken können.

Tabelle 62. Einsatzmöglichkeiten der Saumschneider sowie der Saumspuler und -wickler [445]

Anlagengeschwindigkeit [m/min]	Banddicke [mm]	Stahl			
		Saumschneider		Saumspuler	Saumwickler
		mit 1 Rotor	mit 2 Rotoren		
0 ... 150	<0,2				×
	0,2 ... 0,5		×	×	×
	0,5 ... 2,5	×	×		×
	2,5 ... 6,0	×	×		×
	>6,0	×	×		
150 ... 300	<0,2				×
	0,2 ... 0,5	×	×		×
	0,5 ... 2,5	×	×		×
	2,5 ... 6,0		×		×
300 ... 450	<0,2				×
	0,2 ... 0,5				×
	0,5 ... 2,5		×		×
	2,5 ... 6,0		×		×
450 ... 600	<0,2				×
	0,2 ... 0,5				×
	0,5 ... 2,5				×

Besonders bewährt haben sich die Rotorscheren und Schneidmühlen für die Zerkleinerung relativ dünnwandiger Schrotte mit Zähbruchverhalten. Die Zerkleinerung kann dabei unter dem Gesichtspunkt der Erhöhung der Schüttdichte (Saumschrotte, Metallspäne), der Vorzerkleinerung (Kabelschrotte) und des Erreichens guter Aufschlußverhältnisse (Kabel- und Bleiakkumulatorenschrotte) durchgeführt werden.

Eine weit verbreitete *Rotorschere*, Bauart LINDEMANN, zeigt Bild 155. Sie besteht aus dem Gehäuse (*1*), in dem sich zwei Rotoren (*2*) langsam gegenläufig bewegen. Der zu zerkleinernde Schrott wird mittels Greifer in den Aufgabetrichter (*3*) gegeben und von den Rotoren eingezogen. Es kann sich jedoch auch als günstig erweisen, die Rotorschere mit einem Platten- oder Gurtbandförderer zu beschicken. Um auch sehr sperrige und voluminöse Schrotte kontinuierlich den Rotoren zuführen zu können, bedient man sich des Schiebers (*4*). Mit diesem Schieber wird eine Brückenbildung im Aufgabetrichter weitestgehend verhindert und eine Durchsatzerhöhung erreicht.

Der Zerkleinerungserfolg der Rotorschere wird entscheidend von der Gestaltung des Rotors bestimmt. Dieser besteht aus einer Welle, auf der sich abwechselnd Schneid- und Distanzscheiben befinden. Die Scheiben sind dabei so angeordnet, daß eine Schneidscheibe jeweils zwischen zwei Schneidscheiben des gegenüber-

Aluminium				Kupfer und Kupferlegierungen			
Saumschneider		Saum-spuler	Saum-wickler	Saumschneider		Saum-spuler	Saum-wickler
mit 1 Rotor	mit 2 Rotoren			mit 1 Rotor	mit 2 Rotoren		
							×
×		×	×			×	×
	×	×	×	×		×	×
	×		×	×			×
	×						×
							×
×		×	×			×	×
	×	×	×			×	×
	×		×				×
×			×				
			×				
			×				
			×				
			×				

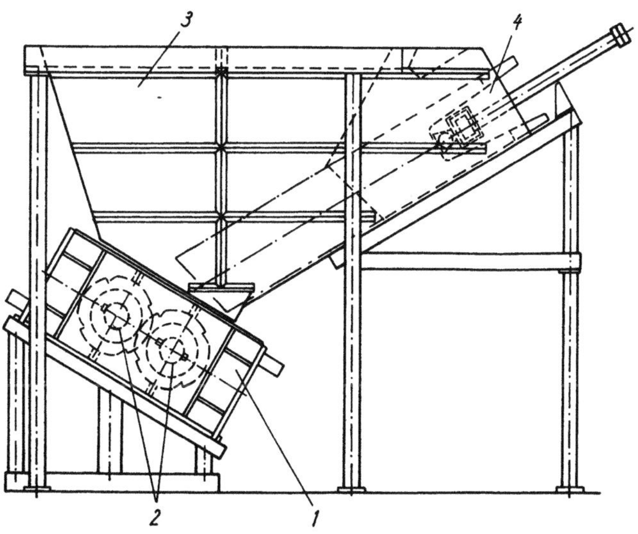

Bild 155. Rotorschere, Bauart LINDEMANN
1) Gehäuse;
2) Rotoren;
3) Aufgabetrichter;
4) Schieber

liegenden Rotors greift. Auf den Schneidscheiben befinden sich vier auswechselbare Messer, oder sie sind mit Zähnen versehen. Letztere werden nach Verschleiß aufgeschweißt. Die Stückgröße des zerkleinerten Schrotts wird vor allem durch die Zahl der Messer bzw. Zähne auf den Schneidscheiben und deren Breite bestimmt. Ist die Stückgröße zu groß, so verringert man im allgemeinen die Breite der Schneidscheiben.

Der Antrieb der Rotoren erfolgt durch Hydraulikpumpen. Über Hydromotoren und angeflanschte Planetengetriebe wird das Drehmoment direkt auf die Rotoren übertragen. Die Umfangsgeschwindigkeit der Rotoren beträgt $\approx$0,15 bis 0,6 m/s. Steht der maximale Druck an den Hydromotoren eine gewisse Zeit an, so werden die Motoren auf Rücklauf umgeschaltet. Um bei Überlast eine Beschädigung der Maschine zu vermeiden, können die Rotoren gegeneinander ausweichen. Die Antriebsnennleistung der bisher eingeführten Rotorscheren liegt zwischen 90 und 360 kW.

Mit den Rotorscheren gelingt es in Abhängigkeit von ihrer konstruktiven Gestaltung, einen kleinstückigen Schrott mit hoher Schüttdichte herzustellen (z. B. bei blechartigen Aluminium-, Kupfer- und Kupfer-Zink-Legierungsschrotten), Schrotte vorzuzerkleinern (z. B. bei Kabelschrotten [443], [444]) und ausreichende Aufschlußverhältnisse zu erreichen (z. B. bei Bleiakkumulatorenschrotten [155]). Des weiteren werden die Rotorscheren für die Zerkleinerung von Haus- und Sperrmüll sowie von Reifen unterschiedlichster Ausbildung eingesetzt. Der Durchsatz der Rotorscheren ist sehr stark von der zu zerkleinernden Schrottart, der Antriebsnennleistung und der Beschickungsart der Rotorschere abhängig. Bei einer Antriebsnennleistung von 180 kW ergeben sich etwa folgende Durchsätze [443]: bei dünnwandigen Aluminiumblechschrotten (bis max. 3 mm Blechdicke) 3 bis 5 t/h, bei Aluminiumgußlegierungsschrotten 4 bis 8 t/h und bei Kabelschrotten 2 bis 4 t/h. Die bei der Zerkleinerung von Karosserieteilen, Elektroherden und Kühlschränken erreichbare Schüttdichte liegt bei 0,5 bis 0,6 t/m^3.

Die *Schneidmühlen* werden für zwei grundsätzlich unterschiedliche Aufgaben eingesetzt. Einerseits zerkleinert man mit ihnen kontinuierlich zugeführte Bandschrotte (Saumschrotte) in regelmäßige Stücke und andererseits Haufwerke aus verschiedenen unregelmäßig ausgebildeten Einzelstücken (Kabelschrotte, Metallspäne). Aus letzteren entstehen polydispers zusammengesetzte Zerkleinerungsprodukte. Entsprechend diesen unterschiedlichen Aufgabenstellungen unterscheidet man zwei Bauarten von Schneidmühlen: die Band- bzw. Saumschneider und die Haufwerksschneider. Für letztere hat sich allgemein der Begriff Schneidmühle eingeführt, der hier für diese Zerkleinerungsmaschinen auch verwendet werden soll. Die auf der Grundlage der Schneidbeanspruchung wirkenden Maschinen für die Zerkleinerung der Metallspäne werden ebenfalls den Schneidmühlen zugeordnet.

Die in den Walzwerken beim Besäumen der Bänder und Bleche anfallenden Saumschrotte können zerkleinert oder zu Bunden (Coils) aufgewickelt werden [382], [383], [445]. Für die Zerkleinerung der Saumschrotte haben sich *Saumschneider* unterschiedlicher konstruktiver Gestaltung eingeführt. Der im Bild 156a dargestellte Saumschneider besteht aus zwei Rotoren, die mit je vier Messern versehen sind. Durch die gegenläufig laufenden Rotoren werden die Saumschrotte zunächst eingezogen und dann geschnitten. Die Länge der dabei anfallenden Schrottstücke ist abhängig von der Einzugsgeschwindigkeit des Saumstreifens und der Schnitt-

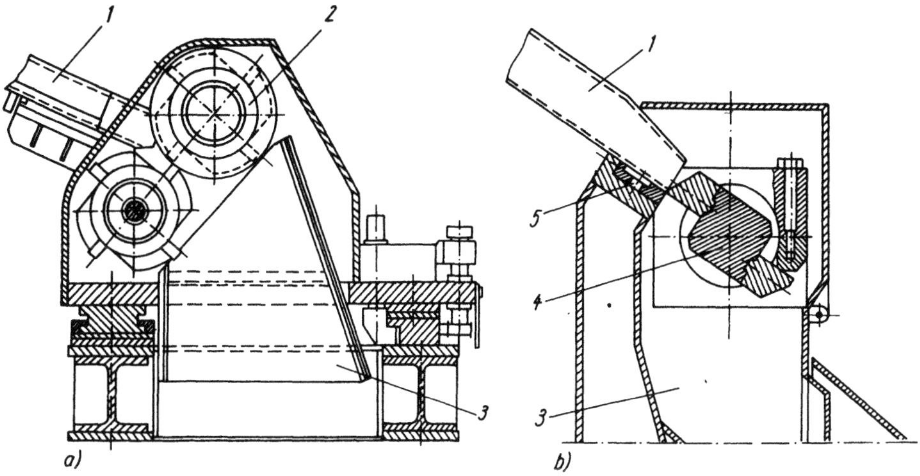

Bild 156. Saumschneider [445]
a) mit zwei Rotoren;
b) mit einem Rotor und einem festen Messer
1) Aufgabe;
2) Rotor mit je 4 Schneidmessern;
3) Austrag;
4) Rotor mit 2 Schneidmessern;
5) Statormesser

frequenz. Die Schüttdichte der zerkleinerten Saumschrotte beträgt ≈20% der Metalldichte [445].

Der im Bild 156b dargestellte Saumschneider, häufig auch als Saumhacker bezeichnet, besteht aus nur einem Rotor, auf dem zwei Messer befestigt sind. Diese zerschneiden den Saumstreifen im Zusammenwirken mit einem feststehenden Messer (Statormesser). Der Saumschrott fällt dabei in Stücklängen von ≈200 bis 250 mm an. Die Schüttdichte der zerkleinerten Saumschrotte beträgt 18 bis 25% der Metalldichte [445]. Durch den nicht ziehenden Schnitt kann es bei diesem Saumschneider zu einem Rückstau des Saumstreifens besonders bei hohen Anlagengeschwindigkeiten kommen. Auch ist die Lärmentwicklung höher als bei dem im Bild 156a dargestellten Saumschneider. Die Einsatzgebiete für die beiden Arten der Saumschneider und die der Saumspuler und -wickler ergeben sich aus Tabelle 62.

Die *Schneidmühlen im engeren Sinn* werden im Rahmen der Schrottaufbereitung vor allem für die Zerkleinerung der plastummantelten Kupfer- und Aluminiumkabelschrotte [143], [446], [447] und der Metallspäne sowie untergeordnet für die Nachzerkleinerung der Bleiakkumulatorenschrotte [246] eingesetzt. Die Zerkleinerung der Kabelschrotte erfolgt dabei meist zwei- oder dreistufig, selten einstufig. Neue Einsatzmöglichkeiten bieten sich künftig eventuell bei der Zerkleinerung der dünnwandigen, zum Teil edelmetallhaltigen Schrotte der Elektrotechnik und Elektronik. Den Aufbau einer Schneidmühle mit horizontaler Achse zeigt Bild 157. In einem sehr stabilen Gehäuse (*1*) rotiert mit hoher Drehzahl der Schneidrotor (*2*). Dieser ist mit Schneidmessern (*3*) versehen. Im Gehäuse befinden sich die Statormesser (*4*), die meist achsparallel und so angeordnet sind, daß gleichzeitig immer nur ein Messerpaar zerkleinert. Der Zerkleinerungsraum wird unten durch einen

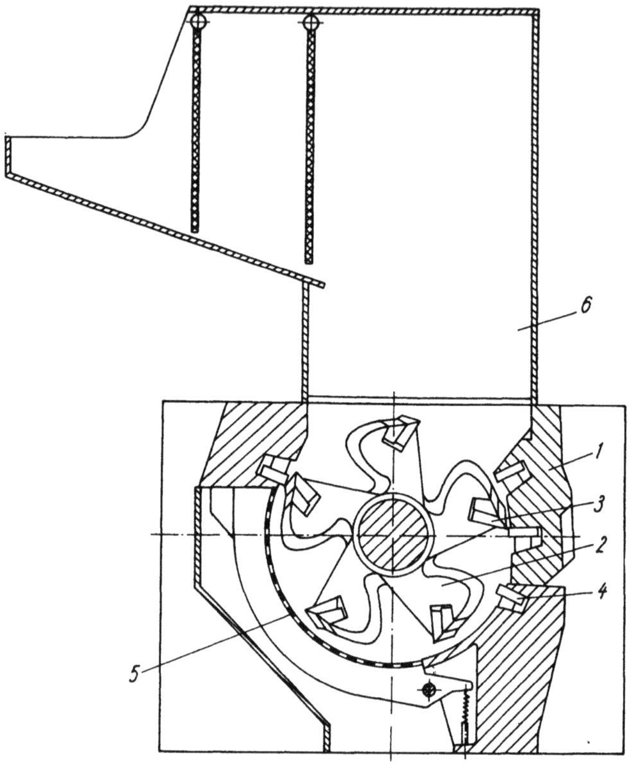

Bild 157. Schneidmühle (Schneidgranulator) für die Kabelschrottzerkleinerung, Bauart GS 500/800 N (VEB Zerkleinerungsmaschinen Radebeul/DDR)
1) Gehäuse;
2) Schneidrotor;
3) Schneidmesser (Rotormesser);
4) Statormesser;
5) Siebboden;
6) Aufgabetrichter

Siebboden (*5*) begrenzt. Den oberen Teil des Gehäuses bildet der Aufgabetrichter (*6*). Das entstehende zerkleinerte Produkt wird meist mittels einer pneumatischen Absauganlage weggefördert. Diese Absaugung erleichtert den innerbetrieblichen Transport, führt zu einem geringeren Feinstgutanteil im zerkleinerten Gut und bewirkt gleichzeitig eine Kühlung des Guts im Zerkleinerungsraum.

Die bei der Zerkleinerung ablaufenden Vorgänge vollziehen sich unmittelbar zwischen den umlaufenden Rotor- und den feststehenden Statormessern. Untersuchungen zeigten [339], [341], daß sich durch die Rotation des Schneidrotors vor den Rotor- und Statormessern dichte Gutwolken bilden. Kurz vor dem Schnitt vereinigen sich die jeweiligen Gutwolken, in die dann die Rotormesser hineinschneiden. Die meisten der Teilchen weichen den Messern aus. Nur diejenigen Teilchen, die sich unmittelbar zwischen den Schneiden befinden, werden geschnitten. Der Abstand zwischen den Rotor- und Statormessern beträgt im allgemeinen 0,1 bis 0,3 mm. Größere Abstände der Messer, z. B. >0,5 mm, bewirken, daß die Zerkleinerung der Teilchen auf dem letzten Stück des Schnittwegs nicht durch Schneiden, sondern durch Reißen erfolgt. Das führt zu einem hohen Energieaufwand beim Schneiden [342], und auch die Temperatur des Mahlguts steigt erheblich an [448]. Wesentlich ist weiter, daß die Messer scharf geschliffen sind, um ein möglichst staubarmes Zerkleinerungsprodukt zu erhalten.

Die konstruktive Gestaltung der Schneidmühlen wird entscheidend von der Art des zu zerkleinernden Guts bestimmt [449], [450]. Für voluminöse Güter, wie

Folien, Schaumstoffe und ähnliches, eignen sich offene Schneidrotoren, für Kabelschrotte halboffene und für kompakte hochpolymere Werkstoffe geschlossene Schneidrotoren. Auch ist die Anzahl und die Anordnung der Schneidmesser auf den Schneidrotoren den jeweiligen Aufgabenstellungen anzupassen. Meist sind 3 oder 5, seltener bis 12 Schneidmesser auf den Rotoren angeordnet. Der Schnittwinkel beträgt im allgemeinen 45° bis 60°, sollte nach GOTTBERG [342] jedoch auf 30° verringert werden (s. Bild 102). Für die Zerkleinerung der Kabelschrotte, die sehr hohe Schnittkräfte erfordert, sind wegen der notwendigerweise erhöhten Schneidenfestigkeit größere Keilwinkel und damit auch größere Schnittwinkel notwendig. Wesentlich ist weiter der richtige Abstand des Schneidkreises zum Siebboden. Die Rotordrehzahl der Schneidmühlen wird meist so gewählt, daß die Umfangsgeschwindigkeit der Rotormesserschneiden zwischen 10 und 15 m/s liegt. Der Rotordurchmesser und die Rotorbreite der in der DDR für die Zerkleinerung der Kabelschrotte eingesetzten Schneidrotoren betragen 500 bzw. 800 mm.

Um einen störungsfreien Ablauf der Zerkleinerung zu erreichen, ist es auch notwendig, bei der Gestaltung des Einfülltrichters die Art des zu zerkleinernden Guts zu berücksichtigen. Besonders sperrige Güter, wie Hohlkörper, Kanister u. ä., erfordern einen geräumigen, außermittig versetzten Einfülltrichter. Demgegenüber sind für Kabelschrotte, Profile und Rohre aus hochpolymeren Werkstoffen schmale Einfülltrichter geeignet. Um ein Herausspritzen des zu zerkleinernden Guts aus der Schneidmühle zu verhindern, wird der obere Teil des Schachts um 90° umgeleitet und mit einem Spritzschutzvorhang aus Gummi o. ä. versehen. Häufig noch nicht befriedigen kann der hohe Lärm. Auf Möglichkeiten seiner Verringerung wird von MAYERHAUSER [451] und v. D. OHE [452] hingewiesen.

Die obere Korngröße des zerkleinerten Guts wird vor allem durch die Sieböffnungsweite bestimmt. Sie liegt bei der Zerkleinerung von hochpolymeren Werkstoffen meist zwischen 4 und 6 mm, selten >8 mm [453]. Die untere Sieböffnungsweite beträgt ≈3 mm, da sich bereits bei dieser Öffnungsweite der Durchsatz deutlich verringert und das Mahlgut sich zunehmend erwärmt. Für die Zerkleinerung der Kabelschrotte zum Erreichen eines möglichst vollständigen Aufschlusses werden Siebböden mit einer Öffnungsweite um 5 mm verwendet. Dabei ist bemerkenswert, daß ein hoher Anteil der zerkleinerten Kabelschrotte feiner als die halbe Öffnungsweite des Siebbodens ist [143].

Die durch die Zerkleinerung der Kabelschrotte erreichbaren Aufschlußverhältnisse für Kupfer und Aluminium werden entscheidend von der Kabelart und dem Zustand der Messer bestimmt. Unter optimalen Bedingungen gelingt es, den noch mit Plaste verbundenen Metallinhalt bei den meisten Kabelsorten auf <0,5 bis 1,0% zu begrenzen. Schwierigkeiten treten nur bei sehr feinen Kupferkabeln (Drahtstärke <0,1 mm) mit Textileinlagen auf [143].

Die für die Schneidmühlen mit horizontaler Achse erforderlichen Antriebsnennleistungen reichen von 1 kW bis ≈160 kW. Der Aufwand für Schneidmühlen mit Antriebsnennleistungen ≧60 kW ist jedoch konstruktiv bereits so groß, daß ein wirtschaftlicher Betrieb nur noch für spezielle Anwendungsfälle gegeben ist [451]. Die in Abhängigkeit von der Antriebsnennleistung erreichbaren Durchsätze zeigt Bild 158. Dabei wird deutlich, daß unabhängig von der Art der hochpolymeren Werkstoffe und der Öffnungsweite des Siebbodens eine deutliche Proportionalität zwischen Durchsatz und Antriebsnennleistung der Schneidmühle besteht [453].

Die für die Zerkleinerung der *Metallspäne* eingesetzten Schneidmühlen sind konstruktiv sehr vielgestaltig. So haben sich Schneidmühlen mit vertikalem, schräg gestelltem und horizontalem Rotor eingeführt. Die in den Schneidmühlen auftretenden Beanspruchungszustände sind sehr komplex. Überwiegend dürften jedoch Schneid- und Zugbeanspruchungen auftreten.

Eine sehr weite Verbreitung haben die *Schneidmühlen mit vertikalem, extrem offenem Rotor* gefunden. Sie eignen sich besonders für die Zerkleinerung der Stahl- und NE-Metallspäne in den Betrieben der metallverarbeitenden Industrie, sind jedoch unter bestimmten Voraussetzungen (wenig massive Schrottstücke in den Spänen, keine sehr großen Spänezusammenballungen) auch für die Betriebe der Schrottaufbereitung geeignet. Den Aufbau einer Schneidmühle mit vertikalem Rotor, Bauart HAZET, zeigt Bild 159. Diese Art von Schneidmühlen besitzt zwei voneinander getrennte Zerkleinerungsräume. Zunächst werden die Späne im Brechtrichter (*2*) durch einen langsam rotierenden Greifer (*3*) erfaßt und an den schräggestellten, verschleißfesten Schneidmessern (*4*) entlanggeführt. Dabei werden die Späne zerschnitten und zerrissen sowie gleichzeitig durch die Neigung der Messer immer tiefer in den Trichter hineingezogen. Nach dieser Vorzerkleinerung gelangen die Späne durch die Pressung im ersten Messersystem und ihre Eigenmasse in den zweiten Zerkleinerungsraum, wo sie in einem ringförmigen Schneidspalt (*5*) zwischen einem Messerkopf und mehreren Messersegmenten weiter zerkleinert werden. Um Störungen während des Zerkleinerungsvorgangs zu vermeiden, sollten möglichst keine massiven Schrottstücke in den Spänen enthalten sein. Da dies jedoch nicht völlig zu verhindern ist, sind die Schneidmühlen mit entsprechenden Sicherheitseinrichtungen versehen. So besitzen diese im allgemeinen eine Rutschkupplung, die Möglichkeit des mehrmaligen Drehrichtungswechsels, und häufig sind auch die Messer im Brechtrichter federnd gelagert. Die Rotordrehzahl der Schneidmühlen beträgt meist 30 bis 70 min^{-1}.

Die Zerkleinerungswirkung der Schneidmühlen wird entscheidend von der Anordnung und Gestaltung der Schneidmesser, den Abstandsverhältnissen zwischen

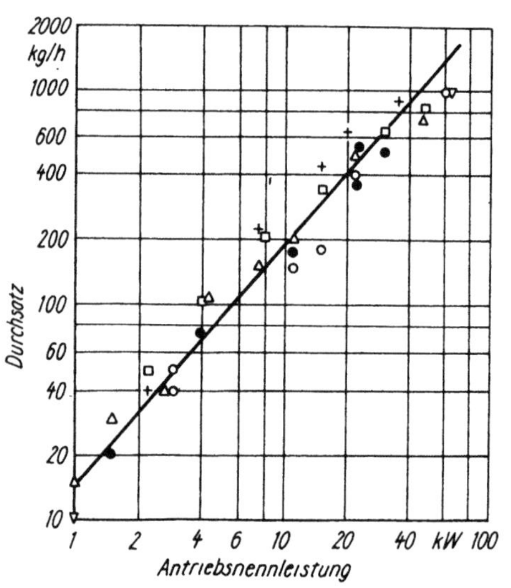

Bild 158. Abhängigkeit des Durchsatzes der Schneidmühle von der Antriebsnennleistung für verschiedene hochpolymere Werkstoffe und unterschiedliche Sieböffnungsweiten [453]

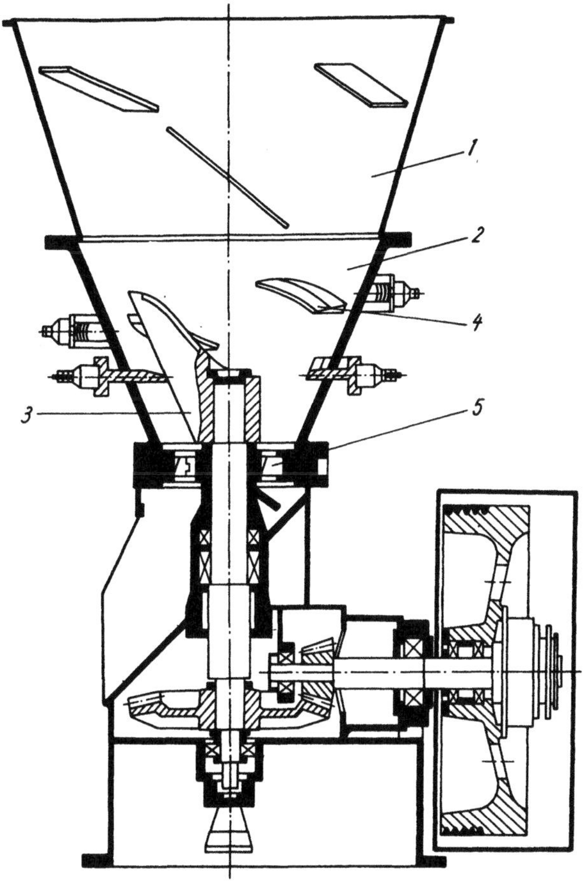

Bild 159. Schneidmühle für die Spänezerkleinerung mit vertikalem Rotor, Bauart Hazet Zwickau
1) Aufgabetrichter;
2) Brechtrichter;
3) Greifer;
4) schrägstehende Schneidmesser;
5) ringförmiger Schneidspalt

den sich bewegenden und feststehenden Messern sowie vom Verschleißzustand und damit von der Werkstoffqualität der Schneidmesser bestimmt. Davon ausgehend sind die großen Unterschiede in der Literatur hinsichtlich der Einsatzmöglichkeiten der Schneidmühlen zu verstehen. Einige Schneidmühlen eignen sich nur für die Zerkleinerung relativ spröder Späne. Bei der Aufgabe sich zäh verhaltender Späne würden sich diese um den Rotor wickeln und dadurch die Zerkleinerung behindern. Demgegenüber ist es mit anderen Schneidmühlen möglich, z. B. bei den Bauarten Arboga und Miag, auch sehr zähe, hochlegierte Stahlspäne zu zerkleinern.

Die Stückgröße der zerkleinerten Späne ist im allgemeinen < 100 mm. Diese Späne sind damit aber nicht unmittelbar für die Brikettierung geeignet und werden deshalb in der UdSSR, falls eine Brikettierung vorgesehen ist, mittels eines Hammerbrechers nachzerkleinert [396]. Durch Wahl entsprechender Messersysteme ist es allerdings auch möglich, mit der Schneidmühle eine Stückgrößenverteilung der Späne < 30 mm zu erreichen [454].

Der Durchsatz der Schneidmühlen ist gegenüber anderen Spänebrechern im allgemeinen deutlich geringer. Er beträgt meist 0,5 bis 1,5 t/h, in Sonderfällen bis 7 t/h. Als sehr vorteilhaft für die Schneidmühlen hat sich erwiesen, daß diese gegenüber den Hammerbrechern eine bis zu 50% geringere Antriebsnennleistung benötigen, erschütterungsarm arbeiten und nur eine geringe Lärmbelästigung verursachen [454], [455].

Eine *Schneidmühle mit horizontalem Rotor* ist im Bild 160a dargestellt. Die Zerkleinerung der Metallspäne erfolgt mittels Schneidelementen (*2*), die sich mit hoher Geschwindigkeit durch einen gezahnten Eintrittsrost (*5*) hindurchbewegen und dabei die Späne schneiden und auseinanderreißen. Dieser Vorzerkleinerung

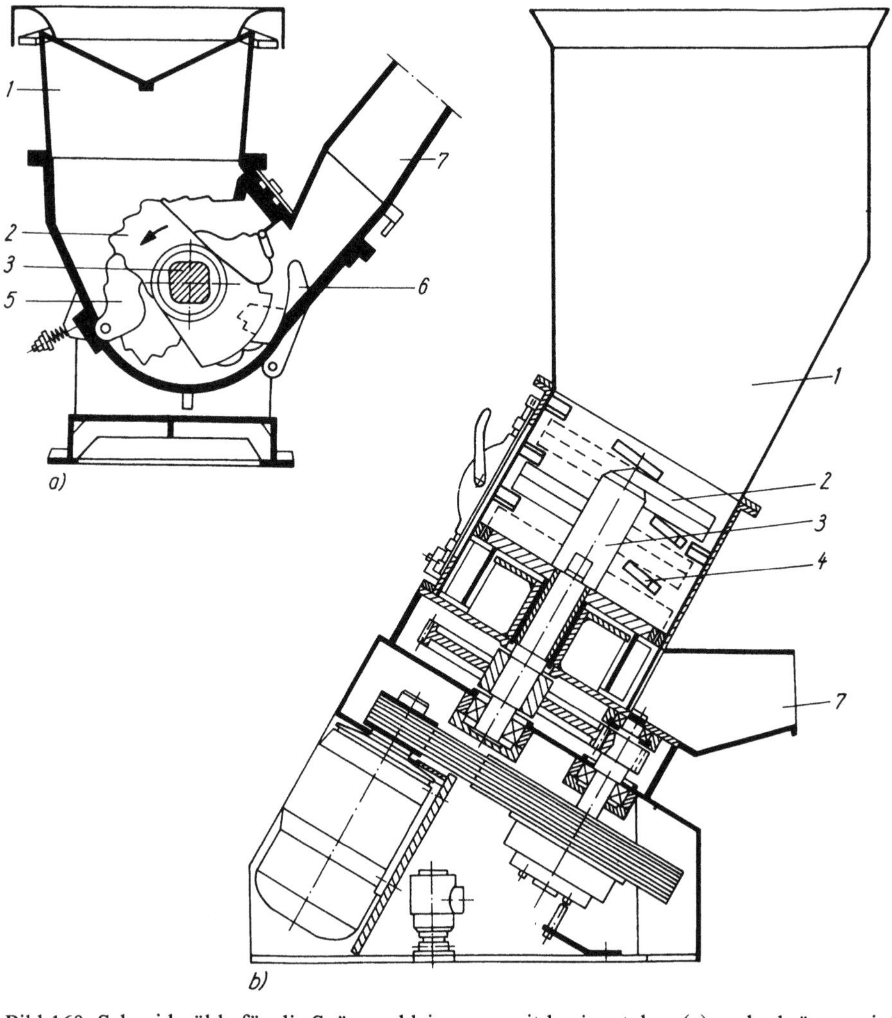

Bild 160. Schneidmühle für die Spänezerkleinerung mit horizontalem (a) und schräg geneigtem Rotor (b)

a) Bauart Pintsch-Bamag;
b) Bauart Steimel
1) Aufgabetrichter;
2) Schneidelement des Rotors;
3) Rotorwelle;
4) feststehendes Messer;
5) gezahnter Eintrittsrost;
6) Austrittsrost;
7) Späneaustrag

schließt sich im Bereich des Austrittsrosts (*6*) eine Nachzerkleinerung an. Aufgrund ihrer hohen kinetischen Energie werden die zerkleinerten Späne unmittelbar danach durch ein Auswurfrohr (*7*) ausgetragen [456]. Diese Art der Schneidmühle wurde vielfältig variiert, um sie auch für die Zerkleinerung dünnwandiger Schrotte und für Müll einsetzen zu können.

Im Bild 160b ist eine Schneidmühle dargestellt, deren Rotorwelle um 30° gegenüber der Vertikalen geneigt ist. Sie kann in liegender Ausführung unmittelbar mit einem Schubstangenförderer gekoppelt werden [457]. Die Zerkleinerung der Metallspäne beruht auf dem Zusammenwirken des relativ langsam laufenden, mit Schneidelementen versehenen Rotors und verschiedenen feststehenden Messern. Die Messer sind dabei so angeordnet, daß die Metallspäne zunächst vorzerkleinert und nachfolgend auf ihre endgültige Spangröße zerkleinert werden. Die Drehzahl des Rotors beträgt in Abhängigkeit von der Art der zu zerkleinernden Späne 40 bis 80 min^{-1}. Mit dieser Schneidmühle können auch hochlegierte Stahlspäne und sehr zähe Späne, wie sie z. B. beim Drehen von Fließpreßteilen entstehen, gut zerkleinert werden [457].

6.3.4.5. Modifizierte Walzenbrecher und Flügelbrecher

Die für die Zerkleinerung mineralischer Rohstoffe eingesetzten Walzenbrecher [57] eignen sich für die Zerkleinerung der Schrotte nur nach entsprechender Modifizierung. So haben sich für die Vorzerkleinerung der Bleiakkumulatorenschrotte *Ein- und Zweiwalzenbrecher* eingeführt, auf deren Walzen Zähne angeordnet sind [151], [414], [458]. Durch diese gelingt es, die Akkumulatoren für den nachfolgenden Zerkleinerungsprozeß in Hammer- bzw. Prallmühlen ausreichend vorzuzerkleinern und dabei gleichzeitig eine Abtrennung der noch enthaltenen Säure zu ermöglichen. Konstruktiv ähnliche Walzenbrecher werden auch für die Zerkleinerung dünnwandiger Blechabfälle [459] und verunreinigter Weißblechschrotte (Dosenschrotte) [246] eingesetzt. Um jedoch auch großstückige und sperrige Stahl- und NE-Metallschrotte sowie zu größeren Zusammenballungen verhakte Metallspäne zerkleinern zu können, war eine weitere Modifizierung der Walzenbrecher erforderlich. Diese führte zum Flügelbrecher.

Der *Flügelbrecher* besteht aus mehreren Walzen bzw. Wellen, auf denen in verschiedenen Ebenen senkrecht zur Walzen- bzw. Wellenachse Brechflügel angeordnet sind. Durch ihr Zusammenwirken und in Verbindung mit z. T. vorhandenen festen Messern werden die zu zerkleinernden Schrotte zerrissen. Die dabei im Zerkleinerungsraum auftretenden Beanspruchungsverhältnisse sind sehr komplex, wobei Zug- und Schneidbeanspruchungen überwiegen dürften.

Der Einsatz der Flügelbrecher kann unter dem Gesichtspunkt der Vorzerkleinerung (Stahlleichtschrotte, Aluminiumschrotte) und der Erhöhung der Schüttdichte (Metallspäne) erfolgen. Besonders haben sich Flügelbrecher im Rahmen einer zweistufigen Zerkleinerung bewährt. Für die Stahlleichtschrotte und Aluminiumschrotte hat sich dabei die Kombination Flügelbrecher—Hammerbrecher (Shredder) eingeführt [148], [460], [461].

Die dafür eingesetzten Flügelbrecher bestehen meist aus drei fest gelagerten Wellen, auf denen sich Brechflügel mit geschärften Zähnen befinden (Bild 161). Die

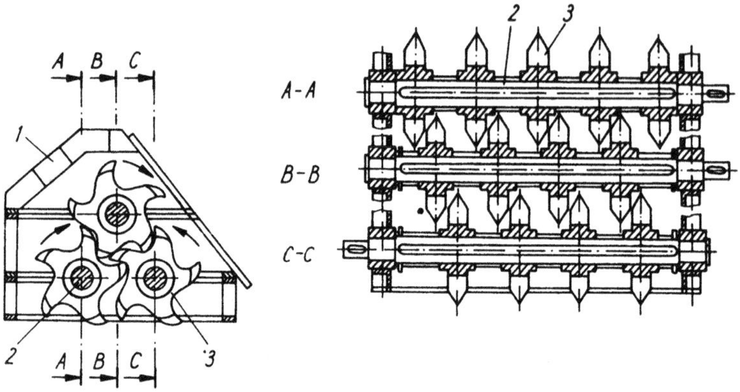

Bild 161. Flügelbrecher für die Zerkleinerung der Stahlleichtschrotte [396].
1) Brechergehäuse;
2) Brecherwelle;
3) Brechflügel

Wellen bewegen sich gegenläufig mit geringer, unterschiedlicher Geschwindigkeit. Bei Überlastung des Brechers wird die Bewegungsrichtung der Wellen automatisch umgekehrt. Der Abstand der Wellen sowie Gestaltung, Anzahl und Anordnung der Brechflügel sind dem zu zerkleinernden Schrott und der gewünschten Stückgröße des Zerkleinerungsproduktes anzupassen. Die Antriebsnennleistungen der Flügelbrecher für die Zerkleinerung der Stahlleicht- und Aluminiumschrotte liegen zwischen 70 und 200 kW. Der bei der Vorzerkleinerung von PKW-Schrott erreichbare Durchsatz beträgt 25 bzw. 60 Autowracks/h [461].

Eine zunehmende Verbreitung, besonders in der UdSSR, haben Flügelbrecher für die Zerkleinerung von *Metallspänen* gefunden. Sie werden in der metallverarbeitenden Industrie und in den Betrieben der Schrottaufbereitung für die Zerkleinerung unlegierter und niedriglegierter Stahlspäne mit Spanquerschnitten bis zu $\approx 100\ mm^2$ [31] sowie für NE-Metallspäne eingesetzt. Diese Flügelbrecher bestehen aus 2 bis 5 parallel angeordneten Wellen, die in horizontaler Ebene oder geneigt angeordnet sind. Auf den meist mit gleicher Geschwindigkeit rotierenden Wellen befinden sich in verschiedenen Ebenen senkrecht zur Wellenachse Brechflügel, deren Enden messerartig geschärft sind. Den Aufbau eines Flügelbrechers zeigt Bild 162. Im Brechergehäuse (*1*) befinden sich drei Wellen (*2*) für die Vorzerkleinerung der Metallspäne und eine tiefer liegende Welle (*3*) für die Nachzerkleinerung. Auf den Wellen sind Brechflügel (*4*, *5*) befestigt. Um eine höhere Zerkleinerungswirkung zu erreichen, wird häufig die Länge der Brechflügel von Welle zu Welle unterschiedlich gewählt. Am Boden des Brechergehäuses sind feststehende Messer (*6*, *7*) angeordnet, die im Zusammenwirken mit den sich bewegenden Brechflügeln unter sehr komplexen Beanspruchungsbedingungen (Zug-, Schneid-, Biege- und Torsionsbeanspruchungen) die Zerkleinerung bewirken. Die Drehzahl der Brechflügel liegt zwischen 20 und 45 min^{-1}. Der Antrieb der einzelnen Wellen erfolgt getrennt voneinander. Eingehende Untersuchungen zeigten [462], daß für den Antrieb der einzelnen Wellen eine Antriebsnennleistung von ≈ 30 kW notwendig ist. Kurzzeitig treten jedoch besonders bei den mittleren Wellen Leistungsspitzen bis zu 150 kW auf. Bei Überlastung des Brechers wird dieser abgeschaltet und nachfolgend in seiner Bewegungsrichtung umgekehrt betrieben.

Als besonders vorteilhaft haben sich Flügelbrecher bei der Zerkleinerung solcher Metallspäne erwiesen, die in Betrieben der Schrottaufbereitung zerkleinert werden. Durch die Zwischenlagerung auf Halden und den häufig mehrmaligen Umschlag bilden sich Spänezusammenballungen, die eine Beschickung besonders kleinerer Hammerbrecher und Schneidmühlen sehr erschweren. Der Flügelbrecher gestattet demgegenüber die Aufgabe auch größerer Späneportionen, ohne daß Schwierigkeiten auftreten. Außerdem wirken sich beim Flügelbrecher Metallstücke mit Abmessungen <100 bis 120 mm nicht nachteilig auf den Zerkleinerungsprozeß aus. Größere Metallstücke sollten jedoch vorher unbedingt aus den Metallspänen ausgelesen werden. Der Durchsatz der Flügelbrecher beträgt 3 bis 5 t/h [31].

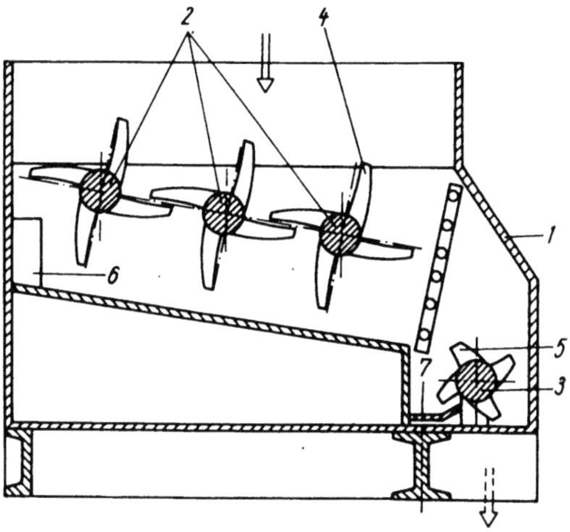

Bild 162. Flügelbrecher für die Zerkleinerung der Metallspäne, Bauart NKMZ (UdSSR) [396]
1) Brechergehäuse;
2), *3*) Brecherwellen,
4), *5*) Brechflügel;
6), *7*) feststehende Messer

Die Zerkleinerung mit den eingeführten Flügelbrechern führt bei Stahlspänen zu einem Zerkleinerungsprodukt, das etwa folgende Stückgrößenverteilung besitzt [396], [462]: <50 mm ≈ 70 bis 75%; 50 bis 100 mm ≈ 15 bis 20%; 100 bis 200 mm ≈10 bis 15%. Diese Stückgrößenverteilung der zerkleinerten Späne gestattet es aber nicht, die Späne nachfolgend zu brikettieren, da dazu Metallspäne mit Stückgrößen <50 mm erforderlich sind. Um diese Forderung erfüllen zu können, wird der Flügelbrecher entweder mit einem Trommelsieb kombiniert oder ein Hammerbrecher nachgeordnet. Die wesentlichsten Parameter dieser Anlagen sind in Tabelle 63 zusammengestellt. Beide Anlagen besitzen die Möglichkeit, größere Metallstücke aus den Spänen auszulesen. Die Anwendung der zweistufigen Zerkleinerung für Kupferlegierungsspäne untersuchten Demedjuk u. Mitarb. [463]. Nähere Angaben zur konstruktiven Gestaltung der Anlagen und zur Anordnung auf den Schrottplätzen finden sich in [80], [396], [462].

Tabelle 63. Anlagen für die Stahlspänezerkleinerung in Verbindung mit Flügelbrechern in der UdSSR [31], [462]

Prozeßkombination/ Maschinen/Bauart	zerkleinerbare Stahlspäne	Einsatzgebiet	Stückgröße der zerkleinerten Späne [mm]	Durchsatz [t/h]	Antriebsnennleistung, ges. [kW]	Masse der Anlage, ges. [t]
2stufige Zerkleinerung: — Flügelbrecher (mit 2 Wellen) — Hammerbrecher (Bauart SDA-7)	unlegierte und niedriglegierte Stahlspäne	insb. für Betriebe der metallverarbeitenden Industrie	<50 (max. 3% >50)	5 ... 7[1])	135	16,5
Zerkleinerung mit Siebklassierung — Flügelbrecher (mit 5 Wellen) — Trommelsieb (Bauart UDSW-12)	unlegierte Stahlspäne mit Querschnitten bis 40 ... 60 mm^2	insb. für Betriebe der Schrottaufbereitung	<50	10 ... 12	140	26,0

[1]) ≈2,5 t/h bei Aluminiumspänen [246] und ≈5 t/h bei Kupferlegierungsspänen [463]

6.3.4.6. Trommelmühlen

Die bei der Zerkleinerung mineralischer Rohstoffe vielfältig genutzten Trommelmühlen fanden bei der Zerkleinerung von Schrotten bisher praktisch keine Anwendung. Neuerdings werden jedoch Trommelmühlen erfolgreich für die Zerkleinerung un- und niedriglegierter Stahlspäne eingesetzt, die auch aus größeren Spänezusammenballungen bestehen und massive Schrottstücke enthalten können [464]. Die Trommelmühlen besitzen ein Länge/Durchmesser-Verhältnis von >2:1. Eine entsprechende Anlage für die Zerkleinerung von Stahlspänen zeigt Bild 163. Die Stahlspäne werden ohne vorherige Zerkleinerung und Sortierung mittels eines Greifers (*1*) in einen Aufgabeschacht abgeworfen, dem sich eine offene Aufgaberinne (*2*) anschließt. In der Aufgaberinne befinden sich Schwenkarme (*3*), die die Stahlspäne in die Trommelmühle (*4*) drücken. Diese Aufgabevorrichtungen besitzen einen gesonderten Antrieb.

Die Aufgabeöffnung der Trommelmühle ist etwa zwei- bis dreimal größer als bei den Trommelmühlen für mineralische Rohstoffe. Als Mahlkörper werden Stahlkugeln verwendet, deren Masse ≈9 kg beträgt. Die Mahlkörperfüllung liegt bei nur 5 Vol.-%. Die gleichzeitig mit den Spänen aufgegebenen kompakten und blechartigen Schrotteile verbleiben im Mahlraum und wirken z. T. als Mahl-

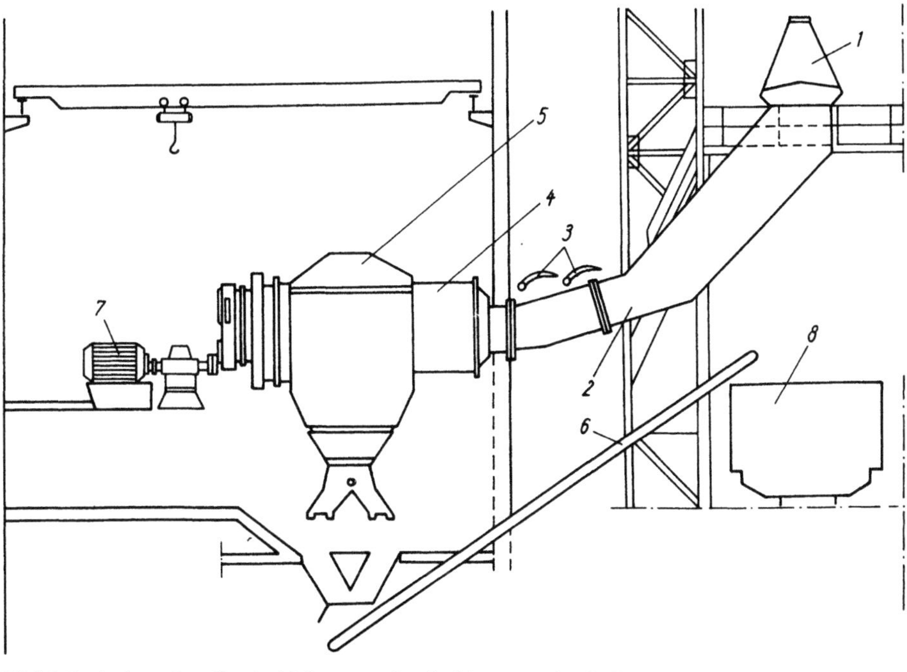

Bild 163. Anlage für die Zerkleinerung der Stahlspäne mittels Trommelmühle [464]
1) Greifer; *2*) Aufgaberinne; *3*) Schwenkarme; *4*) Trommelmühle; *5*) Umhausung; *6*) Bandförderer; *7*) Antriebsmotor für Trommelmühle; *8*) Eisenbahnwaggon

körper. Nach entsprechenden Zeitabständen müssen diese jedoch aus dem Mahlraum entfernt werden.

Die Austragsöffnungen der Trommelmühle sind über die gesamte Trommellänge in radialen Reihen angeordnet. Auf dem Umfang der Trommelmühle befinden sich jeweils 12 Austragsöffnungen. Die Breite der Öffnungen beträgt 80 mm, die Länge schwankt zwischen 200 und 280 mm. Der Teil der Trommelmühle, in dem sich die Austragsöffnungen befinden, wurde mit einer Umhausung (*5*) versehen. Die Abförderung der zerkleinerten Späne erfolgt mittels Bandförderer (*6*). Die Schüttdichte der zerkleinerten Stahlspäne beträgt $\approx 1{,}5$ t/m^3.

6.3.4.7. Sonstige Maschinen und Geräte zur mechanischen Zerkleinerung

Neben den bisher behandelten Zerkleinerungsausrüstungen für Metalle werden besonders außerhalb des Bereichs der Schrottaufbereitung noch weitere Zerkleinerungsmaschinen genutzt. So bietet sich z. B. für das Zerteilen von Schienen, Trägern, Stangen, Rohren u. a. die Anwendung von *Sägemaschinen* (Kreis- und Bandsägen) an. Im Vergleich zum Scherschneiden ist das Sägen aber sehr zeit- und kostenintensiv. Es fand deshalb für die Zerkleinerung von Schrotten bisher nur eine auf Sonderfälle beschränkte Anwendung [53]. Ihr Einsatz ist vor allem in der metallurgischen und metallverarbeitenden Industrie begründet, wo ebene Trennflächen und nicht deformierte Profilenden gefordert werden.

Eine breite Anwendung fanden Zerkleinerungsmaschinen bei der *Herstellung von Metallpulvern.* In neuerer Zeit werden Metallpulver allerdings nur noch in Sonderfällen durch einen mechanischen Zerkleinerungsprozeß erzeugt. Er wird noch angewendet für die Zerkleinerung sehr spröder Metalle, die Dispergierung oxydationsempfindlicher und reaktiver Metalle unter definierten Schutzgasbedingungen, die Herstellung dichter oder blättchenförmiger Metallpulver (Aluminium, Bronze, Eisen) und um Aktivierungseffekte zu erreichen [465]. Als Zerkleinerungsmaschinen werden vor allem Kugelmühlen, jedoch auch Schwingmühlen, Rührwerkskugelmühlen (Attritoren), Strahlmühlen und früher besonders Wirbelschlagmühlen (Hametag-Mühlen) eingesetzt. Um die Zerkleinerung zu erleichtern, werden die Metalle und Legierungen häufig vorher durch Hydrieren, Sulfidieren, Unterkühlen oder martensitische Härtung versprödet [466]. Die untere durch Zerkleinerung erreichbare Teilchengröße liegt bei ≈ 1 µm. Die Teilchenform des Zerkleinerungsprodukts ist abhängig vom Stoffverhalten der zu zerkleinernden Metalle und Legierungen. Bei sich spröde verhaltenden Werkstoffen ergeben sich meist unregelmäßige, kantige Metallpulver, während bei plastischem Stoffverhalten teller- oder blättchenförmige Metallpulver entstehen.

6.3.4.8. Zerkleinerung nach thermischer Vorbehandlung

Bei ausgewählten Stahl- und NE-Metallschrotten besteht die Möglichkeit, durch eine thermische Vorbehandlung eine Zerkleinerung und günstige Aufschlußverhältnisse zu erreichen. Die thermische Vorbehandlung kann dabei in einem Abkühlen der Schrotte (kryotechnische Vorbehandlung) oder in einem Erwärmen bis unterhalb des Schmelzpunktes bestehen. Industriell hat sich bisher nur die kryotechnische Vorbehandlung des Schrotts mit flüssigem Stickstoff eingeführt. Es ist jedoch für ausgewählte Anwendungsfälle denkbar, als Kältemittel auch flüssiges Kohlendioxid (Trockeneis), Trockeneis-Methanol-Gemische und ggf. auch Kältemaschinen zu verwenden.

Die Anwendung der *kryotechnischen Vorbehandlung* der Schrotte beruht auf der Erkenntnis, daß sich mit Verringerung der Temperatur das Zerkleinerungsverhalten einiger Metalle (ferritische und ferritisch-perlitische Stähle, Gußeisen mit Kugelgraphit, Zink) und der meisten hochpolymeren Werkstoffe verändert (s. 6.1.1.). Bei diesen Werkstoffen erfolgt unterhalb einer bestimmten Temperatur der Bruch ohne sichtbare plastische Verformung als Sprödbruch. Hohe Beanspruchungsgeschwindigkeiten und das Vorhandensein von Kerben unterstützen das Entstehen eines Sprödbruchs.

Durch eine kryotechnische Vorbehandlung kann in Abhängigkeit von der Schrottart eine vollständige oder selektive Versprödung des Schrotts erreicht werden. Die dabei entstehenden Vorteile sind vielfältig. Bei den Elektromotorenschrotten [467], [468] gelingt es, einen für nachfolgende Sortierprozesse ausreichenden Aufschluß im Hammerbrecher (Shredder) zu erreichen. Allerdings ist bisher nur der Einsatz von Elektromotoren bis zu einer Stückmasse von ≈ 50 kg möglich [467]. Nähere Angaben zur kryotechnischen Vorbehandlung der Elektromotorenschrotte finden sich in Tabelle 64.

Wesentliche Vorteile werden auch bei einer kryotechnischen Vorbehandlung der Aluminium-Kabelschrotte erreicht [440], [469]. Es gelingt, die Zerkleinerung und die Sortierung der aufgeschlossen vorliegenden Komponenten deutlich zu vereinfachen. Bemerkenswert sind die großen Unterschiede im Kühlmittelverbrauch zwischen den möglichen Isolationsmaterialien der Kabelschrotte, wie nachfolgende Übersicht verdeutlicht [470]:

	in kg fl. Stickstoff/ kg hochpolymerer Werkstoff
Polypropylen	0,14
Polyvinylchlorid	0,41
Gummi	0,64
Polyäthylen	0,81

Ein Vergleich mit Tabelle 51 und Bild 74 zeigt, daß zwischen dem Stickstoffverbrauch und den Glastemperaturen sowie den Schlag- und Kerbschlagzähigkeitswerten der hochpolymeren Werkstoffe gewisse Beziehungen bestehen.

Mögliche Vorteile ergeben sich durch eine kryotechnische Vorbehandlung evtl. auch bei den zinkhaltigen Schrotten [471], [472], den Weißblechschrotten und den komplex zusammengesetzten Schrotten der Elektrotechnik und Elektronik. Detaillierte Untersuchungen darüber sind jedoch bisher nicht bekannt geworden.

Als ökonomisch nicht vertretbar hat sich die kryotechnische Vorbehandlung der Stahlleichtschrotte erwiesen [473] bis [477]. Trotz beachtlicher Vorteile, wie gute Qualität des Fertigprodukts (hohe Schüttdichte, weitestgehend frei von Verunreinigungen) und geringerer spezifischer Energieverbrauch für die Zerkleinerung,

Tabelle 64. Anwendung der Zerkleinerung nach kryotechnischer Vorbehandlung des zu zer-

aufzubereitende bzw. zu zerkleinernde Materialien	Vorbehandlung	kryotechnische Vorbehandlung Kühleinrichtung
Elektromotorenschrotte (Stückmasse: 2 ... 50 kg)		Drehrohrkühler mit Vorkühlzone und Eintauchmulde
Aluminiumkabelschrotte	Schneiden auf Stücklängen 300 bis 400 mm	Drehrohrkühler mit Vorkühlzone und Eintauchmulde
Stahlleichtschrotte (Karosserie- und Haushaltsschrotte)	Paketierung Paketabmessung (600 × 600) mm, besser (700 × 700) mm mit variabler Länge	Kühltunnel mit Vorkühlzone und Eintauchmulde Länge: ≈40 m
PKW- und LKW-Reifen (Stahlgürtel- und Textilgürtelreifen)	Schneiden der Reifen in 6 Teile	Drehrohrkühler mit Vorkühl- und Tiefkühlzone; in letztere wird fl. Stickstoff eingesprüht Länge: 13 ... 18 m
Granulat von Thermoplasten Gummigranulat aromatische Stoffe, z. B. Gewürze, Kaffee u. a.		Flüssigbadbehälter mit schräg angeordneter Austragsschnecke; Kühlschacht mit Stickstoffdampfzuführung; Mischschnecke mit Versprühung des fl. Stickstoffs (Wirbelschneckenkühler)

[1]) abhängig von der Korngrößenzusammensetzung des Endproduktes
[2]) bezogen auf 1 t aufbereiteten Stahlschrott

konnten die Kosten für den flüssigen Stickstoff nicht ausgeglichen werden [474]. Eine kryotechnische Vorbehandlung der Stahlleichtschrotte erscheint deshalb nur dann lohnenswert, wenn es gelingen würde, die durchschnittliche Wandstärke des im Hammerbrecher (Shredder) zerkleinerbaren Schrotts entscheidend zu erhöhen. Dann könnte dieses Verfahren eine echte technologische Lücke bei der Aufbereitung der verunreinigten Stahlschrotte schließen und nicht in Konkurrenz mit einem bereits bewährten Verfahren treten.

Neben der Nutzung der kryotechnischen Vorbehandlung für die Probleme der Schrottaufbereitung fand diese auch Anwendung bei der Aufbereitung von Alt-

kleinernden Guts

Endtemperatur [°C]	Stickstoffverbrauch [kg/kg Einsatzgut]	Zerkleinerungs- einrichtung	Durchsatz der Anlage	Lit.
−80	0,25 ... 0,35	Hammerbrecher (Shredder)	7 ... 10 t/h bzw. 7200 t/a	[467] [468]
≈ −120	0,25	Prallbrecher	2,4 t/h bzw. 10 kt/a	[440]
−150	0,32 (0,4²))	Hammerbrecher (Shredder) mit 370-kW-Antriebsmotor	15 ... 20 t/h	[473] [474]
−65 ... −90 meist −80	0,45 ... 0,6	Prall- oder Hammerbrecher	>300 PKW-Reifen/h ≈2,5 t/h	[467] [478]
i. allg. −60 ... −80	0,7 ... 1,5¹) 1 ... 1,4¹) 0,2 ... 0,6¹)	Stiftmühle Pralltellermühle Rohrschwing-mühle u. a.		[467] [482]

reifen [478], der Feinzerkleinerung von Granulaten aus Thermoplasten und Gummi sowie von Farben, Gewürzen, Kaffee und anderen Stoffen [467], [479] bis [484]. Angaben zur kryotechnischen Vorbehandlung dieser Stoffe und über die eingesetzten Zerkleinerungsmaschinen finden sich in Tabelle 64.

Technisch bisher nicht genutzt wird die Erscheinung, daß mit zunehmender Erwärmung bis unterhalb des Schmelzpunkts bei einigen Metallen (Aluminium, Kupfer, Zink) die Festigkeit deutlich abnimmt. So besitzt Aluminium einen starken Abfall der *Warmfestigkeit* im Temperaturbereich von 300 bis 400 °C. Erwärmt man Aluminiumschrotte auf Temperaturen von ≈50 bis 100 K unterhalb ihres

Schmelzpunkts, so zerfallen das Aluminium und seine Legierungen bereits bei geringen Beanspruchungen, z. B. durch Rütteln oder Bewegen in Trommeln [53], [485]. Eine ebenfalls deutliche Verringerung der Warmfestigkeit wird bei Zink im Temperaturbereich zwischen 230 und 375 °C festgestellt [139]. Nähert man sich dem Schmelzpunkt aber zu sehr, so wird durch sich bildende Schmelzphasen der nachfolgende Zerkleinerungsprozeß behindert.

6.4. Sprengen

Die Eigenschaft der Sprengstoffe, schlagartig sehr große Energien freizusetzen, kann für die Zerkleinerung der Stahl- und Gußeisenschrotte genutzt werden. Die Durchführung von Sprengarbeiten ist jedoch mit vielen Maßnahmen zur Gewährleistung der Sicherheit verbunden, die eine Anwendung des Sprengens im Rahmen der Schrottzerkleinerung wesentlich einschränken. Das Sprengen hat sich deshalb nur für folgende zwei Aufgaben eingeführt:

— Sprengen von Stahlkonstruktionen, wie Brücken, Fördertürme, Behälter, im Freien und bei Anwendung besonderer Sicherheitsvorkehrungen auch in Gebäuden (Demontagesprengungen)
— Sprengen von massiven Schrottstücken, wie Walzen, Schabotten, Kokillen, in Sprenggruben.

Beim Sprengen von Stahlkonstruktionen wird meist nur ihr Einsturz angestrebt, der jedoch gleichzeitig mit einer Vorzerkleinerung verbunden ist. Die weitere Zerkleinerung der Stahlkonstruktionen erfolgt aus ökonomischen Gründen mit thermischen Zerkleinerungsprozessen. Das Ziel des Sprengens in Sprenggruben besteht im allgemeinen darin, aus dem zu sprengenden Schrott ein weitestgehend kleinstückiges Schrotthaufwerk herzustellen. Die noch zu großstückigen, nicht unmittelbar in der Metallurgie einsetzbaren Gußeisenstücke werden häufig mit Fallwerken nachzerkleinert. Es ist jedoch auch möglich, das Sprengen gezielt für eine Vorzerkleinerung der Schrotte anzuwenden.

Die Durchführung der Sprengarbeiten erfordert eine sorgfältige Vorbereitung und eine gewissenhafte Ausführung aller mit dem Sprengvorhaben im Zusammenhang stehenden Tätigkeiten. Um das zu sichern, wurden eine Reihe von gesetzlichen Bestimmungen erlassen. Oberstes Gebot ist dabei immer die Sicherheit. Besondere Aufmerksamkeit muß

— der Erarbeitung der Sprengtechnologie, einschl.
  • Festlegung der Anordnung der Sprengladungen
  • Gestaltung der Sprengladungen
  • Ladungsberechnung
  • Festlegung der Zündfolge und der erforderlichen Sicherungsmaßnahmen
— der Durchführung der eigentlichen Sprengarbeit, wie
  • Sprengmitteltransport und -lagerung
  • Einbringen des Sprengstoffs in die Laderäume bzw. Anbringen der Sprengladungen an die Schrottstücke
  • Verdämmen der Laderäume bzw. der Sprengladungen
  • Sicherung der Sprengstelle und der gefährdeten Objekte

- Zünden der Sprengladungen
- Beseitigung der Fehlergebnisse beim Sprengen

gelten. Grundsätzlich hat jede Sprengarbeit nach einer festgelegten Sprengtechnologie bzw. nach einem Sprengobjekt zu erfolgen. Die unmittelbaren Sprengarbeiten dürfen nur von speziell ausgebildeten Fachkräften (Sprengberechtigten) durchgeführt werden. Ausführliche Darlegungen über diese Arbeiten finden sich in [486] bis [492]. Die nachfolgenden Ausführungen beschränken sich deshalb im wesentlichen auf sprengtechnologische Gesichtspunkte bei der Zerkleinerung von Schrotten.

6.4.1. Sprengstoffe, Sprengladungen und die sich ergebenden Sprengwirkungen

Für das Sprengen der Stahl- und Gußeisenschrotte eignen sich nur *brisante Sprengstoffe*. Bewährt haben sich vor allem einheitliche Sprengstoffe, wie Trinitrotoluol, Nitropenta, Hexogen oder Gemische aus ihnen sowie sprengölhaltige gelatinöse Ammonsalpetersprengstoffe. Erstere dienen als hochbrisante Sprengstoffe vor allem zum Sprengen von Stahlkonstruktionen. Sie werden in Form von Gieß- oder Preßkörpern eingesetzt. Für das Sprengen der Schrotte in Sprenggruben haben sich besonders die sprengölhaltigen gelatinösen Ammonsalpetersprengstoffe eingeführt (DDR: Gelamone, BRD: Ammon-Gelite). Sie bestehen aus

- sprengkräftigen Bestandteilen, wie Sprengöl (meist nur noch Nitroglykol), Trinitrotoluol, Dinitrotoluol und Zellulosenitrat (Kollodiumwolle)
- sauerstoffabgebenden Bestandteilen, wie Ammoniumnitrat (Ammonsalpeter) und teilweise noch Natriumnitrat
- Holzmehl als Auflockerungsmittel sowie verschiedenen inerten Stoffen (Kreide, Farbe).

Der Einsatz der sprengölhaltigen gelatinösen Ammonsalpetersprengstoffe erfolgt in Form von Sprengstoffpatronen. Nähere Angaben über die Zusammensetzung der Sprengstoffe und ihre Eigenschaften sind der Literatur zu entnehmen [486] bis [493].

Um den Sprengstoff zu zünden, sind Zündmittel (Sprengzünder), Zündleitungen, eine Zündmaschine sowie weiteres Sprengzubehör erforderlich. Der *Zündvorgang* gestaltet sich im allgemeinen wie folgt: Mit einer Zündmaschine wird zunächst ein Stromstoß erzeugt. Über eine Zündleitung wirkt dieser auf einen sprengkräftigen Momentzünder (Bild 164). Dabei wird der Glühdraht des Zünders erhitzt. Die entstehende Wärme führt zum Entflammen des Zündsatzes. Dieser Flammenstrahl entzündet unmittelbar den aus Knallquecksilber oder Bleiazid bestehenden Initialsprengstoff, der dann die Detonation der meist aus Nitropenta gebildeten Sekundärladung auslöst. Von dieser geht dann der eigentliche Initialimpuls zur Einleitung der Detonation der Sprengladung aus. Der Initialimpuls kann dabei direkt oder über eine Sprengschnur auf die Sprengladung übertragen werden.

Die vom Sprengzünder ausgehende Stoßwelle leitet in der Auftreffschicht des Sprengstoffs die chemische Umsetzung ein. Die dabei frei werdende Energie komprimiert die benachbarte Schicht und wärmt diese vor. Dadurch wird die Umsetzungsgeschwindigkeit in dieser Schicht erhöht, der Stoß verstärkt und die nächstfolgende Schicht noch stärker vorgewärmt und komprimiert. Auf diese Art entsteht

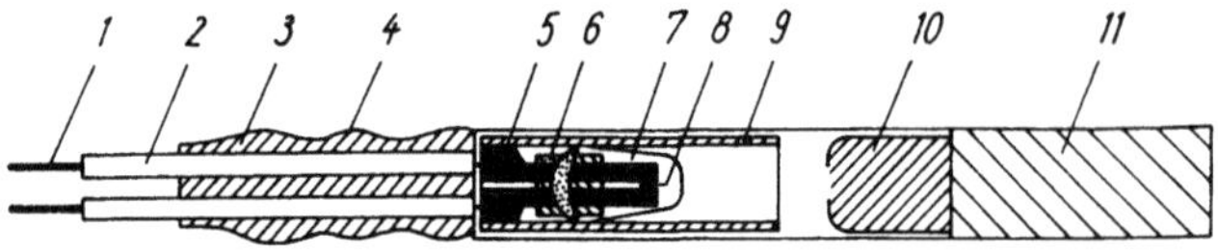

Bild 164. Aufbau eines sprengkräftigen Momentzünders [486]
1) Zünderdrähte; 2) Zünderdrähte, isoliert; 3) Stopfen; 4) Zünderhülse; 5) Polträger; 6) Isolierstück; 7) Zündsatz (Zündköpfchen); 8) Glühdraht (Glühbrücke); 9) Schutzschlauch; 10) Initialsprengstoff (Primärladung); 11) brisanter Sprengstoff (Sekundärladung, Hauptladung)

vor der Reaktionszone eine Druckwelle bzw. ein Verdichtungsstoß. Wird die Energie des Verdichtungsstoßes, d. h., die Komprimierung und Vorwärmung des unverbrannten Sprengstoffs, so groß, daß im Sprengstoff unmittelbar die chemische Umsetzung ausgelöst wird, beginnt die Detonation. Eine schmale Reaktionszone läuft dann mit hoher Geschwindigkeit (Detonationsgeschwindigkeit) durch den Sprengstoff (Bild 165). Vor der Detonationsfront befindet sich der Sprengstoff unter den ursprünglichen Temperatur- und Druckbedingungen. Dahinter stehen im Explosionsraum die hochgespannten, heißen Reaktionsprodukte (Schwaden). In der Reaktionszone, deren Breite einige Millimeter bis Zentimeter beträgt, findet unter extremen Temperatur- und Druckverhältnissen die für die Zerkleinerung des Schrotts nutzbare Energieumsetzung statt. Die Reaktionszeit für die bis zu den Endprodukten verlaufende detonative Umsetzung des Sprengstoffs liegt in der Größenordnung von Mikrosekunden. Entsprechend groß ist die Ausbreitungsgeschwindigkeit der Reaktionszone, die in Abhängigkeit von den physikalischen und chemischen Eigenschaften des Sprengstoffs 1500 bis 9000 m/s betragen kann.

Die sich an der Detonationsfront ausbildende Stoßwelle breitet sich als Verdichtungsstoß mit hoher Geschwindigkeit auch auf die Umgebung der detonierenden Sprengladung aus. Die kurze Wirkungsdauer des Detonationsdrucks von $\approx 10^{-6}$ s führt dabei zu einer dynamischen Beanspruchung der Bohrlochwandung bzw. der anliegenden Fläche. In Abhängigkeit von der Art und Zusammensetzung des Sprengstoffs entstehen Detonationsdrücke zwischen 10^2 und $2 \cdot 10^4$ MPa. Diese führen im Bereich der Bohrlochwandung bzw. der angrenzenden Fläche zu einer

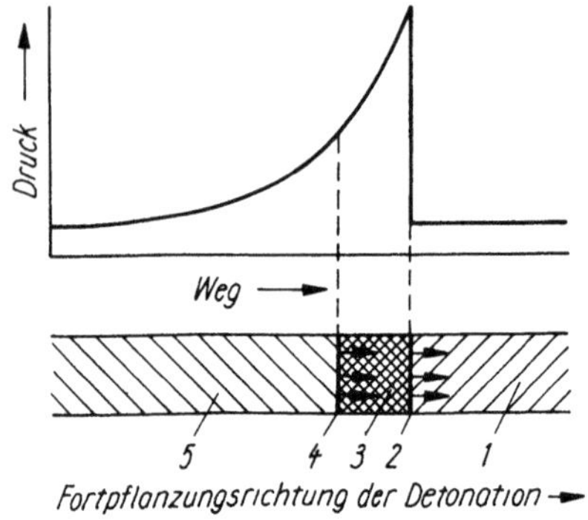

Bild 165. Darstellung der Detonationsfortpflanzung in einer Sprengstoffladesäule [488]
1) unverbrannter Sprengstoff;
2) Detonationsfront (Stoßwellenfront);
3) Reaktionszone (Detonationszone);
4) Reaktionsgrenzfläche;
5) Sprengschwaden

Verdichtung des metallischen Werkstoffs. In vielen Richtungen treten gleichzeitig Verformungsvorgänge, wie Gleitung und Zwillingsbildung, auf [494]. Durch die gegenseitige Behinderung der angeregten Gleitsysteme kommt es außerdem zur Anrißbildung (s. 6.1.1.). Eine Ausbreitung dieser Anrisse bzw. der bereits primär vorhandenen Anrisse ist auf der Grundlage der in den Tangentialebenen zur Oberfläche der Wellenfront entstehenden Zugspannungen möglich (Bild 166a). Diese führen zu sternförmig um das Bohrloch angeordneten Rissen (Bild 166b). In Abhängigkeit von den wirkenden Zugspannungen und der Festigkeit des metallischen Werkstoffs können sich diese vergrößern und verästeln, bis schließlich der Bruch des Werkstoffs eintritt.

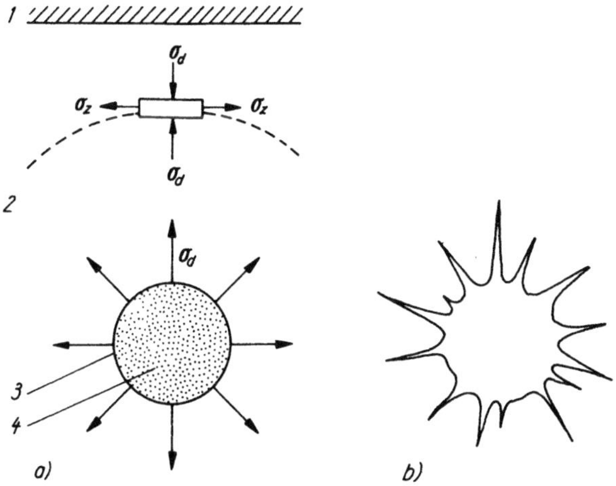

Bild 166. Spannungen (a) und Rißbildung (b) um eine völlig eingeschlossene, detonierende Sprengladung
1) freie Fläche;
2) metallischer Werkstoff;
3) Bohrloch;
4) detonierende Sprengladung
σ_d Druckspannungen;
σ_z Zugspannungen

Erfolgt das Sprengen der Schrottstücke mit zwei oder mehreren Sprengladungen, so entstehen zusätzliche Wirkungen. Werden z. B. zwei Bohrlochladungen gleichzeitig gezündet, so breiten sich in der axialen Ebene zwischen den beiden Bohrlöchern die Stoßwellen in einander entgegengesetzten Richtungen aus und treffen genau in der Mitte aufeinander (Bild 167). Dabei addieren sich die Druckspannungen, und es entstehen senkrecht zur axialen Ebene durch Addition der Zugspannungskomponenten der beiden Wellen hohe Zugspannungen. Diese führen zwischen den beiden Ladungen zu einem durchgehenden Riß und schließlich zum Bruch des Schrottstücks. Aber auch in anderen Ebenen des Schrottstücks wird durch die Addition der Zugspannungen die Riß- und Bruchbildung begünstigt.

Einen gewissen Beitrag bei der Erweiterung der im Schrottstück gebildeten Risse leistet auch der quasistatisch wirkende Gasdruck, der sich durch die hoch erhitzten und unter hohem Druck stehenden Explosionsprodukte bildet. Er beträgt bis zu 10^3 MPa und wirkt $\approx 10^{-3}$ bis 10^{-1} s. Bei außen an der Oberfläche der Schrottstücke angebrachten Ladungen ist wegen der geringen Verdämmung des Sprengstoffs eine Wirkung des Gasdrucks jedoch nicht zu erwarten.

Die große Festigkeit der zu sprengenden Metalle und die Vielgestaltigkeit der Schrottstücke erfordern unterschiedliche *Anordnungen und Formen der Sprengladungen.* Bei massiven Schrottstücken sind die Ladungen in ihrem Inneren unterzubringen (Innenladungen, Bild 168a). Dafür sind meist mehrere Bohrlöcher herzustellen und mit einer Sprengladung zu versehen. Hinsichtlich ihrer Form sind gestreckte und geballte Ladungen zu unterscheiden. Als gestreckte Ladungen werden jene Sprengladungen bezeichnet, deren Länge mehr als das 5fache des Durchmessers beträgt [486]. Mit diesen Innenladungen erreicht man eine maximale Ausnutzung der Sprengenergie und eine allseitige Wirkung auf das zu sprengende Metall. Die Bohrlöcher sind dabei so anzuordnen, daß sich die Wirkungsradien der benachbarten Sprengladungen mehr oder weniger überschneiden.

Besitzen die zu sprengenden Schrottstücke Hohlräume, so werden diese meist für die Aufnahme der Sprengladung genutzt (Bild 168b). Mit den eingehängten bzw. eingelegten Ladungen ergeben sich im allgemeinen bessere Zerkleinerungs-

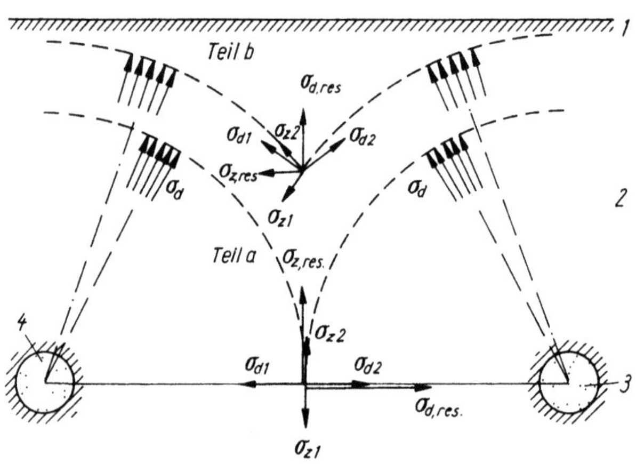

Bild 167. Spannungszustand beim Zusammentreffen der Druckspannungen zweier benachbarter Sprengladungen bei gleichzeitiger Zündung [492]

1) freie Fläche;
2) metallischer Werkstoff;
3) Sprengladung *1*;
4) Sprengladung *2*

σ_{d1}, σ_{z1} Druck- bzw. Zugspannungen von Sprengladung *1* ausgehend

σ_{d2}, σ_{z2} Druck- bzw. Zugspannungen von Sprengladung *2* ausgehend

$\sigma_{d,res.}$, $\sigma_{z,res.}$ resultierende Druck- bzw. Zugspannungen

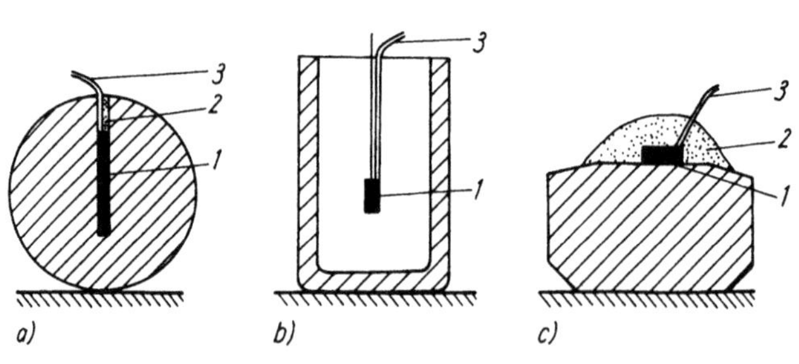

Bild 168. Möglichkeiten der Ladungsanordnung, schematisch

a) Innenladung (Bohrlochladung);
b) eingehängte Ladung;
c) Außenladung (aufgelegte Ladung)

1) Sprengladung;
2) Besatz;
3) Zünderdrähte

ergebnisse als bei Anordnung der Sprengladung auf der Oberfläche der Schrottstücke. Als Sprengladungsformen haben sich sowohl gestreckte als auch geballte Ladungen eingeführt.

Ist die Herstellung von Bohrlöchern nicht möglich und sind keine geeigneten Hohlräume für die Aufnahme der Sprengladung vorhanden, so muß die Sprengladung außen am Schrottstück angebracht werden (Außenladung, Bild 168c). In Abhängigkeit von der Lage der Sprengladung unterscheidet man an-, auf- und untergelegte Ladungen. Bei derartigen Außenladungen geht jedoch ein großer Anteil der Sprengenergie für die Zerkleinerung verloren. Durch sachgerechte Verdämmung der Sprengladung kann die Energieausnutzung aber etwas verbessert werden.

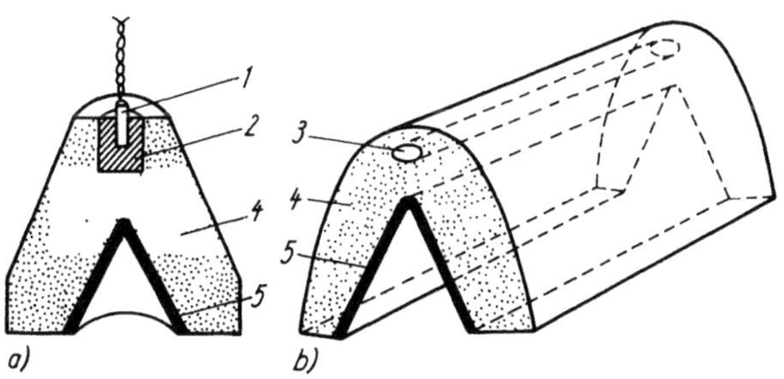

Bild 169. Hohlladung (a) und Schneidladung (b)
1) Sprengzünder;
2) Verstärkungsladung (Hexogen);
3) Zündkanal;
4) Sprengstoff (Trinitrotoluol, gegossen);
5) Metalleinlage

Eine spezielle Ladungsform, die sich als Außenladung auch für die Zerkleinerung der Schrotte eignet, ist die Hohlladung (Bild 169a). Sie besteht aus einem gepreßten oder gegossenen Sprengkörper mit hochbrisantem Sprengstoff, der eine rotationssymmetrische Aussparung besitzt. Durch die besondere Konstruktion der Hohlladung wird die Sprengwirkung in eine bestimmte Richtung gelenkt [489], [490]. Gegenüber den geballten Ladungen besitzen sie den Vorteil der geringeren Umweltbeeinflussung und des geringeren spezifischen Sprengstoffverbrauchs. Durch eine leistenförmig ausgebildete Hohlladung (Schneidladung) ist es auch möglich, flächenförmige Schrottstücke zu zerkleinern (Bild 169b).

6.4.2. Sprengen von Stahlkonstruktionen (Demontagesprengungen)

Mit dem Sprengen von großen Stahlkonstruktionen, wie Förderbrücken, Fördertürmen, Brücken, wird vor allem ihr Einsturz angestrebt, gleichzeitig jedoch auch ihre Vorzerkleinerung erreicht. Die weitere Zerkleinerung der Bauteile erfolgt im allgemeinen mit thermischen Zerkleinerungsprozessen (meist Brennschneiden). Werden besondere Sicherheitsvorkehrungen getroffen, so ist es auch möglich, innerhalb von Gebäuden zu sprengen. Die dabei anzuwendenden Sprengmethoden entsprechen im allgemeinen denen, die beim Sprengen in Sprenggruben Anwendung finden. Auf sie wird deshalb in 6.4.3. näher eingegangen.

Das Sprengen von Stahlkonstruktionen wird relativ selten durchgeführt. Das ist darauf zurückzuführen, weil derartige Sprengungen wegen der geringen Verdämmung der Sprengladungen meist aufwendige Sicherheitsvorkehrungen erfordern. Durch die große Flugweite der weggeschleuderten Stahlbrocken und -splitter, die deutlich über der bei Gesteinssprengungen liegt, ist beim Sprengen im Freien ein Absperradius von mindestens 1000 m erforderlich [486]. Innerhalb dieses Bereiches sind die zu schützenden Objekte mit Faschinen, Balkenlagen, Strohballen u. a. zu sichern. Das ist in bebauten Gebieten häufig aber nicht bzw. nur mit sehr großem Aufwand möglich. Bei turmartigen Stahlkonstruktionen ist deshalb z. B. zu prüfen, ob nicht auch ihr Umlegen durch Sprengen der Fundamente erreicht werden kann. Um wenigstens die Anzahl der Sprengstellen und damit auch die notwendige Sprengstoffmenge auf ein Minimum zu begrenzen, sind alle Bauelemente im Bereich des vorgesehenen Sprengabschnitts, die nicht statisch wirksam sind, vorher herauszuschneiden bzw. zu trennen.

Die Stahlkonstruktionen bestehen überwiegend aus Profilstählen (Einzelprofile, zusammengesetzte Profile) sowie aus Stabstählen, Blechen, Rohren und Seilen. Das Sprengen der Stahlkonstruktionen kann deshalb nur mit auf- bzw. angelegten Ladungen erfolgen. Hinsichtlich ihrer Form können es gestreckte oder geballte Ladungen sein. Als Sprengstoffe eignen sich wegen ihrer hohen Sprengkraft und ihrer Prismenform vor allem Trinitrotoluol-Preßkörper [486], [487]. Sie lassen sich gut in die Profilformen einpassen und auch am einfachsten befestigen. Wegen ihrer relativ großen Brisanz sind jedoch ebenfalls sprengölhaltige gelatinöse Ammonsalpetersprengstoffe anwendbar.

Der Sprengerfolg wird entscheidend von der Größe der Sprengladung und ihrer Anordnung bestimmt. Die notwendige Größe der Sprengladung richtet sich nach der Art des zu sprengenden Bauelements und dem Spannungszustand, der in dem Bauelement besteht. Für die Berechnung der *Sprengstoffmenge L* gilt folgende Beziehung [486]:

$$L = g_{\mathrm{Fe}} \cdot A \tag{44}$$

g_{Fe} spezifischer Sprengstoffverbrauch
A Querschnittsfläche des zu sprengenden Bauelements

Der spezifische Sprengstoffverbrauch ergibt sich für Stahlprofile aus Tabelle 65. Für Platten und Rohre werden im allgemeinen die Werte verwendet, die denen der

Tabelle 65. Spezifischer Sprengstoffverbrauch für Stahlprofile [486]

Beanspruchung des Stahlprofils	spezifischer Sprengstoffverbrauch [kg/cm²]	
	bei einzelnen Stahlprofilen	bei zusammengesetzten Stahlprofilen
zugbeansprucht	0,025	0,035
im spannungslosen Zustand	0,030	0,040
druckbeansprucht	0,035	0,045
bei nicht bekanntem Spannungszustand	0,030	0,040

Einzelprofile entsprechen. Bei Drahtseilen und Trossen wird ein deutlich höherer spezifischer Sprengstoffverbrauch angesetzt [487]:

bis zu einem Durchmesser von 4 cm: 0,1 kg/cm²
>4 cm Durchmesser: 0,2 kg/cm²

Verschiedene Beispiele für die Berechnung von Sprengladungen finden sich in [486], [487], [490]. Wesentlich ist, daß die berechnete Sprengstoffmenge anteilig den zu sprengenden Flächen des Bauelements zugeordnet wird. Alle entstehenden Teilladungen sind jedoch gleichzeitig zur Detonation zu bringen.

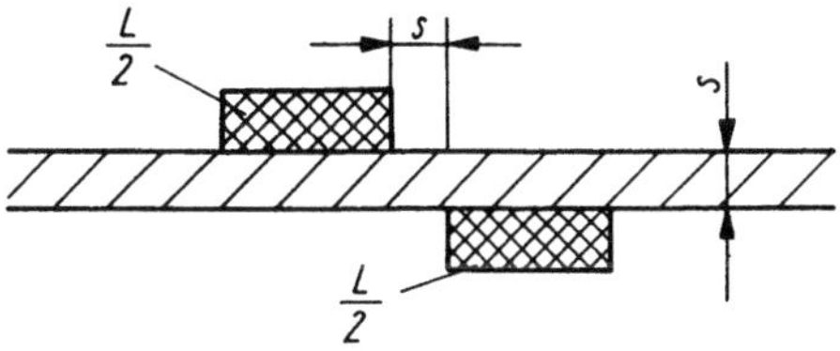

Bild 170. Anordnung der Sprengladung zum Erreichen einer Scherwirkung
L Sprengstoffmenge, ges.; *s* Werkstoffdicke ≙ Ladungsabstand

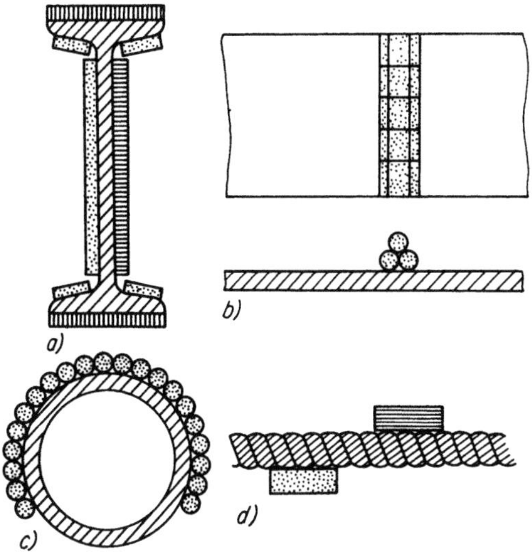

Bild 171. Anordnung der Sprengladungen bei Profilen (a), Platten (b), Rohren (c) und Seilen (d)

Von entscheidender Bedeutung für das Sprengergebnis ist auch die Art des Anbringens der Sprengladungen an die zu sprengenden Bauelemente. Die Sprengladungen sollten möglichst so angeordnet werden, daß eine Scherwirkung erreicht wird (Bild 170). Der Abstand der beiden Teilladungen wird meist gleich der Metalldicke gewählt. Möglichkeiten für die *Anordnung von Sprengladungen* an Profilstählen, Platten, Rohren und Seilen sind im Bild 171 dargestellt. Die Profilstähle werden überwiegend durch gestreckte, um das gesamte Bauelement angebrachte Ladungen gesprengt (Bild 171a). Die Teilladungen sind dabei versetzt anzuordnen, was im Bild durch unterschiedliche Kennzeichnung verdeutlicht werden soll. Beim Sprengen von Stahlplatten ist die Ladung auf die gesamte Breite der Platte zu legen (Bild 171b). Die Sprengladung für das Sprengen von Rohren muß so um das Rohr verteilt werden, daß $^2/_3$ bis $^3/_4$ des Umfangs bedeckt sind (Bild 171c). Für das Sprengen von Stahltrossen und -seilen ist die im Bild 171 d dargestellte Anordnung zu wählen, da dadurch eine Scherwirkung erreicht wird. Die hohe Festigkeit und Dehnung der verwendeten Stähle führt jedoch trotz deutlich höherer spezifischer Sprengstoffmenge häufig dazu, daß der Zerkleinerungserfolg nicht eintritt [486]. Hängt der erfolgreiche Einsturz einer Stahlkonstruktion von der Trennung der Seile ab, so ist es oft sicherer, durch Sprengen die Seile aus ihren Verankerungen zu reißen bzw. die Verankerungen selbst zu zerstoßen. Nähere Ausführungen über die Anordnung von Sprengladungen finden sich in [486], [487], [490].

Der Sprengerfolg wird aber nicht nur von der Sprengstoffmenge und deren Anordnung, sondern auch wesentlich vom festen, flächigen Sitz der Sprengladung am zu sprengenden Bauelement bestimmt. Ein relativ festes Anliegen der Ladung erreicht man mit Hilfe von Ladungsträgern aus Holz oder ähnlichem Material. Die Sprengladungen werden fest angebunden oder gegen benachbarte Flächen verkeilt. Sind im Bereich der Sprengstelle Hohlräume zwischen den einzelnen Profilstählen, so sollten sie mit eng eingepaßten Holzbrettchen ausgefüttert werden. Dadurch wird eine deutlich bessere Sprengwirkung erreicht. Auch trägt eine gute Verdämmung der Sprengladung mit plastischem Material (Sandsäcke) zu einer Verbesserung des Sprengergebnisses bei. Allerdings kann diese Forderung häufig nicht bzw. nur begrenzt realisiert werden.

6.4.3. Sprengen massiver Stahl- und Gußeisenschrotte in Sprenggruben

Für die Zerkleinerung der massiven Schrottstücke, z. B. der Gußeisen- und Stahlgußwalzen, Ausschußblöcke und -barren, großen Stahlgußgestelle, Kokillen und Schabotten sowie der sprengstoffbehafteten Schrottstücke, hat sich das Sprengen in Sprenggruben eingeführt. Nur noch selten werden derartige Schrotte auf einem besonders ausgerüsteten Sprenggelände in offenen bzw. behelfsmäßig verschlossenen Gruben oder nach Eingraben der Schrottstücke gesprengt [486], [491]. Die Stückmasse der zu sprengenden Schrottstücke beträgt bis zu 50 t und mehr. Das Ziel des Sprengens kann in der Herstellung eines kleinstückigen, in der Metallurgie unmittelbar einsetzbaren Schrotts oder in der Vorzerkleinerung der Schrottstücke bestehen. Letztere Zielstellung beschränkt sich im allgemeinen aber nur auf Gußeisenschrotte, deren Nachzerkleinerung mit Fallwerken erfolgen kann.

Das Sprengen der Stahl- und Gußeisenschrotte in Sprenggruben führt gegenüber dem Sprengen im Freien zu wesentlich geringeren Gefährdungen für die Umgebung der Sprengstelle. Die *Sprenggruben* können deshalb sowohl in den metallurgischen als auch in den schrottaufbereitenden Betrieben errichtet werden. Ihr Aufbau erfordert jedoch gleichzeitig die Errichtung entsprechender Kranausrüstungen hoher Tragfähigkeit, die Schaffung ausreichender Lagerkapazitäten und den Bau eines Unterstandes für das sprengtechnische Personal. Dabei ist dem Bau der Sprenggrube besondere Beachtung zu schenken. Denn beim Sprengen der Schrotte werden die Bauteile der Sprenggrube durch die sich ausbreitenden Luftdruckwellen und die aufprallenden Metallstücke und -splitter hoch beansprucht. Die Sprenggruben sind deshalb sehr stabil, aber auch einfach zu gestalten. Ihre Form ist meist rechteckig, selten rund. Den Aufbau einer rechteckigen Sprenggrube, die für das Sprengen

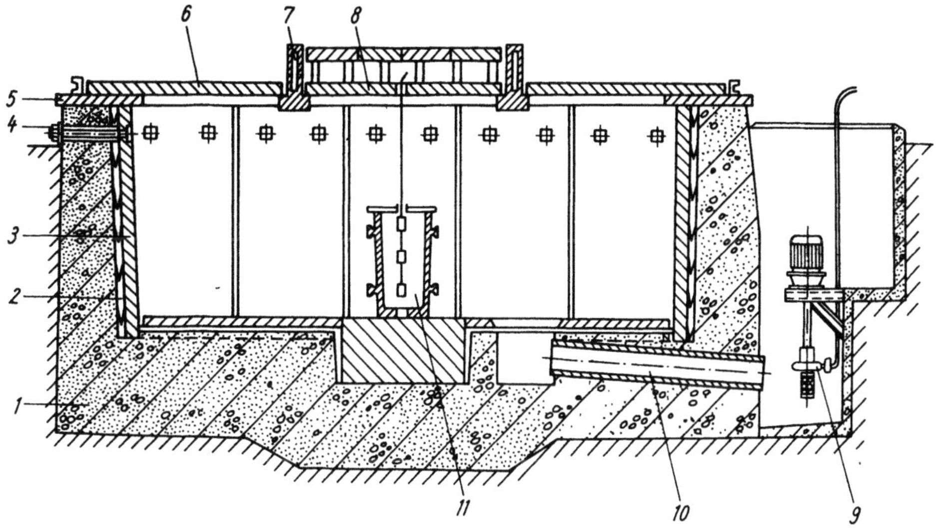

Bild 172. Sprenggrube [344] (für das Sprengen von Kokillen mit Wasserverdämmung eingerichtet)
1) Stahlbetonfundament; *2*) Holzbalken; *3*) Stahlplatten; *4*) Ankerbolzen; *5*), *6*) Stahlplatten; *7*) Tragbalken; *8*) Abdeckplatten; *9*) Wasserpumpe; *10*) Abflußrohr; *11*) Kokille

von Kokillen mit Wasserverdämmung eingerichtet ist (Hydrosprengung), zeigt Bild 172. Die Wände und der Boden der Sprenggrube bestehen aus 0,8 bis 1,4 m starkem Stahlbeton (*1*). Innen sind die Wände durch Holzbalken (*2*) und Stahlplatten (*3*) mit einer Dicke von 100 bis 300 mm ausgekleidet. Die Befestigung der Stahlplatten erfolgt mit Bolzen (*4*). Untersuchungen zeigten, daß geschmiedete Stahlplatten eine höhere Standfestigkeit als gewalzte Platten (Brammen) besitzen [344]. Letztere reißen oft an den Bolzenöffnungen. Gleichfalls mit Stahlplatten sind der Boden und der Zugang zur Sprenggrube ausgelegt. Die durch die Holzbalken zwischen Stahlbetonwand und Stahlplatten entstehende Dämpfung der Druckwelle kann auch durch Gummibänder, Autoreifen und Sand erreicht werden [486], [495]. Eine ähnliche Wirkung erzielt man durch frei hängende bzw. nachgebende Stahl- bzw. Betonplatten. Die Entlüftung der Sprenggrube nach dem Sprengen unterstützt mitunter ein Ventilator. Für das Abpumpen des bei der Hydrosprengung anfallenden Wassers steht eine Pumpe zur Verfügung, die gleichzeitig das Regen- und Grundwasser entfernt.

Bei der konstruktiven Gestaltung der Abdeckung der Sprenggrube sind verschiedene Gesichtspunkte zu berücksichtigen. Die Abdeckung muß den Abzug der Sprengschwaden sichern, Schrottbruchstücke und -splitter in der Sprenggrube zurückhalten und darf sich nicht infolge der bei der Detonation entstehenden Druckwelle verschieben. Letztere Forderung führt zwangsläufig zu einer großen Masse der Sprenggrubenabdeckung (s. Tabelle 66). Da sie aber noch relativ leicht bewegbar sein muß, besteht jede Abdeckung der Sprenggrube aus mehreren

Tabelle 66. Technische Parameter der Sprenggruben (zusammengestellt nach Literaturangaben)

Sprenggrube		
– Abmessung, innen	in m	bis (9 × 6 × 5) m
– Masse der Sprenggrubenabdeckung, ges.	in t	100 ... 550
Kranbahn		
– Länge	in m	50 ... 80
– Spannweite	in m	15 ... 24
– Tragkraft	in N	$0{,}5 \ldots 1 \cdot 10^6$
Durchsatz	in t/h	2 ... 10[1])
	in t/a	8 ... 35[1])

[1]) abhängig vom Aufkommen und der Art des zu sprengenden Schrotts, den Anforderungen an die physikalische Beschaffenheit des zerkleinerten Schrotts u. a. Einflußfaktoren

Segmenten. Für das Abziehen der Sprengschwaden besitzen sie im allgemeinen kreis- oder schlitzförmige Öffnungen. Diese werden so gestaltet, daß ein Austritt von Metallsplittern aus der Sprenggrube weitestgehend eingeschränkt ist (z. B. durch Schutzschilde über den Öffnungen). Beispiele für die konstruktive Gestaltung der Abdeckung sind vor allem in der sowjetischen Literatur zu finden [31], [70], [344], [347], [396]. Die Bewegung der Abdeckung zum Öffnen und Verschließen der Sprenggrube erfolgt meist durch Abheben mittels Krans. Die Abdeckung kann jedoch auch so ausgebildet werden, daß sie auf Rollen verschiebbar ist. Diese Variante soll sich auch bewährt haben [32].

Das Sprengen der Schrotte führt zu einem beachtlichen Verschleiß an den Bauteilen der Sprenggrube. Dieser kann entscheidend durch sprengtechnologische Maßnahmen verringert werden. Besonders günstig wirkt sich aus, wenn die Zerkleinerung soweit wie möglich auf der Grundlage von Bohrlochladungen erfolgt. Denn bei dieser Sprengmethode werden nur 12 bis 17% der Sprengenergie auf die Umgebung wirksam [486]. Des weiteren ist die Sprengstoffmenge je Sprengung zu begrenzen. Als obere Grenze werden bei Bohrlochladungen 25 bis 35 kg Sprengstoff/Sprengung angegeben. Auch sollten nur die unbedingt notwendige Sprengstoffmenge/Bohrloch verwendet, die Bohrlöcher optimal angeordnet und die Sprengladung möglichst sorgfältig verdämmt werden. Einen Schutz der Wände der Sprenggrube kann man noch durch davor aufgestapelte Stahlblöcke und -brammen, Kokillen oder andere kastenförmige Schrottstücke erreichen. In Sprenggruben mit Wasserfüllung ist eine Druckminderung auf die Außenwände durch die Anwendung einer oder mehrerer Luftschleier an der Wand der Sprenggrube möglich [486]. Aus einer perforierten Schlauch- oder Rohrleitung treten kleine Luftblasen aus und bilden einen Vorhang, an dem die Druckwellen gebrochen bzw. reflektiert werden.

Die Größe der Sprenggruben wird von den Abmessungen der zu sprengenden Schrottstücke und vom geplanten Durchsatz bestimmt. Sie sind meist 4 bis 5 m tief und besitzen ein Volumen von 150 bis 300 m³ (Tabelle 66). Als Sprengstoffe eignen sich für die Zerkleinerung der Stahl- und Gußeisenschrotte vor allem sprengölhaltige gelatinöse Ammonsalpetersprengstoffe (in der DDR: Gelamon 40). Es sind jedoch auch Sprengstoffe mit geringerer Brisanz anwendbar.

Der erreichbare Durchsatz einer Sprenggrube wird von der Art des zu sprengenden Schrotts, der maximalen Sprengstoffmenge je Sprengung, den Anforderungen an die physikalische Beschaffenheit des zerkleinerten Schrotts und entscheidend auch von der Arbeitsorganisation bestimmt. Diese ist dabei sowohl für die vorbereitenden Arbeiten (Herstellen der Bohrlöcher, Beschicken und Abdecken der Sprenggrube) als auch für die eigentliche Sprengarbeit und das Beräumen der Sprenggrube zu optimieren. Die große Zahl der Einflußgrößen auf den Durchsatz führt zwangsläufig zu stark schwankenden Durchsatzangaben zwischen 2 und 10 t/h.

Die sehr unterschiedliche Ausbildung der zu sprengenden Stahl- und Gußeisenschrotte erfordert verschiedene *Sprengmethoden*. Diese lassen sich wie folgt gliedern:

- Sprengen mit an- oder aufgelegten Ladungen bei relativ dünnwandigen Schrotten, wie Schwungrädern, Maschinengestellen
- Sprengen mit eingelegten oder eingehängten Ladungen bei Schrottstücken mit Hohlräumen, wie Kokillen, Behältern, mit bzw. ohne Wasserverdämmung
- Sprengen mit Bohrlochladungen bei massiven Schrottstücken, wie Walzen, Schabotten, Bären, Sauen.

Systematische Untersuchungen über den Einfluß der Schrottart (Werkstoffart, Gestalt der Schrottstücke) und sprengtechnischer Parameter (Sprengstoffmenge, Anordnung und Form der Ladung) auf die physikalische Beschaffenheit des zerkleinerten Schrotts liegen für die verschiedenen Sprengmethoden bisher nicht vor. Das Sprengen der Schrotte erfolgt fast ausschließlich auf der Grundlage von Erfahrungen, die die mit der Vorbereitung und Durchführung des Sprengens betrauten Fachkräfte gewonnen haben. Auch sind die bekannt gewordenen Beziehungen für die Berechnung der notwendigen Sprengstoffmengen höchstens begrenzt anwendbar. Auf sie wird deshalb nachfolgend nicht näher eingegangen.

Das Sprengen mit *an- oder aufgelegten Ladungen* sollte auf relativ dünnwandige Schrotte beschränkt bleiben, die nicht mit Bohrungen ausreichender Tiefe versehen werden können und keine geeigneten Hohlräume besitzen. Beim Sprengen derartiger Schrotte sind die gleichen Gesichtspunkte zu beachten, auf die bereits im Rahmen der Demontagesprengungen hingewiesen wurde (s. 6.4.2.). Besondere Aufmerksamkeit ist auf eine möglichst gute Verdämmung der Sprengladung zu richten. Für die Ermittlung der notwendigen Sprengstoffmenge dient Gl. (44). Als spezifischer Sprengstoffverbrauch werden allgemein für Stahlsprengungen 0,025 kg pro cm^2 und für Gußeisensprengungen 0,005 kg/cm^2 angenommen [486], [491].

Mitunter sind mittels an- oder aufgelegter Ladungen auch sehr kompakte Schrottstücke zu sprengen. Bei aufgelegten Ladungen muß beachtet werden, daß die Höhe der Schrottstücke möglichst nicht wesentlich größer als der Durchmesser ist. Denn dadurch kann der Sprengstoffverbrauch deutlich verringert werden [491]. Beim Sprengen von Walzen ist die Sprengladung bis zu $^2/_3$ um die Walze zu legen und fest anzubinden. Der spezifische Sprengstoffverbrauch liegt bei derartigen Schrotten zwischen 0,05 und 0,075 kg/cm^2 [491]. Der Sprengstoffverbrauch/t Schrott beträgt nach Weichelt [491] bei Stahlwalzen 13 bis 15 kg/t und bei Hochofensauen bis zu 1 kg/t. Einschließlich der notwendigen Nachzerkleinerung wird von HEINZE [486] ein Sprengstoffverbrauch/t Schrott von ≈45 kg/t bei Stahlsprengungen und von 25 kg/t bei Gußeisensprengungen angegeben.

Besitzen die zu sprengenden Schrottstücke ausreichende Hohlräume, so sollten diese für die Ladungsanordnung genutzt werden. Dabei ist zu beachten, daß die Zerkleinerungswirkung entscheidend von der Art des die Sprengladung umgebenden Mediums (Luft, Wasser, Metall) bestimmt wird. Ist die Sprengladung von Luft umgeben, so sind die Energieverluste bei der Ausbreitung der an der Detonationsfront des Sprengstoffs entstehenden Stoßwelle sehr groß. Die Sprengladung ist deshalb möglichst unmittelbar an das zu sprengende Schrottstück anzubringen (*eingelegte Ladungen*). Die notwendige Sprengstoffmenge ist im allgemeinen durch Versuche zu ermitteln. Für eine überschlägliche Berechnung eignet sich Gl. (44). Als spezifischer Sprengstoffverbrauch wird beim Sprengen von Stahlschrotten 0,0125 kg/cm^2 angesetzt [486], [491].

Für das Sprengen von Schrotten, deren Hohlräume mit Wasser gefüllt werden können, haben sich *eingehängte Ladungen* bewährt. Durch die Detonation kommt es zu einer stoßartigen Verdichtung der Wasserschicht, die unmittelbar an die aus dem Sprengstoff entstehende Gasblase grenzt. Dieser Verdichtungsstoß pflanzt sich radial nach allen Seiten mit einer Geschwindigkeit von ≈1500 m/s fort [496]. Gegenüber Luft entstehen dabei wesentlich geringere Energieverluste. Beim Auftreffen der Stoßwelle auf die Wände des zu sprengenden Schrottstücks werden hohe Zugspannungen im Schrottstück erzeugt, die zum Bruch in mehrere Stücke führen können. Die durch die Ausdehnung der Gasblase entstehende Druckwirkung dürfte für die Zerkleinerung der Schrottstücke nur eine geringere Bedeutung besitzen.

Das Sprengen mit eingehängten Ladungen und Wasserverdämmung (*Hydrosprengung*) hat sich sowohl für die Zerkleinerung großer Stahlwerkskokillen aus Gußeisen mit Lamellengraphit [31], [70], [344], [347], [497] als auch für die Demontage von Stahlbehältern [498], [499] eingeführt. Dabei ist es sogar möglich, mit relativ geringen Sicherheitszonen um die Sprengstelle die Stahlwerkskokillen im Freien [500] und die Stahlbehälter unmittelbar an ihrem Aufstellungsort im Betrieb zu sprengen.

Das Ziel der Zerkleinerung beim Sprengen großer Stahlwerkskokillen besteht vor allem darin, einen möglichst großen Anteil an Bruchstücken mit einer Stückmasse <40 kg zu erzeugen. Die noch nicht ausreichend kleinstückigen Kokillenbruchstücke werden häufig mit Fallwerken nachzerkleinert. Nur selten orientiert man auf eine gezielte Vorzerkleinerung der Kokillen in möglichst gleichförmige, rechteckige Stücke, die auf Guillotinescheren nachzerkleinert werden können [501].

Das Sprengen mit eingehängter Sprengladung und Wasserverdämmung erfordert einige vorbereitende Arbeiten. Zunächst sind die zu sprengenden Schrottstücke von Schlamm, Sand u. ä. Bestandteilen zu befreien, falls größere Mengen in ihnen enthalten sind. Denn diese können das Zerkleinerungsergebnis ungünstig beeinflussen [499]. Des weiteren müssen alle Öffnungen und Risse mit Bitumen, Lehm o. ä. verschlossen werden. Besitzen die mit dieser Sprengmethode zu sprengenden Schrottstücke keinen Boden oder ist eine einfache Abdichtung nicht möglich, so stellt man sie auf eine Holzfaserplatte [70], eine Bitumenschicht [344] oder eine 10 cm dicke, festgestampfte Tonschicht [497]. Anschließend füllt man die Schrottstücke vollständig mit Wasser. Bei tiefen Außentemperaturen muß das Wasser vorgewärmt werden [31].

Das mit dieser Sprengmethode erreichbare Zerkleinerungsergebnis wird entscheidend von der Sprengstoffmenge sowie von der Anordnung und Form der Sprengladung bestimmt. Für die Berechnung der Sprengstoffmenge werden von verschiedenen Autoren [344], [486], [497] entsprechende Beziehungen angegeben, die aber höchstens für eng begrenzte Anwendungsfälle geeignete Angaben liefern dürften. Deshalb muß die notwendige Sprengstoffmenge in Abhängigkeit von den äußeren Abmessungen und der Wandstärke der zu sprengenden Schrottstücke durch Versuche ermittelt werden. Nach IVANOV u. Mitarb. [227] ist z. B. für die Sprengung einer 5-t-Kokille eine Sprengstoffmenge von 5 kg und für eine 10-t-Kokille eine solche von 30 kg erforderlich. Für Stahlgußbehälter mit Wandstärken von 40 bis 60 mm ergeben sich gute Zerkleinerungsergebnisse bei einem Sprengstoffverbrauch von 75 g Gelatine-Donarit 2/m³ Behälterinhalt [499].

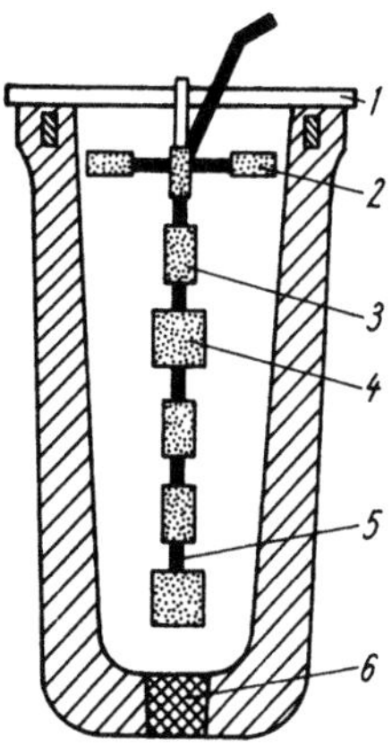

Bild 173. Anordnung der Sprengladung in einer Stahlwerkskokille (Kokillenhöhe: 2,15 m, -breite: 1,05 m) [344]
1) Stange;
2) Teilladung 1 kg;
3) Teilladung 2 kg;
4) Teilladung 3 kg;
5) Sprengschnur;
6) Pfropfen

Als günstige Anordnung der Sprengladung hat sich für Kokillen die im Bild 173 dargestellte Variante erwiesen. Um eine zu weitgehende Zerkleinerung zu vermeiden, ordnete man die unterste Ladung 150 bis 200 mm über dem Kokillenboden an. Im oberen Teil der Kokille wurde die Sprengstoffmenge erhöht. Auf der Grundlage einer solchen Ladungsanordnung (Sprengstoffmenge: 15 kg) entstehen bei der Sprengung von 8-t-Kokillen Bruchstücke mit einem Masseanteil von 80 bis 85% <40 kg Stückmasse [344]. Teilweise werden die Kokillen jedoch nur mit 2 oder 3 Teilladungen (s. Bild 172), häufig sogar nur mit einer Ladung, in Kokillenmitte gesprengt. Mit derartigen Ladungsanordnungen entstehen natürlich Kokillenbruchstücke mit relativ großen Stückmassen. Nach sowjetischen Untersuchungen [31], [227] ist der Masseanteil an Stücken mit einer Stückmasse <40 kg dann <60%. Über den Einfluß der Ladungsanordnung beim Sprengen von Stahlgußbehältern berichten TISCHER und SCHEITHAUER [498], [499].

Werden die Kokillen in einer vollständig mit Wasser gefüllten Sprenggrube gesprengt, so ergeben sich gegenüber der oben beschriebenen Sprengmethode keine günstigeren Zerkleinerungsergebnisse [31]. Bei gleichem Sprengstoffverbrauch

(≈2,3 kg/t) entstand sogar nur ein Masseanteil von 20% mit einer Stückmasse <40 kg gegenüber 60% beim Sprengen mit wassergefüllten Kokillen.

Das Sprengen der massiven Schrottstücke sollte ausschließlich mit *Bohrlochladungen* erfolgen. Die dafür notwendigen Bohrlöcher werden mit Sauerstofflanzen hergestellt (s. 6.5.2.3.). Ihre Länge, Anordnung und Anzahl bestimmen neben der Art des zu sprengenden Werkstoffs, der geometrischen Ausbildung der Schrottstücke und der Sprengstoffart und -menge entscheidend das Zerkleinerungsergebnis.

Die Länge der Bohrlöcher sollte bei massiven, aus Stahl bestehenden Schrottstücken $^2/_3$ (max. $^3/_4$) und bei Gußeisenschrotten die Hälfte der Dicke des Schrottstücks betragen [31], [70], [497]. Als günstig hat sich nach Pruzinski [70] weiterhin erwiesen, wenn der Bohrlochdurchmesser ≈10% seiner Länge ist. Im allgemeinen werden Bohrlochdurchmesser zwischen 30 und 70 mm angegeben. Bestehen Schwierigkeiten, die notwendige Sprengstoffmenge im Bohrloch unterzubringen, so ist das Bohrloch durch Sprengen mit einer geringen Sprengstoffmenge zunächst zu erweitern (vorzukesseln). Vor einem erneuten Laden müssen die Bohrlochwandungen aber auf <80 °C abgekühlt sein. Deshalb sollten die Bohrlöcher möglichst immer einen Tag vor der Sprengung hergestellt werden.

Der Bohrlochabstand wird von der notwendigen Stückgröße des zerkleinerten Schrotts bestimmt. Die Herstellung eines kleinstückigen Schrotts erfordert Bohrlochabstände von ≦30 bis 40 cm. Das führt bei der Zerkleinerung von Gußeisenwalzen auf Stückmassen <40 kg im allgemeinen zu 4 bis 5 Bohrlöchern/t Schrott. Bei einer Zerkleinerung auf großstückigere Schrotte genügen meist 1 bis 3 Bohrlöcher/t Schrott [31], [32], [70], [344], [497]. Um eine möglichst gleichmäßige Stückgröße zu erhalten, sind die Bohrlöcher weitestgehend schachbrettartig anzuordnen.

Die je Sprengung zerkleinerbare Schrottmasse ist von der maximal zulässigen Sprengstoffmenge/Sprengung (meist 35 kg/Sprengung), der Art des zu sprengenden Schrotts und den Anforderungen an die physikalische Beschaffenheit des zerkleinerten Schrotts (Stückmasse, -größe) abhängig. Um z. B. einen kleinstückigen Schrott mit einer Stückmasse <40 kg aus Gußeisenwalzen herzustellen, ist eine Bohrlochanordnung zu wählen, mit der nur 7 bis 10 t Schrott/Sprengung zerkleinert werden können. Sind durch Sprengen großstückigere Schrotte zu erzeugen, so kann man bis zu 20 t und mehr je Sprengung zerkleinern. Davon ausgehend ergeben sich sehr große Unterschiede im spezifischen Sprengstoffverbrauch (1 bis 5 kg/t Schrott) und im Durchsatz der Sprenggrube. Es ist jedoch zu beachten, daß der erreichbare Durchsatz einer Sprenggrube entscheidend auch von der Arbeitsorganisation bei der Vorbereitung und Durchführung der Sprengarbeiten bestimmt wird.

6.5. Thermische Zerkleinerung

Die thermische Zerkleinerung beruht auf der örtlichen Verflüssigung der Schrottstücke und dem Ausblasen der entstehenden schmelzflüssigen Produkte aus der Schnittfuge durch die kinetische Energie eines Gasstrahls. Erfolgt die Verflüssigung des Werkstoffs vorwiegend durch Oxydationswärme, die vom zu zerkleinernden Werkstoff selbst erzeugt wird, so spricht man vom *Brennschneiden*. Wird dagegen die für die Verflüssigung erforderliche Wärmemenge von außen an die Schnittstelle herangeführt, so handelt es sich um ein *Schmelzschneiden*. Entsprechend dieser Einteilung lassen sich die bisher eingeführten thermischen Zerkleinerungsprozesse wie folgt gliedern:

- Brennschneiden
  - normales Brennschneiden
  - Niederdruckbrennschneiden
  - Pulverbrennschneiden
- Schmelzschneiden
  - Plasmaschneiden
  - Lichtbogen-Sauerstoffschneiden
  - Sauerstoffbohren mittels Sauerstofflanze.

Die Vielgestaltigkeit der zu zerkleinernden Schrotte gestattet es praktisch nicht, diese Zerkleinerungsprozesse zu automatisieren. Der deshalb hohe Arbeitskräftebedarf führt zwangsläufig zu einer geringen Produktivität der thermischen Zerkleinerungsprozesse. Häufig bilden diese aber die einzige Möglichkeit, sehr großstückige und auch dickwandige Schrottstücke zu zerkleinern. Die thermischen Zerkleinerungsprozesse werden deshalb auch künftig unentbehrlich bleiben.

6.5.1. Brennschneiden

6.5.1.1. Normales Brennschneiden

Das normale Brennschneiden (autogenes Brennschneiden) eignet sich für die Zerkleinerung der un- und niedriglegierten Stahlschrotte mit Wandstärken von 5 bis 500 mm. In neuerer Zeit wird es zunehmend aber nur noch für die Vorzerkleinerung der sehr großstückigen Schrotte (z. B. Schiffe, Eisenbahnwagen, Autobusse, Lastkraftwagen, Behälter, Schienen) und für die Demontage von Stahlkonstruktionen, Produktionsanlagen u. a. eingesetzt. Durch die Entwicklung von Guillotinescheren mit sehr großen Vorverdichtungseinrichtungen und die Anwendung einer zweistufigen Zerkleinerung der Schiffsschrotte mittels Scheren wird die Bedeutung des normalen Brennschneidens für die Vorzerkleinerung weiter zurückgedrängt werden. Die Herstellung eines kleinstückigen Schrotts, der unmittelbar in der Metallurgie eingesetzt werden kann, dürfte sich auf Schrottplätze mit geringem Schrottaufkommen beschränken.

Die Entwicklung des normalen Brennschneidens erfolgte fast ausschließlich unter fertigungstechnischen Gesichtspunkten [502] bis [509]. Die dabei gewonnenen Erkenntnisse lassen sich jedoch problemlos auf das Brennschneiden der Stahlschrotte übertragen. Der *Ablauf des Brennschneidprozesses* kann in folgende drei Teilprozesse gegliedert werden:

- Vorwärmen des Werkstoffs bis zu seiner Zündtemperatur[1]) mit einer Brenngas-Sauerstoff-Flamme

[1]) Die *Zündtemperatur* ist diejenige Temperatur, bei der der Werkstoff lebhaft mit Sauerstoff zu reagieren beginnt. Bei Stählen mit geringem Kohlenstoffgehalt liegt die Zündtemperatur bei ≈ 1150 °C und erhöht sich mit steigendem Kohlenstoffgehalt.

— Oxydation (Verbrennen) des Werkstoffs im Sauerstoffstrahl
— Ausblasen der schmelzflüssigen Produkte durch den Sauerstoffstrahl aus der entstehenden Schnittfuge.

Für das Vorwärmen des Werkstoffs richtet man die Brenngas-Sauerstoff-Flamme auf die Kante des zu schneidenden Schrottstücks (Bild 174a). Der Abstand zwischen der Heizdüse, aus der das Brenngas-Sauerstoff-Gemisch austritt, und der Werkstoffoberfläche ist abhängig von der Werkstoffdicke des Schrottstücks und der Art des Brenngases. Wesentlich für den Ablauf des Brennschneidprozesses ist zunächst nur, daß sich die Werkstoffkante auf die Zündtemperatur erwärmt. Die Zeit bis zum Erreichen der Zündtemperatur ist abhängig von der Wärmeleitfähigkeit des Werkstoffs und der Flammenleistung der Heizflamme. Bei unlegierten Stählen wird unter Verwendung einer Azetylen-Sauerstoff-Flamme die Zündtemperatur bereits nach wenigen Sekunden erreicht.

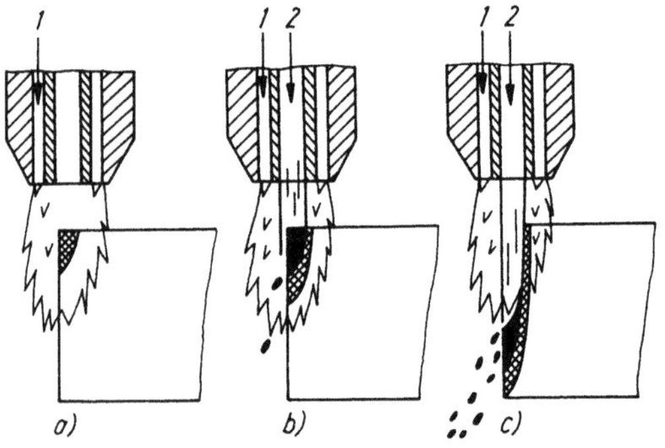

Bild 174. Ablauf des Brennschneidprozesses [502]
a) Vorwärmen;
b) Anschnitt;
c) Schneiden
1) Brenngas-Sauerstoff-Gemisch;
2) Schneidsauerstoff

Besitzt die Werkstoffoberkante die entsprechende Zündtemperatur des Werkstoffs, wird durch die Schneiddüse reiner Sauerstoff zugeführt (Bild 174b). Die oberen Schichten des Metalls beginnen zu oxydieren. Die Reaktionsgeschwindigkeit ist dabei sehr hoch. Es wird angenommen, daß sich aus dem Stahl zunächst nur FeO bildet, das sich dann beim Austragen aus der Schnittfuge durch Nachoxydation in Fe_3O_4 und Fe_2O_3 umwandelt. Die dabei frei werdende Reaktionswärme verflüssigt einerseits die Reaktionsprodukte und erwärmt andererseits die tieferliegenden Werkstoffschichten auf Zündtemperatur (Bild 174c). Die Zündflamme ist nur noch erforderlich, um die auftretenden Wärmeverluste zu kompensieren.

Gleichzeitig mit der Oxydation des Werkstoffs erfolgt das Ausblasen der schmelzflüssigen Produkte durch die kinetische Energie des Schneidsauerstoffstrahls. Die kinetische Energie ist dabei der Werkstoffdicke anzupassen, da sich die auszublasende schmelzflüssige Werkstoffmenge mit zunehmender Werkstoffdicke erhöht. Bei großen Werkstoffdicken sind deshalb sehr große Sauerstoffmengen erforderlich, um die notwendige kinetische Energie des Sauerstoffstrahls zu erreichen (Niederdruckbrennschneiden). Eingehende Untersuchungen über die einzelnen Phasen des Brennschneidens finden sich vor allem in den Arbeiten von BOSCHNAKOW [506], [510] bis [515].

Aus dem Ablauf des Brennschneidvorgangs leiten sich zwanglos die *Bedingungen* ab, bei deren Erfüllung ein Brennschneiden möglich ist [502], [514]:

a) Der Werkstoff muß bei Temperaturen, die gleich oder größer als die Zündtemperatur sind, intensiv mit Sauerstoff reagieren.

b) Die Reaktionswärme (Verbrennungswärme) und die Reaktionsgeschwindigkeit müssen sehr groß sein, um einerseits die Reaktionsprodukte und ggf. auch den Werkstoff verflüssigen und andererseits die tiefer liegenden Schichten auf Zündtemperatur vorwärmen zu können.

c) Der Schmelzpunkt der sich bildenden Metalloxide muß niedriger als die sich in der Schnittfuge einstellende Temperatur sein, damit die entstehenden Metalloxide möglichst dünnflüssig durch den Schneidsauerstoffstrahl ausgeblasen werden können.

Die Ursache, daß viele mittel- und hochlegierte Stähle nicht brennschneidbar sind, ist auf die Entstehung hochschmelzender Metalloxide in der Schnittfuge zurückzuführen (Tabelle 67). Die in der Schnittfuge vorhandene Temperatur von ≈ 1600 °C reicht nicht aus, die gebildeten Oxide zu verflüssigen, um sie anschließend mit dem Schneidsauerstoffstrahl aus der Schnittfuge austragen zu können. Den sehr unterschiedlichen Einfluß der Legierungselemente auf das Brennschneiden des Stahls zeigt Tabelle 68. Die angegebenen Grenzwerte können jedoch nur als Anhaltswerte dienen, da die Summe aller Legierungselemente die Brennschneidbarkeit beeinflußt. Detailliertere Angaben über das Brennschneidverhalten der mittel- und hochlegierten Stähle sowie des Gußeisens finden sich bei STEINKE [507] und HORN [508].

Tabelle 67. Schmelzpunkte ausgewählter Metalle und ihrer Oxide

Metall	Schmelzpunkt [°C]	Metalloxid	Schmelzpunkt [°C]
Aluminium	659	Al_2O_3	2050
Chrom	1800	Cr_2O_3	1990
Eisen	1535	FeO	1370
		Fe_3O_4	1527
		Fe_2O_3	1565
Kobalt	1490	CoO	1810
Kupfer	1083	Cu_2O	1230
		CuO	1336
Mangan	1250	MnO	1785
		Mn_2O_4	1560
Molybdän	2620	MoO_3	795
Nickel	1455	NiO	1990
Silizium	1410	SiO_2	1710
Titan	1668	TiO_2	1775
Vanadium	1890	V_2O_3	1970
		V_2O_4	1637
		V_2O_5	658
Wolfram	3360	WO_2	1277
		WO_3	1473

Tabelle 68. Einfluß der Legierungselemente des Stahls auf das Brennschneidverhalten [504, ergänzt]

Legierungs-element	schneidbar bis [%]	Bemerkungen
Kohlenstoff	1,6	
Silizium	4,0	
Mangan	13,0	bis 18% Mn bei <1,3% C schneidbar
Chrom	1,5	
Wolfram	10,0	wenn C < 0,8%, Ni < 0,2% und Cr < 5%
Nickel	7,0	bis 35% Ni bei <0,3% C schneidbar
Molybdän	0,8	ab 0,8% geringe Schneidgeschwindigkeit, >2,5% nicht mehr schneidbar
Kupfer	0,5	>0,5% geringere Schneidgeschwindigkeit

Für die Durchführung der Brennschneidarbeiten werden Sauerstoff hoher Reinheit (>99,5%), ein Brenngas sowie entsprechende Geräte (Handschneidbrenner, Druckminderer u. a.) benötigt. Als Brenngase eignen sich Azetylen, Propan, Stadtgas, Erdgas u. a. In neuerer Zeit wird für die Zerkleinerung der Stahlschrotte zunehmend Propan [516] und künftig evtl. auch verstärkt Stadtgas eingesetzt. Die erforderliche Gerätetechnik für das normale Brennschneiden ergibt sich aus Bild 175. Die Brenngas- und Sauerstoffversorgung kann mittels fahrbarer Einzelflaschen oder Flaschenbatterien sowie mit ortsfesten Versorgungseinrichtungen (Flaschenbatterien, Anlagen für die Azetylenentwicklung [503], Anlagen für die Verdampfung des angelieferten flüssigen Sauerstoffs) erfolgen. Ortsfeste Versorgungseinrichtungen mit entsprechenden Rohrleitungen zu den Arbeitsplätzen sind besonders dann vorteilhaft, wenn gleichzeitig eine große Zahl von Arbeitsplätzen mit Brenngas und Sauer-

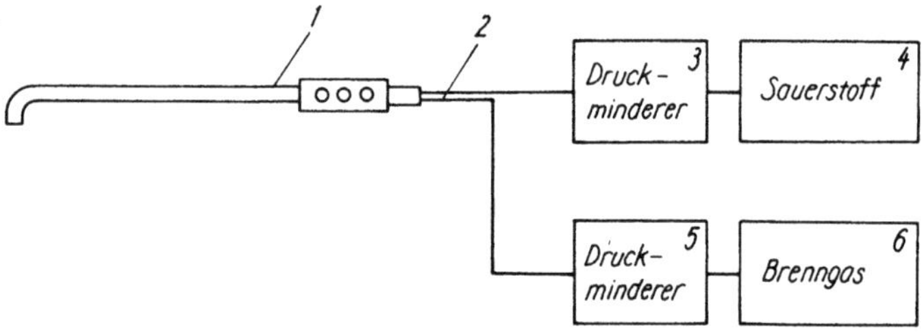

Bild 175. Gerätetechnik für das normale Brennschneiden
1) Handschneidbrenner;
2) Schlauchleitungen für Sauerstoff und Brenngas;
3) Druckminderer für Sauerstoff (2stufig);
4) Sauerstoffversorgung: fahrbare 40-l-Sauerstoffflasche oder Flaschenbatterie, ortsfeste Flaschenbatterie mit Rohrleitung; ggf. Sauerstoffverdampferanlage;
5) Druckminderer für Brenngas (1stufig);
6) Brenngasversorgung: fahrbare Brenngasflasche oder Flaschenbatterie, ortsfeste Flaschenbatterie mit Rohrleitung, ggf. Azetylenentwickler

stoff versorgt werden müssen (z. B. bei der Schiffsverschrottung). Ausführliche Angaben zur Installation, Bedienung und Wartung der Gerätetechnik finden sich in der Spezialliteratur [503], [517] bis [521].

Die für die Zerkleinerung der Stahlschrotte eingesetzten *Handschneidbrenner* unterscheiden sich nicht wesentlich voneinander. Ihren grundsätzlichen Aufbau zeigt schematisch Bild 176. Der Sauerstoff und das Brenngas werden mittels Schlauchleitungen und über die Anschlüsse (*1*) und (*2*) dem Schneidbrenner zugeführt. Die Dosierung des Brenngases erfolgt mit dem Ventil (*3*). Der Heizsauerstoff gelangt über das Ventil (*4*) zur Injektordüse (*5*), in der sich die Vermischung des Heizsauerstoffs mit dem Brenngas vollzieht. Das entstehende Gasgemisch strömt dann zur Heizdüse (*6*) und bildet die Vorwärmflamme. Der Schneidsauerstoff wird über das Ventil (*7*) der Schneiddüse (*8*) zugeführt. Diese hat die Aufgabe, die potentielle Energie des komprimierten Sauerstoffs in kinetische Energie des Schneidstrahls umzuwandeln und einen Schneidstrahl zylinderförmiger, symmetrischer Gestalt zu formen. Die Ausströmgeschwindigkeit des Sauerstoffs läßt sich dabei durch die Gestaltung der Schneiddüse beeinflussen. Mit zylindrischen Düsenbohrungen sind maximal Schallgeschwindigkeit und mit kegelförmig erweiterten Düsenbohrungen Überschallgeschwindigkeiten des Sauerstoffstrahls zu erreichen.

Die in der DDR erhältlichen Handschneidbrenner ZIS-MWM-520 können Werkstoffe bis zu einer Wandstärke von 500 mm schneiden [522]. Im Rahmen der Zerkleinerung von Stahlschrotten werden sie jedoch i. allg. nur bis zu einer Wandstärke von ≈200 mm eingesetzt. Als Düsen verwendet man für die Handschneidbrenner Keilschlitzdüsen (Bild 177). Bei ihnen erfolgt die Führung des Heizgasgemisches mittels schlitzartiger Nuten, die sich in der Schneiddüsenwandung befinden. In neuerer Zeit werden auch andere Düsenbauarten für die Handschneidbrenner angeboten (z. B. Standard-Schneiddüsen [523]). Die Größe der Heiz- und Schneiddüsen ist den jeweils zu schneidenden Werkstoffdicken anzupassen. Bei den Heizdüsen erfolgt die Abstufung in relativ große, bei den Schneiddüsen in engere Materialdickenbereiche.

Die beim Brennschneiden einzustellenden Parameter werden vor allem von der Ausbildung der Schrotte, besonders von ihrer Wandstärke, beeinflußt. In Abhängigkeit von der Wandstärke des zu schneidenden Werkstoffs ergeben sich Schneidbereich, Schneiddüse und Heizdüse sowie die notwendigen Sauerstoff- und Heizgasdrücke und der Sauerstoff- und Heizgasverbrauch (Tabelle 69). Die ange-

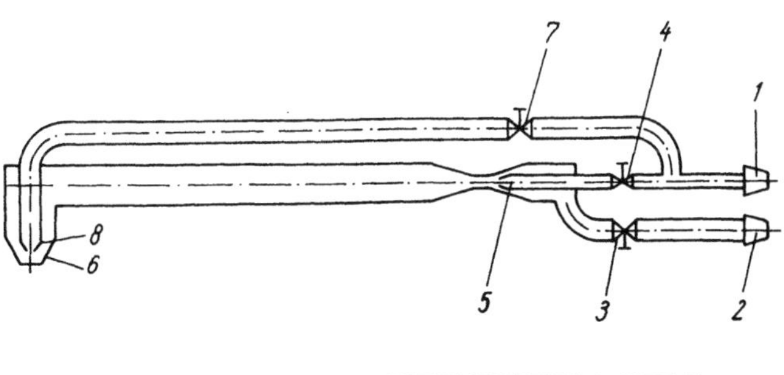

Bild 176. Handschneidbrenner (schematisch)
1) Sauerstoffanschluß; *2*) Brenngasanschluß; *3*) Brenngasventil; *4*) Heizsauerstoffventil; *5*) Injektordüse; *6*) Heizdüse; *7*) Schneidsauerstoffventil; *8*) Schneiddüse

gebenen Verbrauchswerte gelten jedoch unter den Bedingungen der metallverarbeitenden Industrie. Für die Zerkleinerung der Stahlschrotte wird eine höhere Sauerstoff- und Heizgasmenge benötigt (Tabelle 70).

Häufig wird beobachtet, daß der eingestellte Sauerstoffdruck deutlich über den angegebenen Tabellenwerten liegt. Das führt zu einem beachtlichen Mehrverbrauch an Sauerstoff (Tabelle 71) und stark gefurchten Brennschnitten. Besondere Aufmerksamkeit ist auch dem Düsenzustand zu widmen. Durch unsachgemäße Reinigung der Düsen kann es leicht zu einer Vergrößerung der Düsenbohrung kommen, die ebenfalls einen deutlichen Mehrverbrauch an Sauerstoff verursacht (Tabelle 71).

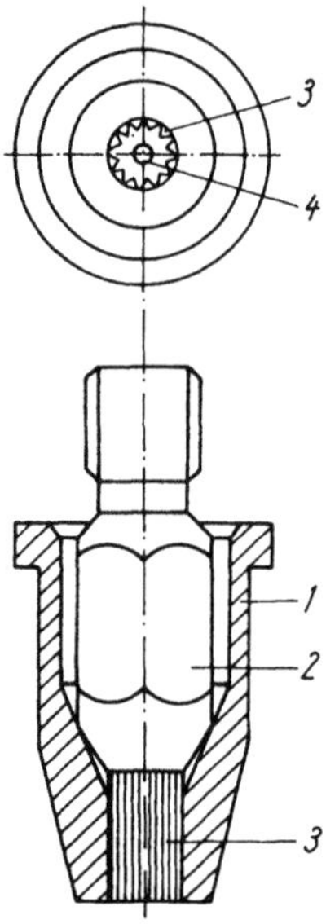

Bild 177. Keilschlitzdüse
1) Heizdüse;
2) Schneiddüse;
3) Heizgaskanäle;
4) Schneidsauerstoffkanal

Die mögliche *Schnittgeschwindigkeit* nimmt mit zunehmender Wandstärke der Schrottstücke deutlich ab (s. Tabelle 69). Wird die Vorschubgeschwindigkeit des Handschneidbrenners zu groß gewählt, ist die erforderliche Vorwärmung des zu schneidenden Werkstoffs nicht ausreichend, und der Sauerstoffstrahl trifft auf nicht genügend erwärmten Werkstoff. Es bildet sich ein keilförmiger Schnitt, und häufig werden einzelne Abschnitte nicht durchgeschnitten. Der richtige Vorschub ist daran zu erkennen, daß der oxydierte Werkstoff als Funkenbündel in die Richtung des Sauerstoffstrahls aus der Schnittfuge austritt und nicht abgelenkt wird.

Einen wesentlichen Einfluß auf die Produktivität des Brennschneidens besitzt die *Schnittführung*. Die Stahlbleche beginnt man gewöhnlich vom Rand aus zu schneiden. Ist das nicht möglich, so stellt man am Ausgangspunkt des Schnitts zunächst ein Loch mit dem Durchmesser der künftigen Schnittfugenbreite her [508], [524]. Die während des Brennschneidvorgangs richtige Stellung des Schneidbrenners zur Metalloberfläche ist abhängig von der Werkstoffdicke. Bei Werkstoffdicken bis zu 50 mm sollte der Sauerstoffstrahl senkrecht und bei größeren Werkstoffdicken etwas geneigt (10° bis 20° gegenüber der Vertikalen entgegen der Schneidrichtung)

(Kohlenstoffgehalt des Stahls: bis 0,3 %; Sauerstoffreinheit: 99,5 %) [504], [522]

		Materialdicke [mm]							
		5 ... 15	15 ... 30	30 ... 60	60 ... 100	100 ... 200	200 ... 300	300 ... 400	400 ... 500
		Schneideinsatz: 5 ... 300 mm						Schneideinsatz 100 ... 500 mm	
Schneiddüse, Typ		K1	K2	K3	K4	K5	K6	K7s	K7s
Schneidsauerstoff									
— Druck	in MPa	0,3	0,45	0,6	0,75	0,8	1	1,4	1,8
— Verbrauch	in m^3/h	1,5	3	5	10	15	25	45	60
Schnittgeschwindigkeit[1])	in cm/min	40 ... 70	35 ... 45	35 ... 40	25 ... 38	14 ... 25	10 ... 18	7 ... 13	5 ... 12
Schnittfugenbreite	in mm	1,5	2	2,5	3	4 ... 6	6 ... 10	9 ... 15	12 ... 19
Düsenabstand	in mm	6	6	8	10	20	30	40	50
Heizdüse, Typ									
— bei Azetylen		As1	As1	As1	As1	As2	As2	As3	As3
— bei Propan		Ps1	Ps1	Ps1	Ps1	Ps2	Ps2	Ps3	Ps3
Heizsauerstoffverbrauch[2])									
— Zusatzventil geschlossen	in m^3/h	0,5	0,7	0,8	1,0	1,2	1,4	2,0	2,5
— Zusatzventil offen									
• bei Azetylen	in m^3/h	1,1	1,7	2,1	2,5	3,0	3,6	4,0	5,5
• bei Propan	in m^3/h	1,1	1,7	2,1	2,5	3,0	3,6	15	22
Azetylen									
— Druck	in MPa	0,02	0,02	0,02	0,02	0,03	0,04	0,05	0,06
— Verbrauch	in m^3/h	0,4 ... 1,0	0,6 ... 1,2	0,7 ... 1,3	0,9 ... 1,4	1,1 ... 2,5	1,3 ... 3,0	1,8 ... 3,6	2,3 ... 5,0
Propan									
— Druck	in MPa	0,03	0,03	0,03	0,03	0,04	0,05	0,1	0,15
— Verbrauch	in m^3/h	0,1 ... 0,3	0,2 ... 0,5	0,25 ... 0,65	0,3 ... 0,8	0,35 ... 0,95	0,4 ... 1,1	0,6 ... 4	0,75 ... 5,5

[1]) Schnittgeschwindigkeit mit mechanisierter Brennerführung gemessen

[2]) ob das zusätzliche Heizsauerstoffventil geöffnet oder geschlossen bleibt, hängt von der Oberflächenbeschaffenheit des Stahls, der Materialdicke, der Brenngasart, der individuellen Handhabung des Brennschneiders u. a. ab.

Tabelle 70. Richtwerte für das Brennschneiden unlegierter Stahlschrotte

Schrottart	Wanddicke [mm]	Stückgröße des zerkleinerten Schrotts [mm]	Schnittgeschwindigkeit [cm/min]	Verbrauch Sauerstoff [m³/h]	Verbrauch Propan [m³/h]	Durchsatz [t/h]
Stahlleichtschrott, Landwirtschaftsschrott, Mischschrott	< 3	< 1000	60 ... 70	2,8	0,6	0,2 ... 0,3
		< 400				0,2 ... 0,25
	3 ... 10	< 1500	40 ... 55	3,1	0,7	0,6 ... 0,8
		< 400				0,3 ... 0,4
Konstruktionsschrott, gemischt	> 5	< 1500	35 ... 45	3,3	0,8	0,7 ... 0,8
		< 400				0,4 ... 0,7
schwerer Konstruktionsschrott	> 10	< 1500	30 ... 35	3,6	0,9	1,1 ... 1,5
		< 400				0,8 ... 1,0
Schiffsschrott	5 ... 15	< 1500	20 ... 35	3,3	0,8	0,8 ... 0,9
		< 400				0,5 ... 0,6

Tabelle 71. Einfluß des Schneidsauerstoffdrucks und des Durchmessers der Schneiddüsenbohrung auf den Schneidsauerstoffverbrauch [503]

Düsenbohrung [mm]	Sauerstoffdruck [MPa]	Sauerstoffverbrauch [l/h]	Sauerstoffmehrverbrauch [%]
1,2	0,37	2400	—
1,2	0,40	2500	4
1,2	0,50	3000	25
1,2	0,60	3480	45
1,2	0,37	2400	—
1,3	0,37	3480	45
1,4	0,37	4020	67,5

auf die Metalloberfläche treffen. Des weiteren ist zu beachten, daß der Schneidvorgang so wenig wie möglich unterbrochen wird.

Bei Stahlprofilen sollte man anstreben, diese ohne jede Unterbrechung zu schneiden. Die dabei zu wählende Richtung der Schneidbrennerdüse in den einzelnen Phasen des Brennschneidens ist im Bild 178 durch Pfeile gekennzeichnet. Die Schrottstücke mit rundem Querschnitt (Walzen, Wellen) werden örtlich mit einer Heizflamme erwärmt, die senkrecht auf die Werkstoffoberfläche trifft. Nachfolgend dreht man den Schneidbrenner um 90° und bewegt ihn in dieser Stellung bis zur vollständigen Zerteilung des Schrottstücks.

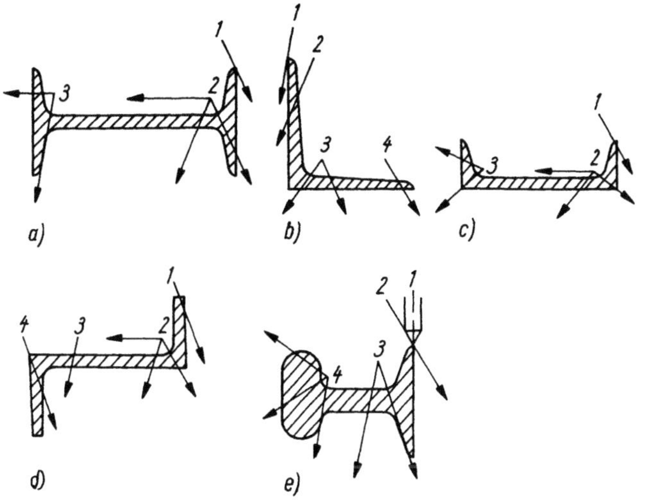

Bild 178. Richtung der Schneidbrennerdüse beim Brennschneiden verschiedener Stahlprofile [31]
a) Doppel-T-Profil;
b) Winkelprofil;
c) U-Profil;
d) Z-Profil;
e) Schiene
1) bis *4*) Richtung der Schneidbrennerdüse

Besondere Vorsicht erfordert das Brennschneiden von Rohren, da in zusammengedrückten und verstopften Rohren brennbare, ggf. auch explosive Bestandteile enthalten sein können. Man schneidet deshalb nur Rohre, die wenigstens an einem Ende offen sind, und beginnt auf der abgewandten Seite. Die Richtung der Schneidbrennerdüse gegenüber der Rohroberfläche ist abhängig von der Dicke der Rohrwandung. Bei einer Wandstärke von 10 bis 20 mm sollte der Neigungswinkel gegenüber der Rohroberfläche 45° bis 50° und bei dickeren Rohrwänden 70° bis 75° betragen [31], [32]. Auf das Brennschneiden plattierter und kompakter Schrotte weisen VOLOBUEV u. Mitarb. [31] sowie HORN [508] hin.

Sind oberflächlich durch Rost, Farbe, Öl, Teer u. a. stark verunreinigte Schrotte zu schneiden, so sollte die Schnittstelle zunächst mechanisch grob gereinigt werden. Das Vorwärmen des Werkstoffs erfolgt dann i. allg. mit einer deutlich erhöhten Heizgasmenge. Besondere Aufmerksamkeit ist auf explosionsfähige Schrottstücke zu richten, die unbedingt vor Beginn der Brennschneidarbeiten abzutrennen sind.

Der für das Brennschneiden erforderliche *Energiebedarf* kann aus dem Gasverbrauch und den Heizwerten der Brenngase ermittelt werden. Aus Bild 179 wird deutlich, daß sich der spezifische Energieaufwand für das Brennschneiden mit Azetylen, Propan, Stadtgas, Wasserstoff oder Erdgas nur wenig voneinander unterscheidet. Berücksichtigt man jedoch auch die Energieaufwendungen für die Herstellung der Brenngase, so ergeben sich vor allem zwischen dem Azetylen und den übrigen untersuchten Brenngasen deutliche Abweichungen.

Der beim Brennschneiden erreichbare *Durchsatz* wird von der Ausbildung der zu zerkleinernden Schrotte (Wandstärke, Sperrigkeit), der Organisation der vorbereitenden Arbeiten (kontinuierliche Beschickung und Beräumung des Arbeitsplatzes, gesonderte Lagerung der zu schneidenden Schrotte), der Leistungsfähigkeit der Handschneidbrenner, der angewandten Schneidtechnologie und der geforderten Stückgröße des geschnittenen Schrotts bestimmt. Die Vielzahl der Einflußgrößen führt zwangsläufig zu stark schwankenden Durchsatzangaben. Einige als Richtwerte zu betrachtende Durchsätze sind in den Tabellen 70 u. 72 angegeben. Der für das Brennschneiden erforderliche Gasverbrauch/t Durchsatz kann aus Tabelle 70 abge-

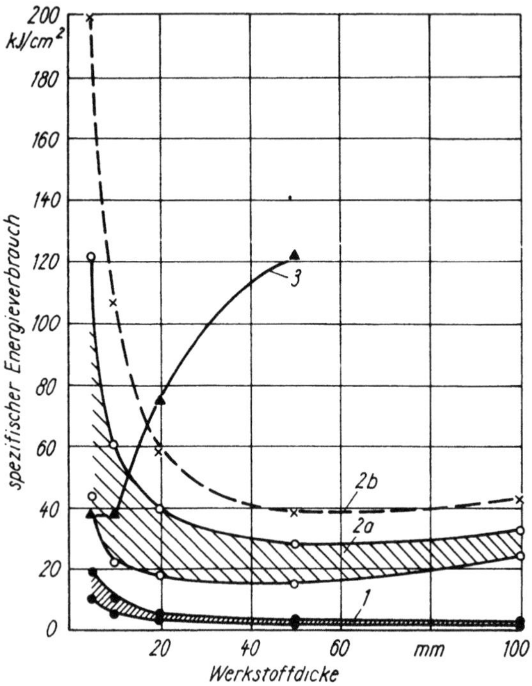

Bild 179. Spezifischer Energieverbrauch für das normale Brennschneiden und das Plasmaschneiden mit der Anlage PA 40 auf der Grundlage verschiedener Berechnungsmethoden in Abhängigkeit von der Wandstärke des Baustahls [525]
— bei Berechnung des spezifischen Energieverbrauchs auf der Grundlage des Gasverbrauchs und des Brenngasheizwertes
1) für das Brennschneiden mit Azetylen, Propan, Wasserstoff, Stadtgas, Erdgas
— bei Einbeziehung auch der Energieaufwendungen für die Herstellung der Brenngase
2a) für das Brennschneiden mit Propan, Wasserstoff und Stadtgas
2b) für das Brennschneiden mit Azetylen
3) für das Plasmaschneiden mit Argon und Wasserstoff

schätzt werden. Die beim Brennschneiden entstehenden Werkstoffverluste betragen <0,5 bis 1%.

6.5.1.2. Niederdruckbrennschneiden (Starkbrennschneiden)

Das Niederdruckbrennschneiden hat sich für die thermische Zerkleinerung dickwandiger un- und niedriglegierter Stahlschrotte eingeführt. Mit den Niederdruck-Handschneidbrennern gelingt es, Schrotte mit Wandstärken von 200 bis 800 mm und mehr zu zerkleinern. Es bestehen in der DDR die gerätetechnischen Voraussetzungen, Schrottstücke bis zu einer Wanddicke von 3 m zu zerlegen.

Das Brennschneiden der dickwandigen Schrotte erfordert einen kompakten, parallelen Schneidsauerstoffstrahl mit großer Reichweite und hohem Sauerstoffgehalt. Einen derartigen Sauerstoffstrahl kann man nur durch einen niedrigen Sauerstoffdruck von ≈0,25 MPa erreichen [506], [528] bis [530]. Dieser führt dazu, daß der Schneidsauerstoff mit relativ geringer Geschwindigkeit (Schallgeschwindigkeit) aus der Düse ausströmt und sich nur wenig mit den umgebenden Gasen vermischt. Durch eine entsprechende Gestaltung der Heizflamme kann eine weitere Stabilisierung des Sauerstoffschneidstrahls erreicht werden (Einschnürungseffekt). Als besonders wirksam haben sich erwiesen [531]: Verringerung des Abstands in der Düsenmündung zwischen ringförmiger Heizflamme und umringtem Sauerstoffstrahl, Verminderung der Brenngasgeschwindigkeit, Erhöhung der Heizflammenintensität, neutrale Flammeneinstellung beim Injektorbrenner und Brenngasüberschußflamme

Tabelle 72. Durchsätze beim Brennschneiden unlegierter Stahlschrotte

	Durchsatz [t/h]	Literatur
Vorzerkleinerung für nachfolgende Guillotinescheren bzw. Paketierpressen	2 ... 3	[526]
Zerkleinerung auf < (150 × 50 × 50) cm		
a) mittlere Durchsätze:		
— bei dickwandigen Schrotten	1 ... 2	[526]
— bei gemischten Schrotten (50% dickwandige, 50% dünnwandige Schrotte)	0,5 ... 1	[526]
— bei insg. anfallenden Schrotten	0,65	[345]
b) Durchsätze in Abhängigkeit von der Wandstärke der Schrotte:		[527]
— Schiffsschrott, 5 ... 20 mm	0,25	
— Konstruktionsschrott, 20 ... 50 mm	1,2 ... 1,5	
— Konstruktionsschrott, 80 mm	3,1	
— Konstruktionsschrott, 100 mm	3,7	

beim außenmischenden Brenner. Die zum Ausblasen der Schlacke aus der Schnittfuge erforderliche hohe kinetische Energie des Schneidsauerstoffstrahls wird durch den Einsatz großer Sauerstoffmengen erreicht.

Einen für die thermische Zerkleinerung geeigneten Niederdruck-Handschneidbrenner, Bauart ZIS 485, zeigt Bild 180. Als Brenngas wird überwiegend Propan, seltener Azetylen verwendet. Die Betriebsbedingungen, der Gasverbrauch und die Schnittgeschwindigkeiten beim Niederdruck-Handbrennschneiden ergeben sich aus Tabelle 73. Einige Beispiele für das Brennschneiden dickwandiger Schrotte (Fundamente), das Abtrennen von Steigern und das Schneiden von Walzgut finden sich in der Literatur [532] bis [535]. Auch hat sich das Niederdruckbrennschneiden bei der Zerkleinerung von bis zu 1000 mm dicken Rohrbündeln bewährt [535], [536].

Eine noch bessere Abschirmung des Sauerstoffschneidstrahls vor einer Vermischung mit der atmosphärischen Luft kann durch ein *Schutzgas* erreicht werden [506], [537] bis [539]. Als Schutzgas eignen sich kalte (z. B. Helium) und heiße Gase (z. B. Heißluft, meist jedoch Brenngasflammen), die eine wesentlich geringere Gasdichte als der Schneidsauerstoff besitzen müssen. Diese Gase umringen den Schneidsauerstoffstrahl und schränken damit seine Vermischung mit der umgebenden Luft wesentlich ein. Es entsteht ein langer und wenig divergierender Schneidstrahl mit großer Tiefenwirkung. Mit den entsprechenden Schutzgas-Niederdruckschneid-

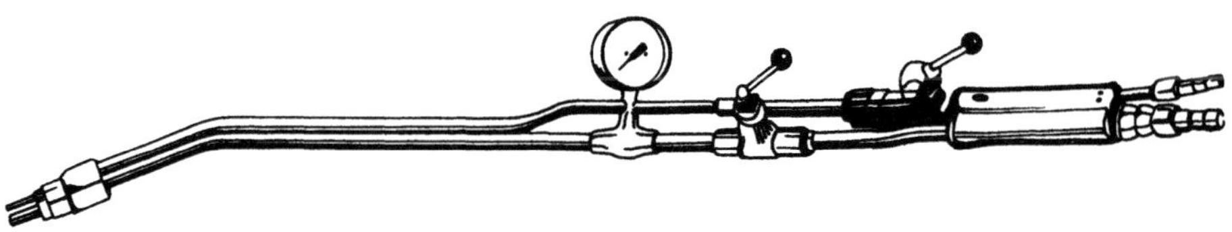

Bild 180. Niederdruck-Handschneidbrenner, Bauart ZIS 485

Tabelle 73. Richtwerte für das Niederdruck-Handbrennschneiden unlegierter Stähle (Kohlenstoffgehalt: bis 0,3 %; Sauerstoffreinheit: 99,5 %) [504]

		Materialdicke [mm]			
		300	500	700	800
Schneidsauerstoff					
— Druck	in MPa	0,25	0,25	0,25	0,25
— Verbrauch	in m^3/h	30	50	80	110
Heizsauerstoff					
— Druck	in MPa	0,4	0,8	1,2	1,2
— Verbrauch	in m^3/h	9	17	22	22
Propan					
— Druck	in MPa	0,1	0,15	0,2	0,2
— Verbrauch	in m^3/h	2,5	4,5	6,0	6,0
Schnittgeschwindigkeit	in cm/min	9 ... 15	7,5 ... 9	5 ... 7,5	3 ... 5

brennern gelingt es deshalb, Schrottstücke mit Wanddicken von 3 m und mehr zu zerkleinern [539].

6.5.1.3. Pulverbrennschneiden

Das Pulverbrennschneiden eignet sich für die thermische Zerkleinerung der aus hochlegierten Stählen, Gußeisen und NE-Metallen bestehenden großstückigen Schrotte [540] bis [544]. Allerdings ist mit dem Pulverbrennschneiden eine beachtliche Umweltbelastung verbunden (Staub- und Rauchentwicklung). Es wird deshalb im Freien durchgeführt, oder in den Werkhallen sind leistungsfähige Absauganlagen vorhanden. Ein Vergleich mit dem Plasmaschneiden ergibt niedrigere Produktionskennwerte, so daß das Pulverbrennschneiden meist nur noch dann angewendet wird, wenn der Einsatz von Plasmaschneidanlagen nicht möglich ist (bei der Zerkleinerung von Schrottstücken mit Wanddicken >100 mm, bei Demontagearbeiten).

Gegenüber dem normalen Brennschneiden wird beim Pulverbrennschneiden mittels Druckluft feines Eisenpulver (z. T. auch Aluminium- oder Titanpulver) in die Schnittfuge geblasen. Beim Durchgang durch die Heizflamme erwärmt sich das Pulver auf Zündtemperatur und verbrennt nachfolgend im Sauerstoffstrahl. Durch die dabei frei werdende Oxydationswärme steigt die Flammentemperatur in der Schnittfuge bis auf 4200 °C [502]. Bei einer solch hohen Temperatur werden auch die hochschmelzenden Metalloxide verflüssigt und eine Schlacke geringer Viskosität gebildet. Letzteres kann auch durch Zuführung eines pulverförmigen Flußmittels (z. B. Natriumbikarbonat) in die Schnittfuge erreicht werden. Die Entfernung der schmelzflüssigen Schlacke aus der Schnittfuge durch den Sauerstoffstrahl ist im allgemeinen problemlos.

Die für das Pulverbrennschneiden erforderliche Gerätetechnik ergibt sich aus Bild 181. Das Eisenpulver wird mit ölfreier, trockener Luft in einem bestimm-

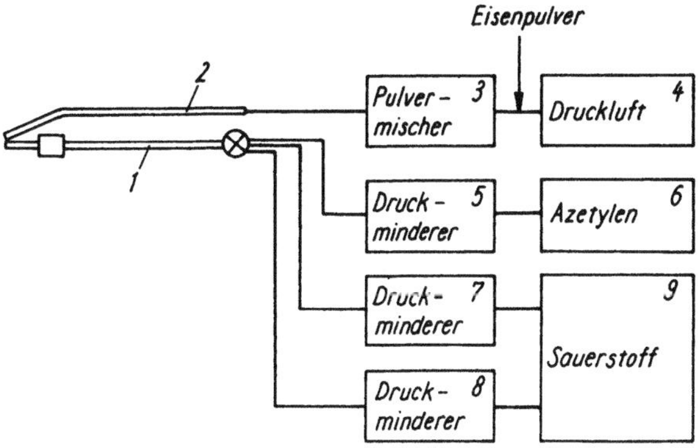

Bild 181. Gerätetechnik für das Pulverbrennschneiden
1) Handschneidbrenner; *2*) Pulverrohr; *3*) Pulvermischer; *4*) Druckluftversorgung: Druckluftflasche, Flaschenbatterie oder Kompressor mit nachgeschaltetem Öl- und Wasserabscheider; *5*) Druckminderer für Azetylen; *6*) Azetylenversorgung: fahrbare Azetylenflasche oder Flaschenbatterie, ortsfeste Flaschenbatterie mit Rohrleitung, ggf. Azetylenentwickler; *7*) Druckminderer für Heizsauerstoff; *8*) Druckminderer für Schneidsauerstoff; *9*) fahrbare Sauerstoffflasche oder Flaschenbatterie, ortsfeste Flaschenbatterie mit Rohrleitung

ten Verhältnis gemischt und über Schlauchleitungen dem Pulverschneidbrenner zugeführt. Als Handschneidbrenner können übliche Azetylen-Sauerstoff-Schneidbrenner, die mit einem zusätzlichen Pulverrohr ausgerüstet sind, oder Pulverschneidbrenner mit speziellen Pulverschneiddüsen verwendet werden. Die beiden grundsätzlichen Arten der Pulverzuführung in die Schnittfuge ergeben sich aus Bild 182. Als Brenngas wird allgemein Azetylen verwendet. Folgende Arbeitsdrücke haben sich bewährt [504]:

— Azetylen	0,02 bis 0,05 MPa
— Heizsauerstoff	0,25 bis 0,4 MPa
— Schneidsauerstoff	0,25 bis 1,4 MPa
— Druckluft	0,015 bis 0,025 MPa

Das Eisenpulver sollte in der Korngrößenklasse 0,05 bis 0,1 (0,15) mm vorliegen. Der Verbrauch an Eisenpulver, Azetylen, Sauerstoff und Druckluft sowie die Schnittgeschwindigkeiten in Abhängigkeit von der Werkstoffdicke sind in Tabelle 74 angegeben. Der Werkstoffverlust beim Pulverbrennschneiden liegt bei 1 bis 2% [546] und ist damit größer als beim normalen Brennschneiden.

6.5.2. Schmelzschneiden

Beim Schmelzschneiden wird die zur Verflüssigung des Werkstoffs erforderliche Wärmemenge von außen zugeführt. An die *Wärmequelle* werden dabei folgende Anforderungen gestellt [502]:

— Die mit der Wärmequelle erreichbare Temperatur muß genügend hoch sein, damit der Werkstoff geschmolzen werden kann;
— die Energiedichte der Wärmequelle muß so groß sein, daß der Werkstoff nur an einer begrenzten Stelle in sehr kurzer Zeit geschmolzen wird.

Diese Forderungen können mit einem Plasmastrahl, elektrischen Lichtbogen, Elektronenstrahl, Laserstrahl und auch unter Ausnutzung sich bildender Oxydationswärme erfüllt werden. Von den verschiedenen Möglichkeiten hat sich für die Zerkleinerung der Schrotte besonders das Plasmaschneiden bewährt. Die vorliegenden Ergebnisse mit dem weiterentwickelten Lichtbogen-Sauerstoffschneiden (mit kontinuierlich abschmelzender Elektrode und fokussierend wirkender Gasdüse) lassen jedoch auch seine Einführung in der Schrottzerkleinerung erwarten. Die

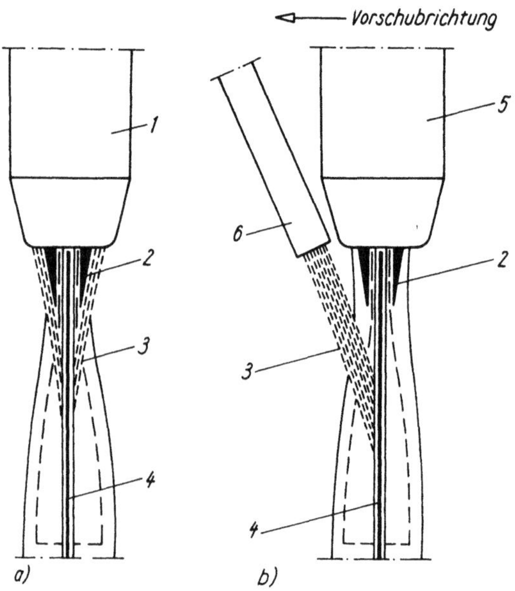

Bild 182. Möglichkeiten für die Zuführung des Eisenpulvers [545]
a) mit spezieller Pulverschneiddüse;
b) mit gesondertem Pulverrohr
1) Pulverschneiddüse;
2) Heizflamme;
3) Druckluft-Pulverstrahl;
4) Schneidsauerstoffstrahl;
5) Heizgas- und Schneidsauerstoffdüse;
6) Pulverrohr

Tabelle 74. Richtwerte für das Pulverbrennschneiden legierter Stähle [504]

	Werkstoffdicke [mm]				
	25	50	100	200	400
Schneidsauerstoffdruck in MPa	0,37	0,45	0,6	0,8	1,4
Verbrauch in m^3/h					
— Sauerstoff, ges.	4,5	8	18	30	65
— Azetylen	1	1	1	1	1
— Druckluft	0,4	0,45	0,5	0,6	0,75
— Eisenpulver in kg/h	4,0	5,4	7,5	11,5	17,0
Schnittgeschwindigkeit in cm/min	16	12	9	7	5,5

Nutzung von Laserstrahlen, Elektronenstrahlen und Hochdruckflüssigkeitsstrahlen sowie der Methoden, die gegenwärtig in der Fertigungstechnik für das Abtragen von Werkstoffoberflächen genutzt werden (elektroerosives oder elektrochemisches Trennen), ist gegenwärtig für die Zerkleinerung der Schrotte nicht absehbar. Für die Herstellung von Bohrlöchern in den zu sprengenden Schrottstücken wird das Sauerstoffbohren mittels Sauerstofflanze auch längerfristig seine Bedeutung behalten.

6.5.2.1. Plasmaschneiden

Für die Zerkleinerung der großstückigen Schrotte aus mittel- und hochlegierten Stählen, NE-Metallen und plattierten Werkstoffen hat sich das *Plasmaschneiden* weitestgehend eingeführt. In Abhängigkeit von der Leistungsfähigkeit der Plasmaschneidanlagen können diese Werkstoffe bis zu Wanddicken von ≈ 150 mm geschnitten werden [547]. Mit den gegenwärtig in der DDR zur Verfügung stehenden Anlagen, die mit Handschneidbrennern ausgerüstet sind, gelingt es jedoch nur, Schrottstücke mit Wanddicken bis zu 55 mm zu zerkleinern [548]. Sind dickwandigere Schrottstücke zu zerteilen, ist gegenwärtig noch das Pulverbrennschneiden anzuwenden.

Das Plasmaschneiden beruht auf dem Wirken eines sehr heißen, ionisierten Gasstrahls (Plasmastrahls). Dieser entsteht, wenn man in einem Gasstrom einen Lichtbogen zündet. Der Lichtbogen erwärmt den Gasstrom so stark, daß die einatomigen Gase (Argon) zumindest teilweise ionisiert und die zweiatomigen Gase (Wasserstoff, Stickstoff, Sauerstoff) dissoziiert und auch teilweise ionisiert werden. Die Energie des sich bildenden Plasmastrahls setzt sich damit aus der Lichtbogenenergie und der im Plasma gespeicherten Energie zusammen. Die im Kern des Plasmastrahls entstehenden Temperaturen betragen bis $3 \cdot 10^4$ K. Diese hohen Temperaturen führen zu einer schlagartig einsetzenden Volumenausdehnung des Gases, die eine sehr große Austrittsgeschwindigkeit des Gases aus der Düse des Plasmabrenners bewirkt.

Die Gestaltung der Düse und die für den Zünd- und Schneidvorgang wesentlichsten elektrischen Bauteile zeigt schematisch Bild 183. Die Wolframelektrode (*1*) ist am negativen Pol der Gleichstromquelle (*2*) angeschlossen, und der positive Pol liegt sowohl an der aus Kupfer bestehenden Düse (*3*) als auch am zu zerkleinernden Schrottstück (*4*) an. Als Zündgerät dient ein Hochfrequenz-Hochspannungsgenerator (*5*). Die zwischen der Kathode und der Düse angelegte Hochspannung führt zur Dissoziation und Ionisation des bei (*6*) in die Düse eintretenden Gasstroms. Durch Zuschalten eines über einen Widerstand (*7*) begrenzten Stromes zündet zwischen Elektrode und Düse ein Hilfslichtbogen. Das Ausschmelzen der Düse wird durch die Begrenzung der Stromstärke und durch eine intensive Wasserkühlung (*8*) der Düse verhindert. Nähert sich der Plasmabrenner dem Schrottstück, so springt wegen der höheren Spannung zwischen Elektrode und Schrottstück der Lichtbogen von der Düse auf das Schrottstück über, und es entsteht ein Plasmastrahl (*9*) mit hoher Energiedichte.

Beim Auftreffen des Plasmastrahls auf das Schrottstück gibt das heiße Plasmagas durch die ablaufenden Rekombinationsvorgänge (Vereinigung der Ionen und Elektronen zu Atomen, Bildung von Molekülen) die dabei frei werdenden Wärmemengen an den Werkstoff ab. Das führt zum sofortigen örtlichen Schmelzen des Werkstoffs, der durch die kinetische Energie des Plasmastrahls aus der Schnittfuge geblasen wird. Trotz der hohen Temperaturen im Plasmastrahl ist die schneidbare Wanddicke aber begrenzt, da die konstant dem Gasstrom zugeführte Wärmemenge sich mit zunehmender Werkstoffdicke verbraucht [502], [549] bis [551].

Der grundsätzliche Aufbau einer *Plasmaschneidanlage* für die Zerkleinerung der Schrotte ist im Bild 184 schematisch dargestellt. Die zum Betrieb des Plasmabrenners notwendige Gleichstromversorgung sowie die Zündeinrichtung für den Hilfslichtbogen und die Steuereinrichtung für den Übergang des Hilfslichtbogens zum Hauptlichtbogen sind in einer fahrbaren Kompaktanlage (*1*) zusammengefaßt. Diese enthält weiterhin die Gassteuerung, die Wasserkühlung und verschiedene Geräte zur Prozeßüberwachung. Ein Schlauchpaket (*2*) mit den notwendigen Zünd-, Steuer- und Stromkabeln sowie den Schläuchen für das Trägergas und den Kühlwasserkreislauf führt zum Handschneidbrenner (*3*). Wird ein Aktionsradius der Anlage von >10 m gewünscht, so ist im Schlauchpaket ein Zusatzzünder (*4*) zwischenzuschalten.

Die Plasmaschneidanlagen arbeiten vorrangig im Leistungsbereich von 5 bis 100 kW [547]. Von den gegenwärtig in der DDR gefertigten Anlagen PA-10, PA-40 und PA-100-2 mit Nennleistungen von 10, 40 bzw. 100 kW [547], [549], [552] eignen sich für das Schneiden der Schrotte nur die beiden zuerst genannten Anlagen. Nur bei ihnen ist der Anschluß eines Handschneidbrenners möglich.

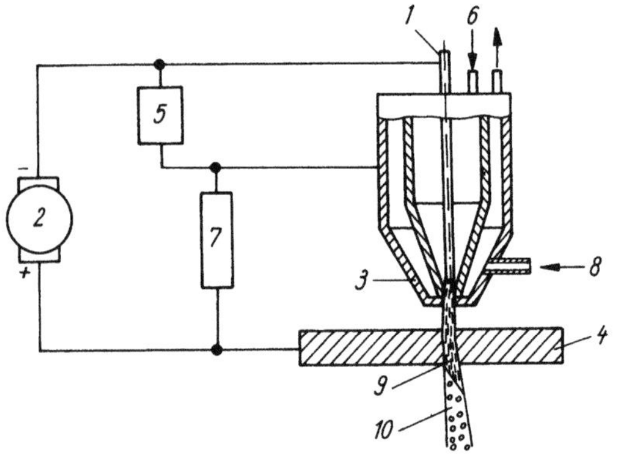

Bild 183. Düse des Plasmabrenners und die für den Zünd- und Schneidvorgang wesentlichen elektrischen Bauteile, schematisch
1) Wolframelektrode;
2) Gleichstromquelle;
3) Kupferdüse;
4) Schrottstück;
5) Zündgerät (Hochfrequenz-Hochspannungsgenerator);
6) Gaseintritt;
7) Widerstand;
8) Wassereintritt;
9) Plasmastrahl;
10) Gas mit Werkstofftröpfchen

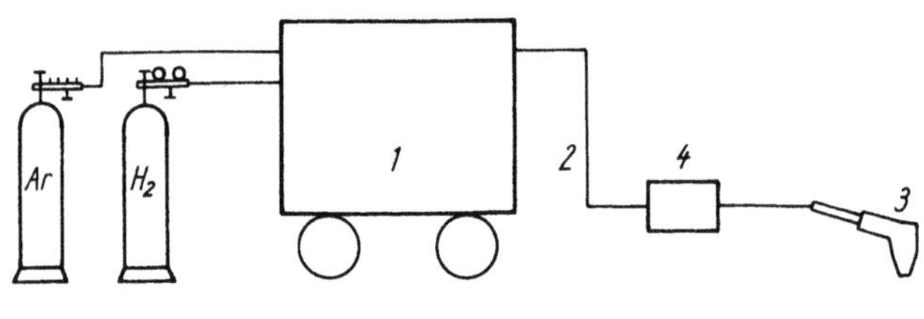

Bild 184. Plasmaschneidanlage, schematisch
1) fahrbare Kompaktanlage mit Stromquelle und Steuerung;
2) Schlauchpaket;
3) Handschneidbrenner;
4) Zusatzzünder

Die beim Plasmaschneiden einzustellenden Parameter werden von der Werkstoffart und vor allem von der Werkstoffdicke bestimmt. Davon abhängig sind Düsendurchmesser, Lichtbogenstrom, Brennerabstand u. a. festzulegen. Der Energieinhalt des Plasmastrahls wird über die Leistung des Lichtbogens geregelt, die stufenlos mit dem Lichtbogenstrom eingestellt werden kann. Nach Untersuchungen von EBERHARDT u. KREUTZBERG [548] mit der Plasmaschneidanlage PA 40 haben sich in Abhängigkeit von der Wanddicke der Schrottstücke die in Tabelle 75 angegebenen Lichtbogenströme als günstig erwiesen. Die gleichzeitig ermittelten mittleren Schnittgeschwindigkeiten für legierte Stahlschrotte liegen deutlich unter den allgemein angegebenen Werten, die man mit Maschinenschneidbrennern erreicht. Sind Schnitte an schwer zugänglichen Schrottoberflächen durchzuführen, z. B. bei großen Ventilen von Chemieanlagen und an Rohrbündeln von Wärmeaustauschern, so verringern sich die Schnittgeschwindigkeiten gegenüber den in Tabelle 75 angegebenen Werten noch erheblich. Als maximal schneidbare Wanddicke mit der Anlage PA 40 wurden 55 mm ermittelt. Der durchschnittliche Verbrauch an Argon und Wasserstoff betrug 2,4 bzw. 1,35 m^3/h und lag damit deutlich über den für die metallverarbeitende Industrie angegebenen Werten [548]. Die Schnittfugenbreite ist $\approx$4 bis 6 mm, so daß die entstehenden Metallverluste gering sind. Einige Anhaltswerte für den spezifischen Energieverbrauch, wobei auch die Energieaufwendungen zur Herstellung der Gase berücksichtigt wurden, erhält Bild 179. Bei einem Vergleich des Plasmaschneidens mit dem normalen Brennschneiden wird deutlich, daß unter den Bedingungen der metallverarbeitenden Industrie (hohe Schnittgeschwindigkeiten erreichbar!) das Plasmaschneiden gegenüber dem Brennschneiden bei relativ dünnwandigem Stahl überlegen ist.

Durch die sehr unregelmäßigen Formen der zu zerkleinernden Schrottstücke ist es im allgemeinen nicht möglich, beim Schneiden mit dem Handschneidbrenner einen Führungswagen zu verwenden. Dadurch kommt es relativ häufig zu Berührungen zwischen Brennerspitze und Schrottstück. Das führt zu einem erhöhten Verschleiß der Düsen, Isolatoren und Dichtungen des Handschneidbrenners [548].

Tabelle 75. Einfluß der Werkstoffdicke auf die Schnittgeschwindigkeit beim Plasmaschneiden legierter Stähle mit der Plasmaschneidanlage PA 40

Werkstoffdicke	Cr-Ni-Stahl [504]		mittel- und hochlegierte Stahlschrotte [548]	
[mm]	Lichtbogenstrom [A]	Schnittgeschwindigk.¹) [cm/min]	Lichtbogenstrom [A]	Schnittgeschwindigk.²) [cm/min]
1	—	—	160	300
6	240	650	180	66
20	240	160	220	33
50	240	40	260	10

¹) mit dem Maschinenschneidbrenner ermittelt
²) Durchschnittswert für das Schneiden der legierten Stahlschrotte mit dem Handschneidbrenner

6.5.2.2. Lichtbogen-Sauerstoffschneiden

Die Zerkleinerung der großstückigen Schrotte aus mittel- und hochlegierten Stählen, Gußeisenwerkstoffen, NE-Metallen und plattierten Werkstoffen kann auch mittels *Lichtbogen-Sauerstoffschneiden* durchgeführt werden [508]. Eine breite Anwendung hat es wohl aber nicht gefunden. In jüngster Zeit gelang jedoch eine wesentliche Weiterentwicklung des Lichtbogen-Sauerstoffschneidens durch die Einführung einer kontinuierlich abschmelzenden Elektrode und einer fokussierend wirkenden Gasdüse [565]. Die erforderliche Gerätetechnik entspricht dabei der des konventionellen Schutzgasschweißens in Verbindung mit einem Spezialbrenner. Die bisherigen Untersuchungen zeigen, daß Blechdicken von 2 bis 80 mm und kompakte Schrottstücke (z. B. mit einem Durchmesser von 250 mm) problemlos geschnitten werden können. Die bereits jetzt vorliegenden Ergebnisse lassen eine breite Anwendung des Lichtbogen-Sauerstoffschneidens mit kontinuierlich abschmelzender Elektrode und fokussierend wirkender Gasdüse erwarten.

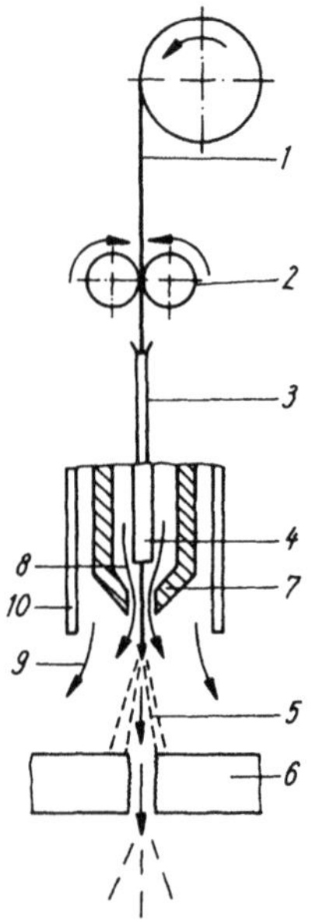

Bild 185. Lichtbogen-Sauerstoffschneiden mit kontinuierlich abschmelzender Elektrode und fokussierend wirkender Gasdüse [565] (schematisch)
1) Elektrodendraht;
2) Drahtvorschubmechanismus;
3) Drahtführung;
4) Stromkontaktdüse;
5) Lichtbogen;
6) Schrottstück;
7) Gasdüse;
8) Sauerstoff, ggf. auch Druckluft;
9) Schutzgas;
10) äußere Ringdüse

Der Ablauf des Schneidvorganges ergibt sich aus Bild 185. Der Elektrodendraht (*1*), der von einem Drahthaspel kontinuierlich abläuft, gelangt über einen Drahtvorschubmechanismus (*2*) und eine Drahtführung (*3*) in den Schneidbrenner. Im Schneidbrenner erhält der Elektrodendraht Stromkontakt in einer Stromkontaktdüse (*4*) und wird als schneidstromtragender Elektrodendraht dem Lichtbogen (*5*) zugeführt. Dieser brennt zwischen dem abschmelzenden Drahtende und dem zu trennenden Schrottstück (*6*). Durch entsprechende Festlegung der elektrischen Parameter kann ein schneidend wirkender Lichtbogen erzeugt werden. Gleichzeitig wird über eine fokussierend wirkende Gasdüse (*7*) ringförmig um den Elektrodendraht Sauerstoff (*8*; auch Druckluft möglich) zugeführt. Der Gasstrom bewirkt eine

Bündelung des Lichtbogens und führt außerdem zur Bildung zusätzlicher Verbrennungswärme beim Verbrennen des Elektrodendrahts sowie des zu trennenden Metalls. Dadurch wird die Schneidwirkung des Lichtbogens wesentlich erhöht. Die Entstehung giftiger Gase (Stickstoffoxide), die sich beim Eindringen des Luftstickstoffs in die Hochtemperaturzone des Lichtbogens bilden können, wird durch das ringförmig um die Gasdüse austretende Schutzgas (*9*) verhindert. Zweckmäßigerweise wird dafür Sauerstoff verwendet. Es sind aber auch andere Gase anwendbar (CO_2, Argon, Brenngase). Die äußere, elektrisch isolierte Ringdüse (*10*) schützt die Gasdüse vor Massekontakt und damit vor der Zerstörung.

Die Schneidbedingungen sind von der Werkstoffart und vor allem von der Werkstoffdicke abhängig. Als Richtwerte werden empfohlen:

— Schneidstromstärke:	≈400 A
— Schneidspannung:	≈40 V
— Drahtvorschubgeschwindigkeit:	max. 8 m/min
— Sauerstoffdruck:	0,2 MPa
— Drahtart:	2-mm-Stahldraht mit blanker Oberfläche

Beim Schneiden dünner Blechschrotte sind die Schneidstromstärke und die Drahtvorschubgeschwindigkeit wesentlich zu verringern. Das Schneiden sehr dickwandiger Schrottstücke ist mit hohen Schneidstromstärken und erhöhter Schneidspannung durchzuführen. Der Sauerstoff- bzw. Drahtverbrauch liegt bei 40 l/min bzw. 5 kg/h.

6.5.2.3. Sauerstoffbohren mittels Sauerstofflanze

Für das Herstellen von Laderäumen in den zu sprengenden kompakten Schrotten (Gußeisen- und Stahlwalzen, Schabotten, Ofensauen u. a.) hat sich das Sauerstoffbohren mittels *Sauerstofflanze* bewährt. Auch ein Schneiden kompakter Schrottstücke mit der Sauerstofflanze ist grundsätzlich möglich. Eine zunehmende Bedeutung besitzt diese Methode im Rahmen der Demontage und Rekonstruktion bestehender Stahlbetonbauwerke [553] bis [556].

Das Sauerstoffbohren beruht auf der fortlaufenden Verbrennung eines von Sauerstoff durchströmten Stahlrohres. Die dabei an der Rohrspitze frei werdende Oxydationswärme führt zum Schmelzen des gegenüber angeordneten, zu bohrenden Werkstoffs. Der Austrag der entstehenden Schmelze (flüssiges Metall, Oxydationsprodukte) aus dem sich bildenden Bohrloch erfolgt durch die kinetische Energie des Sauerstoffstrahls. Eine wesentliche Intensivierung des Sauerstoffbohrens wird erreicht, wenn

- die Sauerstofflanze aus einem Stahlrohr mit eingelegten Stahldrähten, Vierkant- oder Rundstahlprofilen besteht (*Sauerstoffkernlanze*) oder
- ein Eisenpulver mit dem Sauerstoffstrom durch das Stahlrohr geblasen wird (*Sauerstoffpulverlanze*).

Wegen des geringeren Aufwands werden für die Herstellung von Bohrlöchern meist jedoch wohl noch Sauerstofflanzen verwendet.

Die für die Durchführung des Sauerstoffbohrens mittels Sauerstofflanze erforderliche Gerätetechnik ergibt sich aus Bild 186. Das Lanzenrohr besteht aus unlegiertem Stahl mit geringem Kohlenstoffgehalt. Es wird auf ≈ 3 m Länge rechtwinklig gebogen, damit man die Bohrung ansetzen kann, ohne im Bereich des entstehenden Funkenfluges zu stehen. Bei Arbeitsbeginn bzw. nach längeren Arbeitsunterbrechungen wird zunächst unter geringer Sauerstoffzufuhr das freie Lanzenende mit einem Schweiß- oder Schneidbrenner bzw. mittels Koks- oder Holzkohlenfeuers auf Zündtemperatur erwärmt. Brennt die Lanze stabil, erhöht man die Sauerstoffzufuhr und drückt das brennende Lanzenende gegen das zu bohrende Schrottstück. Entsprechend der Schmelzbohrgeschwindigkeit und dem Lanzenabbrand wird die Lanze laufend nachgeschoben. Ist sie bis auf ein Reststück von $\approx 0{,}5$ m abgebrannt, wird die Lanze durch eine neue ersetzt. Bei ihrem Einführen in das bereits begonnene Bohrloch oder durch Eintauchen in das ausgeflossene Material zündet die Lanze, und das Sauerstoffbohren kann fortgesetzt werden.

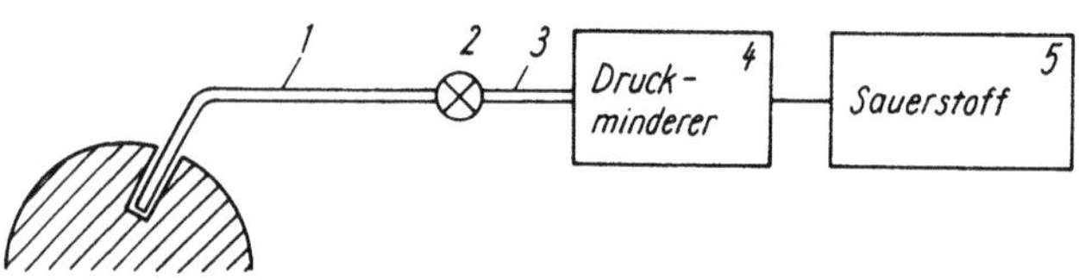

Bild 186. Gerätetechnik für das Sauerstoffbohren mit Sauerstofflanzen
1) Lanzenrohr;
2) schnellschließendes Sauerstoffventil;
3) Sauerstoffschlauch;
4) Druckminderer;
5) Sauerstoffversorgung: fahrbare Flaschenbatterie oder ortsfeste Flaschenbatterie mit Rohrleitung, ggf. Sauerstoffverdampferanlage

Als Lanzenmaterial dienen für die Sauerstoffpflanzen Stahlrohre mit einem Innendurchmesser von meist 3 oder 6 mm ($^{1}/_{8}$- bzw. $^{1}/_{4}$-Zoll-Rohre) und für die Sauerstoffkernlanzen Rohre mit einem Innendurchmesser von 6 mm. Beim Sauerstoffbohren von Stahlbeton werden demgegenüber Stahlrohre mit einem Innendurchmesser von 10 mm ($^{3}/_{8}$ Zoll) bis 25 mm (1 Zoll) verwendet. Die Länge der Lanzen beträgt 5 bis 8 m. Der erforderliche Sauerstoffdruck liegt zwischen 0,5 bis 1 MPa. Die Schmelzbohrgeschwindigkeit sowie der Stahlrohr- und Sauerstoffverbrauch werden von der Schrottart, der Bohrlochtiefe, dem Sauerstoffdruck und der Handhabung der Lanze beeinflußt [553]. Einige Anhaltswerte finden sich in Tabelle 76. Als Vergleich sind auch Werte für das Sauerstoffbohren von Stahlbeton angegeben.

Gegenüber der Sauerstoffkernlanze, die aus einem dickwandigen Stahlrohr mit Kernmaterial besteht, ist für das Betreiben einer *Sauerstoffpulverlanze* ein dünnwandiges, billigeres Stahlrohr sowie Metallpulver (Eisenpulver, ggf. im Gemisch mit Aluminium) erforderlich. Das Metallpulver strömt gemeinsam mit dem Sauerstoff durch das Lanzenrohr, verbrennt bei seinem Austritt und bildet eine Flamme mit

Tabelle 76. Richtwerte für das Sauerstoffbohren mittels Sauerstoff- und Sauerstoffkernlanze

Schrottart		Lanzenart	innerer Stahlrohrdurchmesser [mm] (in Zoll)	Schmelzbohrgeschwindigkeit [cm/min]	Verbrauch Stahlrohre [m/m Bohrloch]	Verbrauch Sauerstoff	Bemerkungen
Gußeisenschrotte:							
— Gußeisenwalzen GHS-Mo-500		*SL*	3 ($^1/_8$")	7,5	25	—	aus 5 Walzen ermittelter Durchschnittswert
— Gußeisenwalzen, insg.		*SL*	3 ($^1/_8$")	—	30 60 m/t Schrott	17 m^3/t Schrott	jährlicher Mittelwert
— nach [557]		*SL*	3 ($^1/_8$")	6	16	1,6 m^3/m Bohrl.	Sauerstoffdruck: 0,5 MPa
— nach [344]		n.b.	8 ... 10	—	13 ... 18	10 m^3/t Schrott	
unlegierte Stahlschrotte:							
— nach [557]		*SL*	3 ($^1/_8$")	13	8	1 m^3/m Bohrl.	Sauerstoffdruck: 0,5 MPa
— nach [477]		n.b.	—	—	10	4,5 m^3/m Bohrl.	Bohrlochdurchm.: 3 ... 3,5 cm
Ni-legierte Stahlschrotte	[476]	*SL*	—	—	≈30	—	Schrottstückmasse: ≈70 t
Stahlbeton	[553]	*SKL*	10 ($^3/_8$")	27 ± 3	6 ± 1,2	30 ± 6 m^3/h	Sauerstoffdruck: 1 ± 0,2 MPa Bohrlochdurchm.: 3 ... 4 cm

SL Sauerstofflanze
SKL Sauerstoffkernlanze

hoher Wärmeleistung. Diese ist höher als diejenige, die man mit Sauerstoffkernlanzen erreicht. Deshalb können mit Sauerstoffpulverlanzen problemlos auch massive Schrottstücke mit größeren Schlackeeinschlüssen (z. B. Hochofensauen, Stahlbären, schlackendurchsetzte Gießpfannenrückstände) mit Bohrungen versehen oder in Einzelstücke zerteilt werden [556]. Der Abbrand des Lanzenrohrs ist relativ gering, da sein Abstand vom zu bohrenden bzw. zu schneidenden Werkstoff ≈ 50 bis 150 mm beträgt. Nähere Angaben über den Einsatz der Sauerstoffpulverlanze finden sich in [467], [556], [558], [559].

6.6. Zerlegen

Ein ausreichender Aufschluß der die Schrotte bildenden Komponenten als Voraussetzung für die Anwendung von Anreicherprozessen kann auch durch Zerlegen erreicht werden. Unter dem *Zerlegen* soll das Zerteilen der Schrottstücke ohne bzw. nur mit geringer Zerstörung der einzelnen Bauelemente verstanden werden. Es ist gleichbedeutend mit Demontieren. Besonders weit verbreitet war früher das Zerlegen der Schrottstücke von Hand mit einfachen Werkzeugen (Hammer, Zange, Schraubenzieher u. a.). Die geringe Produktivität der Handzerlegung führte jedoch bald zur Einführung spezieller Hilfseinrichtungen für das Zerlegen gleichartiger Schrotte (Elektromotoren-, Kabel- und Stahl-Aluminium-Seilschrotte) und die Abtrennung kompakter Bauteile aus den zu zerkleinernden Schrotten (z. B. Herausreißen von Motor und Getriebe aus dem Automobilschrott). Durch die stürmische Entwicklung der Zerkleinerungstechnik in den letzten zwei Jahrzehnten verringerte sich aber zunehmend die Bedeutung des Zerlegeprozesses. Er ist jedoch auch heute noch nicht zu umgehen, wenn großstückige, sehr kompakte und deshalb mit den gegenwärtig vorhandenen Zerkleinerungsausrüstungen nicht aufschließbare Schrotte aufbereitet werden müssen (Elektromotoren, Transformatoren, Verbrennungsmotoren). Auch kann es ökonomisch vorteilhaft sein, aus gleichartigen Schrotten mit hohem Edelmetallinhalt (EDVA-Anlagen) die Edelmetalle von Hand in einem Vorkonzentrat anzureichern. Eine Automatisierung des Zerlegeprozesses ist nur bei einigen Schrotten unter bestimmten Voraussetzungen möglich. So gelingt es, z. B. durch Erwärmen der Bleiakkumulatoren mit Hartgummigehäuse und der hartmetallbestückten Werkzeugschrotte, die Voraussetzungen zu schaffen, daß mit wenigen automatisch ablaufenden Arbeitsschritten die Schrotte in ein Vor- bzw. Endkonzentrat und ein Nichtmetall- bzw. Stahlprodukt zerlegt werden können. Der Einsatz der Robotertechnik für das Zerlegen der Schrotte dürfte auf Sonderfälle beschränkt bleiben.

Das Zerlegen der Schrotte mit speziellen Hilfseinrichtungen erfordert in ihrer konstruktiven Gestaltung und meist auch in ihren Abmessungen gleichartige Schrotte. Denn nur dann ist es möglich, den Ablauf der einzelnen Arbeitsschritte zum Zerlegen der Schrotte zu präzisieren und die technischen Hilfsmittel effektiv einzusetzen. Eine breite Anwendung hat das Zerlegen von *Elektromotoren* mit größerer Stückmasse gefunden. Es erfolgt in mehreren Arbeitsschritten, die in Abhängigkeit von der Bauart der Elektromotoren und den technischen Möglichkeiten des Zerlegebetriebes sehr unterschiedlich modifiziert sein können. Als wesentlichste, nacheinander ablaufende Arbeitsschritte sind zu nennen: das Abtrennen des Gußgehäuses (Demontieren oder Zerschlagen), das Zerlegen des Elektromotors in Rotor und Stator, das Zerlegen des Stators (Abtrennen der Wicklungsenden mittels Preßluftmeißel, Abbrennen der Isolation der Wicklungen, Herausziehen der Wicklungen von Hand oder mittels spezieller Einrichtungen, z. B. einer Ziehbank) und ggf. das Zerlegen des Rotors. Einige technische Hilfseinrichtungen für die Demontage von Elektromotoren erläutert Kojbaš u. Reznjakov [246]. Die gewinnbare Kupfermenge ist entscheidend von der Art und der Stückmasse der zu zerlegenden Elektromotoren abhängig und beträgt ≈20 bis 100 kg/Arbeitskraft und Schicht.

Für das Zerlegen von *Starkstromkabeln* mit Plast-, Gummi- und Blei-Ummantelung haben sich *Kabelschlitzmaschinen* unterschiedlichster Bauart eingeführt [246], [560] bis [562]. Diese schlitzen den Kabelmantel in Längsrichtung auf. Als Schnittwerkzeug dienen feststehende Messer oder Kreismesser. Ihre Schnittiefe ist entsprechend der Dicke der Isolationsschicht genau einzustellen. Eine Kabelschlitzmaschine, Bauart Siso, zeigt Bild 187. Die Kabel werden mittels Führungsbuchse und zwei Zahnrädern an das feststehende Schneidmesser herangeführt. Dieses schlitzt den Kabelmantel einseitig auf. Bei anderen Bauarten erfolgt das Schlitzen mit zwei feststehenden Messern, ein, zwei oder vier Kreismessern, die sehr unterschiedlich angeordnet sein können, oder mit zwei gezahnten Rädern. Die Vorschubgeschwindigkeit der Kabel liegt meist zwischen 10 und 30 m/min. Als verarbeitbarer Kabeldurchmesser werden (6) 10 bis 150 mm angegeben.

Die Kabelschlitzmaschinen können fahrbar sein oder auch stationär betrieben werden. Die zu verarbeitenden Kabel sind bei einigen Kabelschlitzmaschinen auf eine Stücklänge von 1 bis 2 m vorzuschneiden, andere gestatten den Einsatz beliebiger Kabellängen. Um ggf. vorhandene Stahlbandarmierungen abwickeln zu kön-

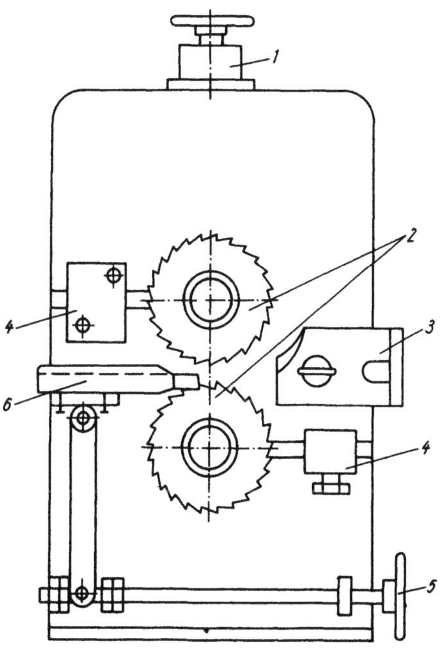

Bild 187. Kabelschlitzmaschine, Bauart Siso (Dänemark)
1) Gewindespindel für die Verstellung der Vorschubräder;
2) Vorschubräder;
3) Führungsbuchse für die Kabel;
4) Reinigungsvorrichtung für die Vorschubräder;
5) Handrad für die Feineinstellung des Messers;
6) Messer

nen, besitzen einige Kabelschlitzmaschinen eine entsprechende Zusatzeinrichtung. Der Durchsatz der Kabelschlitzmaschinen ist sehr stark vom Kabeldurchmesser abhängig und liegt meist zwischen 0,3 und 1,5 t Kabelschrott/h.

Nach dem Schlitzen müssen die Kabel noch von Hand in ihre Bestandteile zerlegt werden. Besitzen die Kabel mehrere Leiter, die bekanntlich selbst nochmals isoliert sind, so ergeben sich viele Arbeitsgänge, ein häufiges Umstellen der Kabelschlitzmaschine, oder es sind mehrere Maschinen erforderlich. Die Vorteile des Zerlegeprozesses (gute Produktqualität, geringe Metallverluste) werden deshalb im allgemeinen durch die geringe Produktivität der Kabelschlitzmaschinen mehr als ausgeglichen. Nur bei einem geringen zu verarbeitenden Aufkommen an Starkstromkabeln dürften sich ggf. noch ökonomische Vorteile ergeben.

Bei einigen ausgewählten NE-Metallschrotten ist es möglich, den Zerlegeprozeß ohne Handarbeit durchzuführen. Das Lösen der einzelnen Verbindungen zwischen den Bauteilen erfolgt dann meist durch Erwärmen der Schrottstücke. So gelingt es z. B. bei Temperaturen von 80 bis 100 °C, die Vergußmasse der *Bleiakkumulatoren* mit Hartgummigehäuse in einen solchen zähflüssigen Zustand zu überführen, daß eine einfache Trennung der Batteriekästen von den inneren Bestandteilen der Akkumulatoren möglich wird [563]. Dazu werden die in Spezialpaletten angelieferten Bleiakkumulatoren auf einen Rollengang geschoben, der die Akkumulatoren in einen Wärmetunnel mit Infrarotheizung fördert. Nachdem die Vergußmasse ausreichend zähflüssig geworden ist, gelangen die Bleiakkumulatoren einzeln in eine Vibrationseinrichtung. Dort werden sie hydraulisch fest eingespannt und um 180° geschwenkt. Durch nachfolgende Vibration fallen die inneren Bestandteile (Bleigitter, PVC-Scheider, Bleischlamm, Schwefelsäure) und der Deckel der Akkumulatoren in einen mit Lochblechen versehenen, kippbaren Behälter. Die Säure fließt mit einem Teil des Bleischlamms in einen Säureauffangbehälter ab. Die im kippbaren Behälter verbleibenden Bestandteile werden auf einen Gurtbandförderer abgeworfen. Nachfolgend wird die Verspannung des Batteriekastens gelöst, und der Kasten fällt in den entleerten kippbaren Behälter, der ihn auf einen zweiten Gurtbandförderer abwirft. Der Durchsatz der Anlage beträgt ≈ 2 t/h.

Die *hartmetallbestückten Werkzeugschrotte* geradliniger Form (Dreh-, Fräs- und Hobelstähle, z. T. Bohrkronen), die aufgelötete Hartmetallschneiden besitzen, können nach einer Erwärmung auf ≈ 1300 °C zerlegt werden [564]. Dazu führt man die hartmetallbestückten Stähle auf einem hitzebeständigen Plattenband mit einer Geschwindigkeit von 0,23 bis 0,5 m/min durch den Flammenbereich von fünf wassergekühlten Propan-Sauerstoff-Brennern. Dabei schmelzen die Kupfer- bzw. Messinglote, die die Verbindung zwischen Hartmetallkörper und Trägerstahl herstellen. Nachfolgend fallen die Werkzeugschrotte aus einer Höhe von 1,2 m auf eine schrägstehende Prallplatte. Beim Aufprall lösen sich die Hartmetallschneiden aus dem Stahlkörper. Die nachfolgende Sortierung kann mittels Siebklassierung erfolgen, da die Stückgrößenverteilung der Hartmetallschneiden sich deutlich von der der Stahlkörper unterscheidet.

7 Literaturverzeichnis

[1] PAUKE, H.; G. STREIBEL: Wirtschaftswissenschaft 25 (1977) 10, S. 1467—1481
[2] ISTRIN, M.: Neue Hütte 14 (1969) 2, S. 79—85
[3] NÜRNBERG, K.; H. W. KREUTZER: Schrottbetrieb 30 (1979) 4, S. 13—24
[4] GRETSCH, R.: Metall 33 (1979) 11, S. 1206—1211
[5] AMELUNG, E.; H. W. KREUTZER: Schrottbetrieb 29 (1978) 3, S. 25—30
[6] SCHWARTZ, W.: Metall 32 (1978) 8, S. 815—819
[7] CHAPMAN, P. F.: Metals & Mater. London, 8 (1974) 6, S. 311—319
[8] HORVATH, Z.: Metall 32 (1978) 5, S. 457—461
[9] BACHMANN, H.; G. RÜTGER: Neue Bergbautechnik 7 (1977) 10, S. 701—707
[10] FICHTNER, K.: Techn. Gemeinschaft 15 (1967) 3, S. 32—33
[11] LINDENLAUB, W.: Freiberger Forsch.-H. (1964) B99, S. 155—169
[12] ZUSMAN, L. L.: Krugooborot metalla v narodnom chozjajstve SSSR. Moskva: Izd. Metallurgija 1962
[13] ZUSMAN, L. L.: Krugooborot metalla v narodnom chozjajstve SSSR, 2. Auflage, Moskva: Izd. Metallurgija 1978
[14] VOCKE, G.: Stahlberatung 8 (1981) 2, S. 9—11
[15] OPPERMANN, K.: Freiberger Forsch.-H. (1982) A664, S. 49—58
[16] KILLING, H. P.: Die Zukunft der deutschen Schrottversorgung. Düsseldorf: Verlag Stahleisen 1960
[17] OELSEN, O.: Schrottbetrieb 23 (1972) 11, S. 4—14
[18] SCHAUWINHOLD, D.: Entwicklung des Schrottaufkommens und der Stahlgewinnungsverfahren. Rückschau bis 1950 und Vorausschau bis 1990. Clausthal: Technische Universität, Diss., Juli 1978
[19] GRAF, G.; P. MÄNNEL: Freiberger Forsch.-H. (1982) A664, S. 73—84
[20] LOTT, W.: Neue Hütte 22 (1977) 12, S. 654—658
[21] SÜSS, W.; G. POHLE; G. SCHLOTT: Freiberger Forsch.-H. (1980) D135, S. 55—65
[22] GRETSCH, R.: Metall 36 (1982) 4, S. 431—435 u. 6, S. 692—695
[23] LANGE, W.; P. MÄNNEL: Freiberger Forsch.-H. (1978) B200, S. 7—19
[24] LIEBSCHER, S.: Freiberger Forsch.-H. (1968) B134, S. 51—64
[25] SUEISHI, T.: Proc. 3rd Recycling World Congress 1980, S. 1/8/1 bis 1/8/13, Basel
[26] BEVER, M. B.: Conservation and Recycling, Oxford, 1 (1976) S. 55—69, 137—147
[27] SCHÖFER, W.; F. KOLODNIAK: Stahlberatung 7 (1980) 5, S. 13—16
[28] SCHMID, K. H.: Metall 33 (1979) 2, S. 193—196
[29] POPOV, G. F.: Resurcy vtoričnych černych metallov. Moskva: Izd. Metallurgija 1981
[30] ROSENBLECK, W.; H. W. KREUTZER; R. STEFFEN u. a.: Recycling 32 (1981) 1, S. 12—22
[31] VOLOBUEV, V. F.; I. I. DOVGIJ; N. V. ANKUDINOV: Zagotovka i pererabotka vtoričnych metallov, 2. Auflage. Moskva: Izd. Metallurgija 1980
[32] KOROTKOV, G. A.; D. E. KORNAČEV: Vtoričnye černye metally. Moskva: Izd. Metallurgija 1979

[33] Merzljakova, Z. A.; G. V. Mokrova; G. A. Truchačeva u. a.: Sb. Vtoric. čern. metally, Moskva, (1974) 2, S. 11—24
[34] Fellcht, K.; H. Kulke: Neue Hütte 21 (1976) 8, S. 451—454
[35] Volobuev, V. F.; N. R. Grušina; G. K. Judina: Sb. Vtorič. čern. metally, Moskva, (1974) 1, S. 35—39
[36] Avraškov, L. Ja.; T. Z. Gamova; R. A. Chlestova: Cvetnaja metallurgija bjul., Moskva, (1976) 14, S. 62—65
[37] Jakovleva, V. E.; A. D. Trifonova: Cvetnaja metallurgija bjul., Moskva, (1974) 12, S. 55—57
[38] Oelsen, O.: Klepzig Fachber. 80 (1972) 9, S. 466—470
[39] Hänsel, R. O.: Technisch-wirtschaftliche Zusammenhänge für die Stahlerzeugung der EG bis 1985 unter besonderer Berücksichtigung von Rohstoffen und Energie. Clausthal: Technische Universität, Diss., Februar 1977
[40] Fidel'man, M. E.; L. G. Sumskaja: Centralnyj naučno-issledovatal'skij inst. inform. i techn.-ekonomičesk. issledovanij černoj metallurgii, Moskva, (1970), Ser. 18, 7, S. 3—28
[41] Šiškova, E. F.; Z. A. Merzljakova; G. A. Truchačeva, u. a.: Sb. Vtorič, čern. metally, Moskva, (1976) 4, S. 16—27
[42] —: Bericht der Vereinten Nationen — Wirtschafts- und Sozialrat, Wirtschaftskommission des Europ. Komitees für Schwarzmetallurgie, Steel/AC 3/R 2/Erg. 3, vom 28. 2. 1977
[43] Merzljakova, Z. A.; A. K. Lovcov; G. A. Truchačeva: Sb. Vtorič. čern. metally, Moskva, (1977) 5, S. 5—13
[44] Spendlove, M. I.: Proc. 2th mineral waste utilization symposium 1970, S. 87—106. Chicago: U.S. Bureau of Mines and IJT Research Institute 1970
[45] Zusman, L. L.: Metalličeskij fond narodnogo chozjajstva SSSR. Moskva: Izd. Metallurgija 1975
[46] Schroeder, H.: Taschenbuch des Metallhandels, 5. Auflage. Berlin: Metall-Verlag GmbH 1966
[47] Rumberger, M.; E. Wettig: Metall 28 (1974) 5, S. 513—519
[48] Stodieck, H.; M. Lefeldt; U. Harms u. a.: Substitution und Rückgewinnung von NE-Metallen in der Bundesrepublik Deutschland. Hamburg: Institut zur Erforschung technologischer Entwicklungslinien, 1976
[49] Oelsen, O.: Schrottbetrieb 23 (1972) 1, S. 10—11
[50] Oelsen, O.: Schrottbetrieb 22 (1971) 10, S. 4, 6
[51] Anderson, R. C.: Resource Recovery and Conservation, Amsterdam, 2 (1977) 3, Mai, S. 211—223
[52] Reichert, I.: Metall 31 (1977) 5, S. 475—477
[53] Schneider, K.: Die Verhüttung von Aluminiumschrott, 3. Auflage. Berlin: Metall-Verlag GmbH 1970
[54] Gameren, A. van: Metals & Mater., London, 12 (1978) 5, S. 42—46
[55] Kootz, T.; K. Lenzmann; A. Altgeld: Thyssenforschung 5 (1973) 2, S. 59—77
[56] Oelsen, O.: Schrottbetrieb 23 (1972) 7, S. 8—11
[57] Schubert, H.: Aufbereitung fester mineralischer Rohstoffe, Band 1, 3. Auflage. Leipzig: VEB Deutscher Verlag für Grundstoffindustrie 1975
[58] Rumpf, H.; K. F. Ebert: Chem.-Ing.-Technik 36 (1964) 5, S. 523—537
[59] Batel, W.: Einführung in die Korngrößenmeßtechnik, 3. Aufl. Berlin, Heidelberg, New York: Springer-Verlag 1971
[60] Leschonski, K.: Einführung in die Teilchengrößenanalyse. aus: Ullmanns Encyklopädie der technischen Chemie, 4. Aufl., Band 2, S. 24—34. Weinheim/Bergstr.: Verlag Chemie 1972

[61] Schubert, H.; E. Heidenreich; F. Liepe u. a.: Mechanische Verfahrenstechnik, Teil 1, Leipzig: VEB Deutscher Verlag für Grundstoffindustrie 1977
[62] Stölzel, K.: Gießereiprozeßtechnik. 3. Auflage. Leipzig: VEB Deutscher Verlag für Grundstoffindustrie 1976
[63] Wittekopf, D.: Das System der Rationalisierung der technischen Vorbereitung der Produktion von Gußteilen. Freiberg: Bergakademie, Diss. A, 1978
[64] —: TGL 29938/02, Ausg. 11.76. Fertigungstechnische Gestaltung von metallischen Rohgußstücken und TGL 14410, Ausg. 6.73. Gußstücke aus Leichtmetall-Gußlegierungen
[65] Schubert, G.: Neue Hütte 20 (1975) 4, S. 234—242
[66] Wadell, H.: J. Franklin Inst. Lancaster, 217 (1934), S. 459—490
[67] Pahl, M. H.; G. Schädel; H. Rumpf: Aufbereitungstechnik 14 (1973) 5, S. 257—264; 10, S. 672—683 u. 11, S. 759—764
[68] Hocke, H.; J. E. Twaites: J. Iron & Steel Inst., London, 203 (1965) 12, S. 1222—1228
[69] Diamond, E. I.: J. Iron & Steel Inst., London, 164 (1950) 4, S. 452—462
[70] Pruzinski, Z.: Technologia przerobu zlomu stalowego i żeliwnego, Katowice: Wydawnictwo slask 1973
[71] Fiege, L.; J. Metzing: Stahl u. Eisen 93 (1973) 16, S. 725—732
[72] Schöberl, A.; E. Pink; H. Baumgartner: Radex-Rdsch. (1966) 5, S. 291—303
[73] Varšavskij, A. P.; N. V. Ankudinov; M. Ja. Medžibožskij u. a.: Sb. Vtorič. čern. metally, Moskva, (1974) 6, S. 5—13
[74] Goodeve, C.: Steel Times, London, 191 (1965) 5069, S. 323—328
[75] Pekarskij, G. Š.; N. V. Kilina: Zav. Labor., Moskva, 45 (1976) 5, S. 565
[76] Neuhaus, H.; H. J. Langhammer; W. Münstermann: Stahl u. Eisen 84 (1964) 17, S. 1041—1052
[77] —: TGL 10649/01, Ausg. 6.77. Stahl- und Gußeisenschrott, Stahlschrott
[78] Schöfer, W.; K. Fellcht: Stahlfibel — legierter Schrott. Leipzig: VEB Deutscher Verlag für Grundstoffindustrie 1978
[79] Oelsen, O.: Schrottbetrieb 23 (1972) 9, S. 6—10
[80] Ankudinov, N. V.; M. I. Levin; V. P. Tamurov u. a.: Organizacija i ekonomika pererabotki vtoričnych černych metallov. Moskva: Izd. Metallurgija 1974
[81] Langhammer, H. J.; H. J. Gerber; H. Assbrok: Stahl u. Eisen 89 (1969) 1, S. 18—24
[82] Gejneman, A. V.; M. N. Novickij: Sb. Vtorič. čern. metally, Moskva (1975) 3, S. 96—100
[83] Teupel, F. K.: Formgebung der Metalle. Leipzig: VEB Deutscher Verlag für Grundstoffindustrie 1977
[84] Schatt, W. (Hrsg.): Einführung in die Werkstoffwissenschaft, 1. Aufl. Leipzig: VEB Deutscher Verlag für Grundstoffindustrie 1972
[85] Krüger, W.; H. Kummich: Neue Hütte 19 (1974) 6, S. 357—361
[86] Oeteren, K.-A. van: Korrosionsschutz durch Beschichtungsstoffe, Bd. 1. München, Wien: Carl Hanser Verlag 1980
[87] Degner, W.; H. Lutze; E. Smejkal: Spanende Formung, 8. Auflage. Berlin: VEB Verlag Technik 1978
[88] Kuprin, A. I.; A. M. Tichoncov: Gidrotransport stružki. Moskva: Izd. Mašinostroenie 1978
[89] Bondarenko, F. F.; V. I. Vajdotas: Cvetnye metally, Moskva, 47 (1974) 12, S. 52—54
[90] Kravčenko, N. D.; M. P. Gavrilov; K. P. Kozlovskij: Cvetnaja metallurgija bjul., Moskva, (1978) 4, S. 25—26
[91] Junger, J.: Hospodařeni s kovovym odpadem. Praha: Verlag SNTL 1966
[92] Bobrov, V. P.: Stanki i instrument, Moskva 28 (1957) 3, S. 20—23
[93] Bouchner, B.: Fachber. Hüttenpr. Metallverarb., Coburg, 15 (1977) 3, S. 209—212
[94] Muratsch, N. N.: Handbuch des Metallhüttenmannes, Band 1. Berlin: VEB Verlag Technik 1954

[95] —: Praxis der Schmierstoffeinsparungen, Teil: Metallbearbeitungsöle. Technischer Beirat der Schmierstoffgemeinschaft. Müncheberg: Verlag für Kultur- und Wirtschaftswerbung Daenell & Co. 1944
[96] HENNING, D.; B. RISTOW: Wiss. Z. Techn. Hochschule Magdeburg 19 (1975) 5, S. 475—480
[97] STICKFORTH, C.: Werkstatt u. Betrieb 103 (1970) 4, S. 285—288
[98] BREUER, H. J.: Werkstatt u. Betrieb 101 (1968) 3, S. 131—136
[99] MEDZIBOZSKIJ, M. Ja.; A. A. LYKIN; A. V. ŠEMJAKIN u. a.: Bull. Čermetinform., Moskva, (1971) 4, S. 41—42
[100] RITTER, F.: Korrosionstabellen metallischer Werkstoffe. Wien: Springer-Verlag 1958
[101] DONIS, D.: Modern Casting, Des Plaines 66 (1976) 7, S. 58—59
[102] FELLCHT, K.; J. EUBE: Neue Hütte 20 (1975) 5/6, S. 268—272
[103] OELSEN, O.: Schrottbetrieb 23 (1972) 6, S. 6—16
[104] —: Problems relating to iron and steel scrap, Part 2: Developments in scrap supply, chapt. 4, UNO-Bericht, Steel-Working Paper 365 v. 19. 11. 1969
[105] SCHUBERT, G.; K. F. PIDUN: Freiberger Forsch.-H. (1977) B192, S. 37—60
[106] CHINDGREN, C. I.; K. C. DEAN; L. R. RETERSON: US Bur. Mines Techn. Progr. Rep., Washington, (1971) 31, 11 S.
[107] —: Scrap Age, Niles, 27 (1970) 2, S. 203—267
[108] KURUNOV, I.: Ekspressinform. černaja metallurg., Moskva, (1973) 35, S. 30—41
[109] FRANKEN, J.; H. GÜNNEWIG; D. LOHEIDER u. a.: Schrottbetrieb 28 (1977) 3, S. 6—8
[110] SILVER, J.: Scrap Age, Niles, 27 (1970) 2, S. 69—75, 156—159, 163, 196
[111] LINDEMUTH, L. B.: J. Metals, New York 16 (1964) 11, S. 891—893
[112] OSTROWSKI, E. I.: Iron & Steel Eng., Pittsburgh, 48 (1971) 7, S. 65—74
[113] —: Autowracks und Autoreifen. Beihefte zu Müll und Abfall, Heft 11. Berlin: Verlag Erich Schmidt 1974
[114] KRÜGER, J.: Metall 32 (1978) 5, S. 495—498
[115] —: TGL 10 649/02. Ausg. 6.77. Stahl- und Gußeisenschrott, Gußeisenschrott
[116] —: Praxis des Schmelzens im Kupolofen. Hrsg. Verein Deutscher Gießereifachleute. Düsseldorf: Gießerei-Verlag GmbH 1969
[117] MESJAC, V. I.; L. S. REBINSKAJA, V. A. ČAPLYGIN u. a.: Centralnyj naučno — issled. inst. inform. t techn.-ekonomičesk. issled. černoj metallurgii, Moskva, (1981) Ser. 18, 3, S. 1—9
[118] SPORLEDER, P.: Vortrag Weiterbildungsveranstaltung vom 16.—20. 5. 1977 an der Bergakademie Freiberg. Lehrbrief: Stahlerzeugung 1977, Teil 3, Bergakademie Freiberg 1977
[119] DECKER, A.: Stahl u. Eisen 78 (1958) 10, S. 672—676
[120] DEILMANN, W.; G. SCHREIBER: Radex-Rdsch. (1974) 1, S. 21—30
[121] DAS, R. N.; J. MOTZ; K. RÖHRIG: Stahl u. Eisen 89 (1969) 22, S. 1202—1211 u. 89 (1969) 26, S. 1480—1486
[122] EICHEL, K.: Das basische Windfrischverfahren. Berlin: Verlag Technik 1952
[123] WILLEMS, J.; O. OELSEN: Gießerei 48 (1961) 15, S. 425—430
[124] PIETSCHMANN, L.; W. NEUMANN: Neue Hütte 15 (1970) 9, S. 544—548
[125] KEMPERS, H.: Gießerei 53 (1966) 1, S. 15—18
[126] BRUNHUBER, E.: Leichtmetall- und Schwermetall-Kokillenguß. Berlin: Fachverlag Schiele und Schön GmbH 1966
[127] MEISSNER, E.; H. SCHENKEL: Technologie des Maschinenbaus. 9. Auflage. Berlin: VEB Verlag Technik 1978
[128] GERLACH, H.: Gießereitechnik 14 (1968) 7, S. 195—202
[129] PIWOWARSKY, E.: Hochwertiges Gußeisen. Berlin, Göttingen, Heidelberg: Springer-Verlag 1961

[130] REUTER, H.: Schrottbetrieb 27 (1976) 3, S. 8—10
[131] DONIKE, W.: Schmelzen und Gattieren in der Eisengießerei. Berlin: Fachverlag Schiele und Schön GmbH 1955
[132] SCHMIDT, H.: Das Gießereiwesen — in gemeinfaßlicher Darstellung. Düsseldorf: Gießerei-Verlag 1953
[133] SÜSS, W.; G. POHLE; G. SCHLOTT: Beitrag zur effektiven Herstellung von Aluminiumhalbzeugen und -legierungen unter besonderer Berücksichtigung von Aluminiumsekundärrohstoffen. Freiberg: Bergakademie, Diss., Mai 1979
[134] BUCKELEY, A.: Erzmetall 4 (1951) 9, S. 329—334
[135] GOEDERITZ, A. H. F.; K. BRITZE: Der Buntmetallschrott. Berlin: VEB Verlag Technik 1953
[136] THEWS, E. R.: Metallurgische Verarbeitung von Altmetallen und Rückständen, Band 2: Altrotmetalle. München: Carl Hanser Verlag 1951
[137] BLUMENAUER, H.; G. PUSCH: Technische Bruchmechanik. Leipzig: VEB Deutscher Verlag für Grundstoffindustrie 1982
[138] THEWS, E. R.: Metallurgische Verarbeitung von Altmetallen und Rückständen, Band 1: Altweißmetalle. München: Carl Hanser Verlag 1948
[139] THEWS, E. R.: Schmelztechnische Verarbeitung von Altzink, Abfällen und Rückständen. Berlin: Verlag Technik 1952
[140] —: Metallstatistik 1968 bis 1978. Metallgesellschaft Frankfurt/Main 1979
[141] POHLER, G.: Stahlberatung, Freiberg 2 (1975) 1, S. 2—7
[142] HERZ, H.; T. MENTZEL: Metall 31 (1977) 5, S. 471—475
[143] WINKLER, E.; G. SCHUBERT; E. MOSCH u. a.: Neue Hütte 19 (1974) 8, S. 452—460
[144] ČEPČUGOVA, A. G.; S. I. IVANOV: Cvetnye metally, Moskva, 41 (1968) 11, S. 88—90
[145] SENJAVIN, A. Ju.; S. I. IVANOV; A. G. ČEPČUGOVA, aus: ISTRINA, M. A.: Centralnyj naučno-issled. inst. inform. i techn.-ekonomičesk. issled. cvetnoj metallurgii, Moskva, (1968), S. 5—16
[146] DANNENBERG, R. O.; J. M. MAURICE; G. M. POTTER: Recovery of precious metals from electronic scrap. US Bur. Mines, Rep. Invest., Washington (1972) 7683
[147] GRÖTZINGER, B.: Freiberger Forsch.-H. (1980) D135, S. 67—81
[148] BARTHEL, K.-D.; G. POHLE; G. SCHLOTT: Metall 30 (1976) 12, S. 1208—1210
[149] —: World Metal Statistics 1973 bis 1976, World Bureau of Metal statistics, London
[150] HAAKE, G.; U. APENBURG; G. HÖMBERG: 2. Internat. Konf. RGW-Länder Rationelle Anwendung der NE-Metalle, Budapest, Oktober 1974
[151] MELIN, A.: Metall 31 (1977) 2, S. 133—138
[152] KOJBAŠ, V. A.; R. D. RASKINA: Central'nyj naučno-issled. inst. inform. i techn.-ekonomičesk. issled. cvetnoj metallurgii, Moskva, (1978)
[153] ČUMAČENKO, V. S.; R. D. RASKINA; F. F. BONDARENKO: Cvetnye metally, Moskva 48 (1975) 5, S. 70—74
[154] —: Erzeugung von NE-Metallen. Leipzig: VEB Deutscher Verlag für Grundstoffindustrie 1978
[155] FARAHMAND, A.; R. FISCHER: Internat. Recycling Congress Berlin 1979, S. 1482—1487, Berlin: Verlag für Umwelttechnik, 1979
[156] GÖTZE, H.; R. WAGENMANN: Freiberger Forsch.-H. (1968) B134, S. 41—49
[157] SCHUBERT, G.: Neue Hütte 25 (1980) 6, S. 201—206
[158] ADOLPH, M.: Städtehygiene 24 (1973) 4, S. 88—96
[159] HARRISON, D. A.; P. C. NEWDICK; P. I. BOWLES: Metals & Mater., London, 8 (1974) 1, S. 59—65
[160] BILBREY, I. H.; I. W. STERNER; E. G. VALDEZ: Proc. 1th Recycling World Congress, Basel 1978

[161] McCHESNEY, D. R.: Internat. Recycling Congress Berlin 1979, S. 1461—1469, Berlin: Verlag für Umwelttechnik, 1979
[162] MATTHES, E.: Metallinformation 12 (1976) 10, S. 199—209
[163] THOMÉ-KOZMIENSKY, K. J.: Internat. Recycling Congress Berlin 1979, S. 1—12, Berlin: Verlag für Umwelttechnik, 1979
[164] HIEBSCH, R.: Freiberger Forsch.-H. (1982) A665, S. 151—156
[165] UHLIG, G.: Aluminium 51 (1975) 11, S. 740—741
[166] GUDKEVIČ, N. M.. Vtorič. cvet. metally, Moskva, (1971), S. 64—69
[167] ENGSHUBER, M.; H. BURGHARDT: Neue Hütte 27 (1982) 1, S. 23—28
[168] KREUTZER, H. W.; H. SPERL: Schrottbetrieb 25 (1974) 7, S. 12—14
[169] —: Erzeugung von Roheisen, Stahl und Ferrolegierungen. Leipzig: VEB Deutscher Verlag für Grundstoffindustrie 1976
[170] BURGHARDT, H.; G. NEUHOF: Stahlerzeugung. Leipzig: VEB Deutscher Verlag für Grundstoffindustrie 1983
[171] BURGHARDT, H.: Metallgewinnung Eisen und Stahl, Teil 2, Metallurgie der Stahlerzeugung (1. und 2. Lehrbrief) Bergakademie Freiberg 1974
[172] —: Vom Schrott zum Stahl. Düsseldorf: Verlag Stahleisen 1977
[173] KÖHLER, E.; H. SPERL: Schrottbetrieb 25 (1974) 8, S. 16—18
[174] LAMBRECHT, J.; G. SCHARF; K. SCHEIDIG:Neue Hütte 24 (1979) 10, S. 366—369
[175] —: Persönl. Mitt. von Doz. Dr. H. BURGHARDT: Bergakademie Freiberg
[176] AMELUNG, E.; O. ETTERICH: Schrottbetrieb 26 (1975) 9, S. 8—11
[177] ČUKMASOV, S. F.; A. I. ZAZIMKO; I. I. PUZYR'KOV, u. a.: Paketirovanie stal'nogo loma. Kiew: Izd. Technika 1967
[178] ZAZIMKO, A. I.; I. I. PUZYR'KOV; V. I. KOSENKO u. a.: Centralnyj naučno-issled. inst. inform. i techn.-ekonomičesk. issled. černoj metallurgii, Moskva, (1977) Ser. 18, 1, S. 1—8
[179] AMELUNG, E.: Schrottbetrieb 29 (1978) 1, S. 10—14
[180] ECKSTEIN, H.-J.: Werkstoffkunde, Stahl und Eisen II. Leipzig: VEB Deutscher Verlag für Grundstoffindustrie 1972
[181] —: DUBBELS Taschenbuch für den Maschinenbau, 1. Band, 11. Auflage. Berlin, Göttingen, Heidelberg: Springer-Verlag 1958
[182] JAVOJSKIJ, V. I.: Theorie der Stahlerzeugung. Leipzig: VEB Deutscher Verlag für Grundstoffindustrie 1969
[183] HEILIGENSTAEDT, W.: Wärmetechnische Rechnungen für Industrieöfen, 4. Auflage. Düsseldorf: Verlag Stahleisen M.B.H. 1966
[184] LISOGOR, A. A.; V. I. MITKALINNYJ: Stal, Moskva 30 (1970) 12, S. 1132—1134
[185] DOROFEEV, JU. G.; I. N. NIKITENKO; V. S. NOVOPAVLOVSKIJ: Litejnoe proizvodstvo, Moskva (1966) 5, S. 42—43
[186] MEDŽIBOŽSKIJ, M. Ja.; E. A. KAPUSTIN; A. V. SEMJAKIN u. a.: Izvest. vyss. ucebn. zaved. čern. metallurg., Moskva, (1972) 11, S. 39—42
[187] VARŠAVSKIJ, A. P.; I. A. LAVRENT'EV; B. Ja. RATNER u. a.: Sb. Vtorič. čern. metally, Moskva, (1974) 2, S. 27—33
[188] TOWNSEND, N. A.; J. Iron & Steel Inst., London, 210 (1972) 9, S. 649—655
[189] LAYCOCK, C.; G. WINFIELD: Ironmak. & steelmak., London, 3 (1976) 6, S. 349—355
[190] BONDARENKO, V. P.; S. G. AFANAS'EV: Stal, Moskva, 31 (1971) 10, S. 901—906
[191] BONDARENKO, V. P.; S. V. KOLPAKOV; S. M. GUBENKO u. a.: Bjull. cermetinform., Moskva (1971) 13, S. 31—33
[192] DERIN, Ju. I.; E. Ja. ZARVIN; A. L. NIKOLAEV u. a.: Stal, Moskva, 35 (1975) 6, S. 506—507
[193] VARŠAVSKIJ, A. P.; V. I. URBANOVIČ; B. Ja. RATNER: Sb. Vtorič. čern. metally, Moskva, (1974) 1, S. 45—53
[194] AMELUNG, E.; H. W. KREUTZER: Schrottbetrieb 25 (1974) 11, S. 16 u. 18
[195] SPERL, H.: Schrottbetrieb 26 (1975) 5, S. 6 u. 8

[196] Amelung, E.: Schrottbetrieb 26 (1975) 3, S. 8 u. 10
[197] Wenzel, W.; S. Krauss: Freiberger Forsch.-H. (1977) B192, S. 11—36
[198] Zan, E.: Radex-Rdsch. (1957) 1, S. 476—481
[199] Etterich, O.; H. W. Kreutzer: Schrottbetrieb 26 (1975) 4, S. 9 u. 10
[200] Amelung, E.; H. Oppenhoff: Stahl u. Eisen 86 (1966) 23, S. 1525—1529
[201] Schubert, G.: Neue Hütte 17 (1972) 10, S. 585—592
[202] Dukett, E. J.: Resource Recovery and Conservation, Amsterdam, 2 (1977) 4, Nov., S. 301—328
[203] Amelung, E.; H. Schütt: Stahl u. Eisen 93 (1973) 16, S. 740—741
[204] Hundy, B. B.: Residual elements in carbon steels. In: Metallurgical developments in carbon steels. London: Spec, Rep. Iron Steel Inst. Nr. 81, 1963
[205] Trotter, H. G.: Steel times, London, 193 (1966) 5, S. 821—824
[206] Born, C. K.: Stahl u. Eisen 73 (1953) 20, S. 1268—1280
[207] Feller-Kniepmeier, M.; M. Thiele: Stahl u. Eisen 82 (1962) 21, S. 1432—1436
[208] Pavlovic, P.; I. Mamuzic: Freiberger Forsch.-H. (1977) B193, S. 25—41
[209] Kapetanovic, K.; R. Curčic; V. Hrelja: Freiberger Forsch.-H. (1977) B193, S. 43—72
[210] Schönewolf, G.; G. Blohm; H.-J. Grübler u. a.: Neue Hütte 24 (1979) 12, S. 462—466
[211] Capus, J. M.: Iron & Steel 38 (1965) 13, S. 594—598
[212] Jandoš, F.; K. Dostal; J. Ulvr u. a.: Freiberger Forsch.-H. (1977) B193, S. 73—87
[213] Clark, P. W.: Steel times, London, 193 (1966) 5, 125, S. 481—484
[214] Kohl, H.: Arch. Eisenhüttenwes. 40 (1969) 2, S. 143—146
[215] Burghardt, H.: Freiberger Forsch.-H. (1977) B192, S. 61—75
[216] Münch, G.; H. Illgen; S. Wehnert u. a.: Neue Hütte 26 (1981) 10, S. 367—370
[217] Jacobs, C. B.; J. F. Elliott; M. Tenenbaum: Blast furnace and steel plant, Pittsburgh, 42 (1954) 6, S. 666—674
[218] Voronov, Ju. F.; G. S. Kolganov; F. I. Bašlij u. a.: Metallurg, Moskva, 16 (1971) 12, S. 15—16
[219] Varšavskij, A. P.: Metallurg, Moskva, 13 (1968) 1, S. 13—15
[220] Šneerov, Ja. A.; V. Ja. Botvinskij; V. I. Švedčenko u. a.: Sb. Martenovsk. proiz.-vo, Moskva, (1972) 1, S. 5—10
[221] Varšavskij, A. P.; B. Ja. Ratner; T. V. Chljupina: Sb. Vtorič. čern. metally, Moskva, (1974) 2, S. 39—46
[222] Šneerov, Ja. A.; V. Ja. Botvinskij; V. I. Švedčenko u. a.: Centralnyj naučno-issled. inst. inform. i techn.-ekonomičesk. issled. černoj metallurgii, Moskva, (1974), Ser. 18, 3, S. 6—9
[223] Liesenberg, O.; L. Ruschitzka: Der Kupolofen. Lehrbrief Bergakademie Freiberg, 1972
[224] Siefer, W.; K. Orths: Gießereiforschung 28 (1976) 1, S. 27—44
[225] Neumann, F.: Gießerei 51 (1964) 3, S. 53—61
[226] Gorskov, A. A.; V. I. Vrublevskij; O. M. Kryzanovskij u. a.: Litejnoe proizvodstvo in Deutsch (1964) 4, S. 58—59
[227] Ivanov, D. P.; A. T. Šipulin; N. K. Žilkin: Litejnoe proizvodstvo, Moskva (1969) 3, S. 6—8
[228] Rack, P.: Gießereitechnik 5 (1959) 7, S. 221—222
[229] Reininger, H.: Gießereipraxis 6 (1960) 8, S. 131—139
[230] Šipulin, A. T.: Litejnoe proizvodstvo, Moskva, (1974) 3, S. 3—5
[231] Noskov, B. A.; S. I. Cukerman: Litejnoe proizvodstvo, Moskva (1967) 2, S. 34—35
[232] Reuter, H.: Schrottbetrieb 27 (1976) 2, S. 8—11
[233] Weis, W.: Gießereiforschung 28 (1976) 2, S. 53—67
[234] —: British foundryman, London, 56 (1963) 2, S. 75—92
[235] Aniola, J.; Z. Drzymala: Hutnik, Katowice, 34 (1967) 7/8, S. 348—354
[236] Haake, G.: Metall-Inf. 9 (1973) 5, S. 113—127

[237] GÖTZE, H.: Freiberger Forsch.-H. (1964) B99, S. 189—201
[238] GROSSPIETSCH, W.; H. POHL; W. STIEHLER: Neue Hütte 14 (1969) 1, S. 18—23
[239] ECKSTEIN, H.; E. HEBESTEDT; H. ROST: Freiberger Forsch.-H. (1977) B195, S. 73—83
[240] HAAKE, G.: Neue Hütte 14 (1969) 10, S. 593—597 und 11, S. 647—651
[241] SCHLOTT, G.: Freiberger Forsch.-H. (1968) B134, S. 65—75
[242] HOMBERG, G.: 2. Internat. Konf. RGW-Länder Rationelle Anwendung der NE-Metalle, Budapest 1974
[243] GAFFERT, H.: IfL-Mitt. Dresden, 14 (1975) 4/5, S. 164—166
[244] GÖTZE, H.; D. LÖWE: Freiberger Forsch.-H. (1979) B210, S. 117—128
[245] —: TGL 37666, Ausg. 5.80 Nichteisenmetallschrotte, Marken und technische Bedingungen
[246] KOJBAŠ, V. A.; A. A. REZNJAKOV: Oborudovanie predprijatij vtoričnoj cvetnoj metallurgii. Moskva: Izdat. Metallurgija, 1976
[247] AVRAŠKOV, L. Ja.; V. F. ZUBKO; I. M. GRACERŠTEJN: Cvetnaja metallurgija bjul., Moskva, (1973) 13, S. 50—54
[248] ŠABAŠOV, Ja. F.; K. P. LEBEDEV: Cvetnye metally, Moskva, 36 (1963) 4, S. 84—87
[249] AVRAŠKOV, L. JA.; aus: Istrina, M. A.: Centralnyj naučno-issled. inst. inform. i techn.-ekonomičesk. issled. cvetnoj metallurgii, Moskva, (1968), S. 20—23
[250] SOSIN, J.; J. HELLER; J. PACALOVSKI, u. a.: 2. Internat. Konf. RGW-Länder Rationelle Anwendung der NE-Metalle, Budapest, Oktober 1974
[251] KONONENKO, V. G.; A. ŠALBAJAN; N. L. EFREMOV, u. a.: Cvetnye metally, Moskva 49 (1976) 1, S. 68—71
[252] SCHNEIDER, W.: Freiberger Forsch.-H. (1968) B134, S. 7—17
[253] MONZER, W.: Freiberger Forsch.-H. (1968) B134, S. 19—22
[254] FRUMOSU, L.; V. PIRLJA: 2. Internat. Konf. RGW-Länder Rationelle Anwendung der NE-Metalle, Budapest 1974
[255] HAHN, R.; H. SAUER: Pro metals 28 (1975) 145, S. 10—11
[256] —: Metallwirtschaft 18 (1939) 34, S. 749—750
[257] TRELA, E.: Gießerei-Praxis 89 (1968) 1, S. 5—8
[258] LÖBEL, J.; S. ZIEGENBALG; H. KROLL u. a.: Freiberger Forsch.-H. (1981) B228, S. 21—36
[259] BLUMENAUER, H.; G. PUSCH: Bruchmechanik — Grundlagen, Prüfmethoden, Anwendungsgebiete. Leipzig: VEB Deutscher Verlag für Grundstoffindustrie 1973
[260] DAHL, W.: Grundlagen des Festigkeits- und Bruchverhaltens. Düsseldorf: Verlag Stahleisen 1974
[261] VLADIMIROV, V. I.: Einführung in die physikalische Theorie der Plastizität und Festigkeit. Leipzig: VEB Deutscher Verlag für Grundstoffindustrie 1976
[262] TETELMAN, A. S.; A. J. MCEVILY: Bruchverhalten technischer Werkstoffe. Düsseldorf: Verlag Stahleisen 1971
[263] SCHATT, W. (Hrsg.): Einführung in die Werkstoffwissenschaft, 5. Aufl. Leipzig: VEB Deutscher Verlag für Grundstoffindustrie 1984
[264] GRÜTER, L.: Gießereiforschung 29 (1977) 2, S. 47—51
[265] GRÜTER, L.: Rißausbildung in Gußeisen. Bochum: Universität, Diss., 1975
[266] GRÜTER, L.: Z. Metallkd. 68 (1977) 1, S. 52—57
[267] GRÜTER, L.: Gießereiforschung 29 (1977) 1, S. 23—29
[268] GAUBE, E.; H. H. KAUSCH: Kunststoffe 63 (1973) 6, S. 391—397
[269] WEISS, H. J.: Plaste u. Kautschuk 24 (1977) 10, S. 684—688
[270] MICHLER, G.; K. GRUBER: Plaste u. Kautschuk 23 (1976) 5, S. 346—351 u. 7, S. 496—503
[271] ROSKOTHEN, H. J.: Materialprüfung 18 (1976) 8, S. 265—273
[272] OPFERMANN, J.: Untersuchungen zur Fließzonenbildung und zum Bruch von amorphen Plastomeren. Aachen: Techn. Hochschule, Diss., 1978
[273] MENGES, G.: Kunststoffe 63 (1973) 2, S. 95—100

[274] KAUSCH, H. H.: Kunststoffe 66 (1976) 9, S. 538—544
[275] BLUMENAUER, H. (Hrsg.): Werkstoffprüfung, 3. Aufl. Leipzig: VEB Deutscher Verlag für Grundstoffindustrie 1984
[276] DAHL, W.: Verhalten des Stahls bei mechanischer Beanspruchung. In: Werkstoffkunde der gebräuchlichen Stähle, Teil 1. Düsseldorf: Verlag Stahleisen 1977, S. 49—74
[277] NIEDERHOFF, L.; W. LÖBNER; M. VOGT u. a.: Wiss. Z. Techn. Hochschule Magdeburg 20 (1976) 4, S. 383—391
[278] DIESBURG, D. E.; A. ARBOR; K. RÖHRIG: Gießerei 63 (1976) 2, S. 25—31
[279] PUSCH, G.: Freiberger Forsch.-H. (1980) B213, S. 21—33
[280] SCHMIDT, W.: TEW-Techn. Ber. 1 (1975) 1, S. 39—55
[281] BLUMENAUER, H.; U. HÄFKE; H.-U. DIETZE: Wiss. Z. Techn. Hochschule Magdeburg 21 (1977) 8, S. 881—886
[282] HORNBOGEN, E.; J. M. MOTZ: Gießereiforschung 29 (1977) 4, S. 115—120
[283] —: Gießereikalender 1978. Düsseldorf: Gießerei-Verlag GmbH 1977
[284] SCHMINDER, M.; G. DEHNE: Wiss. Z. techn. Hochschule Magdeburg **20** (1976) 4, S. 443 bis 447
[285] BLAUEL, H. J.; J. F. KALTHOFF; E. SOMMER: Materialprüfung 12 (1970) 3, S. 69—76
[286] KAUSCH, H. H.: Materialprüfung 20 (1978) 1, S. 22—26
[287] GOLDBACH, G.: Kunststoffe 64 (1974) 9, S. 475—481
[288] STAHLBERG, R.: Materialprüfung 20 (1978) 3, S. 126—130
[289] ORTMANN, R.; I. WAGNER; C. JUST: Wiss. Z. Techn. Hochschule Magdeburg 20 (1976) 4, S. 435—441
[290] GRIFFITH, A. A.: Philos. Trans. Roy. Soc. London, Ser. A/221 (1920/21), S. 163—198
[291] RUMPF, H.: Mechanische Verfahrenstechnik. München, Wien: Carl Hanser Verlag 1975
[292] RUMPF, H.: Aufbereitungstechnik 7 (1966) 8, S. 421—435
[293] RUMPF, H.; K. SCHÖNERT: Z. In: Ullmanns Encyklopädie der technischen Chemie, 4. Aufl., Bd. 2, Weinheim/Bergstr.: Verlag Chemie 1972, S. 2—23
[294] JUNGNICKEL, H.; R. AGSTEN; W. E. KRAUS: Grundlagen der Kältetechnik. Berlin: VEB Verlag Technik, 1980
[295] W. SCHATT (Hrsg.): Werkstoffe des Maschinen-, Anlagen- und Apparatebaues, 2. Aufl. Leipzig: VEB Deutscher Verlag für Grundstoffindustrie 1983
[296] LANDOLT-BÖRNSTEIN: Zahlenwerte und Funktionen aus Physik, Chemie, Astronomie, Geophysik und Technik. Stoffwerte und Verhalten von metallischen Werkstoffen 4. Band, Technik, 2. Teil, S. 492, Berlin, Göttingen, Heidelberg: Springer-Verlag 1963
[297] BRATON, N. R.; J. A. KOUTSKY: Scrap Age, Niles 34 (1977) 4, S. 220—240
[298] HENKE, F.: Gießerei-Praxis (1976) 9/10, S. 131—139
[299] SIEFER, W.; K. ORTHS: Gießereiforschung 29 (1977) 3, S. 95—105
[300] —: Ullmanns Encyklopädie der technischen Chemie, Bd. 15, 4. Auflage. Weinheim, New York: Verlag Chemie 1978, S. 179—486
[301] LAEIS, W.: Einführung in die Werkstoffkunde der Kunststoffe. München: Carl Hanser Verlag 1972
[302] KRAUSE, A.: Vergleich der Eigenschaften von Kunststoffen mit anderen Werkstoffen. In: Kunststoff-Handbuch, Band 1, München, Wien: Carl Hanser Verlag 1975, S. 892—946
[303] —: Kunststoff-Lexikon, 5. Auflage, S. 117. München: Carl Hanser Verlag 1973
[304] SCHÖNERT, K.: Zerkleinerung von Polymeren. In: Dechema-Monographien, Band 79, Nr. 1549—1575. Weinheim/Bergstr.: Verlag Chemie 1976, S. 67—88
[305] —: Werkstoff-Führer Kunststoffe, 2. Auflage. München; Wien: Carl Hanser Verlag 1979
[306] FINK, K.; CHR. ROHRBACH: Festigkeitsprüfung bei Schlagbeanspruchung. In: SIEBEL, E.: Handbuch der Werkstoffprüfung, 2. Band, 2. Auflage. Berlin, Göttingen, Heidelberg: Springer Verlag 1955, S. 140—174

[307] BECKERT, M.; H. STROPPE; H. WEBER: Wiss. Z. Techn. Hochschule Magdeburg 14 (1970) 7, S. 759—771
[308] WELLINGER, K.; H.-J. WITTWER: Arch. Eisenhüttenwes. 34 (1963) 2, S. 125—134
[309] OTTO, P. H.; K. HECKEL: Z. Werkstofftechnik 10 (1979) 5, S. 149—157
[310] SIEFER, W.; K. ORTHS: Gießereiforschung 28 (1976) 4, S. 139—150
[311] SCHMIDTMANN, E.; H. SCHERBER: Materialprüfung 15 (1973) 3, S. 73—81
[312] WELLINGER, K.; D. BLIND: Bänder, Bleche, Rohre 8 (1967) 8, S. 550—556
[313] DAHL, W.: Stahl u. Eisen 97 (1977) 8, S. 402—409
[314] FUCHS, A.; K. TÄFFNER; A. KRISCH u. a.: Arch. Eisenhüttenwes. 46 (1975) 2, S. 127—136
[315] DAHL, W.; M. UEBAGS: Stahl u. Eisen 97 (1977) 22, S. 1112—1118
[316] DAHL, W.; W. B. KRETZSCHMANN: Arch. Eisenhüttenwes. 47 (1976) 5, S. 313—318
[317] BÖHM, D.; F. HEIDER; K.-P. BOMSKI: Neue Hütte 20 (1975) 1, S. 42—45
[318] SPITZIG, W. A.: Metallurg. Trans. Philadelphia, 3 (1972) 5, S. 1183—1188
[319] BURDEKIN, F. M.; R. E. DOLBY; G. R. EGAN: 2. Internat. Conf. on fracture, Brighton, April 1969, S. 180—191
[320] NEUMANN, A.: Schweißtechnisches Handbuch für Konstrukteure, Teil 1, 3. Auflage. Berlin: VEB Verlag Technik 1976
[321] GLOVER, G.; G. POLLARD: Proc. 2. Intern. Conf. on Fracture, Brighton 1969, Paper 29
[322] ENGELHARDT, W.: Fertigungstechnik 8 (1958) 8, S. 356—361 u. 8 (1958) 9, S. 418—422
[323] STROPPEL, T.: Grundlagen der Landtechnik (1953) 5, S. 120—134
[324] JAHNKE, H.; R. RETZKE; W. WEBER: Umformen und Schneiden. 2. Auflage. Berlin: VEB Verlag Technik 1973
[325] SCHUBERT, G.; H. SCHUBERT: Grundlagenuntersuchungen zur Zerkleinerung metallischer Sekundärrohstoffe. In: Dechema-Monographien, Bd. 79, Nr. 1549—1575, S. 167—182. Weinheim/Bergstr.: Verlag Chemie 1976
[326] STEIER, K.; K. SCHÖNERT: Verformung und Bruchphänomene unter Druckbeanspruchung von sehr kleinen Körnern aus Kalkstein, Quarz und Polystyrol. In: Dechema-Monographien, Band 69, Nr. 1292—1326, S. 167—192. Weinheim/Bergstr.: Verlag Chemie 1972
[327] RUMPF, H.: Aufbereitungstechnik 14 (1973) 2, S. 59—71
[328] KÖRBER, F.; A. KRISCH: Festigkeitsprüfung bei ruhender Beanspruchung. In: Handbuch der Werkstoffprüfung — Die Prüfung der metallischen Werkstoffe. Hrsg. von E. SIEBEL, Bd. 2, 2. Auflage, S. 35—139. Berlin, Göttingen, Heidelberg: Springer-Verlag, 1955
[329] GILDEMEISTER, H.-H.; K. SCHÖNERT: Berechnung zur Wellenausbreitung in Kugeln und Bruchphänomene in Kreisscheiben bei Prallbeanspruchung. In: Dechema-Monographien, Bd. 69, Nr. 1292—1326, S. 233—267, Weinheim/Bergstr.: Verlag Chemie 1972
[330] TIMMERBEIL, F. W.: Werkstattstechnik u. Maschinenbau 47 (1957) 5, S. 231—239
[331] EICKHOFF, W.: Werkstatt u. Betrieb 94 (1961) 11, S. 849—860
[332] KIENZLE, O.; M. MEYER: Verfahren zur Erzielung glatter Schnittflächen beim vollkantigen Schneiden von Blech. Forschungsber. Nordrhein-Westfalen, Nr. 1162. Köln und Opladen: Westdeutscher Verlag 1963
[333] ECKSTEIN, F.: Gleichartigkeit mechanischer Trennvorgänge. München: Carl Hanser Verlag 1969
[334] —: Walzwerke — Maschinen und Anlagen. Leipzig: VEB Deutscher Verlag für Grundstoffindustrie 1980
[335] ZELIKOW, A. I.: Hilfsmaschinen der Walzstraßen. Berlin: VEB Verlag Technik 1954
[336] ROMANOWSKI, W. P.: Handbuch der Stanzereitechnik. 5. Auflage. Berlin: VEB Verlag Technik 1971
[337] REICHEL, W.: Blech 2 (1955) 8, S. 12—22 und 10, S. 30—39
[338] BRODMANN, H.; A. NEUBAUER; G. PECHAU: Neue Hütte 23 (1978) 6, S. 221—226

[339] KAISER, F.: Berechnungen an der Schneidmühle. In: Dechema-Monographien, Bd. 57, Nr. 993—1026, S. 741—775. Weinheim-Bergstr.: Verlag Chemie 1967
[340] KRABBE, E.: Stanzereitechnik, 1. Teil. 4. Auflage. In: Reihe Werkstattbücher, Heft 44. Berlin: Heidelberg, New York: Springer-Verlag 1968
[341] REDEKER, D.: Der Schneidvorgang am hochpolymeren Kunststoff und Gummi. In: Aufbereitung von Kunststoffabfällen. Düsseldorf: VDJ-Verlag 1973
[342] GOTTBERG, H. P.: Untersuchung des Schneidvorganges bei der Zerkleinerung hochpolymerer Weichstoffe. In: Dechema-Monographien, Bd. 69, Nr. 1292—1326, S. 193—232, Weinheim/Bergstr.: Verlag Chemie 1972
[343] WERNER, S.: 1. Europ. Symp. Zerkleinern, Frankfurt/M. 1962, S. 128—137. Weinheim/Bergstr.: Verlag Chemie GmbH 1962
[344] ZAZIMKO, A. I.; V. N. ŠČEPANSKIJ; S. N. TOVBIN u. a.: Pererabotka čugunnogo loma. Kiev: Izdat. Technika 1972
[345] ŠČEPENKO, G. N.; S. G. RUDEVSKIJ: Mechaničeskoe oborudovanie dlja pererabotki vtoričnych metallov. Moskva: Izdat. Metallurgija 1968
[346] LEVIN, M. I.: Oborudovanie i proektirovanie cechov po pererabotke loma. Charkov: Metallurgizdat 1962
[347] PISAREVSKAJA, K. I.; A. G. ČUMIČEV; S. M. BEREZOVSKIJ: Ekspluatacija oborudovanija dlja razdelki metalličeskogo loma. Moskva: Metallurgizdat 1958
[348] STEPNIAK, S.: Przeglad mechaniczny, Warszawa, 23 (1964) 2, S. 50—53 und (1964) 3, S. 82—84
[349] STEPNIAK, S.: Przeglad mechaniczny, Warszawa, 27 (1968) 23, S. 716—719
[350] KORŽUK, N. V.: Litejnoe proizvodstvo, Moskva, (1970) 2, S. 42
[351] STEPNIAK, S.: Problemy projektowe, Katowice, 12 (1964) 12, S. 376—380
[352] ŽDANOV, M. D.: Litejnoe proizvodstvo, Moskva, (1953) 10, S. 11—12
[353] —: Prospekt der Fa. Carpenterie. Metalliche Lonatesi, Italien
[354] STEPNIAK, S.: Przeglad odlewnictwa, Warszawa, 19 (1969) 3, S. 101—104
[355] —: Aufbereitungstechnik 3 (1962) 11, S. 495—502
[356] FABER, W.: Baustoffindustrie A, 20 (1977) 2, S. 15—20
[357] BERNDT, J.; M. FLACH: Techn. Inf. IfZN Großräschen, Großräschen, (1979) 5, S. 3—8
[358] BERNDT, J.; M. FLACH: Techn. Inf. IfZN Großräschen, Großräschen, (1979) 11, S. 3—11
[359] SKOMAROVSKIJ, S. D.; V. A. BELKIN: Centralnyj naučno-issled. inst. informacii i techniko-ekonomičeskich issled. černoj metallurgii, Moskva, (1972) Ser. 18, 3, S. 1—9
[360] PONOMAREV, A. K.: Litejnoe proizvodstvo, Moskva, (1966) 8, S. 46
[361] STEPNIAK, S.: Przeglad odlewnictwa, Warszawa 16 (1966) 6, S. 209—213
[362] STANDKE, W.: Gießerei 62 (1975) 19, S. 490—499
[363] WEIS, W.: Gießerei 55 (1968) 9, S. 202—206
[364] EBNER, R.: Gießerei-Praxis (1972) 11, S. 183—189
[365] GOLOVSKIJ, L. P.; A. I. ZAZIMKO; M. V. MASENKO u. a.: Centralnyj naučno-issled. inst. inform. i techn.-ekonomičesk. issled. černoj metallurgii, Moskva, (1970) Ser. 18, 2, S. 1—16
[366] ZAZIMKO, A. I.; V. I. KOSENKO; Ju. P. BELOGORODCEV u. a.: Centralnyj naučno-issled. inst. informacii i techniko-ekonomičeskich issled. černoj metallurgii, Moskva, (1975) Ser. 18, 6, S. 1—8
[367] SCHUBERT, G.: Neue Hütte 20 (1975) 8, S. 478—483
[368] BELKIN, V. A.; S. D. SKOMAROVSKIJ; K. V. SEMENOV u. a.: Centralnyj naučno-issled. inst. informacii i techniko-ekonomičeskich issled. černoj metallurgii, Moskva, (1974), Ser. 18, 5, S. 4—9
[369] STEPNIAK, S.: Przeglad Mechaniczny 24 (1965) 10, S. 308—311
[370] LOSOWSKI, R.: Problemy Projektowe 15 (1967) 9, S. 277—280

[371] —: Prospekte der Firmen Lindemann/BRD, Becker/BRD, Orenstein und Koppel/BRD, Arnold/Österreich, Harris/USA
[372] Belkin, V. A.; O. A. Semenov; A. N. Zamaraev u. a.: Centralnyj naučno-issled. inst. inform. i techn.-ekonomičesk. issled. černoj metallurgii, Moskva, (1975), Ser. 18, 8, S. 1—14
[373] Belkin, V. A.; O. A. Semenov; I. Ju. Černov u. a.: Sb. Vtorič. čern. metally, Moskva, (1976) 4, S. 72—83
[374] Semenov, A. M.; I. V. Terenteva; S. G. Rudevskij u. a.: Centralnyj naučno-issled. inst. inform. i techn.-ekonomičesk. issled. černoj metallurgii, Moskva, (1977) Ser. 18, 6, S. 1—32
[375] Schweitzer, R.; W. Heller: Techn. Mitt. Krupp, Werksber. 39 (1981) 1, S. 33—41
[376] Schachunjanz, G. M.: Gleis und Gleiswirtschaft, 1. Folge. Leipzig: Fachbuchverlag 1953
[377] —: Werkstoff-Handbuch Stahl und Eisen, 4. Auflage. Düsseldorf: Verlag Stahleisen 1965
[378] Zweiling, G.: Rohstoffrdsch. 24 (1969) 6, S. 120
[379] Zweiling, G.: Rohstoffrdsch. 28 (1973) 9, S. 203—204
[380] Zweiling, G.: Rohstoffrdsch. 23 (1968) 17, S. 239—240
[381] —: Recycling 31 (1980) 2, Juli, S. 30—31
[382] Musly, H.: Blech 8 (1961) 5, S. 382—384
[383] Eisen, J.: Blech 8 (1961) 6, S. 463—466
[384] Koutsky, J.; J. Bystricky: Hutnicke listy, Praha, 33 (1978) 9, S. 638—643
[385] Amelung, E.: Stahl u. Eisen 85 (1965) 1, S. 46—48
[386] Möbius, W.; A. Vogt; H. Kahl: ZIS-Mitt., Halle, 17 (1975) 8, S. 880—886
[387] —: Recycling 32 (1981) 3, September, S. 34
[388] Semenov, O. A.; B. F. Moiseev; N. F. Vinogradov: Centralnyj naučno-issled. inst. informacii i techniko-ekonomičeskich issled. cernoj metallurgii, Moskva, (1973) Ser. 18, 5, S. 1—11
[389] —: Schrottbetrieb 20 (1969) 5, S. 15—18
[390] Zazimko, A. I.; G. I. Dubovoj; V. N. Jaščenko u. a.: Centralnyj naučno-issled. inst. informacii i techniko-ekonomičeskich issled. černoj metallurgii, Moskva, (1975) Ser. 18, 3, S. 1—14
[391] —: Recycling 32 (1981) 3, September, S. 32, 34
[392] Pelant, L.; J. Dvorak: Hutnicke listy, Praha 28 (1973) 8, S. 589—590
[393] Kirstein, H.: Rexroth-Inf. 8 (1977) 1, S. 158—161
[394] —: Recycling 32 (1981) 2, Juni, S. 38—39
[395] Imhof, H.: Neue Hütte 20 (1975) 2, S. 104—110
[396] Tamurov, V. P.; S. M. Jaroševsij; M. I. Levin u. a.: Oborudovanie po pererabotke vtoričnych černych metallov. Moskva: Izdat. Metallurgija 1976
[397] Moiseev, B. F.; V. I. Neminuščij; V. N. Lukjanova: Centralnyj naučno-issled. inst. informacii i techniko-ekonomičeskich issled. černoj metallurgii, Moskva, (1976) Ser. 18, 8, S. 1—15
[398] Arakčeev, M. D.; S. I. Rubanov: Cvetnaja metallurgija bjul., Moskva, (1977) 10,
[399] Ksandr, J.; V. Křenek: Schwerindustrie der ČSSR, Prag, (1970) 9, S. 43—47
S. 36—37
[400] —: Schrottbetrieb 30 (1979) 3, Oktober, S. 24—25
[401] —: Recycling 32 (1981) 3, Sept., S. 16
[402] John, M.: Schwerindustrie der ČSSR, Prag, (1981) 5, S. 19—26
[403] John, M.: Schwerindustrie der ČSSR, Prag (1975) 4, S. 27—32
[404] Rudevskij, S. G.; L. G. Kralja: Freiberger Forsch.-H. (1982) A664, S. 101—108
[405] —: Steel times 197 (1969) 2, S. 124
[406] Levin, M. I.: Centralnyj naučno-issled. inst. informacii i techniko-ekonomičeskich issled. černoj metallurgii, Moskva, (1970), Ser. 18, 5, S. 1—12

[407] VASILEV, I. M.; V. F. VOLOBUEV: Centralnyj naučno-issled. inst. informacii i techniko-ekonomičeskich issled. černoj metallurgii, Moskva, (1977) Ser. 18, 7, S. 1—8
[408] SCHUBERT, G.: Freiberger Forsch.-H. (1982) A664, S. 23—47
[409] —: Gießerei 64 (1977) 25, S. 675—676
[410] APONAŠČENKO, S. S.; G. A. DEMIN; L. A. MIRKIN: Cvetnaja metallurgija bjul., Moskva, (1972) 16, S. 41—43
[411] GAULDIE, K.; H. A. MÖLLING: Aufbereitungstechnik 2 (1961) 3, S. 99—103
[412] EHRHARDT, H.: Symp. Zerkleinern 1962, S. 272—283 Weinheim/Bergstr.: Verlag Chemie GmbH 1962
[413] BELKIN, V. A.; S. D. SKOMAROVSKIJ; V. P. TANANAKIN: Centralnyj naučno-issled. inst. inform. i techn.-ekonomičesk. issled. černoj metallurgii, Moskva, (1975). Ser. 18, 9, S. 1—11
[414] —: Rohstoffrdsch. 35 (1980) 8, S. 200—202
[415] MÖBIUS, G.; M. WIPPERMANN: Ind.-Anzeiger 92 (1970) 80, S. 1884—1887
[416] SCHMIDT, G.: Conti Elektro Ber. 15 (1969) 1, S. 61—62
[417] MUELLER, A.: Scrap Age, Niles, 29 (1972) 3, S. 52—54
[418] —: Scrap Age, Niles, 34 (1977) 3, S. 52—56
[419] —: Recycling 31 (1980) 3, S. 32—34
[420] SCHÄFER, S.; K. HÖFFL: Neue Hütte 26 (1981) 7, S. 264—269
[421] AYKROYD, A. I.: Proc. Internat. Conf. Preparation of scrap 1974, Kladno/ČSSR
[422] MAGNESS, W. R.; R. D. BURLINGAME: J. Metals New York, 17 (1965) 5, S. 558—560
[423] WERZNER, H.: Schrottbetrieb 23 (1972) 11, S. 20—23
[424] —: Fachber. Hüttenpraxis Metallweiterverarbeitung 15 (1977) 8, S. 665—667
[425] MATZKE, U.-D.: Wasser, Luft u. Betrieb 17 (1973) 11, S. 377—382
[426] —: Stahl u. Eisen 92 (1972) 9, S. 421—422
[427] WERZNER, H.: Metall 26 (1972) 2, S. 174—178
[428] CHAVANNE, R. G.: Scrap Age, Niles, 31 (1974) 9, S. 112—113
[429] SCHEER, K. D.: Freiberger Forsch.-H. (1982) A664, S. 169—178
[430] BARTKNECHT, W.: Erprobung von Explosionssicherungen an Rohrleitungen und Behältern. Moderne Unfallverhütung, Heft 12, S. 36—49. Essen: Vulkan-Verlag 1968
[431] BARTKNECHT, W.: Staub — Reinh. Luft 31 (1971) 3, S. 112—131
[432] —: Techn. Umweltmag. (1974) 3, Juni, S. 30—31
[433] KURTZE, G.; H. SCHMIDT; W. WESTPHAL: Physik und Technik der Lärmbekämpfung. Karlsruhe: Verlag G. Braun GmbH 1975
[434] ZWEILING, G.: Rohstoffrdsch. 35 (1980) 13, S. 360
[435] DEMEDJUK, B. I.; A. S. GORPINČEKO; S. F. RYKOV: Cvetnaja metallurgija bjul., Moskva, (1978) 22, S. 31—32
[436] STEPNIAK, S.: Wiadomošci hutnicze, Katowice, (1978) 3, S. 90—94
[437] JUNGER, J.: Strojirenska vyroba, Praha, (1972) 11, S. 827—830
[438] HÖFFL, K.; S. SCHÄFER: Freiberger Forsch.-H. (1982) A664, S. 117—131
[439] DEMEDJUK, B. I.; M. I. NOVICKIJ: Cvetnaja metallurgija bjul., Moskva, (1975) 22, S. 47—48
[440] GRUBE, P.: Freiberger Forsch.-H. (1982) A665, S. 91—101
[441] SHIN, K. C.: Wasser, Luft u. Betrieb 21 (1977) 11, S. 584—587
[442] SILLEM, H.: Zerkleinerungstechnik und Umweltschutz — Probleme und Möglichkeiten, Dechema-Monogr. Bd. 79, Nr. 1549—1575, S. 89—114, Weinheim/Bergstraße: Verlag Chemie 1976
[443] —: VDI-Nachrichten 32 (1978) 42, S. 21
[444] —: Scrap Age, Niles, 32 (1975) 9, S. 164, 166
[445] BÖSENBERG, K.: Bänder Bleche Rohre 18 (1977) 4, S. 151—153
[446] ZWEILING, G.: Rohstoffrdsch. 30 (1975) 7, S. 146—148

[447] SAMANS, H.: Rohstoffrdsch. 32 (1977) 5, S. 94—95
[448] GIERSIEPEN, G.: Kunststoffe 63 (1973) 10, S. 741—743
[449] SAMANS, H.: Kunststoffe — Plastics 22 (1975) 4, S. 31—40
[450] SAMANS, H.: Rohstoffrdsch. 33 (1978) 4, S. 65—67 und 5, S. 90—92
[451] MAYERHAUSER, D.: Zerkleinerungsmaschinen. In: Aufbereitung von Kunststoffabfällen, Düsseldorf: VDI-Verlag 1973
[452] VON DER OHE, W.: Kunststoffe 60 (1970) 9, S. 610—616
[453] LAUER, O.; K. ENGELS: Aufbereiten von Kunststoffen. Kunststoff-Verarbeitung Folge 19, München: Carl Hanser Verlag 1971
[454] REINERT, N.: Maschinenmarkt 81 (1975) 60, S. 1120
[455] STEIMEL, R.: Industrie-Anzeiger 93 (1971) 32, S. 714—717
[456] —: Z. f. wirtschaftl. Fertigung 58 (1963) 11, S. 518—519
[457] OEHLER, H.: Industrie-Anzeiger 99 (1977) 61, S. 1183
[458] FUCHS, G.: Erzmetall 24 (1971) 11, S. 519—523
[459] GOLUBKOV, K. N.: Cvetnye metally, Moskva, 37 (1964) 4, S. 81
[460] ZWEILING, G.: Rohstoffrdsch. 26 (1971) 14, S. 323—324
[461] POHLIG, D. A.: Scrap Age, Niles, 26 (1969) 9, S. 113—114
[462] RUDEVSKIJ, S. G.; N. F. VINOGRADOV; B. F. MOISEEV u. a.: Centralnyj naučno-issled. inst. inform. i techn.-ekonomičesk. issled. černoj metallurgii, Moskva, (1972) Ser. 18, 2, S. 1—22
[463] DEMEDJUK, B. I.; A. S. GORPINČEKO; S. F. RYKOV: Cvetnaja metallurgija bjul., Moskva, (1978) 22, S. 31—32
[464] GALAZKA, J.: Freiberger Forsch.-H. (1982) A665, S. 23—25
[465] SCHATT, W. (Hrsg.): Pulvermetallurgie, Sinter- und Verbundwerkstoffe. Leipzig: VEB Deutscher Verlag für Grundstoffindustrie, 1979
[466] RÜHLE, M.: Metall 32 (1978) 10, S. 1028—1032
[467] HESSE, I.: Beispiel für die Anwendung tiefer Temperaturen bei der Aufbereitung von Reifen und Altmotoren. Dechema-Monogr. Bd. 80, Nr. 1616—1638, S. 43—56. Weinheim/Bergstr.: Verlag Chemie 1976
[468] RICCI, L. J.: Chem. Engng. 84 (1977) 14, S. 71—73
[469] TICHONOVA, Ju. P.; I. B. SMIRNOV: Cvetnaja metallurgija bjul., Moskva, (1975) 12, S. 44—47
[470] ALLEN, D. H.; M. W. BIDDULPH: Proc. 1. Recycling world Congr., Basel 1978
[471] —: American metal market, New York, (1973) vom 21. 2. 1973, S. 11
[472] —: Rohstoffrdsch. 29 (1974) 6, S. 122
[473] WERZNER, H.: Metall 29 (1975) 2, S. 183—185
[474] WERZNER, H.: Metall 29 (1975) 5, S. 523—524
[475] FIRNHABER, R. B.: VDI-Nachr. 25 (1971) 7, S. 1 und 4
[476] —: Iron & Steel 44 (1971) 10, S. 346—348
[477] CVETKOV, A. N.; V. M. NECHOROŠEV u. A. Ja. STAVISSKIJ: Stal, Moskva 37 (1978) 3, S. 223—224
[478] SCHAUB, R.: Maschinenmarkt 85 (1979) 28, S. 520—523
[479] SEIFERT, H.: Maschinenmarkt 82 (1976) 9, S. 126—129
[480] OBERPRILLER, J.; D. D. HOFMANN: Maschinenmarkt 82 (1976) 79, S. 1438—1440
[481] MAYERHAUSER, D.: Zerkleinerung bei Tieftemperaturen, 1. Teil. Dechema-Monogr. Bd. 74, Nr. 1432—1451, S. 119—125; Weinheim/Bergstraße: Verlag Chemie 1974
[482] SCHAUB, R.: Zerkleinerung bei Tieftemperaturen. 2. Teil. Dechema-Monogr. Bd. 74, Nr. 1432—1451, S. 127—132. Weinheim/Bergstr.: Verlag Chemie 1974
[483] CHOPEY, N. P.: Chem. Engng. 80 (1973, Sept.) 20, S. 54—56
[484] GIERSIEPEN, G.; W. BENDER; J. SCHWEDES u. a.: Prepr. Europ. Symp. Particle Technology, Volume A, S. 110—124, Amsterdam Juni 1980

[485] SCHUH, R.: Aluminium 49 (1973) 10, S. 679—681
[486] —: Handbuch der Sprengtechnik, 2. Auflage. Leipzig: VEB Deutscher Verlag für Grundstoffindustrie 1980
[487] —: Der Sprengberechtigte im Bergbau und in der Steine- und Erdenindustrie, 3. Auflage. Leipzig: VEB Deutscher Verlag für Grundstoffindustrie 1978
[488] JENDERSIE, H. (Hrsg.): Sprengtechnik im Bergbau. Leipzig: VEB Deutscher Verlag für Grundstoffindustrie 1982
[489] MÜLLER, E.: Leitfaden für Katastrophensprengungen. Leipzig: B. G. Teubner Verlagsgesellschaft 1966
[490] Autorenkollektiv: Lehrbuch der militärischen Sprengtechnik, 2. Auflage. Berlin: Militärverlag der DDR 1972
[491] WEICHELT, F.: Handbuch der Sprengtechnik, 6. Auflage. Leipzig: VEB Deutscher Verlag für Grundstoffindustrie 1969
[492] THUM, W.: Sprengtechnik im Steinbruch- und Baubetrieb. Wiesbaden, Berlin: Bauverlag 1978
[493] MEYER, R.: Explosivstoffe, 3. Auflage. Weinheim/Bergstr.: Verlag Chemie 1973
[494] SPRINGORUM, D.: Meßverfahren zur Bestimmung der Sprengzähigkeit und das Verhalten von Metallen und Metallegierungen unter dem Einfluß einer Stoßwellenbeanspruchung. Düsseldorf: Verlag Stahleisen 1962
[495] SCHEFFLER: Nobel-Hefte 21 (1955) 3, S. 42—48
[496] BAUER, D.: Metall 26 (1972) 4, S. 354—358
[497] DORONICEVA, L. A.: Droblenie metalla; in: MELNIKOV, N. V.: Spravočnik po burovzryvnym rabotam na stroitelstve. Moskva: Gosstrojizdat 1962, S. 187—190
[498] TISCHER, J.; R. SCHEITHAUER: Sprengstoffe, Pyrotechnik, Schönebeck/Elbe, 9 (1973) 4, S. 4—5
[499] TISCHER, J.; R. SCHEITHAUER: Sprengstoffe, Pyrotechnik, Schönebeck/Elbe, 10 (1974) 2, S. 3—7
[500] JOHN, I. H.: J. Iron & Steel Inst., London, 209 (1971) 2, S. 96—99
[501] —: Rohstoffrdsch. 25 (1970) 3, S. 44—45
[502] BECKERT, M.; A. NEUMANN (Hrsg.): Grundlagen der Schweißtechnik — Schweißverfahren, 8. Auflage. Berlin: VEB Verlag Technik 1977
[503] THIEME, G.; K. BEER; H. EINICKE u. a.: Fachkunde für Schweißer, Bd. 1: Grundausbildung im Schweißen des Stahls, 16. Auflage. Techn.-Wiss. Abhandlung des Zentralinstituts für Schweißtechnik Halle (DDR), Nr. 31. Berlin: VEB Verlag Technik 1979
[504] NEUMANN, A.; E. RICHTER (Hrsg.): Tabellenbuch Schweiß- und Löttechnik, 3. Auflage. Berlin: VEB Verlag Technik 1979
[505] HERDEN, G.: Schweiß- und Schneidtechnologie, 2. Auflage. Berlin: VEB Verlag Technik 1967
[506] BOSCHNAKOW, I.: Techn.-wiss. Abh. Zentralinstitut f. Schweißtechnik Halle (1974), Nr. 106
[507] STEINKE, H.: Schweißen und Brennschneiden. Leipzig: Fachbuchverlag 1953
[508] HORN, H. A.: Brennschneiden. Berlin, Göttingen, Heidelberg: Springer-Verlag 1951
[509] RUGE, J.: Handbuch der Schweißtechnik. Berlin, Heidelberg, New York: Springer-Verlag 1974
[510] BOSCHNAKOW, I.: ZIS-Mitt. 16 (1974) 11, S. 1317—1325
[511] BOSCHNAKOW, I.: ZIS-Mitt. 15 (1973) 3, S. 252—264
[512] BOSCHNAKOW, I.: Schweißtechnik 23 (1973) 6, S. 255—256
[513] BOSCHNAKOW, I.: Schweißtechnik 22 (1972) 9, S. 402—403
[514] WENDEL, H.: Wiss. Z. Techn. Hochschule Magdeburg 9 (1965) 2/3, S. 353—357
[515] HOFE, v. H.; H. WIRTZ; H.-P. HARTWIGSEN: Schweißen und Schneiden 19 (1967) 5, S. 203—209

[516] Fritsche, E.; M. Fischer: Schweißtechnik 25 (1975) 10, S. 459—461
[517] Uebel, H.: ZIS-Mitt. 13 (1971) 11, S. 1649—1653
[518] Marold, G.: ZIS-Mitt. 13 (1971) 11, S. 1644—1648
[519] Bodewell, G.: Schweißtechnik 31 (1981) 3, S. 132—135
[520] Finsterbusch, G.: Schweißtechnik 31 (1981) 10, S. 472—473
[521] Seidel, M.; F. Maye: Schweißtechnik 31 (1981) 10, S. 454—458
[522] Boschnakow, I.: ZIS-Mitt. 16 (1974) 2, S. 144—151
[523] Fröhlich, H.: ZIS-Mitt. 24 (1982) 3, S. 223—230
[524] Zorn, E.: Schweißen u. Schneiden 11 (1959) 5, S. 171—178
[525] Fröhlich, H., E. Fritsche: ZIS-Mitt. 24 (1982) 4, S. 358—365
[526] —: Recycling 32 (1981) 3, S. 16
[527] Jansen, H.: Schweißen u. Schneiden 1 (1949) 11, S. 193—196
[528] Beckert, M., I. Boschnakow: Schweißtechnik 18 (1968) 1, S. 12—16
[529] Boschnakow, I.: Gießereitechnik 13 (1967) 8, S. 247—250
[530] Boschnakow, I.: ZIS-Mitt. 9 (1967) 10, S. 1388—1397
[531] Boschnakow, I.: ZIS-Mitt. 12 (1970) 3, S. 274—285
[532] Wellendorf, K.; K.-H. Hömke; E. Sallaba: Schweißtechnik 21 (1971) 11, S. 497—501
[533] Petschauer, K.; G. Marold: ZIS-Mitt. 12 (1970) 1, S. 295—301
[534] Wellendorf, K.: ZIS-Mitt. 15 (1973) 3, S. 317—322
[535] Bastian, H.: ZIS-Mitt. 12 (1970) 3, S. 287—294
[536] Wendel, H.: ZIS-Mitt. 10 (1968) 7, S. 1006—1008
[537] Boschnakow, I.: ZIS-Mitt. 16 (1974) 2, S. 152—157
[538] Böhme, O.: ZIS-Mitt. 15 (1973) 3, S. 323—328
[539] Boschnakow, I.: Schweißtechnik 25 (1975) 6, S. 254—257
[540] Schlebeck, E.: ZIS-Mitt. 7 (1965) 7, S. 963—979
[541] Kürschner, G.: Pulverbrennschneiden hochlegierter Stahlbleche. ZIS-Informationsblatt des Zentralinstituts für Schweißtechnik Halle (DDR), M91-63
[542] Boschnakow, I.: Gießereitechnik 13 (1967) 8, S. 247—250
[543] Lenk, W.: Schweißen u. Schneiden 10 (1958) 11, S. 446—448
[544] Melletat: Schweißen u. Schneiden 10 (1958) 9, S. 380
[545] —: Die Verfahren der Schweißtechnik. Deutscher Verband für Schweißtechnik. Düsseldorf: Deutscher Verlag für Schweißtechnik 1974
[546] Ambos, E.; H.-M. Beier: Gießereitechnik 27 (1981) 11, S. 339—344
[547] Förster, H.; P. Wiese; D. Odrich u. a.: Schweißtechnik 32 (1982) 9, S. 397—401
[548] Eberhardt, L.; W. Kreutzberg: Freiberger Forsch.-H. (1982) A665, S. 79—84
[549] Thieme, G.; B. Heinze; V. Horn u. a.: Fachkunde für Schweißer, Bd. 2: Zusatzausbildung im Schweißen des Stahls, 3. Auflage. Berlin: VEB Verlag Technik 1981
[550] Irmer, W.: Wiss. Z. Techn. Hochschule Magdeburg 11 (1967) 5/6, S. 721—726
[551] Bock, F.: Z. f. Schweißtechnik, Zürich, 55 (1965) 2, S. 46—63
[552] Michel, W.: Schweißtechnik 31 (1981) 3, S. 111—115
[553] Fröhlich, H.: ZIS-Mitt. 22 (1980) 3, S. 260—272
[554] Kopetschek, K.; D. Schiefelbein; B. Heinze: ZIS-Mitt. 22 (1980) 3, S. 273—282
[555] Boschnakow, I.; G. Marold: ZIS-Mitt. 15 (1973) 3, S. 335—343
[556] Jansen, H.: Schweißen u. Schneiden 10 (1958) 1, S. 20—26
[557] Gerth, G.: Nobel-Hefte 19 (1953) 3, S. 62—65
[558] Petschauer, K.: Schweißtechnik 16 (1966) 3, S. 128—133
[559] Kluge, H. G.: Schweißen u. Schneiden 10 (1958) 9, S. 368—373
[560] Zweiling, G.: Rohstoffrdsch. 36 (1981) 4, S. 93—94
[561] —: Rohstoffrdsch. 37 (1982) 18, S. 498
[562] —: Scrap Age, Niles, 29 (1972) 9, S. 119

[563] HUROP, G.; F. HARTWIG: Neue Hütte 25 (1980) 5, S. 189–192
[564] KREUTZBERG, W.; L. EBERHARDT: ZIS-Mitt. 23 (1981) 4, S. 401–403
[565] –: Wirtschaftspatent 2496955; Kl. B23k vom 8. 4. 1983. Verfahren und Vorrichtung zum thermischen Trennen

8 Sachwortverzeichnis

A

B

C

D

E

F

G

H

K

L

M

N

O

P

R

S

W

Z

GPSR Compliance

The European Union's (EU) General Product Safety Regulation (GPSR) is a set of rules that requires consumer products to be safe and our obligations to ensure this.

If you have any concerns about our products, you can contact us on ProductSafety@springernature.com

In case Publisher is established outside the EU, the EU authorized representative is:

Springer Nature Customer Service Center GmbH
Europaplatz 3
69115 Heidelberg, Germany

Batch number: 10577896

Printed by Printforce, the Netherlands